纺织服装高等教育"十三五"部委级规划教材

纺织科学与工程一流学科建设教材

纺织复合材料设计

Design of Textile Composites

顾伯洪 孙宝忠 编著

东华大学出版社

·上海·

内 容 提 要

纺织复合材料是以纺织物为预成型体并包埋于基体材料中所形成的纤维增强复合材料,是目前和将来相当长的时期内真正能在工程技术领域得到广泛应用的材料。本书主要以纺织复合材料多尺度几何结构为主线,在简要介绍单向板和层合板设计的基础上,系统描述其他种类纺织复合材料的力学和设计方法,涉及材料种类有二维和三维结构的机织复合材料、针织复合材料、编织复合材料、纺织柔性复合材料、混编复合材料、夹芯复合材料、缝编和 Z-pinned 复合材料。本书是纺织复合材料力学和设计的基础著作,可为复合材料行业工程师设计复合材料结构和工程结构提供参考,也适用于复合材料专业教学。

图书在版编目(CIP)数据

纺织复合材料设计 / 顾伯洪,孙宝忠编著. —上海:东华大学出版社,2018.12
ISBN 978-7-5669-1483-5

Ⅰ.①纺…　Ⅱ.①顾…　②孙…　Ⅲ.①纺织纤维—复合材料—研究　Ⅳ.①TS102.6

中国版本图书馆 CIP 数据核字(2018)第 264057 号

责任编辑　张　静
封面设计　魏依东

出　　　版:东华大学出版社(上海市延安西路 1882 号,200051)
本 社 网 址:http://dhupress.dhu.edu.cn
天猫旗舰店:http://dhdx.tmall.com
营 销 中 心:021-62193056　62373056　62379558
印　　　刷:上海锦良印刷厂有限公司
开　　　本:787 mm×1 092 mm　1/16　印张:33.75
字　　　数:843 千字
版　　　次:2018 年 12 月第 1 版
印　　　次:2018 年 12 月第 1 次印刷
书　　　号:ISBN 978-7-5669-1483-5
定　　　价:99.00 元

前　言

纂织复合材料是以纺织物作为预成型体并包埋于基体材料中形成的纤维增强复合材料。相比于纳米材料,纺织复合材料作为一种传统工程材料,是目前和将来相当长时期内真正能在工程技术领域得到广泛应用的材料。

作为一种多相材料,纤维增强复合材料随着高性能纤维的发明(如碳纤维)而大量应用于工程领域。早期最著名的例子是1957年美国研制北极星导弹而发展的碳纤维缠绕复合材料压力容器。高性能纤维的不断涌现,使得复合材料的制造成本逐渐降低,复合材料得以在工程结构设计中普遍得到应用。

单向板是纺织复合材料家族中结构最简单的,其次是由单向板形成的层合板。与这两类复合材料相比,其他纺织复合材料在增强结构稳定性、提高层间刚度和强度、提高冲击和疲劳损伤容限、制造复杂外形部件等方面,都具有明显优势。虽然这些优势以降低面内刚度和强度、加大复合材料成型技术难度为代价,但纺织复合材料仍具有极大的应用潜力,被工程界广泛使用。当内嵌传感器、结构功能一体化等技术应用于纺织复合材料时,纺织复合材料将获得更大的应用空间。

纺织复合材料设计具有明显区别于层合板设计的复杂性。层合板以单向板为基础,结合不同铺层方式和经典层合板理论,目前已有较成熟的设计方法,Stephen W. Tsai 和 H. Thomas Hahn 在1980年出版的著作 *Introduction to Composite Materials* 是层合板设计理论的经典之作。以此为基础,出现了多种复合材料设计和力学的著作。但是,由于预成型体几何结构复杂,从单纤维到预成型体间存在多尺度几何结构,以及纤维束空间取向多变等特征,纺织复合材料的正向或逆向工程设计都面临着十分复杂的问题:如何从纤维材料和基体材料出发设计符合预定要求的复合材料? 如何从预定性质要求选定纤维、基体及合适的预成型体结构? 设计链中存在哪些会导致误差的因素?

纺织复合材料设计主要包括:

(1) 正向设计:选择纤维和基体材料,确定预成型体结构,复合材料固化成型,复合材料性质表征和成本核算;(2)逆向设计:复合材料性质指标和成本预算,确定复合材料增强相种类,设计复合材料性质,选择固化方案,选用合适的纤维和基体。

复合材料界最早的科技期刊是1967年1月由 Stephen W. Tsai 创办的 *Journal of Composite Materials*,集中了从单向复合材料到层合复合材料设计的早期研究成果。后来,各种纺织复合材料逐渐在这本期刊中出现。复合材料界的其他期刊也较多地涵盖了纺织复合材料的内容,这些期刊主要包括:

Composites Science and Technology

Composite Structures

Composites Part A

Composites Part B

Journal of The Mechanics and Physics of Solids

International Journal of Solids and Structures

在纺织类期刊中，如 *Textile Research Journal* 和 *The Journal of The Textile Institute*，也有少量关于纺织复合材料内容的报道。

早期系统介绍纺织复合材料的书籍主要包括：

Stephen W. Tsai，H. Thomas Hahn. *Introduction to Composite Materials*. Technomic Publishing Company，Inc.，Lancaster，Pennsylvania，USA，1980.

Tsu-Wei Chou，Frank K. Ko. *Textile Structural Composites*. Elsevier Science Publishers B. V.，Amsterdam，the Netherlands，1989.

Tsu-Wei Chou. *Microstructural Design of Fiber Composites*. Cambridge University Press，Cambridge，United Kingdom，1992.

本书主要梳理纺织复合材料设计知识脉络，结合目前最新文献及其作者的研究成果，以纺织复合材料多尺度几何结构为主线，在简要介绍单向板和层合板设计的基础上，系统描述其他种类纺织复合材料的设计方法，具有涉及机织复合材料、针织复合材料、编织复合材料、纺织柔性复合材料、混编结构复合材料、夹芯复合材料、缝编结构和 Z-pinned 结构复合材料。上述纺织复合材料涵盖二维和三维预成型体结构。同时讲述三维纺织复合材料成型方法、非线性变形和纺织复合材料力学建模基本原理。希望本书能对纺织复合材料设计有理论上的系统性和工程应用上的实际指导性。

顾伯洪　孙宝忠
于 2016 年暑假

目 录

1 绪 论

1.1 纺织复合材料多尺度几何结构

纺织复合材料设计的主要内容:从工程指标逆向设计纺织复合材料的纤维、基体和预成型体结构,采用合适的成型方法制造复合材料,进行相应的性质评价;从纺织复合材料结构和组分材料性质正向预测工程指标。

图1所示是材料设计基本路径:材料加工成型后,材料微观结构基本确定;材料微观结构与材料性质密切相关;采用分析和建模方法,由材料性质预测材料在外场(如力场、温湿度场、电磁场等)作用下的响应;材料的响应将决定其性能和用途;材料性能和用途可以不断优化,进行材料加工成型的再升级。整个闭环流程使材料在最简化(如用料最省、质量最轻等)前提下符合工程要求。纺织复合材料设计也遵循这一路径,使纺织复合材料性质得到优化。

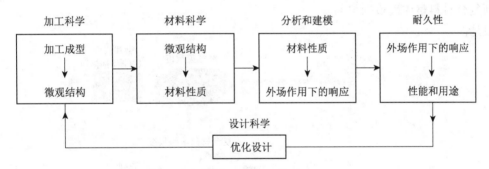

图1.1　材料设计基本路径[1]

纺织复合材料设计的主要难点是纺织复合材料结构的多尺度性和性质的离散性。金属材料能在工程中广泛使用的重要原因之一是其性质的稳定性,而纺织复合材料的性质的离散性使得其在工程设计中很难得到普遍认同。以拉伸强度为例,平行纤维束作为最简单的纺织结构,其拉伸强度通常以强度 Weibull 分布理论描述;由平行纤维束形成的单向复合材料的拉伸强度则复杂许多,它涉及弱环理论、纤维/基体应力传递剪滞模型、界面失效模式等一系列复杂描述理论和现象;由单向复合材料以一定取向组合形成层合板,将产生分层、渐次损伤模式;如果扩展至二维纺织结构甚至三维纺织结构,若考虑预成型体织造过程中发生的纤维束随机损伤和固化成型过程中的基体不完美黏结现象,将使纺织结构复合材料的性质表征和设计异常复杂。

现在出现的代表性体积单元(representative volume element,RVE)、单胞(Unit-cell,UC)等模型,都是把纺织复合材料的循环单元作为基本结构,在均匀化假设条件下进行力学性能设计,虽然无法在细观尺度揭示其破坏模式及预测其刚度、强度等指标,但这是目前计算能力、原位检测条件受限下的妥协。

纺织复合材料的多尺度几何结构是纺织复合材料设计的基本出发点。

图 1.2 所示是机织复合材料的多尺度几何结构分解方案。从机织复合材料的单胞开始,到逐级分解的各级子单胞,直至最基本的纤维和基体。从纤维和基体性质出发,结合多尺度几何结构,形成纺织复合材料性质设计的基本路径。图 1.3 所示是三维正交机织复合材料的多尺度几何结构分解方案。由纤维和基体性质归纳到纤维束,再由纤维束和基体性质计算三维正交机织复合材料整体非均匀化模型性质和三维正交机织复合材料单胞模型性质,最后由单胞性质预测三维正交机织复合材料整体均匀化模型性质。由于经纱、纬纱和 Z 纱相互垂直,三维正交机织复合材料单胞采用简化模型,纤维束被认为呈横观各向同性,基体被认为呈各向同性。这样就形成了从纤维、基体性质到复合材料整体性质的预测和设计。

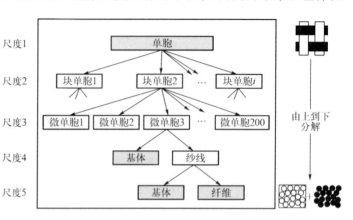

图 1.2 机织复合材料的多尺度几何结构分解方案[2]

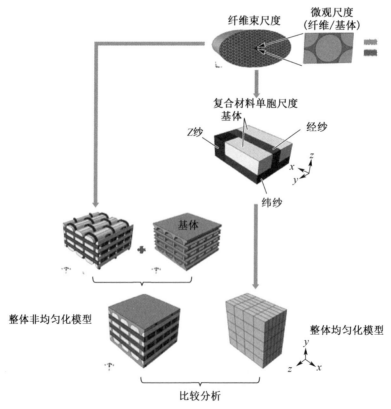

图 1.3 三维正交机织复合材料的多尺度几何结构分解方案

在图 1.2 和图 1.3 所示环节中，没有引入纤维与基体间的界面性质。通常假设纤维和基体间的界面是理想界面，即其在受载过程中不产生失效或滑移。界面失效比纤维和基体破坏更具有随机性，很难用明确的破坏准则判定界面失效位置和失效面积。通常在准静态加载设计中，假定纤维与基体间形成理想界面。界面效应在高应变率加载条件下表现明显，但在冲击加载条件下，材料变形和失效机制尚处于初始研究阶段。在冲击加载条件下，应力波以速度 $C = \sqrt{E/\rho}$（其中 E 为材料弹性模量，ρ 为材料密度）传播。由于纤维和基体中的应力波速度不一致，在纤维和基体材料界面处会产生应力差，导致界面破坏。

表 1.1 所示为五种常用纺织复合材料的增强相结构及特点。树脂作为基体，它在复合材料中的主要作用是固结纤维，把外界载荷均匀传递给纤维，防止纤维受外界损伤。

表 1.1 五种常用纺织复合材料的增强相结构及特点

增强相	结构图	特点
a. 二维平纹机织物		① 结构简单、稳定 ② 面内力学性能优良 ③ 受冲击易分层 ④ 面内抗剪切能力差 ⑤ 制备效率高
b. 三维正交机织物[3]		① 面内、面外力学性能优良，抗分层 ② 抗剪切、扭转能力差 ③ 没有成熟的理论模型
c. 三维角联锁织物		
d. 三维多层双轴向经编针织物[4]		
e. 三维编织物[5]		① 可制造近似净型结构 ② 抗分层、冲击容限高 ③ 对微损伤不敏感 ④ 目前只能制造小试件 ⑤ 刚度、强度低

　　三维纺织复合材料是结构材料,不同织构对应不同类型的纺织复合材料,而材料应力-应变场分布又依赖于组分材料的形态和空间取向等结构,所以准确预测三维纺织复合材料的力学性能目前仍是一个学术难题。三维纺织复合材料结构可以通过细观尺度的纤维束结构得到很好的描述,并且机织、针织、编织等纺织复合材料的细观结构都有一定的周期性,所以不同类型的纺织复合材料的性能分析预测方法具有一定的通用性。

　　为了更好地开发、利用三维纺织复合材料,必须掌握其细观结构对复合材料宏观性能的影响,即应在多尺度层面研究复合材料性能。如何建立起复合材料宏观性能和组分性能及微观结构之间的关系,一直是复合材料领域研究的重点,也是复合材料领域研究的核心目标之一。近年来,随着细观力学的发展和渐进均匀化理论的深化,学者们逐渐认识并开始研究复合材料各尺度之间的联系,并把不同尺度结合起来应用到工程实践中,即多尺度分析方法[6]。

　　多尺度分析方法[6-9]是研究不同空间尺度或时间尺度上物理问题相互耦合的一种科学方法。它是研究复杂系统的重要分支之一,可在不同尺度下对同一物质研究其不同的机理,具有深刻的科学内涵和研究价值,是求解各种复杂材料和工程问题的重要手段之一。对于求解与尺度相关的各种不连续问题,如复合材料和异构材料的性能,以及复合材料的宏观、微观物理特性等问题,多尺度分析方法相当有效[7]。本文研究的多尺度力学问题是在材料多尺度范围,更准确地说是长度范围在$10^{-6} \sim 10^{0}$ m、时间范围在$10^{-9} \sim 10^{6}$ s,将材料分成多个尺度,即微观尺度、介观尺度和宏观尺度,用微观尺度预测介观尺度的材料属性,再由介观尺度预测宏观尺度的材料性能。该方法具体应用于纺织复合材料,就是由纤维和基体性质归纳到纱线,再由纱线和基体性质计算出单胞性质,最后由单胞性质预测材料整体性质。多尺度分析方法的基本思想是以均质材料等效原来的非均质材料,且两者之间的本构关系接近甚至完全相同。该方法的重点是建立均质材料模型。多尺度分析方法采用多步均匀化并结合有限元分析进行计算,考虑到了纺织复合材料的多尺度特点,既能从微观尺度分析材料的等效模量和变形,又能从宏观尺度分析材料的结构响应。此方法的计算精度较高,弱化了纺织复合材料的结构复杂性,能够大大缩短建模过程,减少计算量,从而使计算效率提高。多尺度分析方法是目前国际上研究复合材料宏观力学性能较为流行的方法,但它存在由宏观应力得到微观应力和不同尺度之间的合理过渡等问题。

　　有限元细观结构非均匀化方法[10-12]可以通过详细的建模来预测纺织复合材料的有效性能。由于纤维和基体存在差异,纺织复合材料体现出非均匀特性。在细观结构的基础上进行有限元建模并研究材料力学性能,又称为非均匀化方法。有限元细观结构非均匀化方法能够详细地预测纺织复合材料内部的应力和应变场,进而进行失效机理分析。但是,有限元细观结构非均匀化方法需要对纺织复合材料进行细观尺度的有限元建模。如果纺织结构较复杂,建立能够充分反映材料结构特征的有限元细观模型就是一个繁琐的过程,尤其是对于纤维体积分数较高的编织结构复合材料,很难建立真实反映纤维束截面形状的模型,只能对纺织复合材料的纤维束几何截面形状做一些近似[13-14]。

1.2　二维平纹层压复合材料

　　作为一种最基本的织物结构,平纹织物由相互垂直的经纬纱交织形成。一层或多层平纹织物层合作为增强结构与树脂固化,即可形成二维平纹层压复合材料。这种二维稳定结构不仅具有高的比强度和比刚度,而且制造成本廉价,高效,面内整体性能优良。它已经在过去的几十年作为结构材料广泛应用于航空航天、防护、汽车及运动器材等工程领域。在这些应用领域,材料会不可避免地受到动态载荷作用,比如外物撞击、车辆碰撞或冲击波等。研究并表征复合材料在不同压缩应变率下的力学响应,主要采用试验法和理论分析法。

1989 年,Chou 和 Ko[15]总结了准静态载荷下单层平纹复合材料的各项力学性能,发现平纹复合材料由于在经纬向的纤维取向度最高,有良好的面内拉伸性质和结构稳定性,但面内剪切刚度较低且压缩强度差,不宜承受面内剪切和压缩载荷。

起初,经典层合板理论[16]作为复合材料力学分析相对成熟的理论,常用于计算二维层压复合材料的弹性和刚度性质。Ishikawa 等[17]在 1982 年基于平纹织物结构和经典层合板理论开发出"马赛克模型"(Mosaic model)。如图 1.4 所示,利用该模型可以计算出平纹复合材料一个循环单元的压缩弹性常数,然后使用均匀化边界条件复制循环单元,得到整个复合材料。

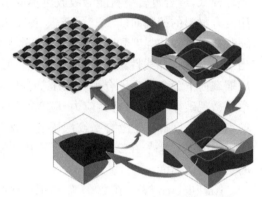

图 1.4　平纹复合材料马赛克模型
单胞划分示意[18]

Chou 等[19]在 1983 年和 Naik[20]在 1995 年分别提出了"纤维起伏模型"(fiber undulation model)和"纤维桥联模型"(fiber bridging model),预测结果与试验结果的匹配都较好。尤其是纤维桥联模型,它考虑到了面内剪切引起的材料非线性,预测的刚度结果更好。Huang[21]在 2000 年把纤维桥联模型扩展到了预测平纹复合材料在任意载荷下的弹性、弹塑性及强度。

Kollegal 等[22]在 2000 年结合微观力学模型和织物几何结构,基于 3D 有限元方法,提出了一种能够预测平纹复合材料受面内载荷时的强度的模型。该模型同时考虑了组分材料非线性和几何结构非线性等问题,不仅可以预测复合材料在准静态载荷下的面内压缩强度,而且能得到压缩破坏模式。最后用试验结果验证了模型的有效性。随后,Kollegal 等[23]在同年提出了一个平纹机织物的简化模型,采用上述相似方法,同样得到了与试验结果拟合度良好的预测结果。

Carvelli 等[24]在 2001 年提出了预测平纹复合材料力学性能的均匀化步骤。但他们把纤维束假设为各向同性材料,忽略了纤维间界面性质,而且必须开发有限元代码,均匀化步骤复杂。

Khan 等[25]在 2002 年分别使用材料测试系统(MTS)、霍普金森压杆(SHPB)和飞盘冲击仪器,测试了玻璃纤维平纹织物增强复合材料在准静态载荷和高应变加载条件下不同方向的压缩强度和破坏模式,并通过光学显微镜和扫描电镜观察,分析了试件的微观和宏观破坏机理,发现复合材料厚度方向的压缩强度和断裂应变都明显高于面内方向,且两个方向上都有相似的应变率效应。

Naik 等[26]在 2003 年基于梁弹性理论提出了一个研究平纹复合材料受单轴准静态压缩载荷时发生变形的分析模型。该模型由三部分组成:经纱、纬纱和基体。当模型发生压缩变形时,考虑结构单元间的剪切作用和失效影响。最后讨论了织物几何结构对复合材料压缩行为的影响。

Hosur 等[27, 28]在 2001 年和 2003 年使用分离式霍普金森压杆装置,分别测试了二维平纹、单向铺层及缝合复合材料在 320~1 150 s^{-1}应变率下的压缩力学行为,对比分析了三种复合材料的破坏模式和应力-应变曲线,总结出分层和剪切破坏是前两种复合材料的主要破坏模式,缝合复合材料能够吸收更多冲击能量。此外,他们还测试了 37 层航天级平纹层压复合材料的偏轴向(0°、15°、30°、45°、60°、75°、90°)动态压缩性质[29],发现高应变率压缩载荷下材料的强度和刚度都高于准静态加载时;织物结构的取向性影响材料的非线性,当 45°加载时,非线性最大。Hosur 等[30]在 2003 年利用 SHPB 装置,测试对比了高应变率压缩载荷下缝合与未缝合平纹层压复合材料不同方向的动态应变率效应,用光学显微镜观察其微观破坏模式,分析其应力-应变行为及破坏模式,结果显示未缝合平纹层压复合材料的刚度和强度都高于缝合平纹层压复合材料。

Gillespie 等[31]在 2005 年利用 SHPB 装置,测试了高应变率压缩载荷下平纹复合材料的层间剪切强度。

Karkkainen 等[32]在 2007 年利用直接微观力学[33]结合有限元方法,预测了两层平纹织物增强复合材料受准静态压缩时的刚度和强度。其结果与经典层合板理论、自适应微观力学方法及简化模型的预测结果比较,发现直接微观力学方法的预测精度最高。

郭启微等[34]在 2008 年研究了复合材料中平纹织物的压缩性能,发现纤维间隙随织物压缩程度的增加而降低,纱线屈曲程度和横截面严重变形。

Cheng 等[35]在 2009 年测试了碳纤维平纹增强碳化硅复合材料受低速冲击后的压缩性质,发现随着冲击加载能量的增加,复合材料的剩余压缩强度显著降低。

Waas 等[36]和 Huang 等[37-38]在 2009 年测试了高应变率下玻璃纤维平纹层压复合材料试件尺寸和形状等对试验结果的影响,发现 3 层平纹织物增强复合材料试件的各层含 16 个以上平纹单胞,即可充分反映多层多单胞复合材料的整体压缩性质。这对研究复合材料力学性质的尺寸相关性具有重要意义。随后建立了有限元多尺度模型进行模拟,预测复合材料的压缩破坏模式,分析其破坏机理及层叠效应。结果显示平纹层叠效应对有限元预测强度有一定影响。

Yoo 等[39]在 2010 年通过试验研究了纤维束屈曲程度对碳纤维平纹织物增强环氧树脂复合材料的准静态压缩特征的影响。结果显示,有屈曲纤维的复合材料的压缩强度低于单向复合材料。

Sun 等[40]在 2010 年,田宏伟等[41]在 2010 年,Gama 等[42]在 2001 年,分别通过试验测试了平纹织物增强复合材料的面内外压缩行为及破坏机制。结果显示,该结构复合材料具有明显的应变率效应,即材料刚度和强度随着应变率增加而近似线性增加,断裂应变随着应变率增加而近似线性减小。

Angioni 等[43]在 2011 年基于当时已有的报道综述了二维机织复合材料均匀化方法。基于以上方法,织物空间结构和各组分材料非线性本构关系被写入有限元子程序,可以快速求解出复合材料的压缩本构关系及宏观结构力学响应[44-46]。

De Carvalho 等[47]在 2011 年使用电子显微镜和数字摄像技术,研究分析了二维平纹复合材料在准静态受压时的受力过程和破坏模式。结果显示,平纹增强相的纤维束空间轨迹及相对位置对复合材料的压缩初始裂纹的形成和扩展起决定性作用,层压堆积形态影响复合材料最终的破坏形态。

Yan 等[48]在 2012 年基于 Sun 等[40]在 2010 年的试验,报道了玄武岩纤维平纹织物层压复合材料的冲击压缩力学响应。他们从系统稳定性角度,利用 Z 频谱变化方法研究了该复合材料在高应变率加载下的频率响应。结果显示,准静态和高应变率下材料频率响应的幅值和周期明显不同,而且系统稳定性随着应变率增加而增加。相似的研究报道也可在其他文献中找到[49-50]。

Wen 等[51]在 2012 年结合马赛克模型和平纹复合材料光滑理想假设,首次采用自由网格 Galerkin 方法,分析了平纹织物微观结构连续破坏机理。通过与试验结果及现有的分析模型结果的比较,验证了该方法可以有效用于多尺度预测平纹复合材料受各种力学载荷时发生的变形和破坏。

Zhou 等[52]在 2013 年采用多尺度渐进损伤模型结合有限元模拟方法,研究了平纹复合材料受准静态单轴和双轴压缩载荷时的力学行为,讨论了平纹复合材料在轴向和偏轴向压缩载荷下的面内强度和破坏模式。结果表明,平纹复合材料受单轴压缩时,轴向纤维断裂决定了其最终破坏模式;受偏轴压缩时,由于剪切效应,压缩强度在 0°～40°偏轴角范围内随偏轴角增加而降低,纤维束界面分离;受双轴压缩时,材料破坏模式受双轴应变率及加载方向的影响都很大。

Yang 等[53]在 2013 年利用飞盘测试装置,把飞盘加速到 3.4～9.5 m/s,冲击二维碳纤维/陶瓷基平纹复合材料,分析超高应变率下的力学响应。结果显示,随着冲击强度增加,试件自由界面速度、局部破坏面积和破碎程度都相应增加。

Smith 等[54]在 2013 年报道了一个用于预测平纹织物增强热塑性树脂复合材料压缩变形的分析模型。该模型采用类似格栅应变分析的方法,考虑到了平纹织物铺层内部剪切效应和局部交织角,可预测复合材料模压成型后增强结构的几何形态和复合材料的变形机制。

1.3 三维正交机织复合材料

三维正交机织物的特点见表 1.1。在理想结构状态下,三维正交机织物由三个方向的相互垂直的直纱线组成,它与树脂复合后,具有比二维复合材料更优良的抗冲击和抗分层性能[55-57],所以更适合应用于要求高强、质轻、破坏容限高的结构领域。对于三维正交机织复合材料在准静态压缩载荷下的力学响应研究,科研工作者已经做了卓有成效的工作。

Cox 等[58-59]分别在 1992 年和 1994 年测试了压实和非压实的"狗骨头"形及立方体三种正交机织复合材料试件的准静态压缩性能。结果表明,试件形状为"狗骨头"的非压实复合材料呈现屈服软化现象;压实试件几乎呈线弹性响应,其强度为非压实复合材料的 2 倍;立方体试件受压缩时,由于试件末端约束及泊松比效应,表现出非线性应力-应变行为。

Tan 等[60]在 1998 年提出了一个单胞模型和一个层合板模型,用于预测三维正交机织复合材料的弹性常数。

Kuo 等[61]在 2000 年通过两种三维正交机织复合材料的准静态压缩试验,发现材料的破坏形态可以分为微观和介观水平。微观水平破坏主要表现为纤维屈服及纤维与基体界面剪切破坏;介观水平破坏主要表现为纤维束屈服和横向剪切破坏。在许多情况下,介观水平的破坏现象大多由微观破坏叠加形成。同时,他们探讨了 Z 纱在织物表面的线圈部分对正交机织复合材料的压缩破坏行为的影响[62]。结果显示,线圈对复合材料在压缩破坏后还能保持整体而不分离起着关键性作用。但是,为了方便建立正交机织复合材料单胞模型来预测宏观力学性能,许多研究者往往忽略 Z 纱在复合材料表面的线圈部分[63-64]。Kuo 等[65]在 2002 年进一步研究了碳/碳正交机织复合材料受面内压缩载荷时的破坏机理。结果表明,在压缩过程中,导致材料发生破坏的主要原因是轴纱不完全平直。

Naik 等[66]在 2001 年报道了一个分析模型,引入多尺度材料的线弹性属性和破坏行为,研究正交机织复合材料的轴向拉伸和剪切性能。结果显示,三维正交机织复合材料的面内强度与正交层合板相当,但其面外的各向力学性能都得到了极大的提高。2002 年他们总结了以上分析模型[67],并成功应用于预测三维机织复合材料受各种准静态力学加载时的热弹性性质。

Wang 等[68]在 2007 年把纱线的微观尺度单胞看作纤维正六边形堆砌结构,复合材料的介观尺度单胞看作直纱线相互正交结构,利用周期性边界条件把两个尺度串联起来,可有效预测正交机织复合材料在准静态拉伸和压缩条件下的弹性常数。Kuo 等[69]、Buchanan 等[70]也基于单胞思想,分别运用经典层合板理论和分析模型,研究三维正交碳/碳复合材料梁的四点弯曲和拉伸弹性性能。

Wu[71]在 2009 年把复合材料的几何参数分为织造参数(1)、测量参数(2)、计算参数(3),分别用于描述正交机织复合材料的几何空间结构,研究材料性质和结构参数对复合材料弹性模量的影响。

Karahan 等[72]在 2010 年应用图像处理技术,测量了三维正交机织碳纤维复合材料的内部结构参数,包括纱线弯曲、纱线截面形状及尺寸、局部纤维体积含量。结果显示,纱线弯曲度小于 0.1%,这证明增强织物中的纤维束从织造到固化成型基本处于无弯曲状态;经纬纱横截面尺寸变化保持在 4%～8%,纱线间距变化在 3%～4%,这表明此复合材料中的纤维束均匀度明显优于二维机织和三维角联锁机织复合材料。该研究为以后建立三维正交机织复合材料介观尺度几何模型提供了有效的参考依据。

Lomov 等[73]在 2010 年基于 WiseTex 软件模块,总结了三维机织物和三维机织复合材料的几何结构建模过程,将建立的模型导入有限元分析软件,可以预测其各向压缩性质。

对于三维正交机织复合材料在高应变率加载条件下的力学响应研究,目前已有许多相关报道。

文献[55]、[56]、[74]～[79]报道了三维正交机织复合材料在高应变率冲击条件下的力学响应和分析方法。低速冲击时,复合材料的变形行为与准静态时相似,而破坏往往发生在材料背面,由纤维断裂引起。高速冲击时,冲击面上的应力波效应往往不可忽略,它在传播过程中可导致材料发生局部剪切破坏。因此,在高速冲击加载条件下研究应力波效应,变成研究材料能量释放和破坏行为的重点。结果显示,在众多纺织增强结构中,三维正交增强结构是扩散应力波能量最快的结构之一,这意味着三维正交机织复合材料在相同条件下能够吸收更多的冲击能量,非常适合应用于防弹防刺领域。

在高应变率压缩测试方面,周凯等[80]在 2009 年分别采用万能试验机和分离式 SHPB 压杆装置,测试了玻璃纤维正交机织复合材料在准静态和高应变加载下的面内、面外压缩性质,通过得到的应力-应变曲线及试件破坏形貌,分析三维正交机织复合材料的应变率敏感性和各向异性。结果显示,最大应力和压缩模量随着应变率增加而升高,面外的压缩强度和失效应变均比面内大,但面内的压缩模量高于面外。

Sun 等[40]在 2010 年使用自行研制的分离式 SHPB 压杆,测试了三维正交机织玄武岩纤维复合材料在高应变率下的压缩行为,揭示了该材料的应变率效应和动态力学响应。所得结论与文献[80]相似。Sun 等[81]在 2010 年使用同样的试验方法,测试了超高分子量聚乙烯正交机织物增强复合材料的动静态压缩响应。

Hou 等[82]在 2013 年也利用上述试验装置,测得三维正交机织物的拉伸应变率效应,可为预测正交机织复合材料的动态压缩性能提供有力的参考依据。

Jia 等[10]和 Pankow 等[83]分别在 2011 年和 2012 年,利用高速摄影机和表面应变场测试仪器,记录了霍普金森杆压缩三维正交机织复合材料的过程,结合有限元方法分析了材料中的纤维束压缩屈服现象,然后建立了单胞介观模型,揭示其动态压缩结构响应。通过有限元分析结果与高速摄影记录的对比,发现两者相符度较高,证明了单胞模型的有效性。Pankow 等[84]在 2013 年测试了碳纤维/玻璃纤维/芳纶混杂织造的三维正交机织复合材料在高应变率压缩载荷下的应变-应变行为和破坏模式。

Ansar 等[85]在 2011 年综述了当时已有的三维正交机织复合材料的分析模型和有限元模型。由于三维正交结构单胞的获取相对较简单,材料非线性本构成为研究热点,所以大部分模型都基于正交单胞模型来推导复合材料的力学性能[45, 66, 70, 75, 78, 86-87]。然而,由于单胞模型均匀化后往往得不到材料结构响应和破坏细节,如纤维束屈服、富树脂区应力集中和表层纤维束应力分布等,所以研究正交机织复合材料的结构效应有待进一步发展。

对于介观模型建模,Lee 等[88]在 2005 年考虑了纤维束真实空间形态,如纤维束横截面和间距规整度,建立了大尺度有限元模型来研究正交机织复合材料的拉伸和剪切弹性行为,发现纤维束空间形态对材料剪切模量的影响较大。但该研究没有分析正交机织复合材料的压缩响应和破坏行为,也没有涉及应变率效应等。

此外,Jia 等[56, 89]于 2011 年和 2012 年,在介观尺度对纤维束空间形态建模,以模拟分析三维正交和三维角联锁机织复合材料受子弹冲击时的破坏模式和结构响应机制。结果显示,细观尺度模型更适合分析在复杂受力情况下复合材料的破坏过程和结构损伤机理。

1.4　四步法编织复合材料

编织结构是第一种作为增强相的纺织复合材料的纺织结构[90]。在 20 世纪 60 年代后期,三维编织碳-碳复合材料用于火箭发动机耐烧蚀结构件部分,相较于金属材料,可以减重 $30\% \sim 50\%$[91]。尽管当时已经证实编织结构可以编织复杂的结构件,但由于其结构复杂且强度低,使用量还相当少[92]。对四步法编织复合材料压缩性能的研究,目前已有较多报道。

Macander 等[93]在 1986 年总结了当时已有的关于编织复合材料力学性能的试验研究,概况了各种参量对复合材料力学性能的影响,比如编织模式、纱线粗细、边界条件等对复合材料的拉抻、压缩、弯曲和层间剪切等力学性能的影响。

Yau 等[94]在 1986 年对三维编织复合材料 I 型梁进行了四点弯曲和轴向压缩试验,并与传统层压复合材料相比,发现三维编织复合材料受压缩时具有优良的整体性而不易出现分层破坏。

Shivakumar 等[95]在 1995 年进一步研究了三维编织复合材料的压缩强度和失效机制,发现压缩强度对轴向纱的错位排列非常敏感,对偏轴纱却不敏感。同年,Naik[96]提出了一个用于预测编织复合材料压缩强度的分析模型,其中考虑了纱线粗细、间距、屈曲度、编织角和纤维体积含量的影响。

Kalidindi 等[97]在 1996 年通过试验和理论分析,研究了三维编织碳纤维/环氧树脂复合材料在横向和纵向的单轴压缩弹性模量和压缩强度随纤维体积含量和编织角变化的规律,试件参数:纤维体积含量 20%～45%,编织角 0°～30°。将试验结果分别与平均应力和应变理论模型的预测结果进行比较,结果表明,纤维体积含量对编织复合材料的压缩性质影响较大,编织角对编织复合材料的各向异性起着决定性作用。

Chiu 等[98]在 1997 年通过试验研究了碳纤维/环氧树脂、芳纶/环氧树脂编织复合材料方管受准静态压缩时的破坏模式和能量吸收。结果显示,碳纤维/环氧树脂编织复合材料方管先发生轴向剪切、扭曲及树脂开裂等粉碎性破坏,芳纶/环氧树脂编织复合材料方管呈逐渐压溃破坏形式,但能量吸收能力低。

Quek 等[99-100]在 2003 年,Wang 等[101]在 2012 年,分别对编织复合材料进行了一系列单轴和双轴压缩试验,揭示了编织复合材料在不同受力条件下的力学响应。结果显示,纤维束随着树脂发生塑性变形而屈曲和扭曲,是编织复合材料受压缩破坏的主要模式。

Huang 等[102]在 2005 年进一步研究了纤维束和树脂材料参数及纤维体积含量对编织复合材料准静态压缩性能的影响。李典森等[103]在 2006 年对三维编织复合材料的力学性能进行了试验研究。他们主要系统研究了三维多向编织复合材料的拉伸、压缩和弯曲试验,从宏观角度揭示其力学行为,获得了这些材料的主要力学性能参数及其变形和破坏规律。此外,他们从细观角度,利用扫描电镜分析了材料的破坏机制。

Shunjun 等[104]在 2010 年通过试验结合弹塑性分析理论,研究了基体微裂纹对二维编织复合材料准静态压缩性质的影响。结果显示,基体微裂纹对复合材料压缩强度的影响甚微,但对材料破坏后的软化效应的影响显著。

除了三维编织复合材料的准静态试验研究外,近年来对三维编织复合材料动态试验也有报道。

Chou[105]在 1992 年研究了三维编织和单向复合材料的冲击力学行为。试验所用三维编织复合材料和单向复合材料的纤维平均体积分数分别为 17%和 34%。他们采用落体冲击试验得到的试验结果表明:在损伤产生和发展的过程中,三维编织复合材料比单向复合材料可以吸收更多的能量和承受更大的弯曲挠度。

Gu 等[106]、Sun 等[107]在 2006 年利用高应变率测试装置,对编织物及其复合材料进行了动态冲击压缩试验,并通过光学显微镜和扫描电镜观察,分析了三维编织复合材料的宏观和微观断裂形态。结果表明:当减小编织角时,拉伸强度和纤维方向的压缩强度会有明显的提高,且断裂过程依赖于应力传递的方式;三维编织复合材料具有很强的能量吸收能力和很高的损伤容限;破坏形态表明纤维之间的树脂上留有裂纹扩展痕迹,宏观裂纹扩展路径主要在编织纱线中和沿着纤维束界面的方向。

Li 等[108]在 2009 年对三维五向碳纤维增强酚醛编织复合材料在 350～1 600 s^{-1}的应变率下进行压缩试验,分析编织角度和纤维体积含量对其动态压缩性质的影响,从宏观、微观角度对压缩破坏模式进行分析。结果显示,其破坏模式与前述四步法编织复合材料相似。Zhang 等[109]在 2012 年利用霍普金森杆装置进行试验,分析了四步法编织复合材料受横向应力波时的冲击特征。

　　由于编织结构复杂,获取其内部单胞结构一直是研究编织复合材料的热点。与其他纺织复合材料一样,根据编织复合材料的结构规律,也可以建立代表性体积单元,进而对其宏观力学性能进行研究。自 20 世纪 80 年代以来,科学工作者对此进行了大量的研究工作。

　　在国内,李典森等[103]、陈利等[110]分别在 2006 年、2002 年,根据三维编织的主要工艺过程,系统地分析了编织物在空间的运动规律,在此基础上采用最小二乘法拟合纱线的空间构型。张巍等[111]在 2006 年根据编织原理得到了编织物内各区域的携纱器运动规律,采用控制体积法研究了四步法矩形组合截面三维编织物的特殊细观结构。何红闯等[112]在 2010 年同样用四步法矩形组合截面使三维编织结构空间模型可视化。此方法利用 Python 脚本语言和 GUI 工具 Tkinter 编写纱线运动模拟程序,在 VTK 中使三维织物的空间可视化。但是,这些工作只能给出示意图,还不足以建立复杂真实的有限元仿真模型用于计算。

　　在国外,文献[113]和[114]在 2011 年、2013 年分别综述了当时的三维编织复合材料有限元建模研究进展。为得到编织纱更真实的空间结构和截面形状,Wang 等[115]在 2001 年应用数字单元模型,模拟了编织纱空间结构的织造过程。该模型把纱线看作连接数字单元的链,单元长度接近于零。因此,纱线可卷曲、易变形,更接近真实纱线,如图 1.5(a)所示。但是,这个模型没有考虑纱线间的摩擦和纱线截面的变化,而这些因素是微观结构的重要特征。Zhou 等[116]在 2004 年改进了 Wang 等[115]的模型,把纱线看作多条数字单元,模拟编织纱的变截面。2008 年,Miao 等再次完善数字单元模型,详见文献[117],其效果如图 1.5(b)所示。为了有限元中纱线结构网格划分得光滑些,数字单元模型有待改进。此外,Potluri 等[118]在 2007 年依据最小能量法则提出了织物自适应模型。这个模型考虑了纱线的弯曲、相互挤压、能量释放及外部做功,同时考虑了复合材料中的纱线受双轴向应力时其截面的变化,如图 1.5(c)所示。

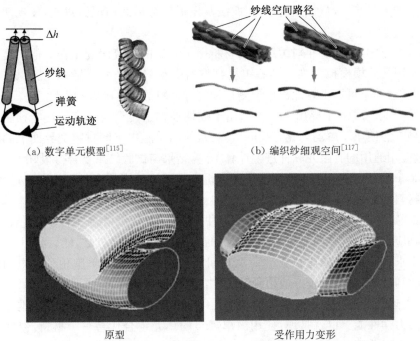

（a）数字单元模型[115]　　　　　　（b）编织纱细观空间[117]

原型　　　　　　　　　　受作用力变形

（c）纱线受双轴拉伸力作用下变形[118]

图 1.5　编织纱线交织模型

　　以上研究对编织复合材料的加工工艺、步骤及空间结构中纤维的取向和分布都进行了详细的分析,这为建立单胞模型预测编织复合材料的力学性能提供了依据。目前比较典型的单胞模型有三种[119]:Zeng 等[120]在 2004 年提出了"米"字型纤维等效模型和螺旋型纤维等效模型;Yang 等[121]在 1986 年以经典层合板理论为基础,提出了纤维倾斜模型;吴德隆等[122]在 1993 年针对四步法三维编织物提出了三胞模型。

　　梁军等[123]在 1997 年用广义自洽方法和 Mori-Tanaka 理论对编织复合材料进行细观分析,然后把刚度体积平均化,对含圆币型基体微裂纹的编织复合材料弹性常数进行理论预报,为材料工程设计提供了理论指导。

　　Chen 等[124]在 1999 年通过试验分析了四步法编织微结构与编织参数之间的关系。他们把编织物分为内区域、表面区域和边角区域,基于这些分区的微结构,分别建立"三胞模型"单胞,分析结果与单胞模型计算结果有很好的一致性。在此基础上,更多的研究报告进一步细化三胞模型,并成功应用于预测四步法编织复合材料的力学响应和破坏行为[125-130]。

　　Ladevèze 等[131]在 2000 年单独建立一层黏结单元作为纱线与树脂的界面,因为界面破坏是四步法三维编织复合材料破坏的主要形式。通常,由于纺织几何结构复杂,认为复合材料的界面厚度为零。因此,界面和织物在厚度方向其实是共节点。模拟的结果达到了预期的效果。

　　Quek 等[100]在 2004 年通过有限元分析对二维三轴编织复合材料的细观结构进行代表性体积单元建模,然后把计算结果代入宏观正交各向异性的编织复合材料的压缩模型。这样搭建起来的从微观到宏观的多尺度模型,可以方便地模拟计算其他纺织复合材料的宏观、细观力学性能。

　　Gu 等[132]在 2005 年用连续倾斜交错层板准介观模型,模拟三维编织复合材料受弹道冲击作用下的力学响应,从加速度-时间曲线及模拟破坏形态与试验对比,发现两者有很好的一致性。

　　Song 等[133-134]在 2007 年对编织复合材料做了大量的系统研究工作。他们运用单胞和多胞结合有限元建模模拟二维三轴编织复合材料受动静态压缩,得到了复合材料的应力-应变本构曲线,结果可以很好地模拟预测这种复合材料的刚度降解和强度。

　　梁军等[135]在 2010 年提出了一种适用于周期性构造复合材料有效性能预测的均匀化方法。这种方法便于求解均匀化方程的边界力,给出单胞中不同材料交界面上的作用力分布,可直接应用通用的有限元软件进行计算,计算结果与试验结果吻合得很好。

　　Šmilauer 等[136]在 2011 年使用多尺度分析方法模拟编织复合材料的断裂过程,求解了编织复合材料的断裂能和断裂区域特征长度。

　　Zhang 等[137]在 2012 年试验了横向高速冲击碳纤维/环氧树脂三维编织复合材料,得到了其力学响应。在单胞中定义编织倾斜模型的本构方程和失效参数,然后利用 VUMAT 导入有限元中求解。最后,通过位移载荷及时间能量曲线,比较了单胞预测结果的好坏。经过比较,编织倾斜模型可以较好地预测编织复合材料的宏观性能。

　　但是,上述研究都是基于代表性体积单元(单胞)结合有限元均匀化方法推导纺织复合材料的各向力学性能。也就是说,使用简单规整的单元组合代替整个材料,忽略了真实材料内部纤维束弯曲等介观几何结构效应。因此,这些方法不能有效地模拟纤维束屈服和树脂裂纹破坏。

1.5　设计原理和方法

　　纺织复合材料由在微观上不相容的纤维和基体组成,比如,玄武岩纤维和聚乙烯基酯
树脂。为了设计纺织复合材料的力学性能,利用各组分材料试验数据,在各尺度对复合材
料进行有限元建模,如图 1.6 所示,主要有三个步骤:首先,从试验数据中提取各组分材料所
需的基本力学性能参数;其次,构建横观各向同性纤维束单胞模型,并利用各组分材料参数
求解纤维束在各个方向的应力-应变曲线,得到其各项力学性能参数,如刚度、屈服应力和
强度;最后,把纤维束和树脂的力学性能参数赋予建好的介观纺织复合材料几何模型,通过
计算得到复合材料的宏观力学性能和介观结构响应。

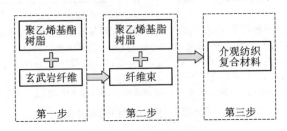

图 1.6　有限元建模步骤

　　纤维束模型是此有限元建模步骤的桥梁。为了获得纤维束在各个方向的力学性能参
数,如图 1.7 所示,在有限元中建立一个纤维束代表性体积单元(单胞),在微观尺度上分析
其动静态力学行为和破坏机制。通过局部坐标系,把 Z 方向定义为纤维方向。单胞的等效
纤维体积含量与增强织物中纤维束的纤维体积含量匹配,同时假设纤维在纤维束横截面上
以正六边形方式排列。因为宏观纤维束由周期性排列的微观单胞构成,所以在微观单胞中
引入 Xia 等[138-139]提出的周期性边界条件,将单胞求解扩展到宏观纤维束性能。

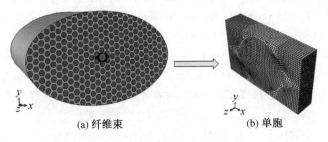

(a) 纤维束　　　　　　　　(b) 单胞

图 1.7　纤维束代表性体积单元模型

　　当复合材料界的传奇人物 Stephen W. Tsai 和 H. Thomas Hahn 于 1980 年勾画出如
图 1.8 所示的层合复合材料的力学性能设计框图时,代表着复合材料工程设计界已经迎来
一个成熟的时代。

　　本书笔者希望构建具有复杂几何结构的纺织复合材料设计框图,推动纺织复合材料设
计达到新高度。

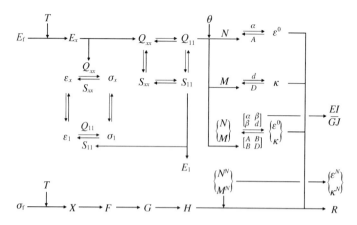

E— 弹性模量；E_x— 单向板纵向弹性模量；E_f— 纤维拉伸模量；Q_{ij}— 刚度矩阵元素$(i,j=x,1)$；
S_{ij}— 柔度矩阵元素$(i,j=x,1)$；σ_i— 应力$(i=x,1)$；ε_i— 应变$(i=x,1)$；T— 坐标系转换矩阵；
θ— 单层板取向角；ε^0— 中面应变；κ— 曲率；X— 全局坐标系；F— 外载绝对值；H— 厚度；R— 莫尔圆半径；
N— 合力；M— 合力矩；A— 拉伸刚度矩阵；D— 弯曲刚度矩阵；B— 弯扭耦合刚度矩阵；α—A 的逆矩阵；
d—D 的逆矩阵；β—B 的逆矩阵；I— 截面惯性矩；G— 剪切刚度；J— 抗扭惯性矩

图 1.8 层合复合材料力学性能设计框图[140]

参 考 文 献

[1] Chou T W. Microstructural Design of Fiber Composites. Cambridge：Cambridge University Press，1992.

[2] Vandeurzen P, Ivens J, Verpoest I. Mechanical modelling of solid woven fabric composites. Cambridge：Woodhead Publishing Limited，1999：67-99.

[3] Li Z, Sun B Z, Gu B H. FEM simulation of 3D angle-interlock woven composite under ballistic impact from unit cell approach. Computational Materials Science, 2010, 49(1)：171-183.

[4] Zhu L T, Sun B Z, Hu H, et al. Ballistic impact damage of biaxial multilayer knitted composite. Journal of Composite Materials, 2012, 46(5)：527-547.

[5] Gu B H. A microstructure model for finite-element simulation of 3D rectangular braided composite under ballistic penetration. Philosophical Magazine, 2007, 87(30)：4643-4669.

[6] 郑晓霞，郑锡涛，缑林虎. 多尺度方法在复合材料力学分析中的研究进展，力学进展，2010，40(1)：41-56.

[7] Ji X B, Khatri A M, Chia E S M, et al. Multi-scale simulation and finite-element-assisted computation of elastic properties of braided textile reinforced composites. Journal of Composite Materials, 2014, 48(8)：931-949.

[8] Zuo Z H, Huang X D, Rong J H, et al. Multi-scale design of composite materials and structures for maximum natural frequencies. Materials & Design, 2013, 51：1023-1034.

[9] Jia X W, Xia Z H, Gu B H. Nonlinear viscoelastic multi-scale repetitive unit cell model of 3D woven composites with damage evolution. International Journal of Solids and Structures, 2013, (50)：3539-3554.

[10] Jia X W, Sun B Z, Gu B H. Ballistic penetration of conically cylindrical steel projectile into 3D orthogonal woven composite：A finite element study at microstructure level. Journal of Composite

Materials, 2011, 45(9): 965-987.

[11] Hou Y Q, Jiang L L, Sun B Z, et al. Strain rate effects of tensile behaviors of 3-D orthogonal woven fabric: Experimental and finite element analyses. Textile Research Journal, 2013, 83(4): 337-354.

[12] Sun X K, Wang Y Q. Digital-element simulation of textile processes. Composites Science and Technology, 2001, 61(5): 311-319.

[13] Zhou E, Miao Y, Wang Y. Mechanics of textile composites: micro-geometry. Composite Science and Technology, 2008, 68(7-8): 1671-1678.

[14] Thammandra V, Potluri P. Influence of uniaxial and biaxial tension on meso-scale geometry and strain fields in a woven composite. Composite Structures, 2007, 77(3): 405-418.

[15] Chou T W, Ko F K. Textile Structural Composites. Amsterdam: Elsevier Science Publishers B. V. , 1989.

[16] Raju I S, Wang J T. Classical laminate theory models for woven fabric composites. Journal of Composite Technology and Research, 1994, 16(4): 289-303.

[17] Ishikawa T, Chou T. Elastic behavior of woven hybrid composites. Journal of Materials Science, 1982, 16(1): 2-19.

[18] Tanov R, Tabiei A. Computationally efficient micromechanical models for woven fabric composite elastic moduli. Journal of Applied Mechanics, 2001, 68(4): 553-560.

[19] Chou T W, Ishikawa T. One-dimensional micromechanical analysis of woven fabric composites. AIAA Journal, 1983, 21(12): 1714-1721.

[20] Naik R A. Failure analysis of woven and braided fabric reinforced composites. Journal of Composite Materials, 1995, 29(17): 2334-2363.

[21] Huang Z M. The mechanical properties of composites reinforced with woven and braided fabrics. Composites Science and Technology, 2000, 60(4): 479-498.

[22] Kollegal M G, Sridharan S. Strength prediction of plain woven fabrics. Journal of Composite Materials, 2000, 34(3): 240-257.

[23] Kollegal M G, Sridharan S. A simplified model for plain woven fabrics. Journal of Composite Materials, 2000, 34(20): 1756-1786.

[24] Carvelli V, Poggi C. A homogenization procedure for the numerical analysis of woven fabric composites. Composites Part A: Applied Science and Manufacturing, 2001, 32(10): 1425-1432.

[25] Khan A S, Colak O U, Centala P. Compressive failure strengths and modes of woven S2-glass reinforced polyester due to quasi-static and dynamic loading. International Journal of Plasticity, 2002, 18(10): 1337-1357.

[26] Naik N, Tiwari S, Kumar R. An analytical model for compressive strength of plain weave fabric composites. Composites Science and Technology, 2003, 63(5): 609-625.

[27] Hosur M V, Alexander J, Vaidya U K, et al. High strain rate compression response of carbon/ epoxy laminate composites. Composite Structures, 2001, 52(3): 405-417.

[28] Hosur M V, Adya M, Vaidya U K, et al. Effect of stitching and weave architecture on the high strain rate compression response of affordable woven carbon epoxy composites. Composite Structures, 2003, 59(4): 507-523.

[29] Hosur M V, Alexander J, Vaidya U K, et al. Studies on the off-axis high strain rate compression loading of satin weave carbon/epoxy composites. Composite Structures, 2004, 63(1): 75-85.

[30] Hosur M V, Adya M, Vaidya U K, et al. Effect of stitching and weave architecture on the high strain rate compression response of affordable woven carbon epoxy composites. Composite

Structures, 2003, 59(4): 507-523.

[31] Gillespie J J, Gama B, Cichanowski C, et al. Interlaminar shear strength of plain weave S2-glass/SC79 composites subjected to out-of-plane high strain rate compressive loadings. Composites Science and Technology, 2005, 65(11): 1891-1908.

[32] Karkkainen R L, Sankar B V, Tzeng J T. Strength prediction of multi-layer plain weave textile composites using the direct micromechanics method. Composites Part B: Engineering, 2007, 38(7): 924-932.

[33] Karkkainen R L, Sankar B V. A direct micromechanics method for analysis of failure initiation of plain weave textile composites. Composites Science and Technology, 2006, 66(1): 137-150.

[34] 郭启微, 吴晓青. 复合材料中平纹机织物的压缩性能. 纺织学报, 2008, 29(5): 42-45.

[35] Cheng Q, Tong X, Chen L, et al. Low-velocity impact characteristics and compressive strength after impact of plain woven carbon fiber reinforced silicon carbide composites. Journal of the Chinese Ceramic Society, 2009, 37(11): 1942-1946.

[36] Waas A M, Attard C, Pankow M. Specimen size and shape effect in split Hopkinson pressure bar testing. The Journal of Strain Analysis for Engineering Design, 2009, 44(8): 689-698.

[37] Huang H, Waas A M. Compressive response of Z-pinned woven glass fiber textile composite laminates: Modeling and computations. Composites Science and Technology, 2009, 69(14): 2338-2344.

[38] Huang H, Waas A M. Compressive response of Z-pinned woven glass fiber textile composite laminates: Experiments. Composites Science and Technology, 2009, 69(14): 2331-2337.

[39] Yoo S H, Park S W, Chang S H. An experimental study on the effect of tow variations on compressive characteristics of plain weave carbon/epoxy composites under compressions. Composite Structures, 2010, 92(2): 736-744.

[40] Sun B Z, Niu Z L, Zhu L T, et al. Mechanical behaviors of 2D and 3D basalt fiber woven composites under various strain rates. Journal of Composite Materials, 2010, 44(3): 1779-1795.

[41] 田宏伟, 郭伟. 平纹机织玻璃纤维增强复合材料面内压缩力学行为及破坏机制. 复合材料学报, 2010, 27: 133-139.

[42] Gama B A, Gillespie J W, Mahfuz H, et al. High strain-rate behavior of plain-weave S2-glass/vinyl ester composites. Journal of Composite Materials, 2001, 35(13): 1201-1228.

[43] Angioni S L, Meo M, Foreman A. A critical review of homogenization methods for 2D woven composites. Journal of Reinforced Plastics and Composites, 2011, 30(24): 1895-1906.

[44] Cui F, Sun B Z, Gu B H. Fiber inclination model for finite element analysis of three-dimensional angle interlock woven composite under ballistic penetration. Journal of Composite Materials, 2011, 45(14): 1499-1509.

[45] Tang Y Y, Sun B Z, Gu B H. Impact damage of 3D cellular woven composite from unit-cell level analysis. International Journal of Damage Mechanics, 2011, 20(3): 323-346.

[46] López-Puente J, Li S. Analysis of strain rate sensitivity of carbon/epoxy woven composites. International Journal of Impact Engineering, 2012, 48: 54-64.

[47] De Carvalho N V, Pinho S T, Robinson P. An experimental study of failure initiation and propagation in 2D woven composites under compression. Composites Science and Technology, 2011, 71(10): 1316-1325.

[48] Yan J, Gu B H, Sun B Z. Dynamic response and stability of basalt woven fabric composites under impulsive compression. Journal of Reinforced Plastics and Composites, 2012, 32(2): 137-144.

［49］Chen D D, Lu F Y, Jiang B H. Tensile properties of a carbon fiber 2D woven reinforced polymer matrix composite in through-thickness direction. Journal of Composite Materials, 2012, 46(25): 3297-3309.

［50］Khan A S, Colak O U, Centala P. Compressive failure strengths and modes of woven S2-glass reinforced polyester due to quasi-static and dynamic loading. International Journal of Plasticity, 2002, 18(10): 1337-1357.

［51］Wen P H, Aliabadi M H. Damage mechanics analysis of plain woven fabric composite micromechanical model for mesh-free simulations. Journal of Composite Materials, 2012, 46(18): 2239-2253.

［52］Zhou Y, Lu Z, Yang Z. Progressive damage analysis and strength prediction of 2D plain weave composites. Composites Part B: Engineering, 2013, 47: 220-229.

［53］Yang Y, Xu F, Zhang Y Q, et al. Hypervelocity impact experiment on two-dimensional plain-woven C/SiC composites. Explosion and Shock Waves, 2013, 33: 156-162.

［54］Smith J R, Vaidya U K, Johnstone J K. Analytical modeling of deformed plain woven thermoplastic composites. International Journal of Material Forming, 2013, 5: 1-15.

［55］Bahei-El-Din Y A, Zikry M A. Impact-induced deformation fields in 2D and 3D woven composites. Composites Science and Technology, 2003, 63(7): 923-942.

［56］Jia X W, Sun B Z, Gu B H. Ballistic penetration of conically cylindrical steel projectile into 3D orthogonal woven composite: A finite element study at microstructure level. Journal of Composite Materials, 2011, 45(8): 965-987.

［57］Tan K T, Watanabe N. Impact damage resistance, response, and mechanisms of laminated composites reinforced by through-thickness stitching. International Journal of Damage Mechanics, 2012, 21(2): 51-80.

［58］Cox B, Dadkhah M, Morris W, et al. Failure mechanisms of 3D woven composites in tension, compression, and bending. Acta Metallurgica et Materialia, 1994, 42(12): 3967-3984.

［59］Cox B, Dadkhah M, Inman R, et al. Mechanisms of compressive failure in 3D composites. Acta Metallurgica et Materialia, 1992, 40(12): 3285-3298.

［60］Tan P, Tong L, Steven G. Modeling approaches for 3D orthogonal woven composites. Journal of Reinforced Plastics and Composites, 1998, 17(6): 545-577.

［61］Kuo W S, Ko T H. Compressive damage in 3-axis orthogonal fabric composites. Composites Part A: Applied Science and Manufacturing, 2000, 31(10): 1091-1105.

［62］Kuo W S. The role of loops in 3D fabric composites. Composites Science and Technology, 2000, 60 (9): 1835-1849.

［63］Marcin L, Maire J F, Carrère N, et al. Development of a macroscopic damage model for woven ceramic matrix composites. International Journal of Damage Mechanics, 2011, 20(5): 939-957.

［64］Ansar M, Xinwei W, Chouwei Z. Modeling strategies of 3D woven composites: A review. Composite Structures, 2011, 93(8): 1947-1963.

［65］Kuo W S, Ko T H, Lo T S. Failure behavior of three-axis woven carbon/carbon composites under compressive and transverse shear loads. Composites Science and Technology, 2002, 62 (7): 989-999.

［66］Naik N K, Azad S N M, Prasad P D, et al. Stress and failure analysis of 3D orthogonal interlock woven composites. Journal of Reinforced Plastics and Composites, 2001, 20(17): 1485-1523.

［67］Naik N, Sridevi E. An analytical method for thermoelastic analysis of 3D orthogonal interlock woven composites. Journal of Reinforced Plastics and Composites, 2002, 21(13): 1149-1191.

［68］ Wang X, Wang X, Zhou G, et al. Multiscale analyses of 3D woven composite based on periodicity boundary conditions. Journal of Composite Materials, 2007, 41(14): 1773-1788.

［69］ Kuo C M. Elastic bending behavior of solid orthogonal woven 3-D carbon-carbon composite beams. Composites Science and Technology, 2008, 68(3): 666-672.

［70］ Buchanan S, Grigorash A, Archer E, et al. Analytical elastic stiffness model for 3D woven orthogonal interlock composites. Composites Science and Technology, 2010, 70(11): 1597-1604.

［71］ Wu Z. Three-dimensional exact modeling of geometric and mechanical properties of woven composites. Acta Mechanica Solida Sinica, 2009, 22(5): 479-486.

［72］ Karahan M, Lomov S V, Bogdanovich A E, et al. Internal geometry evaluation of non-crimp 3D orthogonal woven carbon fabric composite. Composites Part A: Applied Science and Manufacturing, 2010, 41(9): 1301-1311.

［73］ Lomov S, Perie G, Ivanov D S, et al. Modeling three-dimensional fabrics and three-dimensional reinforced composites: challenges and solutions. Textile Research Journal, 2011, 81(1): 28-41.

［74］ Lv L H, Sun B Z, Qiu Y P, et al. Energy absorptions and failure modes of 3D orthogonal hybrid woven composite struck by flat-ended rod. Polymer Composites, 2006, 27(4): 410-416.

［75］ Luo Y S, Lv L H, Sun B Z, et al. Transverse impact behavior and energy absorption of three-dimensional orthogonal hybrid woven composites. Composite Structures, 2007, 81(2): 202-209.

［76］ Tabiei A, Nilakantan G. Ballistic impact of dry woven fabric composites: A review. Applied Mechanics Reviews, 2008, 61(1): 1-13.

［77］ Hou Y Q, Sun B Z, Gu B H. An analytical model for the ballistic impact of three dimensional angle-interlock woven fabric penetrated by a rigid cylindro-spherical projectile. Textile Research Journal, 2011, 81(12): 1287-1303.

［78］ Ji C G, Sun B Z, Qiu Y P, et al. Impact damage of 3D orthogonal woven composite circular plates. Applied Composite Materials, 2007, 14(5-6): 343-362.

［79］ Ji K H, Kim S J. Dynamic direct numerical simulation of woven composites for low-velocity impact. Journal of Composite Materials, 2007, 41(2): 175-200.

［80］ 周凯, 熊杰, 杨斌, 等. 三维正交机织复合材料的动态压缩性能. 复合材料学报, 2009(2): 171-175.

［81］ Sun Y, Wang G J. Compressive response of UHMWPE/vinyl ester 3D orthogonal woven composites at high strain rates. Advanced Materials Research, 2010, 97: 522-525.

［82］ Hou Y, Jiang L, Sun B Z, et al. Strain rate effects of tensile behaviors of 3-D orthogonal woven fabric: Experimental and finite element analyses. Textile Research Journal, 2013, 83(4): 337-354.

［83］ Pankow M, Waas A M, Yen C F, et al. Modeling the response, strength and degradation of 3D woven composites subjected to high rate loading. Composite Structures, 2012, 94(5): 1590-1604.

［84］ Pankow M, Yen C F, Justusson B, et al. Through-the-thickness response of hybrid 2D and 3D woven composites. Boston: Structure, Structural Dynamical, and Materials and Co-Located Conferences, 2013: 1-14.

［85］ Ansar M, Wang X W, Zhou C W. Modeling strategies of 3D woven composites: A review. Composite Structures, 2011, 93(8): 1947-1963.

［86］ Sun B Z, Liu Y K, Gu B H. A unit cell approach of finite element calculation of ballistic impact damage of 3-D orthogonal woven composite. Composites Part B: Engineering, 2009, 40(6): 552-560.

［87］ Tan P, Tong L, Steven G P. Behavior of 3D orthogonal woven CFRP composites. Part II. FEA and analytical modeling approaches. Composites Part A：Applied Science and Manufacturing, 2000, 31 (3)：273-281.

[88] Lee C S. Virtual material characterization of 3D orthogonal woven composite materials by large-scale computing. Journal of Composite Materials, 2005, 39(10)：851-863.

[89] Jia X W, Sun B Z, Gu B H. A numerical simulation on ballistic penetration damage of 3D orthogonal woven fabric at microstructure level. International Journal of Damage Mechanics, 2012, 21(2)：237-266.

[90] 马丕波,蒋高明,高哲,等.纺织结构复合材料冲击拉伸研究进展.力学进展,2013,43(3):329-357.

[91] Shelley M. The manufacture and evaluation of braided fibre reinforced composite tubes. National Engineering Lab, East Kilbride, 1978：37-46.

[92] Tong L, Mouritz A P, Bannister M K. 3D fibre reinforced polymer composites. Amsterdam：Elsevier, 2002.

[93] Macander A B, Crane R M, Camponeschi E T. Fabrication and mechanical properties of multidimensionally (XD) braided composite materials. ASTM STP, 1986, 873：422-445.

[94] Yau S S, Chou T W, Ko F K. Flexural and axial compressive failures of three-dimensionally braided composite l-beams. Composites, 1986, 17(3)：227-232.

[95] Shivakumar K N, Emehel T C, Avva V S, et al. Compression strength and failure mechanisms of 3-D textile composites. AIAA Paper, 1995, 95-1159：27-37.

[96] Naik R A. Failure analysis of woven and braided fabric reinforced composites. Journal of Composite Materials, 1995, 29(17)：2334-2363.

[97] Kalidindi S R, Abusafieh A. Longitudinal and transverse moduli and strengths of low angle 3-D braided composites. Journal of Composite Materials, 1996. 30(8)：885-905.

[98] Chiu C H, Lu C K, Wu C M. Crushing characteristics of 3-D braided composite square tubes. Journal of Composite Materials, 1997, 31(22)：2309-2327.

[99] Quek S C, Waas A M, Shahwan K W, et al. Compressive response and failure of braided textile composites：Part 1-Experiments. International Journal of Non-Linear Mechanics, 2004, 39(4)：635-648.

[100] Quek S C, Waas A M, Shahwan K W, et al. Compressive response and failure of braided textile composites：Part 2-computations. International Journal of Non-linear Mechanics, 2004, 39(4)：649-663.

[101] Wang B L, Fang G D, Liang J, et al. Failure locus of 3D four-directional braided composites under biaxial loading. Applied Composite Materials, 2012, 19(3-4)：529-544.

[102] Huang Z M. Efficient approach to the structure-property relationship of woven and braided fabric-reinforced composites up to failure. Journal of Reinforced Plastics and Composites, 2005, 24(12)：1289-1309.

[103] 李典森,卢子兴,陈利,等.三维七向编织结构细观分析.复合材料学报,2006,23(1):135-142.

[104] Shunjun S, Waas A M, Shahwan K W, et al. Effects of matrix microcracking on the response of 2D braided textile composites subjected to compression loads. Journal of Composite Materials, 2010, 44 (2)：221-240.

[105] Chou T W. Microstructural Design of Fiber Composites. Cambridge：Cambridge University Press, 1992.

[106] Gu B H, Chang F K. Energy absorption features of 3-D braided rectangular composite under different strain rates compressive loading. Aerospace Science and Technology, 2007, 11 (7)：

535-545.

[107] Sun B Z, Gu B H. High strain rate behavior of 4-step 3D braided composites under compressive failure. Journal of Materials Science, 2007, 42(7): 2463-2470.

[108] Li D S, Lu Z X, Fang D N. Longitudinal compressive behavior and failure mechanism of three-dimensional five-directional carbon/phenolic braided composites at high strain rates. Materials Science and Engineering: A, 2009, 526(1): 134-139.

[109] Zhang Y, Sun B Z, Gu B H. Experimental characterization of transverse impact behaviors of four-step 3-D rectangular braided composites. Journal of Composite Materials, 2012, 46 (24): 3017-3029.

[110] 陈利,李嘉禄. 三维编织中纱线的运动规律分析. 复合材料学报,2002,19(2):71-74.

[111] 张巍,丁辛,李毓陵. 四步法矩形组合截面三维编织物的细观结构. 复合材料学报,2006,23(3): 165-169.

[112] 何红闯,杨连贺,陈利. 矩形组合截面四步法二次三维编织及其空间模型可视化. 复合材料学报, 2010,27(4):160-167.

[113] Fang G, Liang J. A review of numerical modeling of three-dimensional braided textile composites. Journal of Composite Materials, 2011, 45(23): 2415-2436.

[114] Bilisik K. Three-dimensional braiding for composites: A review. Textile Research Journal, 2013, 83 (12): 1414-1436.

[115] Wang Y Q, Sun X S. Digital-element simulation of textile processes. Composites Science and Technology, 2001, 61(2): 311-319.

[116] Zhou G, Sun X, Wang Y. Multi-chain digital element analysis in textile mechanics. Composites Science and Technology, 2004, 64(2): 239-244.

[117] Miao Y, Zhou E, Wang Y. Mechanics of textile composites: Micro-geometry. Composites Science and Technology, 2008, 68(7): 1671-1678.

[118] Potluri P, Thammandra V S. Influence of uniaxial and biaxial tension on meso-scale geometry and strain fields in a woven composite. Composite Structures, 2007, 77(3): 405-418.

[119] 卢子兴,杨振宇,李仲平. 三维编织复合材料力学行为研究进展. 复合材料学报,2004,21(2):1-7.

[120] Zeng T, Fang D N, Ma L C, et al. Predicting the non-linear response and failure of 3D braided composites. Material Letters, 2004, 58(26): 3237-3241.

[121] Yang J M, Ma C L, Chou T W. Fiber inclination model of three-dimensional textile structural composite. Journal of Composite Materials, 1986, 20(5): 472-484.

[122] 吴德隆,郝兆平. 五向编织结构复合材料的分析模型. 宇航学报,1993,14(3):40-51.

[123] 梁军,杜善义,陈晓峰. 一种含特定微裂纹缺陷三维编织复合材料弹性常数预报方法. 复合材料学报,1997,14(1):101-107.

[124] Chen L, Tao X M, Choy C L. A structural analysis of three-dimensional braids. Journal of China Textile University (Eng. Ed.), 1997, 14(3): 8-13.

[125] Endruweit A, Long A C. A model for the in-plane permeability of triaxially braided reinforcements. Composites Part A: Applied Science and Manufacturing, 2011, 42(2): 165-172.

[126] Li D S, Li C, Li J L. Microstructure and unit-cell geometry of four-step three-dimensional rectangular braided composites. Journal of Reinforced Plastics and Composites, 2010, 29 (22): 3353-3363.

[127] Fang G D, Liang J, Wu Y, et al. The effect of yarn distortion on the mechanical properties of 3D four-directional braided composites. Composites Part A: Applied Science and Manufacturing, 2009,

40(4): 343-350.

[128] Li D S, Li J L, Chen L, et al. Finite Element Analysis of Mechanical Properties of 3D Four-Directional Rectangular Braided Composites Part 1: Microgeometry and 3D Finite Element Model. Applied Composite Materials, 2010, 17(4): 373-387.

[129] Fang G, Liang J, Lu Q, et al. Investigation on the compressive properties of the three dimensional four-directional braided composites. Composite Structures, 2011, 93(2): 392-405.

[130] Zhang C, Xu X. Finite element analysis of 3D braided composites based on three unit-cells models. Composite Structures, 2013, 98: 130-142.

[131] Ladevèze P, Guitard L, Champaney L, et al. Debond modeling for multidirectional composites. Computer Methods in Applied Mechanics and Engineering, 2000, 185(2): 109-122.

[132] Gu B H, Ding X. A refined quasi-microstructure model for finite element analysis of three-dimensional braided composites under ballistic penetration. Journal of Composite Materials, 2005, 39 (8): 685-710.

[133] Song S, Waas A M, Shahwan K W, et al. Compression response of 2D braided textile composites: Single cell and multiple cell micromechanics based strength predictions. Journal of Composite Materials, 2008, 42(23): 2461-2482.

[134] Song S, Waas A M, Shahwan K W, et al. Braided textile composites under compressive loads: Modeling the response, strength and degradation. Composites Science and Technology, 2007, 67 (15): 3059-3070.

[135] 梁军,黄富华,杜善义.周期性单胞复合材料有效弹性性能的边界力方法.复合材料学报,2010,27 (2):108-113.

[136] Šmilauer V, Hoover C G, Bažant Z P, et al. Multiscale simulation of fracture of braided composites via repetitive unit cells. Engineering Fracture Mechanics, 2011, 78(6): 901-918.

[137] Zhang Y, Sun B Z, Gu B H. Transverse impact behaviors of four-step 3-D rectangular braided composites from unit-cell approach. Journal of Reinforced Plastics and Composites, 2012, 31(4): 233-246.

[138] Xia Z H, Zhang Y F, Ellyin F. A unified periodical boundary conditions for representative volume elements of composites and applications. International Journal of Solids and Structures, 2003, 40 (8): 1907-1921.

[139] Xia Z H, Zhou C W, Yong Q L, et al. On selection of repeated unit cell model and application of unified periodic boundary conditions in micro-mechanical analysis of composites. International Journal of Solids and Structures, 2006, 43(2): 266-278.

[140] Tsai S W, Hahn H T. Introduction to composite materials. Lancaster: Technomic Publishing Company, Inc. , 1980.

2　纺织复合材料多尺度几何结构和多层次建模

2.1　颗粒复合材料

2.1.1　多尺度分析

颗粒增强复合材料或者颗粒复合材料是形式最简单的复合材料之一,颗粒以特定方式嵌在基体中。如图 2.1 所示,颗粒复合材料多尺度分析层级非常简单。这些分析将微观尺度(如颗粒和基体)、细观尺度(如代表性颗粒复合材料)及最终的宏观尺度(如颗粒复合材料)联系在一起[1-11]。针对一个完整分析周期,多尺度分析有两条相辅相成的路径,一条是刚度循环,另一条是应力循环。对于刚度循环,由相邻小尺度材料和几何属性计算大尺度材料属性。颗粒复合材料属性由颗粒和基体及几何属性计算得到,即组分材料性质和复合材料结构相结合的计算方法。

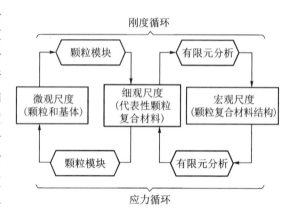

图 2.1　颗粒复合材料多尺度分析层级

2.1.2　颗粒模块

为建立颗粒复合材料的代表性单胞,假想存在被基体包围的单一代表性颗粒。通常,每个颗粒可能有不同的形状。为简化代表性颗粒的形状,颗粒可以假设为球形或立方体。

使用边界元方法[12]对不同形状的颗粒进行微观尺度分析,结果表明,颗粒复合材料的有效材料属性对颗粒形状不敏感。然而,相同的研究表明,在微观尺度,应力对颗粒形状相当敏感。对于真实的复合材料,每个颗粒都有不同形状及应力集中现象,尤其是没有方法考虑所有不同形状的颗粒,以及这些不同形状的颗粒所表现出来的应力集中效应。针对这个复杂问题的一个可行方案是利用统计力学方法,但这种方法耗时长且复杂。

假设宏观失效强度或多或少地与由相同颗粒复合材料组成的试件一致,那么由不同形状的颗粒产生的局部应力集中效应可能被复合材料试件减弱。从这个角度出发,可为代表性单胞中的颗粒假设一个更规则的形状,计算代表性颗粒的平均应力,这使得颗粒形状与单胞不那么相关。

图 2.2 所示为代表性单胞结构。考虑到对称性,图中只给出了八分之一的单胞,用亚单胞 a 表示代表性颗粒,基体周围用亚单胞 $b \sim h$ 表示。为了清晰地表示单胞内所有亚单胞

的相对位置,亚单胞及其相邻亚单胞由线和弹簧连接。线表示任何两个相邻亚单胞之间的连续组分材料,弹簧表示颗粒和基体组分之间的潜在界面效应。弹簧常数可以用来调整界面强弱。图2.2中的模型,沿着三个方向有三个不同的界面材料属性。然而,对于各向同性材料及其破坏行为,所有的界面材料属性,即弹簧常数,被假想为相同。亚单胞 a 的尺寸为 $(V_\mathrm{p})^{1/3}$, V_p 为复合材料中颗粒体积分数。

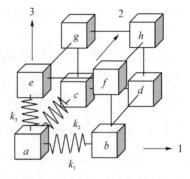

图 2.2　代表性单胞结构

　　对于所有的亚单胞,其平均应力及应变通过推导得到。任意相邻亚单胞之间的应力必须满足下列平衡条件:

$$\sigma_{11}^a = \sigma_{11}^b,\ \sigma_{11}^c = \sigma_{11}^d,\ \sigma_{11}^e = \sigma_{11}^f,\ \sigma_{11}^g = \sigma_{11}^h \tag{2.1}$$

$$\sigma_{22}^a = \sigma_{22}^c,\ \sigma_{22}^b = \sigma_{22}^d,\ \sigma_{22}^e = \sigma_{22}^g,\ \sigma_{22}^f = \sigma_{22}^h \tag{2.2}$$

$$\sigma_{33}^a = \sigma_{33}^e,\ \sigma_{33}^b = \sigma_{33}^f,\ \sigma_{33}^c = \sigma_{33}^g,\ \sigma_{33}^d = \sigma_{33}^h \tag{2.3}$$

其中:上标表示亚单胞,下标表示应力成分。

　　这些方程是有关正应力的。有关剪应力的相似方程也可以写出来,为了节省空间,此处省去。

　　假设周期性边界条件下的单胞均匀变形,亚单胞的应变满足下列平衡方程:

$$l_\mathrm{p}\varepsilon_{11}^a + l_\mathrm{m}\varepsilon_{11}^b + (l_\mathrm{p}^2\sigma_{11}^a/k_1) = l_\mathrm{p}\varepsilon_{11}^c + l_\mathrm{m}\varepsilon_{11}^d = l_\mathrm{p}\varepsilon_{11}^e + l_\mathrm{m}\varepsilon_{11}^f = l_\mathrm{p}\varepsilon_{11}^g + l_\mathrm{m}\varepsilon_{11}^h \tag{2.4}$$

$$l_\mathrm{p}\varepsilon_{22}^a + l_\mathrm{m}\varepsilon_{22}^c + (l_\mathrm{p}^2\sigma_{22}^a/k_2) = l_\mathrm{p}\varepsilon_{22}^b + l_\mathrm{m}\varepsilon_{22}^d = l_\mathrm{p}\varepsilon_{22}^e + l_\mathrm{m}\varepsilon_{22}^g = l_\mathrm{p}\varepsilon_{22}^f + l_\mathrm{m}\varepsilon_{22}^h \tag{2.5}$$

$$l_\mathrm{p}\varepsilon_{33}^a + l_\mathrm{m}\varepsilon_{33}^e + (l_\mathrm{p}^2\sigma_{33}^a/k_3) = l_\mathrm{p}\varepsilon_{33}^b + l_\mathrm{m}\varepsilon_{33}^f = l_\mathrm{p}\varepsilon_{33}^c + l_\mathrm{m}\varepsilon_{33}^g = l_\mathrm{p}\varepsilon_{33}^d + l_\mathrm{m}\varepsilon_{33}^h \tag{2.6}$$

其中:

$$l_\mathrm{p} = (V_\mathrm{p})^{1/3} \tag{2.7}$$

$$l_\mathrm{m} = 1 - l_\mathrm{p} \tag{2.8}$$

　　其他必要的数学表达式是针对颗粒、基体材料及复合材料的本构方程。现在的颗粒复合材料,颗粒和基体材料及复合材料都被认为是各向同性材料。此外,单胞的应力和应变被假想为亚单胞的应力和应变的体积平均值。

$$\bar{\sigma}_{ij} = \sum_n V^n \sigma_{ij}^n \tag{2.9}$$

$$\bar{\varepsilon}_{ij} = \sum_n V^n \varepsilon_{ij}^n \tag{2.10}$$

其中: $\bar{\sigma}_{ij}$、$\bar{\varepsilon}_{ij}$ 分别表示复合材料(单胞水平)的应力、应变; V^n 表示第 n 个亚单胞的体积分数。

　　上述方程的代数运算最终服从以下两个表达式:

$$[E^\mathrm{eff}] = [V][E][R] \tag{2.11}$$

$$\{\varepsilon\} = [R]\{\bar{\varepsilon}\} \tag{2.12}$$

其中: $[E^\mathrm{eff}]$ 为复合材料性质矩阵; $[V]$ 为亚单胞体积分数矩阵; $[E]$ 为组分材料性质矩

阵；$[R]$ 是与由颗粒和基体材料应变组成的亚单胞应变向量 $\{\bar{\varepsilon}\}$ 及单胞应变向量 $\{\varepsilon\}$ 相关的矩阵。

式(2.11)用于刚度循环,式(2.12)用于应力循环。一旦微观尺度应变由式(2.12)计算得到,颗粒和基体材料的本构方程将分别用于计算微观尺度应力。然后,破坏和失效准则用于计算微观尺度应力和应变。

2.1.3　损伤力学及初始裂纹准则

在微观尺度应用失效准则的优点之一是,即使复合材料有不同的颗粒体积分数,也不需要通过试验获得复合材料强度数据。此外,所有的破坏和失效模型都能在微观尺度被简化,这使得破坏和失效机理更容易理解。比如,颗粒复合材料的破坏形式分为三种类型,如图 2.3 所示:颗粒断裂、基体开裂及颗粒/基体界面脱黏。界面脱黏可能是基体在颗粒边界开裂的结果。不同的破坏和失效准则用于不同的破坏和失效模式。例如,如果材料呈各向同性,其破坏过程也认为是各向同性的,那么各向同性破坏理论就能应用于该材料。

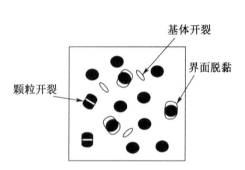

图 2.3　颗粒复合材料微观尺度的破坏形式

复合材料圆形切口尖端裂纹产生及扩展的试验研究表明,切口尖端产生的裂纹会扩展,直到它达到某个尺寸为止;然后,裂纹尖端变得钝化,直到它进一步传播。使用计算模型,希望能预测裂纹尖端钝化之前的裂纹尺寸(叫作初始裂纹长度)及随后的裂纹扩展。为了预测初始裂纹长度,损伤力学与下面描述的准则一起使用。

以拉伸作用下的多孔板为例。因为存在应力集中,孔附近的应力远大于标准值。孔附近的高应力导致此处的破坏比其他位置更早出现。当裂纹扩展至孔附近时,相同位置的材料随着损伤加重产生刚度降解。这意味着孔附近的应变随着损伤增加而持续增长,则同一位置的应力随着刚度降解而降低。最终,孔附近的应力比其他位置的应力低,直到孔边缘处的应力下降为零。孔边缘处的应力曲线如图 2.4 所示。

图 2.4(d)阐明了孔边缘处的损伤导致此处应力下降为零,这意味着裂纹能够在损伤饱和开始的孔边缘处触发。然后,有关初始裂纹长度的主要问题是裂纹在钝化之前将传播多远。要回答这个问题,需检查孔边缘附近的材料力学行为。研究表明,孔边缘附近的材料有软化现象。换句话说,材料软化区域的应力-应变曲线的斜率变为负值,这意味着材料软化区域是不稳定的。结果,在损伤饱和开始的孔边缘处触发的裂纹有望通过不稳定的材料软化区域增长。这表明初始裂纹长度等于材料软化区域长度,用图 2.4(d)中的 l_c 表示。总之,这是预测初始裂纹长度的准则。

这一准则可通过试验数据验证,预测结果与试验结果具有很好的一致性。例如,在非常柔软的基体中嵌入硬颗粒组成颗粒复合材料,因为颗粒比基体坚硬,裂纹将在基体中形成。因此,把多尺度分析方法应用于颗粒复合材料,将损伤力学与初始裂纹长度准则一起应用,试验与预测得到的初始裂纹长度差异始终在 5%~10%。图 2.5 所示为颗粒复合材料中形成的初始裂纹[10-11]。

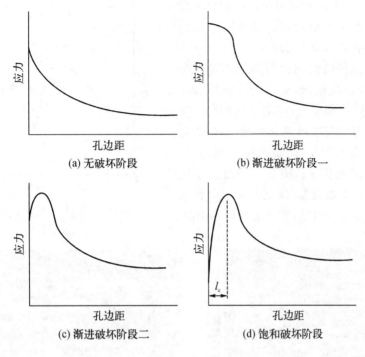

(a) 无破坏阶段　　　　　　(b) 渐进破坏阶段一

(c) 渐进破坏阶段二　　　　(d) 饱和破坏阶段

图 2.4　孔边缘处的应力曲线

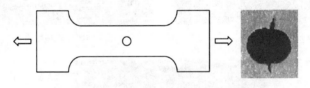

图 2.5　颗粒复合材料中形成的初始裂纹

2.1.4　非均匀性微观结构研究

因为先前给出的多尺度分析利用组分材料尺度的材料属性,即微观尺度,因此容易建立非均匀性微观结构,比如分布在复合材料中的非均匀性颗粒。即使复合材料的整体刚度较少依赖颗粒分布,但复合材料的有效强度依赖颗粒分布。颗粒体积分数相同的不同颗粒分布,会导致不同的局部应力,控制不同载荷下的失效。

可以用试验方法确定复合材料中的颗粒分布。例如,把一个大的方形试件切成小的方形试件。然后,用 X 射线测量每个小试件的颗粒体积分数。如果大试件的颗粒体积分数均匀、一致,那么所有小试件的颗粒体积分数相同。然而,正如实际预期的那样,颗粒体积分数存在偏差,其与 X 射线穿过试件的平均强度相关。因此,需要计算每个小试件的颗粒体积分数临界偏差。研究表明,由于试件尺寸小于标准尺寸,标准偏差的 X 射线平均强度显著增加,颗粒分布在大于临界尺寸的区域内是均匀的。

为了模拟颗粒分布的这种非均匀性,复合材料试件分为许多区域,其尺寸等于临界尺寸。每个区域进一步分解为更小的子域。当整个试件的平均颗粒体积分数等于区域颗粒体积分数时,每个子域之间的颗粒体积分数随机变化。这样做是为了研究复合材料的非均匀性微观结构引起的局部应力效应[7, 10]。

对比整个试件的均匀性与非均匀颗粒分布情况下的应力-应变曲线,非均匀性颗粒分布导致较低的失效强度和应变,如图 2.6 所示。非均匀性颗粒分布与均匀性颗粒分布相比,后者导致较高的局部应力和应变,初始裂纹出现得较早,且最终失效时间也较早。图 2.7 中绘出了随着破坏增加的破坏参数分布,灰度标尺上颜色越浅表明破坏越严重,白色代表破坏最严重即裂纹。

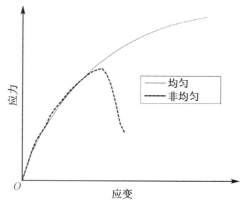

图 2.6　均匀性与非均匀性颗粒分布
情况下的应力-应变曲线

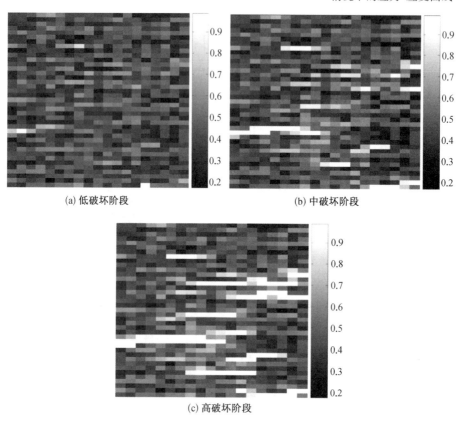

(a) 低破坏阶段　　　　　　(b) 中破坏阶段

(c) 高破坏阶段

图 2.7　颗粒复合材料渐进破坏

2.2　纤维复合材料

2.2.1　多尺度分析

纤维复合材料可以由多层构建。每层有包埋在基体中的纤维,每层的纤维取向通常变化,形成层合复合材料。纤维复合材料多尺度分析层级如图 2.8 所示。与颗粒复合材料相比,纤维复合材料多尺度分析多一步层合板模块[13-17]。

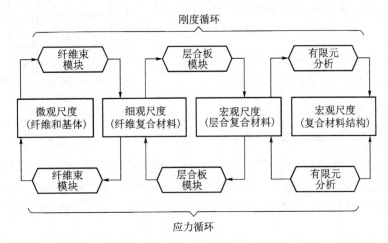

图 2.8　纤维复合材料多尺度分析层级

　　如图 2.8 所示,整个层级结构有一个完整周期的刚度循环和应力循环,这两个循环有相同模块。首先,纤维束模块用纤维和基体及几何性质确定单向板的性质,层合板模块计算层合复合材料的性质。然后,这些性质用于层合板结构有限元分析,完成刚度循环计算。用倒序法可将宏观尺度的应力、应变分解为微观尺度的应力、应变,即纤维和基体的应力和应变。

　　一旦计算出应力、应变,就应用失效准则。在组分材料尺度描述失效和破坏准则,基于物理的破坏模式将被简化。在微观尺度,有潜在的破坏及失效(如纤维断裂、基体开裂及界面脱黏)。不同的失效及破坏准则应用于三种不同的失效模式。

　　在宏观尺度有更复杂的破坏模式。例如,层间分层、层合板交叉叠层处基体开裂、纵向层间纤维分裂,都是潜在的破坏模式。这些模式都与基体开裂相关,并取决于基体失效位置和层间的取向及纤维取向。对于宏观尺度的破坏或失效准则,每种破坏模式可能需要不同的标准和失效强度。然而,应用组分材料尺度的破坏或失效准则时,上述能用相同准则描述的,均与基体破坏相关。简单地说,破坏或失效位置及失效取向表明宏观尺度的失效模式的差异。因此,破坏或失效模式可以用统一和简化的概念理解。

　　多尺度分析的优点之一是应用灵活。例如,如果纤维体积分数平均值或局部变化,相同的多尺度分析不需任何修改便可应用,没有必要通过试验测量与纤维体积分数相关的强度和应力。

2.2.2　纤维束模块

　　纤维束模块是基于包含被基体包围的代表性纤维的代表性单胞。纤维与基体通常有非常不同的性质,如两者的热膨胀系数不同,因此热应力出现在微观尺度的纤维和基体之间。为了使这种热应力最小化,纤维/基体界面设计为黏结在一起的薄弱层,必要时彼此可以相互滑动。这样,代表性单胞中含有纤维/基体界面是有利的[18]。

　　代表性单胞如图 2.9 所示,其中有 x 轴方向的代表性纤维、包含代表性纤维的截面、纤维/基体界面及 y-z 平面的基体。重要的是,纤维呈弹性,而基体可能呈弹性、黏弹性或弹塑性[19-23]。

因此,针对非弹性变形提出了相应的增量公式。

　　为了推导计算刚度循环的有效材料属性及应力循环中应力分解的表达式,亚单胞应力平衡被认为是正应力部分:

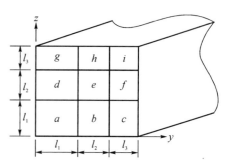

$$\left.\begin{array}{l}\Delta\sigma_y^a = \Delta\sigma_y^b,\ \Delta\sigma_y^b = \Delta\sigma_y^c,\ \Delta\sigma_y^d = \Delta\sigma_y^e \\ \Delta\sigma_y^e = \Delta\sigma_y^f,\ \Delta\sigma_y^g = \Delta\sigma_y^h,\ \Delta\sigma_y^h = \Delta\sigma_y^i \end{array}\right\} \quad (2.13)$$

$$\left.\begin{array}{l}\Delta\sigma_z^a = \Delta\sigma_z^d,\ \Delta\sigma_z^d = \Delta\sigma_z^g,\ \Delta\sigma_z^b = \Delta\sigma_z^e \\ \Delta\sigma_z^e = \Delta\sigma_z^h,\ \Delta\sigma_z^c = \Delta\sigma_z^f,\ \Delta\sigma_z^f = \Delta\sigma_z^i \end{array}\right\} \quad (2.14)$$

图 2.9　纤维复合材料代表性单胞

其中:上标表示亚单胞,每个亚单胞内的应力被认为是均匀的。

　　相似的表达式可用于剪应力。第一组方程在 y 轴平衡,第二组方程在 z 轴平衡。

　　对于 y 轴和 z 轴方向,亚单胞之间的变形协调性可由式(2.15)和式(2.16)表达:

$$l_1\Delta\varepsilon_y^a + l_2\Delta\varepsilon_y^b + l_3\Delta\varepsilon_y^c = l_1\Delta\varepsilon_y^d + l_2\Delta\varepsilon_y^e + l_3\Delta\varepsilon_y^f = l_1\Delta\varepsilon_y^g + l_2\Delta\varepsilon_y^h + l_3\Delta\varepsilon_y^i \quad (2.15)$$

$$l_1\Delta\varepsilon_z^a + l_2\Delta\varepsilon_z^d + l_3\Delta\varepsilon_z^g = l_1\Delta\varepsilon_z^b + l_2\Delta\varepsilon_z^e + l_3\Delta\varepsilon_z^h = l_1\Delta\varepsilon_z^c + l_2\Delta\varepsilon_z^f + l_3\Delta\varepsilon_z^i \quad (2.16)$$

$$l_1 = \sqrt{v_f},\ l_2 = \sqrt{l_1^2 + v_m} - l_1,\ l_3 = 1 - l_1 - l_2 \quad (2.17)$$

其中: v_f、v_m 分别指纤维体积分数与基体体积分数。

　　因此,纤维/基体界面未包含在基体体积分数中。纤维方向的变形协调性:

$$\Delta\varepsilon_x^a = \Delta\varepsilon_x^b,\ \Delta\varepsilon_x^b = \Delta\varepsilon_x^c \quad (2.18)$$

$$\Delta\varepsilon_x^b = \Delta\varepsilon_x^e,\ \Delta\varepsilon_x^d = \Delta\varepsilon_x^e \quad (2.19)$$

$$\Delta\varepsilon_x^c = \Delta\varepsilon_x^f,\ \Delta\varepsilon_x^f = \Delta\varepsilon_x^i,\ \Delta\varepsilon_x^g = \Delta\varepsilon_x^h,\ \Delta\varepsilon_x^h = \Delta\varepsilon_x^i \quad (2.20)$$

　　每个亚单胞必须满足以下本构方程:

$$\Delta\sigma_{ij}^n = E_{ijkl}^n (\Delta\varepsilon_{kl}^n - \alpha_{kl}^n \Delta\theta) \quad (2.21)$$

其中: α_{kl}^n 为热膨胀系数张量; $\Delta\theta$ 为温度变化量。

　　此外,对于弹塑性变形,刚度张量 E_{ijkl}^n 可以表示为:

$$[E_{ep}] = [E_e] - \frac{[E_e]\{q\}\{q\}^T[E_e]}{H' + \{q\}^T[E_e]\{q\}} \quad (2.22)$$

其中: $[E_{ep}]$、$[E_e]$ 分别表示弹塑性矩阵与弹性矩阵; $\{q\}$ 由式(2.23)计算; H' 为应力-应变曲线上塑性段的斜率。

$$\{q\} = \frac{\partial F}{\partial\sigma_{ij}^n} \quad (2.23)$$

其中: F 为屈服函数。

　　单胞应力及应变增量是亚单胞应力及应变增量的体积平均值:

$$\Delta\bar{\sigma}_{ij} = \sum V^k \Delta\sigma_{ij}^k \quad (2.24)$$

$$\Delta \bar{\varepsilon}_{ij} = \sum V^k \Delta \varepsilon_{ij}^k \tag{2.25}$$

其中：V^k 为第 k 个亚单胞的体积分数。

亚单胞应力及应变关系的本构方程：

$$\Delta \bar{\sigma}_{ij} = \bar{E}_{ijkl}(\Delta \bar{\varepsilon}_{kl} - \bar{\alpha}_{kl}\Delta\theta) \tag{2.26}$$

将式(2.24)~式(2.26)总结为一个方程：

$$[T]\{\Delta\varepsilon\} = \{f\} \tag{2.27}$$

其中：$[T]$ 为包含材料性质及几何属性的矩阵；$\{\Delta\varepsilon\}$ 为包含所有亚单胞应变增量的向量；向量 $\{f\}$ 由式(2.28)表示。

$$\{f\}^{\mathrm{T}} = (\{0\}^{\mathrm{T}}\ \{\Delta\bar{\varepsilon}\}^{\mathrm{T}}) \tag{2.28}$$

求解 $\{\Delta\varepsilon\}$：

$$\{\Delta\varepsilon\} = [R]\{f\} = [R_2]\{\Delta\bar{\varepsilon}\} \tag{2.29}$$

其中：矩阵 $[R]$ 包含两个亚矩阵。

$$[R] = [T]^{-1} = [[R_1][R_2]] \tag{2.30}$$

最终，式(2.29)、式(2.21)和式(2.24)可以表示为：

$$[E] = [V][E][R_2] \tag{2.31}$$

$$\{\bar{\alpha}\} = -[\bar{E}]^{-1}[V]\frac{[E][R_1]\{\Delta\tau\} - \{\tau\}}{\Delta\theta} \tag{2.32}$$

式(2.31)给出了单向板的有效刚度。这里，$[V]$ 和 $[E]$ 分别是由体积分数及亚单胞材料属性组成的矩阵。式(2.32)用于计算有效热膨胀系数。文献[24]给出了详细的推导及解释。式(2.31)及式(2.32)用于刚度循环，后者对应力循环也是必需的：

$$\{\sigma\} = [E]([R_1]\{\Delta\tau\} + [R_2]\{\alpha^{unit}\}\Delta\theta) - \{\tau\} \tag{2.33}$$

式(2.33)可以计算组分材料尺度即微观尺度的应力。

一旦每块单向板的材料属性通过计算得到，可利用层合板理论确定堆叠层的整体属性。如果包含层间分层，则每一层都需要单独建模，或建立部分堆叠层。层合板模块会基于实际情况而改变。

2.3　机织复合材料

2.3.1　多尺度分析

机织复合材料与其他种类的复合材料相比，前者有一个较普通的分析层级。因此，颗粒复合材料和纤维复合材料的分析层级是机织复合材料层级的特殊情况。图 2.10 所示为机织复合材料多尺度分析层级，如果去掉图中的织物模块，则与纤维复合材料层相同。因为其他模块前文已讨论，所以这里只讨论织物模块。织物模块取决于图 2.11 所示的常见机织物组织结构。由于平纹和斜纹组织最常用,所以主要分析这两种组织的织物模块[25-28]。

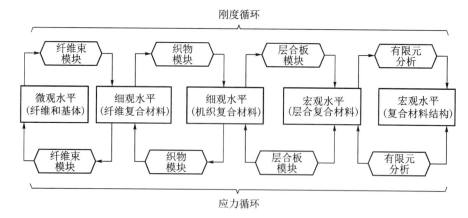

图 2.10 机织复合材料多尺度分析层级

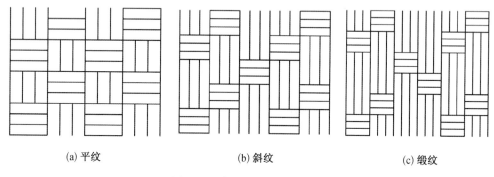

(a) 平纹　　　　　　(b) 斜纹　　　　　　(c) 缎纹

图 2.11 常见机织物组织结构

2.3.2 平纹织物模块

织物模块联系单向纤维束性质与机织复合材料性质。织物模块有两个功能:利用纱线和织物组织结构信息计算复合材料刚度性质,把复合材料应力和应变信息分解到单向纤维束上。平纹织物代表性单胞如图 2.12 所示。

平纹织物的代表性单胞有 13 个亚单胞,大部分亚单胞含有沿 x 轴或 y 轴方向的纤维。另一方面,4 个亚单胞(图 2.12 中 b、d、f 和 h)含有沿倾斜方向的纤维,且亚单胞 e 填满了基体。

首先讨论正应力/应变组分。具有 39 个应变的亚单胞有 3 个正应变 $[(\varepsilon_{kl}^{str})^n$, $n = a$, b, …, $m]$。单胞有 3 个正应变 (ε_{kl}^{wf})。为了将它们联系起来,需要应用平衡及兼容条件。在任意两个相邻亚单胞各自的界面上,正应力平衡。

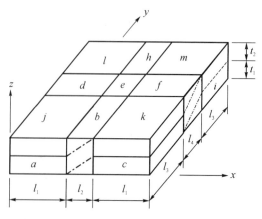

图 2.12 平纹织物代表性单胞

$$(\sigma_x^{\mathrm{str}})^a = (\sigma_x^{\mathrm{str}})^b, \ (\sigma_x^{\mathrm{str}})^b = (\sigma_x^{\mathrm{str}})^k \tag{2.34}$$

$$(\sigma_x^{\mathrm{str}})^c = (\sigma_x^{\mathrm{str}})^j, \ (\sigma_x^{\mathrm{str}})^d = (\sigma_x^{\mathrm{str}})^e \tag{2.35}$$

$$(\sigma_x^{\mathrm{str}})^e = (\sigma_x^{\mathrm{str}})^f, \ (\sigma_x^{\mathrm{str}})^a = (\sigma_x^{\mathrm{str}})^b \tag{2.36}$$

$$(\sigma_x^{\mathrm{str}})^h = (\sigma_x^{\mathrm{str}})^i, \ (\sigma_x^{\mathrm{str}})^i = (\sigma_x^{\mathrm{str}})^l \tag{2.37}$$

$$(\sigma_y^{\mathrm{str}})^a = (\sigma_y^{\mathrm{str}})^l, \ (\sigma_y^{\mathrm{str}})^d = (\sigma_y^{\mathrm{str}})^j \tag{2.38}$$

$$(\sigma_y^{\mathrm{str}})^d = (\sigma_y^{\mathrm{str}})^g, \ (\sigma_y^{\mathrm{str}})^b = (\sigma_y^{\mathrm{str}})^e \tag{2.39}$$

$$(\sigma_y^{\mathrm{str}})^e = (\sigma_y^{\mathrm{str}})^h, \ (\sigma_y^{\mathrm{str}})^c = (\sigma_y^{\mathrm{str}})^f \tag{2.40}$$

$$(\sigma_y^{\mathrm{str}})^f = (\sigma_y^{\mathrm{str}})^m, \ (\sigma_y^{\mathrm{str}})^i = (\sigma_y^{\mathrm{str}})^k \tag{2.41}$$

$$(\sigma_z^{\mathrm{str}})^a = (\sigma_z^{\mathrm{str}})^j, \ (\sigma_z^{\mathrm{str}})^c = (\sigma_z^{\mathrm{str}})^k \tag{2.42}$$

$$(\sigma_z^{\mathrm{str}})^g = (\sigma_z^{\mathrm{str}})^l, \ (\sigma_z^{\mathrm{str}})^i = (\sigma_z^{\mathrm{str}})^m \tag{2.43}$$

其中:上标表示图 2.12 中的亚单胞;下标表示应力组分。

此外,必须满足以下应变协调性,以确保物体的均匀变形:

$$(\varepsilon_x^{\mathrm{str}})^a + (\varepsilon_x^{\mathrm{str}})^k = (\varepsilon_x^{\mathrm{str}})^c + (\varepsilon_x^{\mathrm{str}})^j \tag{2.44}$$

$$l_1 (\varepsilon_x^{\mathrm{str}})^j + l_2 (\varepsilon_x^{\mathrm{str}})^b + l_1 (\varepsilon_x^{\mathrm{str}})^c = l_1 (\varepsilon_x^{\mathrm{str}})^d + l_2 (\varepsilon_x^{\mathrm{str}})^e + l_1 (\varepsilon_x^{\mathrm{str}})^f \tag{2.45}$$

$$l_1 (\varepsilon_x^{\mathrm{str}})^d + l_2 (\varepsilon_x^{\mathrm{str}})^e + l_1 (\varepsilon_x^{\mathrm{str}})^f = l_1 (\varepsilon_x^{\mathrm{str}})^g + l_2 (\varepsilon_x^{\mathrm{str}})^h + l_1 (\varepsilon_x^{\mathrm{str}})^m \tag{2.46}$$

$$(\varepsilon_x^{\mathrm{str}})^g + (\varepsilon_x^{\mathrm{str}})^m = (\varepsilon_x^{\mathrm{str}})^i + (\varepsilon_x^{\mathrm{str}})^l \tag{2.47}$$

$$(\varepsilon_y^{\mathrm{str}})^a + (\varepsilon_y^{\mathrm{str}})^l = (\varepsilon_y^{\mathrm{str}})^g + (\varepsilon_y^{\mathrm{str}})^j \tag{2.48}$$

$$l_3 (\varepsilon_y^{\mathrm{str}})^j + l_4 (\varepsilon_y^{\mathrm{str}})^d + l_3 (\varepsilon_y^{\mathrm{str}})^g = l_3 (\varepsilon_y^{\mathrm{str}})^b + l_4 (\varepsilon_y^{\mathrm{str}})^e + l_3 (\varepsilon_y^{\mathrm{str}})^h \tag{2.49}$$

$$l_3 (\varepsilon_y^{\mathrm{str}})^b + l_4 (\varepsilon_y^{\mathrm{str}})^e + l_3 (\varepsilon_y^{\mathrm{str}})^h = l_3 (\varepsilon_y^{\mathrm{str}})^c + l_4 (\varepsilon_y^{\mathrm{str}})^f + l_3 (\varepsilon_y^{\mathrm{str}})^m \tag{2.50}$$

$$(\varepsilon_y^{\mathrm{str}})^c + (\varepsilon_y^{\mathrm{str}})^m = (\varepsilon_y^{\mathrm{str}})^i + (\varepsilon_y^{\mathrm{str}})^k \tag{2.51}$$

$$t_1 (\varepsilon_z^{\mathrm{str}})^a + t_2 (\varepsilon_z^{\mathrm{str}})^l = (t_1 + t_2) (\varepsilon_z^{\mathrm{str}})^b \tag{2.52}$$

$$t_1 (\varepsilon_z^{\mathrm{str}})^c + t_2 (\varepsilon_z^{\mathrm{str}})^k = (t_1 + t_2) (\varepsilon_z^{\mathrm{str}})^b \tag{2.53}$$

$$t_1 (\varepsilon_z^{\mathrm{str}})^c + t_2 (\varepsilon_z^{\mathrm{str}})^k = (t_1 + t_2) (\varepsilon_z^{\mathrm{str}})^d \tag{2.54}$$

$$(\varepsilon_z^{\mathrm{str}})^d = (\varepsilon_z^{\mathrm{str}})^e \tag{2.55}$$

$$(\varepsilon_z^{\mathrm{str}})^e = (\varepsilon_z^{\mathrm{str}})^f \tag{2.56}$$

$$t_1 (\varepsilon_z^{\mathrm{str}})^g + t_2 (\varepsilon_z^{\mathrm{str}})^l = (t_1 + t_2) (\varepsilon_z^{\mathrm{str}})^f \tag{2.57}$$

$$t_1 (\varepsilon_z^{\mathrm{str}})^g + t_2 (\varepsilon_z^{\mathrm{str}})^l = (t_1 + t_2) (\varepsilon_z^{\mathrm{str}})^h \tag{2.58}$$

$$t_1 (\varepsilon_z^{\mathrm{str}})^i + t_2 (\varepsilon_z^{\mathrm{str}})^m = (t_1 + t_2) (\varepsilon_z^{\mathrm{str}})^h \tag{2.59}$$

其中：l_i 和 t_i 为图 2.12 所示的平纹组织结构尺寸。

单胞的应变和应力可由亚单胞的应变和应力的体积平均值计算得到，即：

$$\varepsilon_{ij}^{\mathrm{wf}} = \sum_{n=a,\,b,\,\cdots,\,m} V^n (\varepsilon_{ij}^{\mathrm{str}})^n \tag{2.60}$$

$$\sigma_{ij}^{\mathrm{wf}} = \sum_{n=a,\,b,\,\cdots,\,m} V^n (\sigma_{ij}^{\mathrm{str}})^n \tag{2.61}$$

其中：V^n 是第 n 个亚单胞的体积分数。

每个亚单胞的本构方程：

$$(\sigma_{ij}^{\mathrm{wf}})^n = (E_{ijkl}^{\mathrm{str}})^n (\varepsilon_{kl}^{\mathrm{str}})^n \qquad (i,\,j,\,k,\,l=1,\,2,\,3) \tag{2.62}$$

式(2.60)和式(2.61)中等号右侧的求和符号只应用于上标 k 和 l。

对于每个亚单胞，$(E_{ijkl}^{\mathrm{str}})^n$ 应当基于亚单胞内单向纱线的取向确定。

$$E_{ijkl}^{\mathrm{wf}} = f[(E_{ijkl}^{\mathrm{str}})^n, l_i, t_i] \tag{2.63}$$

$$(\varepsilon_{ij}^{\mathrm{str}})^n = g(\varepsilon_{ij}^{\mathrm{wf}}, l_i, t_i) \tag{2.64}$$

式(2.63)及式(2.64)分别相当于式(2.52)及式(2.50)纤维-单向纱线模块，式(2.63)基于单向纱线材料性质和几何属性计算出机织复合材料的材料属性，而式(2.64)仅基于织物应变就可计算出单向纱线结构层次的应变。一旦计算出单向纱线应变，单向纱线应力也能由本构方程计算得到。

类似的推导可应用于剪切分量。比如，平行于 x-y 平面的剪切分量可由式(2.65)～式(2.71)推导出来。亚单胞界面上的剪应力平衡方程：

$$t_1 (\sigma_{xy}^{\mathrm{str}})^a + t_2 (\sigma_{xy}^{\mathrm{str}})^j = (t_1+t_2)(\sigma_{xy}^{\mathrm{str}})^b \tag{2.65}$$

$$t_1 (\sigma_{xy}^{\mathrm{str}})^c + t_2 (\sigma_{xy}^{\mathrm{str}})^k = (t_1+t_2)(\sigma_{xy}^{\mathrm{str}})^b \tag{2.66}$$

$$t_1 (\sigma_{xy}^{\mathrm{str}})^a + t_2 (\sigma_{xy}^{\mathrm{str}})^j = (t_1+t_2)(\sigma_{xy}^{\mathrm{str}})^d \tag{2.67}$$

$$t_1 (\sigma_{xy}^{\mathrm{str}})^g + t_2 (\sigma_{xy}^{\mathrm{str}})^l = (t_1+t_2)(\sigma_{xy}^{\mathrm{str}})^b \tag{2.68}$$

$$t_1 (\sigma_{xy}^{\mathrm{str}})^g + t_2 (\sigma_{xy}^{\mathrm{str}})^l = (t_1+t_2)(\sigma_{xy}^{\mathrm{str}})^h \tag{2.69}$$

$$t_1 (\sigma_{xy}^{\mathrm{str}})^i + t_2 (\sigma_{xy}^{\mathrm{str}})^m = (t_1+t_2)(\sigma_{xy}^{\mathrm{str}})^h \tag{2.70}$$

$$t_1 (\sigma_{xy}^{\mathrm{str}})^i + t_2 (\sigma_{xy}^{\mathrm{str}})^m = (t_1+t_2)(\sigma_{xy}^{\mathrm{str}})^f \tag{2.71}$$

假设应变协调性表达式：

$$(\varepsilon_{xy}^{\mathrm{str}})^b = (\varepsilon_{xy}^{\mathrm{str}})^e \tag{2.72}$$

$$(\varepsilon_{xy}^{\mathrm{str}})^a = (\varepsilon_{xy}^{\mathrm{str}})^j \tag{2.73}$$

$$(\varepsilon_{xy}^{\mathrm{str}})^c = (\varepsilon_{xy}^{\mathrm{str}})^k \tag{2.74}$$

$$(\varepsilon_{xy}^{\mathrm{str}})^g = (\varepsilon_{xy}^{\mathrm{str}})^l \tag{2.75}$$

$$(\varepsilon_{xy}^{\mathrm{str}})^c = (\varepsilon_{xy}^{\mathrm{str}})^i \tag{2.76}$$

将式(2.65)~式(2.76)与式(2.60)~式(2.62)一起用于剪切分量,则服从式(2.63)及式(2.64)中的部分剪切分量。

2.3.3　2/2 斜纹织物模块

2/2 斜纹织物代表性单胞如图 2.13 所示。该单胞分为 77 个亚单胞。77 个亚单胞中,有些具有相同的平均应力。在均匀位移下,为了验证这个假设,对几种材料应用有限元分析。图 2.14 所示为 2/2 斜纹织物代表性单胞的亚单胞,其中数量相同者假设有相同的平均应力状态。最后,17 个亚单胞应用于单胞,建立了 48 个线性独立方程,它们与 17 个亚单胞的正应力及应变相关。第一组方程表示亚单胞界面的应力平衡。对任意两个相邻亚单胞施加平衡条件便得到其正应力方程,其中,下标表示应力分量,上标表示亚单胞数量。

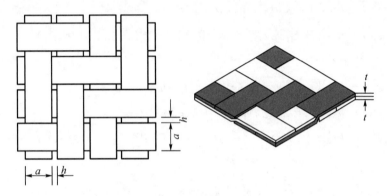

图 2.13　2/2 斜纹织物代表性单胞

2	8	2	15	3	7	3
	1		1		1	
3	14	2	8	2	15	3
13	1		1	10		
3	7	3	14	2	8	2
	1	13	1		1	10
2	15	3	7	3	14	2

纬向

5	9	5		4	6	4
16	1	11	1	17	1	12
4		5	9	5	18	4
12	1	16	1	11	1	17
4	6	4		5	9	5
17	1	12	1	16	1	11
5		4	6	4	18	5

经向

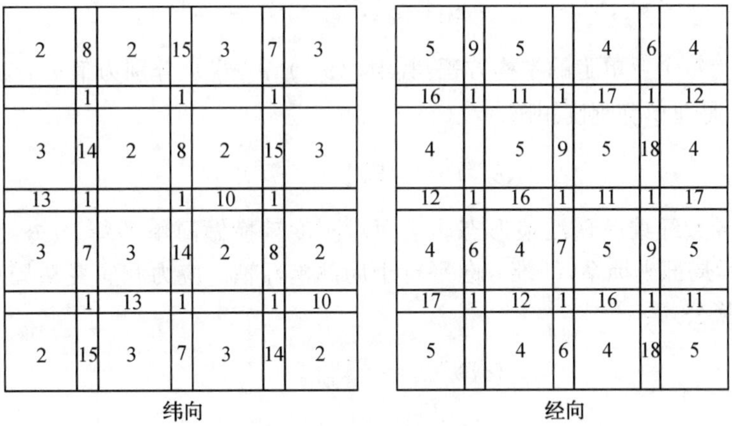

图 2.14　2/2 斜纹织物代表性单胞的亚单胞

式(2.77)~式(2.79)分别为 1、2、3 方向的正应力平衡方程:

$$\sigma_{11}^2 = \sigma_{11}^8,\ \sigma_{11}^2 = \sigma_{11}^{15},\ \sigma_{11}^2 = \sigma_{11}^{14},\ \sigma_{11}^3 = \sigma_{11}^7,\ \sigma_{11}^3 = \sigma_{11}^{15}$$

$$\sigma_{11}^3 = \sigma_{11}^{14},\ \sigma_{11}^5 = \sigma_{11}^9,\ \sigma_{11}^4 = \sigma_{11}^6,\ \sigma_{11}^1 = \sigma_{11}^{16},\ \sigma_{11}^1 = \sigma_{11}^{17}$$

$$\sigma_{11}^1 = \sigma_{11}^{10} + \sigma_{11}^{11},\ \sigma_{11}^1 = \sigma_{11}^{12} + \sigma_{11}^{13} \tag{2.77}$$

$$\sigma_{22}^4 = \sigma_{22}^{16}, \ \sigma_{22}^4 = \sigma_{22}^{17}, \ \sigma_{22}^4 = \sigma_{22}^{12}, \ \sigma_{22}^5 = \sigma_{22}^{17}, \ \sigma_{22}^5 = \sigma_{22}^{17}$$

$$\sigma_{22}^5 = \sigma_{22}^{11}, \ \sigma_{22}^3 = \sigma_{22}^{13}, \ \sigma_{22}^2 = \sigma_{22}^{10}, \ \sigma_{22}^1 = \sigma_{22}^{14}, \ \sigma_{22}^1 = \sigma_{22}^{15}$$

$$\sigma_{22}^1 = \sigma_{22}^6 + \sigma_{22}^7, \ \sigma_{22}^1 = \sigma_{22}^8 + \sigma_{22}^9 \tag{2.78}$$

$$\sigma_{33}^2 = \sigma_{33}^5, \ \sigma_{33}^3 = \sigma_{33}^4, \ \sigma_{33}^6 = \sigma_{33}^7$$

$$\sigma_{33}^8 = \sigma_{33}^9, \ \sigma_{33}^{10} = \sigma_{33}^{11}, \ \sigma_{33}^{12} = \sigma_{33}^{13} \tag{2.79}$$

式(2.80)~式(2.82)为单胞均匀变形情况下应变协调性方程,其中 a 和 h 分别表示斜纹机织复合材料中纬纱及经纱沿水平和垂直方向的尺寸。

$$2a(\varepsilon_{11}^2 + \varepsilon_{11}^3) + h(\varepsilon_{11}^7 + \varepsilon_{11}^8) = 2a(\varepsilon_{11}^4 + \varepsilon_{11}^5) + h(\varepsilon_{11}^6 + \varepsilon_{11}^9)$$

$$2a(\varepsilon_{11}^2 + \varepsilon_{11}^3) + h(\varepsilon_{11}^8) = 2a(\varepsilon_{11}^4 + \varepsilon_{11}^5) + h(\varepsilon_{11}^9)$$

$$2a(\varepsilon_{11}^2 + \varepsilon_{11}^3) + h(\varepsilon_{11}^8 + \varepsilon_{11}^{14} + \varepsilon_{11}^{15}) = a(\varepsilon_{11}^{10} + \varepsilon_{11}^{13} + \varepsilon_{11}^{16} + \varepsilon_{11}^{17}) + 3h(\varepsilon_{11}^1)$$

$$\varepsilon_{11}^{10} + \varepsilon_{11}^{12} = \varepsilon_{11}^{11} + \varepsilon_{11}^{13} \varepsilon_{11}^5 \tag{2.80}$$

$$2a(\varepsilon_{22}^2 + \varepsilon_{22}^3) + h(\varepsilon_{22}^{11} + \varepsilon_{22}^{12}) = 2a(\varepsilon_{22}^4 + \varepsilon_{22}^5) + h(\varepsilon_{22}^{10} + \varepsilon_{22}^{13})$$

$$2a(\varepsilon_{22}^2 + \varepsilon_{22}^3) + h(\varepsilon_{22}^{13}) = 2a(\varepsilon_{22}^4 + \varepsilon_{22}^5) + h(\varepsilon_{22}^{12})$$

$$2a(\varepsilon_{22}^4 + \varepsilon_{22}^5) + h(\varepsilon_{22}^{12} + \varepsilon_{22}^{16} + \varepsilon_{22}^{17}) = a(\varepsilon_{22}^6 + \varepsilon_{22}^9 + \varepsilon_{22}^{14} + \varepsilon_{22}^{15}) + 3h(\varepsilon_{22}^1)$$

$$\varepsilon_{22}^6 + \varepsilon_{22}^8 = \varepsilon_{22}^7 + \varepsilon_{22}^9 \tag{2.81}$$

$$\varepsilon_{33}^2 + \varepsilon_{33}^5 = \varepsilon_{33}^{16}, \ \varepsilon_{33}^2 + \varepsilon_{33}^5 = \varepsilon_{33}^{15}, \ \varepsilon_{33}^2 + \varepsilon_{33}^5 = \varepsilon_{33}^{17}, \ \varepsilon_{33}^2 + \varepsilon_{33}^5 = \varepsilon_{33}^{14}$$

$$\varepsilon_{33}^2 + \varepsilon_{33}^5 = \varepsilon_{33}^1, \ \varepsilon_{33}^2 + \varepsilon_{33}^5 = \varepsilon_{33}^6 + \varepsilon_{33}^7, \ \varepsilon_{33}^2 + \varepsilon_{33}^5 = \varepsilon_{33}^{12} + \varepsilon_{33}^{13}$$

$$\varepsilon_{33}^2 + \varepsilon_{33}^5 = \varepsilon_{33}^6 + \varepsilon_{33}^8, \ \varepsilon_{33}^2 + \varepsilon_{33}^5 = \varepsilon_{33}^{10} + \varepsilon_{33}^{11}, \ \varepsilon_{33}^2 + \varepsilon_{33}^5 = \varepsilon_{33}^3 + \varepsilon_{33}^4 \tag{2.82}$$

式(2.83)为每个亚单胞的本构方程,其中,$(\sigma_{ij}^{\mathrm{str}})^n$、$(\varepsilon_{kl}^{\mathrm{str}})^n$ 分别为第 n 个亚单胞的应力、应变,$(E_{ijkl}^{\mathrm{str}})^n$ 是亚单胞刚度矩阵。

$$(\sigma_{ij}^{\mathrm{str}})^n = (E_{ijkl}^{\mathrm{str}})^n (\varepsilon_{kl}^{\mathrm{str}})^n \tag{2.83}$$

织造过程导致纤维呈现波浪形态。下面对刚度转换做简单解释。xyz 表示全局坐标系,$x_1 y_1 z_1$ 表示局部坐标系,纤维方向平行于局部坐标轴。应力和应变从局部坐标系向全局坐标系的转换公式:

$$\{\sigma\}^{x_1 y_1 z_1} = [T_\sigma] \{\sigma\}^{xyz} \tag{2.84}$$

$$\{\varepsilon\}^{x_1 y_1 z_1} = [T_\varepsilon] \{\varepsilon\}^{xyz}$$

本构方程:

$$\{\sigma\}^{xyz} = [C]^{xyz} \{\varepsilon\}^{xyz} \tag{2.85}$$

$$\{\sigma\}^{x_1 y_1 z_1} = [C]^{x_1 y_1 z_1} \{\varepsilon\}^{x_1 y_1 z_1}$$

由式(2.84)和式(2.85)得到如下刚度转换方程:

$$\{\sigma\}^{x_1 y_1 z_1} = [C]^{x_1 y_1 z_1} [T_\varepsilon] \{\varepsilon\}^{xyz} \tag{2.86}$$

$$[T_\sigma]\{\sigma\}_{kl}^{xyz} = [C]^{x_1 y_1 z_1}[T_\varepsilon]\{\varepsilon\}^{xyz}$$

$$\{\sigma\}^{xyz} = [T_\sigma]^{-1}[C]^{x_1 y_1 z_1}[T_\varepsilon]\{\varepsilon\}^{xyz}$$

$$\{\sigma\}^{xyz} = [C]^{xyz}\{\varepsilon\}^{xyz}$$

其中：

$$[C]^{xyz} = [T_\sigma]^{-1}[C]^{x_1 y_1 z_1}[T_\varepsilon] \tag{2.87}$$

最终得到转换矩阵：

$$[E_{ijkl}^{str}] = [T_\sigma]^{-1}[\bar{E}^{str}][T_\varepsilon] \tag{2.88}$$

其中：

$$[T_\varepsilon]^{-1} = \begin{bmatrix} m^2 & n^2 & 0 & 0 & 0 & mn \\ n^2 & m^2 & 0 & 0 & 0 & -mn \\ 0 & 0 & 1 & 0 & 0 & 0 \\ 0 & 0 & 0 & m & -n & 0 \\ 0 & 0 & 0 & n & m & 0 \\ -2mn & 2mn & 0 & 0 & 0 & m^2-n^2 \end{bmatrix} \tag{2.89}$$

$$[T_\sigma]^{-1} = \begin{bmatrix} m^2 & n^2 & 0 & 0 & 0 & 2mn \\ n^2 & m^2 & 0 & 0 & 0 & -2mn \\ 0 & 0 & 1 & 0 & 0 & 0 \\ 0 & 0 & 0 & m & -n & 0 \\ 0 & 0 & 0 & n & m & 0 \\ -mn & mn & 0 & 0 & 0 & m^2-n^2 \end{bmatrix} \tag{2.90}$$

$[T_\sigma]$ 及 $[T_\varepsilon]$ 分别是应力和应变变换矩阵。

式(2.91)和式(2.92)描述了2/2斜纹织物单胞应力(或应变)与亚单胞应力(或应变)之间的关系。2/2斜纹织物单胞应力和应变由亚单胞应力和应变的体积平均值计算得到：

$$\sigma_{ij}^{wf} = \sum_{n=1}^{8} V^n (\sigma_{ij}^{str})^n \tag{2.91}$$

$$\varepsilon_{ij}^{wf} = \sum_{n=1}^{8} V^n (\varepsilon_{ij}^{str})^n \tag{2.92}$$

其中：V^n 为第 n 个亚单胞的体积分数。

整合所有的方程，得到以下关系：

$$E_{ijkl}^{wf} = f[(E_{ijkl}^{wf})^n, a, h, t] \tag{2.93}$$

$$\varepsilon_{ij}^{wf} = g(\varepsilon_{ij}^{wf}, a, h, t) \tag{2.94}$$

2.3.4 机织复合材料示例

碳纤维和环氧树脂性能见表2.1,纤维体积分数为0.7。表2.2给出了单向纤维束性能。

表 2.1 碳纤维和环氧树脂性能

指标	E_1 （GPa）	E_2 （GPa）	G_{12} （GPa）	G_{23} （GPa）	ν_{12}	ν_{23}	拉伸强度 （MPa）	剪切强度 （MPa）
碳纤维	2.21	3.8	13.8	5.5	0.20	0.25	3 585	—
环氧树脂	4.4	4.4	1.6	1.6	0.34	0.34	159	100

表 2.2 单向纤维束性能

指标	E_1 （GPa）	E_2 （GPa）	ν_{12}	ν_{23}	纵向强度 （MPa）	横向强度 （MPa）
文献[7]	151.0	10.1	0.24	0.50	2 550	152
当前模型计算结果	156.0	10.2	0.24	0.54	2 543	148

表 2.3 给出了机织复合材料中单向纤维束和基体性质。表 2.4、表 2.5 分别给出了碳纤维/环氧树脂平纹机织复合材料的刚度性质和强度比较。

表 2.3 单向纤维束和基体性能

指标	E_1 （GPa）	E_2 （GPa）	G_{12} （GPa）	G_{23} （GPa）	ν_{12}	ν_{23}
碳纤维/环氧树脂	134	10.2	5.52	3.43	0.30	0.49
环氧树脂	3.45	3.45	1.28	0.54	0.35	0.35

表 2.4 碳纤维/环氧树脂平纹机织复合材料的刚度性质比较

指标	E_1 （GPa）	E_2 （GPa）	G_{12} （GPa）	G_{23} （GPa）	ν_{12}	ν_{23}
文献[7]	55.5	—	4.93	—	0.06	—
文献[8]	56.1	10.4	5.08	3.71	0.03	0.59
当前模型计算结果	54.9	10.2	4.28	3.47	0.02	0.47

表 2.5 平纹机织复合材料的强度比较

指标	拉伸强度（MPa）
当前模型计算结果	753
文献[7]	750

对于方形平纹复合材料板的弯曲加载,用两个对称平面建立 1/4 模型进行计算。图 2.15 所示为纤维所承受的应力及等值线分布图。

下面分析由 2/2 斜纹复合材料组成的中间有孔的层合板,研究 2/2 斜纹复合材料板的初始失效及演化。板上孔的直径为 3、6 和 9 mm。

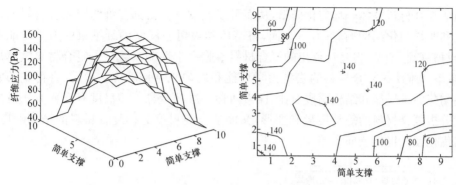

图 2.15　方形平纹复合材料板在简单支撑下的纤维应力

此板的有限元模型包含 143 个节点和 240 个二维三角形单元。由于对称性，只建立板的 1/4 模型。对底部和左边界施加对称边界条件，对内半径施加自由边界条件，沿着网格右边界施加均匀位移。

表 2.6 对比了试验值和计算结果，预测强度值与试验值接近。

表 2.6　含孔的 2/2 斜纹机织复合材料的强度预测值与试验值对比

孔径（mm）	试验强度（MPa）[10]	预测强度（MPa）
3	435	494
6	395	438
9	333	354

2.4　三维纺织复合材料

纺织复合材料具有非均质特性，其力学性能具有方向性。这种方向性取决于纺织复合材料的组分材料性能和微观结构。如果能够在纺织复合材料的宏观力学性能与微观结构之间建立定量联系，就可以通过对微观结构进行设计来达到所需要的宏观力学性能。多尺度有限元方法可以同时模拟结构材料的局部微观破坏和整体宏观行为。该方法可在有限的计算资源和时间下，有针对地获得结构材料的宏观和微观力学性能，实现更高的计算效率。多尺度有限元方法的基本思想是利用数值方法构造能够反映单胞内部材料非均质影响的多尺度基函数，在此基础上求得粗网格层次的等效单元刚度矩阵，从而在粗网格尺度上对原问题进行求解，通过尺度间的相互作用建立粗尺度与细尺度之间"解"的相关性，在很大程度上减少计算量。

2.4.1　多尺度有限元模型

为了优化并更好地开发利用纺织复合材料，必须掌握其细观结构对宏观性能的影响，即研究尺度效应。图 2.16 所示为本文采用的三维纺织复合材料多尺度有限元分析流程。首先从试验数据中分别提取聚乙烯基酯树脂和玄武岩纤维的基本力学性能参数，结合横观各向同性的纤维束单胞模型，通过计算得到被树脂浸润的纤维束在各个方向的力学性能参数。由于各纤维束之间的空隙被树脂填充，所以由纤维束组成的织物构型与树脂几何构型即可组成复合材料整体非均匀化模型,从而可以通过计算得到三维纺织复合材料的宏观力学性能和非均匀化结构响应;另一方面,将基体和被树脂浸润的纤维束的力学性能参数赋予复合材料单胞模型,再将计算出的复合材料单胞力学性能参数赋予复合材料整体均匀化模型,求解三维纺织复合材料的宏观力学性能和均匀化结构响应。最后,将得到的非均匀化与均匀化力学性能和结构响应对比,探索两种方法的差异。多尺度有限元方法既能从细观尺度分析复合材料的等效模量和变形,又能从宏观尺度分析复合材料的结构响应,为复合材料优化设计提供全面指导。

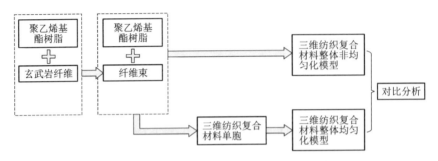

图 2.16　三维纺织复合材料多尺度有限元分析流程

2.4.2　三维正交机织复合材料

图 2.17 所示为三维正交机织复合材料的多尺度有限元分析流程。如上所述,首先由纤

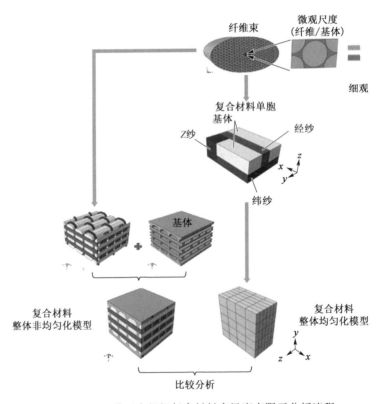

图 2.17　三维正交机织复合材料多尺度有限元分析流程

维和基体性能归纳到纤维束,由纤维束和基体性能计算三维正交机织复合材料整体非均匀化模型性能和三维正交机织复合材料单胞模型性能,最后由单胞性能预测三维正交机织复合材料整体均匀化模型性能。由于经纱、纬纱和 Z 纱相互垂直,三维正交机织复合材料单胞模型采用简化模型,纤维束被认为呈横观各向同性,基体被认为呈各向同性。

2.4.3　三维针织复合材料

多尺度有限元方法是求解复杂结构复合材料力学性能的有效方法。由于针织纱的存在,可将三维针织复合材料分为三个尺度研究其力学性能:纤维/基体即微观尺度、复合材料单胞即细观尺度、复合材料整体非均匀化和均匀化模型即宏观尺度,如图 2.18 所示。其中,纤维/基体模型中,纤维在基体中呈正六边形分布;复合材料整体均匀化模型中,每个单元代表一个复合材料单胞。

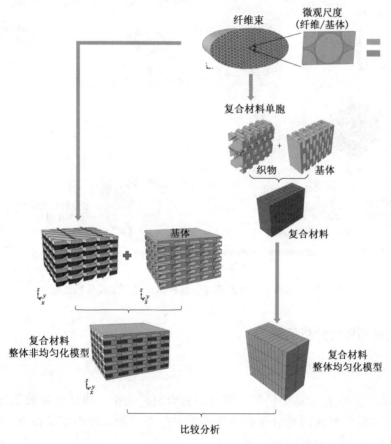

图 2.18　三维针织复合材料多尺度有限元分析流程

2.4.4　三维编织复合材料

图 2.19 所示为四步法三维编织复合材料多尺度有限元分析流程。非均匀化分析需要两个尺度完成:纤维/基体(微观尺度)和复合材料整体非均匀化模型(宏观尺度);均匀化分析需要三个尺度完成:纤维/基体(微观尺度)、复合材料单胞(细观尺度)和复合材料整体均

匀化模型(宏观尺度)。由于三维编织复合材料结构复杂,复合材料单胞采用三单胞模型,然后分别将计算得到的三单胞力学性能赋予复合材料整体均匀化模型相应的面单胞、内单胞、角单胞。通过复合材料整体非均匀化模型可以得到复合材料详细的应力分布和失效机理,通过复合材料整体均匀化模型可以预测复合材料应力-应变曲线和应力分布趋势。

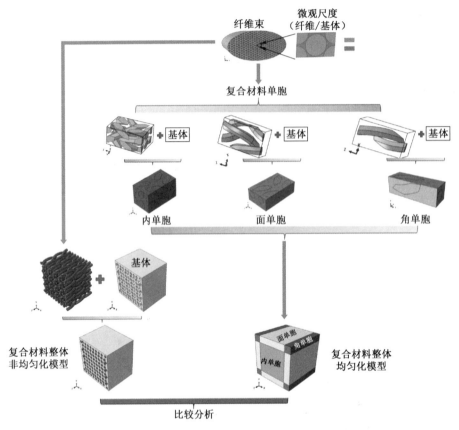

图 2.19　四步法三维编织复合材料多尺度有限元分析流程

2.4.5　多尺度有限元分析示例

2.4.5.1　纤维束单胞模型

以玄武岩纤维/聚乙烯基酯树脂三维纺织复合材料为例。当纤维束被基体浸润后,每个纤维束含有大量沿横向随机分布在基体中的单纤维,因此,纤维束呈横观各向同性。常用单纤维堆积方式假设有长方形[31-32]、圆形[33]、椭圆形[34-36]、正六边形[37]等,此处假设单纤维在基体中呈正六边形分布。选取一个代表性体积单元分析纤维束的力学性能和破坏形态,在局部坐标系中,坐标轴 z 与纤维轴向平行,如图 2.20 所示。此纤维束单胞模型尺

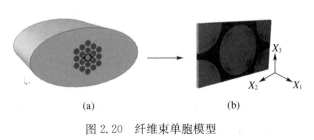

图 2.20　纤维束单胞模型

寸为 3.46 $\mu m \times 2\ \mu m \times 0.1\ \mu m$(长×宽×高)。采用扫描电子显微镜观察纤维束横截面[38] 测得纤维束中纤维体积分数为 73.5%。网格划分采用八节点实体单元(C3D8R),共划分成 8 672 个单元。假设纤维束是纤维在基体中周期性分布的单向纤维增强复合材料,故采用 Xia 等[32, 39] 提出的周期性边界条件,使各尺度间合理过渡。

2.4.5.2　复合材料单胞模型

(1) 三维正交机织复合材料。

三维正交织物中,经纱和纬纱提供面内刚度和强度,Z 纱起增强织物稳定性的作用。理想状态下,经纱、纬纱和 Z 纱相互垂直,因此三维正交机织复合材料单胞模型可以简化为如图 2.21(a)所示,其中,纤维束呈横观各向同性,基体呈各向同性。图 2.21(b)所示为单胞模型的网格划分,采用商用有限元软件包 ABAQUS 中的 C3D8R。C3D8R 为八节点实体单元。由于 C3D8R 仅在其中心有一个积分点,计算结果比较容易得到。在全局坐标系中,定义单胞中经纱、纬纱和 Z 纱分别沿 x、y、z 轴方向。在局部坐标系中,定义纤维束轴向沿 1

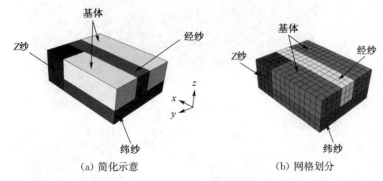

(a) 简化示意　　　　　　(b) 网格划分

图 2.21　三维正交机织复合材料单胞模型

方向,2 方向垂直于纤维束轴向,3 方向和 1-2 平面垂直。为了使单胞尺度与复合材料整体均匀化模型尺度之间合理衔接,每个单胞模型和复合材料整体均匀化模型中各单元尺寸相同,单胞尺度的全局坐标系方向和复合材料整体均匀化模型的全局坐标系方向相同。

(2) 三维针织复合材料。

图 2.22 所示为三维针织复合材料单胞模型。此单胞模型取复合材料整体非均匀化模型纬向宽度的 1/4,经向取一个完整线圈的宽度,厚度方向和复合材料整体非均匀化模型厚度相同。单胞模型尺寸为 2.1 mm×4.5 mm×5.0 mm(经向×纬向×厚度方向)。纤维束单元类型采用 C3D8R,基体单元类型采用 C3D4(四节点线性四面体单元)。同样,纤维束呈横观各向同性,基体呈各向同性。

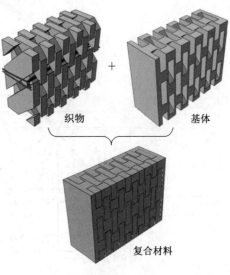

图 2.22　三维针织复合材料
单胞模型

（3）三维编织复合材料。

三维编织复合材料三单胞模型只是作为均匀化压缩模拟过程中多尺度模型的一个桥梁。图 2.23 所示为四步法三维编织复合材料三单胞模型[40]。和早期的一些研究[41-45]不同，三单胞模型可以提高计算精确度。四步法三维编织复合材料内单胞增强体由编织角相同的四个方向的纱线组成，内单胞各方向纱线在直角坐标系中的相对位置如图 2.24 所示。由于复合材料内部纱线相互挤压，纱线截面形状复杂。此处假设内单胞纱线截面形状为规则正六边形且呈直线状态，纱线弯曲仅发生在面单胞和角单胞；假设三维编织复合材料具有严格周期性结构。因此，单胞尺度采用 Xia 等[32, 39]提出的周期性边界条件。三维编织预成型体采用 C3D8R 进行网格划分，基体单元采用 C3D4。纱线和基体之间界面接触被假设为理想黏结（黏结接触）。

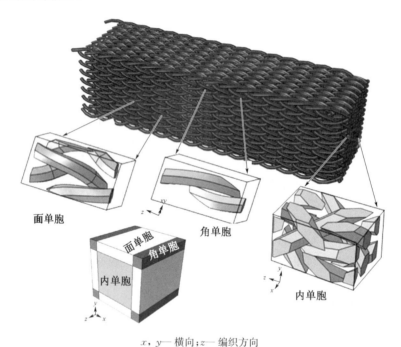

x，y—横向；z—编织方向

图 2.23　四步法三维编织复合材料三单胞模型

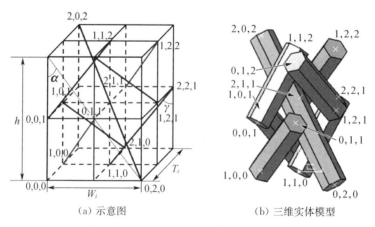

（a）示意图　　　　　　　　　　（b）三维实体模型

图 2.24　三维编织预成型体内单胞模型

2.4.5.3　复合材料整体均匀化模型

(1) 三维正交机织复合材料。

图 2.25 所示为三维正交机织复合材料单胞选取方法。每个试件含有 5 根经纱和 4 根纬纱。在 x-y 面内,每根经纱、纬纱和 Z 纱的交织点定义为一个单胞[图 2.25(a)],经纱和纬纱厚度之和的一半定义为单胞厚度[图 2.25(b)],定义复合材料整体均匀化模型每个单元网格大小和复合材料单胞大小相同。按此网格划分方法,复合材料整体均匀化模型经向有 5 个单元,纬向有 4 个单元,厚度方向有6个单元,如图 2.26 所示。

　　(a) x-y 面内单胞选取　　　　　　　　　　　(b) 厚度方向单胞选取

图 2.25　三维正交机织复合材料单胞选取方法

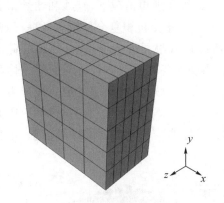
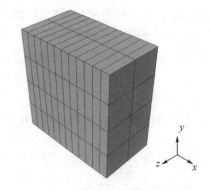

图 2.26　三维正交机织复合材料整体　　　　　图 2.27　多轴向多层三维经编针织复合材料
均匀化模型及网格划分方法　　　　　　　　　整体均匀化模型及网格划分方法

(2) 三维针织复合材料。

图 2.27 所示为多轴向多层三维经编针织复合材料整体均匀化模型及网格划分方法。模型大小和试件实际尺寸相同。模型采用 C3D8R 划分成 96 个网格,每个单元代表一个均匀化单胞,所以每个单元为正交各向异性。为了保证应力传播的连续性,此模型每个方向的单元数量是试件实际单胞数量的 2 倍,即模型总单元数量是试件实际单胞数量的8倍。

（3）三维编织复合材料。

虽然内单胞占三维编织复合材料绝大部分的体积，但面单胞和角单胞对复合材料力学性能同样起着至关重要的作用，所以本文的复合材料整体均匀化模型将三种单胞结构同时考虑进去。图 2.28 所示为四步法三维编织复合材料整体均匀化模型及网格划分方法。为了确定网格数量，本文对网格大小敏感性进行测试。结果显示，网格越小，计算得到的应力分布越均匀，但计算时间大大延长；而以刚度性质为主要求解对象时，对网格尺寸的要求降低。为了既能准确预测复合材料的刚度性质，又能对复合材料的应力分布进行准确的预报，本文将三维编织复合材料整体均匀化模型网格数量确定为试件实际单胞数量的 4 倍。复合材料整体均匀化模型中，每个单元代表一个均匀化单胞，由三维编织复合材料三单胞模型

x，y—横向；z—编织方向

图 2.28　四步法三维编织复合材料整体
均匀化模型及网格划分方法

计算得到的力学性能分别赋予整体均匀化模型的相应单元，计算求解复合材料的有效刚度参数。

2.4.5.4　复合材料整体非均匀化模型

（1）三维正交机织复合材料。

三维正交机织物有三个纱线系统：经纱、纬纱和 Z 纱。理想情况下，经纱和纬纱呈直线状态，两者无交织，Z 纱将经纱、纬纱捆绑在一起。对三维正交机织复合材料试件进行观察，可以发现表面纬纱和内部纬纱的形态并不相同，所以在有限元模型中，表面纬纱的截面形状为跑道形，内部经纱和纬纱的截面形状为矩形。为确保各代表性体积单元的纤维体积分数不变，使复合材料性能保持稳定，假设 Z 纱的截面形状为矩形且保持恒定。纤维束之间的间隙被基体填充，如图 2.29 所示。表 2.7 所示为三维正交机织复合材料试件和有限元模型中各组分体积分数。有关三维正交机织复合材料整体非均匀化模型的详细信息，请参考文献[46]。

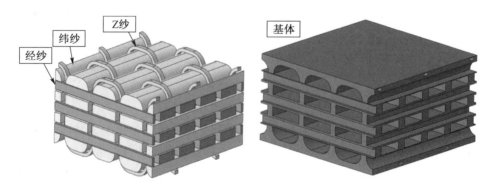

图 2.29　三维正交机织复合材料有限元模型

表 2.7 三维正交机织复合材料各组分体积分数及孔隙率

组分名称	体积分数(%)				孔隙率(%)
	经纱	纬纱	Z纱	基体	
试验结果	13.7	24.3	2.0	59.9	0.1
有限元分析结果	14.0	24.0	2.0	60.0	0.0

（2）三维针织复合材料。

双轴向多层三维经编针织复合材料增强体中,±45°轴纱起到提高面内刚度和强度的作用,而针织纱(其贯穿织物厚度方向)起到提高织物结构稳定性的作用。本文研究针织纱体积分数对双轴向多层三维经编针织复合材料面内力学性能的影响,结果显示当针织纱体积分数很小时,其作用可以忽略不计。此外,由于针织纱比轴纱细,在有限元分析中很难划分网格。鉴于以上两点,本文采用双轴向多层三维经编针织物简化模型计算其力学性能,如图 2.30 所示,各组分体积分数的试验结果和有限元分析结果见表 2.8。有限元模型中,轴纱和针织纱网格划分采用 C3D6(六节点五面体单元),基体网格划分采用 C3D4R(四节点线性四面体减缩积分单元)。纱线和基体之间界面接触采用理想黏结,织物增强体内部采用自接触。

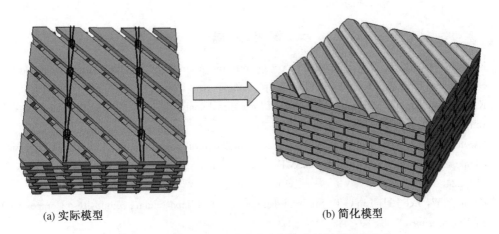

(a) 实际模型　　　　　　　　　　　　(b) 简化模型

图 2.30　双轴向多层三维经编针织复合材料增强体简化

表 2.8　双轴向多层三维经编针织复合材料各组分体积分数

各组分体积分数(%)	轴纱	纤维占纤维束	针织纱	基体
试验结果	63.9	—	1.2	34.9
有限元分析结果	64.0	73.5	0	36.0

（3）三维编织复合材料。

图 2.31 所示是四步法三维编织复合材料细观结构模型,增强体纱线间空隙被基体填充,各组分体积分数的试验结果和有限元分析结果见表 2.9。有关四步法三维编织复合材料整体非均匀化模型参数和本构关系等详细信息,请参考文献[47]。

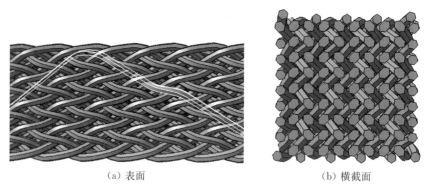

(a) 表面　　　　　　　　　　　　　(b) 横截面

图 2.31　四步法三维编织复合材料细观结构模型

表 2.9　四步法三维编织复合材料各组分体积分数及孔隙率

组分名称	体积分数(%)			孔隙率(%)
	纤维	纤维占纤维束	基体	
试验结果	45.3	—	54.6	0.1
有限元分析结果	43.0	73.5	57.0	0.0

参 考 文 献

[1] Kwon Y W, Baron D T. Numerical predictions of progressive damage evolution in particulate composites. Journal of Reinforced Plastics and Composites, 1998, 17: 691-711.

[2] Kwon Y W, Kim C. Micromechanical model for thermal analysi of particulate and fibrous composites. Journal of Thermal Stresses, 1998, 21: 21-39.

[3] Kwon Y W, Lee J H, Liu C T. Modeling and simulation of crack initiation and growth in particulate composites. Transactions of the ASME: Journal of Pressure Vessel Technology, 1997, 119: 319-324.

[4] Kwon Y W, Lee J H, Liu C T. Study of damage and crack inparticulate composites. Composites Part B: Engineering, 1998, 29: 443-450.

[5] Kwon Y W, Liu C T. Study of damage evolution in composites using damage mechanics and micromechanics. Composite Structures, 1997, 38: 133-139.

[6] Kwon Y W, Liu C T. Damage growth in a particulate composite under a high strain rate loading. Mechanics Research Communications, 1998, 25: 329-336.

[7] Kwon Y W, Liu C T. Effects of non-uniform particle distributions on damage evolution in pre-cracked, particulate composite specimens. Polymers & Polymer Composites, 1998, 6: 387-397.

[8] Kwon Y W, Liu C T. Numerical study of damage growth in particulate composites. Transactions of the ASME: Journal of Engineering Materials and Technology, 1999, 121: 476-482.

[9] Kwon Y W, Liu C T. Prediction of initial crack size in particulate composites with a circular hole. Mechanics Research Communications, 2000, 27: 421-428.

[10] Kwon Y W, Liu C T. Effect of particle distribution on initial cracks forming from notch tips of composites with hard particles embedded in a soft matrix. Composites Part B: Engineering, 2001, 32:

199-208.

[11] Kwon Y W, Liu C T. Microstructural effects on damage behavior in particle reinforced composites. Polymers & Polymer Composites, 2003, 11: 1-8.

[12] Kwon Y W, Eren H. Micromechanical study of interface stresses and failure in fibrous composites using boundary element method. Polymers & Polymer Composites, 2000, 8: 369-386.

[13] Kwon Y W. Calculation of effective moduli of fibrous composites with micro-mechanical damages. Composite Structures, 1993, 25: 187-192.

[14] Kwon Y W, Berner J M. Analysis of matrix damage evolution in laminated composite plates. Engineering Fracture Mechanics, 1994, 48: 811-817.

[15] Kwon Y W, Berner J M. Micromechanics model for damage and failure analyses of laminated fibrous composites. Engineering Fracture Mechanics, 1995, 52: 231-242.

[16] Kwon Y W, Berner J M. Matrix damage analysis of fibrous composites: effects of thermal residual stresses and layer sequences. Computers & Structures, 1997, 64: 375-382.

[17] Kwon Y W, Craugh L E. Progressive failure modeling in notched cross-ply fibrous composites. Applied Composite Materials, 2001, 8: 63-74.

[18] Kwon Y W. Micromechanical, thermomechanical study of a refractory fiber/matrix/coating system. Journal of Thermal Stresses, 2005, 28: 439-453.

[19] Kwon Y W. Elasto-viscoplastic analysis of fiber-reinforced composites. Engineering Computations, 1991, 8: 273-284.

[20] Kwon Y W. Material nonlinear analysis of composite plate bending using a new finite element formulation. Computers & Structures, 1991, 41: 1111-1117.

[21] Kwon Y W. Finite element analysis of thermoelastoplastic stresses in composites. European Journal of Mechanical Engineering, 1992, 37: 83-88.

[22] Kwon Y W. Thermo-elastoviscoplastic finite element plate bending analyses of composites. Engineering Computations, 1992, 9: 595-607.

[23] Kwon Y W, Byun K Y. Development of a new finite elemen formulation for the elasto-plastic analysis of fiber reinforced composites. Computers & Structures, 1990, 35: 563-570.

[24] Kwon Y W. Material nonlinear analysis of composite plate bending using a new finite element formulation. Computers & Structures, 1991, 41: 1111-1117.

[25] Kwon Y W. Multi-level approach for failure in woven fabric composites. Advanced Engineering Materials, 2001, 3: 713-717.

[26] Kwon Y W, Altekin A. Multi-level, micro-macro approach for analysis of woven fabric composites. Journal of Composite Materials, 2002, 36: 1005-1022.

[27] Kwon Y W, Cho W M. Multiscale thermal stress analysis of woven fabric composite. Journal of Thermal Stresses, 2004, 27: 59-73.

[28] Kwon Y W, Roach K. Unit-cell model of 2/2-twill woven fabric composites for multiscale analysis. Computer Modeling in Engineering and Sciences, 2004, 5: 3-72.

[29] Blackketter D M, Walrath D E, Hansen A C. Modeling damage in a plain weave fabric-reinforced composite material. Journal of Composites Technology & Research, 1993, 15: 136-142.

[30] Ng S, Tse P, Lau K. Progressive failure analysis of 2/2-twill weave fabric composites with moulded-in circular hole. Composites Part B: Engineering, 1998, 32: 139-152.

[31] Haj-Ali R M, Muliana A H. A multi-scale constitutive formulation for the nonlinear viscoelastic analysis of laminated composite materials and structures. International Journal of Solids and

Structures, 2004, 41(13): 3461-3490.

[32] Xia Z H, Zhang Y F, Ellyin F. A unified periodical boundary conditions for representative volume elements of composites and applications. International Journal of Solids and Structures, 2003, 40(8): 1907-1921.

[33] Ivanov I, Tabiei A. Three-dimensional computational micro-mechanical model for woven fabric composites. Composite Structures, 2001, 54(4): 489-496.

[34] Song S J, Waas A M, Shahwan K W, et al. Braided textile composites under compressive loads: modeling the response, strength and degradation. Composites Science and Technology, 2007, 67 (15): 3059-3070.

[35] Heinrich C, Aldridge M, Wineman A S, et al. The role of curing stresses in subsequent response, damage and failure of textile polymer composites. Journal of the Mechanics and Physics of Solids, 2013, 61(5): 1241-1264.

[36] Song S J, Waas A M, Shahwan K W, et al. Effects of matrix microcracking on the response of 2D braided textile composites subjected to compression loads. Journal of Composite Materials, 2010, 44 (2): 221-240.

[37] Wang X F, Wang X W, Zhou G M, et al. Multi-scale analyses of 3D woven composite based on periodicity boundary conditions. Journal of Composite Materials, 2007, 41(14): 1773-1788.

[38] Pankow M, Waas A M, Yen C F, et al. Modeling the response, strength and degradation of 3D woven composites subjected to high rate loading. Composite Structures, 2012, 94(5): 1590-1604.

[39] Xia Z H, Zhou C W, Yong Q L, et al. On selection of repeated unit cell model and application of unified periodic boundary conditions in micro-mechanical analysis of composites. International Journal of Solids and Structures, 2006, 43(2): 266-278.

[40] Shokrieh M M, Mazloomi M S. A new analytical model for calculation of stiffness of three-dimensional four-directional braided composites. Composite Structures, 2012, 94(3): 1005-1015.

[41] Li J C, Chen L, Zhang Y F, et al. Microstructure and finite element analysis of 3D five-directional braided composites. Journal of Reinforced Plastics and Composites, 2012, 31(2): 107-115.

[42] Li D S, Chen L, Li J L. Microstructure and unit-cell geometry of four-step three-dimensional rectangular braided composites. Journal of Reinforced Plastics and Composites, 2010, 29 (22): 3353-3363.

[43] Fang G D, Liang J, Wang Y, et al. The effect of yarn distortion on the mechanical properties of 3D four-directional braided composites. Composites Part A: Applied Science and Manufacturing, 2009, 40(4): 343-350.

[44] Wang B L, Fang G D, Liang J, et al. Failure locus of 3D four-directional braided composites under biaxial loading. Applied Composite Materials, 2012, 19(3-4): 529-544.

[45] Li D S, Li J L, Chen L, et al. Finite element analysis of mechanical properties of 3D four-directional rectangular braided composites. Part 1: Microgeometry and 3D finite element model. Applied Composite Materials, 2010, 17(4): 373-387.

[46] Zhang F, Liu K, Wan Y M, et al. Experimental and numerical analyses of the mechanical behaviors of three-dimensional orthogonal woven composites under compressive loadings with different strain rates. International Journal of Damage Mechanics, 2014, 23(5): 636-660.

[47] Zhang F, Wan Y M, Gu B H, et al. Impact compressive behavior and failure modes of four-step three-dimensional braided composites-based meso-structure model. International Journal of Damage Mechanics, 2015, 24(6): 805-827.

3 复合材料概念和设计

3.1 概　　念

复合材料是由两种或两种以上不同材料复合形成的一种结构材料,不同材料之间存在明显的界面。一个成分为增强相,另一个称作基体。增强相有纤维、颗粒或薄片材料等,呈离散状态结构,通过连续状态结构即基体固结,形成结构稳定的复合材料。例如树木是纤维素(增强相)和木质素(基体相)的复合材料;再如动物骨骼是无机磷酸盐(增强相)和蛋白质胶原(基体相)的复合材料。

先进复合材料主要是 20 世纪 60 年代以后出现的,主要用于航空航天工业领域的复合材料,例如石墨纤维/环氧树脂复合材料、芳纶纤维/环氧树脂复合材料、玻璃纤维/环氧树脂复合材料。现在,这些材料也广泛应用于其他商业领域。

复合材料有很多优异性质。以热膨胀性质为例,有时单一金属材料及其合金材料的热膨胀系数太大,不能满足温差较大的使用场合。例如在太空中,温度变化范围经常在$-160\sim$95 ℃。卫星上的桁架结构需要保持尺寸稳定,热膨胀系数要求在$\pm1\times10^{-7}$范围内。单一材料不能满足这些要求,而复合材料通过结构设计和材料选择可以满足大温差使用要求,例如碳纤维/环氧树脂复合材料。

在许多情况下,使用复合材料可以提高效率。例如在竞争非常激烈的航空市场,不断地寻找各种方法来降低飞机的总质量,但不降低其结构刚度和强度,以取代传统的金属合金。即使复合材料的成本更高,但组装件减少及燃料节省,会带来更大的收益。据统计,在商用飞机上减少 1 lb(约 0.454 kg)材料,每年最多可以节省 1 363 L 燃料,而燃料费用大约是商业航空公司总运营成本的 25%。

复合材料相对于传统材料的优点,主要是前者有更高的刚度、强度、耐疲劳、抗冲击性、抗腐蚀性及较低的热传导性。

3.1.1 复合材料力学性能

本节主要说明复合材料的一些基本问题。

(1) 如何测量复合材料力学性能?

例如,材料在轴向载荷 P 下的轴向位移 u 可由式(3.1)求得:

$$u = \frac{PL}{AE} \tag{3.1}$$

其中:L 为材料长度(m);A 为材料面积(m²);E 为材料弹性模量(N/m²)。

材料质量 M 可由式(3.2)求得:

$$M = \rho AL \tag{3.2}$$

其中：ρ 为材料密度（kg/m³）。

可以得到：

$$M = \frac{PL^2}{u} \frac{1}{E/\rho} \tag{3.3}$$

这表明在恒定载荷下，最轻的材料的 E/ρ 值最大。

因此，可以通过计算比模量（弹性模量 E 与密度 ρ 之比）来评估材料的力学性能。另一个参数为比强度（应力与密度之比）。这两个参数的计算公式：

$$比模量 = \frac{E}{\rho}$$

$$比强度 = \frac{\sigma_{ult}}{\rho}$$

比模量和比强度在复合材料领域占有非常重要的地位。例如碳纤维/环氧树脂单向复合材料的强度和钢相同，但其比强度是钢的 3 倍。对一个设计者而言，这意味着什么？列举一个承受恒定轴向载荷的杆的设计案例。碳纤维/环氧树脂杆的横截面和钢杆的横截面相同，但其质量是钢杆的 1/3。质量减轻会转化为材料减少和能源成本降低。图 3.1 显示了复合材料和纤维与传统材料的比强度进展。从图 3.1 可以发现，比强度的单位是"厘米（cm）"，因为在某些情况下，比强度和比模量也可以如下定义：

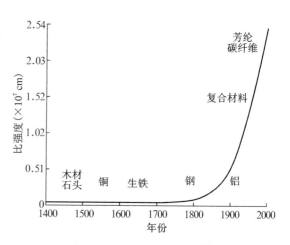

图 3.1　材料比强度进展[1]

$$比模量 = \frac{E}{\rho g}$$

$$比强度 = \frac{\sigma_{ult}}{\rho g}$$

其中：g 为重力加速度（9.81 m/s²）。

表 3.1 列出了典型纤维，单向、正交、准各向同性复合材料，以及钢和铝的比强度和比模量。

表 3.1　典型纤维、复合材料及钢和铝的比强度、比模量

材料单元	比重	弹性模量（GPa）	断裂强度（MPa）	比模量（GPa · m³/kg）	比强度（MPa · m³/kg）
石墨纤维	1.8	230.00	2 067.00	0.127 80	1.148 0
芳纶	1.4	124.00	1 379.00	0.088 57	0.985 0
玻璃纤维	2.5	85.00	1 550.00	0.034 00	0.620 0
单向石墨纤维/环氧树脂复合材料	1.6	181.00	1 500.00	0.113 10	0.937 7
单向玻璃纤维/环氧树脂复合材料	1.8	38.60	1 062.00	0.021 44	0.590 0
正交石墨纤维/环氧树脂复合材料	1.6	95.98	373.00	0.060 00	0.233 1

（续表）

材料单元	比重	弹性模量 （GPa）	断裂强度 （MPa）	比模量 （GPa · m³/kg）	比强度 （MPa · m³/kg）
正交玻璃纤维/环氧树脂复合材料	1.8	23.58	88.25	0.013 10	0.049 0
准各向同性石墨纤维/环氧树脂复合材料	1.6	69.64	276.48	0.043 53	0.172 8
准各向同性玻璃纤维/环氧树脂复合材料	1.8	18.96	23.08	0.010 53	0.040 6
钢	7.8	206.84	648.10	0.026 52	0.083 09
铝	2.6	68.95	275.80	0.026 52	0.106 1

注:表中比重为材料密度与水的密度之比。

容易发现石墨纤维、芳纶和玻璃纤维的比模量是钢和铝的几倍。但这不是复合材料的力学性能,因为复合材料不是仅由纤维组成的,而是由纤维和基体结合而成的,基体的模量和强度一般比纤维低。单向复合材料的比模量和比强度能与金属进行比较吗? 当然不能,其理由主要有两点:首先,单向复合材料仅能够承载简单负载,如单轴拉伸或纯弯曲,在结构荷载和刚度的复杂需求下,铺层结构是必要的;其次,表 3.1 中给出的单向复合材料的弹性模量和断裂强度是沿纤维方向的,但垂直于纤维方向的弹性模量和断裂强度远小于此。

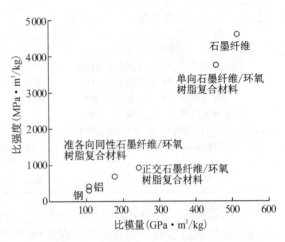

图 3.2　钢、铝、石墨纤维及其复合材料的比强度、比模量

将常用的层合板进行比较,如正交和准各向同性层合板。图 3.2 显示了石墨纤维及其复合材料的比强度、比模量,两者的函数关系:

$$P_{\sigma} = \frac{\pi^2 EI}{L^2} \tag{3.4}$$

其中:P_{σ} 为临界弯曲载荷(N);E 为材料弹性模量(N/m²);I 为材料截面惯性矩(m⁴);L 为材料长度(m)。

如果材料截面为圆形,其截面惯性矩:

$$I = \frac{\pi d^4}{64} \tag{3.5}$$

材料质量:

$$M = \rho \frac{\pi d^2 L}{4} \tag{3.6}$$

其中:M 为材料质量(kg);ρ 为材料密度(kg/m³);d 为材料直径(m)。

因为长度和载荷是恒定的,将式(3.5)和式(3.6)代入式(3.4),可以得到材料质量:

$$M = \frac{2L^2 \sqrt{P_{\sigma}}}{\sqrt{\pi}} \frac{1}{E^{1/2}/\rho} \tag{3.7}$$

这表明在刚度一定的情况下,质量最小的材料的 $E^{1/2}/\rho$ 值最大。

同样可以证明,当材料受到轴向载荷而产生最小位移时,最轻的材料的 $E^{1/3}/\rho$ 值最大。表 3.2 列出了几种材料的 E/ρ、$E^{1/2}/\rho$ 和 $E^{1/3}/\rho$ 等。与金属相比,复合材料在这些方面具有更好的性能。

表 3.2　几种材料的 E/ρ、$E^{1/2}/\rho$ 和 $E^{1/3}/\rho$

材料单元	比重	弹性模量(GPa)	E/ρ (GPa·m^3/kg)	$E^{1/2}/\rho$ (Pa·m^3/kg)	$E^{1/3}/\rho$ (Pa$^{1/3}$·m^3/kg)
石墨纤维	1.8	230.00	0.127 8	266.4	3.404
芳纶	1.4	124.00	0.088 57	251.5	3.562
玻璃纤维	2.5	85.00	0.034	116.6	1.759
单向石墨纤维/环氧树脂复合材料	1.6	181.00	0.113 1	265.9	3.535
单向玻璃纤维/环氧树脂复合材料	1.8	38.60	0.021 44	109.1	1.878
正交石墨纤维/环氧树脂复合材料	1.6	95.98	0.060	193.6	2.862
正交玻璃纤维/环氧树脂复合材料	1.8	23.58	0.013	85.31	1.59
准各向同性石墨纤维/环氧树脂复合材料	1.6	69.64	0.043 53	164.9	2.571
准各向同性玻璃纤维/环氧树脂复合材料	1.8	18.96	0.010 53	76.50	1.481
钢	7.8	206.84	0.026 52	58.3	0.758 2
铝	2.6	68.95	0.026 62	101.0	1.577

(2) 对复合材料和金属的其他力学性能进行比较,如断裂、抗疲劳、抗冲击和蠕变性能,发现复合材料具有明显优势。那么在使用中,复合材料是否没有任何缺点呢?

并非如此,复合材料在使用中的缺陷和不足包括:

● 复合材料的制造成本高是一个关键问题。例如,碳纤维/环氧树脂复合材料的一部分制造成本就高达原材料成本的 10～15 倍。在未来,加工和制造技术的进步会降低这些费用。目前,制造技术如 SMC(片状成型)和 SRIM(结构增强注射成型)均降低了生产汽车零部件的成本和时间。

● 复合材料的力学性能比金属材料更复杂。与金属材料不同,复合材料呈各向异性,即各个方向的性能不同,因此需要更多的材料参数。例如,碳纤维/环氧树脂单层板需要 9 个刚度和强度参数进行力学性能分析;而各向同性材料只要求 4 个刚度和强度参数,如钢。这种复杂性使得数字分析和试验分析更加复杂。此外,一些评估和测量复合材料性能的技术,如压缩性能测试,仍有争议。

● 与金属材料相比,复合材料的修复不是一个简单的过程。有时,复合材料结构中的一些主要缺陷和裂纹无法观测。

● 与金属材料相比,复合材料的强度和断裂韧性之间没有高度相关性。对于含裂纹的平板材料,应力集中因子反映了裂纹尖端区域的应力。图 3.3

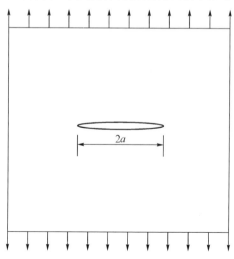

图 3.3　单轴均匀加载的含裂纹平板材料

所示的单轴均匀加载的含裂纹平板材料中,存在长度为 $2a$ 的裂纹,应力集中因子 $K = \sigma\sqrt{\pi a}$。如果裂纹尖端处的应力集中因子大于材料的临界应力集中因子,裂纹将扩展。临界应力集中因子越大,材料韧性越好。临界应力集中因子也称为断裂韧性。铝、钢的断裂韧性分别为 26、28 MPa·m$^{1/2}$。

　　图 3.4 显示了材料的断裂韧性和屈服强度在一个层(厚度 25 mm)内的对比情况。相比于复合材料,金属的断裂韧性和屈服强度之间具有很高的相关性。(注:图3.4中的过渡区将随材料厚度变化而变化。)

　　● 在材料所需性能上,复合材料并不总是能提供更好的性能。图 3.5 显示了选择材料时主要考虑的 6 个参数——强度、韧性、成型性、连续性、耐腐蚀性和承重能力之间的关系。

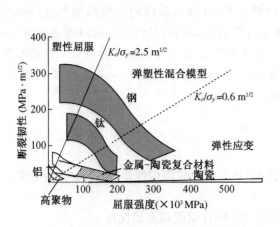

图 3.4　金属、陶瓷和金属-陶瓷复合材料的断裂韧性和屈服强度的关系[1]

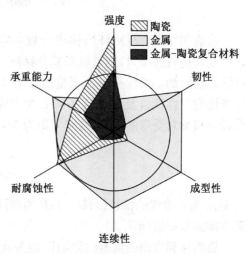

图 3.5　金属、陶瓷和金属-陶瓷复合材料的主要参数[1]

　　圆周表示一个特定的正常应用需要的性能等级,阴影区域显示了陶瓷、金属和金属-陶瓷复合材料的性能等级。显然,复合材料的强度高于金属,但其他参数比金属低。

　　(3) 为什么复合材料增强纤维要求很细?

　　使用细纤维的主要原因是为了增加纤维与基体的接触面积。

　　材料的实际强度比理论强度低几个数量级,这种差异来自材料固有缺陷。消除这些缺陷,可以提高材料强度。随着纤维直径变小,纤维材料产生固有缺陷的概率减小。钢板的强度大约为 689 MPa,而制成该钢板的金属丝的强度可达 4 100 MPa。图 3.6 显示了碳纤维强度随直径减小而增加。

　　为了得到更高的延展性和韧性,使载荷在纤维和基体之间更好地传递,复合材料中纤维与基体表面必须有较大的接触面积。纤维直径和纤维与基体的接触面积成反比,证明如下:

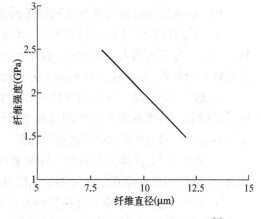

图 3.6　碳纤维强度与直径的关系[2]

假设单层板由 N 根直径为 D 的纤维组成,单层板中纤维与基体的接触面积:

$$A_1 = N\pi DL \tag{3.8}$$

若用直径为 d 的纤维代替直径为 D 的纤维,纤维数量假设为 n,为了保证纤维体积分数相同,则:

$$n = N\left(\frac{D}{d}\right)^2 \tag{3.9}$$

那么纤维与基体的接触面积:

$$A_{11} = n\pi dl = \frac{N\pi D^2 L}{d} = \frac{4V_f}{d} \tag{3.10}$$

这表明在复合材料纤维体积分数一定的情况下,纤维与基体的接触面积和直径成反比。复合材料加工,特别是机织复合材料,要求纤维有较好的弯曲性能。随纤维直径减小,纤维柔性增加。柔性指标常用挠曲度表征。挠曲度被定义为弯曲刚度的倒数。弯曲刚度与纤维的弹性模量及纤维直径的四次方成正比。弯曲刚度表示材料对弯矩的抵抗能力。假设一根梁只受弯曲载荷,弯曲力矩为 M,则:

$$\frac{\mathrm{d}^2 v}{\mathrm{d}x^2} = \frac{M}{EI} \tag{3.11}$$

其中: v 为心形线的偏转位移(m); E 为弹性模量(Pa); I 为截面惯性矩(m^4); x 为沿着梁长度方向的坐标值(m)。

挠曲度和弯曲刚度 EI 成反比,因为直径为 d 的圆柱梁的截面惯性矩:

$$I = \frac{\pi d^4}{64} \tag{3.12}$$

且

$$挠曲度 \propto \frac{1}{Ed^4} \tag{3.13}$$

对于特殊材料,与强度不同,其弹性模量不会随着直径改变而改变,因此挠曲度和直径的四次方成反比。

（4）影响复合材料力学性能的纤维因素有哪些?

• 纤维长度:纤维长度长短不一,纤维长度长则易取向和加工,短纤维取向不容易实现。长纤维比短纤维有更多优点,如冲击阻抗高、低伸缩性、表面处理好、尺寸稳定。但是,短纤维的价格低,制造复合材料的工艺流程短,材料缺陷少(强度高)。

• 取向:处于同一方向的纤维为该方向提供较高的刚度和强度。若纤维排列方向不同,如毡制品,纤维取向方向的刚度和强度较高。具有相同纤维体积分数的复合材料,相对于单向复合材料,前者的刚度和强度较低。

• 截面形态:纤维大部分都是圆形截面,便于操作和加工。六角形和方形纤维,堆积密度高,但强度和填充率高的优势不能消除其难操作和加工的问题。

• 原料种类:纤维种类直接影响复合材料的力学性能。普遍希望纤维刚度和强度高,这成为石墨纤维、芳纶及玻纤复合材料市场的关键因素。

(5) 影响复合材料力学性能的基体因素有哪些？

除了绳索和电缆,纤维本身用途有限,但用于复合材料作为增强体,种类极多。基体的作用包括固结纤维,防止纤维受加工过程和环境的损害,将外界载荷均匀分布于纤维上。

虽然基体与纤维相比,其力学特征值较低。但基体本身影响复合材料的许多其他性能,如横向模量和强度、剪切模量和强度、压缩强度、层间剪切强度、疲劳性能、热膨胀系数、耐热性等。

(6) 除了纤维和基体,影响复合材料力学性能的其他因素有哪些？

其他因素包括纤维和基体之间的界面强度,它决定了基体将载荷传递到纤维上的好坏。化学、机械作用和黏结反应均来自该界面。在很多情况下,会有多种类型的黏结发生。

化学黏合在纤维表面和基体之间形成,一些纤维会自然地黏结到基体上,而另外一些纤维通常需要加入偶联剂来形成化学键,从而达到黏结目的。偶联剂是施加到纤维表面,以提高纤维和基体之间化学键合作用的化合物。例如,硅烷可用于玻纤,以增加玻纤与环氧树脂基体的黏合性。

纤维表面的粗糙度或腐蚀造成交联,形成了纤维和基体之间的机械黏结。

如果基体的热膨胀系数高于纤维,并且制造温度高于工作温度,基体会比纤维更容易发生收缩,这将导致基体对四周的纤维产生压缩。

当纤维与基体分子或原子在界面之间扩散时,反应即发生。这种相互扩散往往造成明显的分层,称为界面,属性与纤维和基体不同。尽管界面有助于形成化学键,但是它在纤维中会产生微观的裂缝,而裂缝的存在会降低纤维及复合材料的强度。

弱节和界面的裂缝会导致复合材料失效、力学性能下降,还会使热气和湿气等外界环境因素对纤维造成损伤。

尽管强的化学键是载荷从基体转移到纤维的必要条件,但是纤维和基体之间形成弱化学键对陶瓷基复合材料更有利,因为裂缝在纤维与基体界面的薄弱处产生,其会沿界面发生偏移。这就是复合材料的断裂韧性比陶瓷高 5 倍的主要原因。

(7) 复合材料如何分类？

按增强材料形状不同,可分为颗粒、连续纤维、短纤维、弥散晶须、层状、骨架或网状复合材料等;按基体材料不同,有聚合物基复合材料、金属基复合材料、陶瓷基复合材料和碳/碳复合材料等。

金属基颗粒复合材料由合金和陶瓷颗粒浸入基体而形成,由于颗粒随机分布,通常呈各向同性。颗粒复合材料在强度、操作温度和抗氧化等方面有诸多优势。典型的例子包括铝颗粒在橡胶中的使用,碳化硅颗粒在铝中的使用,以及由碎石、砂、水泥制成的混凝土。

片状复合材料由扁平的增强件和基体组成。典型薄片材料有玻璃、云母、铝、银等。片状复合材料的面外弯曲模量和强度高,成本低,但不易取向,适用性有限。

纤维复合材料由非连续性短纤维和连续性长纤维作为增强体组成。纤维一般呈各向异性,如碳纤维和芳纶。基体的例子:树脂,如环氧树脂;金属,如铝;陶瓷,如钙铝硅酸盐。本书主要强调连续性纤维复合材料,本章将进一步讨论基体的类型:聚合物,金属,陶瓷,碳/碳。连续纤维复合材料最基本的是单向板或层合板。单向板从上往下以不同角度进行铺层,形成多尺度层合板。

纳米复合材料由纳米尺度(10^{-9} m)的材料组成。划分纳米复合材料的标准是材料组成

成分中至少有一种尺寸小于100 nm。纳米复合材料的性能
不同于块状材料。一般先进复合材料的尺度在10^{-6} m,属
于微尺度。达到纳米尺度的材料性能优于达到微尺度的
材料,但并不是所有纳米复合材料的性能都比较好,在某
些情况下,材料韧性和冲击强度会降低。

　　纳米复合材料的应用包括军事包装,如纳米复合材料
薄膜在弹性模量、水蒸气、热变形及氧气传输速率上表现
良好。

　　2004 年雪佛兰黑斑羚的车身侧面造型是由奥夫莱纳
米复合材料制成的,降低了成型质量的 7%,并改善了表面

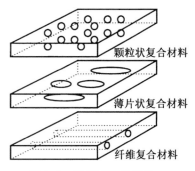

图 3.8　根据增强体形状
分类的复合材料

质量。目前,通用汽车公司每年使用24.5 万 kg 左右的纳米复合材料。只含有少量金属部件
的橡胶,在恶劣条件下,也能像金属固体那样导电,因此又被称为金属橡胶,它是由分子通
过一种叫作静电自堆积工艺制成的。金属橡胶可能应用的领域包括人工肌肉、智能衣服、
软金属丝及便携式电子电路等。

　　先进复合材料大部分都是聚合物基复合材料(PMCs),由聚合物(如环氧树脂、聚酯、聚
氨酯)基体和细纤维(如石墨纤维、芳纶纤维、硼纤维)增强体组成。例如,石墨纤维/环氧树
脂复合材料质量加权大约是钢的 5 倍。它们作为最普及的复合材料的原因包括成本低、强
度高、易制造等。

　　PMCs 最主要的缺点是工作温度低,热湿膨胀系数大,在一定的方向上弹性差。表 3.4
给出了聚合物基复合材料和钢、铝的典型力学性能。表 3.5 给出了聚合物基复合材料常用
纤维和钢、铝的力学性能。

表 3.4　聚合物基复合材料和钢、铝的典型力学性能

指标	单位	石墨纤维/环氧树脂	玻璃纤维/环氧树脂	钢	铝
密度	g/cm³	1.6	1.8	7.8	2.6
弹性模量	GPa	181.0	38.6	206.8	68.95
极限拉伸强度	MPa	150.0	106.2	648.1	275.8
热膨胀系数	10^{-6}/℃	0.02	8.6	11.7	23

表 3.5　聚合物基复合材料常用纤维和钢、铝的力学性能

指标	单位	石墨纤维	芳纶	玻璃纤维	钢	铝
密度	g/cm³	1.8	1.4	2.5	7.8	2.6
弹性模量	GPa	230	124	85	206.8	68.95
极限拉伸强度	MPa	2 067	1 379	1 550	648.1	275.8
热膨胀系数	10^{-6}/℃	−1.3	−5	5	11.7	23

3.1.2　纤维

3.1.2.1　玻璃纤维

玻璃纤维(简称"玻纤")是聚合物基复合材料使用最广的纤维。它的强度高,成本低,

耐化学性能强,并且具有良好的绝缘性能。它的缺点是弹性低,和聚合物的黏着性差,比重大,易磨损,疲劳强度低。它的主要类型有 E 玻纤、S 玻纤,表 3.6 给出了两者的性能。

表 3.6　E 玻纤、S 玻纤性能

指标	单位	E-玻纤	S-玻纤
密度	g/cm³	2.54	2.49
弹性模量	GPa	72.4	85.50
极限拉伸强度	MPa	3 447	4 585
热膨胀系数	$10^{-6}/℃$	5.04	5.58

聚合物基复合材料的性能差异主要来自 E 玻纤、S 玻纤不同的组成成分。这两种类型的纤维的主要成分见表 3.7。

表 3.7　E 玻纤、S 玻纤主要成分

成分	质量分数(%)	
	E 玻纤	S 玻纤
氧化硅	54	64
氧化铝	15	25
氧化钙	17	0.01
氧化镁	4.5	10
氧化硼	0.01	8
其他	0.8	1.5

已商业化的其他玻璃纤维主要包括:C 玻纤(C 代表耐腐蚀),用于类似储油罐这样的化学环境;H 玻纤(H 代表高强)用于结构复合材料,如建筑;D 玻纤(D 代表电解质)用于要求介电常数低的场合,如雷达天线罩;A 玻纤(A 代表外观),用于改善表面外观。混合类型有 E-CR 玻纤(E-CR 代表导电和耐腐蚀),另外还有AR 玻纤(耐碱玻纤)。

玻璃纤维一般由熔融纺丝法制成,如图 3.9所示。砂、石灰石和氧化铝的混合物在耐火熔炉中以 1 400℃熔融,熔体被存储并保持在恒定温度。纤维长丝以大约 25 m/s 的速度被抽入穿过多达 250 个直径约 10 μm 的加热铂合金喷嘴,以保证得到所需尺寸。在被抽入喷嘴之前,这些纤维被喷涂有机胶溶液,其由黏合剂、润滑剂和抗静电剂混合制成。玻璃纤维与其他纤维一样,可以织造成机织物,用于复合材料制造(图 3.10)。

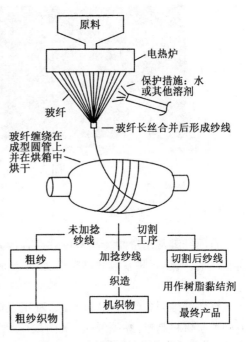

图 3.9　玻纤制造流程和存在形式

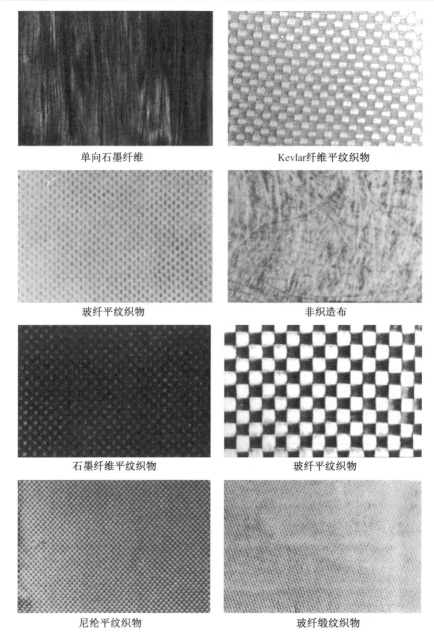

图 3.10　不同纤维形成的织物

3.1.2.2　石墨纤维

石墨纤维常用于制造高刚度和高强度复合材料工程结构件。石墨纤维具有高比强度、高比模量、低热膨胀系数和高疲劳强度等特点。石墨纤维的缺点是成本高,抗冲击性能弱,电导率高。

石墨纤维制备始于19世纪末,真正工业化制造始于20世纪60年代初。石墨纤维一般由三种原材料制成:黏胶纤维、聚丙烯腈纤维和沥青。聚丙烯腈纤维是制备石墨纤维最常用的原料。图3.11所示是聚丙烯腈基石墨纤维制备工艺流程。

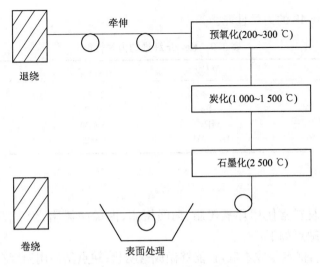

图 3.11　聚丙烯腈基石墨纤维制备工艺流程

　　聚丙烯腈纤维首先被牵伸至 5～10 倍于它原来的长度,以增强其力学性能,并使其能够通过之后的三个热处理过程。第一个热处理过程称为稳定化(预氧化),聚丙烯腈纤维经过一个 200～300 ℃的熔炉,通过高温加热过程稳定其尺寸。第二个热处理过程称为炭化,纤维在 1 000～1 500 ℃的氮气和氩气的惰性气体环境中发生热解。最后一个热处理过程称为石墨化,即达到 2 500 ℃以上的热处理。石墨化过程产生一种比炭化过程产生的更具石墨结构的微观结构。纤维也可能在后两个热处理阶段受到拉伸作用而获得更高的取向度。

　　在三个热处理过程后,石墨纤维会经表面处理来增强纤维的黏附力及其应用于复合材料结构时的层间剪切力,然后纤维卷绕到筒子上。表 3.8 给出了不同原丝制得的两种石墨纤维的力学性能。

表 3.8　两种石墨纤维的力学性能

指标	单位	沥青基石墨纤维	聚丙烯腈基石墨纤维
比重	—	1.99	1.78
弹性模量	GPa	379.2	241.3
拉伸断裂强度	MPa	1 732	3 447
轴向热膨胀系数	10^{-6}/℃	−0.54	−1.26

　　碳纤维和石墨纤维的区别:碳纤维的含碳量为 93%～95%,石墨纤维的含碳量为 99% 以上;碳纤维一般在低于 1 316 ℃的条件下制备,石墨纤维在高于 1 900 ℃的环境中制备。

3.1.2.3　芳纶

　　芳纶是由 C、H、O、N 组成的芳香族有机物制成的纤维。一般使用对位芳香族聚酰胺纤维制备复合材料,其优点是密度低、强度高、成本低、抗冲击性好,缺点是压缩性能差、容易光降解。

　　以美国杜邦公司(DuPont)生产的两种对位芳香族聚酰胺纤维为例,主要有 Kevlar 29 和 Kevlar 49 两种,两种纤维有相似的比强度,但是 Kevlar 49 的比刚度(比模量)更高。Kevlar 29 主要用于防弹背心、绳索和电缆,航空工业采用的是 Kevlar 49。表 3.9 给出了

Kevlar 29 和 Kevlar 49 的力学性能。

表 3.9　Kevlar 纤维的力学性能

指标	单位	Kevlar 29	Kevlar 49
比重	—	1.44	1.48
弹性模量	GPa	62.05	131.0
拉伸断裂强度	MPa	3 620	3 620
轴向热膨胀系数	$10^{-6}/℃$	—2	—2

3.1.3　树脂基体

聚合物基复合材料常使用环氧树脂、酚醛树脂、丙烯酸树脂、聚氨酯树脂和聚酰胺树脂。每种树脂的优缺点如下：

· 聚氨酯树脂：优点是成本低，且能够做成透明状；缺点是使用温度在 77 ℃ 以下，呈脆性，并且固化时有很高的收缩率（高达 8%）。

树脂收缩率可由交联前的密度（ρ）和交联后的密度（ρ'）计算：

$$树脂收缩率 = \frac{\rho' - \rho}{\rho'} \times 100\%$$

· 酚醛树脂：优点是成本低，力学强度高；缺点是孔洞含量高。

· 环氧树脂：优点是力学强度高，与金属和玻璃纤维有很好的黏结性；缺点是成本高，难加工。

使用哪种树脂，取决于实际应用要求，应考虑的因素有力学性能、成本、烟释放量、温度偏差等。图 3.12 展示了五种复合材料常用树脂性能。

环氧树脂是一种含有环氧基团的相对分子质量较低的有机液体。环氧基团的环上有一个氧原子和两个碳原子。表氯醇和酚类化合物或芳香胺反应，可以制得大部分的环氧树脂。通过添加硬化剂、增塑剂和填充剂，可制得有黏性、耐冲击、可降解的环氧树脂。典型环氧树脂在室温下的性能见表 3.10。

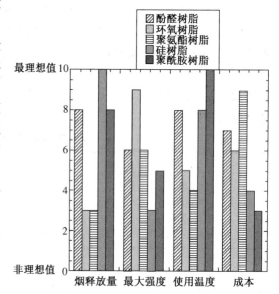

图 3.12　复合材料常用树脂性能

表 3.10　典型环氧树脂在室温下的性能

指标	单位	数值
比重	—	1.28
弹性模量	GPa	3.792
拉伸断裂强度	MPa	82.74

环氧树脂是聚合物基复合材料最常用的树脂。航空工业中应用的树脂，2/3 以上是环

氧树脂。主要原因如下：

- 强度高。
- 黏性低,流速低,纤维在加工过程中可以得到很好的浸润,并防止纤维发生错位。
- 固化时不易挥发。
- 收缩率低,这可以降低环氧树脂和增强相之间结合处的剪切应力。
- 可满足特定性能和加工要求的需要。

树脂分为热固性和热塑性两类。热固性树脂固化后不能再次溶解或熔融,因为树脂固化后分子链之间通过共价键牢牢结合在一起;热塑性树脂在高温高压下可以再次成型,因为它的分子链通过范德华力结合,分子间作用力较弱。典型热塑性树脂包括环氧、聚酯、酚醛及聚酰胺等,典型热塑性树脂包括聚乙烯、聚醚醚酮(PEEK)和聚苯硫醚(PPS)等。表 3.11 给出了热固性和热塑性树脂的性能特点。

表 3.11　热固性和热塑性树脂的性能特点

热塑性树脂	热固性树脂
加热加压后软化,易修复	加热后分解
断裂伸长率高	断裂伸长率低
能重复加工	不能重复加工
固化周期短	固化周期长
不黏,容易处理	有黏性
制造温度较高	制造温度较低
耐溶剂性很好	耐溶剂性一般

3.1.4　预浸料

预浸料是用纤维浸渍在树脂基体中形成的带状物(图 3.13),标准宽度范围是 75～1 270 mm。按照树脂基体是热固性还是热塑性,将预浸料分别储存在冰箱里或室温环境中。将预浸料通过手工或机械方式,按照不同角度铺层,可制得层合板及其他复杂外形结构,再进行成型和固化。

图 3.13　硼纤维/环氧树脂预浸料

图 3.14 为预浸料制备流程示意图。一排纤维先

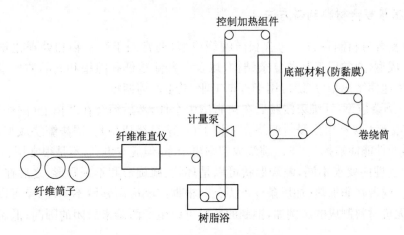

图 3.14　预浸料制备流程示意

经过树脂浴,然后将浸胶后的纤维加热,使固化反应从图 3.15 的 A 阶段达到 B 阶段。卷取罗拉上有一层防黏膜,纤维被附在这层防黏膜上。这层防黏膜可在储存时防止预浸料和别的材料黏结在一起。

热固性树脂的固化阶段如图 3.15 所示:A、B、C 阶段。

• A 阶段:树脂在 A 阶段制得。在这个阶段,树脂可以是固态或液态,但能在加热条件下流动。A 阶段也被称为完全未固化阶段。

• B 阶段:B 阶段是生产预浸料时树脂所处阶段,也是热固性树脂反应的中间阶段。这个阶段允许复合材料层的简单加工和处理,如石墨纤维/环氧树脂。

• C 阶段:C 阶段是热固性树脂反应的最后阶段。该阶段在由复合材料层组成复合材料工程结构时完成。C 阶段的加热加压可能已经将树脂完全固化。该阶段将导致不可逆树脂硬化和不可溶性。

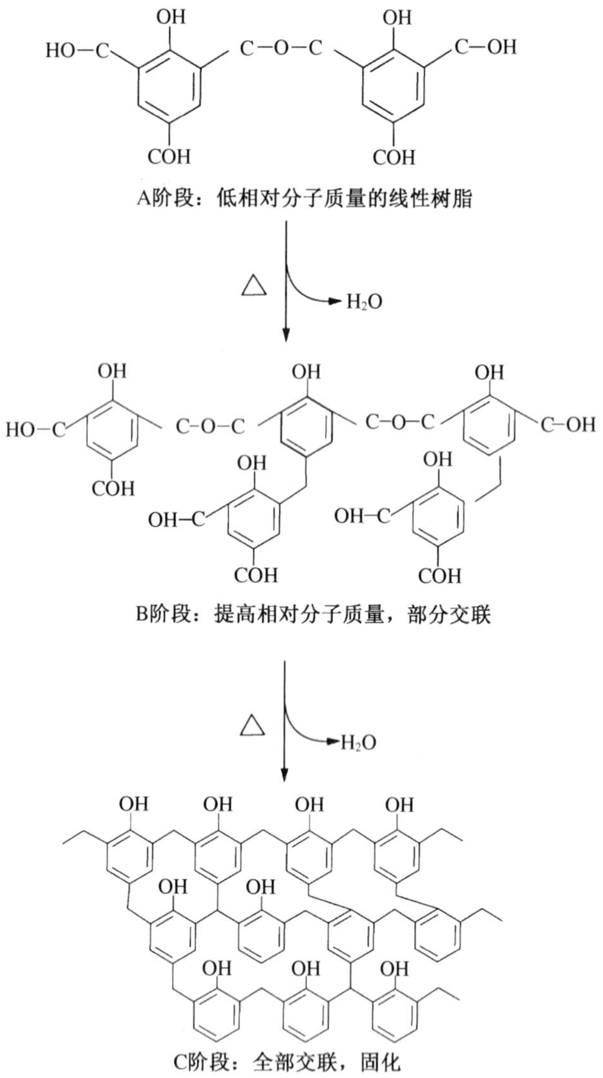

A 阶段:低相对分子质量的线性树脂

B阶段:提高相对分子质量,部分交联

C阶段:全部交联,固化

图 3.15　酚醛树脂固化阶段

3.1.5　树脂基复合材料制备方法

树脂基复合材料制备方法包含长丝缠绕成型(通常用于管状物和处理化学药品的容器)、热压罐成型(通常用于制备复杂结构,以及一些注重低孔隙率和高品质要求的平板结构)和树脂传递模塑成型(广泛应用于汽车工业,其生产周期短)。

• 长丝缠绕成型:纤维束浸胶后在树脂浴中牵伸,然后缠绕在芯模上(湿法缠绕成型)(图 3.16),或者直接利用预浸料缠绕在芯模上(干法缠绕成型)。湿法缠绕成型的成本低,且复合材料的性能能够控制;干法缠绕成型则更干净,但成本更高,不是很常用。

根据产品性能要求不同,缠绕形状可以是环状、螺旋形和不规则形,之后在加热、加压条件下固化,或者在非加热、加压条件下固化。根据产品应用领域不同,芯模可以是木、铝、钢、石膏或无机材料制成的。例如,钢制的芯模可以生产两端未封闭的圆筒;低熔点的合金和水溶性的无机材质的芯模是全封闭圆筒,这样方便移除。

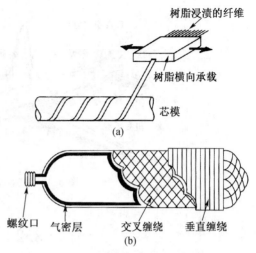

图 3.16 (a)纤维缠绕工艺;(b)含气密层的纤维缠绕压力容器

• 热压罐成型:此方法和预浸料一起使用。首先,将一块经特氟龙涂层、由尼龙或玻璃纸制成的基板,放置在模具上。模具分为阴模和阳模,如果复合材料在模具内,称为阴模;如果复合材料在模具周围,则称为阳模。使用特氟龙可以方便地移除基板,同时基板保持光滑且不易起皱。脱模粉或脱模剂可替代特氟龙,达到除去基板的效果。将一定数量的预浸料一次性铺层在基板上,然后压紧每一层,除去多余的空气和可能产生的褶皱。最后,将预浸料边缘封闭,形成真空密封。

在模具上附加排放系统,排出加热和真空成型过程中的挥发物质和多余树脂。排放系统由几层玻璃纤维布做成的排放板构成,并放置在顶端铺层的边缘。

真空管道放置在排放板上面,用真空袋将预浸料铺层包裹。局部的真空负压使真空袋表面变得平滑。接着,将抽真空后的整个组合体放入热压罐(图 3.17)。热压罐内有加热加

图 3.17 热压罐

压的惰性气体。真空系统持续作用于整个固化过程,以除去挥发物,并保持预浸料和模具紧紧贴合。固化过程可能会持续 5 h 以上。

• 树脂传递模塑成型(RTM:resin transfer molding):像聚酯类树脂或环氧树脂这样的低黏性树脂,一般会在低压条件下注入含有纤维预成型体的封闭模具内。当树脂停止流动时,就可以进行固化。固化过程在室温下或升温条件下进行。树脂传递模塑成型法的优点是成本较手工铺层法低,能够自动化,并且不需要预浸料冷藏。

3.1.6 聚合物基复合材料应用示例

航空是聚合物基复合材料的主要应用领域。复合材料质量占比从 1970 年 F-15 的 2%增加到 2011 年 B-787 的 50%左右。

在商业航线中,出于安全考虑,复合材料的使用比较保守。复合材料仅局限于使用在次结构件上,如波音 767 上用石墨纤维/聚合物基复合材料制成的方向盘、升降梯,以及 Kevlar-石墨纤维/聚合物基复合材料制成的登机门。直到 2011 年 10 月 26 日复合材料首次在日本全日空航空公司投入商业运行的波音 787 上出现,才使其在商用飞机上得到大量成功应用。波音 787 共计使用 35 t 碳纤维/聚合物基复合材料,碳纤维使用量达 23 t。加上其他复合材料,波音 787 上复合材料占飞机总质量的 50%,占各类材料总体积的 80%,飞机机舱、机翼、尾翼等主承力结构件都由复合材料制造(图 3.18)。

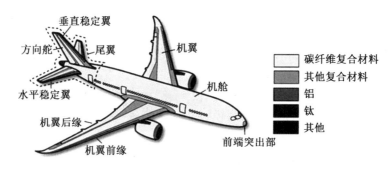

图 3.18　波音 787 上的复合材料分布

3.2　设　　计

　　作为一个力学部件,复合材料需要承受各种载荷。对于各向同性材料而言,传统设计理念包括从现有材料中选择所需材料及每个部件设计。对于由复合材料组成的部件,设计者根据使用要求进行"创造",需要选择增强体、基体及固化工艺。因此,设计者必须事先设计好材料的结构、各层的排列和尺寸及其性能的表征方法。

　　图 3.19 所示是不同材料的基本性能。在复合材料设计中,需要有非常清晰的量值概念和估算技巧。

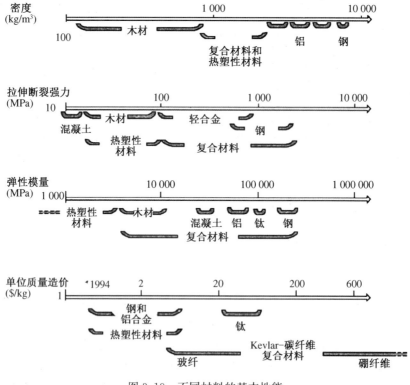

图 3.19　不同材料的基本性能

设计复合材料结构时,安全系数(表 3.12)主要考虑以下因素的不确定性而定:

■ 增强体和基体的力学性能的幅值;

■ 应力集中;

■ 计算中假设的不精确;

■ 材料老化。

表 3.12　复合材料在不同加载模式下的安全系数

静态加载	短期受载	2
	长期受载	4
长期间歇性加载		4
周期性加载		5
冲击加载		10

3.2.1　层合板

把若干单向板按照预定的铺层角度和顺序叠合在一起,经过固化成为一个整体的板材,称为层合板。

图 3.20 所示为单向板。单向板的优点:刚度高(在纤维数量最多的取向方向上);每层可以有足够的长度,使得纤维上的载荷可以在很长距离上连续传递;浪费少。单向板的缺点:包装时间长;不能覆盖复杂形状。

例如,宽度为 300 或 1 000 mm 的碳纤维/树脂基复合材料预浸料,如果在低温(−18 ℃)下保存,很多年后依然可以使用。

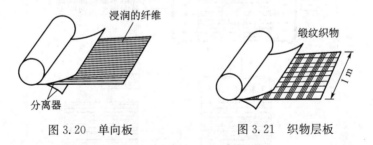

图 3.20　单向板　　　　　　图 3.21　织物层板

织物层板(图 3.21)因经纬纱交织,织物结构稳定,可以在干燥状态下或者浸润树脂后以卷装形式存在。它的优点:减少包装时间;织物易变形,可形成复杂形状;可以将同一织物的不同纱线连接起来。它的缺点:模量和强度比单向板低;裁剪后会有大量浪费;包裹大型部件时需要连接。

单向板在纤维方向具有高的刚度和强度,在其他方向的刚度和强度低。在实际工程中,通常使用由不同方向铺层的单向板形成的层合板。层合板最重要的优点是可以调整和控制纤维取向,使材料受载能力达到最好。因此,了解纤维取向对层合板受载方向的力学性能的影响是非常重要的。

在受力分析中,可利用简单、直观的莫尔圆(图 3.22)。

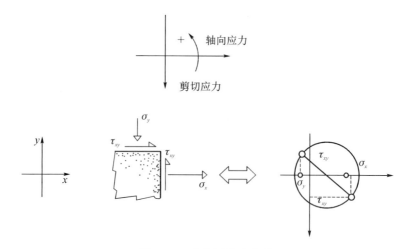

图 3.22　莫尔圆应力分析

图 3.23 所示为纤维方向对复合材料使用性能的影响。图 3.24 中,莫尔圆显示 45°方向纤维承受压力,$\sigma_1 = -\tau$(τ 为剪切应力理论值),而树脂承受拉力,$\sigma_2 = \tau$,使复合材料的失效应力很低,这是较差的设计方案。图 3.25 中,纤维承受拉力,$\sigma_1 = \tau$,而树脂承受压力,$\sigma_2 = -\tau$,这是中等设计方案。图 3.26 中,纤维按 45°和-45°铺设,45°方向纤维可以承受拉力,$\sigma_1 = \tau$,而-45°方向纤维可以承受压力,$\sigma_2 = -\tau$,树脂承受较小载荷,这是最优设计方案。

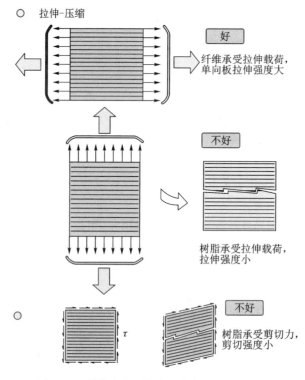

图 3.23　纤维取向对复合材料使用性能的影响

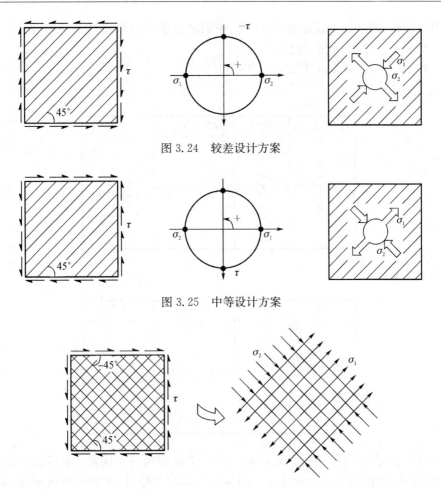

图 3.24 较差设计方案

图 3.25 中等设计方案

图 3.26 最优设计方案

3.2.2 层合板标记方法

纤维有四种常用取向角度,如图 3.27 所示。0°方向指弹性主方向或者某一选定坐标轴。在实际应用中,也有±30°和±60°取向。

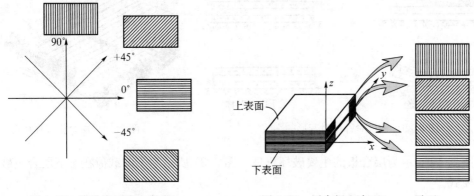

图 3.27 纤维常用取向角度　　　图 3.28 层合板和中面(x-y平面)

为方便分析,通常要确定层合板中面。中面是将层合板沿厚度方向一分为二的面,如图 3.28 中的 $x - y$ 平面,此平面上,$z = 0$。

层合板标记方法:从上往下画,从左往右写。

例如:

层数	取向	常用标记	符号
10	90°		
9	0°		
8	0°		
7	−45°		
6 中面	+45°	$[90/0_2/-45/45]_s$	
5	+45°		
4	−45°		
3	0°		
2	0°		
1	90°		

又例如:

层数	取向	常用标记	符号
7	0°		
6	+45°		
5 中面	−45°		
4	−90°	$[0/45/-45/\overline{90}]_s$	
3	−45°		
2	+45°		
1	0°		

层合板中,单向板预浸料在常温下铺层,然后在高温条件下固化。在高温条件下,层合板会发生整体变形而不发生翘曲变形。但是在冷却过程中,由于纤维取向不同,层间应力也不同,因而会产生内应力。

当利用中面对称结构时,内应力关于中面对称而阻止了材料的整体变形,如图 3.29 所示。

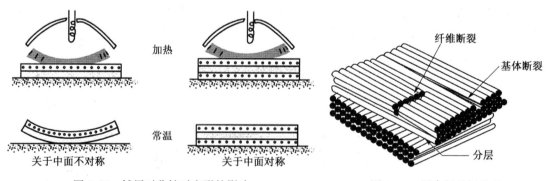

图 3.29　铺层对称性对变形的影响　　　　图 3.30　层合板破坏机理

图 3.30 所示为层合板的主要破坏机理。图 3.31 所示为不同载荷状态下层合板破坏的主要模式。

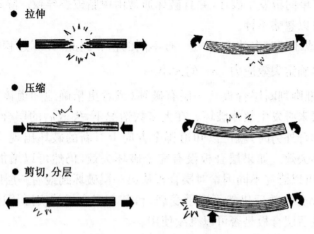

图 3.31　层合板破坏模式

3.2.3　失效准则

图 3.32 显示了两种加载方式下单向板纤维取向和应力方向。两种加载方式下,最大应力都是 σ, 图 3.32(a)中,当 $\sigma > \sigma_0$ 时,单向板开始破坏,其中 σ_0 是单向板沿纤维方向的极限应力。这就是最大应力准则。

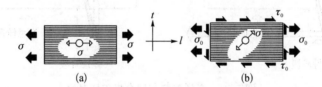

图 3.32　单向板纤维取向和应力方向

图 3.32(b)中,最大应力方向与纤维取向方向不同,单向板的抗破坏性能下降,比图 3.32(a)所示情况下所能承受的应力更小,单向板将在 $\sigma < \sigma_0$ 时破坏,其中 σ_0 是单向板沿纤维方向的极限应力。这种现象在载荷方向与纤维取向方向垂直时会更加明显。这时,层合板的抗破坏能力由树脂承担,这比由纤维承担时小得多。

考虑到载荷方向对层合板破坏过程的影响,不能将传统金属材料的最大应力准则简单地应用到层合板上。

目前最常用的失效判定准则是蔡-希尔(Tsai-Hill)准则,它可用于层合板失效判定。

假定坐标轴 l 轴与单向板纤维方向一致,t 轴为垂直纤维方向,σ_l 为沿纤维方向应力,σ_t 为垂直纤维方向应力,τ_{lt} 为剪切应力,α 为蔡-希尔系数(图 3.33)。

如果 $\alpha < 1$, 则单向板未发生破

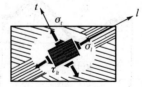

$$\alpha^2 = \left(\frac{\sigma_l}{\sigma_{l\,\text{rupture}}}\right)^2 + \left(\frac{\sigma_t}{\sigma_{t\,\text{rupture}}}\right)^2 - \left(\frac{\sigma_l\sigma_t}{\sigma_{l\,\text{rupture}}^2}\right) + \left(\frac{\tau_{lt}}{\tau_{lt\,\text{rupture}}}\right)^2$$

图 3.33　蔡-希尔准则

坏;如果 $\alpha > 1$,则单向板发生破坏,并且破坏通常由树脂破裂导致。除纤维方向外,单向板的其他力学性能可以忽略不计。

需注意,拉伸或压缩时失效应力 $\sigma_{rupture}$ 有不同的值。因此,计算过程中有必要根据加载方式(拉伸或压缩)确定失效应力 $\sigma_{rupture}$ 的大小。

使用蔡-希尔准则判断层合板某一层有破坏(或者更精确地知道该层某一方向开始破坏)时,整块层合板未必发生整体破坏。在大多数情况下,失效后的层合板可继续承受加载的合外力。当增加合外力时,就可以知道哪个方向上有新的破坏出现,这可能会也可能不会导致层合板整体失效。如果层合板没有完全破坏失效,仍然可以增加可允许的合外力。通过这样的方法,可以研究不同因素对层合板从第一层破坏到最后一层破坏的影响。

由于层合板部分失效后仍然可以承受载荷,基于层合板的实际用途和设计要求,决定当部分单向板失效后层合板是否可以继续使用。

由此发现,层合板与金属材料的破坏有所区别,如图 3.34 所示。

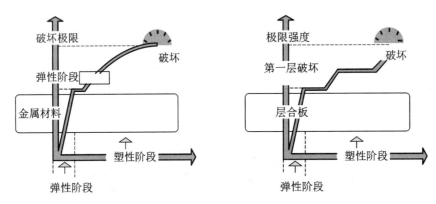

图 3.34　金属材料和层合板破坏对比

3.2.4　层合板应用示例

- 由于经纬纱相互制约,织物用于层合板表面。
- 模具转角半径不能太小。图 3.35 给出了角落部位的最小内径。

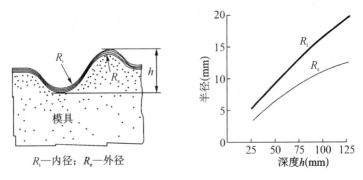

R_i—内径;R_e—外径

图 3.35　模具最小内外径

- 复合后层合板厚度不能超过复合前的 0.85 倍,最终厚度值还要考虑 15% 左右不确定的边缘厚度。

■ 当单向板需要裁剪时,要格外注意。图 3.36 给出了一些裁剪的例子。

■ 单向板在纤维方向不能很好地适应尖锐拐角。图 3.37 给出了更适应此类尖锐拐角处的铺层方法。

■ 分层:当组成层合板的各层单向板相互分离时,形成层合板分层。很多因素会导致分层。

■ 在表面没有留下明显痕迹的冲击,可能导致内部分层,如图 3.38 中导致分层的载荷(层间的拉力)。

■ 在不同层的边缘处的层间剪力(以三层层合板为例):

① 如图 3.39(a)所示,三层相互分离的单向板在载荷作用下各自产生形变,如果组合在一起,由于形变不同,不能彼此适应。

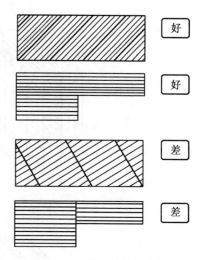

图 3.36　单向板裁剪示例

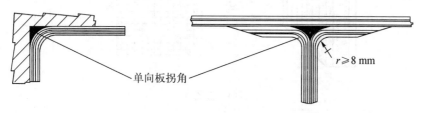

图 3.37　拐角处铺层方法

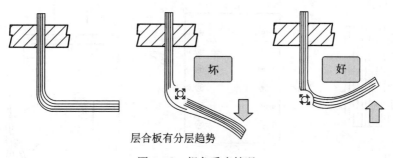

图 3.38　拐角受力情况

② 将单向板组合在一起形成平衡层合板,在相同载荷下,它们同时变形而没有产生翘曲,如图 3.39(b)所示。

③ 在连接面产生层间剪力,而且这些力都在非常靠近边缘的部位,如图 3.39(c)所示。

■ 界面屈曲导致层合板分层,如图 3.40 所示。

另外,纤维增强复合材料具有很好的抗疲劳性能。关于纤维增强复合材料的疲劳性能,有一个似非而是的命题:

玻纤是非常脆的材料(没有塑性变形),树脂一般也是脆性材料(如环氧树脂),而纤维/树脂基复合材料却有很好的抗疲劳性能。这是为什么呢?

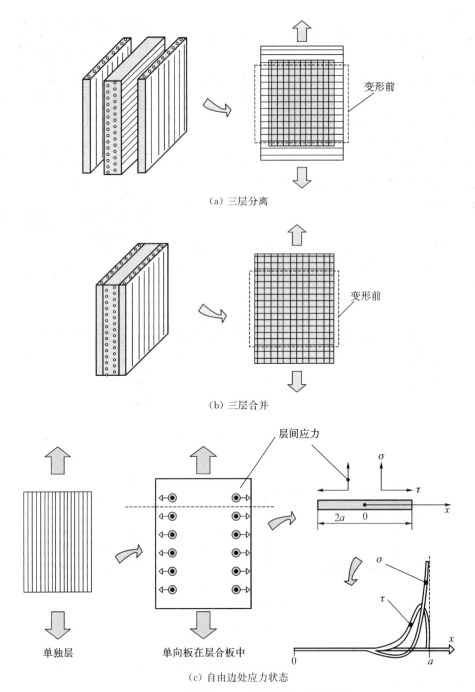

（a）三层分离

（b）三层合并

（c）自由边处应力状态

图 3.39　三层单向板组成的层合板应力分析

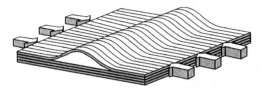

图 3.40　界面屈曲导致层合板分层

　　一个可能的解释:当裂纹传播时,如图3.41中裂纹穿过纤维和基体,初始阶段在裂纹尖端处的应力导致纤维断裂和基体开裂,应力沿纤维/基体界面扩展,导致纤维与基体的脱黏,进一步降低应力沿复合材料内部扩展的能力。由于纤维数量众多,使应力集中现象在较小范围内大幅度降低并消失,裂纹无法继续扩展。因此,纤维/树脂基复合材料比各向同性材料有更好的抗疲劳性能。

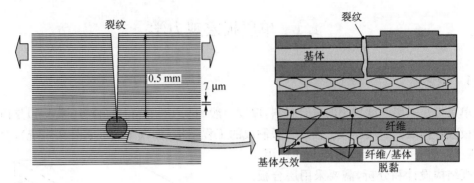

图 3.41　复合材料裂纹扩展

参 考 文 献

[1] Eager T W. Whither advanced materials. Adv. Mater. Processes, ASM International, June 1991: 25-29.

[2] Lamotte E, Perry A J. Diameter and strain-rate dependence of the ultimate tensile strength and Young's modulus of carbon fibres. Fibre Science and Technology, 1970, 3(2): 157-166.

4　复合材料单层板

4.1　单层板宏观力学

4.1.1　概述

单层板是一层厚度较小的复合材料,厚度一般约 0.125 mm。层合板(图 4.1)是由许多单层板叠合构成的一块厚板。由层合板制成的工程结构(如汽车的板簧悬架系统),会受到拉、压、弯、剪、扭等不同载荷的共同作用。层合板结构设计和分析,需要采用层合板应力-应变理论,进而用于层合板设计。

单层板作为层合板最基本的单元,是设计层合板的基础。单层板宏观力学分析基于材料的平均性能,假设单层板为均质材料。在复合材料均质化假设条件下,复合材料力学行为仍不同于各向同性均质材料。例如,从一块厚度为 t 的较大各向同性板中取一个长和宽分别为 w、厚度为 t 的立方体(图 4.2),进行如下试验:

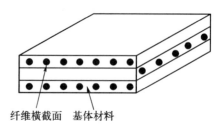

纤维横截面　基体材料

图 4.1　典型三层层合板

方案 A:对立方体施加 1 方向的简单法向载荷 P,分别测量 1 方向和 2 方向的法向变形 δ_{1A} 和 δ_{2A}。

方案 B:对立方体施加 2 方向的简单法向载荷 P,分别测量 1 方向和 2 方向的法向变形 δ_{1B} 和 δ_{2B}。

注意:

$$\delta_{1A} = \delta_{2B} \qquad (4.1a)$$

$$\delta_{2A} = \delta_{1B} \qquad (4.1b)$$

从厚度为 t 的较大 $0°$ 单向板中取一个尺寸同样为 $w \times w \times t$ 的立方体(图 4.3),同样进行方案 A 和方案 B 的试验。注意:

$$\delta_{1A} \neq \delta_{2B} \qquad (4.2a)$$

$$\delta_{2A} \neq \delta_{1B} \qquad (4.2b)$$

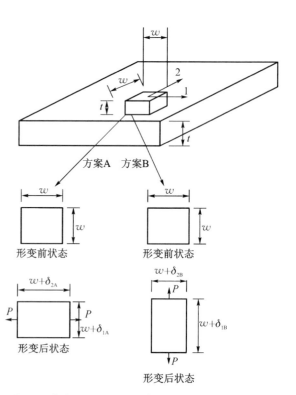

图 4.2　各向同性板中立方体受法向载荷产生的变形

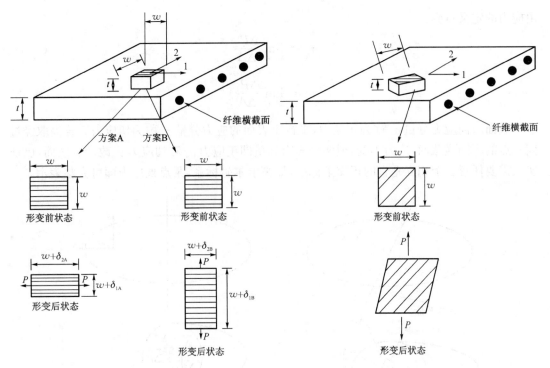

图 4.3　0°单向板中立方体受法向载荷产生的变形　　图4.4　斜交单向板中立方体受法向载荷产生的变形

　　单向板沿纤维方向的刚度远大于垂直纤维方向的刚度,因此其力学性能需要比各向同性材料更多的参数进行表征。

　　同时注意到,如果复合材料中立方体(图 4.4)的纤维与其边缘成一定角度,其变形会随这个角度不同而变化。实际上,该立方体不仅会产生法向变形,还会产生扭转变形,这使得斜交单向板的力学性能表征更加复杂。

　　复合材料设计的目标之一就是用尽可能少的参数表征复合材料性能。

　　层合板在制备中也会受到温湿度的影响。温湿度变化使得层合板中产生残余应力、应变。这些应力、应变的计算基于每一层复合材料对温度、湿度这两个环境参数的响应。本章将研究基于温湿度变化的复合材料应力-应变关系。第五章将讨论温湿效应对层合板的影响。

4.1.2　定义回顾

4.1.2.1　应力

　　一个结构受到施加在其上的外力作用,包括表面力(如弯曲一根直杆)和体力(如电线杆垂直站立时的自重)。这些力导致物体内部产生应力。了解物体内部每一点的应力很重要,因为其不能超过结构所用材料的原位强度。这些力由应力(即单位面积所承受的载荷)决定,因为材料强度本质上以应力的形式得到。

　　想象一个物体(图 4.5)在不同作用力下处于平衡状态。若将物体沿横截面切开,需要在横截面上施加作用力以保持原始物体的平衡。在任意一个横截面上,作用力 ΔP 施加在面积为 ΔA 的面上。该力向量对表面有一个法向分量 ΔP_n 和一个平行于表面的分量 ΔP_s。

由应力的定义得到：

$$\sigma_n = \lim_{\Delta A \to 0} \frac{\Delta P_n}{\Delta A} \tag{4.3a}$$

$$\tau_s = \lim_{\Delta A \to 0} \frac{\Delta P_s}{\Delta A} \tag{4.3b}$$

表面法向应力分量 σ_n 称为正应力，平行于表面的应力分量 τ_s 称为切应力。若提取经过同一点的不同横截面，应力不变，但两个应力分量即正应力 σ_n 和切应力 τ_s 改变。然而，已证实只需要任意三个相互垂直的正交坐标系，如笛卡尔坐标系，某点处应力即可完整表示。

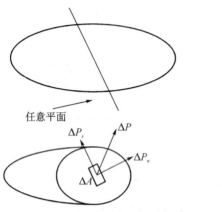

图 4.5　任意平面面积微元上的应力　　　图 4.6　y-z 平面面积微元上的作用力

采用右手坐标系 x-y-z。如图 4.6 所示，作一平行于 y-z 平面的横截面。力向量 ΔP 作用在面积 ΔA 上。ΔP_x 垂直于表面。进一步可沿 y 轴和 z 轴分为两个分量：ΔP_y 和 ΔP_z。由应力的定义得到：

$$\sigma_x = \lim_{\Delta A \to 0} \frac{\Delta P_x}{\Delta A} \tag{4.4a}$$

$$\tau_{xy} = \lim_{\Delta A \to 0} \frac{\Delta P_y}{\Delta A} \tag{4.4b}$$

$$\tau_{xz} = \lim_{\Delta A \to 0} \frac{\Delta P_z}{\Delta A} \tag{4.4c}$$

同样，应力也可通过平行于 x-y 和 x-z 平面的横截面表示。为了表示所有应力，一般在右手坐标系中取一个微元体，得到各个表面的应力。图 4.7 所示为作用于物体上一点的九个应力。六个切应力的相互关系如下：

$$\tau_{xy} = \tau_{yx} \tag{4.5a}$$

$$\tau_{yz} = \tau_{zy} \tag{4.5b}$$

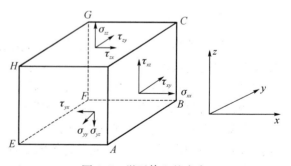

图 4.7　微元体上的应力

$$\tau_{zx} = \tau_{xz} \tag{4.5c}$$

以上三个关系式由微元体力矩守恒得到,因此有六个应力。应力 σ_x、σ_y 和 σ_z 为垂直于立方体表面的正应力,应力 τ_{yz}、τ_{zx} 和 τ_{xy} 为沿着立方体表面的切应力。

拉应力为正,压应力为负。若切应力方向与应力作用平面的法线方向一致,则切应力为正,否则为负。

4.1.2.2 应变

了解外力导致变形与内应力同样重要。得到物体的应力,一般同样需要得到变形,因为某点处应力有六个分量,但只有三个力平衡方程。

变形由应变表示,即物体尺寸和形状的相对变化。某点处应变由右手坐标系中微元体应变表示。在载荷作用下,微元体边长变化,表面发生扭转,长度增量对应正应变,扭转对应切应变。图 4.8 表示微元体中面 $ABCD$ 的应变。

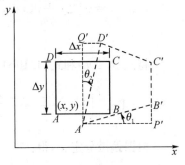

图 4.8　x-y 平面面积微元上的正应变和切应变

应变和位移相互对应。取相互垂直的线段 AB 和 AD,当物体受力时,这两条线段变成 $A'B'$ 和 $A'D'$。点 (x, y, z) 的位移定义:

$$u = u(x, y, z),\ \text{为点}\ (x, y, z)\ \text{在}\ x\ \text{方向的位移}$$
$$v = v(x, y, z),\ \text{为点}\ (x, y, z)\ \text{在}\ y\ \text{方向的位移}$$
$$w = w(x, y, z),\ \text{为点}\ (x, y, z)\ \text{在}\ z\ \text{方向的位移}$$

x 方向的正应变 ε_x 定义为线段 AB 的长度增量与原长度的比值:

$$\varepsilon_x = \lim_{AB \to 0} \frac{A'B' - AB}{AB} \tag{4.6}$$

式中:$A'B' = \sqrt{(A'P')^2 + (B'P')^2}$

$$= \sqrt{\left[\Delta x + u(x + \Delta x, y) - u(x, y)\right]^2 + \left[v(x + \Delta x, y) - v(x, y)\right]^2} \tag{4.7a}$$

$$AB = \Delta x \tag{4.7b}$$

将式(4.7a)和式(4.7b)代入式(4.6):

$$\varepsilon_x = \lim_{\Delta x \to 0} \left\{ \left[1 + \frac{u(x + \Delta x, y) - u(x, y)}{\Delta x} \right]^2 + \left[\frac{v(x + \Delta x, y) - v(x, y)}{\Delta x} \right]^2 \right\}^{1/2} - 1$$

根据偏微分定义,得:

$$\varepsilon_x = \left[\left(1 + \frac{\partial u}{\partial x} \right)^2 + \left(\frac{\partial v}{\partial x} \right)^2 \right]^{1/2} - 1$$

$$\varepsilon_x = \frac{\partial u}{\partial x} \tag{4.8}$$

对于小变形,有:

$$\frac{\partial u}{\partial x} = 1, \frac{\partial v}{\partial x} = 1$$

y 方向的正应变 ε_y 定义为线段 AD 的长度增量与原长度的比值：

$$\varepsilon_y = \lim_{AD \to 0} \frac{A'D' - AD}{AD} \tag{4.9}$$

式中：$A'D' = \sqrt{(A'Q')^2 + (Q'D')^2}$

$$= \sqrt{[\Delta y + v(x, y + \Delta y) - v(x, y)]^2 + [u(x, y + \Delta y) - u(x, y)]^2} \tag{4.10a}$$

$$AD = \Delta y \tag{4.10b}$$

将式(4.10a)和式(4.10b)代入式(4.9)：

$$\varepsilon_y = \lim_{\Delta y \to 0} \left\{ \left[1 + \frac{v(x, y + \Delta y) - v(x, y)}{\Delta y}\right]^2 + \left[\frac{u(x, y + \Delta y) - u(x, y)}{\Delta y}\right]^2 \right\}^{1/2} - 1$$

根据偏微分定义，得：

$$\varepsilon_y = \left[\left(1 + \frac{\partial v}{\partial y}\right)^2 + \left(\frac{\partial u}{\partial y}\right)^2\right]^{1/2} - 1$$

$$\varepsilon_y = \frac{\partial v}{\partial y} \tag{4.11}$$

对于小变形，有：

$$\frac{\partial u}{\partial y} = 1, \frac{\partial v}{\partial y} = 1$$

若对应长度增量为正，则正应变为正；若对应长度增量为负，则正应变为负。

$x-y$ 平面上的切应变 γ_{xy} 定义为线段 AB 和 AD 的夹角从 90° 开始的变化量。线段 AB 和 AD 倾斜导致两者的夹角产生变化，因此切应变定义：

$$\gamma_{xy} = \theta_1 + \theta_2 \tag{4.12}$$

式中：

$$\theta_1 = \lim_{AB \to 0} \frac{P'B'}{A'P'} \tag{4.13a}$$

$$P'B' = v(x + \Delta x, y) - v(x, y) \tag{4.13b}$$

$$A'P' = u(x + \Delta x, y) + \Delta x - u(x, y) \tag{4.13c}$$

$$\theta_2 = \lim_{AD \to 0} \frac{Q'D'}{A'Q'} \tag{4.14a}$$

$$Q'D' = u(x, y + \Delta y) - u(x, y) \tag{4.14b}$$

$$A'Q' = v(x, y + \Delta y) + \Delta y - v(x, y) \tag{4.14c}$$

将式(4.13a)、式(4.13b)和式(4.13c)及式(4.14a)、式(4.14b)和式(4.14c)代入

式(4.12),得：

$$\gamma_{xy} = \lim_{\substack{\Delta x \to 0 \\ \Delta y \to 0}} \frac{\dfrac{v(x+\Delta x,\ y) - v(x,\ y)}{\Delta x}}{\dfrac{u(x+\Delta x,\ y) + \Delta x - u(x,\ y)}{\Delta x}} + \frac{\dfrac{u(x,\ y+\Delta y) - u(x,\ y)}{\Delta y}}{\dfrac{v(x,\ y+\Delta y) + \Delta y - v(x,\ y)}{\Delta y}}$$

$$= \frac{\dfrac{\partial v}{\partial x}}{1+\dfrac{\partial u}{\partial x}} + \frac{\dfrac{\partial u}{\partial y}}{1+\dfrac{\partial v}{\partial y}} = \frac{\partial v}{\partial x} + \frac{\partial u}{\partial y} \qquad (4.15)$$

对于小变形，有：

$$\frac{\partial u}{\partial x} = 1, \frac{\partial v}{\partial y} = 1$$

若线段 AB 和 AD 的夹角减小，切应变为正，否则为负。

其余正应变和切应变可由图 4.7 所示微元体的其余线段尺寸和形状的改变表示：

$$\gamma_{yz} = \frac{\partial v}{\partial z} + \frac{\partial w}{\partial y} \qquad (4.16a)$$

$$\gamma_{zx} = \frac{\partial w}{\partial x} + \frac{\partial u}{\partial z} \qquad (4.16b)$$

$$\varepsilon_z = \frac{\partial w}{\partial z} \qquad (4.16c)$$

例 4.1 已知一个物体的位移场：

$$u = 10^{-5}(x^2 + 6y + 7xz)$$
$$v = 10^{-5}(yz)$$
$$w = 10^{-5}(xy + yz^2)$$

给出点 $(x,\ y,\ z) = (1,\ 2,\ 3)$ 处的应变状态。

解 由式(4.8),得：

$$\varepsilon_x = \frac{\partial u}{\partial x}$$
$$= \frac{\partial}{\partial x}\big[10^{-5}(x^2 + 6y + 7xz)\big]$$
$$= 10^{-5}(2x + 7z) = 10^{-5}(2 \times 1 + 7 \times 3)$$
$$= 2.300 \times 10^{-4}$$

由式(4.11),得：

$$\varepsilon_y = \frac{\partial v}{\partial y} = \frac{\partial}{\partial y}\big[10^{-5}(yz)\big]$$
$$= 10^{-5}(z) = 10^{-5}(3)$$
$$= 3.000 \times 10^{-5}$$

由式(4.16c),得：

$$\varepsilon_z = \frac{\partial w}{\partial z} = \frac{\partial}{\partial z}\big[10^{-5}(xy + yz^2)\big]$$
$$= 10^{-5}(2yz) = 10^{-5}(2 \times 2 \times 3)$$
$$= 1.2 \times 10^{-4}$$

由式(4.15),得：

$$\gamma_{xy} = \frac{\partial u}{\partial y} + \frac{\partial v}{\partial x}$$
$$= \frac{\partial}{\partial y}\big[10^{-5}(x^2 + 6y + 7xz)\big] + \frac{\partial}{\partial x}\big[10^{-5}(yz)\big]$$
$$= 10^{-5}(6) + 10^{-5}(0)$$
$$= 6.000 \times 10^{-5}$$

由式(4.16a),得：

$$\gamma_{yz} = \frac{\partial v}{\partial z} + \frac{\partial w}{\partial y}$$
$$= \frac{\partial}{\partial z}\big[10^{-5}(yz)\big] + \frac{\partial}{\partial y}\big[10^{-5}(xy + yz^2)\big]$$
$$= 10^{-5}(y) + 10^{-5}(x + z^2)$$
$$= 10^{-5}(2) + 10^{-5}(1 + 3^2)$$
$$= 1.2 \times 10^{-4}$$

由式(4.16b),得：

$$\gamma_{zx} = \frac{\partial w}{\partial x} + \frac{\partial u}{\partial z}$$
$$= \frac{\partial}{\partial x}\big[10^{-5}(xy + yz^2)\big] + \frac{\partial}{\partial z}\big[10^{-5}(x^2 + 6y + 7xz)\big]$$
$$= 10^{-5}(y) + 10^{-5}(7x)$$
$$= 10^{-5}(2) + 10^{-5}(7 \times 1)$$
$$= 9.000 \times 10^{-5}$$

4.1.2.3　弹性模量

如4.1.2.2节提到,3个平衡方程不足以表示某点处6个应力分量。对于一个线弹性、小变形的物体,某点处应力-应变关系由6个联立线性方程组得到,即 Hooke 定律。某点处有15个未知参数:6个应力、6个应变和3个位移。结合 Hooke 定律的6个联立线性方程组,6个应变-位移关系——由式(4.8)、式(4.11)、式(4.15)和式(4.16)得到,以及3个平衡方程,可以得到15个方程,从而得到这15个未知参数[1]。由于应变-位移关系和平衡方程是差分方程,它们的求解受到边界条件的制约。

对于三维应力状态下的各向同性线性材料,在 x-y-z 正交坐标系下,基体的应力-应变关系：

$$
\begin{bmatrix} \varepsilon_x \\ \varepsilon_y \\ \varepsilon_z \\ \gamma_{yz} \\ \gamma_{zx} \\ \gamma_{xy} \end{bmatrix} = \begin{bmatrix} \frac{1}{E} & -\frac{\nu}{E} & -\frac{\nu}{E} & 0 & 0 & 0 \\ -\frac{\nu}{E} & \frac{1}{E} & -\frac{\nu}{E} & 0 & 0 & 0 \\ -\frac{\nu}{E} & -\frac{\nu}{E} & \frac{1}{E} & 0 & 0 & 0 \\ 0 & 0 & 0 & \frac{1}{G} & 0 & 0 \\ 0 & 0 & 0 & 0 & \frac{1}{G} & 0 \\ 0 & 0 & 0 & 0 & 0 & \frac{1}{G} \end{bmatrix} \begin{bmatrix} \sigma_x \\ \sigma_y \\ \sigma_z \\ \tau_{yz} \\ \tau_{zx} \\ \tau_{xy} \end{bmatrix} \tag{4.17}
$$

$$
\begin{bmatrix} \sigma_x \\ \sigma_y \\ \sigma_z \\ \tau_{yz} \\ \tau_{zx} \\ \tau_{xy} \end{bmatrix} = \begin{bmatrix} \frac{E(1-\nu)}{(1-2\nu)(1+\nu)} & \frac{\nu E}{(1-2\nu)(1+\nu)} & \frac{\nu E}{(1-2\nu)(1+\nu)} & 0 & 0 & 0 \\ \frac{\nu E}{(1-2\nu)(1+\nu)} & \frac{E(1-\nu)}{(1-2\nu)(1+\nu)} & \frac{\nu E}{(1-2\nu)(1+\nu)} & 0 & 0 & 0 \\ \frac{\nu E}{(1-2\nu)(1+\nu)} & \frac{\nu E}{(1-2\nu)(1+\nu)} & \frac{E(1-\nu)}{(1-2\nu)(1+\nu)} & 0 & 0 & 0 \\ 0 & 0 & 0 & G & 0 & 0 \\ 0 & 0 & 0 & 0 & G & 0 \\ 0 & 0 & 0 & 0 & 0 & G \end{bmatrix} \begin{bmatrix} \varepsilon_x \\ \varepsilon_y \\ \varepsilon_z \\ \gamma_{yz} \\ \gamma_{zx} \\ \gamma_{xy} \end{bmatrix} \tag{4.18}
$$

式中：ν 为泊松比。

剪切模量 G 是弹性模量 E 和 ν 的函数：

$$
G = \frac{E}{2(1+\nu)} \tag{4.19}
$$

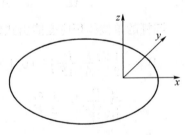

式(4.17)中的 6×6 矩阵称为各向同性材料的柔度矩阵 $[S]$。式(4.18)中的 6×6 矩阵由式(4.17)中的柔度矩阵求逆得到，称为各向同性材料的刚度矩阵 $[C]$。

图 4.9　三维物体上的
笛卡尔坐标系

4.1.2.4　应变能

能量用于表征物体做功的能力。可变形弹性固体在载荷下，外力所做的功储存为可恢复的应变能。单位体积物体内储存的应变能定义：

$$
W = \frac{1}{2}(\sigma_x \varepsilon_x + \sigma_y \varepsilon_y + \sigma_z \varepsilon_z + \tau_{xy}\gamma_{xy} + \tau_{yz}\gamma_{yz} + \tau_{zx}\gamma_{zx}) \tag{4.20}
$$

例 4.2　对一根截面积为 A、长度为 L 的圆杆(图 4.10)，均布单轴拉伸载荷 P 施加于其两端，求应力-应变状态和单位体积应变能。假设圆杆为各向同性均质材料，弹性模量为 E。

解　各点应力状态：

$$
\sigma_x = \frac{P}{A},\ \sigma_y = 0,\ \sigma_z = 0,\ \tau_{yz} = 0,\ \tau_{zx} = 0,\ \tau_{xy} = 0 \tag{4.21}
$$

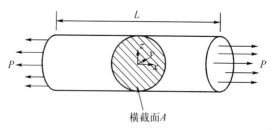

图 4.10　均布单轴拉伸载荷 P 作用于圆杆

如果圆杆为各向同性均质线弹性材料，那么各点应力-应变关系：

$$
\begin{bmatrix} \varepsilon_x \\ \varepsilon_y \\ \varepsilon_z \\ \gamma_{yz} \\ \gamma_{zx} \\ \gamma_{xy} \end{bmatrix} = \begin{bmatrix} \dfrac{1}{E} & -\dfrac{\nu}{E} & -\dfrac{\nu}{E} & 0 & 0 & 0 \\ -\dfrac{\nu}{E} & \dfrac{1}{E} & -\dfrac{\nu}{E} & 0 & 0 & 0 \\ -\dfrac{\nu}{E} & -\dfrac{\nu}{E} & \dfrac{1}{E} & 0 & 0 & 0 \\ 0 & 0 & 0 & \dfrac{1}{G} & 0 & 0 \\ 0 & 0 & 0 & 0 & \dfrac{1}{G} & 0 \\ 0 & 0 & 0 & 0 & 0 & \dfrac{1}{G} \end{bmatrix} \begin{bmatrix} \dfrac{P}{A} \\ 0 \\ 0 \\ 0 \\ 0 \\ 0 \end{bmatrix} \tag{4.22}
$$

$$
\varepsilon_x = \frac{P}{AE}, \ \varepsilon_y = -\frac{\nu P}{AE}, \ \varepsilon_z = -\frac{\nu P}{AE}, \ \gamma_{yz} = 0, \ \gamma_{zx} = 0, \ \gamma_{xy} = 0 \tag{4.23}
$$

圆杆的单位体积应变能由式(4.20)得到：

$$
\begin{aligned}
W &= \frac{1}{2}\left[\left(\frac{P}{A}\frac{P}{AE}\right)+(0)\left(-\frac{\nu P}{AE}\right)+(0)\left(-\frac{\nu P}{AE}\right)+(0)(0)+(0)(0)+(0)(0)\right] \\
&= \frac{1}{2}\frac{P^2}{A^2 E} = \frac{1}{2}\frac{\sigma_x^2}{E}
\end{aligned} \tag{4.24}
$$

4.1.3　不同种类材料的 Hooke 定律

　　一般材料，即非线性、非各向同性材料的应力-应变关系比式(4.17)和式(4.18)更复杂。可以假设复合材料具有线弹性行为，但一般不假设其为各向同性材料。因此，复合材料的应力-应变关系符合 Hooke 定律，但其相关常数的数量比式(4.17)和式(4.18)中的更多。对于一个三维物体，采用 1-2-3 笛卡尔坐标系，其应力-应变关系：

$$
\begin{bmatrix} \sigma_1 \\ \sigma_2 \\ \sigma_3 \\ \tau_{23} \\ \tau_{31} \\ \tau_{12} \end{bmatrix} = \begin{bmatrix} C_{11} & C_{12} & C_{13} & C_{14} & C_{15} & C_{16} \\ C_{21} & C_{22} & C_{23} & C_{24} & C_{25} & C_{26} \\ C_{31} & C_{32} & C_{33} & C_{34} & C_{35} & C_{36} \\ C_{41} & C_{42} & C_{43} & C_{44} & C_{45} & C_{46} \\ C_{51} & C_{52} & C_{53} & C_{54} & C_{55} & C_{56} \\ C_{61} & C_{62} & C_{63} & C_{64} & C_{65} & C_{66} \end{bmatrix} \begin{bmatrix} \varepsilon_1 \\ \varepsilon_2 \\ \varepsilon_3 \\ \gamma_{23} \\ \gamma_{31} \\ \gamma_{12} \end{bmatrix} \tag{4.25}
$$

式中：6×6 矩阵称为刚度矩阵 $[C]$，含 36 个常数。

如果把坐标系从 1-2-3 坐标系转换为 $1'$-$2'$-$3'$ 坐标系，会发生什么呢？在 $1'$-$2'$-$3'$ 坐标系下，得到相应的刚度和柔度常数，刚度、柔度矩阵是 1-2-3 坐标系下刚度、柔度矩阵和坐标系轴夹角的函数。

对式(4.25)求逆，对于一个三维物体，采用 1-2-3 笛卡尔坐标系，其应力-应变关系：

$$\begin{bmatrix} \varepsilon_1 \\ \varepsilon_2 \\ \varepsilon_3 \\ \gamma_{23} \\ \gamma_{31} \\ \gamma_{12} \end{bmatrix} = \begin{bmatrix} S_{11} & S_{12} & S_{13} & S_{14} & S_{15} & S_{16} \\ S_{21} & S_{22} & S_{23} & S_{24} & S_{25} & S_{26} \\ S_{31} & S_{32} & S_{33} & S_{34} & S_{35} & S_{36} \\ S_{41} & S_{42} & S_{43} & S_{44} & S_{45} & S_{46} \\ S_{51} & S_{52} & S_{53} & S_{54} & S_{55} & S_{56} \\ S_{61} & S_{62} & S_{63} & S_{64} & S_{65} & S_{66} \end{bmatrix} \begin{bmatrix} \sigma_1 \\ \sigma_2 \\ \sigma_3 \\ \tau_{23} \\ \tau_{31} \\ \tau_{12} \end{bmatrix} \tag{4.26}$$

对于一个各向同性材料，将式(4.26)的应力-应变关系与式(4.17)对比，发现柔度矩阵元素与工程常数直接相关：

$$S_{11} = \frac{1}{E} = S_{22} = S_{33}$$

$$S_{12} = -\frac{\nu}{E} = S_{13} = S_{21} = S_{23} = S_{31} = S_{32}$$

$$S_{44} = \frac{1}{G} = S_{55} = S_{66} \tag{4.27}$$

其余 S_{ij} 与式(4.27)给出的不同，其柔度常数均为"0"。

可以看出，由于刚度矩阵 $[C]$ 是对称的，式(4.25)中的 36 个常数减少为 21 个，应力-应变关系可写为：

$$\sigma_i = \sum_{j=1}^6 C_{ij}\varepsilon_j, \ i=1,\ 2,\ \cdots,\ 6 \tag{4.28}$$

上式中，i 为 4，5，6 时分别记为：

$$\sigma_4 = \tau_{23},\ \sigma_5 = \tau_{31},\ \sigma_6 = \tau_{12},$$
$$\varepsilon_4 = \gamma_{23},\ \varepsilon_5 = \gamma_{31},\ \varepsilon_6 = \gamma_{12} \tag{4.29}$$

物体的单位体积应变能按式(4.20)表示：

$$W = \frac{1}{2}\sum_{i=1}^6 \sigma_i\varepsilon_i \tag{4.30}$$

将式(4.28)代入式(4.30)，得：

$$W = \frac{1}{2}\sum_{i=1}^6\sum_{j=1}^6 C_{ij}\varepsilon_j\varepsilon_i \tag{4.31}$$

对式(4.31)偏微分，得：

$$\frac{\partial W}{\partial\varepsilon_i\partial\varepsilon_j} = C_{ij} \tag{4.32}$$

$$\frac{\partial W}{\partial\varepsilon_j\partial\varepsilon_i} = C_{ji} \tag{4.33}$$

由于微分与顺序无关：

$$C_{ij} = C_{ji} \tag{4.34}$$

式(4.34)也可以由下式得到：

$$\sigma_i = \frac{\partial W}{\partial \epsilon_i}$$

因此，式(4.25)中的刚度矩阵 $[C]$ 只有 21 个独立常数。这意味着式(4.26)中的柔度矩阵 $[S]$ 也只有 21 个独立常数。

4.1.3.1　各向异性材料

某点具有 21 个独立常数的材料叫作各向异性材料，即材料性能沿任意方向都不同。只要得到某点的这些常数，就可以得到该点上的应力-应变关系。对于非均质材料，不同点的这些常数不同。如果材料是均质的(或假设其为均质)，需通过分析或试验得到 21 个独立常数。许多天然及合成材料具有对称性，即由于其内部结构的对称性，其弹性性能在对称方向是一致的。幸运的是，这种对称性减少了独立常数的数量，使刚度、柔度矩阵中的部分常数为"0"或与某些常数相关。这简化了各种弹性对称条件下的 Hooke 定律。

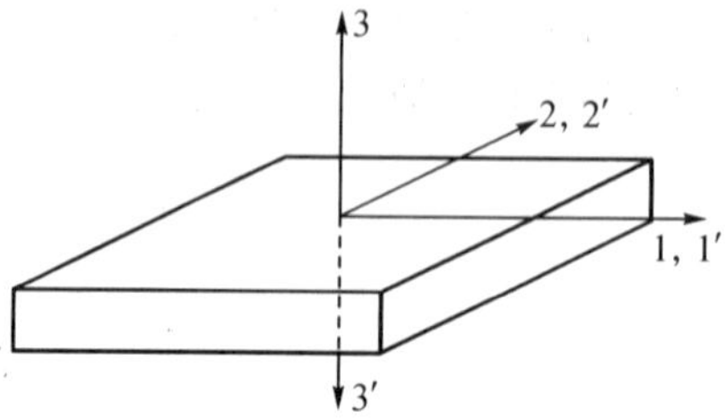

图 4.11　单斜晶体材料关于 1-2 平面对称的坐标系转换

4.1.3.2　单斜晶体材料

若在材料对称[①]的一个平面上(图 4.11)，例如，3 方向垂直于材料对称平面，那么刚度矩阵简化为：

$$[C] = \begin{bmatrix} C_{11} & C_{12} & C_{13} & 0 & 0 & C_{16} \\ C_{12} & C_{22} & C_{23} & 0 & 0 & C_{26} \\ C_{13} & C_{23} & C_{33} & 0 & 0 & C_{36} \\ 0 & 0 & 0 & C_{44} & C_{45} & 0 \\ 0 & 0 & 0 & C_{45} & C_{55} & 0 \\ C_{16} & C_{26} & C_{36} & 0 & 0 & C_{66} \end{bmatrix} \tag{4.35}$$

$$C_{15} = 0, C_{24} = 0, C_{25} = 0, C_{34} = 0, C_{35} = 0, C_{46} = 0, C_{56} = 0$$

垂直于对称平面的方向称为主方向。注意到式(4.35)中有 13 个独立常数。柔度矩阵相应地简化为：

$$[S] = \begin{bmatrix} S_{11} & S_{12} & S_{13} & 0 & 0 & S_{16} \\ S_{12} & S_{22} & S_{23} & 0 & 0 & S_{26} \\ S_{13} & S_{23} & S_{33} & 0 & 0 & S_{36} \\ 0 & 0 & 0 & S_{44} & S_{45} & 0 \\ 0 & 0 & 0 & S_{45} & S_{55} & 0 \\ S_{16} & S_{26} & S_{36} & 0 & 0 & S_{66} \end{bmatrix} \tag{4.36}$$

---

① 材料对称指材料和对称平面的镜像一致。

对一个经典例子进行修改,描述给出的单斜晶体材料的对称性的意义。从单斜晶体中取一个立方体单元,如图 4.12 所示,3 方向垂直于 1-2 对称面。对整个单元,在 1-2 平面上施加正应力 σ_3。采用式(4.26)和式(4.36),得:

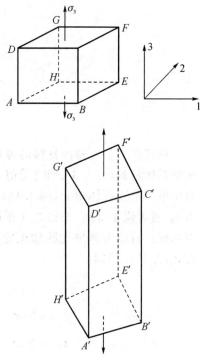

$$\varepsilon_1 = S_{13}\sigma_3 \qquad (4.37a)$$

$$\varepsilon_2 = S_{23}\sigma_3 \qquad (4.37b)$$

$$\varepsilon_3 = S_{33}\sigma_3 \qquad (4.37c)$$

$$\gamma_{23} = 0 \qquad (4.37d)$$

$$\gamma_{31} = 0 \qquad (4.37e)$$

$$\gamma_{12} = S_{36}\sigma_3 \qquad (4.37f)$$

立方体将按正应变公式描述的那样在所有方向产生变形。2-3 平面和 3-1 平面的切应变为 0,即这两个平面不发生变形,1-2 平面产生变形。因此,垂直于 3 方向的面 $ABEH$ 和面 $CDFG$ 将从矩形变为平行四边形,而其他四个面 $ABCD$、$BEFC$、$GFEH$、$AHGD$ 仍为矩形。这不像所有面都发生变形的各向异性材料,也不像所有面都不发生变形的各向同性材料。

图 4.12 单斜晶体材料中立方体单元的变形

4.1.3.3 正交各向异性材料

如果材料具有三个相互垂直的对称面,其刚度矩阵为:

$$[C] = \begin{bmatrix} C_{11} & C_{12} & C_{13} & 0 & 0 & 0 \\ C_{12} & C_{22} & C_{23} & 0 & 0 & 0 \\ C_{13} & C_{23} & C_{33} & 0 & 0 & 0 \\ 0 & 0 & 0 & C_{44} & 0 & 0 \\ 0 & 0 & 0 & 0 & C_{55} & 0 \\ 0 & 0 & 0 & 0 & 0 & C_{66} \end{bmatrix} \qquad (4.38)$$

上述刚度矩阵可由单斜晶体材料的刚度矩阵[式(4.35)]得到,增加两个对称面:

$$C_{16} = 0, \ C_{26} = 0, \ C_{36} = 0, \ C_{45} = 0$$

三个相互垂直的材料对称面意味着三个相互垂直的弹性对称面。注意到有 9 个独立常数。这是普遍得到的材料对称性,不像各向异性材料和单斜晶体材料。例如,一个正交各向异性材料包括一种纤维以矩形阵列单向排布的单向板(图 4.13)、一根小木条和轧钢。

柔度矩阵简化为:

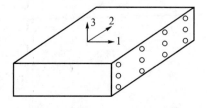

图 4.13 单向板(一种纤维以矩形阵列单向排布的单斜晶体材料)

$$[S] = \begin{bmatrix} S_{11} & S_{12} & S_{13} & 0 & 0 & 0 \\ S_{12} & S_{22} & S_{23} & 0 & 0 & 0 \\ S_{13} & S_{23} & S_{33} & 0 & 0 & 0 \\ 0 & 0 & 0 & S_{44} & 0 & 0 \\ 0 & 0 & 0 & 0 & S_{55} & 0 \\ 0 & 0 & 0 & 0 & 0 & S_{66} \end{bmatrix} \qquad (4.39)$$

描述正交各向异性材料的弹性对称意义的方法与单斜晶体材料(4.1.3.2 节)类似。从正交各向异性材料中取一个立方体单元(图 4.14),1、2 和 3 方向为主方向,或者说 1-2、2-3 和 3-1 平面为三个相互垂直的对称面。对应方体单元施加正应力 σ_3,采用式(4.26)和式(2.39),得到:

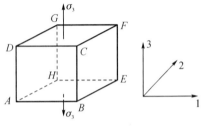

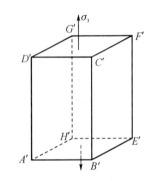

$$\varepsilon_1 = S_{13}\sigma_3 \qquad (4.40a)$$

$$\varepsilon_2 = S_{23}\sigma_3 \qquad (4.40b)$$

$$\varepsilon_3 = S_{33}\sigma_3 \qquad (4.40c)$$

$$\gamma_{23} = 0 \qquad (4.40d)$$

$$\gamma_{31} = 0 \qquad (4.40e)$$

$$\gamma_{12} = 0 \qquad (4.40f)$$

立方体单元将按正应变公式描述的那样在所有方向产生变形。1-2、2-3 和 3-1 平面的切应变均为 0,即这些平面不发生变形。因此,立方体单元不会因任何施加于其主方向的正应力而产生变形,不像单斜晶体材料,六个面中两个面会产生变形。

图 4.14　正交各向异性材料中立方体单元的变形

一个各向同性材料的立方体也不会发生变形,其正应变 ε_1 和 ε_2 与正交各向异性材料不同。

4.1.3.4　横观各向同性材料

考虑正交各向异性材料中的一个平面为材料的各向同性平面。如果 1 方向垂直于各向同性面即 2-3 平面,则刚度矩阵为:

$$[C] = \begin{bmatrix} C_{11} & C_{12} & C_{12} & 0 & 0 & 0 \\ C_{12} & C_{22} & C_{23} & 0 & 0 & 0 \\ C_{12} & C_{23} & C_{22} & 0 & 0 & 0 \\ 0 & 0 & 0 & \dfrac{C_{22} - C_{23}}{2} & 0 & 0 \\ 0 & 0 & 0 & 0 & C_{55} & 0 \\ 0 & 0 & 0 & 0 & 0 & C_{55} \end{bmatrix} \qquad (4.41)$$

对于横观各向同性材料,存在以下关系式:

$$C_{22} = C_{33} , \ C_{12} = C_{13} , \ C_{55} = C_{66} , \ C_{44} = \frac{C_{22} - C_{23}}{2}$$

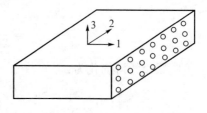

图 4.15　纤维四方形排列的横观各向同性单向板

注意到现在有 5 个独立常数。例如一块薄的单向板,其中的纤维以四方形或六边形排列,垂直于纤维取向方向的弹性性能一致。图 4.15 中,纤维处于 1 方向,因此 2-3 平面为各向同性面。

柔度矩阵简化为:

$$[S] = \begin{bmatrix} S_{11} & S_{12} & S_{12} & 0 & 0 & 0 \\ S_{12} & S_{22} & S_{23} & 0 & 0 & 0 \\ S_{12} & S_{23} & S_{22} & 0 & 0 & 0 \\ 0 & 0 & 0 & 2(S_{22}-S_{33}) & 0 & 0 \\ 0 & 0 & 0 & 0 & S_{55} & 0 \\ 0 & 0 & 0 & 0 & 0 & S_{55} \end{bmatrix} \qquad (4.42)$$

4.1.3.5　各向同性材料

如果正交各向异性材料的所有平面都相同,则为各向同性材料,其刚度矩阵为:

$$[C] = \begin{bmatrix} C_{11} & C_{12} & C_{12} & 0 & 0 & 0 \\ C_{12} & C_{11} & C_{12} & 0 & 0 & 0 \\ C_{12} & C_{12} & C_{11} & 0 & 0 & 0 \\ 0 & 0 & 0 & \dfrac{C_{11}-C_{12}}{2} & 0 & 0 \\ 0 & 0 & 0 & 0 & \dfrac{C_{11}-C_{12}}{2} & 0 \\ 0 & 0 & 0 & 0 & 0 & \dfrac{C_{11}-C_{12}}{2} \end{bmatrix} \qquad (4.43)$$

根据各向同性,还可得到以下关系式:

$$C_{11} = C_{22} , \ C_{12} = C_{23} , \ C_{66} = \frac{C_{22} - C_{23}}{2} = \frac{C_{11} - C_{12}}{2}$$

这意味着有无限个对称面。注意到现在只有 2 个独立常数。这是最普通的可得到的材料对称性。各向同性材料实例包括钢、铁、铝等。联立式(4.43)和式(4.18),得到:

$$C_{11} = \frac{E(1-\nu)}{(1-2\nu)(1+\nu)} \qquad (4.44a)$$

$$C_{12} = \frac{\nu E}{(1-2\nu)(1+\nu)} \qquad (4.44b)$$

注意到

$$\frac{C_{11}-C_{12}}{2}=\frac{1}{2}\left[\frac{E(1-\nu)}{(1-2\nu)(1+\nu)}-\frac{\nu E}{(1-2\nu)(1+\nu)}\right]$$

$$=\frac{E}{2(1+\nu)}=G$$

柔度矩阵简化为：

$$[S]=\begin{bmatrix} S_{11} & S_{12} & S_{12} & 0 & 0 & 0 \\ S_{12} & S_{11} & S_{12} & 0 & 0 & 0 \\ S_{12} & S_{12} & S_{11} & 0 & 0 & 0 \\ 0 & 0 & 0 & 2(S_{11}-S_{12}) & 0 & 0 \\ 0 & 0 & 0 & 0 & 2(S_{11}-S_{12}) & 0 \\ 0 & 0 & 0 & 0 & 0 & 2(S_{11}-S_{12}) \end{bmatrix} \quad (4.45)$$

总结各种材料的独立常数数量如下：

各向异性材料:21 个;单斜晶体材料:13 个;正交各向异性材料:9 个;横观各向同性材料:5 个;各向同性材料:2 个。

例 4.3　简化各向异性材料的应力-应变关系即式(4.25)为单斜晶体材料的应力-应变关系即式(4.35)。

解　假设 3 方向垂直于对称面。在 1-2-3 坐标系中,结合式(4.25)和式(4.34)的 $C_{ij}=C_{ji}$,得：

$$\begin{bmatrix} \sigma_1 \\ \sigma_2 \\ \sigma_3 \\ \tau_{23} \\ \tau_{31} \\ \tau_{12} \end{bmatrix}=\begin{bmatrix} C_{11} & C_{12} & C_{13} & C_{14} & C_{15} & C_{16} \\ C_{21} & C_{22} & C_{23} & C_{24} & C_{25} & C_{26} \\ C_{31} & C_{32} & C_{33} & C_{34} & C_{35} & C_{36} \\ C_{41} & C_{42} & C_{43} & C_{44} & C_{45} & C_{46} \\ C_{51} & C_{52} & C_{53} & C_{54} & C_{55} & C_{56} \\ C_{61} & C_{62} & C_{63} & C_{64} & C_{65} & C_{66} \end{bmatrix}\begin{bmatrix} \varepsilon_1 \\ \varepsilon_2 \\ \varepsilon_3 \\ \gamma_{23} \\ \gamma_{31} \\ \gamma_{12} \end{bmatrix} \quad (4.46)$$

在 $1'$-$2'$-$3'$ 坐标系(图 4.11)中：

$$\begin{bmatrix} \sigma_{1'} \\ \sigma_{2'} \\ \sigma_{3'} \\ \tau_{2'3'} \\ \tau_{3'1'} \\ \tau_{1'2'} \end{bmatrix}=\begin{bmatrix} C_{11} & C_{12} & C_{13} & C_{14} & C_{15} & C_{16} \\ C_{21} & C_{22} & C_{23} & C_{24} & C_{25} & C_{26} \\ C_{31} & C_{32} & C_{33} & C_{34} & C_{35} & C_{36} \\ C_{41} & C_{42} & C_{43} & C_{44} & C_{45} & C_{46} \\ C_{51} & C_{52} & C_{53} & C_{54} & C_{55} & C_{56} \\ C_{61} & C_{62} & C_{63} & C_{64} & C_{65} & C_{66} \end{bmatrix}\begin{bmatrix} \varepsilon_{1'} \\ \varepsilon_{2'} \\ \varepsilon_{3'} \\ \gamma_{2'3'} \\ \gamma_{3'1'} \\ \gamma_{1'2'} \end{bmatrix} \quad (4.47)$$

因为有一个平面垂直于 3 方向,1-2-3 坐标系与 $1'$-$2'$-$3'$ 坐标系中的应力-应变关系：

$$\begin{cases} \sigma_1=\sigma_{1'},\ \sigma_2=\sigma_{2'},\ \sigma_3=\sigma_{3'} \\ \tau_{23}=\tau_{2'3'},\ \tau_{31}=\tau_{3'1'},\ \tau_{12}=\tau_{1'2'} \end{cases} \quad (4.48)$$

$$\begin{cases} \varepsilon_1=\varepsilon_{1'},\ \varepsilon_2=\varepsilon_{2'},\ \varepsilon_3=\varepsilon_{3'} \\ \gamma_{23}=-\gamma_{2'3'},\ \gamma_{31}=-\gamma_{3'1'},\ \gamma_{12}=\gamma_{1'2'} \end{cases} \quad (4.49)$$

式(4.46)和式(4.47)的第一个公式可写为：

$$\sigma_1 = C_{11}\varepsilon_1 + C_{12}\varepsilon_2 + C_{13}\varepsilon_3 + C_{14}\gamma_{23} + C_{15}\gamma_{31} + C_{16}\gamma_{12} \tag{4.50a}$$

$$\sigma_{1'} = C_{11}\varepsilon_{1'} + C_{12}\varepsilon_{2'} + C_{13}\varepsilon_{3'} + C_{14}\gamma_{2'3'} + C_{15}\gamma_{3'1'} + C_{16}\gamma_{1'2'} \tag{4.50b}$$

将式(4.48)和式(4.49)代入式(4.50b)：

$$\sigma_1 = C_{11}\varepsilon_1 + C_{12}\varepsilon_2 + C_{13}\varepsilon_3 - C_{14}\gamma_{23} - C_{15}\gamma_{31} + C_{16}\gamma_{12} \tag{4.51}$$

将式(4.50a)减去式(4.51)得：

$$0 = 2C_{14}\gamma_{23} + 2C_{15}\gamma_{31} \tag{4.52}$$

由于 γ_{23} 和 γ_{31} 为任意数，则：

$$C_{14} = C_{15} = 0 \tag{4.53}$$

同样，可以得到：

$$C_{24} = C_{25} = 0$$
$$C_{34} = C_{35} = 0$$
$$C_{46} = C_{56} = 0 \tag{4.54}$$

因此，单斜晶体材料只有 13 个独立常数。

例 4.4 正交各向异性材料的应力-应变关系以柔度矩阵的方式给出，见式(4.26)和式(4.39)。用 9 个工程常数重写其柔度矩阵，含工程常数的刚度矩阵是怎样的？

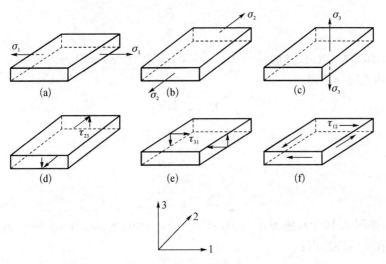

图 4.16 对正交各向异性材料施加应力求工程常数

解 先看正交各向异性材料的柔度矩阵和工程常数是如何关联的。如图 4.16(a)，施加 $\sigma_1 \neq 0$，$\sigma_2 = 0$，$\sigma_3 = 0$，$\tau_{23} = 0$，$\tau_{31} = 0$，$\tau_{12} = 0$。然后，由式(4.26)和式(4.39)得：

$$\varepsilon_1 = S_{11}\sigma_1$$
$$\varepsilon_2 = S_{12}\sigma_1$$
$$\varepsilon_3 = S_{13}\sigma_1$$

$$\gamma_{23} = 0$$

$$\gamma_{31} = 0$$

$$\gamma_{12} = 0$$

1 方向的弹性模量 E_1 定义为:

$$E_1 \equiv \frac{\sigma_1}{\varepsilon_1} = \frac{1}{S_{11}} \tag{4.55}$$

泊松比 ν_{12} 定义为:

$$\nu_{12} \equiv -\frac{\varepsilon_2}{\varepsilon_1} = -\frac{S_{12}}{S_{11}} \tag{4.56}$$

一般而言，ν_{ij} 定义为正应力施加于 i 方向时，j 方向正应变的负数与 i 方向正应变的比值。
泊松比 ν_{13} 定义为:

$$\nu_{13} \equiv -\frac{\varepsilon_3}{\varepsilon_1} = -\frac{S_{13}}{S_{11}} \tag{4.57}$$

同样地，如图 4.16(b)，施加 $\sigma_1 = 0$，$\sigma_2 \neq 0$，$\sigma_3 = 0$，$\tau_{23} = 0$，$\tau_{31} = 0$，$\tau_{12} = 0$。然后，由式(4.26)和式(4.39)得:

$$E_2 = \frac{1}{S_{22}} \tag{4.58}$$

$$\nu_{21} = -\frac{S_{12}}{S_{22}} \tag{4.59}$$

$$\nu_{23} = -\frac{S_{23}}{S_{22}} \tag{4.60}$$

同样地，如图 4.16(c)，施加 $\sigma_1 = 0$，$\sigma_2 = 0$，$\sigma_3 \neq 0$，$\tau_{23} = 0$，$\tau_{31} = 0$，$\tau_{12} = 0$。然后，由式(4.26)和式(4.39)得:

$$E_3 = \frac{1}{S_{33}} \tag{4.61}$$

$$\nu_{31} = -\frac{S_{13}}{S_{33}} \tag{4.62}$$

$$\nu_{32} = -\frac{S_{23}}{S_{33}} \tag{4.63}$$

同样地，如图 4.16(d)，施加 $\sigma_1 = 0$，$\sigma_2 = 0$，$\sigma_3 = 0$，$\tau_{23} \neq 0$，$\tau_{31} = 0$，$\tau_{12} = 0$。然后，由式(4.26)和式(4.39)得:

$$\varepsilon_1 = 0$$

$$\varepsilon_2 = 0$$

$$\varepsilon_3 = 0$$

$$\gamma_{23} = S_{44}\tau_{23}$$

$$\gamma_{31} = 0$$

$$\gamma_{12} = 0$$

2-3 平面的剪切模量定义为:

$$G_{23} \equiv \frac{\tau_{23}}{\gamma_{23}} = \frac{1}{S_{44}} \tag{4.64}$$

同样地，如图 4.16(e)，施加 $\sigma_1 = 0$，$\sigma_2 = 0$，$\sigma_3 = 0$，$\tau_{23} = 0$，$\tau_{31} \neq 0$，$\tau_{12} = 0$。然后，由式(4.26)和式(4.39)得：

$$G_{31} = \frac{1}{S_{55}} \tag{4.65}$$

同样地，如图 4.16(f)，施加 $\sigma_1 = 0$，$\sigma_2 = 0$，$\sigma_3 = 0$，$\tau_{23} = 0$，$\tau_{31} = 0$，$\tau_{12} \neq 0$。然后，由式(4.26)和式(4.39)得：

$$G_{12} = \frac{1}{S_{66}} \tag{4.66}$$

从式(4.55)到式(4.66)，12 个工程常数定义如下：

① 3 个弹性模量，E_1、E_2 和 E_3，每个材料轴向 1 个；

② 6 个泊松比，ν_{12}、ν_{13}、ν_{21}、ν_{23}、ν_{31} 和 ν_{32}，每个平面 2 个；

③ 3 个剪切模量，G_{23}、G_{31} 和 G_{12}，每个平面 1 个。

然而，6 个泊松比并不是相互独立的。例如，由式(4.55)、式(4.56)、式(4.58)和式(4.59)，得：

$$\frac{\nu_{12}}{E_1} = \frac{\nu_{21}}{E_2} \tag{4.67}$$

同样地，由式(4.55)、式(4.57)、式(4.61)和式(4.62)得：

$$\frac{\nu_{13}}{E_1} = \frac{\nu_{31}}{E_2} \tag{4.68}$$

同样地，由式(4.58)、式(4.60)、式(4.61)和式(4.63)得：

$$\frac{\nu_{23}}{E_2} = \frac{\nu_{32}}{E_3} \tag{4.69}$$

式(4.67)、式(4.68)和式(4.69)称为互反的泊松比式。这些关系将独立工程常数缩减为 9 个，这和刚度或柔度矩阵中的独立常数数量一致。

用工程常数重写柔度矩阵为：

$$[S] = \begin{bmatrix} \frac{1}{E_1} & -\frac{\nu_{12}}{E_1} & -\frac{\nu_{13}}{E_1} & 0 & 0 & 0 \\ -\frac{\nu_{21}}{E_2} & \frac{1}{E_2} & -\frac{\nu_{23}}{E_2} & 0 & 0 & 0 \\ -\frac{\nu_{31}}{E_3} & -\frac{\nu_{32}}{E_3} & \frac{1}{E_3} & 0 & 0 & 0 \\ 0 & 0 & 0 & \frac{1}{G_{23}} & 0 & 0 \\ 0 & 0 & 0 & 0 & \frac{1}{G_{31}} & 0 \\ 0 & 0 & 0 & 0 & 0 & \frac{1}{G_{12}} \end{bmatrix} \tag{4.70}$$

对式(4.70)求逆,得到刚度矩阵 $[C]$:

$$[C] = \begin{bmatrix} \dfrac{1-\nu_{23}\nu_{32}}{E_2 E_3 \Delta} & \dfrac{\nu_{21}+\nu_{23}\nu_{31}}{E_2 E_3 \Delta} & \dfrac{\nu_{31}+\nu_{21}\nu_{32}}{E_2 E_3 \Delta} & 0 & 0 & 0 \\ \dfrac{\nu_{21}+\nu_{23}\nu_{31}}{E_2 E_3 \Delta} & \dfrac{1-\nu_{13}\nu_{31}}{E_1 E_3 \Delta} & \dfrac{\nu_{32}+\nu_{12}\nu_{31}}{E_1 E_3 \Delta} & 0 & 0 & 0 \\ \dfrac{\nu_{31}+\nu_{21}\nu_{32}}{E_2 E_3 \Delta} & \dfrac{\nu_{32}+\nu_{12}\nu_{31}}{E_1 E_3 \Delta} & \dfrac{1-\nu_{12}\nu_{21}}{E_1 E_2 \Delta} & 0 & 0 & 0 \\ 0 & 0 & 0 & G_{23} & 0 & 0 \\ 0 & 0 & 0 & 0 & G_{31} & 0 \\ 0 & 0 & 0 & 0 & 0 & G_{12} \end{bmatrix} \quad (4.71)$$

式中:

$$\Delta = \frac{1-\nu_{12}\nu_{21}-\nu_{23}\nu_{32}-\nu_{13}\nu_{31}-2\nu_{21}\nu_{32}\nu_{13}}{E_1 E_2 E_3} \quad (4.72)$$

　　尽管正交各向异性材料的刚度矩阵 $[C]$ 和柔度矩阵 $[S]$ 中分别含 9 个独立常数,但这些常数的取值范围仍然有限制。基于热力学第一定律,刚度和柔度矩阵需为正定矩阵。因此,式(4.71)和式(4.70)描述的 $[C]$ 和 $[S]$ 中,主对角线的元素需为正值。柔度矩阵 $[S]$ 的主对角线元素有:

$$E_1 > 0, \ E_2 > 0, \ E_3 > 0, \ G_{23} > 0, \ G_{31} > 0, \ G_{12} > 0 \quad (4.73)$$

由刚度矩阵 $[C]$ 的主对角线元素,得到:

$$1-\nu_{23}\nu_{32} > 0, \ 1-\nu_{31}\nu_{13} > 0, \ 1-\nu_{12}\nu_{21} > 0,$$
$$\Delta = 1-\nu_{12}\nu_{21}-\nu_{23}\nu_{32}-\nu_{31}\nu_{13}-2\nu_{13}\nu_{21}\nu_{32} > 0 \quad (4.74)$$

采用式(4.67)~式(4.69)得到的相互关系:

$$\frac{\nu_{ij}}{E_i} = \frac{\nu_{ji}}{E_j} \quad (i \neq j, \ i、j = 1, 2, 3)$$

可以重写这个不等式,比如,由于 $1-\nu_{12}\nu_{21} > 0$,有:

$$\nu_{12} < \frac{1}{\nu_{21}} = \frac{E_1}{E_2}\frac{1}{\nu_{12}}$$

$$|\nu_{12}| < \left| \frac{E_1}{E_2}\frac{1}{\nu_{12}} \right|$$

$$|\nu_{12}| < \sqrt{\frac{E_1}{E_2}} \quad (4.75a)$$

同样地,得到其他五个关系式:

$$|\nu_{21}| < \sqrt{\frac{E_2}{E_1}} \quad (4.75b)$$

$$|\nu_{32}| < \sqrt{\frac{E_3}{E_2}} \qquad (4.75c)$$

$$|\nu_{23}| < \sqrt{\frac{E_2}{E_3}} \qquad (4.75d)$$

$$|\nu_{31}| < \sqrt{\frac{E_3}{E_1}} \qquad (4.75e)$$

$$|\nu_{13}| < \sqrt{\frac{E_1}{E_3}} \qquad (4.75f)$$

这些弹性模量的取值范围意味着 9 个独立性能的改变会影响其他力学性能参数的取值范围,这对于优化复合材料性能具有重要意义。

例 4.5 求碳纤维/环氧树脂复合材料的柔度和刚度矩阵,材料性能如下:

$$E_1 = 181\,\text{GPa},\ E_2 = 10.3\,\text{GPa},\ E_3 = 10.3\,\text{GPa}$$
$$\nu_{12} = 0.28,\ \nu_{23} = 0.60,\ \nu_{13} = 0.27$$
$$G_{12} = 7.17\,\text{GPa},\ G_{23} = 3.0\,\text{GPa},\ G_{31} = 7.00\,\text{GPa}$$

解

$$S_{11} = \frac{1}{E_1} = \frac{1}{181 \times 10^9} = 5.525 \times 10^{-12}\,\text{Pa}^{-1}$$

$$S_{22} = \frac{1}{E_2} = \frac{1}{10.3 \times 10^9} = 9.709 \times 10^{-11}\,\text{Pa}^{-1}$$

$$S_{33} = \frac{1}{E_3} = \frac{1}{10.3 \times 10^9} = 9.709 \times 10^{-11}\,\text{Pa}^{-1}$$

$$S_{12} = -\frac{\nu_{12}}{E_1} = -\frac{0.28}{181 \times 10^9} = -1.547 \times 10^{-12}\,\text{Pa}^{-1}$$

$$S_{13} = -\frac{\nu_{13}}{E_1} = -\frac{0.27}{181 \times 10^9} = -1.492 \times 10^{-12}\,\text{Pa}^{-1}$$

$$S_{23} = -\frac{\nu_{23}}{E_2} = -\frac{0.6}{10.3 \times 10^9} = -5.825 \times 10^{-11}\,\text{Pa}^{-1}$$

$$S_{44} = \frac{1}{G_{23}} = \frac{1}{3 \times 10^9} = 3.333 \times 10^{-10}\,\text{Pa}^{-1}$$

$$S_{55} = \frac{1}{G_{31}} = \frac{1}{7 \times 10^9} = 1.429 \times 10^{-10}\,\text{Pa}^{-1}$$

$$S_{66} = \frac{1}{G_{12}} = \frac{1}{7.17 \times 10^9} = 1.395 \times 10^{-10}\,\text{Pa}^{-1}$$

因此,碳纤维/环氧树脂复合材料的柔度矩阵:

$$[S] = \begin{bmatrix} 5.525 \times 10^{-12} & -1.547 \times 10^{-12} & -1.492 \times 10^{-12} & 0 & 0 & 0 \\ -1.547 \times 10^{-12} & 9.709 \times 10^{-11} & -5.825 \times 10^{-11} & 0 & 0 & 0 \\ -1.492 \times 10^{-12} & -5.825 \times 10^{-11} & 9.709 \times 10^{-11} & 0 & 0 & 0 \\ 0 & 0 & 0 & 3.333 \times 10^{-10} & 0 & 0 \\ 0 & 0 & 0 & 0 & 1.429 \times 10^{-10} & 0 \\ 0 & 0 & 0 & 0 & 0 & 1.395 \times 10^{-10} \end{bmatrix} \text{Pa}^{-1}$$

刚度矩阵通过对柔度矩阵求逆得到：

$$[C] = \begin{bmatrix} 0.185\,0\times10^{12} & 0.726\,9\times10^{10} & 0.720\,4\times10^{10} & 0 & 0 & 0 \\ 0.726\,9\times10^{10} & 0.163\,8\times10^{11} & 0.993\,8\times10^{10} & 0 & 0 & 0 \\ 0.720\,4\times10^{10} & 0.993\,8\times10^{10} & 0.163\,7\times10^{11} & 0 & 0 & 0 \\ 0 & 0 & 0 & 0.300\,0\times10^{10} & 0 & 0 \\ 0 & 0 & 0 & 0 & 0.699\,8\times10^{10} & 0 \\ 0 & 0 & 0 & 0 & 0 & 0.716\,8\times10^{10} \end{bmatrix} \text{Pa}$$

上面的刚度矩阵$[C]$也可直接由式(4.71)得到。

4.1.4　二维单层板的 Hooke 定律

4.1.4.1　平面应力假设

单层板是一种典型的薄板，若它的厚度很小，且没有面外载荷，可认为其处于平面应力状态（图4.17）。若薄板上下表面不受外部载荷，则有$\sigma_3=0$、$\tau_{31}=0$和$\tau_{23}=0$。由于板很薄，假设这三个面内应力相差很小，因此，也可假设为0。该假设将三维应力应变问题简化为二维应力应变问题。

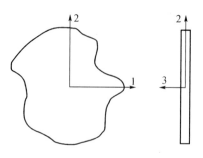

图4.17　薄板平面应力条件

4.1.4.2　Hooke 定律从三维到二维的简化

单向板属于正交各向异性材料，根据平面应力假设，可以假设其处于平面应力状态。因此，由式(4.26)和式(4.39)，并假设$\sigma_3=0$、$\tau_{31}=0$、$\tau_{23}=0$，得到：

$$\varepsilon_3 = S_{13}\sigma_1 + S_{23}\sigma_2 \tag{4.76a}$$
$$\gamma_{23} = \gamma_{31} = 0 \tag{4.76b}$$

正应变ε_3不是独立应变，因为它是其他两个正应变ε_1和ε_2的函数。因此，正应变ε_3可从式(4.39)中忽略；而且，切应变γ_{23}和γ_{31}为0，也可忽略。对于正交各向异性平面应力问题，式(4.39)可写为：

$$\begin{bmatrix} \varepsilon_1 \\ \varepsilon_2 \\ \gamma_{12} \end{bmatrix} = \begin{bmatrix} S_{11} & S_{12} & 0 \\ S_{12} & S_{22} & 0 \\ 0 & 0 & S_{66} \end{bmatrix} \begin{bmatrix} \sigma_1 \\ \sigma_2 \\ \tau_{12} \end{bmatrix} \tag{4.77}$$

式中：S_{ij}为柔度矩阵元素。

注意到，矩阵中有4个独立元素。

对式(4.77)求逆，得到应力-应变关系：

$$\begin{bmatrix} \sigma_1 \\ \sigma_2 \\ \tau_{12} \end{bmatrix} = \begin{bmatrix} Q_{11} & Q_{12} & 0 \\ Q_{12} & Q_{22} & 0 \\ 0 & 0 & Q_{66} \end{bmatrix} \begin{bmatrix} \varepsilon_1 \\ \varepsilon_2 \\ \gamma_{12} \end{bmatrix} \tag{4.78}$$

式中：Q_{ij}称为退缩刚度矩阵元素。

Q_{ij} 与柔度矩阵元素的关系：

$$Q_{11} = \frac{S_{22}}{S_{11}S_{22} - S_{12}^2} \quad (4.79a)$$

$$Q_{12} = -\frac{S_{12}}{S_{11}S_{22} - S_{12}^2} \quad (4.79b)$$

$$Q_{22} = \frac{S_{11}}{S_{11}S_{22} - S_{12}^2} \quad (4.79c)$$

$$Q_{66} = \frac{1}{S_{66}} \quad (4.79d)$$

注意，退缩刚度矩阵元素 Q_{ij} 与刚度矩阵元素 C_{ij} 不同。

4.1.4.3 复合材料柔度、刚度矩阵与工程常数的关系

式(4.77)和式(4.78)通过柔度矩阵 $[S]$ 和退缩刚度矩阵 $[Q]$ 表示应力-应变关系。然而，应力-应变关系一般由工程常数表示。对于一块单向板，工程常数包括：

E_1 —— 轴向弹性模量（1 方向）；

E_2 —— 横向弹性模量（2 方向）；

ν_{12} —— 主泊松比，一般泊松比定义为当 i 方向的正载荷为唯一载荷时，j 方向的正应变的负值与 i 方向的正应变的比值；

G_{12} —— 面内剪切模量（1-2 平面）。

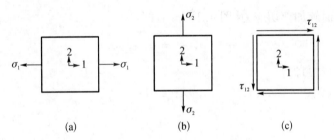

图 4.18　对单向板施加应力求工程常数

4 个独立工程常数由试验得到，且与式(4.77)描述的柔度矩阵 $[S]$ 中的 4 个独立元素有关。

● 沿 1 方向施加拉伸载荷[图 4.18(a)]，即：

$$\sigma_1 \neq 0, \ \sigma_2 = 0, \ \tau_{12} = 0 \quad (4.80)$$

然后，由式(4.77)得：

$$\varepsilon_1 = S_{11}\sigma_1 \quad (4.81a)$$

$$\varepsilon_2 = S_{12}\sigma_1 \quad (4.81b)$$

$$\gamma_{12} = 0 \quad (4.81c)$$

根据定义，如果唯一非零应力为 σ_1，则：

$$E_1 = \frac{\sigma_1}{\varepsilon_1} = \frac{1}{S_{11}} \quad (4.82)$$

$$\nu_{12} = -\frac{\varepsilon_2}{\varepsilon_1} = -\frac{S_{12}}{S_{11}} \qquad\qquad (4.83)$$

● 沿 2 方向施加拉伸载荷[图 4.18(b)]，即：

$$\sigma_1 = 0,\ \sigma_2 \neq 0,\ \tau_{12} = 0 \qquad\qquad (4.84)$$

然后，由式(4.77)得：

$$\varepsilon_1 = S_{12}\sigma_2 \qquad\qquad (4.85a)$$

$$\varepsilon_2 = S_{22}\sigma_2 \qquad\qquad (4.85b)$$

$$\gamma_{12} = 0 \qquad\qquad (4.85c)$$

根据定义，如果唯一非零应力为 σ_2，则：

$$E_2 = \frac{\sigma_2}{\varepsilon_2} = \frac{1}{S_{22}} \qquad\qquad (4.86)$$

$$\nu_{21} = -\frac{\varepsilon_1}{\varepsilon_2} = -\frac{S_{12}}{S_{22}} \qquad\qquad (4.87)$$

ν_{21} 称为次泊松比。由式(4.82)、式(4.83)、式(4.86)和式(4.87)，得：

$$\frac{\nu_{12}}{E_1} = \frac{\nu_{21}}{E_2} \qquad\qquad (4.88)$$

● 在 1-2 平面施加剪切应力[图 4.18(c)]，即：

$$\sigma_1 = 0,\ \sigma_2 = 0,\ \tau_{12} \neq 0 \qquad\qquad (4.89)$$

然后，式(4.77)得：

$$\varepsilon_1 = 0 \qquad\qquad (4.90a)$$

$$\varepsilon_2 = 0 \qquad\qquad (4.90b)$$

$$\gamma_{12} = S_{66}\tau_{12} \qquad\qquad (4.90c)$$

根据定义，如果 τ_{12} 是唯一非零应力，则：

$$G_{12} = \frac{\tau_{12}}{\gamma_{12}} = \frac{1}{S_{66}} \qquad\qquad (4.91)$$

由此，证明了：

$$S_{11} = \frac{1}{E_1} \qquad\qquad (4.92a)$$

$$S_{12} = -\frac{\nu_{12}}{E_1} \qquad\qquad (4.92b)$$

$$S_{22} = \frac{1}{E_2} \qquad\qquad (4.92c)$$

$$S_{66} = \frac{1}{G_{12}} \qquad\qquad (4.92d)$$

同时,由式(4.98)~式(4.92),得退缩刚度矩阵元素 Q_{ij} 与工程常数的关系:

$$Q_{11} = \frac{E_1}{1 - \nu_{21}\nu_{12}} \tag{4.93a}$$

$$Q_{12} = \frac{\nu_{12}E_2}{1 - \nu_{21}\nu_{12}} \tag{4.93b}$$

$$Q_{22} = \frac{E_2}{1 - \nu_{21}\nu_{12}} \tag{4.93c}$$

$$Q_{66} = G_{12} \tag{4.93d}$$

根据式(4.77)、式(4.78)、式(4.92)和式(4.93),通过以下四个常数组合中任何一组得到应力-应变关系:

Q_{11}, Q_{12}, Q_{22}, Q_{66};

S_{11}, S_{12}, S_{22}, S_{66};

E_1, E_2, ν_{12}, G_{12}。

单向板为特殊的正交各向异性复合材料,施加于1-2平面的正应力不产生任何1-2平面的剪切应变,因为 $Q_{16} = Q_{26} = 0 = S_{16} = S_{26}$。同时,1-2平面的切应力也不产生1方向或2方向的正应变,因为 $Q_{16} = Q_{26} = 0 = S_{16} = S_{26}$。

机织复合材料中纱线相互垂直,短纤复合材料中纤维垂直排列或沿一个方向平行排列,它们均为特殊正交各向异性材料。因此,本章或第五章的讨论对这样的复合材料也有效。典型单向板力学性能列于表4.1中。

表 4.1　典型单向板力学性能

指标	符号	单位	玻纤/环氧树脂	硼纤维/环氧树脂	碳纤维/环氧树脂
纤维体积分数	V_f		0.45	0.50	0.70
轴向弹性模量	E_1	GPa	38.6	204	181
横向弹性模量	E_2	GPa	8.27	18.50	10.3
主泊松比	ν_{12}		0.26	0.23	0.28
剪切模量	G_{12}	GPa	4.14	5.59	7.17
最大轴向拉伸强度	$(\sigma_1^T)_{ult}$	MPa	1 062	1 260	1 500
最大轴向压缩强度	$(\sigma_2^T)_{ult}$	MPa	610	2 500	1 500
最大横向拉伸强度	$(\sigma_2^T)_{ult}$	MPa	31	61	40
最大横向压缩强度	$(\sigma_2^C)_{ult}$	MPa	118	202	246
最大面内剪切强度	$(\tau_{12})_{ult}$	MPa	72	67	68
轴向热膨胀系数	α_1	$10^{-6}/℃$	8.6	6.1	0.02
横向热膨胀系数	α_2	$10^{-6}/℃$	22.1	30.3	22.5
轴向湿膨胀系数	β_1	$10^{-6}/℃$	0.00	0.00	0.00
横向湿膨胀系数	β_2	$10^{-6}/℃$	0.60	0.60	0.60

资料来源:Tsai S W, Hahn H T. Introduction to Composite Materials. CRC Press, Boca Raton, FL, Table 1.7, p. 19; Table 7.1, p. 292; Table 8.3, p. 344.

例 4.6　对于一块碳纤维/环氧树脂单向板,求:
(1)柔度矩阵;(2)次泊松比;(3)退缩刚度矩阵;
(4)1-2 平面应变,若施加应力(图 4.19)$\sigma_1 =$
$2\,\mathrm{MPa}$,$\sigma_2 = -3\,\mathrm{MPa}$,$\tau_{12} = 4\,\mathrm{MPa}$。(使用表 4.1
中碳纤维/环氧树脂单向板力学性能。)

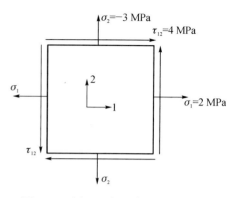

图 4.19　例 4.6 中对单向板施加应力

解　由表 4.1,得碳纤维/环氧树脂单向板工程
常数:

$$E_1 = 181\,\mathrm{GPa},\ E_2 = 10.3\,\mathrm{GPa},$$
$$\nu_{12} = 0.28,\ G_{12} = 7.17\,\mathrm{GPa}$$

(1) 根据式(4.92),得柔度矩阵元素:

$$S_{11} = \frac{1}{181 \times 10^9} = 0.552\,5 \times 10^{-11}\,\mathrm{Pa}^{-1}$$

$$S_{12} = -\frac{0.28}{181 \times 10^9} = -0.154\,7 \times 10^{-11}\,\mathrm{Pa}^{-1}$$

$$S_{22} = \frac{1}{10.3 \times 10^9} = 0.970\,9 \times 10^{-10}\,\mathrm{Pa}^{-1}$$

$$S_{66} = \frac{1}{7.17 \times 10^9} = 0.139\,5 \times 10^{-9}\,\mathrm{Pa}^{-1}$$

(2) 根据式(4.88),得次泊松比:

$$\nu_{21} = \frac{0.28}{181 \times 10^9} \times (10.3 \times 10^9) = 0.015\,93$$

(3) 根据式(4.93),得退缩刚度矩阵元素:

$$Q_{11} = \frac{181 \times 10^9}{1 - (0.28) \times (0.015\,93)} = 181.8 \times 10^9\,\mathrm{Pa}$$

$$Q_{12} = \frac{(0.28) \times (10.3 \times 10^9)}{1 - (0.28) \times (0.015\,93)} = 2.897 \times 10^9\,\mathrm{Pa}$$

$$Q_{22} = \frac{10.3 \times 10^9}{1 - (0.28) \times (0.015\,93)} = 10.35 \times 10^9\,\mathrm{Pa}$$

$$Q_{66} = 7.17 \times 10^9\,\mathrm{Pa}$$

退缩刚度矩阵 $[Q]$ 可通过对步骤(1)得到的柔度矩阵 $[S]$ 求逆而得到:

$$[Q] = [S]^{-1} = \begin{bmatrix} 0.552\,5 \times 10^{-11} & -0.154\,7 \times 10^{-11} & 0 \\ -0.154\,7 \times 10^{-11} & 0.970\,9 \times 10^{-10} & 0 \\ 0 & 0 & 0.139\,5 \times 10^{-9} \end{bmatrix}^{-1}$$

$$= \begin{bmatrix} 181.8 \times 10^9 & 2.897 \times 10^9 & 0 \\ 2.897 \times 10^9 & 10.35 \times 10^9 & 0 \\ 0 & 0 & 7.17 \times 10^9 \end{bmatrix}\mathrm{Pa}$$

（4）根据式（4.77），得 1-2 坐标系下的应变：

$$\begin{bmatrix} \varepsilon_1 \\ \varepsilon_2 \\ \gamma_{12} \end{bmatrix} = \begin{bmatrix} 0.552\,5\times10^{-11} & -0.154\,7\times10^{-11} & 0 \\ -0.154\,7\times10^{-11} & 0.970\,9\times10^{-10} & 0 \\ 0 & 0 & 0.139\,5\times10^{-9} \end{bmatrix} \begin{bmatrix} 2\times10^6 \\ -3\times10^6 \\ 4\times10^6 \end{bmatrix}$$

$$= \begin{bmatrix} 15.69 \\ -294.4 \\ 557.9 \end{bmatrix} \times 10^{-6}$$

因此，1-2 坐标系下的应变：

$$\varepsilon_1 = 15.69\times10^{-6}$$
$$\varepsilon_2 = 294.4\times10^{-6}$$
$$\gamma_{12} = 557.9\times10^{-6}$$

4.1.5 二维任意斜交板的 Hooke 定律

图 4.20 所示为局部和全局坐标系。1-2 坐标系为局部坐标系，1 方向平行于纤维取向方向，2 方向垂直于纤维取向方向。某些文献中，1 方向叫作轴向 L，2 方向叫作横向 T。x-y 坐标系的轴称为全局坐标轴或偏轴，两轴间夹角用 θ 表示。1-2 坐标系的应力-应变关系已在 4.1.4.2 节建立，现在研究 x-y 坐标系中的应力-应变关系。

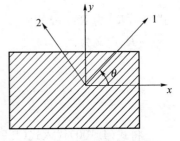

图 4.20 局部和全局坐标系

θ 斜交板中全局和局部应力间的关系（附录 B）：

$$\begin{bmatrix} \sigma_x \\ \sigma_y \\ \tau_{xy} \end{bmatrix} = [T]^{-1} \begin{bmatrix} \sigma_1 \\ \sigma_2 \\ \tau_{12} \end{bmatrix} \tag{4.94}$$

式中：$[T]$ 称为变换矩阵。

$[T]$ 定义为：

$$[T]^{-1} = \begin{bmatrix} c^2 & s^2 & -2sc \\ s^2 & c^2 & 2sc \\ sc & -sc & c^2-s^2 \end{bmatrix} \tag{4.95}$$

和

$$[T] = \begin{bmatrix} c^2 & s^2 & 2sc \\ s^2 & c^2 & -2sc \\ -sc & sc & c^2-s^2 \end{bmatrix} \tag{4.96}$$

$$c = \cos(\theta) \tag{4.97a}$$
$$s = \sin(\theta) \tag{4.97b}$$

由局部坐标系中的应力-应变关系即式(4.78),式(4.94)可写成:

$$\begin{bmatrix} \sigma_x \\ \sigma_y \\ \tau_{xy} \end{bmatrix} = [T]^{-1}[Q] \begin{bmatrix} \varepsilon_1 \\ \varepsilon_2 \\ \gamma_{12} \end{bmatrix} \tag{4.98}$$

全局和局部坐标系中的应变关系(附录 B):

$$\begin{bmatrix} \varepsilon_1 \\ \varepsilon_2 \\ \gamma_{12}/2 \end{bmatrix} = [T] \begin{bmatrix} \varepsilon_x \\ \varepsilon_y \\ \gamma_{xy}/2 \end{bmatrix} \tag{4.99}$$

也可以写成:

$$\begin{bmatrix} \varepsilon_1 \\ \varepsilon_2 \\ \gamma_{12} \end{bmatrix} = [R][T][R]^{-1} \begin{bmatrix} \varepsilon_x \\ \varepsilon_y \\ \gamma_{xy} \end{bmatrix} \tag{4.100}$$

式中: $[R]$ 为 Reuter 矩阵[3]。

$[R]$ 定义为:

$$[R] = \begin{bmatrix} 1 & 0 & 0 \\ 0 & 1 & 0 \\ 0 & 0 & 2 \end{bmatrix} \tag{4.101}$$

将式(4.100)代入式(4.98):

$$\begin{bmatrix} \sigma_x \\ \sigma_y \\ \tau_{xy} \end{bmatrix} = [T]^{-1}[Q][R][T][R]^{-1} \begin{bmatrix} \varepsilon_x \\ \varepsilon_y \\ \gamma_{xy} \end{bmatrix} \tag{4.102}$$

式(4.102)右边的前五个矩阵相乘得:

$$\begin{bmatrix} \sigma_x \\ \sigma_y \\ \tau_{xy} \end{bmatrix} = \begin{bmatrix} \bar{Q}_{11} & \bar{Q}_{12} & \bar{Q}_{16} \\ \bar{Q}_{12} & \bar{Q}_{22} & \bar{Q}_{26} \\ \bar{Q}_{16} & \bar{Q}_{26} & \bar{Q}_{66} \end{bmatrix} \begin{bmatrix} \varepsilon_x \\ \varepsilon_y \\ \gamma_{xy} \end{bmatrix} \tag{4.103}$$

式中: $\bar{Q}_{ij}$ 为变换退缩刚度矩阵元素。

式(4.103)中各变换退缩刚度短阵元素:

$$\bar{Q}_{11} = Q_{11}c^4 + Q_{22}s^4 + 2(Q_{12} + 2Q_{66})s^2c^2 \tag{4.104a}$$

$$\bar{Q}_{12} = (Q_{11} + Q_{22} - 4Q_{66})s^2c^2 + Q_{12}(c^4 + s^4) \tag{4.104b}$$

$$\bar{Q}_{22} = Q_{11}s^4 + Q_{22}c^4 + 2(Q_{12} + 2Q_{66})s^2c^2 \tag{4.104c}$$

$$\bar{Q}_{16} = (Q_{11} - Q_{12} - 2Q_{66})c^3 s - (Q_{22} - Q_{12} - 2Q_{66})cs^3 \tag{4.104d}$$

$$\bar{Q}_{26} = (Q_{11} - Q_{12} - 2Q_{66})cs^3 - (Q_{22} - Q_{12} - 2Q_{66})c^3 s \tag{4.104e}$$

$$\bar{Q}_{66} = (Q_{11} + Q_{22} - 2Q_{12} - 2Q_{66})s^2 c^2 + Q_{66}(c^4 + s^4) \tag{4.104f}$$

注意到变换退缩刚度矩阵 $[\bar{Q}]$ 中有 6 个元素。然而，观察式(4.104)，发现它们是 4 个刚度元素 Q_{11}、Q_{12}、Q_{22}、Q_{66} 和斜交角度 θ 的函数。

对式(4.103)求逆,得:

$$\begin{bmatrix} \varepsilon_x \\ \varepsilon_y \\ \gamma_{xy} \end{bmatrix} = \begin{bmatrix} \bar{S}_{11} & \bar{S}_{12} & \bar{S}_{16} \\ \bar{S}_{12} & \bar{S}_{22} & \bar{S}_{26} \\ \bar{S}_{16} & \bar{S}_{26} & \bar{S}_{66} \end{bmatrix} \begin{bmatrix} \sigma_x \\ \sigma_y \\ \tau_{xy} \end{bmatrix} \tag{4.105}$$

式中: $\bar{S}_{ij}$ 为变换柔度矩阵元素:

式(4.105)中各变换柔度矩阵元素:

$$\bar{S}_{11} = S_{11}c^4 + S_{22}s^4 + (2S_{12} + S_{66})s^2 c^2 \tag{4.106a}$$

$$\bar{S}_{12} = (S_{11} + S_{22} - S_{66})s^2 c^2 + S_{12}(c^4 + s^4) \tag{4.106b}$$

$$\bar{S}_{22} = S_{11}s^4 + S_{22}c^4 + (2S_{12} + S_{66})s^2 c^2 \tag{4.106c}$$

$$\bar{S}_{16} = (2S_{11} - 2S_{12} - S_{66})c^3 s - (2S_{22} - 2S_{12} - S_{66})cs^3 \tag{4.106d}$$

$$\bar{S}_{26} = (2S_{11} - 2S_{12} - S_{66})cs^3 - (2S_{22} - 2S_{12} - S_{66})c^3 s \tag{4.106e}$$

$$\bar{S}_{66} = 2(2S_{11} + 2S_{22} - 4S_{12} - S_{66})s^2 c^2 + S_{66}(c^4 + s^4) \tag{4.106f}$$

由式(4.77)和式(4.78),对于沿材料轴方向加载的单向板,拉伸和剪切互不影响。然而,由式(4.103)和式(4.105),斜交板具有拉剪耦合效应,正应力会产生剪应变,剪应力会产生正应变。因此,式(4.103)和式(4.105)为一般性正交各向异性复合材料的应力-应变方程。

例 4.7 求 60°碳纤维/环氧树脂斜交板的以下矩阵(碳纤维/环氧树脂单向板性质见表 4.1):

(1) 变换柔度矩阵;

(2) 变换退缩刚度矩阵。

若施加应力 $\sigma_x = 2$ MPa, $\sigma_y = -3$ MPa, $\tau_{xy} = 4$ MPa,再求:

(3) 全局应变;

(4) 局部应变;

(5) 局部应力;

(6) 主应力;

(7) 最大切应力;

(8) 主应变;

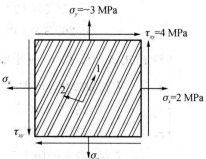

图 4.21 对 60°碳纤维/环氧树脂斜交板施加应力

（9）最大切应变。

解

$$c = \cos(60°) = 0.500$$

$$s = \sin(60°) = 0.866$$

（1）由例 4.6，得：

$$S_{11} = 0.552\ 5 \times 10^{-11}\,\mathrm{Pa}^{-1}$$

$$S_{22} = 0.970\ 9 \times 10^{-10}\,\mathrm{Pa}^{-1}$$

$$S_{12} = -0.154\ 7 \times 10^{-11}\,\mathrm{Pa}^{-1}$$

$$S_{66} = 0.139\ 5 \times 10^{-9}\,\mathrm{Pa}^{-1}$$

利用式(4.106a)，得：

$$\overline{S}_{11} = 0.552\ 5 \times 10^{-11}(0.500)^4 + [2(-0.154\ 7 \times 10^{-11})$$

$$+ 0.139\ 5 \times 10^{-9}](0.866)2(0.5)^2 + 0.970\ 9 \times 10^{-10}(0.866)^4$$

$$= 0.805\ 3 \times 10^{-10}\,\mathrm{Pa}^{-1}$$

同样地，利用式(4.106b)～式(4.106f)，可得：

$$\overline{S}_{12} = -0.787\ 8 \times 10^{-11}\,\mathrm{Pa}^{-1}$$

$$\overline{S}_{16} = -0.323\ 4 \times 10^{-10}\,\mathrm{Pa}^{-1}$$

$$\overline{S}_{22} = 0.347\ 5 \times 10^{-10}\,\mathrm{Pa}^{-1}$$

$$\overline{S}_{26} = -0.469\ 6 \times 10^{-10}\,\mathrm{Pa}^{-1}$$

$$\overline{S}_{66} = 0.114\ 1 \times 10^{-9}\,\mathrm{Pa}^{-1}$$

（2）对变换柔度矩阵 $[\overline{S}]$ 求逆，得到变换退缩刚度矩阵：

$$[\overline{Q}] = \begin{bmatrix} 0.805\ 3 \times 10^{-10} & -0.787\ 8 \times 10^{-11} & -0.323\ 4 \times 10^{-10} \\ -0.787\ 8 \times 10^{-11} & 0.347\ 5 \times 10^{-10} & -0.469\ 6 \times 10^{-10} \\ -0.323\ 4 \times 10^{-10} & -0.469\ 6 \times 10^{-10} & 0.114\ 1 \times 10^{-9} \end{bmatrix}^{-1}$$

$$= \begin{bmatrix} 0.236\ 5 \times 10^{11} & 0.324\ 6 \times 10^{11} & 0.200\ 5 \times 10^{11} \\ 0.324\ 6 \times 10^{11} & 0.109\ 4 \times 10^{12} & 0.541\ 9 \times 10^{11} \\ 0.200\ 5 \times 10^{11} & 0.541\ 9 \times 10^{11} & 0.367\ 4 \times 10^{11} \end{bmatrix} \mathrm{Pa}$$

（3）由式(4.105)得 x-y 平面全局应变：

$$\begin{bmatrix} \varepsilon_x \\ \varepsilon_y \\ \gamma_{xy} \end{bmatrix} = \begin{bmatrix} 0.805\ 3 \times 10^{-10} & -0.787\ 8 \times 10^{-11} & -0.323\ 4 \times 10^{-10} \\ -0.787\ 8 \times 10^{-11} & 0.347\ 5 \times 10^{-10} & -0.469\ 6 \times 10^{-10} \\ -0.323\ 4 \times 10^{-10} & -0.469\ 6 \times 10^{-10} & 0.114\ 1 \times 10^{-9} \end{bmatrix} \begin{bmatrix} 2 \times 10^6 \\ -3 \times 10^6 \\ 4 \times 10^6 \end{bmatrix}$$

$$= \begin{bmatrix} 0.553\ 4 \times 10^{-4} \\ -0.307\ 8 \times 10^{-3} \\ 0.532\ 8 \times 10^{-3} \end{bmatrix}$$

(4) 利用式(4.99),得局部应变:

$$\begin{bmatrix} \varepsilon_1 \\ \varepsilon_2 \\ \gamma_{12}/2 \end{bmatrix} = \begin{bmatrix} 0.2500 & 0.7500 & 0.8660 \\ 0.7500 & 0.2500 & -0.8660 \\ -0.4330 & 0.4330 & -0.5000 \end{bmatrix} \begin{bmatrix} 0.5534 \times 10^{-4} \\ -0.3078 \times 10^{-3} \\ 0.5328 \times 10^{-3}/2 \end{bmatrix}$$

$$\begin{bmatrix} \varepsilon_1 \\ \varepsilon_2 \\ \gamma_{12} \end{bmatrix} = \begin{bmatrix} 0.1367 \times 10^{-4} \\ -0.2662 \times 10^{-3} \\ -0.5809 \times 10^{-3} \end{bmatrix}$$

(5) 利用式(4.94),得局部应力:

$$\begin{bmatrix} \sigma_1 \\ \sigma_2 \\ \tau_{12} \end{bmatrix} = \begin{bmatrix} 0.2500 & 0.7500 & 0.8660 \\ 0.7500 & 0.2500 & -0.8660 \\ -0.4330 & 0.4330 & -0.500 \end{bmatrix} \begin{bmatrix} 2 \times 10^6 \\ -3 \times 10^6 \\ 4 \times 10^6 \end{bmatrix} = \begin{bmatrix} 0.1714 \times 10^7 \\ -0.2714 \times 10^7 \\ -0.4165 \times 10^7 \end{bmatrix} \text{Pa}$$

(6) 主应力[4]:

$$\sigma_{\max, \min} = \frac{\sigma_x + \sigma_y}{2} \pm \sqrt{\left(\frac{\sigma_x - \sigma_y}{2}\right)^2 + \tau_{xy}^2}$$

$$= \frac{2 \times 10^6 - 3 \times 10^6}{2} \pm \sqrt{\left(\frac{2 \times 10^6 + 3 \times 10^6}{2}\right)^2 + (4 \times 10^6)^2}$$

$$= 4.217, -5.217 \text{ MPa} \tag{4.107}$$

主应力最大时斜交角度[4]:

$$\theta_p = \frac{1}{2} \tan^{-1}\left(\frac{2\tau_{xy}}{\sigma_x - \sigma_y}\right)$$

$$= \frac{1}{2} \tan^{-1}\left[\frac{2(4 \times 10^6)}{2 \times 10^6 + 3 \times 10^6}\right]$$

$$= 29.00° \tag{4.108}$$

注意到主应力并不在材料轴上产生,这说明局部轴上的切应力不为零。

(7) 最大切应力[4]:

$$\tau_{\max} = \sqrt{\left(\frac{\sigma_x - \sigma_y}{2}\right)^2 + \tau_{xy}^2}$$

$$= \sqrt{\left(\frac{2 \times 10^6 + 3 \times 10^6}{2}\right)^2 + (4 \times 10^6)^2}$$

$$= 4.717 \text{ MPa} \tag{4.109}$$

切应力最大时斜交角度[4]:

$$\theta_s = \frac{1}{2} \tan^{-1}\left(-\frac{\sigma_x - \sigma_y}{2\tau_{xy}}\right) = \frac{1}{2} \tan^{-1}\left[-\frac{2 \times 10^6 + 3 \times 10^6}{2(4 \times 10^6)}\right]$$

$$= 16.00° \tag{4.110}$$

(8) 主应变[4]：

$$\varepsilon_{\text{max, min}} = \frac{\varepsilon_x + \varepsilon_y}{2} \pm \sqrt{\left(\frac{\varepsilon_x - \varepsilon_y}{2}\right)^2 + \left(\frac{\gamma_{xy}}{2}\right)^2}$$

$$= \frac{0.553\,4 \times 10^{-4} + 0.307\,8 \times 10^{-3}}{2} \pm$$

$$\sqrt{\left(\frac{0.553\,4 \times 10^{-4} + 0.307\,8 \times 10^{-3}}{2}\right)^2 + \left(\frac{0.532\,8 \times 10^{-3}}{2}\right)^2}$$

$$= 1.962 \times 10^{-4},\ -4.486 \times 10^{-4} \tag{4.111}$$

主应变最大时斜交角度[4]：

$$\theta_p = \frac{1}{2}\tan^{-1}\left(\frac{\gamma_{xy}}{\varepsilon_x - \varepsilon_y}\right) = \frac{1}{2}\tan^{-1}\left(\frac{0.532\,8 \times 10^{-3}}{0.553\,4 \times 10^{-4} + 0.307\,8 \times 10^{-3}}\right)$$

$$= 27.86° \tag{4.112}$$

注意到主应变并不在材料轴上产生，这说明局部轴上的切应变不为零。另外，主应力和主应变并不匹配，不像各向同性材料。

(9) 最大切应变[4]：

$$\gamma_{\text{max}} = \sqrt{(\varepsilon_x - \varepsilon_y)^2 + \gamma_{xy}{}^2}$$

$$= \sqrt{(0.553\,4 \times 10^{-4} + 0.307\,8 \times 10^{-3})^2 + (0.532\,8 \times 10^{-3})^2}$$

$$= 6.448 \times 10^{-4} \tag{4.113}$$

切应变最大时斜交角度[4]：

$$\theta_s = \frac{1}{2}\tan^{-1}\left(-\frac{\varepsilon_x - \varepsilon_y}{\gamma_{xy}}\right)$$

$$= \frac{1}{2}\tan^{-1}\left(-\frac{0.553\,4 \times 10^{-4} + 0.307\,8 \times 10^{-3}}{0.532\,8 \times 10^{-3}}\right)$$

$$= -17.14° \tag{4.114}$$

例4.8　如图4.22所示，在全局坐标系下，对60°碳纤维/环氧树脂斜交板施加唯一一个切应力 $\tau_{xy} = 2\,\text{MPa}$。用应变片测量的应变，即应变片 A、B 和 C 测量的主应变为多少？碳纤维/环氧树脂单向板性质见表4.1。

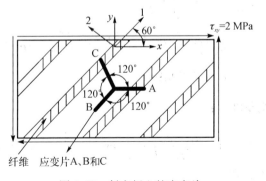

图4.22　斜交板上的应变片

解　按照例4.7，变换柔度矩阵$[\bar{S}]$：

$$\begin{bmatrix} 0.805\,3\times10^{-10} & -0.787\,8\times10^{-11} & -0.323\,4\times10^{-10} \\ -0.787\,8\times10^{-11} & 0.347\,5\times10^{-10} & 0.469\,6\times10^{-10} \\ -0.323\,4\times10^{-10} & 0.469\,6\times10^{-10} & 0.114\,1\times10^{-9} \end{bmatrix}\,\mathrm{Pa}^{-1}$$

由式(4.105)得到x-y平面全局应变：

$$\begin{bmatrix} \varepsilon_x \\ \varepsilon_y \\ \gamma_{xy} \end{bmatrix} = \begin{bmatrix} 0.805\,3\times10^{-10} & -0.787\,8\times10^{-11} & -0.323\,4\times10^{-10} \\ -0.787\,8\times10^{-11} & 0.347\,5\times10^{-10} & 0.469\,6\times10^{-10} \\ -0.323\,4\times10^{-10} & 0.469\,6\times10^{-10} & 0.114\,1\times10^{-9} \end{bmatrix} \begin{bmatrix} 0 \\ 0 \\ 2\times10^{6} \end{bmatrix}$$

$$= \begin{bmatrix} -6.468\times10^{-5} \\ -9.392\times10^{-5} \\ 2.283\times10^{-4} \end{bmatrix}$$

应变片与x轴的夹角为ϕ，记录的主应变由附录B中式(B.15)给出：

$$\varepsilon_\phi = \varepsilon_x \cos^2\phi + \varepsilon_y \sin^2\phi + \gamma_{xy}\sin\phi\cos\phi$$

对于应变片A，$\phi = 0°$：

$$\varepsilon_A = -6.468\times10^{-5}\cos^2 0° + (-9.392\times10^{-5})\sin^2 0° + 2.283\times10^{-4}\sin 0°\cos 0°$$

$$= -6.468\times10^{-5}$$

对于应变片B，$\phi = 240°$：

$$\varepsilon_B = -6.468\times10^{-5}\cos^2 240° + (-9.392\times10^{-5})\sin^2 240° + 2.283\times$$

$$10^{-4}\sin 240°\cos 240° = 1.724\times10^{-4}$$

对于应变片C，$\phi = 120°$：

$$\varepsilon_C = -6.468\times10^{-5}\cos^2 120° + (-9.392\times10^{-5})\sin^2 120° + 2.283\times$$

$$10^{-4}\sin 120°\cos 120° = 1.083\times10^{-5}$$

4.1.6　斜交板工程常数

　　4.1.4.3节讨论了单向板的工程常数与刚度、柔度矩阵的关系。本节用相同的方法讨论斜交板的工程常数和变换刚度、柔度矩阵的关系。

　　(1) 为了得到x方向的工程常数[图4.23(a)]，施加：

$$\sigma_x \neq 0, \ \sigma_y = 0, \ \tau_{xy} = 0 \tag{4.115}$$

然后，由式(4.105)得到：

$$\varepsilon_x = \bar{S}_{11}\sigma_x \tag{4.116a}$$

$$\varepsilon_y = \bar{S}_{12}\sigma_x \tag{4.116b}$$

$$\gamma_{xy} = \bar{S}_{16}\sigma_x \tag{4.116c}$$

x 方向弹性模量定义为：

$$E_x \equiv \frac{\sigma_x}{\varepsilon_x} = \frac{1}{\overline{S}_{11}} \tag{4.117}$$

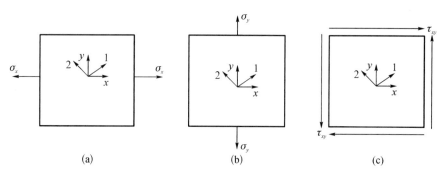

图 4.23　对斜交板施加应力求解工程常数

同时，泊松比 ν_{xy} 定义为：

$$\nu_{xy} \equiv -\frac{\varepsilon_y}{\varepsilon_x} = -\frac{\overline{S}_{12}}{\overline{S}_{11}} \tag{4.118}$$

斜交板与单向板不同，切应变和正应力之间会发生耦合，叫作剪切耦合效应，它是指 x 方向的正应力与切应变的关系，用 m_x 表示，称为剪切耦合系数。

$$\frac{1}{m_x} \equiv -\frac{\sigma_x}{\gamma_{xy} E_1} = -\frac{1}{\overline{S}_{16} E_1} \tag{4.119}$$

注意到 m_x 与泊松比一样为无量纲参数。

剪切耦合效应对斜交板而言十分重要。比如，若斜交板两端固定，不会有切应变产生，这会导致固定端产生弯矩和剪切力[5]。

（2）同样地，施加应力：

$$\sigma_x = 0, \; \sigma_y \neq 0, \; \tau_{xy} = 0 \tag{4.120}$$

如图 4.23(b)，可得：

$$E_y = \frac{1}{\overline{S}_{22}} \tag{4.121}$$

$$\nu_{yx} = -\frac{\overline{S}_{12}}{\overline{S}_{22}} \tag{4.122}$$

$$\frac{1}{m_y} = -\frac{1}{\overline{S}_{26} E_1} \tag{4.123}$$

剪切耦合系数 m_y 与正应力 σ_y 和切应变 γ_{xy} 有关。

由式(4.117)、式(4.118)、式(4.121)和式(4.122)，得：

$$\frac{\nu_{yx}}{E_y} = \frac{\nu_{xy}}{E_x} \tag{4.124}$$

(3) 同样地,施加应力:

$$\sigma_x = 0, \ \sigma_y = 0, \ \tau_{xy} \neq 0 \tag{4.125}$$

如图 4.23(c),得:

$$\frac{1}{m_x} = -\frac{1}{\bar{S}_{16} E_1} \tag{4.126}$$

$$\frac{1}{m_y} = -\frac{1}{\bar{S}_{26} E_1} \tag{4.127}$$

$$G_{xy} = \frac{1}{\bar{S}_{66}} \tag{4.128}$$

因此,斜交板的应变-应力关系即式(4.105)可写成其工程常数的矩阵形式:

$$\begin{bmatrix} \varepsilon_x \\ \varepsilon_y \\ \gamma_{xy} \end{bmatrix} = \begin{bmatrix} \dfrac{1}{E_x} & -\dfrac{\nu_{xy}}{E_x} & -\dfrac{m_x}{E_1} \\ -\dfrac{\nu_{xy}}{E_x} & \dfrac{1}{E_x} & -\dfrac{m_y}{E_1} \\ -\dfrac{m_x}{E_1} & -\dfrac{m_y}{E_1} & \dfrac{1}{G_{xy}} \end{bmatrix} \begin{bmatrix} \sigma_x \\ \sigma_y \\ \tau_{xy} \end{bmatrix} \tag{4.129}$$

斜交板的工程常数也可写成单向板工程常数形式,利用式(4.92)、式(4.106)、式(4.117),通过式(4.119)、式(4.121)、式(4.123)和式(4.128),得:

$$\begin{aligned} \frac{1}{E_x} &= \bar{S}_{11} \\ &= S_{11} c^4 + (2S_{12} + S_{66}) s^2 c^2 + S_{22} s^4 \\ &= \frac{1}{E_1} c^4 + \left(\frac{1}{G_{12}} - \frac{2\nu_{12}}{E_1} \right) s^2 c^2 + \frac{1}{E_2} s^4 \end{aligned} \tag{4.130}$$

$$\begin{aligned} \nu_{xy} &= -E_x \bar{S}_{12} \\ &= -E_x \left[S_{12} (s^4 + c^4) + (S_{11} + S_{22} - S_{66}) s^2 c^2 \right] \\ &= E_x \left[\frac{\nu_{12}}{E_1} (s^4 + c^4) - \left(\frac{1}{E_1} + \frac{1}{E_2} - \frac{1}{G_{12}} \right) s^2 c^2 \right] \end{aligned} \tag{4.131}$$

$$\begin{aligned} \frac{1}{E_y} &= \bar{S}_{22} \\ &= S_{11} s^4 + (2S_{12} + S_{66}) c^2 s^2 + S_{22} c^4 \\ &= \frac{1}{E_1} s^4 + \left(-\frac{2\nu_{12}}{E_1} + \frac{1}{G_{12}} \right) c^2 s^2 + \frac{1}{E_2} c^4 \end{aligned} \tag{4.132}$$

$$\begin{aligned} \frac{1}{G_{xy}} &= \bar{S}_{66} \\ &= 2(2S_{11} + 2S_{22} - 4S_{12} - S_{66}) s^2 c^2 + S_{66} (s^4 + c^4) \\ &= 2 \left(\frac{2}{E_1} + \frac{2}{E_2} - \frac{4\nu_{12}}{E_1} - \frac{1}{G_{12}} \right) s^2 c^2 + \frac{1}{G_{12}} (s^4 + c^4) \end{aligned} \tag{4.133}$$

$$m_x = -\bar{S}_{16} E_1$$
$$= -E_1 \left[(2S_{11} - 2S_{12} - S_{66})sc^3 - (2S_{22} - 2S_{12} - S_{66})s^3 c \right]$$
$$= E_1 \left[\left(-\frac{2}{E_1} - \frac{2\nu_{12}}{E_1} + \frac{1}{G_{12}} \right)sc^3 + \left(\frac{2}{E_2} + \frac{2\nu_{12}}{E_1} - \frac{1}{G_{12}} \right)s^3 c \right] \tag{4.134}$$

$$m_y = -\bar{S}_{26} E_1$$
$$= -E_1 \left[(2S_{11} - 2S_{12} - S_{66})s^3 c - (2S_{22} - 2S_{12} - S_{66})sc^3 \right]$$
$$= E_1 \left[\left(-\frac{2}{E_1} - \frac{2\nu_{12}}{E_1} + \frac{1}{G_{12}} \right)s^3 c + \left(\frac{2}{E_2} + \frac{2\nu_{12}}{E_1} - \frac{1}{G_{12}} \right)sc^3 \right] \tag{4.135}$$

例 4.9　求 60°碳纤维/环氧树脂斜交板的工程常数。碳纤维/环氧树脂单向板性质见表 4.1。

解　由例 4.7,得到:

$$\bar{S}_{11} = 0.805\,3 \times 10^{-10}\,\mathrm{Pa}^{-1}$$
$$\bar{S}_{12} = -0.787\,8 \times 10^{-11}\,\mathrm{Pa}^{-1}$$
$$\bar{S}_{16} = -0.323\,4 \times 10^{-10}\,\mathrm{Pa}^{-1}$$
$$\bar{S}_{22} = 0.347\,5 \times 10^{-10}\,\mathrm{Pa}^{-1}$$
$$\bar{S}_{26} = -0.469\,6 \times 10^{-10}\,\mathrm{Pa}^{-1}$$
$$\bar{S}_{66} = 0.114\,1 \times 10^{-9}\,\mathrm{Pa}^{-1}$$

由式(4.117),得:

$$E_x = \frac{1}{0.805\,3 \times 10^{-10}} = 12.42\,\mathrm{GPa}$$

由式(4.118),得:

$$\nu_{xy} = -\frac{-0.787\,8 \times 10^{-11}}{0.805\,3 \times 10^{-10}} = 0.097\,83$$

由式(4.119),得:

$$\frac{1}{m_x} = -\frac{1}{(-0.323\,4 \times 10^{-10})(181 \times 10^9)}$$
$$m_x = 5.854$$

由式(4.121),得:

$$E_y = \frac{1}{0.347\,5 \times 10^{-10}} = 28.78\,\mathrm{GPa}$$

由式(4.123),得:

$$\frac{1}{m_y} = -\frac{1}{(-0.469\,6 \times 10^{-10})(181 \times 10^9)}$$
$$m_y = 8.499$$

由式(4.128),得:

$$G_{xy} = \frac{1}{0.114\,1 \times 10^{-9}} = 8.761\,\text{GPa}$$

此例中的碳纤维/环氧树脂斜交板,其六个工程常数均为铺层角度的函数(图 4.24~图 4.29)。

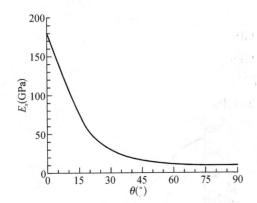

图 4.24 碳纤维/环氧树脂斜交板 x 方向弹性模量(E_x)关于铺层角度(θ)的函数

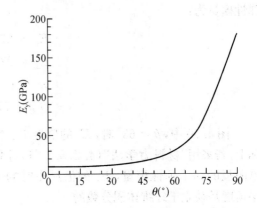

图 4.25 碳纤维/环氧树脂斜交板 y 方向弹性模量(E_y)关于铺层角度(θ)的函数

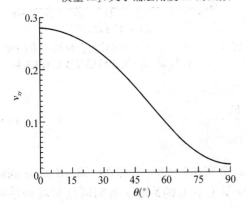

图 4.26 碳纤维/环氧树脂斜交板泊松比(ν_{xy})关于铺层角度(θ)的函数

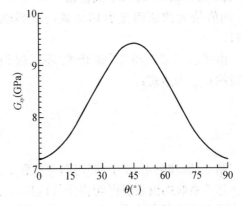

图 4.27 碳纤维/环氧树脂斜交板 x-y 平面面内剪切模量(G_{xy})关于铺层角度(θ)的函数

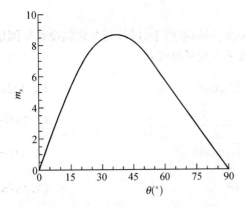

图 4.28 碳纤维/环氧树脂斜交板剪切耦合系数(m_x)关于铺层角度(θ)的函数

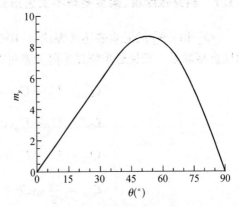

图 4.29 碳纤维/环氧树脂斜交板剪切耦合系数(m_y)关于铺层角度(θ)的函数

纤维取向(铺层角度)从 0°变化到 90°，弹性模量 E_x 的值从轴向弹性模量 E_1 的值变化到横向弹性模量 E_2 的值。然而，对于层合板，对应于 $\theta = 0°$ 和 $\theta = 90°$ 的 E_x 的最大值和最小值没有必要存在。

考虑金属基复合材料，如 SCS-6/Ti6-Al-4V 复合材料，若其纤维体积分数为 55%，则弹性模量为：

$$E_1 = 272\,\text{GPa}$$
$$E_2 = 272\,\text{GPa}$$
$$\nu_{12} = 0.277$$
$$G_{12} = 77.33\,\text{GPa}$$

图 4.30 中，$\theta = 63°$ 时，E_x 的值最小。实际上，若采用"材料力学法"(4.2.3.1 节)评估单向板的四个弹性模量，E_x 的值最小时的铺层角度是独立于纤维体积分数的。

图 4.27 中，$\theta = 45°$ 时，剪切模量 G_{xy} 的值最大；θ 为 0°或 90°时，G_{xy} 的值最小。θ 为 45°时 G_{xy} 的值最大的原因是剪切加载沿材料轴向进行。

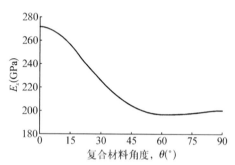

图 4.30　SCS-6/Ti6-Al-4V 复合材料 x 方向弹性模量(E_x)关于铺层角度(θ)的函数

由式(4.133)，得 45°碳纤维/环氧树脂斜交板的 G_{xy} 表达式：

$$G_{xy/45°} = \frac{E_1}{1 + 2\nu_{12} + \dfrac{E_1}{E_2}} \tag{4.136}$$

图 4.28 和图 4.29 中，剪切耦合系数 m_x 和 m_y 分别在 $\theta = 36.2°$ 和 $\theta = 53.78°$ 时达到最大。这些系数的值表明剪切耦合效应比泊松效应具有更大的影响。各向同性材料和单向板中没有剪切耦合效应，而在斜交板中则不可忽略。

4.1.7　斜交板刚度、柔度矩阵不变量形式

$[\bar{Q}]$ 和 $[\bar{S}]$ 的元素表达式即式(4.104)和式(4.106)不便于分析，因为它们没有与铺层角度直接联系。变换退缩刚度矩阵元素可写为以下不变量形式：

$$\bar{Q}_{11} = U_1 + U_2\cos2\theta + U_3\cos4\theta \tag{4.137a}$$

$$\bar{Q}_{12} = U_4 - U_3\cos4\theta \tag{4.137b}$$

$$\bar{Q}_{22} = U_1 - U_2\cos2\theta + U_3\cos4\theta \tag{4.137c}$$

$$\bar{Q}_{16} = \frac{U_2}{2}\sin2\theta + U_3\sin4\theta \tag{4.137d}$$

$$\bar{Q}_{26} = \frac{U_2}{2}\sin2\theta - U_3\sin4\theta \tag{4.137e}$$

$$\bar{Q}_{66} = \frac{1}{2}(U_1 - U_4) - U_3 \cos 4\theta \qquad (4.137f)$$

$$U_1 = \frac{1}{8}(3Q_{11} + 3Q_{22} + 2Q_{12} + 4Q_{66}) \qquad (4.138a)$$

$$U_2 = \frac{1}{2}(Q_{11} - Q_{22}) \qquad (4.138b)$$

$$U_3 = \frac{1}{8}(Q_{11} + Q_{22} - 2Q_{12} - 4Q_{66}) \qquad (4.138c)$$

$$U_4 = \frac{1}{8}(Q_{11} + Q_{22} + 6Q_{12} - 4Q_{66}) \qquad (4.138d)$$

其中：U_1、U_2、U_3、U_4 为不变量，是不变量 Q_{ij} 的组合。

变换柔度矩阵元素同样可以写成：

$$\bar{S}_{11} = V_1 + V_2 \cos 2\theta + V_3 \cos 4\theta \qquad (4.139a)$$

$$\bar{S}_{12} = V_4 - V_3 \cos 4\theta \qquad (4.139b)$$

$$\bar{S}_{22} = V_1 - V_2 \cos 2\theta + V_3 \cos 4\theta \qquad (4.139c)$$

$$\bar{S}_{16} = V_2 \sin 2\theta + 2V_3 \sin 4\theta \qquad (4.139d)$$

$$\bar{S}_{26} = V_2 \sin 2\theta - 2V_3 \sin 4\theta \qquad (4.139e)$$

$$\bar{S}_{66} = 2(V_1 - V_4) - 4V_3 \cos 4\theta \qquad (4.139f)$$

$$V_1 = \frac{1}{8}(3S_{11} + 3S_{22} + 2S_{12} + S_{66}) \qquad (4.140a)$$

$$V_2 = \frac{1}{2}(S_{11} - S_{22}) \qquad (4.140b)$$

$$V_3 = \frac{1}{8}(S_{11} + S_{22} - 2S_{12} - S_{66}) \qquad (4.140c)$$

$$V_4 = \frac{1}{8}(S_{11} + S_{22} + 6S_{12} - S_{66}) \qquad (4.140d)$$

其中：V_1、V_2、V_3、V_4 为不变量，是不变量 S_{ij} 的组合。

将 $[\bar{Q}]$ 和 $[\bar{S}]$ 的元素写成上述形式的主要优点是更便于研究铺层角度对变换退缩刚度矩阵元素和变换柔度矩阵元素的影响。同时，式(4.137)和式(4.139)更便于积分、微分等。这个概念对于推导层合板的刚度性质具有重要意义。

准各向同性层合板具有类似各向同性材料的力学行为，其弹性模量直接由 U_i 和 V_i 即不变量给出，因为准各向同性层合板具有任何层合板的最小刚度，可用于其他类型层合板刚度的比较研究[7]。

例 4.10 从式(4.104a)即 $\bar{Q}_{11}$ 的表达式开始，$\bar{Q}_{11} = Q_{11} \cos^4\theta + Q_{22} \sin^4\theta + 2(Q_{12} +$

$2Q_{66}) \sin^2\theta \cos^2\theta$，将其简化为式(4.137a)的形式：

$$\bar{Q}_{11} = U_1 + U_2 \cos2\theta + U_3 \cos4\theta$$

解　已有：

$$\bar{Q}_{11} = Q_{11} \cos^4\theta + Q_{22} \sin^4\theta + 2(Q_{12} + 2Q_{66}) \sin^2\theta \cos^2\theta$$

将以下各式代入上式：

$$\cos^2\theta = \frac{1 + \cos2\theta}{2}$$

$$\sin^2\theta = \frac{1 - \cos2\theta}{2}$$

$$\cos^2 2\theta = \frac{1 + \cos4\theta}{2}$$

又：

$$2\sin\theta\cos\theta = \sin2\theta$$

$$\sin^2 2\theta = \frac{1 - \cos4\theta}{2}$$

得：

$$\bar{Q}_{11} = U_1 + U_2 \cos2\theta + U_3 \cos4\theta$$

式中：

$$U_1 = \frac{1}{8}(3Q_{11} + 3Q_{22} + 2Q_{12} + 4Q_{66})$$

$$U_2 = \frac{1}{2}(Q_{11} - Q_{22})$$

$$U_3 = \frac{1}{8}(Q_{11} + Q_{22} - 2Q_{12} - 4Q_{66})$$

例 4.11　求碳纤维/环氧树脂斜交板的四个柔度不变量 V_i 和四个刚度不变量 U_i。碳纤维/环氧树脂单向板性质见表 4.1。

解　由例 4.6，得柔度矩阵元素：

$$S_{11} = 0.552\,5 \times 10^{-11}\,\mathrm{Pa}^{-1}$$

$$S_{22} = 0.970\,9 \times 10^{-10}\,\mathrm{Pa}^{-1}$$

$$S_{12} = -0.154\,7 \times 10^{-11}\,\mathrm{Pa}^{-1}$$

$$S_{66} = 0.139\,5 \times 10^{-9}\,\mathrm{Pa}^{-1}$$

退缩刚度矩阵元素：

$$Q_{11} = 0.181\,8 \times 10^{12}\,\mathrm{Pa}$$

$$Q_{12} = 0.289\,7 \times 10^{10}\,\mathrm{Pa}$$

$$Q_{22} = 0.103\,5 \times 10^{11}\,\mathrm{Pa}$$

$$Q_{66} = 0.717\,0 \times 10^{10}\,\mathrm{Pa}$$

利用式(4.138),得：

$$U_1 = \frac{1}{8}\left[3(0.181\ 8\times 10^{12}) + 3(0.103\ 5\times 10^{11}) + 2(0.289\ 7\times 10^{10}) + 4(0.717\ 0\times 10^{10})\right]$$

$$= 0.763\ 7\times 10^{11}\,\mathrm{Pa}$$

$$U_2 = \frac{1}{2}(0.181\ 8\times 10^{12} - 0.103\ 5\times 10^{11}) = 0.857\ 3\times 10^{11}\,\mathrm{Pa}$$

$$U_3 = \frac{1}{8}\left[0.181\ 8\times 10^{12} + 0.103\ 5\times 10^{11} - 2(0.289\ 7\times 10^{10}) - 4(0.717\ 0\times 10^{10})\right]$$

$$= 0.197\ 1\times 10^{11}\,\mathrm{Pa}$$

$$U_4 = \frac{1}{8}\left[0.181\ 8\times 10^{12} + 0.103\ 5\times 10^{11} + 6(0.289\ 7\times 10^{10}) - 4(0.717\ 0\times 10^{10})\right]$$

$$= 0.226\ 1\times 10^{11}\,\mathrm{Pa}$$

利用式(4.140),得：

$$V_1 = \frac{1}{8}\left[3(0.552\ 5\times 10^{-11}) + 3(-0.154\ 7\times 10^{-11}) + 2(0.970\ 9\times 10^{-10}) + 0.139\ 5\times 10^{-9}\right]$$

$$= 0.555\ 3\times 10^{-10}\,\mathrm{Pa^{-1}}$$

$$V_2 = \frac{1}{2}\left[0.552\ 5\times 10^{-11} - (-0.154\ 7\times 10^{-11})\right] = -0.457\ 8\times 10^{-10}\,\mathrm{Pa^{-1}}$$

$$V_3 = \frac{1}{8}\left[0.552\ 5\times 10^{-11} + 0.970\ 9\times 10^{-10} - 2(0.154\ 7\times 10^{-11}) - 0.139\ 5\times 10^{-9}\right]$$

$$= -0.422\ 0\times 10^{-11}\,\mathrm{Pa^{-1}}$$

$$V_4 = \frac{1}{8}\left[0.552\ 5\times 10^{-11} + 0.970\ 9\times 10^{-10} + 6(0.154\ 7\times 10^{-11}) - 0.139\ 5\times 10^{-9}\right]$$

$$= -0.576\ 7\times 10^{-11}\,\mathrm{Pa^{-1}}$$

4.1.8 强度理论

一个成功的结构设计需要有效且安全地使用材料,需要研究相关理论,将材料的应力状态与失效准则进行比较。要注意,失效理论仅仅是规定,其应用要通过试验验证。

层合板的强度与各层单向板的强度有关,需要一个简单且经济的方法来获得。斜交板的多种失效理论已有研究,这些理论一般基于单向板的法向和切向强度。

类似钢的各向同性材料一般有两个强度参数:法向强度和剪切强度。在某些情况下,如混凝土或灰口铸铁,其拉压强度不同。一个针对各向同性材料的简单失效理论基于材料的主应力和最大切应力。如果这些最大应力超过任何相应的极限强度,则材料失效。

例 4.12 对一根由灰口铸铁制成的圆棒施加单轴拉伸载荷 P,已知：

圆棒横截面面积=0.001 29 m²,

最大拉伸强度=172 MPa,

最大压缩强度=655 MPa,

最大剪切强度=241 MPa,

弹性模量=69 GPa。

求最大载荷 $P_{\max}$。采用最大应力失效理论。

解　在任意位置,圆棒的应力 $\sigma = P/0.00129$。采用经典莫尔圆分析法,最大主应力为 $P/0.00129$,最大切应力为 $P/0.00258$,后者位于与最大主应力所在平面成 $45°$ 夹角的横截面上。比较这些最大应力和相应的极限强度,得到:

$$\frac{P}{0.00129} < 172 \times 10^6 \quad \text{或} \quad P < 221\,880\ \text{N}$$

和

$$\frac{P}{0.00258} < 241 \times 10^6 \quad \text{或} \quad P < 622\,748\ \text{N}$$

因此,最大载荷 $P_{\max}$ 为 $221\,880$ N。

然而,单向板的失效理论并不基于主应力和最大切应力,而是基于材料或局部坐标系下的应力,因为单向板与各向同性材料不同,前者是正交各向异性材料,不同方向的性质不同。

单向板有两个材料轴,一个平行于纤维,另一个垂直于纤维,故有四个法向强度参数,两个材料轴方向各有一个拉伸强度和一个压缩强度;第五个强度参数为单向板的剪切强度。单向板的五个强度参数为:

$(\sigma_1^T)_{ult}$ = 最大轴向拉伸强度(1 方向);

$(\sigma_1^C)_{ult}$ = 最大轴向压缩强度(1 方向);

$(\sigma_2^T)_{ult}$ = 最大横向拉伸强度(2 方向);

$(\sigma_2^C)_{ult}$ = 最大横向压缩强度(2 方向);

$(\tau_{12})_{ult}$ = 最大面内剪切强度(12 平面)。

与刚度参数不同,这些强度参数不能直接变换得到。因此,先得到局部坐标系下的应力,再用单向板的五个强度参数判断是否失效。本节讨论四个失效理论,同时讨论相关的强度比概念和失效包络线的有关研究。

4.1.8.1　最大应力失效理论

这个理论与 Rankine 的最大正应力理论和 Tresca 的最大切应力理论相关,类似于应用在各向同性材料的理论。作用于复合材料的应力沿局部轴分解为正应力和切应力,若任意正应力或切应力等于或超过相应的复合材料的最大强度,则该复合材料失效。

已知单向板全局坐标系下的应力或应变,可利用式(4.94)得到其局部坐标系下的应力,如果不满足下列要求,则认为该单向板失效:

$$-(\sigma_1^C)_{ult} < \sigma_1 < (\sigma_1^T)_{ult} \tag{4.141a}$$

或:
$$-(\sigma_2^C)_{ult} < \sigma_2 < (\sigma_2^T)_{ult} \tag{4.141b}$$

或:
$$-(\tau_{12})_{ult} < \tau_{12} < (\tau_{12})_{ult} \tag{4.141c}$$

注意到五个强度参数均被认为是正值,若为拉伸则正应力为正,若为压缩则正应力为负。

应力的每个组分都与相应的强度比较,因此,它们之间不相互影响。

例 4.13　对 $60°$ 碳纤维/环氧树脂斜交板施加应力,$\sigma_x = 2S$,$\sigma_y = -3S$,$\tau_{xy} = 4S$,求

$S > 0$ 时的应力最大值。利用最大应力失效理论,碳纤维/环氧树脂单向板性质见表 4.1。

　　解　利用式(4.94),得局部坐标系下的应力:

$$\begin{bmatrix} \sigma_1 \\ \sigma_2 \\ \tau_{12} \end{bmatrix} = \begin{bmatrix} 0.250\,0 & 0.750\,0 & 0.866\,0 \\ 0.750\,0 & 0.250\,0 & -0.866\,0 \\ -0.433\,0 & 0.433\,0 & -0.500\,0 \end{bmatrix} \begin{bmatrix} 2S \\ -3S \\ 4S \end{bmatrix} = \begin{bmatrix} 0.171\,4 \times 10^1 \\ -0.271\,4 \times 10^1 \\ -0.416\,5 \times 10^1 \end{bmatrix} S$$

由表 4.1,知碳纤维/环氧树脂单向板的最大强度:

$$(\sigma_1^{\mathrm{T}})_{ult} = 1\,500 \text{ MPa}$$

$$(\sigma_1^{\mathrm{C}})_{ult} = 1\,500 \text{ MPa}$$

$$(\sigma_2^{\mathrm{T}})_{ult} = 40 \text{ MPa}$$

$$(\sigma_2^{\mathrm{C}})_{ult} = 246 \text{ MPa}$$

$$(\tau_{12})_{ult} = 68 \text{ MPa}$$

然后,利用最大应力失效理论即式(4.141a)～式(4.141c),得:

$$-1\,500 \times 10^6 < 0.171\,4 \times 10^1 S < 1\,500 \times 10^6$$

$$-246 \times 10^6 < -0.271\,4 \times 10^1 S < 40 \times 10^6$$

$$-68 \times 10^6 < -0.416\,5 \times 10^1 S < 68 \times 10^6$$

$$-875.1 \times 10^6 < S < 875.1 \times 10^6$$

$$-14.73 \times 10^6 < S < 90.64 \times 10^6$$

$$-16.33 \times 10^6 < S < 16.33 \times 10^6$$

如果 $0 < S < 16.33$ MPa,则满足所有不等式条件且 $S > 0$。式(4.141c)也表示斜交板将失效。失效前可施加的最大应力:

$$\sigma_x = 32.66 \text{ MPa}, \quad \sigma_y = -48.99 \text{ MPa}, \quad \tau_{xy} = 65.32 \text{ MPa}$$

　　例 4.14　求 60°碳纤维/环氧树脂斜交板的偏轴剪切强度。利用最大应力失效理论,碳纤维/环氧树脂单向板性质见表 4.1。

　　解　斜交板的偏轴剪切强度定义为其失效前可施加的正、负切应力幅值的最小值(图 4.31)。

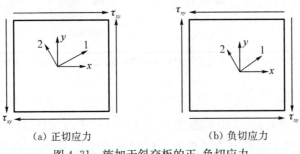

（a）正切应力　　　　　　　　　　（b）负切应力

图 4.31　施加于斜交板的正、负切应力

假设应力状态:

$$\sigma_x = 0, \quad \sigma_y = 0, \quad \tau_{xy} = \tau$$

然后,利用式(4.94),得:

$$\begin{bmatrix} \sigma_1 \\ \sigma_2 \\ \tau_{12} \end{bmatrix} = \begin{bmatrix} 0.250\,0 & 0.750\,0 & 0.866\,0 \\ 0.750\,0 & 0.250\,0 & -0.866\,0 \\ -0.433\,0 & 0.433\,0 & -0.500\,0 \end{bmatrix} \begin{bmatrix} 0 \\ 0 \\ \tau \end{bmatrix}$$

$$\sigma_1 = 0.866\tau$$

$$\sigma_2 = 0.866\tau$$

$$\tau_{12} = -0.500\tau$$

利用最大应力失效理论即式(4.141a)~式(4.141c),得:

$$-1\,500 < 0.866\tau < 1\,500 \quad 或 \quad -1\,732 < \tau < 1\,732$$

$$-246 < -0.866\tau < 40 \quad 或 \quad -46.19 < \tau < 284.1$$

$$-68 < -0.500\tau < 68 \quad 或 \quad -136.0 < \tau < 136.0$$

发现 $\tau_{xy} = 46.19$ MPa 为可施加的切应力的最大值。可施加的最大正切应力为 $\tau_{xy} = 136.0$ MPa,可施加的最大负切应力为 $\tau_{xy} = -46.19$ MPa。

这表明在材料轴方向以外允许的切应力的最大值取决于切应力的正负号,这主要是因为垂直于纤维方向的应力与切应力的正负号相反(若 τ_{xy} 为正, $\sigma_2 = -0.866\tau$;若 τ_{xy} 为负, $\sigma_2 = 0.866\tau$)。垂直于纤维方向的拉伸强度比纤维方向的压缩强度小得多,这两个 τ_{xy} 的极限值不同。

表 4.2 给出了可施加于不同角度的碳纤维/环氧树脂斜交板的最大切应力的正负值,其中较小的值为其剪切强度。

表 4.2　切应力符号与铺层角度的关系

铺层角度 (°)	正 τ_{xy} (MPa)	负 τ_{xy} (MPa)	剪切强度 (MPa)
0	68.00(S)	68.00(S)	68.00
15	78.52(S)	78.52(S)	78.52
30	136.0(S)	46.19(2T)	46.19
45	246.0(2C)	40.00(2T)	40.00
60	136.0(S)	46.19(2T)	46.19
75	78.52(S)	78.52(S)	78.52
90	68.00(S)	68.00(S)	68.00

注:括号内字母表示斜交板的失效模式,(2T)——横向拉伸失效,(2C)——横向压缩失效,(S)——剪切失效。

4.1.8.2　强度比

利用最大应力失效理论,可以判断当式(4.141a)~式(4.141c)中的任何不等式不满足时单层板是否失效,但不能给出单层板未失效时还能增加多少载荷,或者已失效时应减少多少载荷。强度比(SR)的定义:

$$SR = \frac{可加载的最大应力}{加载的应力} \tag{4.142}$$

强度比可应用于任何失效理论。如果 $SR > 1$，则单层板安全，加载的应力可按 SR 增加；如果 $SR < 1$，则单层板不安全，加载的应力应按 SR 减少；$SR = 1$，表示单层板在该载荷下失效。

例 4.15　假设对 $60°$ 碳纤维/环氧树脂斜交板施加应力：

$$\sigma_x = 2\,\mathrm{MPa}, \ \sigma_y = -3\,\mathrm{MPa}, \ \tau_{xy} = 4\,\mathrm{MPa}$$

利用最大应力失效理论求强度比。

解　若强度比为 R，可施加的最大应力：

$$\sigma_x = 2R, \ \sigma_y = -3R, \ \tau_{xy} = 4R$$

按照例 4.13 求局部应力：

$$\sigma_1 = 0.171\,4 \times 10^1 R$$
$$\sigma_2 = -0.271\,4 \times 10^1 R$$
$$\tau_{12} = -0.416\,5 \times 10^1 R$$

利用式(4.141a)~式(4.141c)，得：

$$R = 16.33$$

因此，失效前可加载的应力：

$$\sigma_x = 16.33 \times 2 = 32.66\,\mathrm{MPa}$$
$$\sigma_y = 16.33 \times (-3) = -48.99\,\mathrm{MPa}$$
$$\tau_{xy} = 16.33 \times 4 = 65.32\,\mathrm{MPa}$$

注意到应力向量的所有组分都要乘以强度比。

4.1.8.3　失效包络线

失效包络线为单层板在失效前可加载的正应力和切应力的组合三维图。由于绘制三维图比较耗时，可以将切应力 τ_{xy} 定为常数，将正应力 σ_x 和 σ_y 分别作为 x、y 轴。若加载应力在失效包络线之间，则单层板安全，否则失效。

例 4.16　求 $60°$ 碳纤维/环氧树脂斜交板的失效包络线，切应力恒定，$\tau_{xy} = 24\,\mathrm{MPa}$。碳纤维/环氧树脂单向板性质见表 4.1。

解　由式(4.94)，得局部轴应力：

$$\sigma_1 = 0.250\,0\sigma_x + 0.750\,0\sigma_y + 20.78\,\mathrm{MPa}$$
$$\sigma_2 = 0.750\,0\sigma_x + 0.250\,0\sigma_y - 20.78\,\mathrm{MPa}$$
$$\tau_{12} = -0.433\,0\sigma_x + 0.433\,0\sigma_y - 12.00\,\mathrm{MPa}$$

式中：σ_x 和 σ_y 的单位均为 MPa。

利用式(4.141a)~式(4.141c)：

$$-1\,500 < 0.250\,0\sigma_x + 0.750\,0\sigma_y + 20.78 < 1\,500$$
$$-246 < 0.750\,0\sigma_x + 0.250\,0\sigma_y - 20.78 < 40$$
$$-68 < -0.433\,0\sigma_x + 0.433\,0\sigma_y - 12.00 < 68$$

可以得到满足以上不等式的 (σ_x,σ_y)。此例的目标是得到失效包络线上的点,即当三个不等式中的一个不满足而其他两个满足时 σ_x 和 σ_y 的组合。表 4.3 所示为得到的失效包络线上的 σ_x、σ_y 典型值。

表 4.3　失效包络线上的 σ_x、σ_y 典型值

σ_x（MPa）		σ_y（MPa）	
50.0	93.1	25.0	168
50.0	−79.3	25.0	−104
−50.0	179	−25.0	160
−50.0	−135	−25.0	−154

对于切应力恒定的情况,还有一些方法可得到失效包络线上的点。一种是固定 σ_x 的值,在满足条件的前提下找到可施加的 σ_y 最大值。比如,对于 $\sigma_x = 100$ MPa,由式(4.141a)~式(4.141c)得到:

$$-2\,061 < \sigma_y < 1\,939$$
$$-1\,201 < \sigma_y < -56.88$$
$$-29.33 < \sigma_y < 284.80$$

对于 $\sigma_x = 100$ MPa,上述三个不等式表明未能找到合适的 σ_y 值。

另外一个例子,对于 $\sigma_x = 50$ MPa,有下列不等式:

$$-2\,044 < \sigma_y < 1\,956$$
$$-1\,051 < \sigma_y < 93.12$$
$$-79.33 < \sigma_y < 234.80$$

这三个不等式显示有两个允许的 σ_y 最值,分别为 $\sigma_y = 93.12$ MPa 和 $\sigma_y = -79.33$ MPa。对于 $\tau_{xy} = 24$ MPa 的失效包络线如图 4.32 所示。

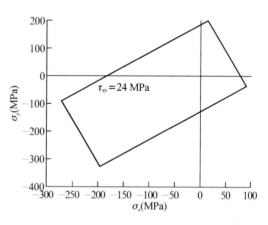

图 4.32　切应力恒定条件下,利用最大应力失效理论得到的失效包络线

4.1.8.4　最大应变失效理论

该理论基于应用于各向同性材料的 St. Venant 的最大正应变理论和 Tresca 的最大切应力理论。单层板应变沿局部轴分解,若局部轴上的任意正应变或切应变等于或超过对应的极限应变,则单层板失效。已知斜交板的应变或应力,可以得到局部应变。若不满足下列不等式,则单层板失效:

$$-(\varepsilon_1^C)_{ult} < \varepsilon_1 < (\varepsilon_1^T)_{ult} \tag{4.143a}$$

或:

$$-(\varepsilon_2^C)_{ult} < \varepsilon_2 < (\varepsilon_2^T)_{ult} \tag{4.143b}$$

或:

$$-(\gamma_{12})_{ult} < \gamma_{12} < (\gamma_{12})_{ult} \tag{4.143c}$$

式中:$(\varepsilon_1^T)_{ult}$——最大轴向拉伸应变(1 方向);

$(\varepsilon_1^C)_{ult}$——最大轴向压缩应变(1方向);

$(\varepsilon_2^T)_{ult}$——最大横向拉伸应变(2方向);

$(\varepsilon_2^C)_{ult}$——最大横向压缩应变(2方向);

$(\gamma_{12})_{ult}$——最大面内切应变(1-2平面)。

最大应变可直接由最大强度参数和弹性模量得到,假设应力应变响应为线性直至失效。最大应变失效理论与最大应力失效理论类似,应变的不同组分之间无相互影响。然而,这两种失效理论给出不同结果,因为局部应变包括泊松比效应。实际上,如果单向板的泊松比为0,这两种理论的结果一致。

例 4.17　对60°碳纤维/环氧树脂斜交板施加应力,$\sigma_x = 2S$,$\sigma_y = -3S$,$\tau_{xy} = 4S$,求$S > 0$时的应变最大值。利用最大应变失效理论,碳纤维/环氧树脂单向板性质见表4.1。

解　例4.6得到了柔度矩阵$[S]$,例4.13得到了局部应力。然后,由式(4.77),得:

$$
\begin{bmatrix} \varepsilon_1 \\ \varepsilon_2 \\ \gamma_{12} \end{bmatrix} = [S] \begin{bmatrix} \sigma_1 \\ \sigma_2 \\ \tau_{12} \end{bmatrix}
$$

$$
= \begin{bmatrix} 0.552\,5 \times 10^{-11} & -0.154\,7 \times 10^{-11} & 0 \\ -0.154\,7 \times 10^{-11} & 0.970\,9 \times 10^{-10} & 0 \\ 0 & 0 & 0.139\,5 \times 10^{-9} \end{bmatrix} \begin{bmatrix} 0.171\,4 \times 10^1 \\ -0.271\,4 \times 10^1 \\ -0.416\,5 \times 10^1 \end{bmatrix} S
$$

$$
= \begin{bmatrix} 0.136\,7 \times 10^{-10} \\ -0.266\,2 \times 10^{-9} \\ -0.580\,9 \times 10^{-9} \end{bmatrix} S
$$

假设失效前所有应力-应变关系为线性,则最大失效应变:

$$(\varepsilon_1^T)_{ult} = \frac{(\sigma_1^T)_{ult}}{E_1} = \frac{1\,500 \times 10^6}{181 \times 10^9} = 8.287 \times 10^{-3}$$

$$(\varepsilon_1^C)_{ult} = \frac{(\sigma_1^C)_{ult}}{E_1} = \frac{1\,500 \times 10^6}{181 \times 10^9} = 8.287 \times 10^{-3}$$

$$(\varepsilon_2^T)_{ult} = \frac{(\sigma_2^T)_{ult}}{E_2} = \frac{40 \times 10^6}{10.3 \times 10^9} = 3.883 \times 10^{-3}$$

$$(\varepsilon_2^C)_{ult} = \frac{(\sigma_2^C)_{ult}}{E_2} = \frac{246 \times 10^6}{10.3 \times 10^9} = 2.338 \times 10^{-2}$$

$$(\gamma_{12})_{ult} = \frac{(\tau_{12})_{ult}}{G_{12}} = \frac{68 \times 10^6}{7.17 \times 10^9} = 9.483 \times 10^{-3}$$

上述最大应变值同样假设压缩、拉伸刚度一致。利用式(4.143),且$S > 0$,有:

$$-8.287 \times 10^{-3} < 0.136\,7 \times 10^{-10} S < 8.287 \times 10^{-3}$$

$$-2.338 \times 10^{-2} < -0.266\,2 \times 10^{-9} S < 3.883 \times 10^{-3}$$

$$-9.483 \times 10^{-3} < -0.580\,9 \times 10^{-9} S < 9.483 \times 10^{-3}$$

$$-606.2 \times 10^6 < S < 606.2 \times 10^6$$

$$-14.58 \times 10^6 < S < 89.71 \times 10^6$$

$$-16.33 \times 10^6 < S < 16.33 \times 10^6$$

得到：

$$0 < S < 16.33\,\mathrm{MPa}$$

失效前 S 的最大值为 16.33 MPa。例 4.13 利用最大应力失效理论，得到了同样的 S 的最大值。两者之间没有差异，因为材料失效模式为剪切失效。然而，如果材料失效模式不是剪切失效，由于泊松比效应，即局部轴上正应变和应力发生耦合，分析得到的失效载荷结果会不同。

最大应力失效理论和最大应变失效理论都未涉及五种（1 方向拉伸、压缩，2 方向拉伸、压缩，1-2 面面内剪切）可能的失效模式的耦合。

4.1.8.5 蔡-希尔(Tsai-Hill)失效理论

该理论基于 Von-Mises 的各向同性材料变形能失效准则，应用于各向异性材料。变形能实际上是物体总应变能的一部分。物体的应变能包括两个部分：一个源自体积改变，叫作膨胀能；另一个源自形状改变，叫作变形能。假设材料失效仅发生在变形能大于材料的失效变形能时。Hill[8] 将 Von-Mises 的各向同性材料变形能失效准则应用于各向异性材料。之后，Tsai 等[7] 将其应用于单向板，基于变形能理论，他提出当不满足以下不等式时：

$$(G_2 + G_3)\sigma_1^2 + (G_1 + G_3)\sigma_2^2 + (G_1 + G_2)\sigma_3^2 - 2G_3\sigma_1\sigma_2 - 2G_2\sigma_1\sigma_3$$
$$- 2G_1\sigma_2\sigma_3 + 2G_4\tau_{23}^2 + 2G_5\tau_{13}^2 + 2G_6\tau_{12}^2 < 1 \tag{4.144}$$

式中：G_1、G_2、G_3、G_4、G_5、G_6 依赖于失效强度。

（1）对单向板施加应力 $\sigma_1 = (\sigma_1^{\mathrm{T}})_{ult}$，则材料失效。因此，式(4.144)简化为：

$$(G_2 + G_3)\,(\sigma_1^{\mathrm{T}})_{ult}^2 = 1 \tag{4.145}$$

（2）对单向板施加应力 $\sigma_2 = (\sigma_2^{\mathrm{T}})_{ult}$，则材料失效。因此，式(4.144)简化为：

$$(G_1 + G_3)\,(\sigma_2^{\mathrm{T}})_{ult}^2 = 1 \tag{4.146}$$

（3）对单向板施加应力 $\sigma_3 = (\sigma_2^{\mathrm{T}})_{ult}$，假设正拉伸失效强度与 2、3 方向相同，则材料失效。因此，式(4.144)简化为：

$$(G_1 + G_2)\,(\sigma_2^{\mathrm{T}})_{ult}^2 = 1 \tag{4.147}$$

（4）对单向板施加应力 $\tau_{12} = (\tau_{12})_{ult}$，则材料失效。因此，式(4.144)简化为：

$$2G_6\,(\tau_{12})_{ult}^2 = 1 \tag{4.148}$$

从式(4.145)到式(4.148)，有：

$$G_1 = \frac{1}{2}\left(\frac{2}{(\sigma_2^{\mathrm{T}})_{ult}^2} - \frac{1}{(\sigma_1^{\mathrm{T}})_{ult}^2}\right) \tag{4.149a}$$

$$G_2 = \frac{1}{2}\left(\frac{1}{(\sigma_1^{\mathrm{T}})_{ult}^2}\right) \tag{4.149b}$$

$$G_3 = \frac{1}{2}\left(\frac{1}{(\sigma_1^{\mathrm{T}})_{ult}^2}\right) \tag{4.149c}$$

$$G_6 = \frac{1}{2}\left(\frac{1}{(\tau_{12})^2_{ult}}\right) \tag{4.149d}$$

假设单层板处于平面应力状态，即 $\sigma_3 = \tau_{31} = \tau_{23} = 0$，则将式(4.149)代入式(4.144)：

$$\left[\frac{\sigma_1}{(\sigma_1^T)_{ult}}\right]^2 - \left[\frac{\sigma_1\sigma_2}{(\sigma_1^T)_{ult}}\right] + \left[\frac{\sigma_2}{(\sigma_2^T)_{ult}}\right]^2 + \left[\frac{\tau_{12}}{(\tau_{12})_{ult}}\right]^2 < 1 \tag{4.150}$$

已知单层板全局应力，可以得到局部应力，利用式(4.150)判断其是否失效。

例 4.18 对 $60°$ 碳纤维/环氧树脂斜交板施加应力，$\sigma_x = 2S$，$\sigma_y = -3S$，$\tau_{xy} = 4S$，求 $S > 0$ 时的应变最大值。利用 Tsai-Hill 失效理论。碳纤维/环氧树脂单向板性质见表4.1。

解 由例4.13，有：

$$\sigma_1 = 1.714S$$
$$\sigma_2 = -2.714S$$
$$\tau_{12} = -4.165S$$

利用式(4.150)，有：

$$\left(\frac{1.714S}{1\,500\times10^6}\right)^2 - \left(\frac{1.714S}{1\,500\times10^6}\right)\left(\frac{-2.714S}{1\,500\times10^6}\right) + \left(\frac{-2.714S}{40\times10^6}\right)^2 + \left(\frac{-4.165S}{68\times10^6}\right)^2 < 1$$

得：

$$S < 10.94\,\text{MPa}$$

(1) 与最大应变或应力失效理论不同，Tsai-Hill 失效理论考虑了单向板三种强度参数间的相互作用。

(2) Tsai-Hill 失效理论不区分压缩和拉伸强度，得到的最大应力与其他失效理论相比偏小。对于 $\sigma_x = 2\,\text{MPa}$，$\sigma_y = -3\,\text{MPa}$，$\tau_{xy} = 4\,\text{MPa}$，如例4.15、例4.17和例4.18，三种失效理论求得的强度比分别为：

$SR = 10.94$(Tsai-Hill 失效理论)；

$SR = 16.33$(最大应力失效理论)；

$SR = 16.33$(最大应变失效理论)。

Tsai-Hill 失效理论低估了失效应力，因为单向板的横向拉伸强度一般远远小于它的横向压缩强度。Tsai-Hill 失效理论没有利用压缩强度，但可以在失效理论中考虑相应的拉伸或压缩强度：

$$\left[\frac{\sigma_1}{X_1}\right]^2 - \left[\left(\frac{\sigma_1}{X_1}\right)\left(\frac{\sigma_2}{X_2}\right)\right] + \left[\frac{\sigma_2}{Y}\right]^2 + \left[\frac{\tau_{12}}{S}\right]^2 < 1 \tag{4.151}$$

式中：

$$X_1 = (\sigma_1^T)_{ult}(\sigma_1 > 0 \text{ 时})；\text{或 } X_1 = (\sigma_1^C)_{ult}(\sigma_1 < 0 \text{ 时})$$
$$X_2 = (\sigma_1^T)_{ult}(\sigma_2 > 0 \text{ 时})；\text{或 } X_2 = (\sigma_1^C)_{ult}(\sigma_2 < 0 \text{ 时})$$
$$Y = (\sigma_2^T)_{ult}(\sigma_2 > 0 \text{ 时})；\text{或 } Y = (\sigma_2^C)_{ult}(\sigma_2 < 0 \text{ 时})$$
$$S = (\tau_{12})_{ult}$$

对于例 4.18,按式(4.151),有:

$$\left[\frac{1.714\sigma}{1\,500\times10^6}\right]^2-\left[\left(\frac{1.714\sigma}{1\,500\times10^6}\right)\left(\frac{-2.714\sigma}{1\,500\times10^6}\right)\right]+\left[\frac{-2.714\sigma}{246\times10^6}\right]^2+\left[\frac{-4.165\sigma}{68\times10^6}\right]^2<1$$

得:

$$\sigma<16.06\ \text{MPa}$$

表明强度比 $SR=16.06$。该值与最大应力、应变失效理论得到的值更接近。

(3) Tsai-Hill 失效理论是一个统一理论,没有像最大应力、应变失效理论那样给出失效模式。然而,可以计算 $|\sigma_1/(\sigma_1^{\text{T}})_{ult}|$、$|\sigma_2/(\sigma_2^{\text{T}})_{ult}|$ 和 $|\tau_{12}/(\tau_{12})_{ult}|$,对失效模式做合理猜测。这三个值的最大值与失效模式相关。利用改进的 Tsai-Hill 失效理论,计算 $|\sigma_1/X_1|$、$|\sigma_2/Y|$ 和 $|\tau_{12}/S|$,可得到相关的失效模式。

4.1.8.6 蔡-吴(Tsai-Wu)失效理论[9]

该失效理论基于 Beltrami 的总应变能失效理论。Tsai 和 Wu[9] 将其应用于平面应力状态下的单层板分析,若不满足下列不等式,则单层板失效:

$$H_1\sigma_1+H_2\sigma_2+H_6\tau_{12}+H_{11}\sigma_1^2+H_{22}\sigma_2^2+H_{66}\tau_{12}^2+2H_{12}\sigma_1\sigma_2<1 \qquad (4.152)$$

该失效理论比 Tsai-Hill 失效理论更具有一般性,因为它区分单层板的压缩和拉伸强度。

该失效理论中的组分 H_1、H_2、H_6、H_{11}、H_{22}、H_{66} 用单向板的五个强度参数得到:

(1) 对单向板施加应力,$\sigma_1=(\sigma_1^{\text{T}})_{ult}$,$\sigma_2=0$,$\tau_{12}=0$,则材料失效。因此,式(4.152)简化为:

$$H_1(\sigma_1^{\text{T}})_{ult}+H_{11}(\sigma_1^{\text{T}})_{ult}^2=1 \qquad (4.153)$$

(2) 对单向板施加应力,$\sigma_1=-(\sigma_1^{\text{C}})_{ult}$,$\sigma_2=0$,$\tau_{12}=0$,则材料失效。因此,式(4.152)简化为:

$$-H_1(\sigma_1^{\text{C}})_{ult}+H_{11}(\sigma_1^{\text{C}})_{ult}^2=1 \qquad (4.154)$$

从式(4.153)到式(4.154),有:

$$H_1=\frac{1}{(\sigma_1^{\text{T}})_{ult}}-\frac{1}{(\sigma_1^{\text{C}})_{ult}} \qquad (4.155)$$

$$H_{11}=\frac{1}{(\sigma_1^{\text{T}})_{ult}(\sigma_1^{\text{C}})_{ult}} \qquad (4.156)$$

(3) 对单向板施加应力,$\sigma_1=0$,$\sigma_2=(\sigma_2^{\text{T}})_{ult}$,$\tau_{12}=0$,则材料失效。因此,式(4.152)简化为:

$$H_2(\sigma_2^{\text{T}})_{ult}+H_{22}(\sigma_2^{\text{T}})_{ult}^2=1 \qquad (4.157)$$

(4) 对单向板施加应力,$\sigma_1=0$,$\sigma_2=-(\sigma_2^{\text{C}})_{ult}$,$\tau_{12}=0$,则材料失效。因此,式(4.152)简化为:

$$-H_2 \, (\sigma_2^C)_{ult} + H_{22} \, (\sigma_2^C)_{ult}^2 = 1 \qquad (4.158)$$

从式(4.157)到式(4.158),有:

$$H_2 = \frac{1}{(\sigma_2^T)_{ult}} - \frac{1}{(\sigma_2^C)_{ult}} \qquad (4.159)$$

$$H_{22} = \frac{1}{(\sigma_2^T)_{ult} \, (\sigma_2^C)_{ult}} \qquad (4.160)$$

(5) 对单向板施加应力, $\sigma_1 = 0$, $\sigma_2 = 0$, $\tau_{12} = (\tau_{12})_{ult}$, 则材料失效。因此,式(4.152)简化为:

$$H_6 \, (\tau_{12})_{ult} + H_{66} \, (\tau_{12})_{ult}^2 = 1 \qquad (4.161)$$

(6) 对单向板施加应力, $\sigma_1 = 0$, $\sigma_2 = 0$, $\tau_{12} = -(\tau_{12})_{ult}$, 则材料失效。因此,式(4.152)简化为:

$$-H_6 \, (\tau_{12})_{ult} + H_{66} \, (\tau_{12})_{ult}^2 = 1 \qquad (4.162)$$

由式(4.161)和式(4.162),有:

$$H_6 = 0 \qquad (4.163)$$

$$H_{66} = \frac{1}{(\tau_{12})_{ult}^2} \qquad (4.164)$$

该失效理论中的组分 H_{12} 是唯一一个不能直接由单向板的五个强度参数得到的,可通过试验得到材料失效时的双轴应力,将 σ_1、σ_2 和 τ_{12} 代入式(4.152)。注意,要求得 H_{12}, σ_1 和 σ_2 需为 0。求 H_{12} 的试验方法如下:

(1)对单向板沿两个材料轴方向施加相等的拉伸载荷。若单层板失效时, $\sigma_x = \sigma_y = \sigma$, $\tau_{xy} = 0$,有:

$$(H_1 + H_2)\sigma + (H_{11} + H_{22} + 2H_{12})\sigma^2 = 1 \qquad (4.165)$$

$$H_{12} = \frac{1}{2\sigma^2}\left[1 - (H_1 + H_2)\sigma - (H_{11} + H_{22})\sigma^2\right] \qquad (4.166)$$

双轴试验中不是必须选择拉伸加载,可以选择下列组合之一:

$$\begin{aligned} \sigma_1 &= \sigma, \ \sigma_2 = \sigma \\ \sigma_1 &= -\sigma, \ \sigma_2 = -\sigma \\ \sigma_1 &= \sigma, \ \sigma_2 = -\sigma \\ \sigma_1 &= -\sigma, \ \sigma_2 = \sigma \end{aligned} \qquad (4.167)$$

以上四种组合进行试验,得到四个不同的 H_{12}。

(2) 对 45°单向板施加单轴拉伸 σ_x,记录材料失效时的应力 σ_x。若 $\sigma_x = \sigma$,利用式(4.94),得到材料失效时的局部应力:

$$\sigma_1 = \frac{\sigma}{2} \qquad (4.168a)$$

$$\sigma_2 = \frac{\sigma}{2} \tag{4.168b}$$

$$\tau_{12} = -\frac{\sigma}{2} \tag{4.168c}$$

将以上局部应力代入式(4.152),得:

$$(H_1 + H_2)\frac{\sigma}{2} + \frac{\sigma^2}{4}(H_{11} + H_{22} + H_{66} + 2H_{12}) = 1 \tag{4.169}$$

$$H_{12} = \frac{2}{\sigma^2} - \frac{(H_1 + H_2)}{\sigma} - \frac{1}{2}(H_{11} + H_{22} + H_{66}) \tag{4.170}$$

求 H_{12} 的一些经验性建议:

$$H_{12} = -\frac{1}{2\,(\sigma_1^{\mathrm{T}})_{ult}^2} \text{(根据 Tsai-Hill 失效理论}^{[8]}) \tag{4.171a}$$

$$H_{12} = -\frac{1}{2\,(\sigma_1^{\mathrm{T}})_{ult}\,(\sigma_1^{C})_{ult}} \text{(根据 Hoffman 准则}^{[10]}) \tag{4.171b}$$

$$H_{12} = -\frac{1}{2}\sqrt{\frac{1}{(\sigma_1^{\mathrm{T}})_{ult}\,(\sigma_1^{C})_{ult}\,(\sigma_2^{\mathrm{T}})_{ult}\,(\sigma_2^{C})_{ult}}} \text{(根据 Mises-Hencky 准则}^{[11]}) \tag{4.171c}$$

例 4.19　对 $60°$ 碳纤维/环氧树脂斜交板施加应力, $\sigma_x = 2S$, $\sigma_y = -3S$, $\tau_{xy} = 4S$, 求 $S > 0$ 的最大值。利用 Tsai-Wu 失效理论。碳纤维/环氧树脂单向板性质见表 4.1。

解　由例 4.13,有:

$$\sigma_1 = 1.714S$$
$$\sigma_2 = -2.714S$$
$$\tau_{12} = -4.165S$$

由式(4.155)、式(4.156)、式(4.159)、式(4.160)、式(4.163)和式(4.164),得:

$$H_1 = \frac{1}{1\,500 \times 10^6} - \frac{1}{1\,500 \times 10^6} = 0\ \mathrm{Pa}^{-1}$$

$$H_2 = \frac{1}{40 \times 10^6} - \frac{1}{246 \times 10^6} = 2.093 \times 10^{-8}\ \mathrm{Pa}^{-1}$$

$$H_6 = 0\ \mathrm{Pa}^{-1}$$

$$H_{11} = \frac{1}{(1\,500 \times 10^6)(1\,500 \times 10^6)} = 4.444\,4 \times 10^{-19}\ \mathrm{Pa}^{-2}$$

$$H_{22} = \frac{1}{(40 \times 10^6)(246 \times 10^6)} = 1.016\,2 \times 10^{-16}\ \mathrm{Pa}^{-2}$$

$$H_{66} = \frac{1}{(68 \times 10^6)^2} = 2.162\,6 \times 10^{-16}\ \mathrm{Pa}^{-2}$$

利用 Mises-Hencky 准则即式(4.171c),得:

$$H_{12} = -\frac{1}{2}\sqrt{\frac{1}{(1\,500\times10^6)(1\,500\times10^6)(40\times10^6)(246\times10^6)}}$$
$$= 3.360\times10^{-18}\,\text{Pa}^{-2}$$

将这些值代入式(4.152),得到:

$$(0)(1.714S)+(2.093\times10^{-8})(-2.714S)+$$
$$(0)(-4.165S)+(4.444\,4\times10^{-19})(1.714S)^2+$$
$$(1.016\,2\times10^{-16})(-2.714S)^2+(2.162\,6\times10^{-16})(-4.165S)^2+$$
$$2(-3.360\times10^{-18})(1.714S)(-2.714S)<1$$

或

$$S<22.39\,\text{MPa}$$

如果利用其他经验性准则求 H_{12},根据式(4.171),服从

$$S<22.49\,\text{MPa},对于 \text{Tsai-Hill} 失效理论,H_{12}=-\frac{1}{2}\frac{1}{(\sigma_1^T)_{ult}^2}$$

$$S<22.49\,\text{MPa},对于 \text{Hoffman} 准则,H_{12}=-\frac{1}{2}\frac{1}{(\sigma_1^T)_{ult}\,(\sigma_1^C)_{ult}}$$

同一应力状态下,四种失效理论得到的 SR 的值:

① $SR=16.33$(最大应力失效理论);

② $SR=16.33$(最大应变失效理论);

③ $SR=10.94$(Tsai-Hill 失效理论);

　　$SR=16.06$(改进的 Tsai-Hill 失效理论);

④ $SR=22.39$(Tsai-Wu 失效理论)。

4.1.8.7　失效理论与试验结果对比

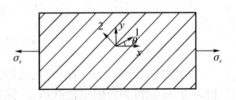

图 4.33　x 方向单轴加载

Tsai[7]对比了不同失效理论和一些试验结果。如图 4.33 所示,斜交板受到 x 方向单轴载荷 σ_x,通过试验得到不同角度的失效应力,包括拉伸和压缩应力(图 4.34~图 4.37)。

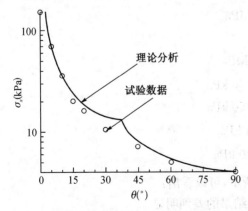

图 4.34　最大应力失效理论分析与试验结果

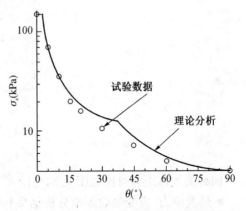

图 4.35　最大应变失效理论分析与试验结果

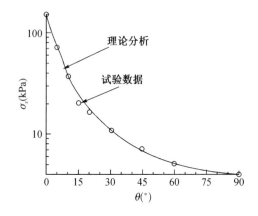 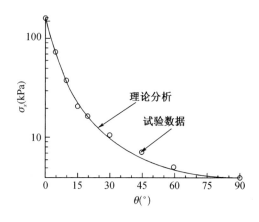

图 4.36　Tsai-Hill 失效理论分析与试验结果　　　图 4.37　Tsai-Wu 失效理论分析与试验结果

对比试验结果和四种失效理论,根据式(4.94),得到材料轴应力和任意应力 σ_x、纤维和加载方向夹角 θ 的关系:

$$\sigma_1 = \sigma_x \cos^2\theta$$
$$\sigma_2 = \sigma_x \sin^2\theta$$
$$\tau_{12} = -\sigma_x \sin\theta\cos\theta \qquad (4.172)$$

根据式(4.99),得到相应的材料轴应变:

$$\varepsilon_1 = \frac{1}{E_1}(\cos^2\theta - \nu_{12}\sin^2\theta)\sigma_x$$
$$\varepsilon_2 = \frac{1}{E_2}(\sin^2\theta - \nu_{21}\cos^2\theta)\sigma_x$$
$$\gamma_{12} = -\frac{1}{G_{12}}(\sin\theta\cos\theta)\sigma_x \qquad (4.173)$$

利用式(4.141)、式(4.143)、式(4.150)和式(4.152)给出的四种失效理论的局部应变和应力,可以得到极限偏轴载荷 σ_x 关于铺层角度 θ 的函数。

下列值用于单向板刚度、强度失效理论:

$$E_1 = 7.8 \text{ MPa}$$
$$E_2 = 2.6 \text{ MPa}$$
$$\nu_{12} = 0.25$$
$$G_{12} = 1.3 \text{ MPa}$$
$$(\sigma_1^{\text{T}})_{ult} = 150 \text{ kPa}$$
$$(\sigma_1^{\text{C}})_{ult} = 150 \text{ kPa}$$
$$(\sigma_2^{\text{T}})_{ult} = 4 \text{ kPa}$$
$$(\sigma_2^{\text{C}})_{ult} = 20 \text{ kPa}$$

四种失效理论的对比如图 4.34~图 4.37 所示,可以看出:

● 最大应力、应变失效理论分析结果和试验结果的差别明显。

● Tsai-Hill 和 Tsai-Wu 失效理论分析结果和试验结果有较好的一致性。

● Tsai-Hill 和 Tsai-Wu 失效理论中,斜交板强度随铺层角度的变化较平滑;最大应力、应变失效理论中,曲线上有突变点,这与两种失效理论中失效模式的改变有关。

4.1.9　单层板温湿应力-应变

复合材料一般在高温下加工,再冷却到室温。对于聚合物基复合材料,温度差可能达到 $200\sim300\ ℃$;对于陶瓷基复合材料,温度差可能高达 $1\ 000\ ℃$。由于纤维和基体的热膨胀系数不同,复合材料冷却时会产生残余应力。同时,冷却导致复合材料出现膨胀应变。另外,大多数聚合物基复合材料可吸收或排出水分。这种湿度改变所导致的膨胀应变与热膨胀类似。层合板中铺层角度不同,每层的温湿膨胀性能不同,使得每层都有残余应力。单层板轴向和横向的温湿应变并不相同,因为纤维和树脂的弹性常数和温湿膨胀系数都不相同。在后面的章节中,将研究单向板和斜交板受到温湿载荷时的应力-应变关系。

4.1.9.1　单向板温湿应力-应变关系

单向板温湿应力-应变关系:

$$\begin{bmatrix} \varepsilon_1 \\ \varepsilon_2 \\ \gamma_{12} \end{bmatrix} = \begin{bmatrix} S_{11} & S_{12} & 0 \\ S_{12} & S_{22} & 0 \\ 0 & 0 & S_{66} \end{bmatrix} \begin{bmatrix} \sigma_1 \\ \sigma_2 \\ \tau_{12} \end{bmatrix} + \begin{bmatrix} \varepsilon_1^T \\ \varepsilon_2^T \\ 0 \end{bmatrix} + \begin{bmatrix} \varepsilon_1^C \\ \varepsilon_2^C \\ 0 \end{bmatrix} \tag{4.174}$$

式中:上标 T 和 C 分别表示温度和湿度。

注意到温湿度改变并不影响切应变,因为单向板轴向并没有切应变产生。温度导致的应变:

$$\begin{bmatrix} \varepsilon_1^T \\ \varepsilon_2^T \\ 0 \end{bmatrix} = \Delta T \begin{bmatrix} \alpha_1 \\ \alpha_2 \\ 0 \end{bmatrix} \tag{4.175}$$

式中:α_1 和 α_2 分别为单向板轴向和横向的热膨胀系数;ΔT 为温度增量。

湿度导致的应变:

$$\begin{bmatrix} \varepsilon_1^C \\ \varepsilon_2^C \\ 0 \end{bmatrix} = \Delta C \begin{bmatrix} \beta_1 \\ \beta_2 \\ 0 \end{bmatrix} \tag{4.176}$$

式中:β_1 和 β_2 分别为单向板轴向和横向的湿膨胀系数;ΔC 为单位质量单向板吸收的水分质量。

对式(4.174)求逆,得:

$$\begin{bmatrix} \sigma_1 \\ \sigma_2 \\ \tau_{12} \end{bmatrix} = \begin{bmatrix} Q_{11} & Q_{12} & 0 \\ Q_{12} & Q_{22} & 0 \\ 0 & 0 & Q_{66} \end{bmatrix} \begin{bmatrix} \varepsilon_1 - \varepsilon_1^T - \varepsilon_1^C \\ \varepsilon_2 - \varepsilon_2^T - \varepsilon_2^C \\ \gamma_{12} \end{bmatrix} \tag{4.177}$$

4.1.9.2　斜交板温湿应力-应变关系

斜交板温湿应力-应变关系：

$$
\begin{bmatrix} \varepsilon_x \\ \varepsilon_y \\ \gamma_{xy} \end{bmatrix} = \begin{bmatrix} \bar{S}_{11} & \bar{S}_{12} & \bar{S}_{16} \\ \bar{S}_{12} & \bar{S}_{22} & \bar{S}_{26} \\ \bar{S}_{16} & \bar{S}_{26} & \bar{S}_{66} \end{bmatrix} \begin{bmatrix} \sigma_x \\ \sigma_y \\ \tau_{xy} \end{bmatrix} + \begin{bmatrix} \varepsilon_x^{\mathrm{T}} \\ \varepsilon_y^{\mathrm{T}} \\ \gamma_{xy}^{\mathrm{T}} \end{bmatrix} + \begin{bmatrix} \varepsilon_x^{\mathrm{C}} \\ \varepsilon_y^{\mathrm{C}} \\ \gamma_{xy}^{\mathrm{C}} \end{bmatrix}
\tag{4.178}
$$

式中：

$$
\begin{bmatrix} \varepsilon_x^{\mathrm{T}} \\ \varepsilon_y^{\mathrm{T}} \\ \gamma_{xy}^{\mathrm{T}} \end{bmatrix} = \Delta T \begin{bmatrix} \alpha_x \\ \alpha_y \\ \alpha_{xy} \end{bmatrix}
\tag{4.179}
$$

和

$$
\begin{bmatrix} \varepsilon_x^{\mathrm{C}} \\ \varepsilon_y^{\mathrm{C}} \\ \gamma_{xy}^{\mathrm{C}} \end{bmatrix} = \Delta C \begin{bmatrix} \beta_x \\ \beta_y \\ \beta_{xy} \end{bmatrix}
\tag{4.180}
$$

α_x、α_y 和 α_{xy} 为斜交板热膨胀系数，可用单向板热膨胀系数表示：

$$
\begin{bmatrix} \alpha_x \\ \alpha_y \\ \alpha_{xy}/2 \end{bmatrix} = [T]^{-1} \begin{bmatrix} \alpha_1 \\ \alpha_2 \\ 0 \end{bmatrix}
\tag{4.181}
$$

同样地，β_x、β_y 和 β_{xy} 为斜交板湿膨胀系数，可用单向板湿膨胀系数表示：

$$
\begin{bmatrix} \beta_x \\ \beta_y \\ \beta_{xy}/2 \end{bmatrix} = [T]^{-1} \begin{bmatrix} \beta_1 \\ \beta_2 \\ 0 \end{bmatrix}
\tag{4.182}
$$

由式(4.174)，若单向板上没有约束，就不会产生应变，也不会有应力。然而，层合板即使没有受到约束，由于各层的热/湿膨胀系数不同，每层会产生不同的热/湿膨胀，由此造成的残余应力不同将在第五章讨论。

例 4.20　对于 60°玻纤/环氧树脂斜交板，求：

（1）热膨胀系数；

（2）湿膨胀系数；

（3）温度增量为 −100 ℃和吸湿量为 0.02 kg/kg 条件下的应变。

玻纤/环氧树脂单向板性能见表 4.1。

解　（1）由表 4.1，有：

$$
\alpha_1 = 8.6 \times 10^{-6}
$$

$$
\alpha_2 = 22.1 \times 10^{-6}
$$

由式(4.181),有:

$$\begin{bmatrix} \alpha_x \\ \alpha_y \\ \alpha_{xy}/2 \end{bmatrix} = \begin{bmatrix} 0.250\,0 & 0.750\,0 & -0.866\,0 \\ 0.750\,0 & 0.250\,0 & 0.866\,0 \\ 0.433\,0 & -0.433\,0 & -0.500\,0 \end{bmatrix} \begin{bmatrix} 8.6 \times 10^{-6} \\ 22.1 \times 10^{-6} \\ 0 \end{bmatrix}$$

得:

$$\begin{bmatrix} \alpha_x \\ \alpha_y \\ \alpha_{xy} \end{bmatrix} = \begin{bmatrix} 18.73 \times 10^{-6} \\ 11.98 \times 10^{-6} \\ -11.69 \times 10^{-6} \end{bmatrix}$$

(2) 由表4.1,有:

$$\beta_1 = 0$$
$$\beta_2 = 0.6$$

由式(4.182),有:

$$\begin{bmatrix} \beta_x \\ \beta_y \\ \beta_{xy}/2 \end{bmatrix} = \begin{bmatrix} 0.250\,0 & 0.750\,0 & -0.866\,0 \\ 0.750\,0 & 0.250\,0 & 0.866\,0 \\ 0.433\,0 & -0.433\,0 & -0.500\,0 \end{bmatrix} \begin{bmatrix} 0 \\ 0.6 \\ 0 \end{bmatrix}$$

得:

$$\begin{bmatrix} \beta_x \\ \beta_y \\ \beta_{xy} \end{bmatrix} = \begin{bmatrix} 0.450\,0 \\ 0.150\,0 \\ -0.519\,6 \end{bmatrix}$$

(3) 根据式(4.179)和式(4.180)计算应变:

$$\begin{bmatrix} \varepsilon_x \\ \varepsilon_y \\ \gamma_{xy} \end{bmatrix} = \begin{bmatrix} 18.73 \times 10^{-6} \\ 11.98 \times 10^{-6} \\ -11.69 \times 10^{-6} \end{bmatrix} (-100) + \begin{bmatrix} 0.450\,0 \\ 0.150\,0 \\ -0.519\,6 \end{bmatrix} (0.02)$$

$$= \begin{bmatrix} 0.712\,7 \times 10^{-2} \\ 0.180\,2 \times 10^{-2} \\ -0.922\,3 \times 10^{-2} \end{bmatrix}$$

4.1.10 总结

回顾应力、应变、弹性模量和应变能的定义,研究了不同材料的三维应力-应变关系。这些材料包括各向异性材料到各向同性材料。柔度矩阵中的常数数量从各向异性材料的21个到各向同性材料的2个。利用平面应力假设,将三维问题简化为二维问题,并研究了单向板应力-应变关系。随后,通过应力-应变变换矩阵,得到了斜交板的应力-应变关系。介绍了以单向板强度表示的斜交板失效理论。最后,得到了斜交板在温湿条件下的应力-应变方程。

4.2 单层板细观力学

4.2.1 概述

4.1 节中,利用单向板的 4 个弹性模量、5 个强度参数、2 个热膨胀系数和 2 个湿膨胀系数,得到了斜交板的应力-应变关系、工程常数和失效理论。这 13 个参数可通过对单向板和层合板进行拉压剪和温湿测试得到。然而,与各向同性材料不同,得到这些参数的试验耗材费时,因为它们为复合材料的组分材料、纤维体积分数、结构、加工条件等变量的函数。因此,为了得到这些参数,有必要研究分析模型。本节将研究单层板的刚度、强度、热膨胀系数、湿膨胀系数与纤维体积分数、结构等的关系。这种关系研究称为单层板细观力学,帮助设计人员选择优化层合板所用的组分材料。本节也将对基于材料力学法和半经验方法的简单模型进行详细说明。为了完整性,本节还将阐述基于弹性理论等其他更高级概念的方法。

如 4.1 节所述,单层板不是均质材料。然而,若关注复合材料对机械和温湿载荷(图 4.38)的平均响应,可以假设其为均质。这里假设复合材料沿不同方向的性质不同,而不是不同位置的性质不同。

非均质单层板　均质单层板

图 4.38　含纤维和基体的非均质单层板近似为均质单层板

同样,本节关注单向连续纤维增强复合材料,因为它是层合板的基本构造单元,层合板一般由几块单向板沿不同角度铺层而成。

4.2.2 体积和质量分数、密度和孔隙率

在模拟单向板的 13 个参数之前,先引入纤维体积分数,这是复合材料最重要的参数,因为单向板的刚度、强度和温湿性质理论上都是纤维体积分数的函数。

4.2.2.1 体积分数

考虑一块由纤维和基体组成的单层板,采用以下符号:
v_c、v_f、v_m 分别表示复合材料、纤维和基体的体积;
ρ_c、ρ_f、ρ_m 分别表示复合材料、纤维和基体的密度。
定义纤维体积分数 V_f 和基体体积分数 V_m:

$$V_f = \frac{v_f}{v_c} \tag{4.183a}$$

$$V_m = \frac{v_m}{v_c} \tag{4.183b}$$

注意到纤维和基体体积分数的和为 1:

$$V_f + V_m = 1$$

由式(4.183a)和式(4.183b),有:

$$v_f + v_m = v_c$$

4.2.2.2　质量分数

考虑由纤维和基体组成的单层板，采用以下符号：

w_c、w_f、w_m 分别表示复合材料、纤维和基体的质量。

纤维和基体的质量分数（W_f 和 W_m）定义为：

$$W_f = \frac{w_f}{w_c} \tag{4.184a}$$

$$W_m = \frac{w_m}{w_c} \tag{4.184b}$$

注意到纤维和基体的质量分数的和为 1：

$$W_f + W_m = 1$$

由式（4.184a）和式（4.184b），有：

$$w_f + w_m = w_c$$

由单一材料的密度定义，有：

$$w_c = \rho_c v_c \tag{4.185a}$$
$$w_f = \rho_f v_f \tag{4.185b}$$
$$w_m = \rho_m v_m \tag{4.185c}$$

将式（4.185）代入式（4.184），质量分数和体积分数的关系用纤维和基体体积分数表示：

$$W_f = \frac{\rho_f}{\rho_c} V_f \tag{4.186a}$$

$$W_m = \frac{\rho_m}{\rho_c} V_m \tag{4.186b}$$

质量分数和体积分数的关系用组分材料性质表示：

$$W_f = \frac{\dfrac{\rho_f}{\rho_m}}{\dfrac{\rho_f}{\rho_m}V_f + V_m} V_f \tag{4.187a}$$

$$W_m = \frac{1}{\dfrac{\rho_f}{\rho_m}(1 - V_m) + V_m} V_m \tag{4.187b}$$

单层板中的纤维含量用质量或体积表示。由式（4.186）可看出体积分数和质量分数并不相等，纤维和基体的密度相差越大，质量分数和体积分数相差也越大。

4.2.2.3　密度

单层板的密度可用体积分数表示。单层板质量 w_c 为纤维质量 w_f 和基体质量 w_m 之和：

$$w_c = w_f + w_m \tag{4.188}$$

将式(4.185)代入式(4.188),有:

$$\rho_c v_c = \rho_f v_f + \rho_m v_m$$

即:

$$\rho_c = \rho_f \frac{v_f}{v_c} + \rho_m \frac{v_m}{v_c} \tag{4.189}$$

利用式(4.183)中纤维和基体体积分数的定义,有:

$$\rho_c = \rho_f V_f + \rho_m V_m \tag{4.190}$$

现在,单层板体积 v_c 为纤维体积 v_f 和基体体积 v_m 的和:

$$v_c = v_f + v_m \tag{4.191}$$

单层板密度还可用质量分数表示:

$$\frac{1}{\rho_c} = \frac{W_f}{\rho_f} + \frac{W_m}{\rho_m} \tag{4.192}$$

例 4.21　玻纤/环氧树脂单层板中,纤维体积分数为 70%,分别用表 4.4 和表 4.5[①] 中的玻纤和环氧树脂的性能,求:

(1) 单层板密度;

(2) 玻纤和环氧树脂的质量分数;

(3) 单层板质量为 4 kg 时,单层板体积;

(4) 第(3)问中玻纤和环氧树脂的体积和质量。

表 4.4　常用纤维的性能

指标	单位	碳纤维	玻纤	芳纶
轴向模量	GPa	230	85	124
横向模量	GPa	22	85	8
轴向泊松比	—	0.30	0.20	0.36
横向泊松比	—	0.35	0.20	0.37
轴向剪切模量	GPa	22	35.42	3
轴向热膨胀系数	$10^{-6}/℃$	−1.3	5	−5.0
横向热膨胀系数	$10^{-6}/℃$	7.0	5	4.1
轴向拉伸强度	MPa	2 067	1 550	1 379
轴向压缩强度	MPa	1 999	1 550	276
横向拉伸强度	MPa	77	1 550	7
横向压缩强度	MPa	42	1 550	7
剪切强度	MPa	36	35	21
密度	g/cm³	1.8	2.5	1.4

---

① 表 4.4 和表 4.5 分别给出了常用纤维和基体的性能。注意到纤维(如碳纤维和芳纶)为横观各向同性,但基体一般为各向同性。

表 4.5　常用基体的性能

指标	单位	环氧树脂	铝	聚酰胺
轴向模量	GPa	3.4	71	3.5
横向模量	GPa	3.4	71	3.5
轴向泊松比	—	0.30	0.30	0.35
横向泊松比	—	0.30	0.30	0.35
轴向剪切模量	GPa	1.308	27	1.3
轴向热膨胀系数	$10^{-6}/℃$	63	23	90
横向热膨胀系数	$10^{-6}/℃$	0.33	0.00	0.33
轴向拉伸强度	MPa	72	276	54
轴向压缩强度	MPa	102	276	108
横向拉伸强度	MPa	72	276	54
横向压缩强度	MPa	102	276	108
剪切强度	MPa	34	138	54
密度	g/cm^3	1.2	2.7	1.2

解　(1) 由表 4.4,知纤维密度:

$$\rho_f = 2\,500 \text{ kg/m}^3$$

由表 4.5,知基体密度:

$$\rho_m = 1\,200 \text{ kg/m}^3$$

利用式(4.190),得单层板密度:

$$\rho_c = (2\,500)(0.7) + (1\,200)(0.3) = 2\,110 \text{ kg/m}^3$$

(2) 利用式(4.192),得纤维和基体质量分数:

$$W_f = \frac{2\,500}{2\,110} \times 0.3 = 0.829\,4$$

$$W_m = \frac{1\,200}{2\,110} \times 0.3 = 0.170\,6$$

(3) 单层板体积:

$$v_c = \frac{w_c}{\rho_c} = \frac{4}{2\,110} = 1.896 \times 10^{-3} \text{m}^3$$

(4) 纤维体积:

$$v_f = V_f v_c = (0.7)(1.896 \times 10^{-3}) = 1.327 \times 10^{-3} \text{m}^3$$

基体体积:

$$v_m = V_m v_c = (0.3)(1.896 \times 10^{-3}) = 1.568\,8 \times 10^{-3} \text{m}^3$$

纤维质量:

$$w_f = \rho_f v_f = (2\,500)(1.327 \times 10^{-3}) = 3.318 \text{ kg}$$

基体质量：

$$w_m = \rho_m v_m = (1\,200)(0.568\,8 \times 10^{-3}) = 0.682\,6\ \text{kg}$$

4.2.2.4　孔隙率

在复合材料制备过程中，孔隙进入复合材料（图4.39）。这会导致复合材料的理论密度大于真实密度。复合材料的孔隙对其力学性能有损伤，包括会降低：

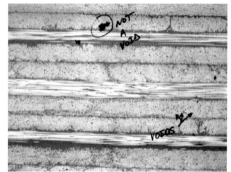

- 剪切刚度和强度；
- 压缩强度；
- 横向拉伸强度；
- 抗疲劳性；
- 防湿性。

孔隙含量每增加 1%，基体性能降低2%～10%[15]。

图 4.39　含孔隙的复合材料横截面照片

单层板中孔隙体积分数：

$$V_v = \frac{v_v}{v_c} \tag{4.193}$$

含孔隙的单层板总体积：

$$v_c = v_f + v_m + v_v \tag{4.194}$$

试验测得单层板密度为 ρ_{ce}，则其真实体积：

$$v_c = \frac{w_c}{\rho_{ce}} \tag{4.195}$$

单层板理论密度为 ρ_{ct}，则其理论体积：

$$v_f + v_m = \frac{w_c}{\rho_{ct}} \tag{4.196}$$

然后，将式（4.195）和式（4.196）代入式（4.194），得：

$$\frac{w_c}{\rho_{ce}} = \frac{w_c}{\rho_{ct}} + v_v$$

孔隙体积：

$$v_v = \frac{w_c}{\rho_{ce}} \left(\frac{\rho_{ct} - \rho_{ce}}{\rho_{ct}} \right) \tag{4.197}$$

将式（4.195）和式（4.197）代入式（4.193），得孔隙体积分数：

$$V_v = \frac{v_v}{v_c} = \frac{\rho_{ct} - \rho_{ce}}{\rho_{ct}} \tag{4.198}$$

例 4.22　一个含孔隙的碳纤维/环氧树脂长方体试样,尺寸为 $a \times b \times c$,质量为 M_c。将其放入硫酸和过氧化氢混合物中,剩下碳纤维质量为 M_f。通过测试,得到碳纤维和环氧树脂的密度分别为 ρ_f 和 ρ_m。用 a、b、c、M_f、M_c、ρ_f 和 ρ_m 表示孔隙体积分数。

解法一　单层板总体积 v_c 为纤维体积 v_f、基体体积 v_m 与孔隙体积 v_v 的和:

$$v_c = v_f + v_m + v_v \tag{4.199}$$

根据密度定义,有:

$$v_f = \frac{M_f}{\rho_f} \tag{4.200a}$$

$$v_m = \frac{M_c - M_f}{\rho_m} \tag{4.200b}$$

试样为长方体,其体积:

$$v_c = abc \tag{4.201}$$

将式(4.200)和式(4.201)代入式(4.199),得:

$$abc = \frac{M_f}{\rho_f} + \frac{M_c - M_f}{\rho_m} + v_v$$

则孔隙体积分数:

$$V_v = \frac{v_v}{abc} = 1 - \frac{1}{abc}\left(\frac{M_f}{\rho_f} + \frac{M_c - M_f}{\rho_m}\right) \tag{4.202}$$

解法二　利用式(4.198)求解。单层板理论密度:

$$\rho_{ct} = \rho_f V_f' + \rho_m (1 - V_f') \tag{4.203}$$

式中: V_f' 为理论纤维体积分数。

$$V_f' = \frac{v_f}{v_f + v_m}$$

$$V_f' = \frac{\dfrac{M_f}{\rho_f}}{\dfrac{M_f}{\rho_f} + \dfrac{M_c - M_f}{\rho_m}} \tag{4.204}$$

单层板实测密度:

$$\rho_{ce} = \frac{M_c}{abc} \tag{4.205}$$

将式(4.203)~式(4.205)代入式(4.198),得孔隙体积分数:

$$V_v = 1 - \frac{1}{abc}\left(\frac{M_f}{\rho_f} + \frac{M_c - M_f}{\rho_m}\right) \tag{4.206}$$

单层板纤维体积分数通常由燃烧法或酸解法测定。这些测试包括取一块试样并称重。试样密度由液体置换法测定,即试样先在空气中称重,然后浸入水中称重。试样密度:

$$\rho_c = \frac{w_c}{w_c - w_i}\rho_w \tag{4.207}$$

式中:w_c 为试样质量;w_i 为浸入水中的试样质量;ρ_w 为水的密度(1 000 kg/m^3)。

对于浮在水面的试样,可附加一个下坠球,此时试样密度:

$$\rho_c = \frac{w_c}{w_c + w_s - w_w}\rho_w \tag{4.208}$$

式中:w_c 为试样质量;w_s 为浸入水中的下坠球质量;w_w 为浸入水中的下坠球和试样的质量。

然后,试样经酸解或燃烧分解[16]。玻纤维复合材料进行燃烧,碳纤维和芳纶复合材料进行酸解,后两者不能燃烧,因为碳纤维在 300 ℃空气中会氧化,芳纶在高温下会分解。环氧树脂基复合材料可在硝酸或乙二醇和氢氧化钾混合液中分解;聚酰胺和酚醛树脂基复合材料用硫酸和过氧化氢分解。当试样分解或燃烧完全时,剩下的纤维经水洗、晾干数次后称重,再利用式(4.184)得到纤维和基体的质量分数。纤维和基体密度已知,因此,可用式(4.186)得到复合材料各组分的体积分数,用式(4.190)计算复合材料的理论密度。

4.2.3　弹性模量计算

如 4.1.4.3 节所述,单向板有 4 个弹性模量:

- 轴向弹性模量,E_1;
- 横向弹性模量,E_2;
- 主泊松比,ν_{12};
- 面内剪切模量,G_{12}。

本小节讨论得到 4 个弹性模量的三种方法。

4.2.3.1　材料力学法

从单向板中取一个代表性体积单元(RVE)[①],包括由树脂包裹的纤维(图 4.40)。该代表性体积单元可进一步用矩形块表示。假设纤维、基体和单向板宽度均为 h,厚度分别为 t_f、t_m、t_c,则纤维面积:

$$A_f = t_f h \tag{4.209a}$$

基体面积:

$$A_m = t_m h \tag{4.209b}$$

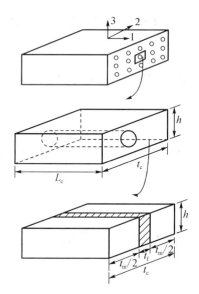

图 4.40　单向板代表性体积单元

---

　　①　代表性体积单元是复合材料的最小组成部分,可代表整个复合材料,便于处理复合材料中各组分材料的分布。

单向板面积：

$$A_c = t_c h \tag{4.209c}$$

这三个面积用来定义它们的体积分数，则纤维体积分数：

$$V_f = \frac{A_f}{A_c} = \frac{t_f}{t_c} \tag{4.210a}$$

基体体积分数 V_m：

$$V_m = \frac{A_m}{A_c} = \frac{t_m}{t_c} = 1 - V_f \tag{4.210b}$$

材料力学法模型假设：

- 纤维和基体间完美黏结；
- 弹性模量、直径和纤维之间的间隙均匀分布；
- 纤维连续、平行；
- 纤维和基体服从 Hooke 定律（线弹性）；
- 纤维强度均匀；
- 复合材料无孔隙。

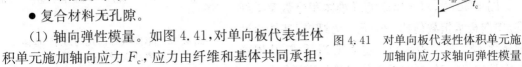

（1）轴向弹性模量。如图 4.41，对单向板代表性体积单元施加轴向应力 F_c，应力由纤维和基体共同承担，纤维、基体承担的应力分别为 F_f、F_m，有：

图 4.41 对单向板代表性体积单元施加轴向应力求轴向弹性模量

$$F_c = F_f + F_m \tag{4.211}$$

纤维、基体和单向板承受的载荷可用每个组分的应力和横截面积写为：

$$F_c = \sigma_c A_c \tag{4.212a}$$

$$F_f = \sigma_f A_f \tag{4.212b}$$

$$F_m = \sigma_m A_m \tag{4.212c}$$

式中：σ_c、σ_f、σ_m 分别为单向板、纤维和基体的应力；A_c、A_f、A_m 分别为单向板、纤维和基体的面积。

假设纤维、基体和单向板服从 Hooke 定律，纤维和基体为各向同性，每个组分和单向板的应力-应变关系：

$$\sigma_c = E_1 \varepsilon_c \tag{4.213a}$$

$$\sigma_f = E_f \varepsilon_f \tag{4.213b}$$

$$\sigma_m = E_m \varepsilon_m \tag{4.213c}$$

式中：ε_c、ε_f、ε_m 分别为单向板、纤维和基体的应变；E_1、E_f、E_m 分别为单向板、纤维和基体的弹性模量。

将式（4.212）和式（4.213）代入式（4.211），有：

$$E_1 \varepsilon_c A_c = E_f \varepsilon_f A_f + E_m \varepsilon_m A_m \tag{4.214}$$

单向板、纤维和基体的应变相等（$\varepsilon_c = \varepsilon_f = \varepsilon_m$），由式（4.214），得：

$$E_1 = E_f \frac{A_f}{A_c} + E_m \frac{A_m}{A_c} \qquad (4.215)$$

利用式（4.210），得：

$$E_1 = E_f V_f + E_m V_m \qquad (4.216)$$

式（4.216）给出了用纤维和基体的弹性模量的加权平均表示的单向板轴向弹性模量，也称为混合律。

纤维承担的载荷 F_f 和单向板承担的载荷 F_c 之比用于衡量纤维承担的载荷。由式（4.212）和式（4.213），有：

$$\frac{F_f}{F_c} = \frac{E_f}{E_1} V_f \qquad (4.217)$$

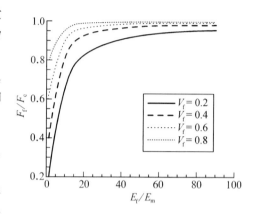

图 4.42 单向板载荷比与纤维/基体弹性模量比的关系

图 4.42 中，对于恒定的纤维体积分数 V_f，纤维/单向板承担载荷比（F_f/F_c）为纤维/基体弹性模量比（E_f/E_m）的函数。这表明当纤维/基体弹性模量比增加时，纤维承担的载荷急剧增加。

例 4.23 求纤维体积分数为 70% 的玻纤/环氧树脂单向板的轴向弹性模量。玻纤和环氧树脂的性能分别见表 4.4 和表 4.5。再求单向板载荷比。

解 由表 4.4，知纤维弹性模量：

$$E_f = 85\,\text{GPa}$$

由表 4.5，知基体弹性模量：

$$E_m = 3.4\,\text{GPa}$$

利用式（4.216），得单向板轴向弹性模量：

$$E_1 = (85)(0.7) + (3.4)(0.3)$$
$$= 60.52\,\text{GPa}$$

利用式（4.217），得纤维/单向板载荷比：

$$\frac{F_f}{F_c} = \frac{85}{60.25}(0.7) = 0.983\,1$$

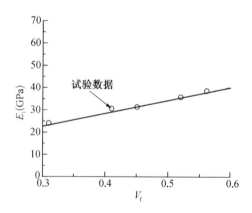

图 4.43 玻纤/聚酯单向板的轴向弹性模量（E_1）与纤维体积分数（V_f）的关系及试验数据

图 4.43 所示为玻纤/聚酯单向板的轴向弹性模量与纤维体积分数的关系，并且说明式（4.216）的预测结果接近试验数据[17]。

（2）横向弹性模量。如图 4.44 所示，假设单向板所受应力沿横向，纤维和基体用矩形块表示。

纤维、基体和单向板的应力相等,有:

$$\sigma_c = \sigma_f = \sigma_m \qquad (4.218)$$

式中:σ_c、σ_f、σ_m 分别为单向板、纤维和基体的应力。

单向板横向变形 Δ_c 为纤维横向变形 Δ_f 和基体横向变形 Δ_m 之和:

$$\Delta_c = \Delta_f + \Delta_m \qquad (4.219)$$

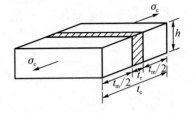

图 4.44 对单向板代表性体积单元施加横向应力求横向弹性模量

由正应变的定义,有:

$$\Delta_c = t_c\varepsilon_c \qquad (4.220a)$$

$$\Delta_f = t_f\varepsilon_f \qquad (4.220b)$$

$$\Delta_m = t_m\varepsilon_m \qquad (4.220c)$$

式中:t_c、t_f、t_m 分别为单向板、纤维和基体的厚度;ε_c,ε_f,ε_m 分别为单向板、纤维和基体的横向正应变。

同样,利用 Hooke 定律,知单向板、纤维和基体的正应变:

$$\varepsilon_c = \frac{\sigma_c}{E_2} \qquad (4.221a)$$

$$\varepsilon_f = \frac{\sigma_f}{F_f} \qquad (4.221b)$$

$$\varepsilon_m = \frac{\sigma_m}{E_m} \qquad (4.221c)$$

将式(4.220)、式(4.221)代入式(4.219),利用式(4.218),有:

$$\frac{1}{E_2} = \frac{1}{E_f}\frac{t_f}{t_c} + \frac{1}{E_m}\frac{t_m}{t_c} \qquad (4.222)$$

由于纤维和基体的厚度分数与体积分数相同,有:

$$\frac{1}{E_2} = \frac{V_f}{E_f} + \frac{V_m}{E_m} \qquad (4.223)$$

式(4.223)基于纤维和基体柔度的加权平均。

例 4.24 求纤维体积分数为 70%的玻纤/环氧树脂单向板的横向弹性模量。玻纤和环氧树脂的性能分别见表 4.4 和表 4.5。

解 从表 4.4,知纤维弹性模量:

$$E_f = 85\,\text{GPa}$$

从表 4.5,知基体弹性模量:

$$E_m = 3.4\,\text{GPa}$$

利用式(4.223),有:

$$\frac{1}{E_2} = \frac{0.7}{85} + \frac{0.3}{3.4}$$

得:

$$E_2 = 10.37 \text{ GPa}$$

图 4.45 所示为横向弹性模量 E_2 与纤维体积分数 V_f 的关系,纤维/基体弹性模量比 (E_f/E_m) 恒定。对于金属基和陶瓷基复合材料,纤维和基体弹性模量处于同一个量级。比如:SiC/铝金属基复合材料,$E_f/E_m = 4$; SiC/CAS 陶瓷基复合材料,$E_f/E_m = 2$。这样的单向板的横向弹性模量随纤维体积分数的变化很小。

对于聚合物基复合材料,纤维/基体弹性模量比非常高。例如,玻纤/环氧树脂复合材料,$E_f/E_m = 25$。这样的单向板的横向弹性模量只有在高纤维含量时变化较大。图 4.45 显示在高 E_f/E_m 情况下,只有在纤维体积分数大于 0.8 时,纤维弹性模量的贡献才增大明显。这种纤维体积分数并不实际,受到纤维堆砌结构的制约。图 4.46 显示了不同的纤维堆砌可能性,可注意到纤维直径 d 与纤维间距 s 之比 (d/s) 随堆砌结构变化。对于圆形纤维,按矩形排布(图 4.46a):

$$\frac{d}{s} = \left(\frac{4V_f}{\pi}\right)^{1/2} \tag{4.224a}$$

当 $s \geqslant d$ 时,最大纤维体积分数为 78.54%。对于圆形纤维,按六边形排布(图 4.46b):

$$\frac{d}{s} = \left(\frac{2\sqrt{3}V_f}{\pi}\right)^{1/2} \tag{4.224b}$$

当 $s \geqslant d$ 时,最大纤维体积分数为 90.69%。这些最大纤维体积分数并不符合实际,因为纤维相互接触,基体并不能浸润部分纤维。

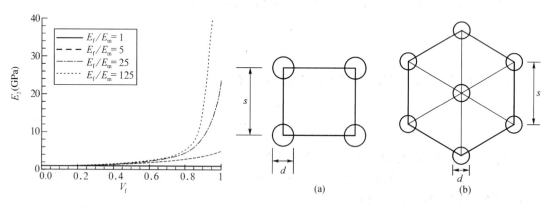

图 4.45　横向弹性模量 (E_2) 与纤维
体积分数 (V_f) 的关系

图 4.46　纤维以(a)矩形堆砌和(b)六边形堆砌

图 4.47 所示为利用式(4.223)得到的典型硼纤维/环氧树脂单向板的横向弹性模量与纤维体积分数的关系,同样给出了试验数据[18]。图 4.47 中,试验结果与理论分析结果并不接近,这与图 4.43 中的轴向弹性模量不同。

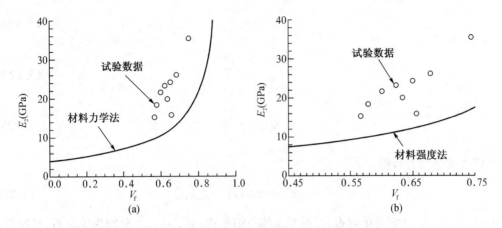

图 4.47 硼纤维/环氧树脂单向板 ($E_f = 414\,\text{GPa}$, $v_f = 0.2$, $E_m = 414\,\text{GPa}$, $v_m = 0.35$) 的横向弹性模量理论值与纤维体积分数的关系,以及与试验值的比较

(3) 泊松比。泊松比定义为沿材料轴向施加正载荷时,横向正应变与轴向正应变比值的负数。假设单向板受到平行于纤维方向的载荷,如图 4.48 所示。纤维和基体用矩形块表示。单向板横向变形 (δ_c^T) 为纤维横向变形 (δ_f^T) 与基体横向变形 (δ_m^T) 之和:

$$\delta_c^T = \delta_f^T + \delta_m^T \tag{4.225}$$

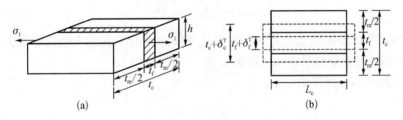

图 4.48 对单向板代表性体积单元施加轴向应力求泊松比

根据正应变的定义,有:

$$\varepsilon_f^T = \frac{\delta_f^T}{t_f} \tag{4.226a}$$

$$\varepsilon_m^T = \frac{\delta_m^T}{t_m} \tag{4.226b}$$

$$\varepsilon_c^T = \frac{\delta_c^T}{t_c} \tag{4.226c}$$

式中:ε_c、ε_f、ε_m 分别为单向板、纤维和基体的横向应变。

将式(4.226)代入式(4.225),得:

$$t_c \varepsilon_c^T = t_f \varepsilon_f^T + t_m \varepsilon_m^T \tag{4.227}$$

纤维、基体和单向板的泊松比分别为:

$$\nu_f = -\frac{\varepsilon_f^T}{\varepsilon_f^L} \tag{4.228a}$$

$$\nu_m = -\frac{\varepsilon_m^T}{\varepsilon_m^L} \tag{4.228b}$$

$$\nu_{12} = -\frac{\varepsilon_c^T}{\varepsilon_c^L} \tag{4.228c}$$

代入式(4.227),得:

$$-t_c\nu_{12}\varepsilon_c^L = -t_f\nu_f\varepsilon_f^L + t_m\nu_m\varepsilon_m^L \tag{4.229}$$

式中:ν_{12}、ν_f、ν_m 分别为单向板、纤维和基体的泊松比;ε_c^L、ε_f^L、ε_m^L 分别为单向板、纤维和基体的轴向应变。

单向板、纤维和基体的轴向应变被假设为相等($\varepsilon_c^L = \varepsilon_f^L = \varepsilon_m^L$),由式(4.229),有:

$$t_c\nu_{12} = t_f\nu_f + t_m\nu_m$$

$$\nu_{12} = \nu_f\frac{t_f}{t_c} + \nu_m\frac{t_m}{t_c} \tag{4.230}$$

由于厚度分数与体积分数相等,根据式(4.230),有:

$$\nu_{12} = \nu_f V_f + \nu_m V_m \tag{4.231}$$

例 4.25 求纤维体积分数为70%的玻纤/环氧树脂单向板的主泊松比和次泊松比。玻纤和环氧树脂的性能分别见表4.4和表4.5。

解 由表4.4,知纤维泊松比:

$$\nu_f = 0.2$$

由表4.5,知基体泊松比:

$$\nu_m = 0.3$$

利用式(4.231),得主泊松比:

$$\nu_{12} = (0.2)(0.7) + (0.3)(0.3) = 0.23$$

由例4.23,知轴向弹性模量:

$$E_1 = 60.52\,\mathrm{GPa}$$

由例4.24,知横向弹性模量:

$$E_2 = 10.37\,\mathrm{GPa}$$

然后,由式(4.88)得次泊松比:

$$\nu_{21} = \nu_{12}\frac{E_2}{E_1} = 0.23\left(\frac{10.37}{60.52}\right) = 0.03941$$

（4）面内剪切模量。如图 4.49 所示，对单向板施加剪切应力 τ_c，纤维和基体用矩形块表示，产生的单向板变形 δ_c 与纤维变形 δ_f 和基体变形 δ_m 的关系：

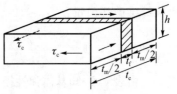

$$\delta_c = \delta_f + \delta_m \tag{4.232}$$

图 4.49　对单向板施加剪切应力
求面内剪切模量

由切应变的定义，有：

$$\delta_c = \gamma_c t_c \tag{4.233a}$$

$$\delta_f = \gamma_f t_f \tag{4.233b}$$

$$\delta_m = \gamma_m t_m \tag{4.233c}$$

式中：γ_c、γ_f、γ_m 分别为单向板、纤维和基体的切应变；t_c、t_f、t_m 分别为单向板、纤维和基体的厚度。

根据纤维、基体和单向板的 Hooke 定律，有：

$$\gamma_c = \frac{\tau_c}{G_{12}} \tag{4.234a}$$

$$\gamma_f = \frac{\tau_f}{G_f} \tag{4.234b}$$

$$\gamma_m = \frac{\tau_m}{G_m} \tag{4.234c}$$

式中：G_{12}、G_f、G_m 分别为单向板、纤维和基体的剪切模量。

由式（4.232）～式（4.234），有：

$$\frac{\tau_c}{G_{12}} t_c = \frac{\tau_f}{G_f} t_f + \frac{\tau_m}{G_m} t_m \tag{4.235}$$

假设纤维、基体和单向板的切应力相等（$\tau_c = \tau_f = \tau_m$），有：

$$\frac{1}{G_{12}} = \frac{1}{G_f} \frac{t_f}{t_c} + \frac{1}{G_m} \frac{t_m}{t_c} \tag{4.236}$$

由于厚度分数与体积分数相等，根据式（4.210），得：

$$\frac{1}{G_{12}} = \frac{V_f}{G_f} + \frac{V_m}{G_m} \tag{4.237}$$

例 4.26　求纤维体积分数为 70% 的玻纤/环氧树脂单向板的面内剪切模量。玻纤和环氧树脂的性能分别见表 4.4 和表 4.5。

解　玻纤和环氧树脂为各向同性材料。由表 4.4，知纤维弹性模量：

$$E_f = 85\,\text{GPa}$$

纤维泊松比：

$$\nu_f = 0.2$$

则纤维剪切模量：

$$G_f = \frac{E_f}{2(1+\nu_f)} = \frac{85}{2(1+0.2)} = 35.42\,\text{GPa}$$

由表 4.5，知基体弹性模量：

$$E_m = 3.4\,\text{GPa}$$

基体泊松比：

$$\nu_m = 0.3$$

则基体剪切模量：

$$G_m = \frac{E_m}{2(1+\nu_m)} = \frac{3.40}{2(1+0.3)} = 1.308\,\text{GPa}$$

由式(4.237)，有：

$$\frac{1}{G_{12}} = \frac{0.70}{35.42} + \frac{0.30}{1.308}$$

得单向板的面内剪切模量

$$G_{12} = 4.014\,\text{GPa}$$

图 4.50 所示为玻纤/环氧树脂单向板的面内剪切模量 G_{12} 理论值与纤维体积分数 V_f 的关系，图中也画出了试验值[18]。

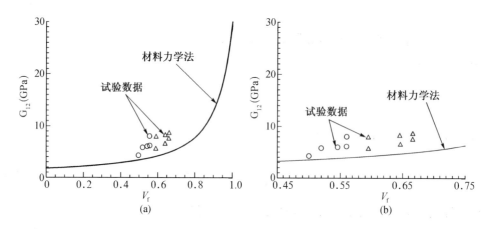

图 4.50　玻纤/环氧树脂单向板（$G_f = 30.19\,\text{GPa}$，$G_m = 1.83\,\text{GPa}$）的面内剪切模量理论值与纤维体积分数的关系，以及与试验值的对比

4.2.3.2　半经验模型

图 4.47 和图 4.50 中，由式(4.223)和式(4.237)分别得到的横向弹性模量和面内剪切模量与试验值不一致，说明需要更好的模拟方法。这些方法包括数值方法（如有限元和有限差分法）、边界元法、弹性法及变分法[19]。可惜，这些方法中的模型只用于复杂方程或图形形式。最有效的模型包括 Halphin 和 Tsai[20]的模型，因为它们可用于很大范围的弹性和纤维体积分数。

Halphin 和 Tsai[20] 的模型为简单方程，基于弹性对结果进行拟合。这些方程为半经验方程，因为拟合的参数具有物理意义。

（1）轴向弹性模量。用 Halphin-Tsai 方程得到的轴向弹性模量 E_1 与材料力学法得到的相等，即：

$$E_1 = E_f V_f + E_m V_m \qquad (4.238)$$

（2）横向弹性模量 E_2：

$$\frac{E_2}{E_m} = \frac{1 + \xi\eta V_f}{1 - \eta V_f} \qquad (4.239)$$

式中：

$$\eta = \frac{(E_f/E_m) - 1}{(E_f/E_m) + \xi} \qquad (4.240)$$

ξ 为增强因子，取决于：

① 纤维几何特征；

② 堆砌结构；

③ 加载条件。

Halphin 和 Tsai[20] 通过比较式（4.239）和式（4.240）与弹性法得到的结果，得到了增强因子 ξ。例如，对于圆形纤维，方形堆砌，$\xi = 2$；对于矩形纤维，长 a 宽 b，六边形堆砌，$\xi = 2(a/b)$，式中 b 沿加载方向[6]。加载方向如图 4.51。

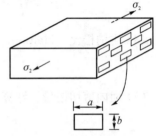

图 4.51　加载方向示意，用于 Halphin-Tsai 方程计算横向弹性模量

例 4.27　求纤维体积分数为 70% 的玻纤/环氧树脂单向板的横向弹性模量。玻纤和环氧树脂的性能分别见表 4.4 和表 4.5。采用 Halphtin-Tsai 方程，圆形纤维，方形堆砌。

解　由于纤维为圆形且方形堆砌，增强因子 $\xi = 2$。由表 4.4，知纤维弹性模量 $E_f = 85\,\text{GPa}$。由表 4.5，知基体弹性模量 $E_m = 3.4\,\text{GPa}$。

由式（4.240），得：

$$\eta = \frac{(85/3.4) - 1}{(85/3.4) + 2} = 0.8889$$

由式（4.239），有：

$$\frac{E_2}{3.4} = \frac{1 + 2(0.8889)(0.7)}{1 - (0.8889)(0.7)}$$

得横向弹性模量：

$$E_2 = 20.20\,\text{GPa}$$

对于同样的问题，由例 4.24，用材料力学法得到的 E_2 的值为 10.37 GPa。

图 4.52 所示为硼纤维/环氧树脂单向板横向弹性模量与纤维体积分数的关系，由 Halphin-Tsai 公式即式（4.239）和材料力学法即式（4.223）得到，以及与试验数据的对比。

如前文所述，参数 ξ 和 η 具有一定的物理意义：

① $E_f/E_m = 1$，表示 $\eta = 0$（均质）；

② $E_f/E_m \rightarrow \infty$，表示 $\eta = 1$（刚体包体）；

③ $E_f/E_m \to 0$，表示 $\eta = -\dfrac{1}{\xi}$（孔隙）。

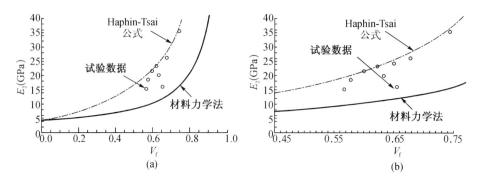

图 4.52　硼纤维/环氧树脂单向板（$E_f = 414\,\text{GPa}$，$\nu_f = 0.2$，$E_m = 4.14\,\text{GPa}$，$\nu_f = 0.35$）的横向弹性模量理论值与纤维体积分数的关系，以及与试验值的对比

（3）主泊松比。Halphin-Tsai 公式得到的主泊松比 ν_{12} 与材料力学法得到的一致，即：

$$\nu_{12} = \nu_f V_f + \nu_m V_m \tag{4.241}$$

（4）面内剪切模量。计算面内剪切模量 G_{12} 的 Halphin-Tsai[20] 公式：

$$\frac{G_{12}}{G_m} = \frac{1 + \xi\eta V_f}{1 - \eta V_f} \tag{4.242}$$

式中：

$$\eta = \frac{(G_f/G_m) - 1}{(G_f/G_m) + \xi} \tag{4.243}$$

增强因子 ξ 取决于纤维几何特征、堆砌结构和加载条件。例如，对于圆形纤维，方形堆砌，$\xi = 1$；对于矩形纤维，长 a 宽 b，六边形堆砌，$\xi = \sqrt{3}\log_e(a/b)$，式中 a 为加载方向。加载方向由图 4.53 给出[7]。

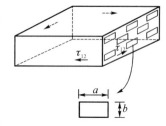

图 4.53　利用 Halphin-Tsai 公式计算面内剪切模量时加载方向示意

对于圆形纤维方形堆砌，$\xi = 1$ 只在纤维体积分数为 0.5 以下时有效。比如玻纤/环氧树脂复合材料，纤维体积分数为 0.75，利用 Halphin-Tsai 公式及 $\xi = 1$ 得到的面内剪切模量比弹性法得到的低 30%。Hewitt 和 Malherbe[22] 建议选择以下函数：

$$\xi = 1 + 40V_f^{10} \tag{4.244}$$

例 4.28　采用 Halphin-Tsai 公式，求纤维体积分数为 70% 的玻纤/环氧树脂单向板的面内剪切模量。玻纤和环氧树脂的性能分别见表 4.4 和表 4.5。假设纤维为圆形截面且方形堆砌，并采用 Hewitt 和 Malherbe[22] 公式求增强因子。

解　对于圆形纤维方形堆砌，Halphin-Tsai 公式中的增强因子 $\xi = 1$。由例 4.26，知纤维剪切模量：

$$G_f = 35.42\,\text{GPa}$$

基体剪切模量:

$$G_m = 1.308 \, \text{GPa}$$

由式(4.243),得:

$$\eta = \frac{(35.42/1.308) - 1}{(35.42/1.308) + 1} = 0.928\,8$$

由式(4.242),有:

$$\frac{G_{12}}{1.308} = \frac{1 + (1)(0.928\,8)(0.7)}{1 - (0.928\,8)(0.7)}$$

得面内剪切模量:

$$G_{12} = 6.169 \, \text{GPa}$$

对于同样的问题,例4.25中采用材料力学法得到了 $G_{12} = 4.013 \, \text{GPa}$。

由于纤维体积分数大于50%,Hewitt 和 Mahelbre[22]建议增强因子改为:

$$\xi = 1 + 40V_f^{10} = 1 + 40(0.7)^{10} = 2.130$$

然后,由式(4.243),得:

$$\eta = \frac{(35.42/1.308) - 1}{(35.42/1.308) + 2.130} = 0.892\,8$$

由式(4.242),有:

$$\frac{G_{12}}{1.308} = \frac{1 + (2.130)(0.892\,8)(0.7)}{1 - (0.892\,8)(0.7)}$$

得面内剪切模量:

$$G_{12} = 8.130 \, \text{GPa}$$

图4.54所示为玻纤/环氧树脂单向板的面内剪切模量与纤维体积分数的关系,采用 Halphin-Tsai 公式即式(4.242)和材料力学法即式(4.237)得到,并与试验数据对比[18]。

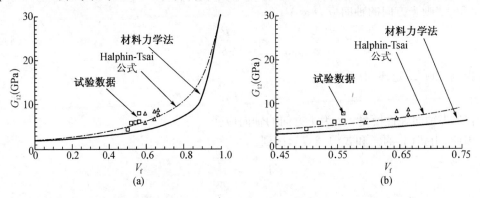

图4.54 玻纤/环氧树脂单向板 ($G_f = 30.19 \, \text{GPa}$, $G_m = 1.83 \, \text{GPa}$) 的面内剪切模量理论值与纤维体积分数的关系,以及与试验值的对比

4.2.3.3 弹性法

除了材料力学法和半经验模型法,基于弹性的弹性模量表达式同样有效。弹性法可解释作用力守恒、适应性和三维 Hooke 定律,材料力学法不能满足适应性和/或解释三维 Hooke 定律,而半经验模型法正如其名,只是半经验性的。

这里描述的弹性模型被称为复合材料圆柱组合体(composite cylinder assemblage,CCA)模型[18, 23-26]。该模型假设纤维为圆形截面,周期性排布且连续,如图 4.55。该模型由重复单元即代表性体积单元组成。代表性体积单元可代表复合材料,并且其力学响应与整个复合材料的响应一致。

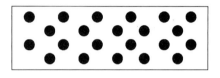

图 4.55 单向板横截面示意图,其中纤维周期性排布

代表性体积单元内部是一个实心圆柱体(纤维),与外部空心圆柱(基体)黏结在一起,如图 4.56 所示。纤维半径 a 和基体半径 b 与纤维体积分数 V_f 有关:

$$V_f = \frac{a^2}{b^2} \tag{4.245}$$

根据要预测的弹性模量,对此复合材料圆柱组合体施加合适的边界条件。

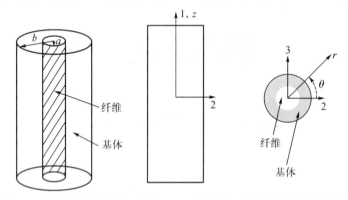

图 4.56 复合材料圆柱组合体(CCA)模型,用于单向板弹性模量预测

(1)轴向弹性模量。为了得到沿纤维方向的弹性模量,在 1 方向施加轴向载荷 P(图 4.56),则 1 方向的轴向应力 σ_1:

$$\sigma_1 = \frac{P}{\pi b^2} \tag{4.246}$$

根据 Hooke 定律,有:

$$\sigma_1 = E_1 \varepsilon_1 \tag{4.247}$$

式中:E_1 为轴向弹性模量;ε_1 为 1 方向的轴向应变。

因此,由式(4.246)和式(4.247),得到:

$$E_1 \varepsilon_1 = \frac{P}{\pi b^2}$$

$$E_1 = \frac{P}{\pi b^2 \varepsilon_1} \tag{4.248}$$

为了得到纤维和基体的弹性模量及复合材料的几何参数（如纤维体积分数），需用这些指标表示轴向载荷 P 和轴向应变 ε_1。

假设圆柱组合体的响应是轴对称的，其径向平衡方程[27]：

$$\frac{\mathrm{d}\sigma_r}{\mathrm{d}r} + \frac{\sigma_r - \sigma_\theta}{r} = 0 \tag{4.249}$$

式中：σ_r 为径向应力；σ_θ 为环向应力。

对于弹性模量为 E、泊松比为 ν 的各向同性材料，在极坐标系 r-θ-z 中，应力-应变关系：

$$\begin{bmatrix} \sigma_r \\ \sigma_\theta \\ \sigma_z \end{bmatrix} = \begin{bmatrix} \dfrac{E(1-\nu)}{(1-2\nu)(1+\nu)} & \dfrac{\nu E}{(1-2\nu)(1+\nu)} & \dfrac{\nu E}{(1-2\nu)(1+\nu)} \\ \dfrac{\nu E}{(1-2\nu)(1+\nu)} & \dfrac{E(1-\nu)}{(1-2\nu)(1+\nu)} & \dfrac{\nu E}{(1-2\nu)(1+\nu)} \\ \dfrac{\nu E}{(1-2\nu)(1+\nu)} & \dfrac{\nu E}{(1-2\nu)(1+\nu)} & \dfrac{E(1-\nu)}{(1-2\nu)(1+\nu)} \end{bmatrix} \begin{bmatrix} \varepsilon_r \\ \varepsilon_\theta \\ \varepsilon_z \end{bmatrix} \tag{4.250}$$

在极坐标系 r-θ-z 下的轴对称响应下，切应力和切应变为零。

在轴对称响应下，应变-位移关系：

$$\varepsilon_r = \frac{\mathrm{d}u}{\mathrm{d}r} \tag{4.251a}$$

$$\varepsilon_\theta = \frac{u}{r} \tag{4.251b}$$

$$\varepsilon_z = \frac{\mathrm{d}w}{\mathrm{d}z} \tag{4.251c}$$

式中：u 为径向位移；w 为轴向位移。

将应变-位移关系即式(4.251a)、式(251b)、式(251c)代入应力-应变关系即式(4.250)，且在每处都有 $\varepsilon_z = \varepsilon_1$，得到：

$$\begin{bmatrix} \sigma_r \\ \sigma_\theta \\ \sigma_z \end{bmatrix} = \begin{bmatrix} \dfrac{E(1-\nu)}{(1-2\nu)(1+\nu)} & \dfrac{\nu E}{(1-2\nu)(1+\nu)} & \dfrac{\nu E}{(1-2\nu)(1+\nu)} \\ \dfrac{\nu E}{(1-2\nu)(1+\nu)} & \dfrac{E(1-\nu)}{(1-2\nu)(1+\nu)} & \dfrac{\nu E}{(1-2\nu)(1+\nu)} \\ \dfrac{\nu E}{(1-2\nu)(1+\nu)} & \dfrac{\nu E}{(1-2\nu)(1+\nu)} & \dfrac{E(1-\nu)}{(1-2\nu)(1+\nu)} \end{bmatrix} \begin{bmatrix} \dfrac{\mathrm{d}u}{\mathrm{d}r} \\ \dfrac{u}{r} \\ \varepsilon_1 \end{bmatrix} \tag{4.252}$$

简化后写为：

$$\begin{bmatrix} \sigma_r \\ \sigma_\theta \\ \sigma_z \end{bmatrix} = \begin{bmatrix} C_{11} & C_{12} & C_{12} \\ C_{12} & C_{11} & C_{12} \\ C_{12} & C_{12} & C_{11} \end{bmatrix} \begin{bmatrix} \dfrac{\mathrm{d}u}{\mathrm{d}r} \\ \dfrac{u}{r} \\ \varepsilon_1 \end{bmatrix} \tag{4.253}$$

上式中的刚度矩阵常数：

$$C_{11} = \frac{E(1-\nu)}{(1-2\nu)(1+\nu)} \tag{4.254a}$$

$$C_{12} = \frac{\nu E}{(1-2\nu)(1+\nu)} \tag{4.254b}$$

将式(4.253)代入径向平衡方程即式(4.249)，有：

$$\frac{\mathrm{d}^2 u}{\mathrm{d}r^2} + \frac{1}{r}\frac{\mathrm{d}u}{\mathrm{d}r} - \frac{u}{r^2} = 0 \tag{4.255}$$

求解线性常微分方程的前提假设：

$$u = \sum_{n=-\infty}^{\infty} A_n r^n \tag{4.256}$$

将式(4.256)代入式(4.255)，得：

$$\sum_{n=-\infty}^{\infty} n(n-1)A_n r^{n-2} + \frac{1}{r}\sum_{n=-\infty}^{\infty} nA_n r^{n-1} - \frac{1}{r^2}\sum_{n=-\infty}^{\infty} A_n r^n = 0$$

$$\sum_{n=-\infty}^{\infty} [n(n-1)+n-1]A_n r^{n-2} = 0 \tag{4.257}$$

$$\sum_{n=-\infty}^{\infty} (n^2-1)A_n r^{n-2} = 0$$

$$\sum_{n=-\infty}^{\infty} (n-1)(n+1)A_n r^{n-2} = 0$$

式(4.257)需满足：

$$A_n = 0, \ n = -\infty \sim \infty, \text{但} \ n = 1 \text{和} \ n = -1 \text{除外} \tag{4.258}$$

因此，径向位移可写为如下形式：

$$u = A_1 r + \frac{A_{-1}}{r} \tag{4.259}$$

为了简化，假设该形式的径向位移常数 B 不同：

$$u = Ar + \frac{B}{r} \tag{4.260}$$

上述公式可用于轴对称响应的圆柱体。因此，可假设纤维圆柱和基体圆柱的径向位移分别为 u_f、u_m：

$$u_f = A_f r + \frac{B_f}{r}, \ 0 \leqslant r \leqslant a \tag{4.261}$$

$$u_m = A_m r + \frac{B_m}{r}, \ a \leqslant r \leqslant b \tag{4.262}$$

然而，由于纤维是实心圆柱，且其径向位移 u_f 是有限的，$B_f = 0$，否则纤维的径向位移

u_f 为无限。因此：

$$u_f = A_f r, \ 0 \leqslant r \leqslant a \tag{4.263}$$

$$u_m = A_m r + \frac{B_m}{r}, \ a \leqslant r \leqslant b \tag{4.264}$$

对式(4.263)和式(4.264)求微分,得:

$$\frac{\mathrm{d}u_f}{\mathrm{d}r} = A_f \tag{4.265a}$$

$$\frac{\mathrm{d}u_m}{\mathrm{d}r} = A_m - \frac{B_m}{r^2} \tag{4.265b}$$

将式(4.265a)和式(4.265b)代入式(4.252),得纤维应力-应变关系:

$$\begin{bmatrix} \sigma_r^f \\ \sigma_\theta^f \\ \sigma_z^f \end{bmatrix} = \begin{bmatrix} C_{11}^f & C_{12}^f & C_{12}^f \\ C_{12}^f & C_{11}^f & C_{12}^f \\ C_{12}^f & C_{12}^f & C_{11}^f \end{bmatrix} \begin{bmatrix} A_f \\ A_f \\ \varepsilon_1 \end{bmatrix} \tag{4.266}$$

上式中的纤维刚度常数:

$$C_{11}^f = \frac{E_f(1-\nu_f)}{(1-2\nu_f)(1+\nu_f)}$$

$$C_{12}^f = \frac{\nu_f E_f}{(1-2\nu_f)(1+\nu_f)} \tag{4.267}$$

基体应力-应变关系:

$$\begin{bmatrix} \sigma_r^m \\ \sigma_\theta^m \\ \sigma_z^m \end{bmatrix} = \begin{bmatrix} C_{11}^m & C_{12}^m & C_{12}^m \\ C_{12}^m & C_{11}^m & C_{12}^m \\ C_{12}^m & C_{12}^m & C_{11}^m \end{bmatrix} \begin{bmatrix} A_m - \dfrac{B_m}{r^2} \\ A_m + \dfrac{B_m}{r^2} \\ \varepsilon_1 \end{bmatrix} \tag{4.268}$$

上式中的基体刚度常数:

$$C_{11}^m = \frac{E_m(1-\nu_m)}{(1-2\nu_m)(1+\nu_m)} \tag{4.269a}$$

$$C_{12}^m = \frac{\nu_m E_m}{(1-2\nu_m)(1+\nu_m)} \tag{4.269b}$$

如何求解未知常数 A_f、A_m、B_m、ε_1？需用到以下四个边界条件和界面条件:
(1) 界面处径向位移连续,$r = a$,有:

$$u_f(r=a) = u_m(r=a) \tag{4.270}$$

然后,由式(4.263)和式(4.264),得:

$$A_f a = A_m a + \frac{B_m}{a} \tag{4.271}$$

（2）$r = a$ 时径向应力连续：

$$\sigma_r^f(r = a) = \sigma_r^m(r = a) \tag{4.272}$$

然后，由式（4.266）和式（4.268），得：

$$C_{11}^f A_f + C_{12}^f A_f + C_{12}^f \varepsilon_1 = C_{11}^m \left(A_m - \frac{B_m}{a^2} \right) + C_{12}^m \left(A_m + \frac{B_m}{a^2} \right) + C_{12}^m \varepsilon_1 \tag{4.273}$$

（3）由于 $r = b$ 处表面无摩擦力，$r = b$ 处基体外径向应力为零：

$$\sigma_r^m(r = b) = 0 \tag{4.274}$$

然后，由式（4.266），有：

$$C_{11}^m \left(A_m - \frac{B_m}{b^2} \right) + C_{12}^m \left(A_m + \frac{B_m}{b^2} \right) C_{12}^m \varepsilon_1 = 0 \tag{4.275}$$

（4）1 方向纤维-基体横截面的整体轴向载荷为施加的载荷 P，有：

$$\int_A \sigma_z \mathrm{d}A = P$$

$$\int_0^b \int_0^{2\pi} \sigma_z r \mathrm{d}r \mathrm{d}\theta = P \tag{4.276}$$

由于轴向正应力 σ_z 独立于 θ，则：

$$\int_0^b \sigma_z 2\pi r \mathrm{d}r = P \tag{4.277}$$

现在有：

$$\sigma_z = \sigma_z^f, \ 0 \leqslant r \leqslant a = \sigma_z^m, \ a \leqslant r \leqslant b \tag{4.278}$$

然后，由式（4.266）和式（4.268），得：

$$\int_0^a (C_{12}^f A_f + C_{12}^f A_f + C_{11}^f \varepsilon_1) 2\pi r \mathrm{d}r + \int_0^b \left[C_{12}^m \left(A_m - \frac{B_m}{r^2} \right) + C_{12}^m \left(A_m + \frac{B_m}{r^2} \right) + C_{11}^m \varepsilon_1 \right] 2\pi r \mathrm{d}r = P \tag{4.279}$$

求解式（4.271）、式（4.273）、式（4.275）和式（4.279），得到 A_f、A_m、B_m、ε_1 的解。
利用求得的 ε_1 和式（4.248），得：

$$E_1 = \frac{P}{\pi b^2 \varepsilon_1} = E_f V_f + E_m (1 - V_f) -$$

$$\frac{2 E_m E_f V_f (\nu_f - \nu_m)^2 (1 - V_f)}{E_f (2\nu_m^2 V_f - \nu_m + V_f \nu_m - V_f - 1) + E_m (-1 - 2V_f \nu_f^2 + \nu_f - V_f \nu_f + 2\nu_f^2 + V_f)} \tag{4.280}$$

尽管上述表达式可用材料剪切模量和体积模量[1]写成更简洁的形式,但这里没有这么做,因为式(4.280)给出的结果现在可用计算软件得到,如 Maple[28]。注意,式(4.280)的前两项代表式(4.216)即材料力学法的结果。

例 4.29 求纤维体积分数为 70%的玻纤/环氧树脂复合材料的轴向弹性模量。玻纤和环氧树脂的性质分别见表 4.4 和表 4.5。利用弹性模型得到的公式。

解 由表 4.4,知纤维弹性模量:

$$E_f = 85\,\text{GPa}$$

纤维泊松比:

$$\nu_f = 0.2$$

由表 4.5,知基体弹性模量:

$$E_m = 3.4\,\text{GPa}$$

基体泊松比:

$$\nu_m = 0.3$$

利用式(4.280),得轴向弹性模量:

$$E_1 = (85\times10^9)(0.7) + (3.4\times10^9)(1-0.7) -$$
$$\frac{2(3.4\times10^9)(85\times10^9)(0.7)(0.2-0.3)^2(1-0.7)}{\left(\begin{array}{l}(85\times10^9)(2(0.3)^2(0.7)-0.3+(0.7)(0.3)-0.7-1)+\\(3.4\times10^9)(-1-2(0.7)(0.2)^2+0.2-(0.7)(0.2)+2(0.2)^2+0.7)\end{array}\right)}$$
$$= 60.53\times10^9\,\text{Pa} = 60.53\,\text{GPa}$$

对于同样的问题,材料力学法和 Halphin-Tsai 公式得到的轴向弹性模量为 60.52 GPa。

(2) 主泊松比。在"(1)轴向弹性模量"部分,解决了圆柱组合体轴向加载的问题,同样可用于求解主泊松比 ν_{12}。当物体仅承受 1 方向轴向载荷时,主泊松比的定义:

$$\nu_{12} = -\frac{\varepsilon_r}{\varepsilon_1} \tag{4.281}$$

由式(4.251a)的径向应变定义,当 $r=b$ 时,有:

$$\varepsilon_r(r=b) = \frac{u_m(b)}{b} \tag{4.282}$$

主泊松比:

$$\nu_{12} = -\frac{\dfrac{u_m(r=b)}{b}}{\varepsilon_1} \tag{4.283}$$

---

① 弹性体的体积模量 K 定义为施加的静水压力与体积膨胀曲线的斜率。静水压力定义为 $\sigma_{xx}=\sigma_{yy}=\sigma_{zz}=-p$,$\tau_{xy}=0$,$\tau_{yz}=0$,$\tau_{zx}=0$;体积膨胀 D_v 定义为产生的正应变之和。$D_v=\varepsilon_x+\varepsilon_y+\varepsilon_z$。体积模量 K^* 用于得到给定物体在静水压力下的体积变化。

利用式(4.283),得:

$$\nu_{12} = -\frac{\left(A_m + \dfrac{B_m}{b^2}\right)}{\varepsilon_1} \qquad (4.284)$$

利用式(4.271)、式(4.273)、式(4.275)和式(4.279)得到的 A_m、B_m、ε_1,得到:

$$\nu_{12} = \nu_f V_f + \nu_m V_m +$$

$$\frac{V_f V_m (\nu_f - \nu_m)(2 V_f \nu_m^2 + \nu_m E_f - E_f + E_m - E_m \nu_f - 2 E_m \nu_f^2)}{(2\nu_m^2 V_f - \nu_m + V_f \nu_m - V_f - 1)E_f + (-1 - 2 V_f \nu_f^2 + \nu_f - V_f \nu_f + 2\nu_f^2 + V_f)E_m}$$

$$(4.285)$$

尽管上述表达式可用材料剪切模量和体积模量写成更简洁的形式,但这里没有这么做,因为式(4.285)给出的结果现在可用计算软件得到,如 Maple[28]。注意,式(4.285)的前两项为式(4.216)即材料力学法的结果。

例 4.30　求纤维体积分数为70%的玻纤/环氧树脂复合材料的主泊松比。玻纤和环氧树脂性质分别见表4.1和表4.5。利用弹性模型得到的公式。

解　利用式(4.285),得:

$$\nu_{12} = (0.2)(0.7) + (0.3)(0.3) +$$

$$\frac{(0.7)(0.3)(0.2 - 0.3)\left[\begin{array}{l}(2)(85 \times 10^9)(0.3)^2 + (85 \times 10^9)(0.3) - 85 \times 10^9 + \\ 3.4 \times 10^9 - (3.4 \times 10^9)(0.2) - (2)(3.4 \times 10^9)(0.2)^2\end{array}\right]}{\left[\begin{array}{l}((2)(0.3)^2(0.7) - 0.3 + (0.3)(0.7) - 1 - (0.7))(85 \times 10^9) + \\ (2(0.3)^2 - (0.7)(0.2) - (2)(0.7)(0.2)^2 + 0.7 + 0.2 - 1)(3.4 \times 10^9)\end{array}\right]}$$

$$= 0.223\,8$$

对于同样的问题,用材料力学法和 Halphin-Tsai 公式得到的主泊松比为 0.230 0。

(3) 横向弹性模量。CCA 模型只给出了单层板横向弹性模量的最小和最大边界。为了描述完整,采用三相模型总结。此模型(图 4.57)可产生一个横向剪切模量 G_{23} 的精确解[26]。

假设单层板为横观各向同性(假设纤维为六边形堆砌,2-3平面为各向同性平面),则:

$$E_2 = L(1 + \nu_{23})G_{23} \qquad (4.286)$$

式中: ν_{23} 为横向泊松比。

横向泊松比 ν_{23} [15]:

$$\nu_{23} = \frac{K^* - m G_{23}}{K^* + m G_{23}} \qquad (4.287)$$

式中:

$$m = 1 + 4 K^* \frac{\nu_{12}^2}{E_1} \qquad (4.288)$$

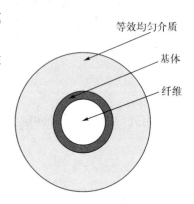

图 4.57　三相模型示意

（等效均匀介质　基体　纤维）

轴向平面应变下,单层板体积模量 K^*:

$$K^* = \frac{K_m(K_f + G_m)V_m + K_f(K_m + G_m)V_f}{(K_f + G_m)V_m + (K_m + G_m)V_f} \tag{4.289}$$

轴向平面应变下,纤维体积模量 K_f:

$$K_f = \frac{E_f}{2(1 - 2\nu_f)(1 + \nu_f)} \tag{4.290}$$

轴向平面应变下,基体体积模量 K_m:

$$K_m = \frac{E_m}{2(1 - 2\nu_m)(1 + \nu_m)} \tag{4.291}$$

推导式(4.286)用到的 G_{23} 不在本书范围内。然而,为了完整性,下面给出最后的结果。基于三相模型(图4.57),纤维被基体包裹,后被等效于单层板的均质材料包裹,横向剪切模量 G_{23} 由二次方程给出[26]:

$$A\left(\frac{G_{23}}{G_m}\right)^2 + 2B\left(\frac{G_{23}}{G_m}\right) + C = 0 \tag{4.292}$$

式中:

$$A = 3V_f(1 - V_f)^2\left(\frac{G_f}{G_m} - 1\right)\left(\frac{G_f}{G_m} + \eta_f\right) +$$
$$\left[\frac{G_f}{G_m}\eta_m + \eta_f\eta_m - \left(\frac{G_f}{G_m}\eta_m - \eta_f\right)V_f^3\right]\left[V_f\eta_m\left(\frac{G_f}{G_m} - 1\right) - \left(\frac{G_f}{G_m}\eta_m + 1\right)\right]$$

$$B = -3V_f(1 - V_f)^2\left(\frac{G_f}{G_m} - 1\right)\left(\frac{G_f}{G_m} + \eta_f\right) +$$
$$\frac{1}{2}\left[\eta_m\frac{G_f}{G_m} + \left(\frac{G_f}{G_m} - 1\right)V_f + 1\right]\left[(\eta_m - 1)\left(\frac{G_f}{G_m} + \eta_f\right) - 2\left(\frac{G_f}{G_m}\eta_m - \eta_f\right)V_f^3\right] +$$
$$\frac{V_f}{2}(\eta_m + 1)\left(\frac{G_f}{G_m} - 1\right)\left[\frac{G_f}{G_m} + \eta_f + \left(\frac{G_f}{G_m}\eta_m - \eta_f\right)V_f^3\right]$$

$$C = 3V_f(1 - V_f)^2\left(\frac{G_f}{G_m} - 1\right)\left(\frac{G_f}{G_m} + \eta_f\right) +$$
$$\left[\eta_m\frac{G_f}{G_m} + \left(\frac{G_f}{G_m} - 1\right)V_f + 1\right]\left[\frac{G_f}{G_m} + \eta_f + \left(\frac{G_f}{G_m}\eta_m - \eta_f\right)V_f^3\right] \tag{4.293}$$

$$\eta_m = 3 - 4\nu_m$$
$$\eta_f = 3 - 4\nu_f \tag{4.294}$$

然后,利用式(4.286)~式(4.291),得到横向弹性模量 E_2。

例4.31 求纤维体积分数为 70% 的玻纤/环氧树脂复合材料的横向弹性模量。玻纤和环氧树脂性质分别见表4.4和表4.5。利用弹性模型得到的公式。

解　利用式(4.294),得:

$$\eta_f = 3 - 4(0.2) = 2.2$$
$$\eta_m = 3 - 4(0.3) = 1.8$$

由式(4.290)和式(4.291),得:

$$K_f = \frac{85 \times 10^9}{2(1+0.2)(1-2\times0.2)} = 59.03 \times 10^9 \text{Pa}$$

$$K_m = \frac{3.4 \times 10^9}{2(1+0.3)(1-2\times0.3)} = 3.269 \times 10^9 \text{Pa}$$

由式(4.289),得:

$$K^* = \frac{\begin{array}{l}3.269 \times 10^9(59.03 \times 10^9 + 1.308 \times 10^9)(0.3) + \\ 59.03 \times 10^9(3.269 \times 10^9 + 1.308 \times 10^9)(0.7)\end{array}}{(59.03 \times 10^9 + 1.308 \times 10^9)(0.3) + (3.269 \times 10^9 + 1.308 \times 10^9)(0.7)}$$
$$= 11.66 \times 10^9 \text{Pa}$$

二次方程即式(4.292)的三个常数由式(4.293)给出:

$$A = 3(0.7)(1-0.7)^2\left(\frac{35.42 \times 10^9}{1.308 \times 10^9}-1\right)\left(\frac{35.42 \times 10^9}{1.308 \times 10^9}+2.2\right)+$$

$$\left[\frac{35.42 \times 10^9}{1.308 \times 10^9}(1.8)+2.2\times1.8-\left(\frac{35.42 \times 10^9}{1.308 \times 10^9}(1.8)-2.2\right)0.7^3\right]$$

$$\left[(0.7)(0.8)\left(\frac{35.42 \times 10^9}{1.308 \times 10^9}-1\right)-\left(\frac{35.42 \times 10^9}{1.308 \times 10^9}(1.8)+1\right)\right]$$

$$= -476.0$$

$$B = -3(0.7)(1-0.7)^2\left(\frac{35.42\times10^9}{1.308\times10^9}-1\right)\left(\frac{35.42\times10^9}{1.308\times10^9}+2.2\right)+$$

$$\frac{1}{2}\left[1.8\left(\frac{35.42\times10^9}{1.308\times10^9}\right)+\left(\frac{35.42\times10^9}{1.308\times10^9}-1\right)(0.7)+1\right]$$

$$\left[(1.8-1)\left(\frac{35.42\times10^9}{1.308\times10^9}+2.2\right)-2\left(\frac{35.42\times10^9}{1.308\times10^9}(1.8)-2.2\right)0.7^3\right]+$$

$$\frac{0.7}{2}\left\{(1.8+1)\left(\frac{35.42\times10^9}{1.308\times10^9}-1\right)+\left[\frac{35.42\times10^9}{1.308\times10^9}+1.8+\frac{35.42\times10^9}{1.308\times10^9}(1.8)-2.2\right]0.7^3\right\}$$

$$= 723.0$$

$$C = 3(0.7)(1-0.7)^2\left(\frac{35.42\times10^9}{1.308\times10^9}-1\right)\left(\frac{35.42\times10^9}{1.308\times10^9}+2.2\right)+$$

$$\left[1.8\frac{35.42\times10^9}{1.308\times10^9}+\left(\frac{35.42\times10^9}{1.308\times10^9}-1\right)(0.7)+1\right]$$

$$\left\{\frac{35.42\times10^9}{1.308\times10^9}+2.2+\left[\frac{35.42\times10^9}{1.308\times10^9}(1.8)-2.2\right]0.7^3\right\}$$

$$= 3222$$

将 A、B、C 的值代入式(4.292)，有：

$$-476.0\left(\frac{G_{23}}{1.308\times10^9}\right)^2+2(723.0)\left(\frac{G_{23}}{1.308\times10^9}\right)+3\,222=0$$

$$-278.4\times10^{-18}G_{23}^2+1\,106\times10^{-9}G_{23}+3\,222=0$$

得到 $G_{23}=5.926\times10^9\,\mathrm{Pa}$，$-1.953\times10^9\,\mathrm{Pa}$。因此，可接受的结果为：

$$G_{23}=5.926\times10^9\,\mathrm{Pa}$$

由式(4.288)，得：

$$m=1+4(11.66\times10^9)\frac{0.223\,8^2}{60.53\times10^9}=1.039$$

由式(4.287)，得：

$$\nu_{23}=\frac{11.66\times10^9-1.039(5.926\times10^9)}{11.66\times10^9+1.039(5.926\times10^9)}=0.308\,9$$

由式(4.286)，得：

$$E_2=2(1+0.308\,9)(5.926\times10^9)=15.51\times10^9\,\mathrm{Pa}=15.51\,\mathrm{GPa}$$

对于同样的问题，用材料力学法和 Halphin-Tsai 公式得到的横向弹性模量分别为 10.37 GPa 和 20.20 GPa。

图 4.58 所示为硼纤维/环氧树脂单向板的横向弹性模量（E_2）与纤维体积分数（V_f）的关系，给出了弹性方程即式(4.286)、Halphin-Tsai 公式即式(4.242)和材料力学法即式(4.237)的结果，并与试验数据对比。

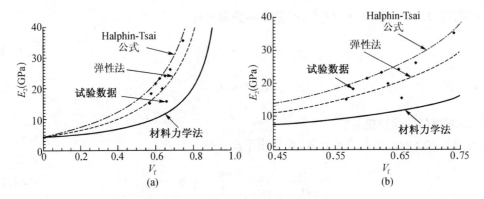

图 4.58 硼纤维/环氧树脂单向板（$E_\mathrm{f}=414\,\mathrm{GPa}$，$\nu_\mathrm{f}=0.2$，$E_\mathrm{m}=4.14\,\mathrm{GPa}$，$\nu_\mathrm{m}=0.35$）横向弹性模量理论值与纤维体积分数的关系，以及与试验值的对比

(4) 轴向剪切模量。为了求得单向板轴向剪切模量 G_{12}，采用圆柱组合体模型（图 4.56）。考虑一根长纤维（半径为 a，剪切模量为 G_f），外部由同轴圆柱形基体包裹（半径为 b，剪切模量为 G_m）。复合材料圆柱组合体受到 1-2 平面的切应变 γ_{12}^0。

根据推导[18, 26, 30]，纤维和基体在 1、2、3 方向的正向位移假设为以下形式：

$$u_1 = -\frac{\gamma_{12}^0}{2}x_2 + F(x_2, x_3) \tag{4.295a}$$

$$u_2 = \frac{\gamma_{12}^0}{2}x_1 \tag{4.295b}$$

$$u_3 = 0 \tag{4.295c}$$

式中：γ_{12}^0 为边界上施加的切应变。

上述对于位移形式的假设基于半逆法[31]，超出本书范围。纤维和基体的位移表达式将在下文中推导。

根据应变位移方程[27]及式(4.295a)～式(4.295c)描述的位移表达式，有：

$$\varepsilon_{11} = \frac{\partial u_1}{\partial x_1} = 0 \tag{4.296a}$$

$$\varepsilon_{22} = \frac{\partial u_2}{\partial x_2} = 0 \tag{4.296b}$$

$$\varepsilon_{33} = \frac{\partial u_3}{\partial x_3} = 0 \tag{4.296c}$$

$$\gamma_{23} = \frac{\partial u_2}{\partial x_3} + \frac{\partial u_3}{\partial x_2} = 0 \tag{4.296d}$$

$$\gamma_{12} = \frac{\partial u_1}{\partial x_2} + \frac{\partial u_2}{\partial x_1} = \frac{\partial F}{\partial x_2} \tag{4.296e}$$

$$\gamma_{31} = \frac{\partial u_1}{\partial x_3} + \frac{\partial u_3}{\partial x_1} = \frac{\partial F}{\partial x_3} \tag{4.296f}$$

由于 1、2、3 方向的正应变都为零，1、2、3 方向的正应力也都为零。同样，$\tau_{23} = 0$，因为 $\gamma_{23} = 0$。

根据式(4.296e)和式(4.296f)，可能非零的应力有：

$$\tau_{12} = G\gamma_{12} = G\frac{\partial F}{\partial x_2} \tag{4.297a}$$

$$\tau_{13} = G\gamma_{13} = G\frac{\partial F}{\partial x_3} \tag{4.297b}$$

式中：G 为材料的剪切模量。

根据 1 方向的作用力总和为零，推导出平衡条件：

$$\frac{\partial \sigma_1}{\partial x_1} + \frac{\partial \tau_{12}}{\partial x_2} + \frac{\partial \tau_{13}}{\partial x_3} = 0 \tag{4.298}$$

根据式(4.297a)和式(4.297b)，$\sigma_1 = 0$，上述平衡条件即式(4.298)简化为：

$$\frac{\partial^2 F}{\partial x_2^2} + \frac{\partial^2 F}{\partial x_3^2} = 0 \tag{4.299}$$

将式(4.299)转换为极坐标，有：

$$x_2 = r\cos\theta \tag{4.300}$$

$$x_3 = r\sin\theta \tag{4.301}$$

得到:

$$r^2 = x_2^2 + x_3^2 \tag{4.302a}$$

$$\theta = \tan^{-1} \frac{x_3}{x_2} \tag{4.302b}$$

由式(4.300)~式(4.302),得:

$$2r\frac{\partial r}{\partial x_2} = 2x_2$$

$$\frac{\partial r}{\partial x_2} = \frac{x_2}{r} = \cos\theta \tag{4.303a}$$

$$2r\frac{\partial r}{\partial x_3} = 2x_3$$

$$\frac{\partial r}{\partial x_3} = \frac{x_3}{r} = \sin\theta \tag{4.303b}$$

$$\frac{\partial\theta}{\partial x_2} = \frac{1}{1+\left(\frac{x_3}{x_2}\right)^2}\left(-\frac{x_3}{x_2^2}\right) = -\frac{x_3}{x_2^2+x_3^2} = -\frac{r\sin\theta}{r^2} = -\frac{\sin\theta}{r} \tag{4.303c}$$

$$\frac{\partial\theta}{\partial x_3} = \frac{1}{1+\left(\frac{x_3}{x_2}\right)^2}\left(\frac{1}{x_2}\right) = \frac{x_2}{x_2^2+x_3^2} = \frac{r\cos\theta}{r^2} = \frac{\cos\theta}{r} \tag{4.303d}$$

利用求导的链式法则,得:

$$\frac{\partial F}{\partial x_2} = \frac{\partial F}{\partial r}\frac{\partial r}{\partial x_2} + \frac{\partial F}{\partial\theta}\frac{\partial\theta}{\partial x_2} \tag{4.304}$$

利用式(4.303a)和式(4.303c),得:

$$\frac{\partial F}{\partial x_2} = \cos\theta\frac{\partial F}{\partial r} - \frac{\sin\theta}{r}\frac{\partial F}{\partial\theta} \tag{4.305}$$

重复类似式(4.304)求导的链式法则,得:

$$\frac{\partial^2 F}{\partial x_2^2} = \cos^2\theta\frac{\partial^2 F}{\partial r^2} + \sin^2\theta\left(\frac{1}{r}\frac{\partial F}{\partial r} + \frac{1}{r^2}\frac{\partial^2 F}{\partial\theta^2}\right) - 2\sin\theta\cos\theta\frac{\partial}{\partial r}\left(\frac{1}{r}\frac{\partial F}{\partial\theta}\right) \tag{4.306a}$$

同样地,可得到:

$$\frac{\partial^2 F}{\partial x_3^2} = \sin^2\theta\frac{\partial^2 F}{\partial r^2} + \cos^2\theta\left(\frac{1}{r}\frac{\partial F}{\partial r} + \frac{1}{r^2}\frac{\partial^2 F}{\partial\theta^2}\right) + 2\sin\theta\cos\theta\frac{\partial}{\partial r}\left(\frac{1}{r}\frac{\partial F}{\partial\theta}\right) \tag{4.306b}$$

将式(4.306a)和式(4.306b)代入式(4.117),得:

$$\frac{\partial^2 F}{\partial r^2} + \frac{1}{r}\frac{\partial F}{\partial r} + \frac{1}{r^2}\frac{\partial^2 F}{\partial\theta^2} = 0 \tag{4.307}$$

式(4.307)的解由下式给出:

$$F(r, \theta) = \left(Ar + \frac{B}{r}\right)\cos\theta \tag{4.308}$$

式(4.307)的完整解的形式为:

$$F(r,\theta) = A_0 + \sum_{n=1}^{\infty} (A_n r^n + B_n r^{-n})[C_n \sin(n\theta) + D_n \cos(n\theta)] \tag{4.309}$$

复合材料圆柱组合体表面 $r = b$, 只受到位移:

$$u_{1m}(r = b) = \frac{\gamma_{12}^0}{2} x_2 \mid_{r=b} = \frac{\gamma_{12}^0}{2} b\cos\theta \tag{4.310}$$

$$u_{2m}(r = b) = \frac{\gamma_{12}^0}{2} x_1 \mid_{r=b} = \frac{\gamma_{12}^0}{2} b\sin\theta \tag{4.311}$$

$$u_{3m}(r = b) = 0 \tag{4.312}$$

因此, 对于纤维载荷 F_f 和基体载荷 F_m, 式(4.308)的解 $F(r, \theta)$ 为:

$$F_f(r, \theta) = \left(A_1 r + \frac{B_1}{r}\right)\cos\theta \tag{4.313}$$

$$F_m(r, \theta) = \left(A_2 r + \frac{B_2}{r}\right)\cos\theta \tag{4.314}$$

为求得 A_1、B_1、A_2、B_2 四个未知量, 对圆柱组合体施加以下边界和界面条件:

(1) 界面 $r = a$ 处, 纤维和基体的轴向位移 u_{1f} 和 u_{1m} 连续:

$$u_{1f}(r = a) = u_{1m}(r = a) \tag{4.315}$$

由式(4.295a), 得

$$u_{1f} = -\frac{\gamma_{12}^0}{2} x_2 + F_f(x_2, x_3) = -\frac{\gamma_{12}^0}{2} r\cos\theta + F_f(r\cos\theta, r\sin\theta) \tag{4.316}$$

在 $r = a$ 处, 有:

$$u_{1f}(r = a) = -\frac{\gamma_{12}^0}{2} a\cos\theta + \left(A_1 a + \frac{B_1}{a}\right)\cos\theta \tag{4.317}$$

同样地, 由式(4.313a)、式(4.318)和式(4.131), 可得到:

$$u_{1m}(r = a) = -\frac{\gamma_{12}^0}{2} a\cos\theta + \left(A_2 a + \frac{B_2}{a}\right)\cos\theta \tag{4.318}$$

根据式(4.315), 认为式(4.317)和式(4.318)相等:

$$A_1 a + \frac{B_1}{a} = A_2 a + \frac{B_2}{a} \tag{4.319}$$

(2) 由式(4.313a)、式(4.318)和式(4.313)给出纤维位移 u_{1f}:

$$u_{1f} = -\frac{\gamma_{12}^0}{2} r\cos\theta + \left(A_2 r + \frac{B_2}{r}\right)\cos\theta \tag{4.320}$$

由于 $r = 0$ 是纤维上的点, 因此纤维位移是有限的, 则:

$$B_1 = 0 \tag{4.321}$$

（3）纤维和基体上的切应力 $\tau_{1r,\,f}$ 和 $\tau_{1r,\,m}$ 在界面 $r=a$ 处连续：

$$\tau_{1r,\,f}(r=a)=\tau_{1r,\,m}(r=a) \tag{4.322}$$

首先，在 $1-r$ 坐标系和 1-3 坐标系间转换应力 τ_{1r}，推导得到：

$$\tau_{1r}=\cos\theta\tau_{12}+\sin\theta\tau_{13} \tag{4.323}$$

联立式（4.323）和式（4.297a）、式（4.297b），得：

$$\tau_{1r}=\cos\theta G\frac{\partial F}{\partial x_2}+\sin\theta G\frac{\partial F}{\partial x_3} \tag{4.324}$$

$$\tau_{1r}=G\Big(\cos\theta\frac{\partial F}{\partial x_2}+\sin\theta\frac{\partial F}{\partial x_3}\Big) \tag{4.325}$$

将式（4.303a）和式（4.303b）代入式（4.325），有：

$$\tau_{1r}=G\Big(\frac{\partial x_2}{\partial r}\frac{\partial F}{\partial x_2}+\frac{\partial x_3}{\partial r}\frac{\partial F}{\partial x_3}\Big)$$

得到：

$$\tau_{1r}=G\frac{\partial F}{\partial r} \tag{4.326}$$

因此，由式（4.313），得：

$$\tau_{1r,\,f}=G_f\frac{\partial F_f}{\partial r}=G_f\Big(A_1-\frac{B_1}{r^2}\Big)\cos\theta \tag{4.327}$$

由式（4.314），得：

$$\tau_{1r,\,m}=G_m\frac{\partial F_m}{\partial r}=G_m\Big(A_2-\frac{B_2}{r^2}\Big)\cos\theta \tag{4.328}$$

根据式（4.322），在 $r=a$ 处，式（4.327）和式（4.328）相等：

$$G_f\Big(A_1-\frac{B_1}{a^2}\Big)=G_m\Big(A_2-\frac{B_2}{a^2}\Big) \tag{4.329}$$

（4）在复合材料圆柱组合体边界 $r=b$ 处施加切应变 γ_{12}^0，产生位移：

$$u_{1m}(r=b)=\frac{\gamma_{12}^0}{2}x_2\mid_{r=b} \tag{4.330a}$$

$$u_{1m}(r=b)=\frac{\gamma_{12}^0}{2}b\cos\theta \tag{4.330b}$$

基于式（4.295a）和式（4.314），有：

$$u_{1m}(r=b)=-\frac{\gamma_{12}^0}{2}x_2+F_m(x_2,x_3)\mid_{r=b}=-\frac{\gamma_{12}^0}{2}b\cos\theta+\Big(A_2b+\frac{B_2}{b}\Big)\cos\theta \tag{4.331}$$

由式（4.330b）和式（4.331），得到：

$$A_2b+\frac{B_2}{b}=\gamma_{12}^0 b \tag{4.332}$$

联立三个方程即式(4.319)、式(4.329)和式(4.332)求解 A_1、A_2 和 B_2，得：

$$A_1 = \frac{2G_{\mathrm{m}}}{G_{\mathrm{m}}(1+V_{\mathrm{f}})+G_{\mathrm{f}}(1-V_{\mathrm{f}})}\gamma_{12}^0 \tag{4.333}$$

$$A_2 = \frac{(G_{\mathrm{f}}+G_{\mathrm{m}})}{G_{\mathrm{m}}(1+V_{\mathrm{f}})+G_{\mathrm{f}}(1-V_{\mathrm{f}})}\gamma_{12}^0 \tag{4.334}$$

$$B_2 = -\frac{a^2(-G_{\mathrm{m}}+G_{\mathrm{f}})}{G_{\mathrm{m}}(1+V_{\mathrm{f}})+G_{\mathrm{f}}(1-V_{\mathrm{f}})}\gamma_{12}^0 \tag{4.335}$$

由式(4.245)，式中的纤维体积分数 V_{f} 用 $\dfrac{a^2}{b^2}$ 代替。

剪切模量 G_{12}：

$$G_{12} = \frac{\tau_{12,\mathrm{m}}\mid_{r=b}}{\gamma_{12}^0} \tag{4.336}$$

式中：$\tau_{12,\mathrm{m}}\mid_{r=b}$ 为在 $r=b$ 处的切应力。

基于式(4.297a)，有：

$$\tau_{12,\mathrm{m}} = G_{\mathrm{m}}\frac{\partial F_{\mathrm{m}}}{\partial x_2} = G_{\mathrm{m}}\left(\frac{\partial F_{\mathrm{m}}}{\partial r}\frac{\partial r}{\partial x_2}+\frac{\partial F_{\mathrm{m}}}{\partial \theta}\frac{\partial \theta}{\partial x_2}\right) \tag{4.337}$$

根据式(4.303a)和式(4.303b)，有：

$$\tau_{12,\mathrm{m}} = G_{\mathrm{m}}\left[\frac{\partial F_{\mathrm{m}}}{\partial r}\cos\theta+\frac{\partial F_{\mathrm{m}}}{\partial \theta}\left(-\frac{\sin\theta}{r}\right)\right] \tag{4.338}$$

根据式(4.313)、式(4.314)和式(4.338)，得：

$$\begin{aligned}\tau_{12,\mathrm{m}} &= G_{\mathrm{m}}\left[\left(A_2-\frac{B_2}{r^2}\right)\cos\theta\cos\theta+\left(A_2 r+\frac{B_2}{r}\right)(-\sin\theta)\left(-\frac{\sin\theta}{r}\right)\right]\\ &= G_{\mathrm{m}}\left[\left(A_2-\frac{B_2}{r^2}\right)\cos^2\theta+\left(A_2+\frac{B_2}{r^2}\right)\sin^2\theta\right]\end{aligned} \tag{4.339}$$

在 $r=b$ 且 $\theta=0$ 处，有：

$$\tau_{12,\mathrm{m}}\mid_{r=b,\theta=0} = G_{\mathrm{m}}\left(A_2-\frac{B_2}{b^2}\right) \tag{4.340}$$

分别将式(4.334)和式(4.335)中的 A_2 和 B_2 代入式(4.340)，得：

$$\tau_{12,\mathrm{m}}\mid_{r=b,\theta=0} = G_{\mathrm{m}}\left[\frac{G_{\mathrm{f}}(1+V_{\mathrm{f}})+G_{\mathrm{m}}(1-V_{\mathrm{f}})}{G_{\mathrm{f}}(1-V_{\mathrm{f}})+G_{\mathrm{m}}(1+V_{\mathrm{f}})}\right]\gamma_{12}^0 \tag{4.341}$$

得到剪切模量：

$$G_{12} \equiv \frac{\tau_{12,\mathrm{m}}\mid_{r=b,\theta=0}}{\gamma_{12}^0}$$

得：

$$G_{12} = G_{\mathrm{m}}\left[\frac{G_{\mathrm{f}}(1+V_{\mathrm{f}})+G_{\mathrm{m}}(1-V_{\mathrm{f}})}{G_{\mathrm{f}}(1-V_{\mathrm{f}})+G_{\mathrm{m}}(1+V_{\mathrm{f}})}\right] \tag{4.342}$$

例 4.32　求纤维体积分数为 70% 的玻纤/环氧树脂单向板的剪切模量 G_{12}。玻纤和环氧树脂性质分别见表 4.4 和表 4.5。采用弹性模型公式。

解　由例 4.26，知 $G_f = 35.42\,\text{GPa}$，$G_m = 1.308\,\text{GPa}$。根据式 (4.342)，剪切模量：

$$G_{12} = 1.308 \times 10^9 \left[\frac{(35.42 \times 10^9)(1+0.7) + (1.308 \times 10^9)(1-0.7)}{(35.42 \times 10^9)(1-0.7) + (1.308 \times 10^9)(1+0.7)} \right]$$

$$= 6.169 \times 10^9\,\text{Pa}$$

$$= 6.169\,\text{GPa}$$

对于同一问题，采用材料力学法和 Halphin-Tsai 公式，得到的剪切模量 G_{12} 分别为 4.014 GPa 和 6.169 GPa。

图 4.59 所示为玻纤/环氧树脂单向板剪切模量与纤维体积分数的关系，采用弹性方程即式 (4.342)、Halphin-Tsai 公式即式 (4.242) 和材料力学法即式 (4.237)，并与试验值对比。

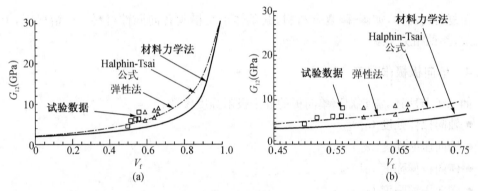

图 4.59　玻纤/环氧树脂单向板 ($G_f = 30.19\,\text{GPa}$，$G_m = 1.83\,\text{GPa}$) 的剪切模量理论值与纤维体积分数的关系，以及和试验值的对比

根据弹性法、Halphin-Tsai 公式和材料力学法 (例 4.23～例 4.31) 预测的弹性模量、泊松比和剪切模量见表 4.6。

表 4.6　弹性模量、泊松比和剪切模量预测值

方法	$E_1(\text{GPa})$	$E_2(\text{GPa})$	ν_{12}	$G_{12}(\text{GPa})$
材料力学法	60.52	10.37	0.2300	4.014
Halphin-Tsai 公式	60.52	20.20	0.2300	6.169
弹性法	60.53	15.51	0.2238	6.169[a]

[a] Halphin-Tsai 公式和弹性法得到的剪切模量值相等。你能证明这不是一个巧合吗？

4.2.3.4　横观各向同性复合材料弹性模量

玻纤、芳纶和碳纤维为复合材料普遍使用的三种纤维，其中，芳纶和碳纤维为横观各向同性材料。根据 4.1 节横观各向同性材料的定义，这样的纤维具有五个弹性模量。

若 L 代表纤维长度方向即轴向，T 代表垂直于纤维长度方向即横向的各向同性平面 (图 4.60)，则横观各向同性纤维的五个弹性模量为：

E_{fL} = 轴向弹性模量；

E_{fT} = 横向弹性模量；

ν_{fL} = 施加轴向拉伸载荷，横向泊松比；

ν_{fT} = 对横向施加拉伸载荷，轴向泊松比；

G_{fT} = 垂直于各向同性平面的面内剪切模量。

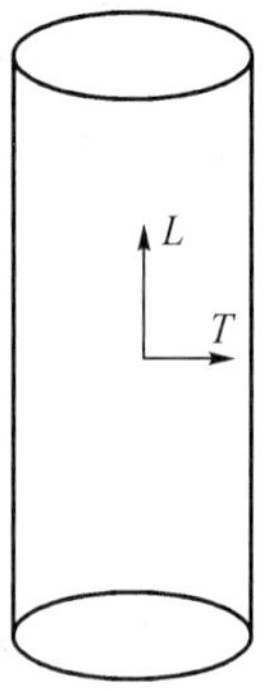

对于含横观各向同性纤维[32]的复合材料，采用材料力学法得到其弹性模量：

$$E_1 = E_{fL}V_f + E_m V_m \tag{4.343a}$$

$$\frac{1}{E_2} = \frac{V_f}{E_{fT}} + \frac{V_m}{E_m} \tag{4.343b}$$

$$\nu_{12} = \nu_{fT}V_f + \nu_m V_m \tag{4.343c}$$

$$\frac{1}{G_{12}} = \frac{V_f}{G_{fT}} + \frac{V_m}{G_m} \tag{4.343d}$$

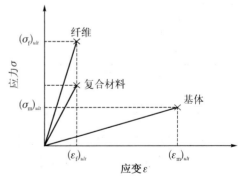

图 4.60 横观各向同性纤维轴向和横向

在复合材料中，如碳-碳复合材料，其基体也是横观各向同性材料。该情况下，上述公式无效，参见相关文献[29, 33]。

4.2.4 单向板极限强度

如 4.1 节所述，需要知道单向板的五个极限强度参数：

- 轴向拉伸强度 $(\sigma_1^T)_{ult}$；
- 轴向压缩强度 $(\sigma_1^C)_{ult}$；
- 横向拉伸强度 $(\sigma_2^T)_{ult}$；
- 横向压缩强度 $(\sigma_2^C)_{ult}$；
- 面内剪切强度 $(\tau_{12})_{ult}$。

本小节将讨论利用材料力学法，可否及如何通过纤维和基体各自的性质得到这些参数。单向板的强度参数比刚度更难预测，因为强度对材料、几何非均匀性、纤维-基体界面、加工工艺和环境更加敏感。例如，纤维基体之间的弱界面会导致复合材料在横向拉伸加载下过早破坏，但会增加轴向拉伸强度。由于这些敏感性，一些理论和经验模型只对部分强度参数有效。另外，这些强度参数的试验评价也很重要，因为这是直接且可靠的。本小节也对有关试验技术进行讨论。

4.2.4.1 轴向拉伸强度

一个简单的材料力学模型如图 4.61 所示，假设：

- 纤维和基体各向同性、均匀，失效前呈线弹性。
- 对于聚合物基复合材料，基体失效应变比纤维失效应变大。例如，玻纤在应变为 $3\%\sim5\%$ 时失效，而环氧树脂在应变为 $9\%\sim10\%$ 时失效。

图 4.61 复合材料沿纤维取向方向拉伸时的应力-应变曲线

如果：

$(\sigma_{\mathrm{f}})_{ult}$ 为纤维极限拉伸强度；

E_{f} 为纤维弹性模量；

$(\sigma_{\mathrm{m}})_{ult}$ 为基体极限拉伸强度；

E_{m} 为基体弹性模量。

纤维极限失效应变：

$$(\varepsilon_{\mathrm{f}})_{ult} = \frac{(\sigma_{\mathrm{f}})_{ult}}{E_{\mathrm{f}}} \tag{4.344}$$

基体极限失效应变：

$$(\varepsilon_{\mathrm{m}})_{ult} = \frac{(\sigma_{\mathrm{m}})_{ult}}{E_{\mathrm{m}}} \tag{4.345}$$

由于聚合物基复合材料中纤维承担大部分载荷，假设纤维在应变为 $(\varepsilon_{\mathrm{f}})_{ult}$ 时失效，则整个复合材料失效。因此，复合材料的拉伸强度：

$$(\sigma_1^{\mathrm{T}})_{ult} = (\sigma_{\mathrm{f}})_{ult} V_{\mathrm{f}} - (\varepsilon_{\mathrm{f}})_{ult} E_{\mathrm{m}} (1-V_{\mathrm{f}}) \tag{4.346}$$

一旦纤维发生破坏，复合材料还能承担更多载荷吗？基体能独自承担的应力为 $(\sigma_{\mathrm{m}})_{ult}(1-V_{\mathrm{f}})$，只要此应力大于 $(\sigma_1^{\mathrm{T}})_{ult}$［式(4.346)］，复合材料才可能承担更多载荷，这时的纤维体积分数为最小纤维体积分数 $(V_{\mathrm{f}})_{\min}$：

$$(\sigma_{\mathrm{m}})_{ult}\left[1-(V_{\mathrm{f}})_{\min}\right] > (\sigma_{\mathrm{f}})_{ult}(V_{\mathrm{f}})_{\min} + (\varepsilon_{\mathrm{f}})_{ult} E_{\mathrm{m}}\left[1-(V_{\mathrm{f}})_{\min}\right]$$
$$(V_{\mathrm{f}})_{\min} < \frac{(\sigma_{\mathrm{m}})_{ult} - E_{\mathrm{m}}(\varepsilon_{\mathrm{f}})_{ult}}{(\sigma_{\mathrm{f}})_{ult} - E_{\mathrm{m}}(\varepsilon_{\mathrm{f}})_{ult} + (\sigma_{\mathrm{m}})_{ult}} \tag{4.347}$$

在基体中加入纤维，复合材料将具有比基体更低的极限拉伸强度，这时的纤维体积分数叫作临界纤维体积分数 $(V_{\mathrm{f}})_{\mathrm{critical}}$：

$$(\sigma_{\mathrm{m}})_{ult} > (\sigma_{\mathrm{f}})_{ult}(V_{\mathrm{f}})_{\mathrm{critical}} + (\varepsilon_{\mathrm{f}})_{ult} E_{\mathrm{m}}\left[1-(V_{\mathrm{f}})_{\mathrm{critical}}\right]$$
$$(V_{\mathrm{f}})_{\mathrm{critical}} < \frac{(\sigma_{\mathrm{m}})_{ult} - E_{\mathrm{m}}(\varepsilon_{\mathrm{f}})_{ult}}{(\sigma_{\mathrm{f}})_{ult} - E_{\mathrm{m}}(\varepsilon_{\mathrm{f}})_{ult}} \tag{4.348}$$

例 4.33　求纤维体积分数为 70% 的玻纤/环氧树脂复合材料的极限拉伸强度，以及纤维体积分数的最小值和临界值。玻纤和环氧树脂性质见表 4.4 和表 4.5。

解　由表 4.4，得：

$$E_{\mathrm{f}} = 85\,\mathrm{GPa}$$
$$(\sigma_{\mathrm{f}})_{ult} = 1\,550\,\mathrm{MPa}$$

因此，有：

$$(\varepsilon_{\mathrm{f}})_{ult} = \frac{1\,550 \times 10^6}{85 \times 10^9} = 0.182\,3 \times 10^{-1}$$

由表 4.5，得：

$$E_{\mathrm{m}} = 3.4\,\mathrm{GPa}$$
$$(\sigma_{\mathrm{m}})_{ult} = 72\,\mathrm{MPa}$$

因此，有：

$$(\varepsilon_{\mathrm{m}})_{ult} = \frac{72 \times 10^6}{3.4 \times 10^9} = 0.211\,7 \times 10^{-1}$$

根据式(4.346),得极限轴向拉伸强度:

$$(\sigma_1^{\mathrm{T}})_{ult} = (1\,550 \times 10^6)(0.7) + (0.182\,3 \times 10^{-1})(3.4 \times 10^9)(1-0.7) = 1\,104\ \mathrm{MPa}$$

根据式(4.347),得最小纤维体积分数:

$$(V_{\mathrm{f}})_{\min} = \frac{72 \times 10^6 - (3.4 \times 10^9)(0.182\,3 \times 10^{-1})}{1\,550 \times 10^6 - (3.4 \times 10^9)(0.182\,3 \times 10^{-1}) + 72 \times 10^6}$$
$$= 0.642\,2 \times 10^{-2} = 0.642\,2\%$$

这意味着,若纤维体积分数小于 $0.642\,2\%$,在纤维破坏后,基体可继续承受载荷。

根据式(4.348),得临界纤维体积分数:

$$(V_{\mathrm{f}})_{\mathrm{critical}} = \frac{72 \times 10^6 - (3.4 \times 10^9)(0.182\,3 \times 10^{-1})}{1\,550 \times 10^6 - (3.4 \times 10^9)(0.182\,3 \times 10^{-1})} = 0.673\,2 \times 10^{-2} = 0.673\,2\%$$

这意味着,若纤维体积分数小于 $0.673\,2\%$,复合材料的轴向极限拉伸强度将小于基体的极限拉伸强度。

试验评估:复合材料拉伸强度测试一般采用 ASTM D3039 规定的测试方法,如图4.62。试样尺寸如图4.63。试样包括6~8 个 0°铺层,宽 12.5 mm,长 229 mm。在试样轴向和横向安装应变片。对试样施加拉伸应力,拉伸速度为0.5~1 mm/min。在试样失效前,共得到应力-应变的40~50 个数据。图 4.64 所示为轴向拉伸应力 σ_1 与轴向拉伸应变 ε_1 的曲线。采用线性回归拟合,轴向弹性模量为曲线初始斜率。

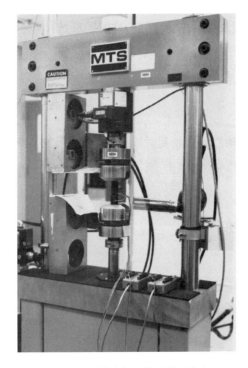

图 4.62　测试架上的试样,用于
求复合材料的拉伸强度

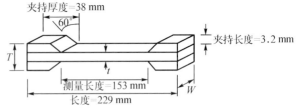

图 4.63　试样尺寸

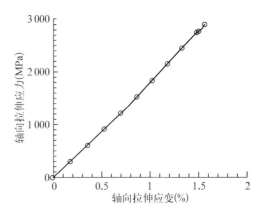

图 4.64　[0]₈ 层合板在轴向拉伸
加载下的应力-应变曲线

由图 4.64,得到:

$$E_1 = 187.5\,\mathrm{GPa}$$

$$(\sigma_1^{\mathrm{T}})_{ult} = 2\,896\,\mathrm{MPa}$$

$$(\varepsilon_1^{\mathrm{T}})_{ult} = 1.560\%$$

■ 讨论　单向板受轴向拉伸载荷时有三种失效模式:

(1) 纤维脆性断裂;

(2) 纤维抽拔脆性断裂;

(3) 纤维抽拔,纤维-基体脱黏。

三种失效模式如图 4.65 所示。失效模式取决于纤维基体黏结强度和纤维体积分数[34]。对于低纤维体积分数,$0 < V_f < 0.40$,呈(1)型失效模式。对于中等纤维体积分数,$0.4 < V_f < 0.65$,呈(2)型失效模式。对于高纤维体积分数,$V_f > 0.65$,呈(3)型失效模式。

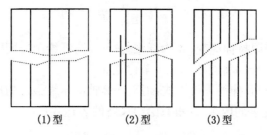

(1)型　　　　　(2)型　　　　　(3)型

图 4.65　轴向拉伸加载下单向板失效模式

4.2.4.2　轴向压缩强度

用于计算单向板轴向拉伸强度的模型不能用于计算其轴向压缩强度,因为失效模式不同。轴向压缩加载下单向板失效模式如图 4.66 所示。

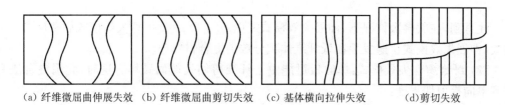

(a) 纤维微屈曲伸展失效　(b) 纤维微屈曲剪切失效　(c) 基体横向拉伸失效　　(d) 剪切失效

图 4.66　轴向压缩加载下单向板失效模式

● 由于基体和/或黏结处的拉伸应变,基体断裂和/或纤维基体脱黏;

● 纤维剪切或微屈曲伸展失效;

● 纤维剪切失效。

(1) 基体失效模式中的极限拉伸应变。采用材料力学法模型,基于复合材料横向拉伸应变产生的横向失效模式[34],假设施加轴向压缩应力,则轴向压缩应变:

$$|\,\varepsilon_1\,| = \frac{|\,\sigma_1\,|}{E_1} \tag{4.349}$$

由于主泊松比为 ν_{12}，横向为拉伸应变：

$$\mid \varepsilon_2 \mid = \nu_{12} \frac{\mid \sigma_1 \mid}{E_1} \tag{4.350}$$

利用最大应力失效理论，若横向拉伸应变超过横向极限拉伸应变 $(\varepsilon_2^{\mathrm{T}})_{ult}$，认为复合材料横向失效。因此，有：

$$(\sigma_1^{\mathrm{C}})_{ult} = \frac{E_1 (\varepsilon_2^{\mathrm{T}})_{ult}}{\nu_{12}} \tag{4.351}$$

轴向弹性模量 E_1 和主泊松比 ν_{12} 分别由式(4.216)和式(4.231)得到，$(\varepsilon_2^{\mathrm{T}})_{ult}$ 的值可利用半经验公式：

$$(\varepsilon_2^{\mathrm{T}})_{ult} = (\varepsilon_m^{\mathrm{T}})_{ult} (1 - V_f^{1/3}) \tag{4.352}$$

或材料力学法公式：

$$(\varepsilon_2^{\mathrm{T}})_{ult} = (\varepsilon_m^{\mathrm{T}})_{ult} \left[\frac{d}{s} \left(\frac{E_m}{E_f} - 1 \right) + 1 \right] \tag{4.353}$$

式中：$(\varepsilon_m^{\mathrm{T}})_{ult}$ 为基体极限拉伸应变；d 为纤维直径；s 为纤维中心间距。

式(4.352)和式(4.353)将在 4.2.4.3 节讨论。

（2）纤维微屈曲剪切/伸展失效模式：用于计算轴向压缩强度的局部屈曲模型[35-36]。由于该失效模式基于更先进的内容，这里只给出最终的表达式：

$$(\sigma_1^{\mathrm{C}})_{ult} = \min[S_1^{\mathrm{C}}, \, S_2^{\mathrm{C}}] \tag{4.354}$$

式中：

$$S_1^{\mathrm{C}} = 2 \left[V_f + (1 - V_f) \frac{E_m}{E_f} \right] \sqrt{\frac{V_f E_m E_f}{3(1 - V_f)}} \tag{4.355a}$$

$$S_2^{\mathrm{C}} = \frac{G_m}{1 - V_f} \tag{4.355b}$$

注意到，在大多数情况下，伸展失效模式屈曲应力（S_1^{C}）比剪切失效模式屈曲应力（S_2^{C}）更大，伸展失效模式普遍发生在低纤维体积分数的复合材料中。

（3）纤维剪切失效模式：单向板可能由于纤维剪切失效而破坏。这时，利用混合法则，得到单向板剪切强度：

$$(\tau_{12})_{ult} = (\tau_f)_{ult} V_f + (\tau_m)_{ult} V_m \tag{4.356}$$

式中：$(\tau_f)_{ult}$ 为纤维极限剪切强度；$(\tau_m)_{ult}$ 为基体极限剪切强度。

复合材料在轴向压缩载荷下的最大剪切应力为 $(\sigma_1^{\mathrm{C}})/2$，出现在与加载轴夹角 45°处。因此，有：

$$(\sigma_1^{\mathrm{C}})_{ult} = 2 [(\tau_f)_{ult} V_f + (\tau_m)_{ult} V_m] \tag{4.357}$$

讨论了基于上述失效模式的三个模型，用于求极限轴向压缩强度。但这些模型的分析结果与轴向压缩强度试验结果并不一致，从试验值和预测值的对比中可得到部分证明，见表 4.7。不可与式(4.351)和式(4.357)对比，因为文献[37]中未给出组分材料的性质，即使纤维屈曲是先进聚合物基复合材料最可能的失效模式。

造成该差异的因素包括：

- 纤维间不规则间距造成富树脂区过早破坏；
- 纤维和基体间不完美黏结；
- 纤维取向差；
- 无法解释纤维和基体间泊松比不匹配；
- 无法解释纤维的横观各向同性性质，如芳纶和碳纤维。

此外，关于测量压缩强度使用的技术没有争议。

表 4.7 单向板轴向压缩强度的试验值和预测值对比[a]

材料	强度试验值	预测值（MPa）	
		式(4.355a)	式(4.355b)
玻纤/聚酯	600~1 000	8 700	2 200
I 型碳纤维/环氧树脂	700~900	22 800	2 900
Kevlar 49 纤维/环氧树脂	240~290	13 200	2 900

[a] $V_f = 0.50$。

例 4.34 求纤维体积分数为 70% 的玻纤/环氧树脂单向板的轴向压缩强度。玻纤和环氧树脂性质见表 4.4 和表 4.5。假设纤维为圆形，方形排列。

解 由表 4.4，得纤维弹性模量：

$$E_f = 85\,GPa$$

纤维泊松比：

$$\nu_f = 0.20$$

纤维极限拉伸强度：

$$(\sigma_f)_{ult} = 1\,550\,MPa$$

纤维极限剪切强度：

$$(\tau_f)_{ult} = 35\,MPa$$

由表 4.5，得基体弹性模量：

$$E_m = 3.4\,GPa$$

基体泊松比：

$$\nu_m = 0.30$$

基体极限法向强度：

$$(\sigma_m)_{ult} = 72\,MPa$$

基体极限剪切强度：

$$(\tau_m)_{ult} = 34\,MPa$$

由例 4.23,得单向板轴向弹性模量:

$$E_1 = 60.52\,\text{GPa}$$

由例 4.25,得单向板主泊松比:

$$\nu_{12} = 0.23$$

根据式(4.224a),得纤维直径与纤维间距比:

$$\frac{d}{s} = \left[\frac{4(0.7)}{\pi}\right]^{1/2} = 0.944\,1$$

基体极限拉伸应变:

$$(\varepsilon_\text{m})_{ult} = \frac{72 \times 10^6}{3.40 \times 10^9} = 0.211\,7 \times 10^{-1}$$

根据式(4.353),得横向极限拉伸应变:

$$(\varepsilon_2^\text{T})_{ult} = 0.211\,7 \times 10^{-1}\left[0.944\,1\left(\frac{3.4 \times 10^9}{85 \times 10^9} - 1\right) + 1\right] = 0.198\,3 \times 10^{-2}$$

由式(4.352),得:

$$(\varepsilon_2^\text{T})_{ult} = (0.211\,7 \times 10^{-1})(1 - 0.7^{1/3}) = 0.237\,3 \times 10^{-2}$$

利用横向极限拉伸应变 $(\varepsilon_2^\text{T})_{ult}$ 和式(4.351)所得结果中较小的值,得:

$$(\sigma_1^\text{C})_{ult} = \frac{(60.52 \times 10^9)(0.198\,3 \times 10^{-2})}{0.23} = 521.8\,\text{MPa}$$

利用式(4.355a),得:

$$S_1^\text{C} = 2\left[0.7 + (1 - 0.7)\frac{3.4 \times 10^9}{85 \times 10^9}\right]\sqrt{\frac{(0.7)(3.4 \times 10^9)(85 \times 10^9)}{3(1 - 0.7)}}$$
$$= 21\,349\,\text{MPa}$$

由例 4.26,得基体剪切模量:

$$G_m = 1.308\,\text{GPa}$$

利用式(4.355b),得:

$$S_2^\text{C} = \frac{1.308 \times 10^9}{1 - 0.7} = 4\,360\,\text{MPa}$$

因此,由式(4.354),得轴向极限压缩强度:

$$(\sigma_1^\text{C})_{ult} = \min(21\,349,\,4\,360) = 4\,360\,\text{MPa}$$

利用纤维切应力失效模式,由式(4.357)得到轴向极限压缩强度:

$$(\sigma_1^\text{C})_{ult} = 2[(35 \times 10^6)(0.7) + (34 \times 10^6)(0.3)]$$
$$= 69.4\,\text{MPa}$$

上述两个值中的最小值,即预测的轴向极限压缩强度:

$$(\sigma_1^C)_{ult} = 69.4\ \text{MPa}$$

试验评估:复合材料压缩强度可由几种方法得到。最推荐的方法为 IITRI(Illinois Institute of Technology Research Institute)压缩测试[38]。图 4.67 为 IITRI 固定装置(ASTM D3410 Celanese)。试样(图 4.68)一般为 16～20 层 0°铺层,宽 6.4 mm,长 127 mm。应变片沿长度方向安装在试样两面,为检查边和端部的平行。试样受到速率为 0.5～1 mm/min 的压缩加载。在试样失效前共测得 40～50 个数据。图 4.69 所示为某种碳纤维/环氧树脂层合板轴向压缩应力-应变曲线。采用线性回归拟合,压缩模量为压缩应力-应变曲线初始段的斜率。由图 4.69,得到:

图 4.67 用于求复合材料压缩强度的 IITRI 固定装置

$$E_1^C = 199\ \text{GPa}$$
$$(\sigma_1^C)_{ult} = 1\,908\ \text{MPa}$$
$$(\varepsilon_1^C)_{ult} = 0.955\,0\%$$

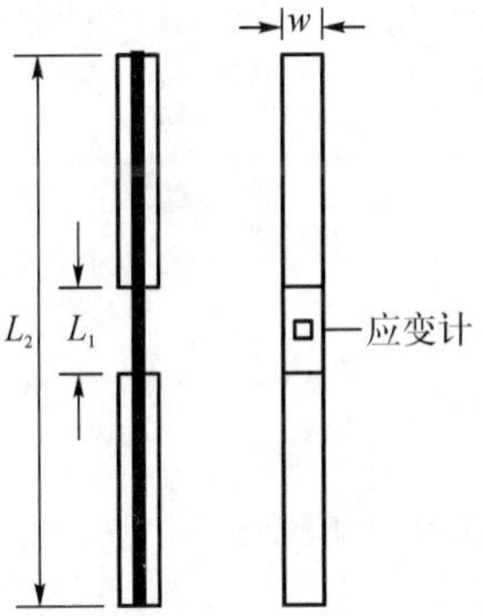

试样尺寸		
L_1 (mm)	L_2 (mm)	w (mm)
12.7±1	12.7±1.5	12.7±0.1 或 6.4±0.1

图 4.68 试样示意

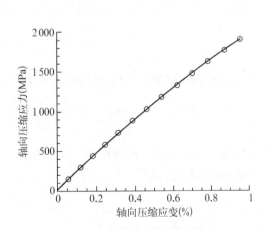

图 4.69 $[0]_{24}$ 碳纤维/环氧树脂层合板在轴向压缩加载下的应力-应变曲线

4.2.4.3 横向拉伸强度

本小节将给出用于求单向板横向拉伸强度的材料力学模型[39],假设:

- 纤维-基体完美黏结；
- 纤维间隙一致；
- 纤维和基体服从 Hooke 定律；
- 无残余应力。

假设一个单向板平面模型，如图 4.70 中的阴影部分。在这种情况下，s ＝纤维中心间距，d ＝纤维直径，纤维、基体和单向板的横向变形分别为 δ_f、δ_m 和 δ_c。它们之间的关系：

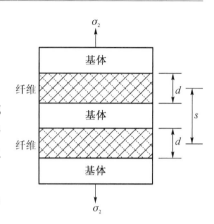

图 4.70　计算单向板横向拉伸强度的代表性体积单元

$$\delta_c = \delta_f + \delta_m \qquad (4.358)$$

由应变的定义，得到变形与横向应变的关系：

$$\delta_c = s\varepsilon_c \qquad (4.359a)$$
$$\delta_f = d\varepsilon_f \qquad (4.359b)$$
$$\delta_m = (s-d)\varepsilon_m \qquad (4.359c)$$

式中：ε_c、ε_f、ε_m 分别为单向板、纤维和基体的横向应变。

将式（4.359）代入式（4.358），得到：

$$\varepsilon_c = \frac{d}{s}\varepsilon_f + \left(1 - \frac{d}{s}\right)\varepsilon_m \qquad (4.360)$$

在横向拉伸加载下，假设纤维和基体应力相等（见 4.2.3.1 节"（2）横向弹性模量"推导）。然后，根据 Hooke 定律，得纤维和基体的应变关系：

$$E_f\varepsilon_f = E_m\varepsilon_m \qquad (4.361)$$

将式（4.361）代入式（4.360），得单向板横向应变：

$$\varepsilon_c = \left[\frac{d}{s}\frac{E_m}{E_f} + \left(1 - \frac{d}{s}\right)\right]\varepsilon_m \qquad (4.362)$$

若假设单向板横向失效由基体失效导致，则横向极限失效应变：

$$(\varepsilon_2^T)_{ult} = \left[\frac{d}{s}\frac{E_m}{E_f} + \left(1 - \frac{d}{s}\right)\right](\varepsilon_m^T)_{ult} \qquad (4.363)$$

式中：$(\varepsilon_m^T)_{ult}$ 为基体横向极限拉伸失效应变。

则横向极限拉伸强度：

$$(\sigma_2^T)_{ult} = E_2\,(\varepsilon_2^T)_{ult} \qquad (4.364)$$

式中：$(\varepsilon_2^T)_{ult}$ 由式（4.363）给出。

上述表达式是假设纤维与基体完美黏结得到的。若纤维与基体黏结较差，单向板横向拉伸强度将降低。

例 4.35　求纤维体积分数为 70％的玻纤/环氧树脂单向板的极限横向拉伸强度。玻纤和环氧树脂性质见表 4.4 和表 4.5。假设纤维为圆形，方形排列。

解　由例 4.34，根据式（4.352）和式（4.353），得单向板横向极限拉伸应变：

$$(\varepsilon_2^{\mathrm{T}})_{ult} = 0.198\ 3 \times 10^{-2}$$

此结果为较低估计。

由例 4.24,得单向板横向弹性模量:

$$E_2 = 10.37\ \mathrm{GPa}$$

利用式(4.364),得单向板横向极限拉伸强度:

$$(\sigma_2^{\mathrm{T}})_{ult} = (10.37 \times 10^9)(0.198\ 3 \times 10^{-2}) = 20.56\ \mathrm{MPa}$$

试验评估:求横向拉伸强度的过程与求轴向拉伸强度相同,仅试样尺寸不同。试样的标准宽度为 25.4 mm,8~16 层铺层,这主要是为了增加试样破坏所需要的载荷。图 4.71 所示为 90°碳纤维/环氧树脂层合板应力-应变曲线。由图 4.71,得到:

$$E_2 = 9.963\ \mathrm{GPa}$$

$$(\sigma_2^{\mathrm{T}})_{ult} = 53.28\ \mathrm{MPa}$$

$$(\varepsilon_2^{\mathrm{T}})_{ult} = 0.535\ 5\%$$

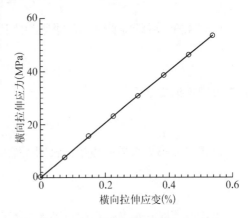

图 4.71　$[90]_{16}$碳纤维/环氧树脂层合板在横向拉伸加载下的应力-应变曲线

■ 讨论　预测横向拉伸强度十分复杂。在横向拉伸加载下,除了纤维和基体各自的性质,其他因素也很重要,包括纤维基体间黏结强度、孔隙、纤维基体间热膨胀系数不匹配导致的残余应力等。横向拉伸应力下,可能的失效模式包括基体拉伸失效、纤维基体脱黏和/或纤维分裂。

4.2.4.4　横向压缩强度

式(4.364)用于计算复合材料的横向拉伸强度,也可用于求其横向压缩强度。同样的,实际的压缩强度也比预测值低,因为纤维基体界面不完美黏结和轴向纤维分裂。利用式(4.364)求横向压缩强度:

$$(\sigma_2^{\mathrm{C}})_{ult} = E_2\ (\varepsilon_2^{\mathrm{C}})_{ult} \tag{4.365}$$

式中:

$$(\varepsilon_2^{\mathrm{C}})_{ult} = \left[\frac{d}{s}\frac{E_{\mathrm{m}}}{E_{\mathrm{f}}} + \left(1 - \frac{d}{s}\right)\right](\varepsilon_{\mathrm{m}}^{\mathrm{C}})_{ult} \tag{4.366}$$

式中:$(\varepsilon_{\mathrm{m}}^{\mathrm{C}})_{ult}$ 为基体极限压缩失效应变。

例 4.36　求纤维体积分数为 70% 的玻纤/环氧树脂单向板的极限横向压缩强度。玻纤和环氧树脂性质见表 4.4 和表 4.5。假设纤维为圆形,方形排列。

解　由表 4.4,得纤维弹性模量:

$$E_{\mathrm{f}} = 85\ \mathrm{GPa}$$

由表 4.5,得基体弹性模量:

$$E_{\mathrm{m}} = 3.4\ \mathrm{GPa}$$

基体极限压缩强度:

$$(\sigma_{\mathrm{m}}^{\mathrm{C}})_{ult} = 102\ \mathrm{MPa}$$

由例 4.24,得横向弹性模量:

$$E_2 = 10.37\ \mathrm{GPa}$$

由例 4.34,得纤维直径与纤维间距之比:

$$\frac{d}{s} = 0.944\ 1$$

基体极限压缩应变:

$$(\varepsilon_{\mathrm{m}}^{\mathrm{C}})_{ult} = \frac{102 \times 10^6}{3.4 \times 10^9} = 0.03$$

由式(4.366),得单向板横向极限压缩应变:

$$(\varepsilon_2^{\mathrm{C}})_{ult} = \left[0.944\ 1\frac{3.4 \times 10^9}{85 \times 10^9} + (1 - 0.944\ 1)\right](0.03) = 0.281\ 0 \times 10^{-2}$$

由式(4.365),得单向板横向极限压缩强度:

$$(\sigma_2^{\mathrm{C}})_{ult} = (10.37 \times 10^9)(0.281\ 0 \times 10^{-2}) = 29.14\ \mathrm{MPa}$$

试验评估:求横向压缩强度的过程与求轴向压缩强度相同,仅试样尺寸不同。试样的标准宽度为12.7 mm,30~40 层铺层,这主要是为了增加试样破坏所需要的载荷。图 4.72 所示为 90° 碳纤维/环氧树脂层合板的应力-应变曲线。由图 4.72,得到:

$$E_2^{\mathrm{C}} = 93\ \mathrm{GPa}$$
$$(\sigma_2^{\mathrm{C}})_{ult} = 198\ \mathrm{MPa}$$
$$(\varepsilon_2^{\mathrm{C}})_{ult} = 2.7\%$$

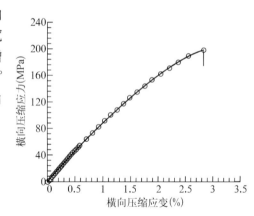

图 4.72　$[90]_{40}$ 碳纤维/环氧树脂层合板在横向压缩载荷下的应力-应变曲线

■ 讨论　横向压缩强度的预测同样与实际有所偏差。横向压缩应力下,失效模式可能包括基体压缩失效、基体剪切失效,伴随着纤维-基体脱黏和/或纤维压碎。

4.2.4.5　面内剪切强度

用材料力学法求单向板极限剪切强度的过程见 4.2.4.3 节。假设施加剪切应力 τ_{12},代表性体积单元的剪切变形由纤维和基体的变形之和得到:

$$\Delta_{\mathrm{c}} = \Delta_{\mathrm{f}} + \Delta_{\mathrm{m}} \tag{4.367}$$

由切应变的定义,有:

$$\Delta_c = s\,(\gamma_{12})_c \tag{4.368a}$$

$$\Delta_f = d\,(\gamma_{12})_f \tag{4.368b}$$

$$\Delta_m = (s-d)\,(\gamma_{12})_m \tag{4.369c}$$

式中:$(\gamma_{12})_c$、$(\gamma_{12})_f$、$(\gamma_{12})_m$ 分别为单向板、纤维和基体的面内切应变。

将式(4.368)代入式(4.367),得:

$$(\gamma_{12})_c = \frac{d}{s}\,(\gamma_{12})_f + \left(1 - \frac{d}{s}\right)(\gamma_{12})_m \tag{4.369}$$

在剪切应力加载下,假设纤维和基体的切应力相等(见 4.2.3.1 节"(2)剪切模量"推导),则纤维和基体的切应变之间的关系:

$$(\gamma_{12})_m G_m = (\gamma_{12})_f G_f \tag{4.370}$$

将式(4.370)中的 $(\gamma_{12})_f$ 代入式(4.369),得:

$$(\gamma_{12})_c = \left[\frac{d}{s}\frac{G_m}{G_f} + \left(1 - \frac{d}{s}\right)\right](\gamma_{12})_m \tag{4.371}$$

若假设剪切失效由基体失效导致,则:

$$(\gamma_{12})_{ult} = \left[\frac{d}{s}\frac{G_m}{G_f} + \left(1 - \frac{d}{s}\right)\right](\gamma_{12})_{m\,ult} \tag{4.372}$$

式中:$(\gamma_{12})_{m\,ult}$ 为基体极限剪切失效应变。

则极限剪切强度:

$$(\tau_{12})_{ult} = G_{12}(\gamma_{12})_{ult} = G_{12}\left[\frac{d}{s}\frac{G_m}{G_f} + \left(1 - \frac{d}{s}\right)\right](\gamma_{12})_{mult} \tag{4.373}$$

例 4.37 求纤维体积分数为 70% 的玻纤/环氧树脂单向板的极限剪切强度。玻纤和环氧树脂性质见表 4.4 和表 4.5。假设纤维为圆形,方形排列。

解 由例 4.26,得纤维剪切模量:

$$G_f = 35.42\,\text{GPa}$$

基体剪切模量:

$$G_m = 1.308\,\text{GPa}$$

单层板剪切模量:

$$G_{12} = 4.014\,\text{GPa}$$

由例 4.34,得纤维直径与纤维间距比:

$$\frac{d}{s} = 0.944\,1$$

由表 4.5,得基体极限剪切强度:

$$(\tau_{12})_{m\,ult} = 34\,\text{MPa}$$

则基体极限剪切应变：

$$(\gamma_{12})_{m\,ult} = \frac{34 \times 10^6}{1.308 \times 10^9} = 0.259\,9 \times 10^{-1}$$

利用式(4.373)，得单向板极限剪切强度：

$$(\tau_{12})_{ult} = (4.014 \times 10^9)\left[0.944\,1 \times \frac{1.308 \times 10^9}{35.42 \times 10^9} + (1 - 0.944\,1)\right](0.259\,9 \times 10^{-1})$$
$$= 9.469\,\text{MPa}$$

试验评估：用于测试面内剪切强度的一个最推荐的方法为 $[\pm 45]_{2s}$ 层合板拉伸试验(图 4.73)[41]。试样为 8 层，每层取向为 $[+45/-45/+45/-45/-45/+45/-45/+45]$。对该层合板施加轴向应力 σ_x，测量轴向应变 ε_y 和横向应变 ε_y。若层合板在载荷为 $(\sigma_x)_{ult}$ 时失效，则其极限剪切强度：

$$(\tau_{12})_{ult} = \frac{(\sigma_x)_{ult}}{2} \qquad (4.374)$$

极限剪切应变：

$$(\gamma_{12})_{ult} = (|\varepsilon_x|)_{ult} + (|\varepsilon_y|)_{ult} \qquad (4.375)$$

采用 8 层 $[\pm 45]_{2s}$ 层合板有几个原因。首先，根据 4.1 节的最大应力/应变失效理论，每层在相同载荷下剪切失效，失效时的应力为单层板剪切强度的 2 倍，取决于单层板的其他力学性能，见式(4.374)。其次，切应变仅由两个垂直方向的应变片测得，不需要单层板弹性常数值。

剪切强度为层合板可承受的最大单轴应力的 1/2。τ_{12}-γ_{12} 曲线的初始斜率为剪切模量 G_{12}。试样失效前共测得 40~50 个数据。由图 4.74，得到：

$$G_{12} = 5.566\,\text{GPa}$$
$$(\tau_{12})_{ult} = 87.57\,\text{MPa}$$
$$(\gamma_{12})_{ult} = 2.619\%$$

■ 讨论　极限剪切强度的预测很复杂，弱界面、孔隙和泊松比等参数不匹配，使得建模十分复杂。

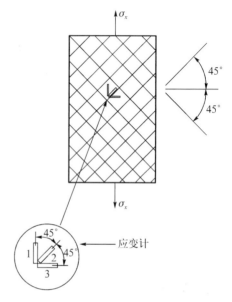

图 4.73　$[\pm 45]_{2s}$ 层合板拉伸测试示意

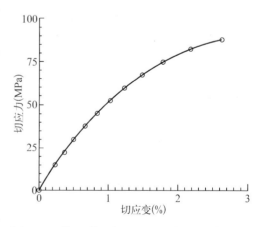

图 4.74　$[\pm 45]_{2s}$ 碳纤维/环氧树脂层合板受拉伸加载时的切应力-切应变曲线

得到强度参数的理论方法包括数据统计和更高级的方法。统计法考虑了纤维强度、纤维-基体黏结、孔隙、纤维间距、纤维直径、纤维排布等变量。更高级的方法使用了弹性法、有限元法、边界元法、有限差分法等。

4.2.5　热膨胀系数

当一个物体在温度改变时,其尺寸相对于原始尺寸的变化与温度变化成比例。热膨胀系数定义为单位温度变化导致的物体单位长度的变化。

对于单向板,1、2 方向的尺寸变化不同,两个热膨胀系数的定义:

α_1——1 方向热膨胀系数,$10^{-6}/℃$;

α_2——2 方向热膨胀系数,$10^{-6}/℃$。

根据热弹性极值原理[42],两个热膨胀系数:

$$\alpha_1 = \frac{1}{E_1}(\alpha_f E_f V_f + \alpha_m E_m V_m) \tag{4.376}$$

$$\alpha_2 = (1+\nu_f)\alpha_f V_f + (1+\nu_m)\alpha_m V_m - \alpha_1 \nu_{12} \tag{4.377}$$

式中:α_f 和 α_m 分别为纤维和基体的热膨胀系数。

4.2.5.1　轴向热膨胀系数

举一个例子,式(4.376)可通过材料力学法得到[43]。考虑单向板在温度增量为 ΔT 时的轴向膨胀。若只有温度 ΔT 加载,单向板的轴向作用力 F_1 为零,则:

$$F_1 = \sigma_1 A_c = 0 = \sigma_f A_f + \sigma_m A_m \tag{4.378}$$

$$\sigma_f V_f + \sigma_m V_m = 0 \tag{4.379}$$

式中:A_c、A_f、A_m 分别为单向板、纤维和基体的横截面面积;σ_1、σ_f、σ_m 分别为单向板、纤维和基体的应力。

虽然轴向作用力之和为零,但由于纤维和基体的热膨胀系数不匹配,导致纤维和基体产生应力:

$$\sigma_f = E_f(\varepsilon_f - \alpha_f \Delta T) \tag{4.380a}$$

$$\sigma_m = E_m(\varepsilon_m - \alpha_m \Delta T) \tag{4.380b}$$

将式(4.380a)和式(4.380b)代入式(4.379),且纤维和基体的应变相等($\varepsilon_f = \varepsilon_m = \varepsilon_1$),则:

$$\varepsilon_f = \frac{\alpha_f E_f V_f + \alpha_m E_m V_m}{E_f V_f + E_m V_m} \Delta T \tag{4.381}$$

对于单向板沿轴向的自由膨胀,轴向应变:

$$\varepsilon_1 = \alpha_1 \Delta T \tag{4.382}$$

由于纤维和单向板的应变相等($\varepsilon_1 = \varepsilon_f$),根据式(4.381)和式(4.382),得:

$$\alpha_1 = \frac{\alpha_f E_f V_f + \alpha_m E_m V_m}{E_f V_f + E_m V_m}$$

利用式(4.216)对轴向弹性模量的定义,有:

$$\alpha_1 = \frac{1}{E_1}(\alpha_f E_f V_f + \alpha_m E_m V_m) \tag{4.383}$$

轴向热膨胀系数可以写为:

$$\alpha_1 = \left(\frac{\alpha_f E_f}{E_1}\right)V_f + \left(\frac{\alpha_m E_m}{E_1}\right)V_m \tag{4.384}$$

表明其也符合混合法则,即根据组分 $\alpha E/E_1$ 的加权平均。

4.2.5.2　横向热膨胀系数

由于温度改变了 ΔT,假设纤维和基体沿 1 方向的应变相等,即:

$$\varepsilon_m = \varepsilon_f = \varepsilon_1 \tag{4.385}$$

现在,纤维沿 1 方向的应力:

$$(\sigma_f)_1 = E_f(\varepsilon_f)_1 = E_f\varepsilon_1 = E_f(\alpha_1 - \alpha_f)\Delta T \tag{4.386}$$

基体沿 1 方向的应力:

$$(\sigma_m)_1 = E_m(\varepsilon_m)_1 = E_m\varepsilon_1 = E_m(\alpha_m - \alpha_1)\Delta T \tag{4.387}$$

根据 Hooke 定律,纤维和基体沿横向的应变:

$$(\varepsilon_f)_2 = \alpha_f\Delta T - \frac{\nu_f(\sigma_f)_1}{E_f} \tag{4.388}$$

$$(\varepsilon_m)_2 = \alpha_m\Delta T - \frac{\nu_m(\sigma_m)_1}{E_m} \tag{4.389}$$

根据混合法则,单向板横向应变:

$$\varepsilon_2 = (\varepsilon_f)_2 V_f + (\varepsilon_m)_2 V_m \tag{4.390}$$

将式(4.388)和式(4.389)代入式(4.390),得:

$$\varepsilon_2 = \left[\alpha_f\Delta T - \frac{\nu_f E_f(\alpha_1 - \alpha_f)\Delta T}{E_f}\right]V_f + \left[\alpha_m\Delta T + \frac{\nu_m E_m(\alpha_m - \alpha_1)\Delta T}{E_m}\right]V_m \tag{4.391}$$

由于:

$$\varepsilon_2 = \alpha_2\Delta T \tag{4.392}$$

得到:

$$\alpha_2 = [\alpha_f - \nu_f(\alpha_1 - \alpha_f)]V_f + [\alpha_m + \nu_m(\alpha_m - \alpha_1)]V_m \tag{4.393}$$

又:

$$\nu_{12} = \nu_f V_f + \nu_m V_m \tag{4.394}$$

将式(4.394)代入式(4.393),得:

$$\alpha_2 = (1 + \nu_f)\alpha_f V_f + (1 + \nu_m)\alpha_m V_m - \alpha_1\nu_{12} \tag{4.395}$$

例 4.38 求纤维体积分数为 70% 的玻纤/环氧树脂单向板的热膨胀系数。玻纤和环氧树脂性质见表 4.4 和表 4.5。

解 由表 4.4,得纤维弹性模量:

$$E_f = 85\,\text{GPa}$$

纤维泊松比:

$$\nu_f = 0.2$$

纤维热膨胀系数:

$$\alpha_f = 5 \times 10^{-6}\,\text{m/m/℃}$$

由表 4.5,得基体弹性模量:

$$E_m = 3.4\,\text{GPa}$$

基体泊松比:

$$\nu_m = 0.3$$

基体热膨胀系数:

$$\alpha_m = 63 \times 10^{-6}\,\text{m/m/℃}$$

由例 4.23,得单向板轴向弹性模量:

$$E_1 = 60.52\,\text{GPa}$$

由例 4.25,得单向板主泊松比:

$$\nu_{12} = 0.2300$$

将上述值代入式(4.376)和式(4.377),得热膨胀系数:

$$\alpha_1 = \frac{1}{60.52 \times 10^9}\big[(5 \times 10^{-6})(85 \times 10^9)(0.7) +$$
$$(63 \times 10^{-6})(3.4 \times 10^9)(0.3)\big] = 5.978 \times 10^{-6}\,/℃$$
$$\alpha_2 = (1+0.2)(5 \times 10^{-6})(0.7) + (1+0.3)(63 \times 10^{-6})(0.3) -$$
$$(5.978 \times 10^{-6})(0.23) = 27.40 \times 10^{-6}\,/℃$$

图 4.75 所示为玻纤/环氧树脂单向板的热膨胀系数与纤维体积分数的关系。

注意到聚合物基复合材料的轴向热膨胀系数小于横向热膨胀系数。同样,在某些情况下,纤维热膨胀系数为负值,因此复合材料沿纤维方向的热膨胀系数有可能为零。该性质被广泛用于天线、门等需要在较大温度变化范围内保持尺寸稳定的产品制造中。

试验评估:热膨胀系数由测量复合材料在无外力加载下的尺寸变化的试验得到。试样为 50 mm × 50 mm 的 8 层层合板(图 4.76)。试样上装有相互垂直的两个应变片和一个温度传感

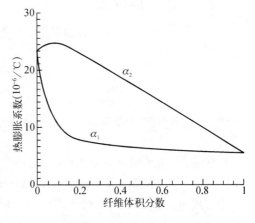

图 4.75 玻纤/环氧树脂单向板的轴向/横向热膨胀系数与纤维体积分数的关系

器。试样放于烘箱中,温度缓慢上升。测量应变和温度并绘制应变-温度曲线,如图 4.77 所示。采用线性拟合,应变-温度曲线的斜率即热膨胀系数。

图 4.76　碳纤维/环氧树脂层合板试样,
包含应变片和温度传感器

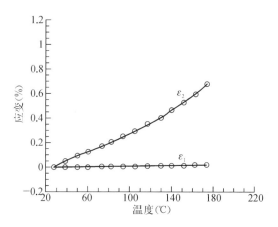

图 4.77　应变随温度变化的曲线

由图 4.77,得到[40]:

$$\alpha_1 = -1.3 \times 10^{-6}/℃$$

$$\alpha_2 = 33.9 \times 10^{-6}/℃$$

4.2.6　湿膨胀系数

吸水后,聚合物基复合材料中的树脂膨胀。湿膨胀系数定义为单位湿度变化导致的物体单位长度的变化。与热膨胀系数一样,也有两个湿膨胀系数,一个沿轴向即 1 方向,另一个沿横向即 2 方向:

$$\beta_1 = 1 \text{ 方向湿膨胀系数}$$
$$\beta_2 = 2 \text{ 方向湿膨胀系数}$$

两个湿膨胀系数的表达式[44]:

$$\beta_1 = \frac{\beta_f \Delta C_f V_f E_f + \beta_m \Delta C_m V_m E_m}{E_1 (\Delta C_f \rho_f V_f + \Delta C_m \rho_m V_m)} \rho_c \tag{4.396}$$

$$\beta_2 = \frac{V_f (1 + \nu_f) \Delta C_f \beta_f + V_m (1 + \nu_m) \Delta C_m \beta_m}{(V_m \rho_m \Delta C_m + V_f \rho_f \Delta C_f)} \rho_c - \beta_1 \nu_{12} \tag{4.397}$$

式中:ΔC_f 为纤维中的水分;ΔC_m 为基体中的水分;β_f 为纤维湿膨胀系数;β_m 为基体湿膨胀系数。

注意到,与热膨胀系数不同,上面两个公式中加入了含湿量,因为每个组分的吸湿能力不同。然而,在大部分聚合物基复合材料中,纤维不吸湿或脱水,所以湿膨胀系数表达式独立于含湿量。将 $\Delta C_f = 0$ 代入式(4.396)和式(4.397),得:

$$\beta_1 = \frac{E_m}{E_1} \frac{\rho_c}{\rho_m} \beta_m \tag{4.398}$$

$$\beta_2 = (1+\nu_m)\frac{\rho_c}{\rho_m}\beta_m - \beta_1\nu_{12} \tag{4.399}$$

对于类似碳纤维/环氧树脂复合材料的高纤维/基体弹性模量比（E_f/E_m）材料，纤维不吸湿，上述两式可进一步简化：

$$\beta_1 = 0 \tag{4.400}$$

$$\beta_2 = (1+\nu_m)\frac{\rho_c}{\rho_m}\beta_m \tag{4.401}$$

与4.2.5节轴向热膨胀系数的推导一样，式(4.396)可由材料力学法得到。考虑复合材料受湿度变化产生的轴向膨胀，复合材料整体作用力 F_1 为零，即：

$$F_1 = \sigma_1 A_c = 0 = \sigma_f A_f + \sigma_m A_m，以及 \sigma_f V_f + \sigma_m V_m = 0 \tag{4.402}$$

式中：A_c、A_f、A_m 分别为单层板、纤维和基体的横截面面积；σ_1、σ_f、σ_m 分别为单层板、纤维和基体的应力。

由水分产生的纤维和基体的应力：

$$\sigma_f = E_f(\varepsilon_f - \beta_f \Delta C_f) \tag{4.403}$$
$$\sigma_m = E_m(\varepsilon_m - \beta_m \Delta C_m) \tag{4.404}$$

将式(4.403)和式(4.404)代入式(4.402)，且纤维和基体的应变相等（$\varepsilon_f = \varepsilon_m$），则：

$$\varepsilon_f = \frac{\beta_f \Delta C_f V_f E_f + \beta_m \Delta C_m V_m E_m}{E_f V_f + E_m V_m} \tag{4.405}$$

对于单层板在轴向的自由膨胀，轴向应变：

$$\varepsilon_1 = \beta_1 \Delta C_c \tag{4.406}$$

式中：ΔC_c 为单层板中的水分。

由于纤维和基体的应变相等，有：

$$\beta_1 = \frac{\beta_f \Delta C_f V_f E_f + \beta_m \Delta C_m V_m E_m}{(E_f V_f + E_m V_m)\Delta C_c} \tag{4.407}$$

式(4.407)可根据单层板中水分（ΔC_c）与纤维中水分（ΔC_f）和基体中水分（ΔC_m）的关系进行简化。

单层板中水分为纤维和基体中水分之和：

$$\Delta C_c w_c = \Delta C_f w_f + \Delta C_m w_m \tag{4.408}$$

式中：w_c、w_f、w_m 分别为单层板、纤维和基体的质量。

因此，有：

$$\Delta C_c = \Delta C_f W_f + \Delta C_m W_m \tag{4.409}$$

式中：W_f、W_m 分别为纤维和基体的质量分数。

将式(4.409)代入式(4.407)，得：

$$\beta_1 = \frac{\beta_f \Delta C_f V_f E_f + \beta_m \Delta C_m V_m E_m}{(E_f V_f + E_m V_m)(\Delta C_f W_f + \Delta C_m W_m)} \tag{4.410}$$

根据式(4.186)和式(4.216),式(4.410)可用纤维体积分数和轴向弹性模量表示：

$$\beta_1 = \frac{\beta_f \Delta C_f V_f E_f + \beta_m \Delta C_m V_m E_m}{E_1(\Delta C_f \rho_f V_f + \Delta C_m \rho_m V_m)} \rho_c \tag{4.411}$$

例 4.39   求纤维体积分数为 70% 的玻纤/环氧树脂单层板的湿膨胀系数。玻纤和环氧树脂性质见表 4.4 和表 4.5。假设玻纤不吸湿。

解   由表 4.4,得纤维密度：

$$\rho_f = 2\,500 \text{ kg/m}^3$$

由表 4.5,得基体密度：

$$\rho_m = 1\,200 \text{ kg/m}^3$$

基体湿膨胀系数：

$$\beta_m = 0.33$$

基体弹性模量：

$$E_m = 3.4 \text{ GPa}$$

基体泊松比：

$$\nu_m = 0.3$$

由例 4.21,得单层板密度：

$$\rho_c = 2\,110 \text{ kg/m}^3$$

由例 4.23,得单层板轴向弹性模量：

$$E_1 = 60.52 \text{ GPa}$$

由例 4.25,得主泊松比：

$$\nu_{12} = 0.230$$

因此,根据式(4.398),得轴向湿膨胀系数：

$$\beta_1 = \frac{3.4 \times 10^9}{60.52 \times 10^9} \frac{2\,110}{1\,200}(0.33) = 0.326\,0 \times 10^{-1}$$

根据式(4.399),得横向湿膨胀系数：

$$\beta_2 = (1 + 0.3)\frac{2\,110}{1\,200}(0.33) - (0.326\,0 \times 10^{-1})(0.230)$$

$$= 0.746\,8$$

试验评估：将试样置于水中,沿轴向和横向测量其应变。因为水分损害应变片黏结剂,应变用微米表示。

4.2.7   总结

本节在定义了纤维体积分数和纤维质量分数之后,讨论复合材料密度和孔隙率的计算和测试方法。用三种分析方法得到单向板弹性模量常数：材料力学法、Halphin-Tsai 法和弹性法。讨论单向板的五个强度参数、两个热膨胀系数和两个湿膨胀系数的分析计算方法和试验技术。

参 考 文 献

［1］Timoshenko S P, Goodier J N. Theory of Elasticity. McGraw-Hill，1970.

［2］Lekhnitski S G. Anisotropic Plates. Gordon and Breach Science Publishers，1968.

［3］Reuter R C. Concise property transformation relations for an anisotropic lamina. Journal of Composite Materials，1971，5(4):270-272.

［4］Buchanan G R. Mechanics of Materials. HRW, Inc. , 1988.

［5］Halphin J C, Pagano N J. Influence of end constraint in the testing of anisotropic bodies. Journal of Composite Materials，1968，2(1):18-31.

［6］Tsai S W, Pagano N J. Composite materials workshop. Progress in Materials Science Series. Tsai S W, Halftone J C, Pagano N J, Eds. . Technomic, Stamford, CT, 1968.

［7］Tsai S W. Strength theories of filamentary structures. In: Fundamental Aspects of Fiber Reinforced Plastic Composites. Schwartz R T, Schwartz H S, Eds. . Wiley Interscience, New York, 1968: 3-11.

［8］Hill R. The Mathematical Theory of Plasticity. Oxford University Press，1950.

［9］Tsai S W, Wu E M. A general theory of strength for anisotropic materials. Journal of Composite Materials，1971，5(1):58-80.

［10］Hoffman O. The brittle strength of orthotropic materials. Journal of Composite Materials，1967，1 (2):200-206.

［11］Tsai S W, Hahn H T. Introduction to Composite Materials. Technomic, Lancaster, PA, 1980.

［12］Tuttle M E, Brinson H F. Resistance-foil strain gage technology as applied to composite materials. Experimental Mechanics，1984，26(2):54-65.

［13］Pipes R B, Cole B W. On the off-axis strength test for anisotropic materials. In: Boron Reinforced Epoxy Systems. Hilado C J, Ed. . Technomic, Westport, CT, 1974: 245-256.

［14］Chapra S C, Canale R C. Numerical Methods for Engineers. 2nd Ed. . McGraw-Hill, New York，1988

［15］Judd N C W, Wright W W. Voids and their effects on the mechanical properties of composites—An appraisal. Sampe Journal，1978，14(1):10-14.

［16］Geier M H. Quality Handbook for Composite Materials. Chapman & Hall，1994.

［17］Adams R D. Damping properties analysis of composites. In: Engineered Materials Handbook. Vol. 1. ASM International, Metals Park, OH, 1987.

［18］Hashin Z. Theory of fiber reinforced materials. NASA Tech. Rep. Contract No: NAS1-8818，1970.

［19］Chamis C C, Sendeckyj G P. Critique on theories predicting thermoelastic properties of fibrous composites. Journal of Composite Materials，1968，2(3):332-358.

［20］Halphin J C, Tsai S W. Effect of environment factors on composite materials. Air Force Tech. Rep. AFML-TR-67-423，1969.

［21］Foye R L. An evaluation of various engineering estimates of the transverse properties of unidirectional composite. SAMPE，1966，10:31-42.

［22］Hewitt R L, De Malherbe M C. An approximation for the longitudinal shear modulus of continuous fiber composites. Journal of Composite Materials, 1970, 4(2):280-282.

[23] Hashin Z, Rosen B W. The elastic moduli of fiber reinforced materials. Journal of Applied Mechanics, 1964, 31(1):223-232.

[24] Hashin Z. Analysis of composite materials—A survey. Journal of Applied Mechanics, 1983, 50(3): 481-505.

[25] Knott T W, Herakovich C T. Effect of fiber orthotropy on effective composite properties. Journal of Composite Materials, 1991, 25(6):732-759.

[26] Christensen R M. Solutions for effective shear properties in three phase sphere and cylinder models. Journal of the Mechanics & Physics of Solids, 1979, 27(4):315-330.

[27] Timoshenko S P, Goodier J N. Theory of Elasticity. McGraw-Hill, 1970.

[28] Maple 9.0, Advancing mathematics. http://www.maplesoft.com.

[29] Hashin Z. Analysis of properties of fiber composites with anisotropic constituents. Journal of Applied Mechanics, 1979, 46(3):543.

[30] Hyer M W. Stress Analysis of Fiber-Reinforced Composite Materials. WCB McGraw-Hill, 1998.

[31] Hashin Z. Theory of Fiber Reinforced Materials. NASA CR-1974, 1972.

[32] Whitney J M, Riley M B. Elastic properties of fiber reinforced composite materials. AIAA Journal, 4 (9):1537-1542.

[33] Hill R. Theory of mechanical properties of fiber-strengthened materials: I. Elastic behavior. Journal of the Mechanics and Physics of Solids, 1964, 12(4):199-212.

[34] Agrawal B D, Broutman L J. Analysis and Performance of Fiber Composites. John Wiley & Sons, 1990.

[35] Dow N F, Rosen B W. Evaluations of filament reinforced composites for aerospace structural applications. NASA CR-207, April 1965.

[36] Schuerch H. Prediction of compressive strength in uniaxial boron fiber metal matrix composites. AIAA Journal, 1966, 4(1):102-106.

[37] Hull D. An Introduction to Composite Materials. Cambridge University Press, 1981.

[38] Hofer K E, Rao N, Larsen D. Development of engineering data on mechanical properties of advanced composite materials. Air Force Tech. Rep. AFML-TR-72-205, Part 1, 1972.

[39] Kies J A. Maximum strains in the resin of fiber-glass composites. NRL Rep. No. 5752, AD-274560, 1962.

[40] Carlsson L A, Pipes R B. Experimental Characterization of Advanced Composite Materials. Technomic Publishing Company, Inc., Lancaster, PA, 1996.

[41] Rosen B W. A simple procedure for experimental determination of the longitudinal shear modulus of unidirectional composites. Journal of Composite Materials, 1972, 6(3):552-554.

[42] Schepery R A. Thermal expansion coefficients of composite materials based on energy principles. Journal of Composite Materials, 1968, 2(3):380-404.

[43] Greszak L B. Thermoelastic properties of filamentary composites. Presented at AIAA 6th Structures and Materials Conference, 1965.

[44] Tsai S W, Hahn H T. Introduction to Composite Materials. Technomic Publishing Company, Inc., Lancaster, 1980.

[45] Kaw A K. On using a symbolic manipulator in mechanics of composites. Advances in Engineering Software, 1993, 16(1):31-36.

5 复合材料层合板

5.1 引　　言

层合板在厚度方向上包含多层单向板。层合板设计为多层结构的原因:首先,单向板厚度仅约为 0.125 mm,能够承受的外力较小。例如典型的玻璃纤维/环氧树脂单向板,受到纤维垂直方向正压力时,仅承受 131 350 N/m 的外力即失效。因此,需要多层单向板铺层黏合,才能承受更大的作用力。其次,在纤维横观方向上,单层板的力学性能较差,如果要承受相应方向的外力,则需要对其结构进行优化。例如对于多个方向上的复杂外力加载,采用多层单向板形成层合板,选取不同纤维铺层角度和排列方向,可改善相应方向上的刚度和载荷承受能力。再次,在层合板中,可以引入不同材料种类的单层板,得到优化结构,用于特定外力加载领域。

本章将对层合板的宏观力学性能进行分析。当层合板在面内方向受到外力加载时,如拉伸、剪切、弯曲或者扭转,可分别计算单向板在全局坐标系和局部坐标系中的应力和应变,也可计算层合板的整体刚度。在加工和使用过程中,环境温度和湿度变化,会影响材料的湿热载荷。基于这种实际物理现象,也可计算出每层单向板受到湿热载荷时的应力和应变。可以看出,层合板的强度、刚度和热湿性能受到单向板影响的因素包括单向板的弹性模量、排列位置、厚度、纤维取向度、热膨胀系数、湿膨胀系数等。

5.2　层合板表示方式

如图 5.1 所示,层合板由多层单向板黏合而成,每层单向板可以通过其所在层数、材料种类和纤维铺层角度(纤维与特定坐标轴向的夹角)等进行辨识。比较通用的层合板表示方法:用纤维铺层角度代表单向板,每层单向板纤维铺层角度之间用斜线符号"/"隔开,第一层为层合板的顶层。如果层合板有对称结构、相邻单向板方向相同或相反、单向板材料种类不同,都有相应简化或特殊表示方式。下面这些例子将进一步解释层合板命名规则:

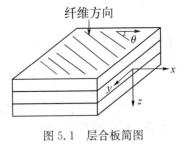

图 5.1　层合板简图

0
-45
90
60
30

[0/－45/90/60/30]代表上面层合板。该层合板包括5层单向板,每层单向板的纤维铺层角度不同。这种表示方式代表每层单向板的材料种类相同。有时也可以用[0/－45/90/60/30]$_T$来表示这种层合板,下标 T 代表全部。

0
－45
90
90
60
0

[0/－45/90$_2$/60/0]代表上面层合板。该层合板包括6层单向板。由于中间相邻两层单向板纤维铺层角度都为90°,所以使用90$_2$代表,下标 2 表示相同纤维铺层角度的单向板层数。

0
－45
60
60
－45
0

[0/－45/60]$_s$代表上面层合板。该层合板包括6层单向板。单向板的纤维铺层角度、材料种类、每层厚度都关于层合板中面对称,所以该层合板为对称层合板。该表示方式只给出了上面三层,下标 s 表示在相反方向存在对称的三层单向板(s 是英文单词"symmetry"的第一个字母)。

0
－45
60
－45
0

[0/－45/$\overline{60}$]$_s$代表上面层合板。该层合板包括5层单向板,单向板层数为奇数,并且关于层合板中面对称,因此60°上面增加一条横线。

碳纤维/环氧树脂	0
硼纤维/环氧树脂	45
硼纤维/环氧树脂	－45
硼纤维/环氧树脂	－45
硼纤维/环氧树脂	45
碳纤维/环氧树脂	0

$[0^{Gr}/\pm 45^{B}]_s$代表上面层合板。该层合板包括 6 层单向板。$0°$方向单向板的组分材料是碳纤维/环氧树脂，$\pm 45°$方向单向板的组分材料是硼纤维/环氧树脂。$\pm 45°$表示 $0°$方向单向板的下面是$+45°$方向单向板，再下面是$-45°$方向单向板。

5.3 层合板应力-应变关系

5.3.1 一维各向同性梁应力-应变关系

如图 5.2(a)所示，假设梁截面积为 A，受到轴向正拉力 P，其截面上的正应力：

$$\sigma_x = \frac{P}{A} \tag{5.1}$$

对于线弹性的各向同性梁，其正应变为：

$$\varepsilon_x = \frac{P}{AE} \tag{5.2}$$

式(5.2)中 E 为梁的杨氏模量。该定义的假设条件中，梁的正应力和正应变均匀且为恒定值，取决于作用力 P。

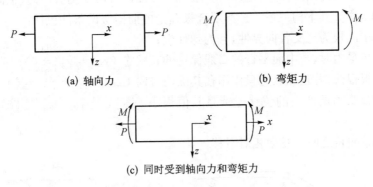

(a) 轴向力   (b) 弯矩力

(c) 同时受到轴向力和弯矩力

图 5.2　各向同性梁受力示意图

如图 5.2(b)所示，梁受到纯弯矩加载。梁的初始状态为伸直状态，受到一对关于梁中面对称的弯矩。基于基本材料假设条件，可知：
- 忽略梁内部的横向剪切力；
- 梁的内截面形状不发生变化；
- 梁内 y-z 平面在受力前后都垂直于 x 轴。

在距离梁中线的距离 z 处，有：

$$\varepsilon_{xx} = \frac{z}{\rho} \tag{5.3}$$

其中：ρ 为梁的曲率半径。

假设梁为线弹性且各向同性，有：

$$\sigma_{xx} = \frac{Ez}{\rho} \tag{5.4}$$

$$\sigma_{xx} = \frac{Mz}{I} \tag{5.5}$$

其中：$I = \int_A z^2 \mathrm{d}A$，为面积的二次矩；$M$ 为梁的弯矩力。

如图 5.2(c)所示，当梁同时受到轴向力 P 和弯矩力 M 时，有：

$$\varepsilon_{xx} = \left(\frac{1}{AE}\right)P + \left(\frac{z}{EI}\right)M \tag{5.6}$$

$$\varepsilon_{xx} = \varepsilon_0 + z\left(\frac{1}{\rho}\right)$$

$$\varepsilon_{xx} = \varepsilon_0 + z\kappa \tag{5.7}$$

其中：ε_0 为 $z = 0$ 时梁中线的应变；κ 为梁的曲率。

式(5.7)表明梁同时受到轴向力 P 和弯矩力 M 时，梁厚度方向的应变发生线性变化。将单向板的应力-应变关系引入该方程组即式(5.7)，可以得到相应梁结构的本构关系。

5.3.2　层合板应变-位移关系

由上节可知，梁受到非轴向力和弯矩力时，其轴向应变与中面应变和梁的曲率有关。如图 5.3 所示，本节使用经典层合板理论，层合板在面内方向受到剪切力、轴向力、弯矩力或扭矩力情况下，推导其本构关系。经典层合板理论的前提假设条件包括：

- 每层单向板为正交各向异性，且为弹性板；
- 层合板受力时，与中面平行的直线保持伸直状态（$\gamma_{xz} = \gamma_{yz} = 0$）；
- 层合板很薄，并且加载力只作用在其面内方向（$\sigma_z = \gamma_{xz} = \gamma_{yz} = 0$）。
- 层合板受力所产生的位移连续且其值很小（$|u|$，$|v|$，$|w| \ll |h|$，h 为层合板厚度）。
- 每层单向板之间不发生相对滑移。

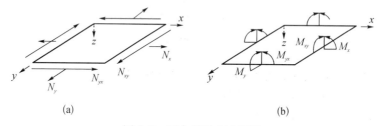

(a)　　　　　　　　　　　　　　　(b)

图 5.3　层合板受力示意图

如图 5.4 所示，将一块层合板置于笛卡尔坐标系 x-y-z 中。板位于初始位置时，中面在 x 轴上，即 $z = 0$。假设 u_0、v_0、w_0 分别为中面在 x、y、z 方向的位移，u、v、w 分别为层合板上任意点在 x、y、z 方向的位移。除了中面上的点，其他任意点的位移主要取决于该点的轴向位置和中面相对于 x 和 y 方向的斜率。如图 5.4 所示，有：

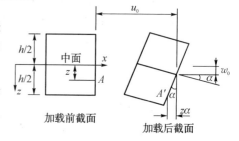

图 5.4　与层合板中面距离为 z 处的平面位移与曲率

$$u = u_0 - z\alpha \tag{5.8}$$

其中：

$$\alpha = \frac{\partial w_0}{\partial x} \tag{5.9}$$

因此，x 方向位移：

$$u = u_0 - z\frac{\partial w_0}{\partial x} \tag{5.10}$$

同理，选取 $y\text{-}z$ 平面上层合板截面，得到 y 方向位移：

$$v = v_0 - z\frac{\partial w_0}{\partial y} \tag{5.11}$$

由应变定义及式(5.10)和式(5.11)，可知：

$$\varepsilon_x = \frac{\partial u}{\partial x} = \frac{\partial u_0}{\partial x} - z\frac{\partial^2 w_0}{\partial x^2} \tag{5.12a}$$

$$\varepsilon_y = \frac{\partial v}{\partial y} = \frac{\partial v_0}{\partial y} - z\frac{\partial^2 w_0}{\partial y^2} \tag{5.12b}$$

$$\gamma_{xy} = \frac{\partial u}{\partial y} + \frac{\partial v}{\partial x} = \frac{\partial \mu_0}{\partial y} + \frac{\partial v_0}{\partial x} - 2z\frac{\partial^2 w_0}{\partial x \partial y} \tag{5.12c}$$

式(5.12a)~式(5.12c)为应变-位移关系式，可写为矩阵形式：

$$\begin{Bmatrix} \varepsilon_x \\ \varepsilon_y \\ \gamma_{xy} \end{Bmatrix} = \begin{Bmatrix} \dfrac{\partial u_0}{\partial x} \\[2mm] \dfrac{\partial v_0}{\partial y} \\[2mm] \dfrac{\partial u_0}{\partial y} + \dfrac{\partial v_0}{\partial x} \end{Bmatrix} + z\begin{Bmatrix} -\dfrac{\partial^2 w_0}{\partial x^2} \\[2mm] -\dfrac{\partial^2 w_0}{\partial y^2} \\[2mm] -2\dfrac{\partial^2 w_0}{\partial x \partial y} \end{Bmatrix} \tag{5.13}$$

式(5.13)等号右侧两项分别定义了中面应变：

$$\begin{Bmatrix} \varepsilon_x^0 \\ \varepsilon_y^0 \\ \gamma_{xy}^0 \end{Bmatrix} = \begin{Bmatrix} \dfrac{\partial u_0}{\partial x} \\[2mm] \dfrac{\partial v_0}{\partial y} \\[2mm] \dfrac{\partial u_0}{\partial y} + \dfrac{\partial v_0}{\partial x} \end{Bmatrix} \tag{5.14}$$

中面曲率：

$$\begin{Bmatrix} \kappa_x \\ \kappa_y \\ \kappa_{xy} \end{Bmatrix} = \begin{Bmatrix} -\dfrac{\partial^2 w_0}{\partial x^2} \\[2mm] -\dfrac{\partial^2 w_0}{\partial y^2} \\[2mm] -2\dfrac{\partial^2 w_0}{\partial x \partial y} \end{Bmatrix} \tag{5.15}$$

所以,层合板应变:

$$
\left\{
\begin{array}{c}
\varepsilon_x \\
\varepsilon_y \\
\gamma_{xy}
\end{array}
\right\}
=
\left\{
\begin{array}{c}
\varepsilon_x^0 \\
\varepsilon_y^0 \\
\gamma_{xy}^0
\end{array}
\right\}
+ z
\left\{
\begin{array}{c}
\kappa_x \\
\kappa_y \\
\kappa_{xy}
\end{array}
\right\}
\tag{5.16}
$$

式(5.16)表示层合板应变和其曲率之间的线性关系,也表示层合板应变与其在 x-y 平面上的坐标无关。比较式(5.16)和式(5.7),发现一维梁和层合板的应变关系式具有相似性。

5.3.3   层合板应变-应力关系

假如层合板厚度方向上所有点的应变已知,每层单向板的宏观应力可表示为:

$$
\left[
\begin{array}{c}
\sigma_x \\
\sigma_y \\
\tau_{xy}
\end{array}
\right]
=
\left[
\begin{array}{ccc}
\overline{Q}_{11} & \overline{Q}_{12} & \overline{Q}_{16} \\
\overline{Q}_{12} & \overline{Q}_{22} & \overline{Q}_{26} \\
\overline{Q}_{16} & \overline{Q}_{26} & \overline{Q}_{66}
\end{array}
\right]
\left[
\begin{array}{c}
\varepsilon_x \\
\varepsilon_y \\
\gamma_{xy}
\end{array}
\right]
\tag{5.17}
$$

简化单向板刚度矩阵与层合板对应位置点有关。

将式(5.16)代入式(5.17):

$$
\left[
\begin{array}{c}
\sigma_x \\
\sigma_y \\
\tau_{xy}
\end{array}
\right]
=
\left[
\begin{array}{ccc}
\overline{Q}_{11} & \overline{Q}_{12} & \overline{Q}_{16} \\
\overline{Q}_{12} & \overline{Q}_{22} & \overline{Q}_{26} \\
\overline{Q}_{16} & \overline{Q}_{26} & \overline{Q}_{66}
\end{array}
\right]
\left[
\begin{array}{c}
\varepsilon_x^0 \\
\varepsilon_y^0 \\
\gamma_{xy}^0
\end{array}
\right]
+ z
\left[
\begin{array}{ccc}
\overline{Q}_{11} & \overline{Q}_{12} & \overline{Q}_{16} \\
\overline{Q}_{12} & \overline{Q}_{22} & \overline{Q}_{26} \\
\overline{Q}_{16} & \overline{Q}_{26} & \overline{Q}_{66}
\end{array}
\right]
\left[
\begin{array}{c}
\kappa_x \\
\kappa_y \\
\kappa_{xy}
\end{array}
\right]
\tag{5.18}
$$

如图 5.5 所示,由式(5.18)可知,每层单向板厚度方向上的应力发生线性变化。但是由于每层单向板的材料属性和纤维取向不同,每层单向板的简化刚度矩阵 $[\overline{Q}]$ 不同,因此每层单向板的应力发生跳跃和非线性变化。

5.3.4   与中面应变和曲率有关的应力和力矩

如果要确定单向板的应变和应力,式(5.16)中的中面应变和曲率是未知参数。式(5.18)给出了每层单向板的应力与这些未知参数的关系。将不同厚度的单向板的应力进行加和,可以得到层合板的应力和力矩。一旦确定了层合板的应力和力矩,层合板的中面应变和曲率即可确定。

如图 5.6 所示,层合板由 n 层单向板组成,每层单向板厚度为 t_k,则层合板厚度 h:

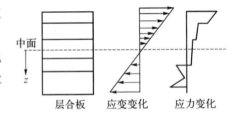

图 5.5   层合板厚度方向上应力和应变变化规律

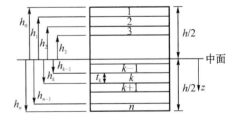

图 5.6   层合板中各层单向板厚度

$$
h = \sum_{k=1}^{n} t_k
\tag{5.19}
$$

层合板中面到其顶面或底面的距离为 $h/2$,对于厚度方向上任意 k 层,有:

第一层：

$$h_0 = -\frac{h}{2} \text{（顶面）}$$

$$h_1 = -\frac{h}{2} + t_1 \text{（底面）}$$

第 k 层（$k=2, 3, \cdots, n-2, n-1$）：

$$h_{k-1} = -\frac{h}{2} + \sum_{m=1}^{k-1} t_k$$

$$h_k = -\frac{h}{2} + \sum_{m=1}^{k} t_k$$

第 n 层：

$$h_{n-1} = \frac{h}{2} - t_n$$

$$h_n = \frac{h}{2} \tag{5.20}$$

将层合板厚度方向上每层单向板的全局应力进行加和，可以得到层合板面内方向单位长度上的合应力：

$$N_x = \int_{-h/2}^{h/2} \sigma_x \mathrm{d}z \tag{5.21a}$$

$$N_y = \int_{-h/2}^{h/2} \sigma_y \mathrm{d}z \tag{5.21b}$$

$$N_{xy} = \int_{-h/2}^{h/2} \tau_{xy} \mathrm{d}z \tag{5.21c}$$

其中：h 为层合板厚度。

同理，将层合板厚度方向上每层单向板的全局力矩进行加和，可以得到层合板面内方向单位长度上的合力矩：

$$M_x = \int_{-h/2}^{h/2} \sigma_x z \mathrm{d}z \tag{5.22a}$$

$$M_y = \int_{-h/2}^{h/2} \sigma_y z \mathrm{d}z \tag{5.22b}$$

$$M_{xy} = \int_{-h/2}^{h/2} \tau_{xy} z \mathrm{d}z \tag{5.22c}$$

其中：N_x、N_y 为单位长度上的垂直力；N_{xy} 为单位长度上的剪切力；M_x、M_y 为单位长度上的弯矩；M_{xy} 为单位长度上的扭矩。

由式（5.21）和式（5.22）可得到层合板的应力和力矩的矩阵形式：

$$\begin{bmatrix} N_x \\ N_y \\ N_{xy} \end{bmatrix} = \int_{-h/2}^{h/2} \begin{bmatrix} \sigma_x \\ \sigma_y \\ \tau_{xy} \end{bmatrix} \mathrm{d}z \tag{5.23a}$$

$$\begin{bmatrix} M_x \\ M_y \\ M_{xy} \end{bmatrix} = \int_{-h/2}^{h/2} \begin{bmatrix} \sigma_x \\ \sigma_y \\ \tau_{xy} \end{bmatrix} z \, \mathrm{d}z \tag{5.23b}$$

进而可知：

$$\begin{bmatrix} N_x \\ N_y \\ N_{xy} \end{bmatrix} = \sum_{k=1}^{n} \int_{h_{k-1}}^{h_k} \begin{bmatrix} \sigma_x \\ \sigma_y \\ \tau_{xy} \end{bmatrix}_k \mathrm{d}z \tag{5.24a}$$

$$\begin{bmatrix} M_x \\ M_y \\ M_{xy} \end{bmatrix} = \sum_{k=1}^{n} \int_{h_{k-1}}^{h_k} \begin{bmatrix} \sigma_x \\ \sigma_y \\ \tau_{xy} \end{bmatrix}_k z \, \mathrm{d}z \tag{5.24b}$$

将式(5.18)代入式(5.24)，可以用中面应变和曲率表示层合板的应力和力矩：

$$\begin{bmatrix} N_x \\ N_y \\ N_{xy} \end{bmatrix} = \sum_{k=1}^{n} \int_{h_{k-1}}^{h_k} \begin{bmatrix} \overline{Q}_{11} & \overline{Q}_{12} & \overline{Q}_{16} \\ \overline{Q}_{12} & \overline{Q}_{22} & \overline{Q}_{26} \\ \overline{Q}_{16} & \overline{Q}_{26} & \overline{Q}_{66} \end{bmatrix}_k \begin{bmatrix} \varepsilon_x^0 \\ \varepsilon_y^0 \\ \gamma_{xy}^0 \end{bmatrix} \mathrm{d}z + \sum_{k=1}^{n} \int_{h_{k-1}}^{h_k} \begin{bmatrix} \overline{Q}_{11} & \overline{Q}_{12} & \overline{Q}_{16} \\ \overline{Q}_{12} & \overline{Q}_{22} & \overline{Q}_{26} \\ \overline{Q}_{16} & \overline{Q}_{26} & \overline{Q}_{66} \end{bmatrix}_k \begin{bmatrix} \kappa_x \\ \kappa_y \\ \kappa_{xy} \end{bmatrix} z \, \mathrm{d}z \tag{5.25a}$$

$$\begin{bmatrix} M_x \\ M_y \\ M_{xy} \end{bmatrix} = \sum_{k=1}^{n} \int_{h_{k-1}}^{h_k} \begin{bmatrix} \overline{Q}_{11} & \overline{Q}_{12} & \overline{Q}_{16} \\ \overline{Q}_{12} & \overline{Q}_{22} & \overline{Q}_{26} \\ \overline{Q}_{16} & \overline{Q}_{26} & \overline{Q}_{66} \end{bmatrix}_k \begin{bmatrix} \varepsilon_x^0 \\ \varepsilon_y^0 \\ \gamma_{xy}^0 \end{bmatrix} z \, \mathrm{d}z + \sum_{k=1}^{n} \int_{h_{k-1}}^{h_k} \begin{bmatrix} \overline{Q}_{11} & \overline{Q}_{12} & \overline{Q}_{16} \\ \overline{Q}_{12} & \overline{Q}_{22} & \overline{Q}_{26} \\ \overline{Q}_{16} & \overline{Q}_{26} & \overline{Q}_{66} \end{bmatrix}_k \begin{bmatrix} \kappa_x \\ \kappa_y \\ \kappa_{xy} \end{bmatrix} z^2 \, \mathrm{d}z \tag{5.25b}$$

式(5.25a)和式(5.25b)给出的中面应变和曲率与 z 轴无关，每层单向板的简化刚度矩阵 $[\overline{Q}]_k$ 为常量，所以式(5.25)可改写为：

$$\begin{bmatrix} N_x \\ N_y \\ N_{xy} \end{bmatrix} = \left\{ \sum_{k=1}^{n} \begin{bmatrix} \overline{Q}_{11} & \overline{Q}_{12} & \overline{Q}_{16} \\ \overline{Q}_{12} & \overline{Q}_{22} & \overline{Q}_{26} \\ \overline{Q}_{16} & \overline{Q}_{26} & \overline{Q}_{66} \end{bmatrix}_k \int_{h_{k-1}}^{h_k} \mathrm{d}z \right\} \begin{bmatrix} \varepsilon_x^0 \\ \varepsilon_y^0 \\ \gamma_{xy}^0 \end{bmatrix} + \left\{ \sum_{k=1}^{n} \begin{bmatrix} \overline{Q}_{11} & \overline{Q}_{12} & \overline{Q}_{16} \\ \overline{Q}_{12} & \overline{Q}_{22} & \overline{Q}_{26} \\ \overline{Q}_{16} & \overline{Q}_{26} & \overline{Q}_{66} \end{bmatrix}_k \int_{h_{k-1}}^{h_k} z \, \mathrm{d}z \right\} \begin{bmatrix} \kappa_x \\ \kappa_y \\ \kappa_{xy} \end{bmatrix} \tag{5.26a}$$

$$\begin{bmatrix} M_x \\ M_y \\ M_{xy} \end{bmatrix} = \left\{ \sum_{k=1}^{n} \begin{bmatrix} \overline{Q}_{11} & \overline{Q}_{12} & \overline{Q}_{16} \\ \overline{Q}_{12} & \overline{Q}_{22} & \overline{Q}_{26} \\ \overline{Q}_{16} & \overline{Q}_{26} & \overline{Q}_{66} \end{bmatrix}_k \int_{h_{k-1}}^{h_k} z \, \mathrm{d}z \right\} \begin{bmatrix} \varepsilon_x^0 \\ \varepsilon_y^0 \\ \gamma_{xy}^0 \end{bmatrix} + \left\{ \sum_{k=1}^{n} \begin{bmatrix} \overline{Q}_{11} & \overline{Q}_{12} & \overline{Q}_{16} \\ \overline{Q}_{12} & \overline{Q}_{22} & \overline{Q}_{26} \\ \overline{Q}_{16} & \overline{Q}_{26} & \overline{Q}_{66} \end{bmatrix}_k \int_{h_{k-1}}^{h_k} z^2 \, \mathrm{d}z \right\} \begin{bmatrix} \kappa_x \\ \kappa_y \\ \kappa_{xy} \end{bmatrix} \tag{5.26b}$$

已知：

$$\int_{h_{k-1}}^{h_k} \mathrm{d}z = (h_k - h_{k-1})$$

$$\int_{h_{k-1}}^{h_k} z \, \mathrm{d}z = \frac{1}{2}(h_k^2 - h_{k-1}^2)$$

$$\int_{h_{k-1}}^{h_k} z^2 \, \mathrm{d}z = \frac{1}{3}(h_k^3 - h_{k-1}^3)$$

代入式(5.26)可得到：

$$\begin{bmatrix} N_x \\ N_y \\ N_{xy} \end{bmatrix} = \begin{bmatrix} A_{11} & A_{12} & A_{16} \\ A_{12} & A_{22} & A_{26} \\ A_{16} & A_{26} & A_{66} \end{bmatrix} \begin{bmatrix} \varepsilon_x^0 \\ \varepsilon_y^0 \\ \gamma_{xy}^0 \end{bmatrix} + \begin{bmatrix} B_{11} & B_{12} & B_{16} \\ B_{12} & B_{22} & B_{26} \\ B_{16} & B_{26} & B_{66} \end{bmatrix} \begin{bmatrix} \kappa_x \\ \kappa_y \\ \kappa_{xy} \end{bmatrix} \qquad (5.27a)$$

$$\begin{bmatrix} M_x \\ M_y \\ M_{xy} \end{bmatrix} = \begin{bmatrix} B_{11} & B_{12} & B_{16} \\ B_{12} & B_{22} & B_{26} \\ B_{16} & B_{26} & B_{66} \end{bmatrix} \begin{bmatrix} \varepsilon_x^0 \\ \varepsilon_y^0 \\ \gamma_{xy}^0 \end{bmatrix} + \begin{bmatrix} D_{11} & D_{12} & D_{16} \\ D_{12} & D_{22} & D_{26} \\ D_{16} & D_{26} & D_{66} \end{bmatrix} \begin{bmatrix} \kappa_x \\ \kappa_y \\ \kappa_{xy} \end{bmatrix} \qquad (5.27b)$$

其中：

$$A_{ij} = \sum_{k=1}^{n} \left[(\overline{Q}_{ij}) \right]_k (h_k - h_{k-1}) \qquad (i=1,2,6; j=1,2,6) \qquad (5.28a)$$

$$B_{ij} = \frac{1}{2} \sum_{k=1}^{n} \left[(\overline{Q}_{ij}) \right]_k (h_k^2 - h_{k-1}^2) \qquad (i=1,2,6; j=1,2,6) \qquad (5.28b)$$

$$D_{ij} = \frac{1}{3} \sum_{k=1}^{n} \left[(\overline{Q}_{ij}) \right]_k (h_k^3 - h_{k-1}^3) \qquad (i=1,2,6; j=1,2,6) \qquad (5.28c)$$

$[A]$、$[B]$ 和 $[D]$ 分别叫作延伸刚度矩阵、耦合刚度矩阵和弯曲刚度矩阵。结合式(5.27a)和式(5.27b)，可同时给出 6 个线性方程和 6 个未知数：

$$\begin{bmatrix} N_x \\ N_y \\ N_{xy} \\ M_x \\ M_y \\ M_{xy} \end{bmatrix} = \begin{bmatrix} A_{11} & A_{12} & A_{16} & B_{11} & B_{12} & B_{16} \\ A_{12} & A_{22} & A_{26} & B_{12} & B_{22} & B_{26} \\ A_{16} & A_{26} & A_{66} & B_{16} & B_{26} & B_{66} \\ B_{11} & B_{12} & B_{16} & D_{11} & D_{12} & D_{16} \\ B_{12} & B_{22} & B_{26} & D_{12} & D_{22} & D_{26} \\ B_{16} & B_{26} & B_{66} & D_{16} & D_{26} & D_{66} \end{bmatrix} \begin{bmatrix} \varepsilon_x^0 \\ \varepsilon_y^0 \\ \gamma_{xy}^0 \\ \kappa_x \\ \kappa_y \\ \kappa_{xy} \end{bmatrix} \qquad (5.29)$$

延伸刚度矩阵$[A]$建立起面内合应力和面内应变之间的关系，弯曲刚度矩阵$[D]$建立起合力矩与曲率之间的关系，耦合刚度矩阵$[B]$建立起合力矩与中面应变和曲率之间的关系。

在外力和力矩加载下层合板分析步骤：

(1) 确定简化刚度矩阵$[\overline{Q}]$。使用式(4.93)中单向板的 4 个弹性常数 E_1、E_2、ν_{12} 和 G_{12} 推导。

(2) 确定简化刚度矩阵的转置矩阵$[\overline{Q}]^T$。使用步骤(1)中简化刚度矩阵$[\overline{Q}]$和单向板纤维铺层角度推导。

(3) 确定每层单向板的顶面和底面坐标。已知每层单向板厚度，结合式(5.20)可得到每层单向板的底面和顶面坐标。

(4) 使用步骤(2)推导的转置简化刚度矩阵$[\overline{Q}]^T$和步骤(3)得到的每层单向板位置，代入式(5.28)，得到三个刚度矩阵$[A]$、$[B]$和$[D]$。

(5) 将步骤(4)得到的刚度矩阵值及施加外力和力矩代入式(5.29)。

(6) 求解方程组(5.29)，确定层合板中面应变和曲率。

(7) 得到每层单向板的位置参数后，用式(5.16)确定每层单向板在全局坐标系下的应变。

（8）用式(4.103)确定全局坐标系下层合板应力。

（9）用式(4.99)确定局部坐标系下层合板应变。

（10）用式(4.94)确定局部坐标系下层合板应力。

5.4　层合板面内模量和弯曲模量

使用层合板工程常数也可以定义层合板刚度。将式(5.29)简化：

$$\begin{bmatrix} \dfrac{N}{M} \end{bmatrix} = \begin{bmatrix} A & B \\ B & D \end{bmatrix} \begin{bmatrix} \dfrac{\varepsilon^0}{\kappa} \end{bmatrix} \tag{5.30}$$

其中：

$$[N] = \begin{bmatrix} N_x \\ N_y \\ N_{xy} \end{bmatrix} \qquad [M] = \begin{bmatrix} M_x \\ M_y \\ M_{xy} \end{bmatrix}$$

$$[\varepsilon^0] = \begin{bmatrix} \varepsilon_x^0 \\ \varepsilon_y^0 \\ \gamma_{xy}^0 \end{bmatrix} \qquad [\kappa] = \begin{bmatrix} \kappa_x \\ \kappa_y \\ \kappa_{xy} \end{bmatrix}$$

式(5.30)描述的矩阵的逆矩阵：

$$\begin{bmatrix} \dfrac{\varepsilon^0}{\kappa} \end{bmatrix} = \begin{bmatrix} A^* & B^* \\ C^* & D^* \end{bmatrix} \begin{bmatrix} \dfrac{N}{M} \end{bmatrix} \tag{5.31}$$

其中：

$$\begin{bmatrix} A^* & B^* \\ C^* & D^* \end{bmatrix} = \begin{bmatrix} A & B \\ B & D \end{bmatrix}^{-1} \tag{5.32a}$$

$$[C^*] = [B^*]^{\mathrm{T}} \tag{5.32b}$$

矩阵$[A^*]$、$[B^*]$和$[D^*]$分别叫作延伸柔度矩阵、耦合柔度矩阵和弯曲柔度矩阵。

5.4.1　层合板面内工程常数

对于中面对称层合板，$[B] = 0$，可以表示为$[A^*] = [A]^{-1}$和$[D^*] = [D]^{-1}$。由式(5.31)可知：

$$\begin{bmatrix} \varepsilon_x^0 \\ \varepsilon_y^0 \\ \gamma_{xy}^0 \end{bmatrix} = \begin{bmatrix} A_{11}^* & A_{12}^* & A_{16}^* \\ A_{12}^* & A_{22}^* & A_{26}^* \\ A_{16}^* & A_{26}^* & A_{66}^* \end{bmatrix} \begin{bmatrix} N_x \\ N_y \\ N_{xy} \end{bmatrix} \tag{5.33}$$

由以上方程，可以用延伸柔度矩阵定义等效面内工程常数。

5.4.1.1　等效面内轴向弹性模量E_x

施加外力$N_x \neq 0$，$N_y = 0$，$N_{xy} = 0$，然后代入式(5.33)，得到：

$$\begin{bmatrix} \varepsilon_x^0 \\ \varepsilon_y^0 \\ \gamma_{xy}^0 \end{bmatrix} = \begin{bmatrix} A_{11}^* & A_{12}^* & A_{16}^* \\ A_{12}^* & A_{22}^* & A_{26}^* \\ A_{16}^* & A_{26}^* & A_{66}^* \end{bmatrix} \begin{bmatrix} N_x \\ 0 \\ 0 \end{bmatrix} \tag{5.34}$$

给出

$$\varepsilon_x^0 = A_{11}^* N_x$$

得到:

$$E_x \equiv \frac{\sigma_x}{\varepsilon_x^0} = \frac{N_x/h}{A_{11}^* N_x} = \frac{1}{hA_{11}^*} \tag{5.35}$$

5.4.1.2 等效面内横向弹性模量 E_y

施加外力 $N_x = 0, N_y \neq 0, N_{xy} = 0$,代入式(5.33),得到:

$$\begin{bmatrix} \varepsilon_x^0 \\ \varepsilon_y^0 \\ \gamma_{xy}^0 \end{bmatrix} = \begin{bmatrix} A_{11}^* & A_{12}^* & A_{16}^* \\ A_{12}^* & A_{22}^* & A_{26}^* \\ A_{16}^* & A_{26}^* & A_{66}^* \end{bmatrix} \begin{bmatrix} 0 \\ N_y \\ 0 \end{bmatrix} \tag{5.36}$$

给出

$$\varepsilon_y^0 = A_{22}^* N_y$$

得到:

$$E_y \equiv \frac{\sigma_y}{\varepsilon_y^0} = \frac{N_y/h}{A_{22}^* N_y} = \frac{1}{hA_{22}^*} \tag{5.37}$$

5.4.1.3 等效面内剪切模量 G_{xy}

施加外力 $N_x = 0, N_y = 0, N_{xy} \neq 0$,代入式(5.33),得到:

$$\begin{bmatrix} \varepsilon_x^0 \\ \varepsilon_y^0 \\ \gamma_{xy}^0 \end{bmatrix} = \begin{bmatrix} A_{11}^* & A_{12}^* & A_{16}^* \\ A_{12}^* & A_{22}^* & A_{26}^* \\ A_{16}^* & A_{26}^* & A_{66}^* \end{bmatrix} \begin{bmatrix} 0 \\ 0 \\ N_{xy} \end{bmatrix} \tag{5.38}$$

给出

$$\gamma_{xy}^0 = A_{66}^* N_{xy}$$

得到:

$$G_{xy} \equiv \frac{\tau_{xy}}{\gamma_{xy}^0} = \frac{N_{xy}/h}{A_{66}^* N_{xy}} = \frac{1}{hA_{66}^*} \tag{5.39}$$

5.4.1.4 等效面内泊松比 ν_{xy} 和 ν_{yx}

与推导等效轴向弹性模量 E_x 相似,施加外力 $N_x \neq 0, N_y = 0, N_{xy} = 0$,由式(5.34),得到:

$$\varepsilon_y^0 = A_{12}^* N_x \tag{5.40}$$

$$\varepsilon_x^0 = A_{11}^* N_x \tag{5.41}$$

得到：

$$\nu_{xy} = -\frac{\varepsilon_y^0}{\varepsilon_x^0} = -\frac{A_{12}^* N_x}{A_{11}^* N_x} = -\frac{A_{12}^*}{A_{11}^*} \tag{5.42}$$

与推导等效轴向弹性模量 E_y 相似，施加外力 $N_x = 0$，$N_y \neq 0$，$N_{xy} = 0$，由式(5.36)得到：

$$\varepsilon_x^0 = A_{12}^* N_y \tag{5.43}$$

$$\varepsilon_y^0 = A_{22}^* N_y \tag{5.44}$$

得到：

$$\nu_{yx} = -\frac{\varepsilon_x^0}{\varepsilon_y^0} = -\frac{A_{12}^* N_y}{A_{22}^* N_y} = -\frac{A_{12}^*}{A_{22}^*} \tag{5.45}$$

可以发现两个等效面内泊松比 ν_{xy} 和 ν_{yx} 具有倒数关系。

由式(5.35)和式(5.42)可知：

$$\frac{\nu_{xy}}{E_x} = \left(-\frac{A_{12}^*}{A_{11}^*}\right) h A_{11}^* = -A_{12}^* h \tag{5.46a}$$

由式(5.37)和式(5.45)可知：

$$\frac{\nu_{yx}}{E_y} = \left(-\frac{A_{12}^*}{A_{22}^*}\right) h A_{22}^* = -A_{12}^* h \tag{5.46b}$$

由式(5.46a)和式(5.46b)可知：

$$\frac{\nu_{xy}}{E_x} = \frac{\nu_{yx}}{E_y} \tag{5.47}$$

5.4.2　层合板弯曲模量

中面对称层合板的耦合刚度矩阵 $[B] = 0$，由式(5.31)可知：

$$\begin{bmatrix} \kappa_x \\ \kappa_y \\ \kappa_{xy} \end{bmatrix} = \begin{bmatrix} D_{11}^* & D_{12}^* & D_{16}^* \\ D_{12}^* & D_{22}^* & D_{26}^* \\ D_{16}^* & D_{26}^* & D_{66}^* \end{bmatrix} \begin{bmatrix} M_x \\ M_y \\ M_{xy} \end{bmatrix} \tag{5.48}$$

由式(5.48)，可以用弯曲柔度矩阵 $[D^*]$ 定义等效弯曲模量。

施加弯曲力矩 $M_x \neq 0$，$M_y = 0$，$M_{xy} = 0$，然后代入式(5.48)可知：

$$\begin{bmatrix} \kappa_x \\ \kappa_y \\ \kappa_{xy} \end{bmatrix} = \begin{bmatrix} D_{11}^* & D_{12}^* & D_{16}^* \\ D_{12}^* & D_{22}^* & D_{26}^* \\ D_{16}^* & D_{26}^* & D_{66}^* \end{bmatrix} \begin{bmatrix} M_x \\ 0 \\ 0 \end{bmatrix} \tag{5.49}$$

得出：

$$\kappa_x = D_{11}^* M_x \tag{5.50}$$

等效轴向弯曲模量 E_x^f：

$$E_x^{\mathrm{f}} \equiv \frac{12M_x}{\kappa_x h^3} = \frac{12}{h^3 D_{11}^*} \tag{5.51}$$

同理,可得其他等效弯曲模量等工程常数:

$$E_y^{\mathrm{f}} = \frac{12}{h^3 D_{22}^*} \tag{5.52}$$

$$G_{xy}^{\mathrm{f}} = \frac{12}{h^3 D_{66}^*} \tag{5.53}$$

$$\nu_{xy}^{\mathrm{f}} = -\frac{D_{12}^*}{D_{11}^*} \tag{5.54}$$

$$\nu_{yx}^{\mathrm{f}} = -\frac{D_{12}^*}{D_{22}^*} \tag{5.55}$$

弯曲泊松比 ν_{xy}^{f} 和 ν_{yx}^{f} 也存在倒数关系:

$$\frac{\nu_{xy}^{\mathrm{f}}}{E_x^{\mathrm{f}}} = \frac{\nu_{yx}^{\mathrm{f}}}{E_y^{\mathrm{f}}} \tag{5.56}$$

对于非对称层合板,式(5.29)中的应力和力矩不相互耦合。在这种情况下,等效面内刚度参数和弯曲刚度参数是无意义的。

5.5 层合板热湿效应

由于层合板中每层单向板的纤维铺层角度不同,材料种类也不同,若变化环境温度或湿度,单向板发生变形时会相互影响和约束,使层合板内部产生残余应力。残余应力会造成内部应力分布失衡,从而影响层合板的宏观力学性能。

5.5.1 热湿应力和热湿应变

热湿应力主要来自材料加工过程后冷却、不同加工工艺操作温度和环境湿度等。层合板中的每层单向板都会受到相邻单向板形变差引起的应力。只有单向板内应变超过或者小于热湿应变(形变)时,无约束单向板会产生残余应力。这种应变差叫作机械应变,由机械应变引起的应力叫作机械应力。

仅受到热湿应力时,机械应变:

$$\begin{bmatrix} \varepsilon_x^{\mathrm{M}} \\ \varepsilon_y^{\mathrm{M}} \\ \gamma_{xy}^{\mathrm{M}} \end{bmatrix}_k = \begin{bmatrix} \varepsilon_x \\ \varepsilon_y \\ \gamma_{xy} \end{bmatrix}_k - \begin{bmatrix} \varepsilon_x^{\mathrm{T}} \\ \varepsilon_y^{\mathrm{T}} \\ \gamma_{xy}^{\mathrm{T}} \end{bmatrix} - \begin{bmatrix} \varepsilon_x^{\mathrm{C}} \\ \varepsilon_y^{\mathrm{C}} \\ \gamma_{xy}^{\mathrm{C}} \end{bmatrix}_k \tag{5.57}$$

其中:上标 M 表示机械应变,T 代表自由扩展热应变,C 表示自由扩展湿应变。

由应力-应变基本关系式可知单向板热湿应力:

$$\begin{bmatrix} \sigma_x \\ \sigma_y \\ \tau_{xy} \end{bmatrix}_k = \begin{bmatrix} \overline{Q}_{11} & \overline{Q}_{12} & \overline{Q}_{16} \\ \overline{Q}_{12} & \overline{Q}_{22} & \overline{Q}_{26} \\ \overline{Q}_{16} & \overline{Q}_{26} & \overline{Q}_{66} \end{bmatrix}_k \begin{bmatrix} \varepsilon_x^{\mathrm{M}} \\ \varepsilon_y^{\mathrm{M}} \\ \gamma_{xy}^{\mathrm{M}} \end{bmatrix}_k \tag{5.58}$$

热湿应力使得单向板的残余应力和位移为零，因此对于图 5.6 所示的 n 层层合板，有：

$$\int_{-h/2}^{h/2} \begin{bmatrix} \sigma_x^{TC} \\ \sigma_y^{TC} \\ \tau_{xy}^{TC} \end{bmatrix} dz = 0 = \sum_{k=1}^{n} \int_{h_{k-1}}^{h_k} \begin{bmatrix} \sigma_x^{TC} \\ \sigma_y^{TC} \\ \tau_{xy}^{TC} \end{bmatrix}_k dz \tag{5.59}$$

$$\int_{-h/2}^{h/2} \begin{bmatrix} \sigma_x^{TC} \\ \sigma_y^{TC} \\ \tau_{xy}^{TC} \end{bmatrix} z\, dz = 0 = \sum_{k=1}^{n} \int_{h_{k-1}}^{h_k} \begin{bmatrix} \sigma_x^{TC} \\ \sigma_y^{TC} \\ \tau_{xy}^{TC} \end{bmatrix}_k z\, dz \tag{5.60}$$

其中：上标 TC 表示热湿耦合作用。

由式(5.58)~式(5.60)可知：

$$\sum_{k=1}^{n} \int_{h_{k-1}}^{h_k} \begin{bmatrix} \overline{Q}_{11} & \overline{Q}_{12} & \overline{Q}_{16} \\ \overline{Q}_{12} & \overline{Q}_{22} & \overline{Q}_{26} \\ \overline{Q}_{16} & \overline{Q}_{26} & \overline{Q}_{66} \end{bmatrix}_k \begin{bmatrix} \varepsilon_x^M \\ \varepsilon_y^M \\ \gamma_{xy}^M \end{bmatrix} dz = 0 \tag{5.61a}$$

$$\sum_{k=1}^{n} \int_{h_{k-1}}^{h_k} \begin{bmatrix} \overline{Q}_{11} & \overline{Q}_{12} & \overline{Q}_{16} \\ \overline{Q}_{12} & \overline{Q}_{22} & \overline{Q}_{26} \\ \overline{Q}_{16} & \overline{Q}_{26} & \overline{Q}_{66} \end{bmatrix}_k \begin{bmatrix} \varepsilon_x^M \\ \varepsilon_y^M \\ \gamma_{xy}^M \end{bmatrix} z\, dz = 0 \tag{5.61b}$$

将式(5.57)和式(5.16)代入式(5.61)，得：

$$\begin{bmatrix} A_{11} & A_{12} & A_{16} \\ A_{12} & A_{22} & A_{26} \\ A_{16} & A_{26} & A_{66} \end{bmatrix} \begin{bmatrix} \varepsilon_x^0 \\ \varepsilon_y^0 \\ \gamma_{xy}^0 \end{bmatrix} + \begin{bmatrix} B_{11} & B_{12} & B_{16} \\ B_{12} & B_{22} & B_{26} \\ B_{16} & B_{26} & B_{66} \end{bmatrix} \begin{bmatrix} \kappa_x \\ \kappa_y \\ \kappa_{xy} \end{bmatrix} = \begin{bmatrix} N_x^T \\ N_y^T \\ N_{xy}^T \end{bmatrix} + \begin{bmatrix} N_x^C \\ N_y^C \\ N_{xy}^C \end{bmatrix} \tag{5.62}$$

$$\begin{bmatrix} B_{11} & B_{12} & B_{16} \\ B_{12} & B_{22} & B_{26} \\ B_{16} & B_{26} & B_{66} \end{bmatrix} \begin{bmatrix} \varepsilon_x^0 \\ \varepsilon_y^0 \\ \gamma_{xy}^0 \end{bmatrix} + \begin{bmatrix} D_{11} & D_{12} & D_{16} \\ D_{12} & D_{22} & D_{26} \\ D_{16} & D_{26} & D_{66} \end{bmatrix} \begin{bmatrix} \kappa_x \\ \kappa_y \\ \kappa_{xy} \end{bmatrix} = \begin{bmatrix} M_x^T \\ M_y^T \\ M_{xy}^T \end{bmatrix} + \begin{bmatrix} M_x^C \\ M_y^C \\ M_{xy}^C \end{bmatrix} \tag{5.63}$$

式(5.62)和式(5.63)中等号右面的四个数组分别为：

$$[N^T] = \begin{bmatrix} N_x^T \\ N_y^T \\ N_{xy}^T \end{bmatrix} = \Delta T \sum_{k=1}^{n} \begin{bmatrix} \overline{Q}_{11} & \overline{Q}_{12} & \overline{Q}_{16} \\ \overline{Q}_{12} & \overline{Q}_{22} & \overline{Q}_{26} \\ \overline{Q}_{16} & \overline{Q}_{26} & \overline{Q}_{66} \end{bmatrix} \begin{bmatrix} \alpha_x \\ \alpha_y \\ \alpha_{xy} \end{bmatrix} (h_k - h_{k-1}) \tag{5.64}$$

$$[M^T] = \begin{bmatrix} M_x^T \\ M_y^T \\ M_{xy}^T \end{bmatrix} = \frac{1}{2}\Delta T \sum_{k=1}^{n} \begin{bmatrix} \overline{Q}_{11} & \overline{Q}_{12} & \overline{Q}_{16} \\ \overline{Q}_{12} & \overline{Q}_{22} & \overline{Q}_{26} \\ \overline{Q}_{16} & \overline{Q}_{26} & \overline{Q}_{66} \end{bmatrix} \begin{bmatrix} \alpha_x \\ \alpha_y \\ \alpha_{xy} \end{bmatrix} (h_k^2 - h_{k-1}^2) \tag{5.65}$$

$$[N^C] = \begin{bmatrix} N_x^C \\ N_y^C \\ N_{xy}^C \end{bmatrix} = \Delta C \sum_{k=1}^{n} \begin{bmatrix} \overline{Q}_{11} & \overline{Q}_{12} & \overline{Q}_{16} \\ \overline{Q}_{12} & \overline{Q}_{22} & \overline{Q}_{26} \\ \overline{Q}_{16} & \overline{Q}_{26} & \overline{Q}_{66} \end{bmatrix} \begin{bmatrix} \beta_x \\ \beta_y \\ \beta_{xy} \end{bmatrix} (h_k - h_{k-1}) \tag{5.66}$$

$$[M^{\mathrm{C}}] = \begin{bmatrix} M_x^{\mathrm{C}} \\ M_y^{\mathrm{C}} \\ M_{xy}^{\mathrm{C}} \end{bmatrix} = \frac{1}{2} \Delta C \sum_{k=1}^{n} \begin{bmatrix} \overline{Q}_{11} & \overline{Q}_{12} & \overline{Q}_{16} \\ \overline{Q}_{12} & \overline{Q}_{22} & \overline{Q}_{26} \\ \overline{Q}_{16} & \overline{Q}_{26} & \overline{Q}_{66} \end{bmatrix} \begin{bmatrix} \beta_x \\ \beta_y \\ \beta_{xy} \end{bmatrix} (h_k^2 - h_{k-1}^2) \tag{5.67}$$

式(5.64)~式(5.67)中的应力为虚拟热湿应力,假定已知。使用式(5.62)和式(5.63)可计算中面应变和曲率:

$$\begin{bmatrix} N^{\mathrm{T}} \\ M^{\mathrm{T}} \end{bmatrix} + \begin{bmatrix} N^{\mathrm{C}} \\ M^{\mathrm{C}} \end{bmatrix} = \begin{bmatrix} A & B \\ B & D \end{bmatrix} \begin{bmatrix} \varepsilon^0 \\ \kappa \end{bmatrix} \tag{5.68}$$

由式(5.16)可知:

$$\begin{bmatrix} \varepsilon_x \\ \varepsilon_y \\ \gamma_{xy} \end{bmatrix} = \begin{bmatrix} \varepsilon_x^0 \\ \varepsilon_y^0 \\ \gamma_{xy}^0 \end{bmatrix} + z \begin{bmatrix} \kappa_x \\ \kappa_y \\ \kappa_{xy} \end{bmatrix} \tag{5.69}$$

通过这个关系式可以计算层合板中任意一层单向板的全局应变。这些应变是层合板的真实应变。真实应变和自由扩展应变之间的差值导致机械应变。由式(5.57),得第 k 层单向板的机械应变:

$$\begin{bmatrix} \varepsilon_x^{\mathrm{M}} \\ \varepsilon_y^{\mathrm{M}} \\ \gamma_{xy}^{\mathrm{M}} \end{bmatrix}_k = \begin{bmatrix} \varepsilon_x \\ \varepsilon_y \\ \gamma_{xy} \end{bmatrix}_k - \begin{bmatrix} \varepsilon_x^{\mathrm{T}} \\ \varepsilon_y^{\mathrm{T}} \\ \gamma_{xy}^{\mathrm{T}} \end{bmatrix} - \begin{bmatrix} \varepsilon_x^{\mathrm{C}} \\ \varepsilon_y^{\mathrm{C}} \\ \gamma_{xy}^{\mathrm{C}} \end{bmatrix}_k \tag{5.70}$$

其机械应力:

$$\begin{bmatrix} \sigma_x \\ \sigma_y \\ \tau_{xy} \end{bmatrix}_k = \begin{bmatrix} \overline{Q}_{11} & \overline{Q}_{12} & \overline{Q}_{16} \\ \overline{Q}_{12} & \overline{Q}_{22} & \overline{Q}_{26} \\ \overline{Q}_{16} & \overline{Q}_{26} & \overline{Q}_{66} \end{bmatrix}_k \begin{bmatrix} \varepsilon_x^{\mathrm{M}} \\ \varepsilon_y^{\mathrm{M}} \\ \gamma_{xy}^{\mathrm{M}} \end{bmatrix}_k \tag{5.71}$$

虚拟热湿应力是式(5.64)~式(5.67)所描述的力,可以看作另外一种受力形式的应力。因此,如果层合板同时受到机械应力和热湿应力,可以将机械应力加和到虚拟热湿应力进行应力、应变计算;或者分别计算两种情况下的应力、应变,然后将应力和应变加和,得到相应的计算结果。

5.5.2 热湿膨胀系数

只有在层合板为中面对称结构时,热湿膨胀系数这个概念才适合定义。因为在热湿应力加载下,此结构层合板的耦合刚度矩阵$[B]=0$,不发生弯曲变形,热作用力和湿作用力才会有简单的系数关系。

热膨胀系数定义为单位温度变化引起的层合板单位长度上的长度变化量。对于单向板,分别定义三个方向的热膨胀系数:x 方向的 α_x、y 方向的 α_y 和面内方向的 α_{xy}。

假设 $\Delta T = 1$ 和 $C = 0$,则:

$$\begin{bmatrix} \alpha_x \\ \alpha_y \\ \alpha_{xy} \end{bmatrix} \equiv \begin{bmatrix} \varepsilon_x^0 \\ \varepsilon_y^0 \\ \gamma_{xy}^0 \end{bmatrix}_{\substack{\Delta T=1 \\ \Delta C=0}} = \begin{bmatrix} A_{11}^* & A_{12}^* & A_{16}^* \\ A_{12}^* & A_{22}^* & A_{26}^* \\ A_{16}^* & A_{26}^* & A_{66}^* \end{bmatrix} \begin{bmatrix} N_x^{\mathrm{T}} \\ N_y^{\mathrm{T}} \\ N_{xy}^{\mathrm{T}} \end{bmatrix} \tag{5.72}$$

其中：$[N^T]$ 是由式(5.64)给出的残余热应力。

同理，假设 $\Delta T = 0$ 和 $C = 1$，则湿膨胀系数：

$$\begin{bmatrix} \beta_x \\ \beta_y \\ \beta_{xy} \end{bmatrix} \equiv \begin{bmatrix} \varepsilon_x^0 \\ \varepsilon_y^0 \\ \gamma_{xy}^0 \end{bmatrix}_{\substack{\Delta T=0 \\ \Delta C=1}} = \begin{bmatrix} A_{11}^* & A_{12}^* & A_{16}^* \\ A_{12}^* & A_{22}^* & A_{26}^* \\ A_{16}^* & A_{26}^* & A_{66}^* \end{bmatrix} \begin{bmatrix} N_x^C \\ N_y^C \\ N_{xy}^C \end{bmatrix} \tag{5.73}$$

其中：$[N^C]$ 是由式(5.66)给出的残余湿应力。

5.5.3 翘曲

如果层合板不是关于中面对称，环境温度变化会使层合板面外方向发生变形，这种变形叫作翘曲变形。由式(5.15)可知：

$$\kappa_x = -\frac{\partial^2 w}{\partial x^2} \tag{5.74a}$$

$$\kappa_y = -\frac{\partial^2 w}{\partial y^2} \tag{5.74b}$$

$$\kappa_{xy} = -2\frac{\partial^2 w}{\partial x \partial y} \tag{5.74c}$$

对式(5.74a)进行积分，推导出面外方向变形挠度 ω：

$$\omega = -\kappa_x \frac{x^2}{2} + f_1(y)x + f_2(y) \tag{5.75}$$

其中：$f_1(y)$ 和 $f_2(y)$ 为未知函数。

将式(5.75)代入式(5.74c)得：

$$\kappa_{xy} = -2\frac{\partial^2 w}{\partial x \partial y} = -2\frac{df_1(y)}{dy} \tag{5.76}$$

继而得到：

$$f_1(y) = -\kappa_{xy} \frac{y}{2} + C_1 \tag{5.77}$$

其中：C_1 是未知积分常数。

由式(5.75)和式(5.77)得：

$$\omega = -\kappa_x \frac{x^2}{2} - \kappa_{xy} \frac{xy}{2} + C_1 x + f_2(y) \tag{5.78}$$

将式(5.78)代入式(5.74b)可得：

$$\kappa_y = -\frac{\partial^2 w}{\partial y^2} - \frac{d^2 f_2(y)}{dy^2} \tag{5.79}$$

继而得到：

$$f_2(y) = -\kappa_y \frac{y^2}{2} + C_2 y + C_3 \tag{5.80}$$

将式(5.80)代入式(5.78)得:

$$\omega = -\frac{1}{2}(\kappa_x x^2 + \kappa_y y^2 + \kappa_{xy} xy) + (C_1 x + C_2 y + C_3) \qquad (5.81)$$

其中:$(C_1 x + C_2 y + C_3)$是简单刚体运动形式。

与翘曲现象相关的形式:

$$\omega = -\frac{1}{2}(\kappa_x x^2 + \kappa_y y^2 + \kappa_{xy} xy) \qquad (5.82)$$

5.6 层合板结构、破坏准则与设计

设计层合板结构,首先要设计单向板。单向板由纤维和树脂组成,通过长纤卷绕法或者预浸法进行加工。纤维和树脂的材料属性、纤维堆叠方式和纤维体积分数决定了单向板的刚度、强度或热湿响应行为。改变单向板的材料种类和各层堆叠方式等,可以使层合板适用于不同领域。

5.6.1 层合板结构

改变纤维铺层角度、单向板厚度、对称或非对称结构,可以使得层合板的三个刚度矩阵$[A]$、$[B]$和$[D]$中的单元为零。因此,基于这些简化方式,可以避免层合板中耦合的力和弯矩、耦合的法向力和剪切力或者耦合的弯矩和扭矩等复杂受力情况,不仅能够简化力学分析,还能赋予层合板特殊力学性能。比如,已知关于中面对称的层合板的$[B]=0$,从力学角度分析可以知道,加工过程中环境温度发生变化,层合板不会发生翘曲现象。

5.6.1.1 对称层合板

如果层合板的材料、铺层角度和每层单向板厚度关于中面对称,则称为对称层合板,如$[0/30/\overline{60}]_n$:

0
30
60
30
0

由对称层合板的弯曲刚度矩阵$[B]$的定义,可以证明$[B]=0$,因此式(5.29)可以写为:

$$\begin{bmatrix} N_x \\ N_y \\ N_{xy} \end{bmatrix} = \begin{bmatrix} A_{11} & A_{12} & A_{16} \\ A_{12} & A_{22} & A_{26} \\ A_{16} & A_{26} & A_{66} \end{bmatrix} \begin{bmatrix} \varepsilon_x^0 \\ \varepsilon_y^0 \\ \gamma_{xy}^0 \end{bmatrix} \qquad (5.83a)$$

$$\begin{bmatrix} M_x \\ M_y \\ M_{xy} \end{bmatrix} = \begin{bmatrix} D_{11} & D_{12} & D_{16} \\ D_{12} & D_{22} & D_{26} \\ D_{16} & D_{26} & D_{66} \end{bmatrix} \begin{bmatrix} \kappa_x \\ \kappa_y \\ \kappa_{xy} \end{bmatrix} \qquad (5.83b)$$

由此可知对称层合板的力与力矩相互不耦合。因此,对称层合板受到外力时,中面曲率为零。同理,如果对称层合板受到力矩时,中面应变为零。

通过这种方式,可以简化对称层合板的分析过程。也可以利用对称结构设计,避免层合板在加工冷却或者外界环境变化时产生热残余应力,发生结构扭曲。

5.6.1.2　正交铺层层合板

只有 $0°$ 和 $90°$ 两种铺层角度的层合板,叫作正交铺层层合板,如 $[0/90_2/0/90]$:

0
90
90
0
90

对于正交铺层层合板, $A_{16}=0$, $A_{26}=0$, $B_{16}=0$, $B_{26}=0$, $D_{16}=0$, $D_{26}=0$,因此式(5.29)可以写为:

$$
\begin{bmatrix} N_x \\ N_y \\ N_{xy} \\ M_x \\ M_y \\ M_{xy} \end{bmatrix} = \begin{bmatrix} A_{11} & A_{12} & 0 & B_{11} & B_{12} & 0 \\ A_{12} & A_{22} & 0 & B_{12} & B_{22} & 0 \\ 0 & 0 & A_{66} & 0 & 0 & B_{66} \\ B_{11} & B_{12} & 0 & D_{11} & D_{12} & 0 \\ B_{12} & B_{22} & 0 & D_{12} & D_{22} & 0 \\ 0 & 0 & B_{66} & 0 & 0 & D_{66} \end{bmatrix} \begin{bmatrix} \varepsilon_x^0 \\ \varepsilon_y^0 \\ \gamma_{xy}^0 \\ \kappa_x \\ \kappa_y \\ \kappa_{xy} \end{bmatrix}
\tag{5.84}
$$

在这种情况下,法向力和剪切力、弯矩和扭矩之间相互不耦合。如果正交铺层层合板关于中面对称,那么 $[B]=0$,则力和力矩之间相互也不耦合。

5.6.1.3　角度铺层层合板

只有 $+\theta$ 和 $-\theta$ 两种铺层角度且每层单向板的材料类型和厚度都一样的层合板,叫作角度铺层层合板,如 $[-40/40/-40/40]$:

−40
40
−40
40

如果角度铺层层合板包含偶数层单向板,可知 $A_{16}=A_{26}=0$。但是,如果每层单向板的厚度相同,层数为奇数且不同层间以 $+\theta$ 和 $-\theta$ 两种铺层角度交叉铺层,这种结构为对称结构,则有 $[B]=0$,同时 A_{16}、A_{26}、D_{16}、D_{26} 随着层数增加而减小。这种性质与正交铺层层合板类似,但是角度铺层层合板的剪切刚度和强度大于正交铺层层合板。

5.6.1.4　反对称层合板

如果层合板中面两侧的单向板的材料种类和厚度相同,但铺层角度相反,则为反对称层合板,如:

45
60
−60
−45

由式(5.28a)和式(5.28c)，延伸刚度矩阵耦合形式为 $A_{16} = A_{26} = 0$，弯曲刚度矩阵耦合形式为 $D_{16} = D_{26} = 0$：

$$\begin{bmatrix} N_x \\ N_y \\ N_{xy} \\ M_x \\ M_y \\ M_{xy} \end{bmatrix} = \begin{bmatrix} A_{11} & A_{12} & 0 & B_{11} & B_{12} & B_{16} \\ A_{12} & A_{22} & 0 & B_{12} & B_{22} & B_{26} \\ 0 & 0 & A_{66} & B_{16} & B_{26} & B_{66} \\ B_{11} & B_{12} & B_{16} & D_{11} & D_{12} & 0 \\ B_{12} & B_{22} & B_{26} & D_{12} & D_{22} & 0 \\ B_{16} & B_{26} & B_{66} & 0 & 0 & D_{66} \end{bmatrix} \begin{bmatrix} \varepsilon_x^0 \\ \varepsilon_y^0 \\ \gamma_{xy}^0 \\ \kappa_x \\ \kappa_y \\ \kappa_{xy} \end{bmatrix} \tag{5.85}$$

5.6.1.5　均衡层合板

除 0°和90°铺层角度外，层合板中单向板以 $+\theta$ 和 $-\theta$ 正负相抵的铺层角度分布，则为均衡层合板。这种铺层角度正负相抵的结构不限定是相邻单向板，但是对应单向板的材料种类和厚度要相同，其中 $A_{16} = A_{26} = 0$。如[30/40/−30/30/−30/−40]：

30
40
−30
30
−30
−40

由式(5.28a)可知：

$$\begin{bmatrix} N_x \\ N_y \\ N_{xy} \\ M_x \\ M_y \\ M_{xy} \end{bmatrix} = \begin{bmatrix} A_{11} & A_{12} & 0 & B_{11} & B_{12} & B_{16} \\ A_{12} & A_{22} & 0 & B_{12} & B_{22} & B_{26} \\ 0 & 0 & A_{66} & B_{16} & B_{26} & B_{66} \\ B_{11} & B_{12} & B_{16} & D_{11} & D_{12} & D_{16} \\ B_{12} & B_{22} & B_{26} & D_{12} & D_{22} & D_{26} \\ B_{16} & B_{26} & B_{66} & D_{16} & D_{26} & D_{66} \end{bmatrix} \begin{bmatrix} \varepsilon_x^0 \\ \varepsilon_y^0 \\ \gamma_{xy}^0 \\ \kappa_x \\ \kappa_y \\ \kappa_{xy} \end{bmatrix} \tag{5.86}$$

5.6.1.6　准各向同性层合板

对于各向同性平面，有弹性模量 E、泊松比 ν 和厚度，可知三个刚度矩阵：

$$[A] = \begin{bmatrix} \dfrac{E}{1-\nu^2} & \dfrac{\nu E}{1-\nu^2} & 0 \\ \dfrac{\nu E}{1-\nu^2} & \dfrac{E}{1-\nu^2} & 0 \\ 0 & 0 & \dfrac{E}{2(1-\nu)} \end{bmatrix} h \tag{5.87}$$

$$[B] = \begin{bmatrix} 0 & 0 & 0 \\ 0 & 0 & 0 \\ 0 & 0 & 0 \end{bmatrix} \tag{5.88}$$

$$[D] = \begin{bmatrix} \dfrac{E}{12(1-\nu^2)} & \dfrac{\nu E}{12(1-\nu^2)} & 0 \\ \dfrac{\nu E}{12(1-\nu^2)} & \dfrac{E}{12(1-\nu^2)} & 0 \\ 0 & 0 & \dfrac{E}{24(1+\nu)} \end{bmatrix} \tag{5.89}$$

如果层合板的延伸刚度矩阵 $[A]$ 力学行为表现为各向同性,则该层合板为准各向同性层合板。这不仅表明 $A_{11}=A_{22}$,$A_{16}=A_{26}=0$,$A_{66}=\dfrac{A_{11}-A_{12}}{2}$,也表明这些刚度系数与层合板旋转角度无关。由于其他刚度矩阵 $[B]$ 和 $[D]$ 力学行为不是各向同性,所以这种层合板称为准各向同性层合板,而不是各向同性层合板。准各向同性层合板包括 $[0/\pm60]$,$[0/\pm45/90]$ 和 $[0/36/72/-36/-72]$ 等。

5.6.2　层合板破坏准则

在持续增加的外力或者热应力作用下,层合板会发生破坏。这种破坏并不一定是一次性完全破坏,可能是几层单向板破坏,剩余层会继续承担外力,直至层合板完全破坏。在层合板未完全破坏的情况下,不仅未破坏的单向板会承担外力,而且破坏后的单向板也能够承载外力。层合板刚度和强度降解具有一定规律:

• 当一层单向板发生破坏时,会沿着平行纤维方向发生树脂脆裂,纤维仍然能够承担纤维方向外力。此时,这层单向板可以看作虚拟单向板,即其只有轴向模量和强度,没有横向刚度、横向拉伸强度和剪切强度。

• 当一层单向板发生破坏时,单向板发生完全失效的参数需要一个近似零值取代,如刚度或者强度降为零时,取值为近于零值的参数。这样取值会避免在工程计算中出现计算失稳或奇异点。这种方法叫作减量法。

如果要计算不同破坏层之间层合板受到的连续作用力,可以用减量法计算:

(1) 假设层合板受到机械外力加载,并引入真实温度变化量和湿度比值。

(2) 使用层合板结构分析法,确定其中面应变和曲率。

(3) 确定在虚拟加载外力下,每层单向板的局部应变和应力。

(4) 利用层合板破坏理论中层层单向板应变和应力值,确定力比值。将该比值与总离值相乘,可以得到第一层单向板的破坏力,该力叫作第一板破坏力。

(5) 单向板破坏后其刚度值发生降解,施加真实破坏应力值。

(6) 返回步骤(2),确定未发生破坏的单向板的力比值:

① 力比值大于1时,将其与施加力值相乘,得到下一层单向板的破坏力,再返回步骤(2)。

② 力比值小于1时,所有破坏的单向板的强度和刚度发生降解,返回步骤(5)。

(7) 在所有单向板发生破坏之前,重复以上六步。层合板内所有单向板发生破坏时的力,叫作最大板破坏力。

对于含部分减量纤维的层合板,这个计算过程更加复杂。引入非接触最大应力和最大应变破坏准则,确定破坏模式。基于破坏模式,对响应的弹性模量和强度参数进行部分或者全部减量处理。

5.6.3 层合板设计

复合材料设计涉及的变量包括面内力、面外力、温度场、湿度场、材料稳定性、力学损伤性、抗冲击性和抗疲劳性、抗层间剪切强度、震动控制和复杂造型等。本小节着重介绍加载外力、温度和湿度变化条件下的复合材料设计方法。其他变量在下一小节中简要介绍。

层合板设计的影响因素和限制条件:

- 制造加工成本;
- 与航空航天和汽车工业中能耗相关的材料轻质化设计;
- 防止航空器蒙皮发生表面屈曲的刚度设计;
- 保持空间天线尺寸稳定性的热湿膨胀系数。

这些影响因素与单组分材料设计所考虑的影响因素相似。但是层合板设计中要对层合板中单向板的各向异性具有较深入的理解,这是单组分材料设计中不需要考虑的。

对于不同纤维、树脂材料系统,纤维体积分数是影响层合板性质的首要因素,其次是单向板铺层角度和单向板与层合板中面的距离,再次是材料种类和堆叠方式。层合板的破坏应变主要由第一层单向板的破坏力和最大板破坏力决定。

由于纤维、树脂材料系统中的复合作用及材料属性和堆叠方式存在较多不确定性,层合板设计是一项需要大量计算和重复试验的工作。目前有许多计算机程序能够将这些计算进行简化,有利于人们进行相关材料设计。

5.6.4 其他力学设计工况

夹芯复合材料的应用比较广泛,它包括表面层和芯层。表面层一般由高强度材料制成,如钢板、碳纤维增强环氧树脂复合材料等。芯层主要由一定厚度的轻质材料组成,如泡沫、纸板、胶合板等。

夹芯复合材料性能具有两面性。首先,当板件发生弯曲时,最大应力出现在顶面或底面。因此,夹芯复合材料的顶面和底面使用高强度材料,而夹芯层使用轻质材料。其次,对于矩形截面材料,抵抗弯曲变形的能力与厚度成正比,因此在表层之间增加芯层厚度可以增加抗弯能力。值得注意的是,夹芯复合材料中芯层中面受到的剪切力最大,需要芯层材料有较好的抗剪切能力。从抗弯曲能力和轻质结构两个方面可以看出,夹芯复合材料具有较好的应用前景。可从强度、安全性、质量、持久性、抗冲击性能、抗穿刺能力、耐气候性和加工成本等方面,对夹芯复合材料进行评估。

最常见的夹芯复合材料表层是铝合金板和纤维增强塑料。铝合金板具有较高的比模量,但是易发生侵蚀,或在表面发生压痕。比较典型的纤维增强塑料是碳纤维/环氧树脂复合材料和玻纤/环氧树脂复合材料,它们的比强度和比模量都较高,具有较好的抗侵蚀性。纤维增强结构主要有单向板或者机织物。

最常见的芯层材料有轻质木材、泡沫或蜂窝材料。轻质木材具有较高的压缩强度、较好的耐疲劳性、较高的剪切强度。泡沫材料是低密度聚合物,如酚醛树脂、聚苯乙烯、聚氨基甲酸酯等。蜂窝材料可以由塑料、纸、胶合板等制成,其强度和刚度主要由原料种类及蜂窝壁厚和大小综合决定。

表层和芯层之间由胶合剂黏合,因此黏合剂性能会显著影响夹芯复合材料的力学性能。黏合剂形态主要有膜状、糊状或液状。黏合剂主要有乙烯基酚、改性环氧树脂和氨基甲酸乙酯。

5.6.4.1　长期环境影响因素

前文讨论过温度和湿度对层合板的影响,例如在外界温度变化或一定湿度下,层合板会产生残余应变和应力。在长期使用过程中,大气侵蚀、温度和湿度变化等因素会减弱纤维、树脂的性能或者界面的黏合作用。比如玻纤/环氧树脂复合材料,在较高温度作用下,树脂的横向和面内剪切刚度和强度、弯曲强度会发生显著变化,而在一定湿度的长时间作用下,玻纤、环氧树脂会吸收一定量的水分,图 5.7 所示为不同湿度条件下弯曲模量的改变[1]。

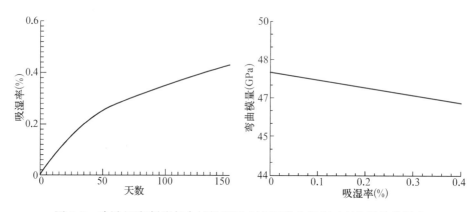

图 5.7　玻纤/环氧树脂复合材料吸湿-时间函数和湿度对弯曲模量的影响

5.6.4.2　层间应力

如果层合板中每层单向板的弹性模量和铺层角度不同,会导致层间应力集中现象出现。这些应力一般以法向力和剪切力的形式出现,当其值达到一定阈值时,会引起层合板发生分层现象。层合板发生分层,其使用寿命会大大减少。另外,不合理的树脂固化工艺和结构异物存在也会导致层合板发生分层现象。

图 5.8 所示为某四层层合板的理论层间剪切力和法向力曲线,两者为法向距离的函数[2]。第一层单向板底面的层间应力用弹性公式确定,非边界上的应力则由经典层合板理论确定,但接近边界处的法向剪切力 τ_{xy} 降为零,面外方向剪切力 τ_{xz} 变为无穷大。由于不同的边界条件和不平衡公式,经典层合板理论和弹性公式得出的层间应力结果不一致。例如简单应力状态下的[±45]$_s$层合板,由经典

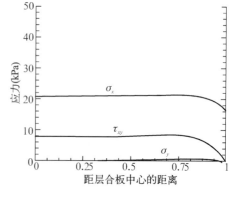

图 5.8　四层层合板中第一层单向板底面的法向力和剪切力

层合板理论可知,每层单向板的 σ_{xx}、σ_{yy}、τ_{xy} 为非零值。但在实际情况中,由于自由边界的存在,σ_{yy} 和 τ_{xy} 为零值。

在实际设计中,克服层合板的层间应力是一个重要问题,因此设计人员采取一些必要措施。通过理论计算可以发现,在保持纤维铺层角度、对称性和层数不变的情况下,不同单向板之间堆叠次序会影响层合板内部应力。堆叠次序的变化,会减小层间剪切应力,但是层间法向拉应力却没有增加。例如对于[$\pm 30/90$]$_s$ 层合板,在非轴向拉力作用下,会产生层间法向拉应力;对于堆叠次序不同的[$90/\pm 30$]$_s$ 层合板,在同样的受力情况下,产生层间法向压力。这使得第二种堆叠次序的层合板具有较好的抗层间剪切性能。另外,使用较硬树脂材料和特殊树脂混合结构,也能够增加层合板的抗分层破坏损伤容限。

5.6.4.3 抗冲击损伤性能

层合板的抗冲击性能具有十分重要的应用价值。无论是石子路上行驶的汽车板簧会受到小物体冲击,还是军用航空器会受到子弹冲击,复合材料的抗冲击性能在众多领域起着重要作用。影响抗冲击性能的主要因素有层合板的材料种类、层间强度、单向板堆叠次序及冲击响应行为的自身特点(冲击速度、弹丸质量、弹丸大小等)。当复合材料结构件受到石子冲击后,其剩余强度会降低,也会产生相应的分层现象。有些局部分层现象较难观察到,这种潜在破坏危险大大降低了层合板的寿命。为了解决这个问题,需增加复合材料的抗冲击能力和冲击剩余强度,可以使用增塑树脂或者增加黏合层。增塑树脂主要通过在环氧树脂中添加液体橡胶的方式实现,而增加黏合层是在单向板特定位置黏结分离增强层。

5.6.4.4 抗断裂性

材料的断裂性能表征有两个常用参数。首先,当各向同性材料产生裂纹扩展时,裂纹顶端应力为无穷大,称为应力强度因子。应力强度因子大于材料的极限应力强度因子,会产生十分明显的扩展现象。应变能释放率是另一个表征参数,它是裂纹扩展时的能量释放率。当应变能释放率超过极限应变能释放率时,裂纹也出现十分明显的扩展现象。对于各向同性材料,应变能释放率和应力强度因子具有相关性。

对于复合材料,其断裂机理非常复杂,与各向同性材料具有较大差异。首先,从断裂形式来说,复合材料上的裂纹可以出现在纤维断裂、树脂断裂位置,也可以出现在纤维和树脂之间脱黏界面或者各层之间脱黏截面。其次,任何一个单一的表征参数很难完全决定材料的断裂过程。

纤维发生断裂,可能是由于材料的脆性,也可能是由于不同纤维间强度不同而产生较低应变变化下的破坏。树脂发生断裂,可能是由于纤维断裂时产生较大应变,如陶瓷基复合材料,树脂的断裂应变远远小于纤维,所以在受力加载下,树脂要先于纤维发生断裂。实际上,纤维破坏接近复合材料最大破环强度,树脂破坏与其断裂长度相平行。

纤维、树脂、界面性质和纤维体积分数的差异,会决定复合材料内部的裂纹扩展模式:界面扩展模式或组分跳跃模式。界面扩展模式是指裂纹在纤维和树脂之间传播扩展;组分跳跃模式是指裂纹在不同组分之间传播扩展。

复合材料断裂过程包含多种破坏机理,且很难提出较为统一的破坏准则,因此复合材料断裂机理具有较广阔的研究前景。

5.6.4.5　抗疲劳性能

在长时间的循环加载作用下,复合材料的强度会下降,使用寿命明显缩短。如直升机上的复合材料叶片,其使用寿命只有 10 000 h,远远小于静态环境中的复合材料使用寿命。

有很多种方式可以获得复合材料的疲劳性能数据,其中最常用的是在复合材料受到循环加载时,提取每个循环加载过程中的极端应力值,其为循环圈数的函数。循环圈数越大,复合材料越接近破坏,可允许的极端应力越小。如果极端应力值大于复合材料可允许的最大强度,则其疲劳性能对结构件设计没有影响,可以不予考虑。如石墨纤维/环氧树脂复合材料的抗冲击性能较小,因此可允许最大强度很小,其疲劳性能可以作为次要因素而无需考虑。

复合材料抗疲劳性能受到多项因素影响,包括层合板堆叠顺序、纤维和树脂性质、纤维体积分数、界面黏附性等。比如,对于准各向同性层合板,与单向铺层复合材料相比,S-N 曲线完全不同。90°铺层增加了横向裂纹,影响了层合板的弹性模量和强度。尽管90°单向板对层合板静态强度和强力的贡献较小,并且对弹性模量和强度影响较小,但是其横向裂纹引起的集中应力会使 0°单向板发生破坏。另外,除了裂纹扩展,其他的层合板疲劳破坏模式为纤维和树脂的破坏、界面间或者层间分层等。有人对硼纤维/环氧树脂层合板的拉伸疲劳性能进行测试,探求疲劳寿命与层合板堆叠顺序的关系,如图 5.9 所示,试验表明,$[\pm45°/\pm15°]_s$ 层合板的耐疲劳寿命高于 $[\pm15°/\pm45°]_s$ 层合板[2]。

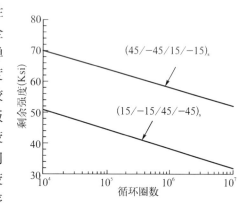

图 5.9　两种铺层结构的层合板在疲劳加载条件下的剩余强度与循环圈数

拉伸、压缩、温度、湿度和震动等外在条件也影响复合材料的疲劳性能。如在压缩疲劳加载或拉压疲劳加载下,碳纤维/环氧树脂复合材料发生层间卷曲变形,导致其应变峰值较低。这种情况下,树脂、纤维-树脂界面和铺层角度对复合材料疲劳性能起着主要作用,纤维性质对其贡献较弱。

此外,复合材料的非力学性能在设计过程中也较为重要,如防火性能、排烟性能、导电性能、导热性能、可回收性、电磁干涉性能等。

参 考 文 献

[1] Quinn J A. Properties of thermoset polymer composite and design of pultrusions. Phillips L N (Ed.). Design with Advanced Composite Materials. Springer-Verlag, Heidelberg, 1989:91, 92.

[2] Pagano N J. Analysis of tacking sequence effect. Pipes R B (Ed.). Interlaminar Response of Composite Materials. Elsevier, Amsterdam, Netherlands, 2012:9, 12.

[3] Kollar P, Springer G S. Mechanics of Composite Structures. Cambridge University Press, The Edinburgh Building, Cambridge CB2 2RU, UK, 2003:63-88.

6 机织复合材料结构设计

机织复合材料是二维或三维机织物增强复合材料的总称[1]。机织复合材料由于经纬纱相互交织,具有比 0°/90°正交铺层层压复合材料更好的结构稳定性和更高的±45°方向剪切强度,在航空航天、船舶运输、医药和体育运动等领域都有广泛应用。机织复合材料可设计因素有纤维和树脂种类、纱线排列、纱线粗细和纱线类型等。复合材料在工程应用中,有必要开发一个能有效计算复合材料力学性能的模型,用以准确预测复合材料细观结构对材料宏观性能的影响。本章将着重介绍机织复合材料设计过程中的细观力学模型,并分析这些模型的计算效率和实际可行性。

6.1 概 述

机织物作为复合材料增强体具有结构稳定、制造成本低的优势。Cox 等[2]对纺织预成型体进行分类,如图 6.1 所示,其中左栏是根据加工方式和生产过程的分类。纺织预成型体织造技术主要有机织、针织和编织。另外,也可根据纺织预成型体的维数进行分类,如二维、三维等。

机织物通过经纬纱交织,使纱线形成起伏或屈曲,借助纱线间摩擦成为稳定结构[3-8]。图 6.2 所示是机织物三种基本组织:平纹、斜纹和缎纹。纱线浮长不同,形成不同的织物组织形式。图 6.2 中织物差异来源于经纬纱交织结构和参数的不同,如织造密度、经纱张力、纬纱张力和织造过程中的打纬力等[9]。

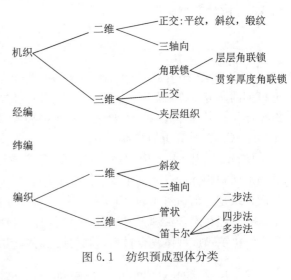

图 6.1 纺织预成型体分类

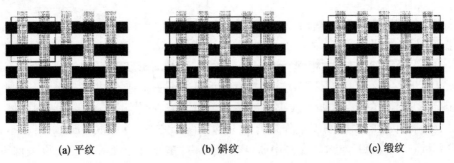

(a) 平纹   (b) 斜纹   (c) 缎纹

图 6.2 机织物基本组织(黑框范围代表织物最小重复单元)

　　在机织复合材料设计中,有时会采用混杂机织物。混杂机织物由不同纤维材料织造而成,如玻璃纤维、芳纶、碳纤维、硼纤维、陶瓷纤维和天然纤维。经纬纱采用不同类型的纤维,得到经纬方向不同的性质。混杂机织物对于复合材料结构设计很有优势:(1)可以为设计者提供更广泛的选择,混杂机织物复合材料能改善力学性能、减轻质量,且具有良好的抗冲击性能;(2)可以用廉价纤维和昂贵纤维混杂交织形成既经济实惠又符合设计要求的织物。

　　先进纺织生产技术使三维机织预成型体种类和可设计性得到很大提高。通过改造传统二维织物的织造技术,可以织造出沿厚度方向整体性更高的立体织物,如纱线贯穿厚度方向的角联锁机织[10]和正交机织[1-3]是两种主要的三维织造方法。三维角联锁机织物可以用多臂织机和提花织机织造,经纱可以贯穿多层纬纱,也可以织造包含直线填充纱的纺织结构。通过改变纱线层数、接结方式和填充纱位置,可以织造多种不同几何结构的织物。三维正交机织物主要是通过多经轴方法织造的纱线排列在三个正交方向的织物,三维正交机织复合材料中存在富脂区域。

6.2　设计模型和设计方法

6.2.1　设计模型概况

6.2.1.1　Ishikawa 和 Chou 模型

　　自 20 世纪 80 年代开始,Ishikawa 和 Chou 开展了大量关于二维机织复合材料力学性能模型的研究工作,提出了三种基于一维弹性体的机织复合材料模型,分别是马赛克模型、纤维起伏模型和桥接模型[11-13]。对这些模型来说,经典层合板理论(classical laminate theory, CLT)是分析的基本工具[14]。

　　Ishikawa 和 Chou 模型是一维模型,仅考虑沿加载方向的纱线起伏,没有考虑纱线实际截面形状和相邻纱线间的空隙,不能预测面外方向纱线和纤维的体积分数。另外,这些模型假设织物是平衡封闭的,而实际上织物是不平衡且开放的。Ishikawa 和 Chou 模型的理论基础是经典层合板理论,仅可以预测复合材料面内弹性性能。如果将这些模型扩展应用到三维机织预成型体复合材料,将导致几何模型的简化和面内性质预测准确性降低。

6.2.1.2　Naik,Shembekar 和 Ganesh 模型

　　Naik 详细描述了机织复合材料几何模型和刚度、强度性质,提出了二维弹性模型分析二维非混纺平纹机织复合材料的性能[15]。该模型扩展了 Ishikawa 和 Chou 的一维模型[11-13],引入经纬纱线起伏、相邻纱线间隙、纱线实际截面形状和平纹单层板的不平衡性能等因素。代表性体积单元(RVEs)沿着平行或垂直加载方向被分成许多小块。这些小块被进一步分割成不同的单元,如直线正交铺层或单向区域、起伏正交铺层或单向区域、纯树脂单元。将不同单元的面内刚度矩阵结合到一起有两个方案:并串联(parallel-series,PS)和串并联(series-parallel,SP)。在并串联(PS)模型中,单元首先在等应变假设条件下垂直于力的加载方向并联(通过各部分的体积分数算出总刚度矩阵),然后在等应力假设条件下将单元沿着力的加载方向串联。在串并联(SP)模型中,将所有无限小的单元在等应力假设条

件下沿力的加载方向组合(通过各部分的体积分数算出总柔度矩阵),然后将所有沿力的加载方向的部分在等应变假设条件下组合。这两个方案都能导出复合材料的二维刚度矩阵。该模型只适用于面内方向的刚度和强度计算,不能用来预测三维机织复合材料厚度方向的力学性能。

关于加载全过程的机织复合材料失效问题,Naik 和 Ganesh 已经将其力学模型用于预测平纹机织复合材料在准静态拉伸载荷下沿轴向的失效行为和强度[16-17]。假设沿纬纱方向加载,同时考虑不同的失效阶段,如经纱横向破坏、纬纱剪切破坏、纬纱横向破坏、纯树脂单元破坏和纬纱纵向破坏。该模型创新点在于计算树脂和纱线单元应力的步骤。通过将局部单元应力或应变和应力或应变的有效值对比进行失效分析,采用 Tsai-Wu 失效准则[18]预测纬纱单元的失效,采用最大应力和应变准则预测经纱和树脂单元的失效。如果单元失效,单元刚度就会降解。如果纬纱中的纤维破坏,就认为层合板单元发生最终失效。虽然已有的大量研究工作致力于描述材料非线性、几何非线性和树脂单元失效的几何影响,但关于应力预测步骤的详细描述并不多见。

综上所述,Naik 的机织复合材料强度模型还存在一定缺陷和不足。首先,应力模型缺乏逻辑性和简洁性(什么时候、为什么 PS 模型比 SP 模型更好?)。第二,仅适用于沿经向或纬向单轴拉伸情形。第三,此模型没有分析热应力,而热应力在纤维复合材料的应力和强度分析中是很重要的指标。第四,Naik 模型仅考虑非混杂二维平纹机织复合材料。

6.2.1.3 Hahn 和 Pandy 模型

Hahn 和 Pandy 模型[19]适用于非混杂平纹复合材料。该模型实际上是对 Naik 模型的扩展。该模型考虑了经纬纱卷曲起伏、纱线实际截面形状和相邻纱线间空隙,其中,纱线起伏以正弦曲线表征,相邻纱线间间隙通过在空隙开始出现之处终止纱线延续而生成。当空隙很大时,纱线截面变为准矩形,这和实际情况不符。

该模型假设整个复合材料单胞应变呈均匀状态,因此复合材料有效刚度可以通过纱线和基体单元局部刚度的体积平均得到。这就是所谓的等应变模型。机织复合材料的弹性模量和热膨胀系数由隐函数表达。等应变模型具有简洁易用的优点,可以应用于复杂三维机织复合材料的分析。但是,它也有一些不足。第一,等应变模型的准确性有待于通过更多三维弹性常数试验得到验证。本章将深入讨论等应变技术不可以准确预测三维弹性常数[20]。第二,此模型不能准确解决应力分析问题,不能用于强度预测。

6.2.1.4 Paumelle,Hassim 和 Léné 模型

Paumelle 等[21-23]提出了一个分析平纹机织复合材料结构的方法,它实现了周期性介质均匀化。通过在单胞表面运用周期性边界条件,并求解单胞上六个单元加载条件,得到整个均匀体结构的弹性模量。此方法可以较好地预测复合材料各成分及其界面上力和应力场的局部分布。这些微观应力场可以预测潜在的破坏类型。但 Paumelle 等还没有将此模型用于预测损伤破坏和分析三维机织预成型体。由于三维预成型体的空间特征和复杂性,此方法对计算机计的算能力和内存的要求很高。同时,一个良好的模型应该包括织物几何形状的构建、有限元网格节点和单元的划分。大量计算时间将用于几何模型的建立和单元质量的检查[23],导致分析和解释三维复杂几何模型的结果存在很大难度[24]。

6.2.1.5　Blackketter 模型

Blackketter 等[25]建立了单层非混纺平纹机织石墨纤维/环氧树脂复合材料的简化三维单胞模型和三维有限元模型。有限元模型包括建立非线性本构材料模型和预测刚度降解对损伤扩展的影响。网格类型选用二十节点等参六面体单元。结果表明：机织复合材料的非线性应力-应变主要由损伤扩展引起，而非基体的塑性变形。

在 Blackketter 等提出的损伤扩展模型中，每个高斯积分点（每个体积单元有 27 个高斯积分点）通过实际应力和破坏强度之比来定义破坏。为了模拟积分点上的破坏、局部刚度的减小，模型中每个单元可以同时包含完整的和破坏的高斯积分点。在破坏发生后，体积单元只能承受降低后的载荷，应力也会向周围体积单元扩展。

选择适当的基体和纤维破坏准则，对于预测损伤非常重要。对各向同性基体材料，可以选用最大应力准则。如果主应力超过了其强度，其拉伸模量降为原来的 1%，剪切模量降为原来的 20%，所以失效后基体将不再是各向同性材料。对横观各向同性的纱线来说，必须考虑破坏类型和破坏方向。Blackketter 将局部坐标系（1-2-3）下定义实际应力与各方向上的最大强度之比作为最大应力准则，其中坐标轴 1 是纱线轴向方向。表 6.1 给出了Blackketter 所用的失效模式和刚度降解方案。每个高斯积分点可以有一种或多种模式破坏。最后，单胞的完全失效发生在其位移突然变大的时候。

表 6.1　Blackketter 所用的失效模式和刚度降解方案[25]

失效模式	力学性能和降解系数					
	E_{11}	E_{22}	E_{33}	G_{23}	G_{31}	G_{12}
1 轴向拉伸 σ_{11}	0.01	0.01	0.01	0.01	0.01	0.01
2 横向拉伸 σ_{22}	1.0	0.01	1.0	1.0	0.2	0.2
3 横向拉伸 σ_{33}	1.0	1.0	0.01	1.0	0.2	0.2
4 横向剪切 τ_{23}	1.0	0.01	0.01	0.01	0.01	0.01
5 轴向剪切 τ_{13}	1.0	1.0	0.01	1.0	0.01	1.0
6 轴向剪切 τ_{12}	1.0	0.01	1.0	1.0	1.0	0.01

Blackketter 对石墨纤维/环氧树脂平纹机织复合材料的研究分析表明，通过对织物几何模型的精准建模、使用恰当的组分刚度/强度数据，以及应用合适的刚度降解方案，可以有效地预测机织复合材料的应力-应变响应。该方法也适用于三维机织复合材料。

6.2.1.6　Whitcomb 模型

Whitcomb 等[26-28]研究了预成型体结构对平纹机织复合材料预测弹性模量和应力分布的影响。因为问题复杂，使用三维有限元模型，仅对简单平纹织物进行线弹性分析。一个完整单胞有限元模型需要占用大量的计算机内存和很长的计算时间。因此，根据单胞几何形状和材料对称性，可以只选取单胞大小的 1/32 进行分析，预测整个平纹机织单胞性能。该研究也采用二十节点等参六面体单元，研究两种不同织物结构。第一种是转移结构，即保持纱线横截面垂直于纱线空间轨迹便可建立整根纱线的模型。第二种是抽拔结构，即纱线截面始终在垂直纱线路径上。抽拔结构纱线网格划分将更复杂。

Whitcomb 等使用三维有限元模型研究平纹机织复合材料在面内拉伸载荷下损伤扩展情况。加载方向与其中一个纱线方向平行,不考虑热应力和热残余应力,研究有限元模型各种因素对预测性质的影响。因为没有简便方法进行损伤扩展建模[28],所以定义破坏最简单的方法是改变破坏单元本构关系。一般对破坏分析只能给出一系列线性分析,即用最大应力准则定义基体和纱线单元破坏。Whitcomb 使用三种改变破坏单元本构关系的方法,并进行互相比较。第一,当其中任何一个应力超过极限强度以后,其本构关系降为 0;第二,单元破坏后,刚度矩阵中仅有特定的行或列降低;第三,Blackketter[25]之前提出的特定力学常数降解方案。由结果可知,随着纱线弯曲程度增加,预测强度降低。本构关系的不同对预测应力-应变曲线有很大影响。但是,同时也需要做大量试验,以验证破坏分析的有效性。

表 6.2 和表 6.3 总结了目前用于分析机织复合材料的微观力学模型,着重于反映织物结构对有效弹性和热膨胀性能的影响。所有模型在准确性和计算有效性两者之间尝试是一个连续过程。现在,对材料组成、二维和三维机织复合材料内部纱线几何形状多种选择,使复合材料设计师对材料的掌控性增强。如果要巧妙地施加这种控制,需要一套理论体系。微观模型或细观模型的目标应该一直是准确性和计算有效性兼得,如果给出材料组成和内部纱线几何形状,可以直接预测性能。

表 6.2 机织复合材料建模概述:分析力学模型

模型提出者	[C]	α	强度	有限元	局限性	应用于三维情形
Chou 和 Ishikawa 马赛克模型[13]	是	是	否	否	没有纱线起伏 面内性质 等应变/等应力	否
Chou 和 Ishikawa 纤维起伏模型[13]	是	是	屈服强度	否	平纹 一个纱线系统有起伏 面内性质 等应力	否
Chou 和 Ishikawa 桥接模型[13]	是	是	屈服强度	否	缎纹机织 一个纱线系统有起伏 面内性质 等应力	否
Naik 等[15-17]	是	是	是	否	非混杂平纹 面内性质 等应力/等应变 轴向拉伸	否
Hahn 和 Pandey[19]	是	是	否	否	非混杂平纹 等应变	是
Naik[29]	是	是	是	否	非混杂平纹和缎纹 等应变 轴向拉伸和剪切	是

注:前四列分别表示刚度矩阵[C]、热膨胀系数 α、强度是否被预测及是否使用有限元方法;最后一列表示模型是否可应用于三维机织复合材料。

表 6.3　机织复合材料的建模概述：数值力学模型

模型提出者	[C]	α	强度	有限元	局限性	应用于三维情形
Paumelle 等[21, 22]	是	否	应力	是	计算时间长 非混杂平纹 无破坏和强度模型	否
Blackketter 等[25]	是	否	是	是	计算时间长 非线性平纹 轴向面内载荷	是/否
Whitcomb 等[26-28]	是	否	是	是	计算时间长 非线性平纹 轴向面内载荷	否

6.2.2　弹性模型：补充能量模型[30-33]

6.2.2.1　几何模型

因为纱线几何形状对机织复合材料力学性能的影响很大，所以很有必要建立一个几何系统或方法来描述纤维束空间结构。几何模型把复合材料看作理想的矩形单层材料，和其他研究方法一样[34]，忽略复合材料中的气泡、纱线错向和织物层嵌套等缺陷。

假定机织物为单胞集合体(图 6.3)，单胞是织物结构的最小重复单元。图 6.3 以一个复杂棋盘式织物为例，即混杂碳纤维/聚乙烯纤维斜纹织物，行代表经纱，列代表纬纱，如果交织点是黑色的，代表经纱在纬纱上。该织物之所以复杂，主要是因为它包含两种不同类型的经纱和纬纱。首先，需要对混杂组织形式扩展进行描述。当然，如果机织结构中使用特定纤维，如光纤或特定粗细的形状记忆合金纤维，这个扩展也是必要的。

精确的几何分析应该考虑单胞中每根纤维的实际路径，但实际问题是完整、详细地描述几何形状需要输入大量数据且很难量化。因此，目前只能对纱线尺度进行几何分析，即纱线是复合材料多尺度结构最基础的尺度层面。

假设纱线中所有单纤维同在一个方向。对于机织复合材料，纱线内纤维体积分数或纤维堆砌密度 K 被定义为纤维和纱线面积比，其被假设为一个常数[9]。纱线的交织和复合材料的加工过程会导致纱线扁平。根据显微镜观察，纱线截面形状被定为凸透镜形状(图 6.4)。

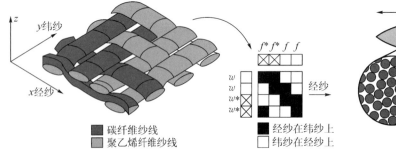

图 6.3　混杂 $\frac{2}{2}$ 斜纹织物单胞的棋盘扩展形式(w 和 f 表示聚乙烯纤维纱线，w^* 和 f^* 表示碳纤维纱线)

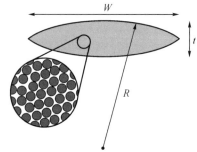

图 6.4　凸透镜状纱线截面(W 为纱线宽度，t 为纱线厚度，R 为曲率半径)

混杂机织物的几何特性可以分为三个部分(表 6.4)。第一部分为已知部分,包括织造参数。第二部分为测量部分,包括必须测量的机织复合材料参数。这些信息可通过在显微镜下观察纺织复合材料的经纱和纬纱截面得到。纱线长径比是最重要的参数,是纱线截面宽度 w 和厚度 t 的比值。屈曲系数 h_f 描述纬纱的起伏程度。当然,经纱的起伏程度和纬纱屈曲系数是相关的,因为织物的一个方向上的起伏程度增大,另一个方向的起伏程度会相应减小[35]。第三部分为计算部分,包含由前述参数中根据简单几何模型公式计算出来的参数。

当然,计算步骤最重要的输出是纤维体积分数、纱线方向和每个单胞的体积分数。这些参数是建立力学模型的基础。此外,这些参数对织物性质以及织物细观结构的确定非常重要,如织物厚度的确定。

表 6.4 几何参数分类

项目	符号	含义
已知部分	N_f	纱线中纤维数量
	d	纤维直径
	p	纱线间距
测量部分	f	纱线长径比
	h_f	纬纱屈曲参数
	D	复合材料厚度
	K	纤维堆砌密度
计算部分	h_w, h_w*	经纱屈曲参数
	t	纱线截面厚度
	w	纱线截面宽度
	β	纱线方向
	V_f	纤维体积分数

6.2.2.2 多尺度分解方案

几何模型将机织复合材料单胞(图 6.5)看作一个可以分解的多级系统。这样做主要有两个目的。第一,简化计算和记录几何模型数据。根据"已知的"和"测得的"部分,很容易计算表征纱线结构的几何参数。第二,合理简化单胞。几何模型网格划分对复合材料力学性能的计算至关重要。复合材料单胞(尺度 1)被分成单胞块或宏观单胞(尺度 2)、微观单胞(尺度 3)、基体和纱线(尺度 4)、基体和纤维(尺度 5)。这五个尺度的分解方案可以被认为是一个二维机织复合材料"智能网格生成器"。该分解方法可以扩展应用到三维机织预成型体和编织预成型体。单胞块的划分方法是将单胞分解成若干个矩形单胞块,在经纱和纬纱交织的区域定义一个"构建块",每个块的尺寸可以通过纱线间距 p、纱线宽度 w 和复合材料厚度 D 计算得到。由图 6.6 可以看出,构建一个 $\frac{2}{2}$ 混杂斜纹机织复合材料需要 16 个单胞块。

一般每个单胞块对应四个宏观单胞(图 6.7),也就是在每个经纬纱交织点处,定义经纱路径需要一层上的两个宏观单胞,定义纬纱路径需要另一层上的两个宏观单胞。但需要强

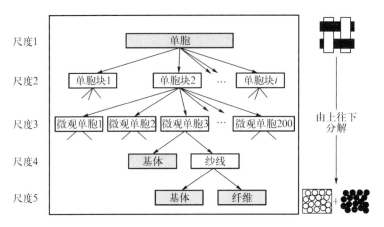

图 6.5　机织复合材料多尺度分解(由上往下分解)

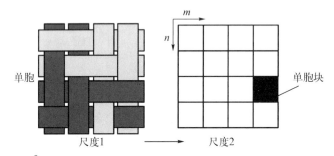

图 6.6　$\dfrac{2}{2}$混杂斜纹机织复合材料单胞(尺度 1)和单胞块(尺度 2)示意

调,在单胞内的两层宏观子单胞的几何描述必须相互匹配(如纤维体积分数的匹配)。为了对一般二维机织物几何模型进行描述,组合了 108 个宏观子单胞。即使最复杂的二维结构也可以分成这些矩形宏观子单胞或构建模块。

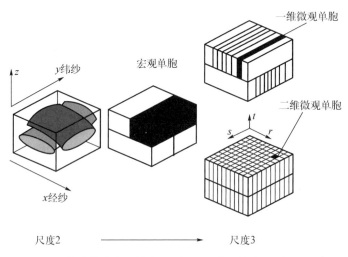

图 6.7　单胞块或宏观单胞(尺度 2)和微观单胞(尺度 3)示意

另外,根据织造参数和织物组织,也足以自动确定出单胞中每种类型宏观单胞数量,并不需要更多的织物信息、几何假设和人为介入。因此,宏观划分概念简单,操作容易,这也是机织复合材料设计的理论基础。

微观单胞分解称为微观划分。在每个微观单胞中,纱线路径被假设为直线。二维微观划分可变成单胞三维分割,由此可以分析单胞的各种性能。这对机织复合材料力学性能的理解是至关重要的。

多尺度分解方法通过假设一层基体和一层浸润纱线来达到简化每个联合单胞的几何模型的目的(图 6.8),这是尺度 4。最后,每根浸润纱线被看作包含基体和纤维的单向板,这是尺度 5。

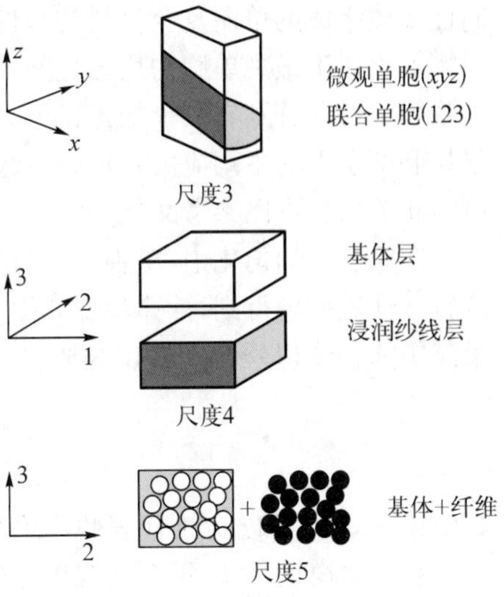

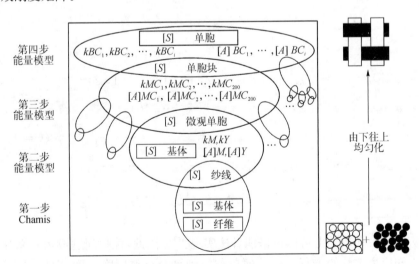

图 6.8　微观单胞或联合单胞(尺度 3)、基体和纱线(尺度 4)和包含基体和纤维的单向板(尺度 5)

6.2.2.3　补充能量模型

通过建立多尺度分解方案,复合材料单胞被自动分解为最底层的基体和纤维。再通过多步均匀化步骤,外部载荷和内部应力之间的联系就可以建立起来。关键在于"应力集中系数"可以应用互补变分原理在每一步中通过计算得到。互补变分原理认为在所有应力场中,真实场所需的能量补充最小,因此它被称为补充能量模型(CEM)。

图 6.9 所示为单胞体积分数 k、应力集中系数 $[A]$ 和柔度矩阵 $[S]$ 之间的 Venn 图。通过由下往上的均匀化步骤,即从几何模型的尺度 5 到尺度 1,可以相对容易地算出机织复合材料的有效刚度矩阵。

图 6.9　机织复合材料多步均匀化示意图

在第一步均匀化中,单向板或浸润纱线层的性质可以依据它们的组分材料性质和纱线中纤维堆砌密度 K 预测。同时,应用 Chamis 经验公式[36]描述由横观各向同性纤维和各向同性基体组成的单向复合材料的弹性性质。

　　下面讨论微观单胞的均匀化问题,也就是第二步。用互补变分原理计算两层的应力集中系数。每层分别有一个指定的平均应力张量。通过应力集中系数将微观单胞上的应力张量和两层上的平均应力张量联系起来,同时可以方便地算出微观单胞的柔度矩阵$[S_{MC}]$。更多相关信息可以参考文献[32]。

　　在第三步均匀化中,单胞块的有效性质根据互补变分原理,考虑200个微观单胞组成的位置和性质推导得到,计算步骤如图6.9所示。显然,对于微观单胞的组分,单胞块的三维柔度矩阵和体积分数k、柔度矩阵$[S]$和应力集中系数$[A]$有如下关系:

$$[S_{BC}] = \sum_{r=1}^{10} \sum_{s=1}^{10} \sum_{t=1}^{2} k_{MCrst} [A_{MCrst}]^{\mathrm{T}} [S_{MCrst}] [A_{MCrst}] \tag{6.1}$$

其中:下标r、s和t分别代表微观单胞在单胞块中所处位置,如图6.7所示。

　　和几何模型一样,每个微观单胞的体积分数k_{MC}可以表示为纱线间距、纱线宽度和纱线厚度的函数。每个微观单胞的柔度矩阵$[S_{MC}]$在前面所述的均匀化步骤中已计算出来。应用互补变分原理[38]能够得出应力集中系数$[A_{MC}]$,应力集中系数又将平均块应力和微观单胞应力联系起来。当然,这种变化是在全局坐标系x-y-z中得到解决的。因为恒定的应力张量被分配到200个微观单胞上,所以共有1 200个未知应力常数有待被确定。假设许用应力场如式(6.2)和式(6.3)所示:

$$\sum_{r=1}^{10} \sum_{s=1}^{10} \sum_{t=1}^{2} k_{rst} \sigma_{xMCrst} = \sigma_{xBC} \quad \sum_{r=1}^{10} \sum_{s=1}^{10} \sum_{t=1}^{2} k_{rst} \tau_{yzMCrst} = \tau_{yzBC}$$

$$\sum_{r=1}^{10} \sum_{s=1}^{10} \sum_{t=1}^{2} k_{rst} \sigma_{yMCrst} = \sigma_{yBC} \quad \sum_{r=1}^{10} \sum_{s=1}^{10} \sum_{t=1}^{2} k_{rst} \tau_{zxMCrst} = \tau_{zxBC} \tag{6.2}$$

$$\sum_{r=1}^{10} \sum_{s=1}^{10} \sum_{t=1}^{2} k_{rst} \sigma_{zMCrst} = \sigma_{zBC} \quad \sum_{r=1}^{10} \sum_{s=1}^{10} \sum_{t=1}^{2} k_{rst} \tau_{xyMCrst} = \tau_{xyBC}$$

(a) $\sigma_{xMC1st} = \sigma_{xMC2st} = \cdots = \sigma_{xMC10st}$　$(s = 1, 2, \cdots, 10; t = 1, 2)$

(b) $\sigma_{yMCr1t} = \sigma_{yMCr2t} = \cdots = \sigma_{yMCr10t}$　$(r = 1, 2, \cdots, 10; t = 1, 2)$

(c) $\sigma_{zMCrs1} = \sigma_{zMCrs2}$　$(r = 1, 2, \cdots, 10; s = 1, 2, \cdots, 10)$

(d) $\tau_{yzMCr11} = \tau_{yzMCr21} = \cdots = \tau_{yzMCr101} = \tau_{yzMCr12} = \tau_{yzMCr22} = \cdots = \tau_{yzMCr102}$　$(r = 1, 2, \cdots, 10)$

(e) $\tau_{zxMC1s1} = \tau_{zxMC2s1} = \cdots = \tau_{zxMC10s1} = \tau_{zxMC1s2} = \tau_{zxMC2s2} = \cdots = \tau_{zxMC10s2}$　$(s = 1, 2, \cdots, 10)$

(f) $\tau_{xyMC11t} = \tau_{xyMC21t} = \tau_{xyMC12t} = \cdots = \tau_{xyMC1010t}$　$(\tau = 1, 2)$

$$\tag{6.3}$$

　　这些应力约束在数学上可由拉格朗日法实现[37]。因此,优化问题成为一系列可直接求解的关于未知应力常数的方程。由几何单胞块到复合材料单胞尺度,即均匀化第四步,再使用互补变分原理。未知单胞块应力和单胞块应力集中系数$[A_{MC}]$可以用拉格朗日法直接算出[38]。这里,单胞柔度矩阵的最终表达式如式(6.4)所示,下标m和n表示单胞块在单胞中的位置(图6.6),常数F和W表示单胞中纬纱和经纱数量:

$$[S_{UC}] = \sum_{m=1}^{F} \sum_{n=1}^{W} k_{BCmn} [A_{BCmn}]^{\mathrm{T}} [S_{BCmn}] [A_{BCmn}] \tag{6.4}$$

通过上述四步可直接导出整体对称的机织复合材料单胞三维柔度矩阵。另外,在平均单胞应力和每个尺度上的单胞应力之间建立一个直接联系。这个重要的结果是下一部分强度建模预测的坚实基础。

图 6.10 和图 6.11 所示为玻纤/环氧树脂平纹机织复合材料的刚度计算实例。

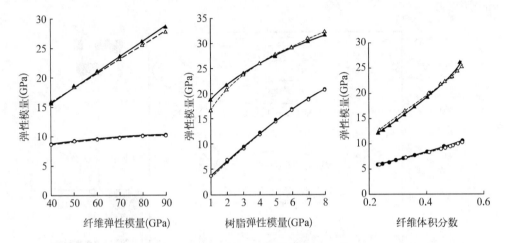

图 6.10　预测的玻纤/环氧树脂平纹机织复合材料弹性模量:FEM[24] 和 CEM 计算结果比较
[▲——$E_x = E_y$(CEM);●——E_z(CEM);△——$E_x = E_y$(FEM);○——E_z(FEM)]

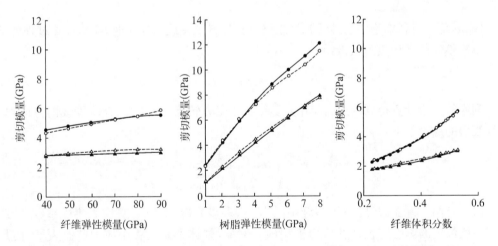

图 6.11　预测的玻纤/环氧树脂平纹机织复合材料剪切模量:FEM[23] 和 CEM 计算结果比较
[▲——$G_{yz} = G_{zx}$(CEM);●——G_{xy}(CEM);△——$G_{yz} = G_{zx}$(FEM);○——G_{xy}(FEM)]

6.2.3　强度模型

6.2.3.1　补充能量应力模型

机织复合材料在使用过程中会受到各种各样的载荷作用。因此,有必要研究这类材料在各种载荷条件下的力学响应,以确保对组分材料进行结构设计。强度预测是纺织复合材料分析中一个突出的问题,也是相对复杂的问题。

为了准确地预测强度,必须清楚纺织复合材料受到各种载荷作用时的应力分布状态。当所用纤维、基体和机织物类型范围较大时,需要一个有效的预测计算工具。图 6.12 所示为外部力加载、应力集中系数和内部应力张量之间的 Venn 图。通过由上往下的应力分析步骤,可以得到每个几何尺度上的应力场。与每个应力计算步骤对应的实体可归到一个 Venn 图中。

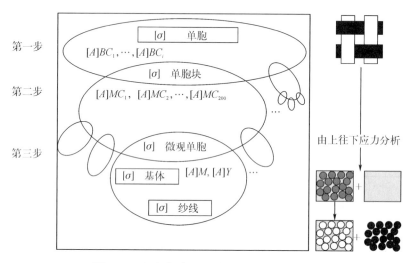

图 6.12　机织复合材料多步应力分析示意图

例如,复合材料单胞中的纱线和树脂层受到任意机械载荷作用时,应力计算过程如下:
单胞整体的平均应力张量:

$$\{\sigma_{UC}\}^{T} = \{\sigma_{xUC}，\sigma_{yUC}，\sigma_{zUC}，\sigma_{yzUC}，\sigma_{zxUC}，\sigma_{xyUC}\} \tag{6.5}$$

利用每一步计算得到的应力集中系数$[A]$和应力转换矩阵$[T_{\sigma}]$计算纱线的方向,矩阵和纱线层的应力如下:

$$\begin{aligned}\{\sigma_{M}\} &= [A_{M}][T_{\sigma}][A_{MC}][A_{BC}]\{\sigma_{UC}\} \\ \{\sigma_{Y}\} &= [A_{Y}][T_{\sigma}][A_{MC}][A_{BC}]\{\sigma_{UC}\}\end{aligned} \tag{6.6}$$

这里有两个重要假设:一,因为利用多尺度、多步分析 CEM 计算应力集中系数,纱线方向和纱线位置的影响将包括在应力模型内。例如,基体不是由一个应力状态表征,而是根据基体单胞的位置,由多个应力状态表征。二,应该指出无需借助不同的边界条件应用策略就可以施加任何类型的三维机械载荷,并且可以忽略像有限元分析步骤中的对称关系,这对分析机织复合材料工程结构在不同载荷条件下的响应和强度预测非常关键。

6.2.3.2　失效模型演化

计算微观应力场有利于预测材料的破坏形态,即模型可以仅使用基体和纱线单胞的强度值预测复合材料的初始破坏点。这个初始破坏点被称为第一个失效单元。

　　为了简便起见,对各向同性基体施加主应力为抛物面失效轨迹面的破坏准则。它可为每个加载路径产生一个唯一的求解方法。此外,它还符合基本物理定律和试验结果[40]。对横观各向同性纱线使用最大应力破坏准则,即在局部坐标系 1-2-3 下,用当前纱线应力 $\{\sigma_Y\}$ 与各自相应的极限强度的比值作为判据。这里假设浸润纱线的五个强度参数可以由单向复合材料强度估算出来,它们是轴向拉伸强度 X_T、轴向压缩强度 X_C、横向拉伸强度 Y_T、横向压缩强度 Y_C 和剪切强度 S。

　　在渐进失效分析中,以平均形式考虑基体和纱线破坏的影响。假设已失效材料可以用一个性质已降解的等效材料代替,失效材料的性质随载荷和失效扩展变化而变化。但是,确定失效材料的降解性质并非易事[27]。

　　这里用 Blackketter[25] 提出的刚度降解方法说明。首先,对纱线降解建模时,此方法将对破坏模式进行解释。如果检测到失效,模量会适当降低。其次,基体失效时,弹性模量降为原来的 1%,剪切模量降为原来的 20%。失效后,基体不再是各向同性材料。

　　利用 CEM 得到破坏弹性性质后,另一个全局载荷增量施加在复合材料上。机织复合材料中的应力状态将更新,并与强度参数进行比较,直到载荷增加到:(1)一个新的材料单元失效;或(2)在已破坏的单元中检测到其他失效模式;或(3)整个单胞完全失效。当与前一个值相比时,位移突然增大或应力突然降低,即认为完全失效。

　　分析中:
- 假设机织复合材料开始没有破坏(裂纹、孔洞等);
- 不考虑基体的非线性,因为:一,复合材料基体不同区域的非线性与整体材料不同,这主要是由局部的多轴向应力状态和热应力引起的,而这些关系通常得不到;二,机织复合材料的非线性应力-应变性质主要受破坏扩展[27]的影响,而不是基体非线性的影响。
- 该模型在每一个加载步中不计算织物几何变形,这对轴向加载是适用的,因为轴向失效应变很低。但是,此模型预测偏轴拉伸性质时,因其失效应变大,所以预测精度相对较低。
- 提出的确定性建模方法将产生一个因某些单胞失效引起的典型峰值应力-应变曲线,如图 6.13 所示。但试验得到的应力-应变曲线上应力没有突然下降,因为基体和纱线单元的失效被扩展到整个大应变范围。

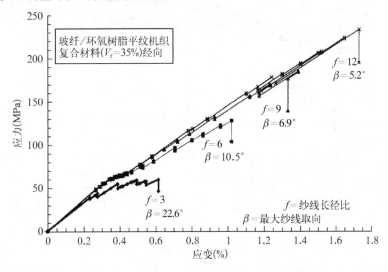

图 6.13　不同纱线长径比时经向的应力-应变曲线

以玻纤/环氧树脂平纹机织复合材料为例：基体和纤维的热弹性性质见表 6.5，基体和浸润纱线单元的强度参数见表 6.6，经纱和纬纱的几何特征参数见表 6.7。

表 6.5　基体和纤维的热弹性性质

材料	E(GPa)	ν	$\alpha(\text{K}^{-1})$
环氧树脂	3.13	0.34	6.60×10^{-5}
玻纤	73	0.2	4.80×10^{-6}

表 6.6　基体和浸润纱线单元的强度参数 （MPa）

S_C	S_T	X_C	X_T	Y_C	Y_T	S
83	56	610	1 462	118	50	72

表 6.7　平纹机织复合材料的纱线特征

纤维数量 N_f	纤维直径 d(mm)	纤维堆砌密度 K
1 000	0.01	0.70

改变纱线长径比 f，分别设置为 3、6、9 和 12，纱线横截面从圆形变化到较扁平状。纬向和经向纱线间距为纱线宽度加上其 20%。复合材料厚度为平纹机织物的厚度加上其 10%。所有机织复合材料的纤维体积分数为 35%。

经纬向拉伸应力-应变预测曲线分别如图 6.13 和图 6.14 所示，其中刚度降解不影响初始破坏应力水平，仅当第一个单元失效发生后，应力-应变曲线的最终形状才受刚度降解的影响。

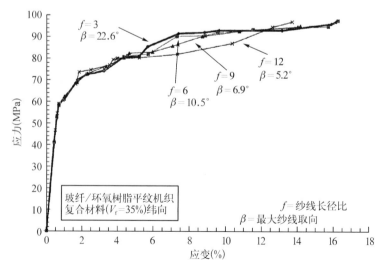

图 6.14　不同纱线长径比时纬向的应力-应变曲线

在经向加载条件下,可以观察到纱线长径比 f 对失效性质具有显著影响。如纱线长径比为 3,极限强度仅有 60 MPa,第一个单元失效由基体单元失效导致。如纱线长径比为 12(纱线截面较扁平),强度达到 240 MPa,第一个单元失效由横向纬纱在最大纱线曲率处失效导致。这些差异都归因于不同的几何结构。最大纱线取向 β(和纱线截面有直接联系)起着关键性的作用。预测强度随着纱线起伏增大而显著降低。四种机织复合材料最终失效都是由于经向纤维断裂导致,曲线的非线性由破坏扩展所致。

在斜向载荷作用下,可以观察到纱线长径比 f 对失效性质仅有很小的影响。第一个单元失效往往是由于横向纱线失效。机织复合材料的强度与单向板或纱线单元失效有关。单个纱线单元在斜向载荷下失效与单向板面外取向关系不大。因此,复合材料的预测强度是一个常数。

图 6.15 比较了玻纤/环氧树脂机织复合材料应力-应变曲线的试验值和理论计算值。复合材料组分材料的弹性和强度见表 6.5 和表 6.6。可以发现:(1)玻纤/环氧树脂复合材料试验和理论之间具有良好一致性;(2)理论和试验得到的经向应力-应变曲线显然是直线,但由于机织复合材料具有典型的屈服特性,所以曲线呈非线性,屈服是横向纬纱失效的结果,用 CEM 可以很好地预测屈服的发生位置;(3)纱线在加载方向上的重新取向在斜向试样中起着很重要的作用。在大应变下,试验应力比预测值高,这主要是因为模型没有考虑织物中纱线随应力增加会重新取向,在应变大于 10% 时,纱线重新定位开始起非常重要的作用。即使纱线向着加载方向旋转一个很小的角度,也会导致材料刚度迅速增大。因此,斜向极限强度很难准确预测。

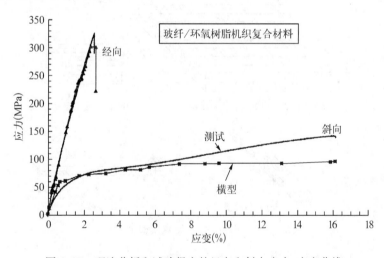

图 6.15　理论分析和试验得出的经向和斜向应力-应变曲线

6.3　刚度模型概况

复合材料的刚度比强度更加重要,实际工程结构一般都处于加载屈服应力之内的弹性状态。在工程设计中,刚度是关键参数。

6.3.1　马赛克模型

马赛克模型简化原理如图 6.16 所示。图 6.16(a)为基体浸润前八枚缎纹织物横截面。图 6.16(b)为上述织物和基体组成的机织复合材料,其可以简化为图 6.16(c)所示的马赛克模型。马赛克模型简化的关键是忽略了实际织物中存在的纱线连续性和屈曲(起伏)。

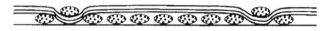

(a) 基体浸润前八枚缎纹织物横截面

(b) 机织复合材料

(c) 马赛克模型[1]

图 6.16　马赛克模型简化原理

通常,纺织复合材料简化为马赛克模型后,可以将其看作由反对称铺层层合板组成的集合体。图 6.17(a)所示为八枚缎纹机织复合材料单胞的马赛克模型。正交铺层层合板[图 6.17(b)]的弹性刚度系数可由经典层合板理论刚度矩阵[式(6.7)、式(6.8)]推导得出。

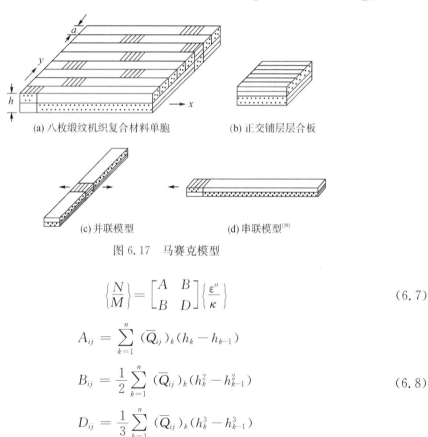

(a) 八枚缎纹机织复合材料单胞　　　(b) 正交铺层层合板

(c) 并联模型　　　　　　　(d) 串联模型[39]

图 6.17　马赛克模型

$$\left\{\frac{N}{M}\right\}=\begin{bmatrix} A & B \\ B & D \end{bmatrix}\left\{\frac{\varepsilon^o}{\kappa}\right\} \tag{6.7}$$

$$A_{ij}=\sum_{k=1}^{n}(\overline{Q}_{ij})_k(h_k-h_{k-1})$$

$$B_{ij}=\frac{1}{2}\sum_{k=1}^{n}(\overline{Q}_{ij})_k(h_k^2-h_{k-1}^2) \tag{6.8}$$

$$D_{ij}=\frac{1}{3}\sum_{k=1}^{n}(\overline{Q}_{ij})_k(h_k^3-h_{k-1}^3)$$

式中:N 为合力;M 为合力矩;A 为面内刚度矩阵;B 为耦合刚度矩阵;D 为弯曲刚度矩阵;Q_{ij} 为单层板刚度矩阵;h_k 为第 k 层单层板厚度;ε^0 为中面应变;κ 为曲率。

式(6.8)可以简写为:

$$(A_{ij}, B_{ij}, D_{ij}) = \sum_{k=1}^{n} \int_{h_{k-1}}^{h_k} (1, z, z^2) (\overline{Q}_{ij})_k \mathrm{d}z \quad (i, j = 1, 2, 6) \qquad (6.9)$$

假设纤维沿 x 轴方向,单向板的刚度系数 Q_{ij} 在 x-y 平面内具有正交各向异性,其可以表示为:

$$Q_{ij} = \begin{bmatrix} \dfrac{E_{11}}{D_\nu} & \dfrac{\nu_{12}E_{22}}{D_\nu} & 0 \\[3mm] \dfrac{\nu_{21}E_{11}}{D_\nu} & \dfrac{E_{22}}{D_\nu} & 0 \\[3mm] 0 & 0 & G_{12} \end{bmatrix} \qquad (6.10)$$

又:

$$D_\nu = 1 - \nu_{12}\nu_{21} \qquad (6.11)$$

式中:E_{11} 和 E_{22} 为弹性模量;G_{12} 为面内剪切模量;ν_{12} 为表示横向(x_2 方向)应变和施加应变方向(x_1 方向)应变关系的泊松比。

Q_{ij} 是对称的,即 $Q_{ij} = Q_{ji}$。

由经典层合板理论公式即式(6.8)和式(6.10)可以推出图 6.17(b)所示的正交铺层层合板的弹性刚度系数。这个层合板由两个厚度为 $h/2$ 的单向板组成。整个层合板厚度为 h,且层合板的几何中面在 x-y 平面上。因此,式(6.8)中的 $k = 1$ 和 2 分别定义的是 y 和 x 方向的纤维。非零的刚度系数:

$$
\begin{aligned}
&A_{11} = A_{22} = (E_{11} + E_{22})h/(2D_\nu) \\
&A_{12} = \nu_{12}E_{22}h/D_\nu \\
&A_{66} = G_{12}h \\
&B_{11} = -B_{22} = (E_{11} - E_{22})h^2/(8D_\nu) \\
&D_{11} = D_{22} = (E_{11} + E_{22})h^3/(24D_\nu) \\
&D_{12} = \nu_{12}E_{22}h^3/(12D_\nu) \\
&D_{66} = G_{12}h^3/12
\end{aligned}
\qquad (6.12)
$$

因为 $E_{11} \neq E_{22}$,所以拉伸-弯曲耦合常数 B_{11} 和 B_{22} 不为 0,且 A_{ij}、B_{ij} 和 D_{ij} 是对称的。

根据式(6.12),式(6.7)可以表示为:

$$
\begin{Bmatrix} N_x \\ N_y \\ N_{xy} \end{Bmatrix} = \begin{bmatrix} A_{11} & A_{12} & 0 \\ A_{12} & A_{11} & 0 \\ 0 & 0 & A_{66} \end{bmatrix} \begin{Bmatrix} \varepsilon_{xx}^0 \\ \varepsilon_{yy}^0 \\ \gamma_{xy}^0 \end{Bmatrix} + \begin{bmatrix} B_{11} & 0 & 0 \\ 0 & -B_{11} & 0 \\ 0 & 0 & 0 \end{bmatrix} \begin{Bmatrix} \kappa_{xx} \\ \kappa_{yy} \\ \kappa_{xy} \end{Bmatrix}
$$

$$
\begin{Bmatrix} M_x \\ M_y \\ M_{xy} \end{Bmatrix} = \begin{bmatrix} B_{11} & 0 & 0 \\ 0 & -B_{11} & 0 \\ 0 & 0 & 0 \end{bmatrix} \begin{Bmatrix} \varepsilon_{xx}^0 \\ \varepsilon_{yy}^0 \\ \gamma_{xy}^0 \end{Bmatrix} + \begin{bmatrix} D_{11} & D_{12} & 0 \\ D_{12} & D_{11} & 0 \\ 0 & 0 & D_{66} \end{bmatrix} \begin{Bmatrix} \kappa_{xx} \\ \kappa_{yy} \\ \kappa_{xy} \end{Bmatrix}
$$

$$(6.13)$$

对式(6.13)求逆,可以得到:

$$
\left\{\begin{array}{c} \varepsilon_{xx}^0 \\ \varepsilon_{yy}^0 \\ \gamma_{xy}^0 \end{array}\right\} = \left[\begin{array}{ccc} A'_{11} & A'_{12} & 0 \\ A'_{12} & A'_{11} & 0 \\ 0 & 0 & A'_{66} \end{array}\right] \left\{\begin{array}{c} N_x \\ N_y \\ N_{xy} \end{array}\right\} + \left[\begin{array}{ccc} B'_{11} & B'_{12} & 0 \\ -B'_{12} & -B'_{11} & 0 \\ 0 & 0 & 0 \end{array}\right] \left\{\begin{array}{c} M_x \\ M_y \\ M_{xy} \end{array}\right\}
$$

$$
\left\{\begin{array}{c} \kappa_{xx} \\ \kappa_{yy} \\ \kappa_{xy} \end{array}\right\} = \left[\begin{array}{ccc} B'_{11} & -B'_{12} & 0 \\ -B'_{12} & -B'_{11} & 0 \\ 0 & 0 & 0 \end{array}\right] \left\{\begin{array}{c} N_x \\ N_y \\ N_{xy} \end{array}\right\} + \left[\begin{array}{ccc} D'_{11} & D'_{12} & 0 \\ D'_{12} & D'_{11} & 0 \\ 0 & 0 & D'_{66} \end{array}\right] \left\{\begin{array}{c} M_x \\ M_y \\ M_{xy} \end{array}\right\}
$$

$$(6.14)$$

上述方法中,将二维纺织复合材料板简化为两个一维模型,如图 6.17(c)、(d)所示的并联和串联型正交铺层层合板。在并联模型中,层合板中面的平均应变 ε^0 和曲率 κ 采用第一近似值假设。对于长度为 $n_g a$ 的一维重复区域,a 表示纱线宽度,则平均薄膜应力 $\overline{N}_x$ 可以表示为:

$$
\begin{aligned}
\overline{N}_x &= \frac{1}{n_g a} \int_0^{n_g a} N_x \mathrm{d}y \\
&= \frac{1}{n_g a} \Big[\int_0^a (A_{11}\varepsilon_{xx}^0 + A_{12}\varepsilon_{yy}^0 + B_{11}\kappa_{xx}) \mathrm{d}y + \int_a^{n_g a} (A_{11}\varepsilon_{xx}^0 + A_{12}\varepsilon_{yy}^0 + B_{11}\kappa_{xx}) \mathrm{d}y \Big] \\
&= (A_{11}\varepsilon_{xx}^0 + A_{12}\varepsilon_{yy}^0) + \frac{1}{n_g a}[a B_{11}^{\mathrm{T}} + (n_g a - a) B_{11}^{\mathrm{L}}] \kappa_{xx} \\
&= A_{11}\varepsilon_{xx}^0 + A_{12}\varepsilon_{yy}^0 + \Big(1 - \frac{2}{n_g}\Big) B_{11}^{\mathrm{L}} \kappa_{xx}
\end{aligned}
$$

$$(6.15)$$

因为交织区的 B_{11}^{T} 和非交织区的 B_{11}^{L} 的符号相反,即 $B_{11}^{\mathrm{T}} = -B_{11}^{\mathrm{L}}$,所以会出现因子 $\Big(1 - \dfrac{2}{n_g}\Big)$。$B_{11}^{\mathrm{L}}$ 是根据具有相同结构的正交铺层层合板[图 6.17(b)]推导出来的,正交铺层层合板的上表面($z > 0$)纤维沿 x 方向。B_{11}^{T} 是将图 6.17(b)中两个单向板交换位置后得到的正交铺层层合板推导出来的。其他平均应力结果可以写成类似于式(6.15)的中面平均应变 ε^0 和曲率 κ 的方程。例如力矩 $\overline{M}_x$ 可以表示为:

$$
\overline{M}_x = \frac{1}{n_g a} \int_a^{n_g a} M_x \mathrm{d}y = D_{11}\kappa_{xx} + D_{12}\kappa_{yy} + \Big(1 - \frac{2}{n_g}\Big) B_{11}^{\mathrm{L}} \varepsilon_{xx}^0 \qquad (6.16)
$$

将 $\overline{A}_{ij}$、$\overline{B}_{ij}$ 和 $\overline{D}_{ij}$ 作为将平均应力 $\overline{N}$、力矩 $\overline{M}$ 和 ε^0、κ 联系起来的刚度矩阵,那么:

$$
\begin{aligned}
\overline{A}_{ij} &= A_{ij} \\
\overline{B}_{ij} &= \Big(1 - \frac{2}{n_g}\Big) B_{ij}^{\mathrm{L}} \\
\overline{D}_{ij} &= D_{ij}
\end{aligned}
$$

$$(6.17)$$

这些变量根据一维模型给出了纺织复合材料刚度系数的上限。如果将这些刚度矩阵转置,可以得到弹性刚度系数的下限。所有这些弹性刚度矩阵 A、B 和 D 是由最基础的层合板算得的,层合板的最上层由纬纱组成[图 6.17(b)]。

在串联模型中,界面和交织区域应力-应变的干扰可以被忽略。模型纵向受到一个均

匀的中面力 N_x。恒定应力的假设会引出平均曲率的定义。例如，x 方向的平均曲率 $\bar{\kappa}_{xx}$：

$$\bar{\kappa}_{xx} = \frac{1}{n_g a} \int_0^{n_g a} \kappa_{xx} \mathrm{d}x = \frac{1}{n_g a} \left[\int_0^a B'_{11} N_x \mathrm{d}x + \int_a^{n_g a} B'_{11} N_x \mathrm{d}x \right]$$

$$= \frac{1}{n_g a} [aB'^{\mathrm{T}}_{11} + a(n_g - 1)B'^{\mathrm{L}}_{11}]N_x = \left(1 - \frac{2}{n_g}\right) B'^{\mathrm{L}}_{11} N_x \quad (6.18)$$

交织区域的 B'^{T}_{11} 和非交织区域的 B'^{L}_{11} 相等但符号相反。其他的平均曲率和中面应变表达式可以写成类似于式(6.18) 关于均匀施加的 N 和 M 的关系。将 $\overline{A}'_{ij}$、$\overline{B}'_{ij}$ 和 $\overline{D}'_{ij}$ 作为将平均中面应变 $\bar{\varepsilon}^0$、曲率 $\bar{\kappa}$ 和应力 N、力矩 M 联系起来的刚度矩阵，那么：

$$\overline{A}'_{ij} = A'_{ij}$$

$$\overline{B}'_{ij} = \left(1 - \frac{2}{n_g}\right) B'^{\mathrm{L}}_{ij}$$

$$\overline{D}'_{ij} = D'_{ij} \quad (6.19)$$

式(6.19)给出了复合材料刚度矩阵的上限，转置后则得到刚度矩阵的下限。

总而言之，弹性刚度和柔度矩阵的上限和下限都可以通过马赛克模型得到。图6.18 和图 6.19 给出了表明这些上下限之间关系的数值结果和 $1/n_g$ 的关系曲线，其中，图 6.18 所示为 $\overline{A}_{11}$、$\overline{A}'_{11}$ 和 $1/n_g$ 的关系曲线，图 6.19 所示为 $\overline{B}'_{11}$ 和 $1/n_g$ 的关系曲线。本计算采用的是碳纤维 / 环氧树脂复合材料(材料性质参见文献[1] 第 206 - 264 页)。极限情况 $1/n_g \to 0 (n_g \to \infty)$ 代表双向纤维复合材料，其弹性常数的上下限一致。$1/n_g = 0.5$ 表示平纹织物。可以从式(6.17) 和式(6.19) 看出，平纹织物的耦合效应消失，$\overline{B}'_{ij}(\overline{B}_{ij})$ 的上下限相同，如 0。但是平纹复合材料的 $\overline{A}_{ij}(\overline{A}'_{ij})$ 的上下限不一致。

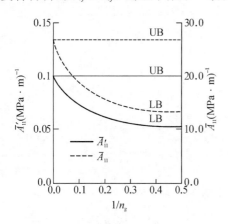

图 6.18　由于 $1/n_g$ 不同，$\overline{A}_{11}$ 和 $\overline{A}'_{11}$ 的变化[39]

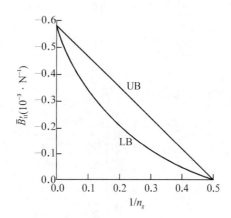

图 6.19　由于 $1/n_g$ 不同，平均耦合柔度矩阵的变化[39]

6.3.2　纤维起伏模型

纤维起伏模型考虑了纺织复合材料中的纤维连续性和起伏。虽然以下问题对所有 n_g 有效，但纤维起伏模型特别适用于 n_g 非常小的织物。纤维起伏模型也为桥接模型(6.6 节)提供了分析基础。

图 6.20 所示为纤维起伏模型,其中起伏形状由参数 $h_1(x)$、$h_2(x)$ 和 a_u 定义。确定了 a_u,参数 $a_0=(a-a_u)/2$ 和 $a_2=(a+a_u)/2$ 也自动确定。a_u 的范围在 $0\sim a$。因为模型中存在富脂区域,整体纤维体积分数 V_f 和纱线区域的纤维体积分数不同。

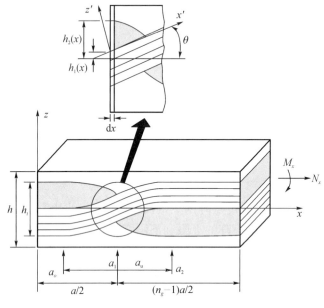

图 6.20　纤维起伏模型[39]

为了模拟实际构型,将纬纱假设成下列纤维起伏形式:

$$h_1(x) = \begin{cases} 0 & (0 \leqslant x \leqslant a_0) \\ \left\{1 + \sin\left[\left(x - \dfrac{a}{2}\right)\dfrac{\pi}{a_u}\right]\right\}h_t/4 & (a_0 \leqslant x \leqslant a_2) \\ h_t/2 & (a_2 \leqslant x \leqslant n_g a/2) \end{cases} \tag{6.20}$$

经纱的截面形状表示为:

$$h_2(x) = \begin{cases} h_t/2 & (0 \leqslant x \leqslant a_0) \\ \left\{1 - \sin\left[\left(x - \dfrac{a}{2}\right)\dfrac{\pi}{a_u}\right]\right\}h_t/4 & (a_0 \leqslant x \leqslant a/2) \\ -\left\{1 + \sin\left[\left(x - \dfrac{a}{2}\right)\dfrac{\pi}{a_u}\right]\right\}h_t/4 & (a/2 \leqslant x \leqslant a_2) \\ -h_t/2 & (a_2 \leqslant x \leqslant n_g a/2) \end{cases} \tag{6.21}$$

假设层合板理论适用于沿 x 轴模型中每个无限小的小块,那么 A_{ij}、B_{ij} 和 D_{ij} 可以表示为关于 $x(0 \leqslant x \leqslant a/2)$ 的方程:

$$\begin{aligned} A_{ij}(x) &= \int_{-h/2}^{h_1(x)-h_t/2} Q_{ij}^M \mathrm{d}z + \int_{h_1(x)-h_t/2}^{h_1(x)} Q_{ij}^F(\theta) \mathrm{d}z + \int_{h_1(x)}^{h_2(x)} Q_{ij}^W \mathrm{d}z + \int_{h_2(x)}^{h/2} Q_{ij}^M \mathrm{d}z \\ &= Q_{ij}^M[h_1(x) - h_2(x) + h - h_t/2] + Q_{ij}^F(\theta)h_t/2 + Q_{ij}^W[h_2(x) - h_1(x)] \end{aligned}$$

$$B_{ij}(x) = \frac{1}{2}Q_{ij}^F(\theta)[h_1(x) - h_t/4]h_t + \frac{1}{4}Q_{ij}^W[h_2(x) - h_1(x)]h_t$$

$$D_{ij}(x) = \frac{1}{3}Q_{ij}^M\{[h_1(x)-h_t/2]^3 - h_2^3(x) + h^3/4\} +$$
$$\frac{1}{3}Q_{ij}^F(\theta)[h_t^3/8 - 3h_t^2h_1(x)/4 + 3h_th_1^2(x)/2] +$$
$$\frac{1}{3}Q_{ij}^W[h_2^3(x) - h_1^3(x)] \tag{6.22}$$

其中：上标 F、W 和 M 分别指纬纱、经纱和树脂。

在 $a/2 \leqslant x \leqslant n_ga/2$ 范围内，可以采用类似的表达方法。

上述公式中，纬纱的局部刚度 $Q_{ij}^F(\theta)$ 可以表示为局部坐标中偏轴角度 $\theta(x)$ 的方程。$\theta(x)$ 的定义：

$$\theta(x) = \arctan\left[\frac{dh_1(x)}{dx}\right] \tag{6.23}$$

如果纬纱由平行的纤维组成，纤维方向定义为 1 方向，2 方向和 3 方向垂直于纤维，则形成一个横观各向同性面。根据纬纱的弹性模量（E_{11}，$E_{22}=E_{33}$）、剪切模量（$G_{12}=G_{13}$，G_{23}）和泊松比（ν_{12}），可以定义纬纱在图 6.20 所示 x 轴、y 轴和 z 轴方向的弹性常数[40]。1 方向和 x 轴之间的夹角 θ：

$$\frac{1}{E_{xx}^F(\theta)} = \frac{\cos^4\theta}{E_{11}} + \left(\frac{1}{G_{12}} - \frac{2\nu_{21}}{E_{22}}\right)\cos^2\theta\sin^2\theta + \frac{\sin^4\theta}{E_{22}}$$
$$E_{yy}^F(\theta) = E_{22} = E_{33}$$
$$\frac{1}{G_{xy}^F(\theta)} = \frac{\cos^2\theta}{G_{12}} + \frac{\sin^2\theta}{G_{23}} \tag{6.24}$$
$$\nu_{yx}^F(\theta) = \nu_{21}\cos^2\theta + \nu_{32}\sin^2\theta$$

由于纬纱被假设为横观各向同性，所以：

$$\nu_{12} = \nu_{13},\ E_{11}/\nu_{12} = E_{22}/\nu_{21},\ \nu_{23} = \nu_{32},\ G_{23} = E_{22}/2(1+\nu_{23})$$

因此，纬纱起伏部分在局部坐标下的刚度矩阵，在 x-y-z 坐标系中可以表示为纤维倾斜角 θ 的方程：

$$Q_{xy}^F(\theta) = \begin{bmatrix} E_{xx}^F(\theta)/D_\nu & E_{xx}^F(\theta)\nu_{yx}^F/D_\nu & 0 \\ E_{xx}^F(\theta)\nu_{yx}^F/D_\nu & E_{yy}^F(\theta)/D_\nu & 0 \\ 0 & 0 & G_{xy}^F(\theta) \end{bmatrix} (i,j=1,2,6) \tag{6.25}$$

其中：

$$D_\nu = 1 - (\nu_{yx}^F(\theta))^2 E_{xx}^F(\theta)/E_{yy}^F(\theta) \tag{6.26}$$

将式(6.25)代入式(6.22)，可以得到层合板在局部坐标系中的刚度矩阵。将刚度矩阵 $A_{ij}(x)$、$B_{ij}(x)$ 和 $D_{ij}(x)$ 转置，可以得到局部柔度矩阵 $A_{ij}'(x)$、$B_{ij}'(x)$ 和 $D_{ij}'(x)$。

在施加于中面的均匀应力下，模型的中面平均柔度的定义：

$$\overline{A_{ij}'^C} = \frac{2}{n_ga}\int_0^{n_ga/2} A_{ij}'(x)dx \tag{6.27}$$

其中:上标 C 表示纤维起伏模型。

　　因为 $A'_{ij}(x)$ 在图 6.20 所示的直线纱段部分是恒定的,式(6.27)可以写为:

$$\overline{A}^C_{ij} = \left(1 - \frac{2a_u}{n_g a}\right)A'_{ij} + \frac{2}{n_g a}\int_{a_0}^{a_2}A'_{ij}(x)\mathrm{d}x \tag{6.28}$$

　　式(6.28)等号右边的第一个 A'_{ij} 指的是直线纱段部分的柔度矩阵,也就是正交铺层层合板的柔度矩阵,其和 x 无关。其余的平均柔度矩阵 $\overline{B}^C_{ij}$ 和 $\overline{D}^C_{ij}$ 可以用相同的方式得到:

$$\overline{B}^C_{ij} = \left(1 - \frac{2}{n_g}\right)B'_{ij} + \frac{2}{n_g a}\int_{a_0}^{a_2}B'_{ij}(x)\mathrm{d}x \tag{6.29}$$

$$\overline{D}^C_{ij} = \left(1 - \frac{2a_u}{n_g a}\right)D'_{ij} + \frac{2}{n_g a}\int_{a_0}^{a_2}D'_{ij}(x)\mathrm{d}x \tag{6.30}$$

　　$n_g = 2$ 时,$\overline{B}^C_{ij}$ 为 0,因为假定的 $h_1(x)$ 中,$B'_{ij}(x)$ 关于 $x = a/2$(起伏中间)是一个奇函数。另外,当 a_u 趋于 0 时,式(6.28)～式(6.30)和式(6.19)中柔度矩阵的上限一致。因为被积函数的复杂性,式(6.28)～ 式(6.30)中的积分是通过数值模拟进行的。可以将 $\overline{A}^C_{ij}$、$\overline{B}^C_{ij}$ 和 $\overline{D}^C_{ij}$ 转置得到整个材料的平均弹性刚度矩阵 $\overline{A}^C_{ij}$、$\overline{B}^C_{ij}$ 和 $\overline{D}^C_{ij}$。如果将此过程应用于经纱方向,可以得到平衡性质,如 $\overline{A}^C_{11} = \overline{A}^C_{22}$。

　　根据碳纤维/环氧树脂单向板性质[1],图 6.21 给出了面内刚度 $\overline{A}_{11}$ 和 $1/n_g$ 之间的关系,图中 UB 和 LB 分别代表马赛克模型预测结果的上限和下限,CM 表示纤维起伏模型,圆点代表有限元结果。由图 6.21 可以看出,因为纤维起伏,$\overline{A}_{11}$ 降低,并且与正交铺层层合板($1/n_g = 0$)比较,平纹机织物($1/n_g = 0.5$)的 $\overline{A}_{11}$ 的降低更明显。

　　图 6.19 给出了耦合柔度矩阵 $\overline{B}'_{11}$ 和 $1/n_g$ 之间的关系。纤维起伏模型的结果和预测的上限一致。纤维起伏被假设为对称后,式(6.29)中等号右边的第二项为 0,因此 B'_{ij} 关于 $x = a/2$ 为奇函数。

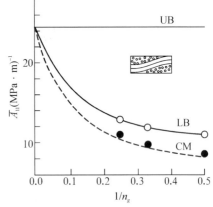

图 6.21　碳纤维/环氧树脂复合材料的 $\overline{A}^C_{11}$-$1/n_g$ 曲线($V_f = 60\%$,马赛克模型的结果用 ○ 表示,纤维起伏模型的结果用 ● 表示。——马赛克模型;……纤维起伏模型[41])

6.3.3　桥接模型

　　由纤维起伏模型,可以引出桥接模型的概念。之所以提出这个模型,是因为缎纹织物中的交织区域通常是分开的。为了简化计算,将图 6.22 所示的缎纹织物的六边形重复单元看作正方形[图 6.22(b)]。图 6.22(c)为重复单元桥接模型的示意图,这个重复单元包括交织区域及其周围区域。该模型只适用于缎纹织物($n_g \geqslant 4$)。标有 I、II、IV、V 的四个区域包括直线纬纱,因此可以看作若干个厚度为 h_t 的正交层合板。区域 III 有一段起伏纬纱交织区域。经纱中的起伏和连续性在此模型中被忽略了,实际上它们的影响很小,因为施加力被假设在纬纱方向。

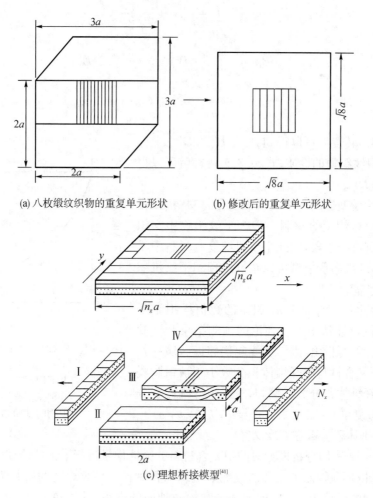

(a) 八枚缎纹织物的重复单元形状 (b) 修改后的重复单元形状

(c) 理想桥接模型[41]

图 6.22 桥接模型的概念

因为区域Ⅲ（$n_g = 2$）的面内刚度比正交层合板小,所以区域Ⅱ和Ⅳ所承受的载荷比区域Ⅲ高,这三个区域在区域Ⅰ和Ⅳ之间起着力的传递作用。假设区域Ⅱ、Ⅲ、Ⅳ具有相同的中面平均应变和曲率,那么区域Ⅱ、Ⅲ、Ⅳ的平均刚度矩阵:

$$\overline{A}_{ij} = \frac{1}{\sqrt{n_g}}[(\sqrt{n_g} - 1)A_{ij} + \overline{A}_{ij}^C]$$

$$\overline{B}_{ij} = \frac{1}{\sqrt{n_g}}(\sqrt{n_g} - 1)B_{ij} \tag{6.31}$$

$$\overline{D}_{ij} = \frac{1}{\sqrt{n_g}}[(\sqrt{n_g} - 1)D_{ij} + \overline{D}_{ij}^C]$$

图 6.22 中区域Ⅲ起伏部分的 $\overline{A}_{ij}^C$ 和 $\overline{D}_{ij}^C$ 可以通过式(6.28)和式(6.30)中的 $\overline{A}_{ij}^{'C}$ 和 $\overline{D}_{ij}^{'C}$ 得到,且 $\overline{B}_{ij}^{'C} = 0$。式(6.12)给出了图6.22中区域Ⅱ和Ⅳ正交层合板部分的 A_{ij}、B_{ij}、D_{ij},即式(6.31)中的 A_{ij}、B_{ij}、D_{ij}。

区域Ⅱ、Ⅲ、Ⅳ所承受的面内力等于区域Ⅰ和Ⅳ所承受的面内力,那么平均柔度矩阵:

$$\overline{A}_{ij}^{'S} = \frac{1}{\sqrt{n_g}}[2\,\overline{A}_{ij}' + (\sqrt{n_g}-2)A_{ij}']$$

$$\overline{B}_{ij}^{'S} = \frac{1}{\sqrt{n_g}}[2\,\overline{B}_{ij}' + (\sqrt{n_g}-2)B_{ij}'] \quad\quad (6.32)$$

$$\overline{D}_{ij}^{'S} = \frac{1}{\sqrt{n_g}}[2\,\overline{D}_{ij}' + (\sqrt{n_g}-2)D_{ij}']$$

其中:式(6.31)转置后可以得到 $\overline{A}_{ij}'$、$\overline{B}_{ij}'$ 和 $\overline{D}_{ij}'$;上标 S 表示整个缎纹织物的性质;式(6.32)转置后可以得到 $\overline{A}_{ij}^S$、$\overline{B}_{ij}^S$ 和 $\overline{D}_{ij}^S$。

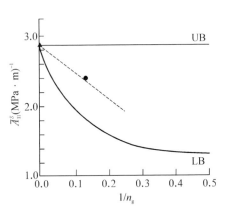

图 6.23　碳纤维/环氧树脂复合材料的 $\overline{A}_{11}^S$-$1/n_g$ 曲线($V_f=65\%$;——上下限;……桥接模型;▲、●分别是正交层合板和八枚缎纹织物的试验结果)[41]

纤维起伏模型适用于平纹机织复合材料,桥接模型适用于缎纹机织复合材料。因为平纹织物中交织区域周围没有直线纱段,因此平纹机织复合材料中没有桥接效应,纤维起伏模型可以很好地预测平纹机织复合材料的性能。

面内弹性刚度 $\overline{A}_{11}^S$ 和 $1/n_g$ 关系的数值模拟结果如图 6.23 所示,且基于现有理论的预测结果和试验结果相符[3]。需要指出,因为纱线起伏邻近区域存在富脂区,纺织复合材料中纤维体积分数小于被树脂浸润的纱线中纤维体积分数。例如,纱线中纤维体积分数为 65%,重复单元(图 6.22, $n_g=8$, $h_t=h$, $a_u=a$)中平均纤维体积分数在 62%左右。

Ishikawa 等[42]用分析模型对纺织复合材料的弹性模量进行了试验验证,所用的试验材料包括碳纤维/环氧树脂平纹和八枚缎纹机织复合材料。平纹织物的层数为 1、4、8、20,八枚缎纹织物的层数为 2。根据加载轴和纱线轴向的夹角,铺层角度有[0°/90°]、[15°/75°]、[30°/−60°]和[±45°]。

图 6.24～图 6.26 比较了试验结果和理论结果。图 6.24 所示为面内刚度 A_{11} 和 $1/n_g$ 的关系曲线,且给出了四层平纹和两层八枚缎纹机织复合材料的试验结果。符号 Ī 表示圆

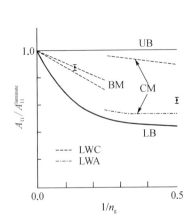

图 6.24　无量纲化面内刚度和 $1/n_g$ 之间的关系(Ī 试验)[42]

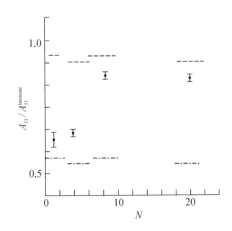

图 6.25　面内刚度对平纹机织复合材料层数的依赖性(……LWC;——LWA;Ī 试验)[42]

点的平均值和水平杆的散射。如前述原因,桥接模型(BM)适用于$n_g \geqslant 4$的情况,而纤维起伏模型(CM)适用于$4 \geqslant n_g \geqslant 2$的情况。LWC和LWA分别表示局部扭曲完全约束和完全放开两种极限情况。UB和LB分别表示马赛克模型预测的上限和下限。

八枚缎纹机织复合材料的理论预测结果和试验结果表现出很好的一致性。试验数据在LMC和LMA预测值之间。这些结果表明桥接模型应用于八枚缎纹机织复合材料有良好的预测效果。虽然通过简单的边界理论可以改善平纹机织复合材料LWC和LWA预测值之间的差距,但仍然相差很大。

局部扭曲约束是影响面内模量的另一个因素。层合板的相邻层间会相互抑制翘曲,因此,平纹机织复合材料的弹性模量取决于其层数,如图6.25所示,给出了四种不同层数试样的试验结果。复合材料的面内刚度A_{11}被正交层合板的A_{11}无量纲化了。理论预测的小浮动是由测量的h/a的散射引起的。面内模量从单向板的值(比LWA预测值稍高)增加到比LWC预测值稍低一些的值。

图6.26所示为面内偏轴弹性模量。偏轴性能关于$\phi=45°$对称,因为纬向和经向的弹性被假设为完全相同。

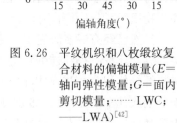

图6.26　平纹机织和八枚缎纹复合材料的偏轴模量($E=$轴向弹性模量;$G=$面内剪切模量;┈┈ LWC;—— LWA)[42]

总之,八枚缎纹机织复合材料的试验结果和理论预测结果的一致性很好。根据两种极限情况(局部翘曲完全阻止或放开)预测平纹机织复合材料的弹性模量,其预测值仍然存在差距,所有沿轴测量的模量均在两个预测值之间。

6.4　三轴向机织复合材料

6.4.1　几何特性

受到斜向力(其和经纬纱方向的夹角为45°)时,双轴向机织物表现出较低的弹性模量和较低的抗拉伸强力。三轴向机织物由三个系统纱线(两个经纱系统,一个纬纱系统)互相呈60°交织而成,如图6.27所示。

为了便于区分,经纱被分为“1点钟”和“11点钟”方向经纱。纬纱呈水平状态,且根据织物风格,与经纱以不同顺序交织。织物的几何形状可以是非常松但稳定的结构,比如基础组织和填充基础组织(纬纱方向有衬纱),也可以是堆砌非常紧密的结构,如双面组织。图6.28(a)所示为填充基础组织。双面组织和双轴向机织物的方平组织很相似。如图6.28(b)所示,双面组织的纬纱被编织在两个系统经纱的上下两侧,形成一个闭合结构。

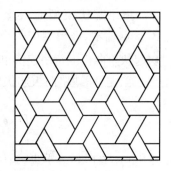

图6.27　三轴向机织物[43]

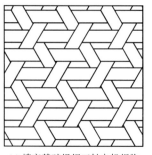

(a) 填充基础组织三轴向机织物

(b) 双面组织三轴向机织物[43]

图 6.28　几何形状

三轴向机织物在三个纱线方向上受力,而不是在两个方向上,所以受到拉伸或剪切载荷后,表现出的各向同性更明显,解决了传统双轴向机织物固有的结构弱点。三轴向机织物易于保持结构整体性的特点在纺织结构中非常独特,即使非常松的结构也能很好地保持结构整体性。

三轴向机织物的纬纱可能是和经纱粗细和材料不同的纤维束。因此,相比于双轴向机织物,三轴向机织物可以存在混杂纤维结构。也可以通过合适的材料组合方式、纱线粗细和织物组织,得到具有不同几何形状和力学性能的三轴向机织物。

虽然已经有好多研究工作致力于三轴向机织物的力学性能[44-49],但三轴向机织复合材料的性能还没有得到透彻研究。Dow[50]提出了一个分析方法,用来计算三轴向机织复合材料纤维体积分数和弹性性质的几何模型类似于图 6.20 所示的纤维起伏模型。起伏纱线被分割成几个部分,每一部分被看成偏离轴向的短纤维复合材料板。三轴向机织复合材料单胞弹性性质通过对每个部分即短纤维复合材料板性质进行平均计算而得到。

下面提出一个更精确的分析模型,用来预测三轴向机织复合材料的热弹性性质。首先给出分析方法的框架,然后扩展到双轴向非正交机织复合材料,数值结果给出了热弹性性质和织物结构参数的关系。

6.4.2　热弹性性质分析

为了分析三轴向机织复合材料的热弹性本构关系,建立了基础三轴向机织复合材料单胞,如图 6.29 所示。此单胞包括空间中位于基质区域间隙的三根浸润纱线。在织物面内阵列单胞形成一个完整的三轴向机织结构。这种方法可以很容易地扩展到其他类型的织物组织分析中。

纤维起伏模型的概念[41]用于以下分析。如图 6.30 所示,该模型中每个纱线束被理想化为一

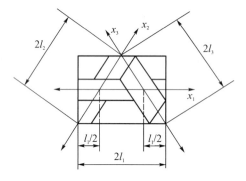

图 6.29　基础三轴向机织复合材料单胞结构[43]

块起伏单向板。每块起伏单向板的几何构型可以表示如下:

首先,纬纱单向板起伏构型的上边缘[图6.30(a)]:

$$H(x_1) = \left[1 + \sin\frac{\pi x_1}{l_1}\right]\frac{H_t}{2} \quad (0 \leqslant x_1 \leqslant 2l_1) \tag{6.33}$$

其中:x_1 方向和 x 轴重合;H_t 为起伏单向板的厚度。

然后,在 1 点钟方向经纱单向板中[图 6.30(b)]纤维起伏形式:

$$H(x_2) = \left[1 - \sin\left(x_2 - \frac{l_2}{2}\right)\frac{\pi}{l_2}\right]\frac{H_t}{2} \quad (0 \leqslant x_2 \leqslant 2l_2) \tag{6.34}$$

其中:x_2 方向和 x 轴成60°夹角。

　　类似地,在 11 点钟方向经纱单向板(图 6.30c)中纤维起伏形式:

$$H(x_3) = \left[1 + \sin\left(x_3 - \frac{l_3}{2} \right)\frac{\pi}{l_3} \right]\frac{H_t}{2} \quad (0 \leqslant x_3 \leqslant 2l_3) \tag{6.35}$$

其中: x_3 方向和 x 轴成 $-60°$ 夹角。

　　起伏单向板中的纤维起伏相比于直线增强体,降低了复合材料的刚度。起伏单向板沿 x_1、x_2 和 x_3 方向的局部偏轴角度可以通过以下公式得到:

$$\theta = \tan^{-1}\frac{\mathrm{d}H(x_i)}{\mathrm{d}x_i} \quad (i = 1,\ 2\ 或\ 3) \tag{6.36}$$

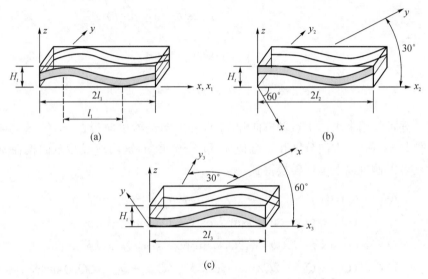

图 6.30　起伏纬纱和经纱单向板的几何构型[43]

　　每块起伏单向板的有效热弹性可以通过以下步骤推导:

　　首先,起伏单向板可以被看作由许多小块单向板组成的集合体。所有这些小块单向板通过式(6.36)得到的偏轴角度表征。经纱单向板在 x 方向减少的有效热弹性和式(6.24)给出的一样。

　　假设每块单向板受到相同的应力,其应变:

$$\varepsilon_{xx}(\theta) = \frac{\sigma_{xx}}{E_{xx}(\theta)}$$

$$\varepsilon_{yy}(\theta) = -\nu_{xy}(\theta)\frac{\sigma_{xx}}{E_{xx}(\theta)} \tag{6.37}$$

x 方向 $2l_1$ 长度内平均正应变:

$$\bar{\varepsilon}_{xx} = \frac{1}{2l_1}\int_0^{2l_1} \varepsilon_{xx}(\theta)\mathrm{d}x$$

$$\bar{\varepsilon}_{yy} = \frac{1}{2l_1}\int_0^{2l_1} \varepsilon_{yy}(\theta)\mathrm{d}x \tag{6.38}$$

平均轴向弹性模量、横向弹性模量和泊松比：

$$E_{xx} = \frac{\sigma_{xx}}{\bar{\varepsilon}_{xx}} \quad E_{yy} = E_{22} \quad \nu_{xy} = -\frac{\bar{\varepsilon}_{yy}}{\bar{\varepsilon}_{xx}} \tag{6.39}$$

平均面内剪切模量可以通过假设每块单向板受到相同剪应变得到：

$$G_{xy} = \frac{1}{2l_1} \int_0^{2l_1} G_{xy}(\theta) \mathrm{d}x \tag{6.40}$$

因此，起伏纬纱单向板的平均刚度矩阵可以通过式（6.10）得到。

x 和 y 方向的平均热膨胀系数：

$$\alpha_{xx} = \frac{1}{2l_1} \int_0^{2l_1} (\alpha_{11} \cos^2\theta + \alpha_{22} \sin^2\theta) \mathrm{d}\theta$$

$$\alpha_{yy} = \frac{1}{2l_1} \int_0^{2l_1} \alpha_{yy}(\theta) \mathrm{d}x = \alpha_{22} \tag{6.41}$$

$$\alpha_{xy} = \frac{1}{2l_1} \int_0^{2l_1} \alpha_{xy}(\theta) \mathrm{d}x = 0$$

上述步骤可以用来求得 1 点钟方向和 11 点钟方向经纱单向板在 x_2 和 x_3 方向的有效热弹性。但是 x_2 和 x_3 方向分别和 x 轴成60°和−60°夹角，这两块经纱单向板在 x-y 面内的有效性质可以通过以下坐标转换得到[51]：

$$\overline{Q}_{11} = Q_{11}\cos^4\phi + 2(Q_{12} + 2Q_{66})\sin^2\phi\cos^2\phi + Q_{22}\sin^4\phi$$

$$\overline{Q}_{12} = (Q_{11} + Q_{22} - 4Q_{66})\sin^2\phi\cos^2\phi + Q_{12}(\sin^4\phi + \cos^4\phi)$$

$$\overline{Q}_{22} = Q_{11}\sin^4\phi + 2(Q_{12} + 2Q_{66})\sin^2\phi\cos^2\phi + Q_{22}\cos^4\phi$$

$$\overline{Q}_{16} = (Q_{11} - Q_{12} - 2Q_{66})\sin\phi\cos^3\phi + (Q_{12} - Q_{22} + 2Q_{66})\sin^3\phi\cos\phi$$

$$\overline{Q}_{26} = (Q_{11} - Q_{12} - 2Q_{66})\sin^3\phi\cos\phi + (Q_{12} - Q_{22} + 2Q_{66})\sin\phi\cos^3\phi$$

$$\overline{Q}_{66} = (Q_{11} - Q_{22} - 2Q_{12} - 2Q_{66})\sin^2\phi\cos^2\phi + Q_{66}(\sin^4\phi + \cos^4\phi)$$

$$\bar{\alpha}_{xx} = \alpha_{xx}\cos^2\phi + \alpha_{yy}\sin^2\phi \tag{6.42}$$

$$\bar{\alpha}_{yy} = \alpha_{xx}\sin^2\phi + \alpha_{yy}\cos^2\phi$$

$$\bar{\alpha}_{xy} = (\alpha_{xx} - \alpha_{yy})\sin\phi\cos\phi$$

$$\bar{q}_x = \overline{Q}_{11}\bar{\alpha}_{xx} + \overline{Q}_{12}\bar{\alpha}_{yy} + \overline{Q}_{16}\bar{\alpha}_{xy}$$

$$\bar{q}_y = \overline{Q}_{12}\bar{\alpha}_{xx} + \overline{Q}_{22}\bar{\alpha}_{yy} + \overline{Q}_{26}\bar{\alpha}_{xy}$$

$$\bar{q}_{xy} = \overline{Q}_{16}\bar{\alpha}_{xx} + \overline{Q}_{26}\bar{\alpha}_{yy} + \overline{Q}_{66}\bar{\alpha}_{xy}$$

其中：对于 1 点钟方向经纱和 11 点钟方向经纱，ϕ 分别为+60°和−60°。

计算每块起伏单向板在 x-y 面内的有效热弹性时，在每块起伏单向板沿 x 方向受到相同应变的假设下，复合材料性质可以分解。因此，三轴向机织复合材料单胞的有效热弹性[52]：

$$Q_{ij}^* = \sum_{n=1}^{3} V^{(n)} \overline{Q}_{ij}^{(n)}$$

$$q_x^* = \sum_{n=1}^{3} V^{(n)} \bar{q}_x^{(n)}$$

$$q_y^* = \sum_{n=1}^{3} V^{(n)} \bar{q}_y^{(n)}$$

$$q_{xy}^* = \sum_{n=1}^{3} V^{(n)} \bar{q}_{xy}^{(n)} \tag{6.43}$$

其中：V 表示体积分数；(n) 表示 x_1、x_2、x_3 方向的纱线。

三轴向机织复合材料的热膨胀系数可以由以下公式得到：

$$\alpha_{xx}^* = S_{11}^* q_x^* + S_{12}^* q_y^* + S_{16}^* q_{xy}^*$$

$$\alpha_{yy}^* = S_{12}^* q_x^* + S_{22}^* q_y^* + S_{26}^* q_{xy}^*$$

$$\alpha_{xy}^* = S_{16}^* q_x^* + S_{26}^* q_y^* + S_{66}^* q_{xy}^* \tag{6.44}$$

其中：S_{ij}^* 为式（6.43）中 Q_{ij}^* 的转置矩阵。

假设纱线截面为圆形，直径为 d，图 6.29 所示单胞中 $l_1 = l_2 = l_3 = l$，可得到三轴向机织复合材料的最高纤维体积分数为 43%。纱线间距/直径比（l/d）为 2、3、4、5、6，分别对应纤维体积分数 42.5%、24%、17.5%、14.2%、11%。改变衬纱基础组织或双层组织的织物组织，可以得到更高的纤维体积分数。当 l/d 增大时，纤维体积分数降低，屈曲程度降低。因此，单胞结构以直线增强体代替[0°/±60°]层合板。

图 6.31(a)～(c)给出了三轴向碳纤维/环氧树脂机织复合材料的轴向弹性模量、面内剪切模量和轴向热膨胀系数随纱线间距/直径比的变化情况，以及[0°/±60°]层合板的这三

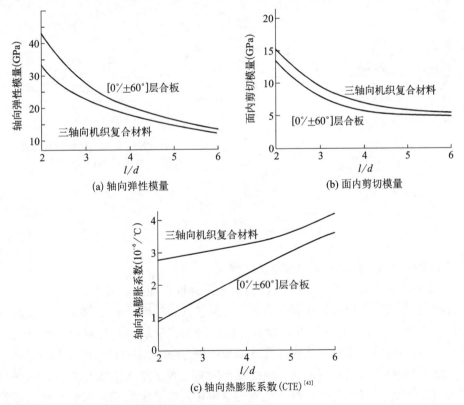

(a) 轴向弹性模量

(b) 面内剪切模量

(c) 轴向热膨胀系数（CTE）[43]

图 6.31　三轴向机织复合材料（碳纤维/环氧树脂）和[0°/±60°]层合板（碳纤维/环氧树脂）的预测热弹性随纱线间距/直径比（l/d）的变化

个指标随纤维体积分数的变化情况。这些结果表明,随着 l/d 增大,机织结构复合材料和直线单向板之间的热弹性常数的差距减小。

当 l/d 较小时,三轴向机织复合材料相比于 $[0°/\pm60°]$ 层合板,虽然刚度严重降低,但其纬向衬纱(无屈曲纱线)可以显著提高轴向性能,如图 6.46(a)所示。另外,可以通过纤维混杂来满足高性能复合材料的要求。因此,选择合适的材料组合和织物几何结构,可以设计具有不同力学性能的复合材料。

6.4.3　双轴向非正交机织复合材料

双轴向非正交机织复合材料可以采用平面编织方法制成,也可以采用织造双轴向正交机织复合材料的方法制得。基体流动和模具表面屈曲可以使正交纱线改变位置,变为非正交。非正交机织复合材料单胞如图 6.32 所示,可以将其简单地看作没有纬纱的三轴向机织物。适用于三轴向机织复合材料的方法同样适用于非正交机织复合材料。复合材料单胞由两块以某一角度交织在一起的起伏单向板组成,交织角度取决于编织模式或织物扭曲。

图 6.33 所示为双轴向非正交机织复合材料弹性模量随编织角的变化情况[5]。当 2θ 低于 90°时,弹性模量随 2θ 降低而下降。

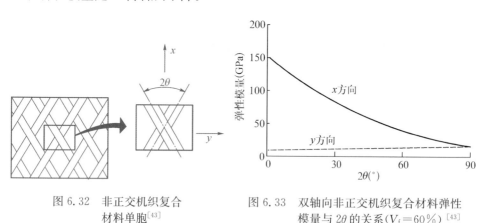

图 6.32　非正交机织复合　　　　图 6.33　双轴向非正交机织复合材料弹性
　材料单胞[43]　　　　　　　　　模量与 2θ 的关系($V_f=60\%$)[43]

6.5　结　　论

本章着重介绍机织复合材料的细观力学模型。

• 用等应变技术对二维机织复合材料的三维弹性性能进行建模。模型利用一个"快速化"方法计算有效刚度矩阵的上限和下限,因为它只需要纱线取向数据。一般认为上限比下限的预测效果更好。此技术可以很容易地应用于其他纺织复合材料。对于大多数机织复合材料而言,等应变模型对面内弹性性能预测较为准确,但对面外的预测不准确。

• 机织复合材料几何分解方案的发展都伴随着二维子结构生成和组合。该部分要求具有明确的几何概念(机织复合材料一系列的单胞块)、容易记载的几何数据和其可扩展于非传统织物的功能。另外,通过扩展一系列单胞块,该方法可以用于分析三维机织复合材料和编织复合材料。

• 为了对机织复合材料进行建模,可以参考单向板和短纤随机分布复合材料扩展建模方法,但不可类比。纺织复合材料中"纱线分布"是由纺织加工过程(纱线尺度分析)决定的。通过考虑机织复合材料典型纱线交织、曲率和位置来反映复合材料实际的几何形状。其中纱线取向是决定机织复合材料有效性能的重要因素之一。但是,纱线位置对于刚度和强度的准确预测也至关重要。

• 由于几何变量和约束的数量太多,导致大型机织复合材料结构设计中力学模型的发展或优化十分困难。一个替代方法就是将整个问题分解成若干个小问题。"多尺度分解、多步均匀化"方法已经成功用于解决二维机织复合材料的刚度、应力和强度分析问题。

• 补充能量模型解决了应力分析问题,然后从计算应力集中系数得到求解三维刚度性质的方法。该模型还可考虑残余热应力的存在情形。

虽然机织复合材料在过去几十年中形成了一个相当完备的知识体系,但仍然需要更多的研究,以优化机织复合材料的设计方案:

• 工程结构组分设计:常用工程结构如飞机部件、汽车底盘部件或自行车架的设计都比较复杂且耗费时间。机织复合材料的前处理软件可以降低设计成本,同时使有限元建模方法经济实用。使用前处理软件,建立恰当的有限元模型,仅需要构建组分材料的几何形状,而不需要对单胞、织物类型、纱线粗细和纱线起伏状态等进行更详细的描述。

• 机织复合材料设计将更依赖于电脑数值模拟。微观结构优化需要将微观力学和优化模型结合。未来发展将达到工程结构几何形状、力学、热学、加工和经济性能的综合优化设计。

参 考 文 献

[1] Ko F K, Chou T W. Composite Materials Series 3 - Textile Structural Composites. Amsterdam: Elsevier Science, 1989.

[2] Cox B N, Flanagan G. Handbook of analytical methods for textile composites. National Aeronautics and Space Administration, 1997.

[3] Chou T W. Microstructural Design of Fiber Composites. Cambridge University Press, 1992.

[4] Verpoest I, Ivens J, Vuure A W V. Textiel voor composieten: Een oude technologie voor een modern constructie materiaal. Het Ingenieursblad, 1992(12): 20-32.

[5] Hearle J, Du G. Forming rigid fibre assemblies: The interaction of textile technology and composites engineering. Journal of the Textile Institute, 1990, 81(4): 360-383.

[6] Yurgartis S, Morey K, Jortner J. Measurement of yarn shape and nesting in plain-weave composites. Composites Science and Technology, 1993, 46(1):39-50.

[7] Bailie J A. Woven fabric aerospace structures. Handbook of Composites - 2: Structure and Design. London: Elsevier Science, 1982.

[8] Dictionary of Fibre and Textile Technology. Charlotte, NC: Hoechst Celanese Corporation, 1990.

[9] Hoffman R M. Some theoretical aspects of yarn and fabric density. Textile Research Journal, 1952,22 (3):170-178.

[10] Byun J H, Chou T W. Elastic properties of three-dimensional angle-interlock fabric preforms. Journal of the Textile Institute, 1990,81(4):538-548.

[11] Ishikawa T, Chou T W. Stiffness and strength behaviour of woven fabric composites. Journal of Materials Science, 1982,17(11):3211-3220.

[12] Ishikawa T, Chou T W. In-plane thermal expansion and thermal bending coefficients of fabric composites. Journal of Composite Materials, 1983,17(2):92-104.

[13] Ishikawa T, Matsushima M, Hayashi Y, Chou T W. Experimental confirmation of the theory of elastic moduli of fabric composites. Journal of Composite Materials, 1985,19(5):443-458.

[14] Hahn H T, Tsai S W. Introduction to Composite Materials. Pennsylvanial: Technomic Publishing, 1980.

[15] Naik N N. Woven Fabric Composites. Technomic Publishing Co. Inc., Lancaster, PA, USA, 1994: 193.

[16] Ganesh V, Naik N. Failure behavior of plain weave fabric laminates under on-axis uniaxial tensile loading: I—Laminate geometry. Journal of Composite Materials, 1996, 30(16): 1748-1778.

[17] Naik N, Ganesh V. Failure behavior of plain weave fabric laminates under on-axis uniaxial tensile loading: I—Analytical predictions. Journal of Composite Materials, 1996, 30(16): 1779-1822.

[18] Tsai S W, Wu E M. A general theory of strength for anisotropic materials. Journal of Composite Materials, 1971, 5(1): 58-80.

[19] Hahn H, Pandey R. A micromechanics model for thermoelastic properties of plain weave fabric composites. Journal of Engineering Materials and Technology, 1994,116(4):517-523.

[20] Vandeurzen P, Ivens J, Verpoest I. A critical comparison of analytical and numerical (FEM) models for the prediction of the mechanical properties of woven fabric composites. Proceedings of New Textiles for Composites TEXCOMP-3. RWTH Aachen, 1996.

[21] Paumelle P, Hassim A, Léné F. Composites with woven reinforcements: Calculation and parametric analysis of the properties of the homogeneous equivalent. La Recherche Aérospatiale, 1990(1):1-12.

[22] Paumelle P, Hassim A, Léné F. Microstress analysis in woven composite structures. La Recherche Aérospatiale, 1990(6):47-62.

[23] Wood J. Finite element analysis of composite structures. Composite Structures, 1994, 29(2): 219-230.

[24] Hewitt J, Brown D, Clarke R. Computer modelling of woven composite materials. Composites, 1995,26(2):134-140.

[25] Blackketter D, Walrath D, Hansen A. Modeling damage in a plain weave fabric-reinforced composite material. Journal of Composites Technology & Research, 1993,15(2):136-142.

[26] Whitcomb J, Woo K. Enhanced direct stiffness method for finite element analysis of textile composites. Composite Structures, 1994,28(4):385-390.

[27] Woo K, Whitcomb J D. Macro finite element using subdomain integration. Commun. Numer. Meth. En., 1993,9(12):937-949.

[28] Whitcomb J, Srirengan K. Effect of various approximations on predicted progressive failure in plain weave composites. Composite Structures, 1996,34(1):13-20.

[29] Naik R A. Failure analysis of woven and braided fabric reinforced composites. Journal of Composite Materials, 1995,29(17):2334-2363.

[30] Vandeurzen P, Ivens J, Verpoest I. A three-dimensional micromechanical analysis of woven-fabric composites: I. Geometric analysis. Composites Science and Technology, 1996,56(11):1303-1315.

[31] Vandeurzen P, Ivens J, Verpoest I. A three-dimensional micromechanical analysis of woven-fabric composites: II. Elastic analysis. Composites Science and Technology, 1996,56(11):1317-1327.

[32] Vandeurzen P, Ivens J, Verpoest I. Micro-stress analysis of woven fabric composites by multilevel decomposition. Journal of Composite Materials, 1998,32(7),623-651.

[33] Vandeurzen P, Ivens J, Verpoest I. TexComp: A 3D analysis tool for 2D woven fabric composites. Sampe. J. , 1997,33(2):25-33.

[34] Mirzadeh F, Reifsnider K L. Micro-deformations in C3000/PMR15 woven composite. Journal of Composite Materials, 1992,26(2):185-205.

[35] Peirce F T. Geometrical principles applicable to the design of functional fabrics. Text. Res. J. , 1947, 17(3):123-147.

[36] Chamis C C. Simplified composite micromechanics equations for hygral, thermal, and mechanical properties. Proceedings of 38th Conference of the Society of the Plastics Industry (SPI). Houston, Texas, 1983.

[37] Bertsekas D P. Constrained Optimization and Lagrange Multiplier Methods. New York: Academic Press, 1982.

[38] Leech C M, Kettlewell J. Formulative principles in mechanics. Int. J. Mechanical Eng. Education, 1981(9):157-180.

[39] Chou T W, Ishikawa T. One-dimensional micromechanical analysis of woven fabric composites. AIAA Journal, 1983, 21(12):1714-1721.

[40] Lekhnitskii S G. Theory of Elasticity of an Anisotropic Elastic Body. Holden-Day, San Francisco, USA, 1963.

[41] Ishikawa T, Chou T W. Stiffness and strength behaviour of woven fabric composites. Journal of Materials Science, 1982, 17(17):3211-3220.

[42] Ishikawa T, Matsushima M, Hayashi Y, et al. Experimental confirmation of the theory of elastic moduli of fabric composites. Journal of Composite Materials, 1985, 19(5):443-458.

[43] Yang J M, Chou T W. Thermo-elastic analysis of triaxial woven fabric composites. Textile Structural Composites. Chou T W, Ko F K, Elsevier Science Publishers, Amsterdam, 1989: 265-277.

[44] Dow N F. Triaxial Fabric, US Patent 3446251, May 1969.

[45] Dow N F, Tranfield G. Preliminary investigations of feasibility of weaving triaxial fabrics (Doweave). Textile Research Journal, 1970, 40(11):986-998.

[46] Skelton J, Skelton J. Triaxially woven fabrics: Their structure and properties[J]. Textile Research Journal, 1971, 41(41):637-647.

[47] Scardino F L, Ko F K, Scardino F L, et al. Triaxial woven fabrics. Part I: Behavior under tensile, shear, and burst deformation. Textile Research Journal, 1981, 51(2):80-89.

[48] Stone P, Ra B, Nj P, et al. An analysis of the mechanical behavior of triaxial fabrics and the equivalency of conventional fabrics. Textile Research Journal, 1982, 52(6):388-394.

[49] Schwartz P. A mathematical analysis of a fabric having non-orthogonal interlacings using strain energy methods. Fibre Science & Technology, 1984, 20(4):273-282.

[50] Dow N F. Studies of woven fabric reinforced composites for automotive applications. Tech. Final Rep. , MSC TFR 1301/8101, Materials Science Corp. , Springhouse, Pennsylvania, 1982.

[51] Jones R M. Mechanics of Composite Materials. McGraw-Hill, New York, USA, 1975.

[52] Rosen B W, Chatterjee S N, Kibler J J. An analysis model for spatially oriented fiber composites. ASTM STP 617, Composite Materials: Testing and Design (Fourth Conference), American Society for Testing and Materials, Philadelphia, 1977: 243-254.

7　针织复合材料结构设计

7.1　概　　述

相对于其他织物预成型体(如机织、编织),针织物因其线圈结构松散,易产生较大变形,在复合材料成型中,对复杂外形模具的包覆性能优异,引起了复合材料界的广泛研究兴趣和工程应用[1-10]。针织物中线圈相互串套(图 7.1),针织纱有单根纤维长丝、无捻纤维束、有捻纤维束或粗纱。线圈间相互滑移使针织物能够发生大变形而具有良好的悬垂性,而良好的悬垂性非常有利于制备复杂外形复合材料工程结构件。同时,利用先进针织机还可以织造近净形(near net-shape)织物,如穹顶、锥、T 型管连接、法兰连接的管道和夹层织物。这些近净形预成型体与传统液态树脂传递成型技术结合,可节省时间、批量生产复合材料及降低复合材料成本。这对促进昂贵、高性能航空级复合材料向廉价、需大量供应的一般工业领域发展,具有非常重要的实际价值。

如图 7.1 所示,根据针织方向可将针织物分为两类:经编针织物和纬编针织物。经编针织物是沿织物长度方向(纵向)织造,如图 7.1(a)中黑线所示。纬编针织物是沿织物宽度方向(横向)织造,如图 7.1(b)中黑线所示。为了追求时尚,在服装领域,往往会同时使用多种针织物结构[11]。但是在复合材料领域,只有少数针织物结构可用于复合材料,因为:一、大部分工程应用只要求简单针织结构;二、与纺织纤维(如棉和聚酯纤维)不同,高性能刚性纤维(如玻璃纤维、碳纤维和芳纶)很难通过针织技术织造成复杂结构。表7.1 列出了几种复合材料中常用的经纬编针织物。

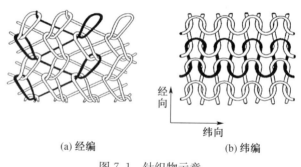

(a) 经编　　　　　　　　(b) 纬编

图 7.1　针织物示意

表 7.1　复合材料中常用的经纬编针织物

类型	织物类别	纬编针织物结构	经编针织物结构
I	二维织物	平针、罗纹、米兰诺罗纹组织、衬入轴纱的织物	梳栉、阿特拉斯
II	二维织物三维形状	平针、罗纹	梳栉、阿特拉斯
III	三维实芯织物	平针、罗纹织物中衬入轴纱	多轴向经编织物
IV	三维中空织物(间隔织物)	单面表面结构	单梳栉表面结构

针织物还可以依据纱线排列维度分成四类。如图 7.1 所示,第一类为简单的二维平面针织物,它们和普通机织物复合材料一样,可以切成一定大小铺层。利用老式针织机也可以织造二维近净形针织物。把二维近净形织物排列成空间三维形状,即形成第二类针织物。该织物结合传统复合材料成型工艺,可降低复合材料生产成本。第三类针织物是多轴向经编织物[12](图 7.2),其纤维卷曲度最小,所以也称为无卷曲织物。由于具有优异性能和比机织物复合材料更好的悬垂性,这种织物复合材料在公交车、卡车、轮船和飞机机翼方面有广阔的应用价值。第四类针织物由二维平面织物结合间隔纱线织造而成,称为间隔织物或三维中空织物[13],如图 7.3 所示。由于这类织物在厚度方向的纤维数量远小于面内的纤维数量,常被归为 2.5 维织物。优化设计该类织物,可获得高性能和高损伤容限复合材料。

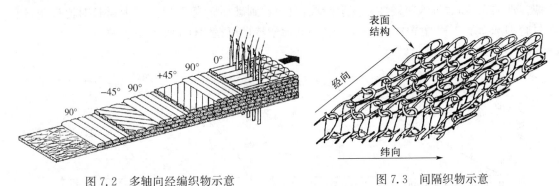

图 7.2　多轴向经编织物示意　　　　　　　　图 7.3　间隔织物示意

本章将对第一类针织复合材料的力学行为进行建模。此方法可以很容易地扩展到其他针织结构复合材料。本节首先介绍第一类针织物中纬平针织物的几何结构,并由试验方法获得针织物复合材料的拉伸力学行为,最后依据文献[11]、[14]~[21]介绍针织复合材料的弹性和强度的建模分析过程。

7.2　针织物结构

如图 7.1(b)所示,纬平针织物通过一个纱线系统相互串套成线圈垂直行和线圈水平列而形成。这种织物可以在针织横机或针织圆机上织造。沿织物长度方向的线圈垂直行被称为线圈纵行,沿织物宽度方向的线圈水平列被称为线圈横列,各自方向分别称为纵向和横向。如图 7.4 所示,一个线圈由针织弧、两个圈柱和两个沉降弧组成。纵向密度 W 指横向单位长度上线圈个数。类似地,横向密度 C 指纵向单位长度上线圈个数。两个密度都由针织机轨距决定,如机床上单位长度的钩针数量。W 和 C 决定针织物的线圈密度 N,即针织物单位面积上线圈个数。

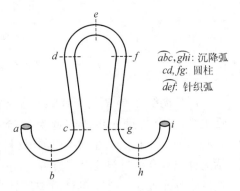

图 7.4　典型针织线圈示意

7.3　拉　伸　行　为

　　针织复合材料由增强体即纤维织成的针织物预成型体与基体如树脂固化形成。对于给定的针织物结构,复合材料的力学行为取决于纤维和基体的材料性能[22-26]。三种典型针织复合材料的拉伸应力-应变曲线如图 7.5 所示。玻璃纤维/环氧树脂针织复合材料的拉伸应力-应变曲线服从线性关系,应变达到 1.3% 时即发生断裂。玻璃纤维/聚丙烯针织复合材料的拉伸、应力-应变曲线在起始阶段服从线性关系,随后呈现出很明显的非线性关系,直至达到断裂应变 8.5%。这种差异主要是由于复合材料使用的基体材料不同导致的。图7.5(c)所示为聚酯纤维/聚氨酯针织复合材料的拉伸应力-应变曲线,其在起始阶段服从线弹性关系,随后进入非线性大变形阶段,直至达到破坏应变 60%。以上材料对比表明,通过合理选择基体和增强体,针织复合材料的力学特性可在刚性和柔性之间转化。

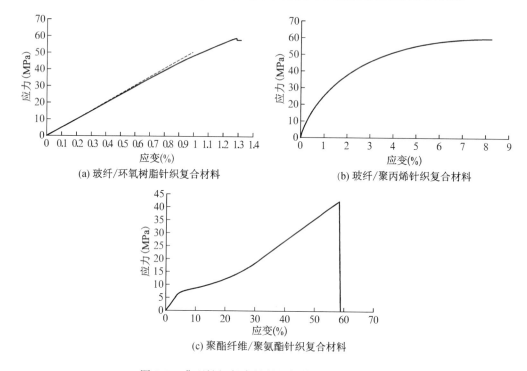

(a) 玻纤/环氧树脂针织复合材料　　　　(b) 玻纤/聚丙烯针织复合材料

(c) 聚酯纤维/聚氨酯针织复合材料

图 7.5　典型针织复合材料的拉伸应力-应变曲线

　　以玻璃纤维/环氧树脂针织复合材料的力学性能为例,由于拉伸应力-应变曲线服从线性关系,本章将进一步研究此类复合材料拉伸力学行为。应力-应变曲线在应变约为 0.45% 时产生拐点。在拐点以前,材料变形和微裂纹生成导致非线性变形行为。图 7.6 所示为针织复合材料裂纹生成过程。同时,在拐点处应变水平下,垂直于加载方向的纱线迅速发生界面破坏。裂纹在界面破坏处生成并扩散到富树脂区,相互叠加形成宏观横向裂纹。但此时未断裂,纱线还连接着断裂面。伴随着连接纱线断裂,最终拉伸破坏发生。所以,复合材料的最终拉伸强度取决于纱线连接断裂面的强度。

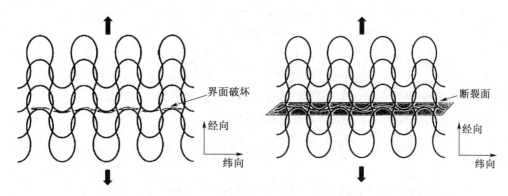

图 7.6 针织复合材料裂纹生成过程

7.4 三维弹性性能分析

7.4.1 分析方法框架

假设纬平针织复合材料只有增强纤维束和树脂基体。为了便于分析,定义一个可代替整个复合材料的单胞,同时提出一个确定复合材料中纱线取向的几何模型(参见 7.4.2 节)。7.4.3 节重点介绍纤维体积分数推算方法。整个单胞可以分成四个代表性体积单元,所以也被称为"交叉模型"。交叉模型可以进一步分解成更小的体积单元,此时可以把复合材料看作横观各向同性材料。7.4.4 节介绍另一种预测单向板五个独立常数的微观力学模型。通过同时考虑纤维和树脂比例,可以在材料局部坐标系中推导每个子单胞的柔度/刚度矩阵。将各个子单胞柔度/刚度矩阵再转换到全局坐标系中(参见 7.4.5 节),利用体积平均法可获得整个针织复合材料的柔度/刚度矩阵(参见 7.4.6 节)。7.4.7 节介绍纤维含量和其他参数对针织复合材料弹性性能的影响。

7.4.2 几何模型

图 7.7 为纬平针织物理想单胞示意图。在织造过程中,纱线以等间距弯曲成弧形成线圈,因此该单胞假设织物平面内纱线轴向轨迹完全由圆弧组成。各物理参数如图 7.7 所示,使用三个参数即经向密度 W、纬向密度 C 和纱线直径 d,描述单胞几何形状。

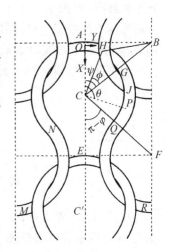

织物平面中,假设全局坐标系中 Ox 平行于织物经向,Oy 平行于织物纬向;线圈的 OQ 圆弧部分以 C 为圆心,圆弧角为 φ,即 $OCQ = \varphi$;ad 代表线圈投影半径,如 OC 线段长度 a 是常数;Q 点是线圈 C 圆圆弧中心轴与 F 圆圆弧中心轴的交点;H 和 J 点是线圈交织点;角度 $OCB = \psi$ 和 $HCB = \phi$;P 点是线圈中心轴上的任一点;线圈弧线投影 OP 对应的角弧度等于 θ,即 $OCP = \theta$。P 点的坐标可表示为:

图 7.7 纬平针织物理想单胞示意

$$x = ad(1 - \cos\theta)$$
$$y = ad\sin\theta$$
$$z = \frac{hd}{2}\left[1 - \cos\left(\pi\frac{\theta}{\varphi}\right)\right] \tag{7.1}$$

其中:常数 h 表示织物平面内中心轴在 Q 点上的最大高度。

式 7.1 中的参数 a、h、φ 由以下关系式得到:

$$a = \frac{1}{4Wd\sin\varphi} \tag{7.2}$$

$$\varphi = \pi + \sin^{-1}\left\{\frac{C^2 d}{[C^2 + W^2(1 - C^2 d^2)^2]^{1/2}}\right\} - \tan^{-1}\left[\frac{C}{W(1 - C^2 d^2)}\right] \tag{7.3}$$

$$h = \left[\sin\left(\pi\frac{\psi}{\varphi}\right)\sin\left(\pi\frac{\phi}{\varphi}\right)\right]^{-1} \tag{7.4}$$

$$\psi = \sin^{-1}\left(\frac{2a}{2a - 1}\sin\varphi\right) \tag{7.5}$$

$$\phi = \cos^{-1}\left(\frac{2a - 1}{2a}\right) \tag{7.6}$$

纱线直径 d 可由纱线线密度 D_y 和纱线中纤维填充百分比 K 得到:

$$d = \frac{2}{3}\sqrt{\frac{D_y}{10\pi\rho_f K}} \times 10^{-2} \tag{7.7}$$

其中:ρ_f 是纤维密度(g/cm³)。

从图 7.7 可以看出,线圈($MNOQP$)中的纱线取向由已知纱线段 OQ 的取向决定。假设纱线段 OQ 是有限多个直线段的组合。假设(x_{n-1},y_{n-1},z_{n-1})和(x_n,y_n,z_n)分别是第($n-1$)个直线段的起点和终点,如图 7.8 所示。在三维直角坐标系中分析几何空间模型,直线段的空间取向可由 θ_x 和 θ_z 确定,其中 θ_z 是直线段与 z 轴的夹角,θ_x 是直线段在 x-y 平面内的投影与 x 轴的夹角,分别由以下公式得到:

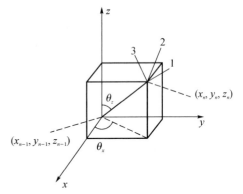

图 7.8　纱线段空间表征

$$\theta_x = \tan^{-1}\left(\frac{y_n - y_{n-1}}{x_n - x_{n-1}}\right) \tag{7.8}$$

$$\theta_z = \tan^{-1}\left[\frac{\sqrt{(x_n - x_{n-1})^2 + (y_n - y_{n-1})^2}}{z_n - z_{n-1}}\right] \tag{7.9}$$

从式(7.8)和式(7.9)可以发现只有纱线的相对坐标,因此图 7.7 中的单胞可用图 7.9(a)所示的单胞替换。图 7.9(a)中的单胞可以细分为四个子单胞,每个子单胞由两根固化后相互交叉的纱线组成。这种子单胞被称为交叉模型[16],如图 7.9(b)所示。利用交叉模型可构建针织线圈的单胞模型,在织物平面内重复单胞模型,可重构纬平针织物结构。

所以,研究该针织物只需把交叉模型作为代表性体积单元。式(7.1)给出了模型中 $0 \leqslant \theta \leqslant \varphi$ 内第一根纱线的坐标。为了相对容易地得到第二根纱线的坐标,选取的第二根纱线的起点非常接近第一根纱线的终点,那么第二根纱线的坐标:

$$x_1^{2nd} = 2ad - \frac{1}{2W\tan^{-1}(\Psi)}$$

$$y_1^{2nd} = \frac{1}{2W}$$

$$z_1^{2nd} = z_1^{1st}$$

$$x_n^{2nd} = x_1^{2nd} - x_n^{1st}$$

$$y_n^{2nd} = y_1^{2nd} - y_n^{1st}$$

$$z_n^{2nd} = z_n^{1st} \quad (n \geqslant 2, 3, \cdots)$$

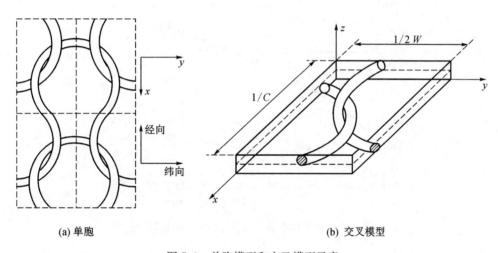

(a) 单胞　　　　　　　　　　　　　　　　　　　(b) 交叉模型

图 7.9　单胞模型和交叉模型示意

7.4.3　估算纤维体积分数

基于以上模型,针织复合材料中纤维体积分数[11]:

$$V_f = \frac{n_k D_y L_s CW}{9\rho_f At} \times 10^{-5} \tag{7.10}$$

其中:n_k 是复合材料中织物铺层数;t 是复合材料厚度;A 是经纬面内面积;W 和 C 分别是纵横密;L_s 是单胞一个线圈中的纱线长度。

L_s 可由下式估计:

$$L_s \approx 4ad\varphi \tag{7.11}$$

例如,把式(7.10)应用于 7.3 节中玻璃纤维/环氧树脂针织复合材料。针织物的纵横密分别为 $W=2$ 线圈/cm 和 $C=2.5$ 线圈/cm,玻璃纤维纱线细度为 1 600 den(D_y),纤维密度 $\rho_f=2.54$ g/cm³。含一层和四层针织物的复合材料厚度分别为 $t=0.06$ cm 和 $t=0.07$ cm,通过燃烧法测得纤维体积分数分别为 9.5% 和 32.3%。更多关于织造和测试玻璃纤维/环氧树脂针织复合材料的描述详见参考文献[22]和[23]。利用式(7.10)估算上述含一层和四层针织物的复合材料的纤维体积分数分别为 9.3% 和 31.9%。与试验值比较发现,估算的纤维体积分数与试验值非常接近。

　　如果使用不同粗细纱线增强针织复合材料,那么纱线细度 D_y 与纤维体积分数 V_f 的关系可由理论推算得到。图 7.10 给出了 V_f 随 D_y 变化的理论预测曲线。对于给定线圈密度 $(N = C \times W)$ 的针织物,V_f 与 D_y 呈线性关系,即复合材料中纤维体积分数随纤维细度增加而增加。但是纤维体积分数 V_f 的最大值由针织机上使用的钩针密度决定。增加 D_y 意味着使用更粗的纱。因此,一般情况下,越粗的纱线越难织造。可以使用的最粗纱线取决于纱线种类、织针大小和针织机上使用的其他设备。

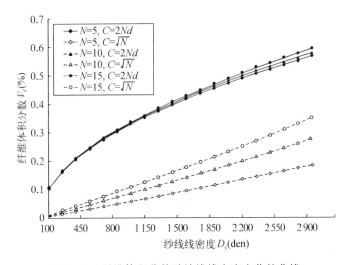

图 7.10　纤维体积分数随纱线线密度变化的曲线

　　如果 D_y 是常数,V_f 随线圈密度 N 变化的曲线如图 7.11 所示。改变线圈密度 N 的方法有两种:(1)改变机床间隔;(2)在针织机上设置针织松紧度。机床间隔指针织机上针床单位长度内的织针数。一般情况下,大多数针织机上都有一个控制针织松紧度的按钮,以便于在一定范围内改变线圈密度 N。图 7.11 所示为纤维体积分数 V_f 随线圈密度 N 增加而非线性增加的曲线。这可以参考式(7.10)。假设式(7.10)中 D_y 和其他参数都是常数,那么 V_f 与 L_s 和 N 成正比。如果增加 N,则意味着减小针织线圈,也就是线圈长度 L_s 减小。这种反比例关系导致了纤维体积分数 V_f 与线圈密度 N 的非线性关系。关于它们之间的精确关系,可以确定的是纤维体积分数 V_f 随线圈密度 N 增加而增加。纤维体积分数 V_f 随线圈密度 N 增加的最大值由纱线直径 d 决定。随着线圈密度增加,纬向间距 $1/C$ 和径向间距 $1/W$ 减小。也就是说,针织线圈排列随着线圈密度或紧密度增加而变密,排列间距大约等于 $W/2$,间距最小值由纱线直径决定。为了满足针织织造条件,一般要求 $W/2 \geqslant d$。图 7.11 给出了改变线圈密度 N 可以得到理想纤维体积分数的曲线。

　　图 7.12 所示为纤维体积分数 V_f 随针织物层数 n_k 变化的曲线。如果 D_y 和 N 已知,那么 V_f 将随着 n_k 增加而增加。但是,需要指出的是针织物层数取决于复合材料厚度。

　　图 7.10~图 7.12 给出了理想的纤维体积分数 V_f 随纱线线密度 D_y、线圈密度 N、针织物层数 n_k 变化的曲线。V_f 依赖于其他参数(如针织物的可压缩性和复合材料织造条件),能

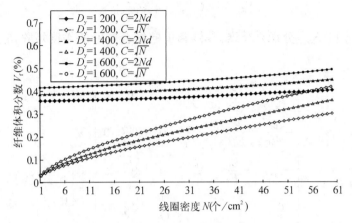

图 7.11 纤维体积分数随线圈密度变化的曲线

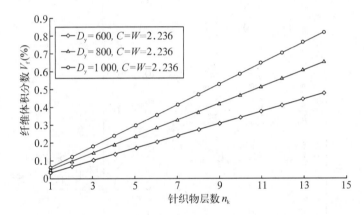

图 7.12 纤维体积分数随针织物层数变化的曲线

够达到的最大值尚未估测。理论预测针织复合材料的 V_f 可以达到的最大值需进一步研究。研究报道针织复合材料的 V_f 目前能够达到的最大值约为 40%。

7.4.4 单向复合材料微观力学模型

图 7.9(b)所示交叉模型中,纱线可以细分成一系列直线片段,每个直线片段可以看作一个横观各向同性复合材料。经典微观力学模型[27-28]认为,如果横观各向同性复合材料的各组分都是各向同性材料,只需定义四个独立常数(E_{11}、E_{22}、G_{12} 和 ν_{12})。这里将对单向复合材料引入一个新的微观力学模型[20],定义五个独立常数(E_{11}、E_{22}、G_{12}、ν_{12} 和 G_{23} 或 ν_{23})。

假设 Ox_1 平行于子单胞中纤维长度方向(图 7.8),局部坐标系 $Ox_1x_2x_3$ 也称为材料坐标系。同时假设 E、ν 和 G 分别是弹性模量、泊松比和剪切模量,V 是材料体积分数,角标 f 和 m 分别表示纤维和基体,下标 1、2 和 3 分别代表材料坐标 x_1、x_2、x_3。

在选定的子单胞中,纤维、基体和单向复合材料的宏观应力张量分别为 $[\sigma_{ij}^f]$、$[\sigma_{ij}^m]$ 和 $[\sigma_{ij}]$,相对应的宏观应变张量分别为$[\varepsilon_{ij}^f]$、$[\varepsilon_{ij}^m]$ 和 $[\varepsilon_{ij}]$。两组张量满足以下微观力学关系:

$$[\sigma_{ij}] = V_f[\sigma_{ij}^f] + V_m[\sigma_{ij}^m] \tag{7.12}$$

$$[\varepsilon_{ij}] = V_f[\varepsilon_{ij}^f] + V_m[\varepsilon_{ij}^m] \tag{7.13}$$

$[S_{ij}^f]$、$[S_{ij}^m]$ 和 $[S_{ij}]$ 分别是纤维、基体和单向复合材料的柔度矩阵,它们之间的关系如下:

$$[S_{ij}^f] = \begin{bmatrix} \dfrac{1}{E_f} & -\dfrac{\nu_f}{E_f} & -\dfrac{\nu_f}{E_f} & 0 & 0 & 0 \\[2mm] -\dfrac{\nu_f}{E_f} & \dfrac{1}{E_f} & -\dfrac{\nu_f}{E_f} & 0 & 0 & 0 \\[2mm] -\dfrac{\nu_f}{E_f} & -\dfrac{\nu_f}{E_f} & \dfrac{1}{E_f} & 0 & 0 & 0 \\[2mm] 0 & 0 & 0 & \dfrac{1}{G_f} & 0 & 0 \\[2mm] 0 & 0 & 0 & 0 & \dfrac{1}{G_f} & 0 \\[2mm] 0 & 0 & 0 & 0 & 0 & \dfrac{1}{G_f} \end{bmatrix} = \begin{bmatrix} [S_\sigma^f] & [0] \\ [0] & [S_\tau^f] \end{bmatrix} \tag{7.14}$$

$$[S_{ij}^m] = \begin{bmatrix} \dfrac{1}{E_m} & -\dfrac{\nu_m}{E_m} & -\dfrac{\nu_m}{E_m} & 0 & 0 & 0 \\[2mm] -\dfrac{\nu_m}{E_m} & \dfrac{1}{E_m} & -\dfrac{\nu_m}{E_m} & 0 & 0 & 0 \\[2mm] -\dfrac{\nu_m}{E_m} & -\dfrac{\nu_m}{E_m} & \dfrac{1}{E_m} & 0 & 0 & 0 \\[2mm] 0 & 0 & 0 & \dfrac{1}{G_m} & 0 & 0 \\[2mm] 0 & 0 & 0 & 0 & \dfrac{1}{G_m} & 0 \\[2mm] 0 & 0 & 0 & 0 & 0 & \dfrac{1}{G_m} \end{bmatrix} = \begin{bmatrix} [S_\sigma^m] & [0] \\ [0] & [S_\tau^m] \end{bmatrix} \tag{7.15}$$

$$[S_{ij}] = \begin{bmatrix} \dfrac{1}{E_{11}} & -\dfrac{\nu_{12}}{E_{11}} & -\dfrac{\nu_{13}}{E_{11}} & 0 & 0 & 0 \\[2mm] -\dfrac{\nu_{12}}{E_{11}} & \dfrac{1}{E_{22}} & -\dfrac{\nu_{23}}{E_{22}} & 0 & 0 & 0 \\[2mm] -\dfrac{\nu_{13}}{E_{11}} & -\dfrac{\nu_{23}}{E_{22}} & \dfrac{1}{E_{33}} & 0 & 0 & 0 \\[2mm] 0 & 0 & 0 & \dfrac{1}{G_{23}} & 0 & 0 \\[2mm] 0 & 0 & 0 & 0 & \dfrac{1}{G_{13}} & 0 \\[2mm] 0 & 0 & 0 & 0 & 0 & \dfrac{1}{G_{12}} \end{bmatrix} = \begin{bmatrix} [S_\sigma] & [0] \\ [0] & [S_\tau] \end{bmatrix} \tag{7.16}$$

其中:$[S_\sigma]$ 和 $[S_\tau]$ 分别是与伸长应变有关的正应力,以及与剪切应变有关的剪切应力的 3×3 子矩阵。

由$[S_{ij}^f]$、$[S_{ij}^m]$和$[S_{ij}]$可知宏观应力-应变关系：

$$\{\sigma_i^f\} = [S_{ij}^f]\{\varepsilon_j^f\} \tag{7.17}$$

$$\{\sigma_i^m\} = [S_{ij}^m]\{\varepsilon_j^m\} \tag{7.18}$$

$$\{\sigma_i\} = [S_{ij}]\{\varepsilon_j\} \tag{7.19}$$

其中：$[\sigma_i] = \{\sigma_{11}, \sigma_{22}, \sigma_{33}, \sigma_{23}, \sigma_{13}, \sigma_{12}\}^T$，$\{\varepsilon_i\} = (\varepsilon_{11}, \varepsilon_{22}, \varepsilon_{33}, 2\varepsilon_{23}, 2\varepsilon_{13}, 2\varepsilon_{12})^T$。

当前模型的关键步骤是要找到一个系数矩阵$[A_{ij}]$，满足：

$$\{\sigma_i^m\} = [A_{ij}]\{\sigma_j^f\} \tag{7.20}$$

假设$[A_{ij}]$已知，联立式(7.20)和式(7.12)，可得：

$$\{\sigma_i^f\} = (V_f[I] + V_m[A_{ij}])^{-1}\{\sigma_j\} \tag{7.21}$$

$$\{\sigma_i^m\} = [A_{ij}](V_f[I] + V_m[A_{ij}])^{-1}\{\sigma_j\} \tag{7.22}$$

其中：$[I]$是单位矩阵。

借助式(7.12)、式(7.13)、式(7.17)~式(7.19)、式(7.21)和式(7.22)，可推导单向复合材料的柔度矩阵$[S_{ij}]$：

$$[S_{ij}] = (V_f[S_{ij}^f] + V_m[S_{ij}^m][A_{ij}])(V_f[I] + V_m[A_{ij}])^{-1} \tag{7.23}$$

所选系数矩阵$[A_{ij}]$必须使得柔度矩阵为对称矩阵。很显然，$[A_{ij}]$可以分解：

$$[A_{ij}] = \begin{bmatrix} [a_{ij}] & [0] \\ [0] & [b_{ij}] \end{bmatrix}$$

其中$[a_{ij}]$和$[b_{ij}]$是3×3子矩阵，满足：

$$[S_\sigma] = (V_f[S_\sigma^f] + V_m[S_\sigma^m][a_{ij}])(V_f[I] + V_m[a_{ij}])^{-1} \tag{7.24}$$

$$[S_\tau] = (V_f[S_\tau^f] + V_m[S_\tau^m][b_{ij}])(V_f[I] + V_m[b_{ij}])^{-1} \tag{7.25}$$

由于详细求解$[a_{ij}]$和$[b_{ij}]$比较复杂，已经超出本文所讨论的范围，所以下面只给出一组经验公式：

$$\begin{aligned} a_{11} &= E_m/E_f \\ a_{22} &= a_{33} = 0.5(1 + E_m/E_f) \\ a_{12} &= \frac{S_{12}^f - S_{12}^m}{S_{11}^f - S_{11}^m}(a_{11} - a_{22}) \end{aligned} \tag{7.26}$$

$$\begin{aligned} a_{13} &= (c_{22}d_1 - c_{12}d_2)/(c_{11}c_{22} - c_{12}c_{21}) \\ a_{23} &= (c_{11}d_2 - c_{21}d_1)/(c_{11}c_{22} - c_{12}c_{21}) \\ b_{22} &= b_{33} = 0.5(1 + G_m/G_f) \end{aligned} \tag{7.27}$$

除了b_{11}，其他a_{ij}和b_{ij}都取零。式(7.27)中，参数c_{ij}和d_i由下式求得：

$$c_{11} = S_{11}^m - S_{11}^f$$

$$c_{12} = S_{12}^m - S_{12}^f$$

$$d_1 = (a_{11} - a_{33})(S_{13}^m - S_{13}^f)$$

$$c_{21} = (V_f + V_m a_{22})(S_{11}^m - S_{11}^f)$$

$$c_{22} = (V_f + V_m a_{11})(S_{22}^m - S_{22}^f) + V_m(S_{12}^f - S_{12}^m)a_{12}$$

$$d_2 = (V_f + V_m a_{11})(a_{22} - a_{33})(S_{23}^m - S_{23}^f) + (V_f + V_m a_{33})(S_{13}^m - S_{13}^f)a_{12}$$

b_{11} 的表达式更复杂。但是,已知 S_{44} 并非独立的弹性常数:

$$S_{44} = \frac{1}{G_{23}} = \frac{2(1+\nu_{23})}{E_{22}} = 2(S_{22} - S_{23}) \tag{7.28}$$

因此,b_{11} 是一个无关紧要的值。联立式(7.24)~式(7.28)可得柔度矩阵,而刚度矩阵是柔度矩阵的转置矩阵,如:

$$[C_{ij}] = [S_{ij}]^{-1} \tag{7.29}$$

7.4.5　全局坐标系下弹性性能

上述柔度和刚度矩阵是在局部坐标系中得到的。为了得到复合材料在全局坐标系下的力学性能,需要将局部坐标系下的矩阵转化为全局坐标系下的矩阵。

局部坐标轴 Ox_1、Ox_2、Ox_3 与全局坐标轴 Ox、Oy、Oz 夹角的方向余弦表示为 (l_i, m_i, n_i),其中:

$$l_i = \cos(x_i, x), m_i = \cos(x_i, y), n_i = \cos(x_i, z), i = 1, 2, 3 \tag{7.30}$$

由式(7.8)和式(7.9),式(7.30)可以表示为:

$$l_1 = \cos(\theta_x)\sin(\theta_z), m_1 = \sin(\theta_x)\sin(\theta_z), n_1 = \cos(\theta_z)$$

$$l_2 = -\sin(\theta_x), m_2 = \cos(\theta_x), n_2 = 0$$

$$l_3 = -\cos(\theta_x)\cos(\theta_z), m_3 = -\sin(\theta_x)\cos(\theta_z), n_3 = \sin(\theta_z)$$

两个坐标系之间的关系:

$$\begin{Bmatrix} x_1 \\ x_2 \\ x_3 \end{Bmatrix} = \begin{bmatrix} l_1 & m_1 & n_1 \\ l_2 & m_2 & n_2 \\ l_3 & m_3 & n_3 \end{bmatrix} \begin{Bmatrix} x \\ y \\ z \end{Bmatrix} = [e_{ij}] \begin{Bmatrix} x \\ y \\ z \end{Bmatrix} \tag{7.31}$$

$[\sigma_{ij}^G]$ 表示全局坐标系下的应力张量,则:

$$[\sigma_{ij}^G] = \begin{bmatrix} \sigma_{xx} & \sigma_{xy} & \sigma_{xz} \\ \sigma_{yx} & \sigma_{yy} & \sigma_{yz} \\ \sigma_{zx} & \sigma_{zy} & \sigma_{zz} \end{bmatrix}$$

全局坐标系下的应力张量 $[\sigma_{ij}^G]$ 和局部坐标系下的应力张量 $[\sigma_{ij}]$ 之间的转换关系:

$$\sigma_{kl}^G = e_{ik}e_{jl}\sigma_{ij} \tag{7.32}$$

e_{ij} 在式(7.31)中有定义。利用式(7.32),单向复合材料(复合材料中的一段纱线)的柔

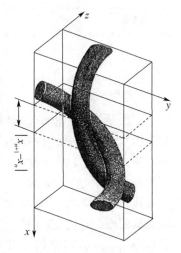

度矩阵被转换为全局坐标系下的柔度矩阵,其转换方程:

$$[\overline{S}_{ij}]_{n-1}^{Y} = [T_{ij}]_{s}^{T}[S_{ij}][T_{ij}]_{s} \tag{7.33}$$

其中:上标 Y 表示纱线;下标 $n-1$ 表示采用的纱线片段;$[T_{ij}]_{s}$ 为柔度转换矩阵。

$$[T_{ij}]_{s} = \begin{bmatrix} l_1^2 & l_2^2 & l_3^2 & l_2 l_3 & l_3 l_1 & l_1 l_2 \\ m_1^2 & m_2^2 & m_3^2 & m_2 m_3 & m_3 m_1 & m_1 m_2 \\ n_1^2 & n_2^2 & n_3^2 & n_2 n_3 & n_3 n_1 & n_1 n_2 \\ 2m_1 n_1 & 2m_2 n_2 & 2m_3 n_3 & m_2 n_3 + m_3 n_2 & n_3 m_1 + n_1 m_3 & m_1 n_2 + m_2 n_1 \\ 2n_1 l_1 & 2n_2 l_2 & 2n_3 l_3 & l_2 n_3 + l_3 n_2 & n_3 l_1 + n_1 l_3 & l_1 n_2 + l_2 n_1 \\ 2l_1 m_1 & 2l_2 m_2 & 2l_3 m_3 & l_2 m_3 + l_3 m_2 & l_1 m_3 + l_3 m_1 & l_1 m_2 + l_2 m_1 \end{bmatrix}$$

同样,利用从局部坐标系下的应变张量 $[\varepsilon_{ij}]$ 转换为全局坐标系下的应变张量 $[\varepsilon_{ij}^{G}]$ 的转换规则,可以得到刚度转换方程:

$$[\overline{C}_{ij}]_{n-1}^{Y} = [T_{ij}]_{c}^{T}[C_{ij}][T_{ij}]_{c} \tag{7.34}$$

$$[T_{ij}]_{c} = \begin{bmatrix} l_1^2 & l_2^2 & l_3^2 & 2l_2 l_3 & 2l_3 l_1 & 2l_1 l_2 \\ m_1^2 & m_2^2 & m_3^2 & 2m_2 m_3 & 2m_3 m_1 & 2m_1 m_2 \\ n_1^2 & n_2^2 & n_3^2 & 2n_2 n_3 & 2n_3 n_1 & 2n_1 n_2 \\ m_1 n_1 & m_2 n_2 & m_3 n_3 & m_2 n_3 + m_3 n_2 & n_3 m_1 + n_1 m_3 & m_1 n_2 + m_2 n_1 \\ n_1 l_1 & n_2 l_2 & n_3 l_3 & l_2 n_3 + l_3 n_2 & n_3 l_1 + n_1 l_3 & l_1 n_2 + l_2 n_1 \\ l_1 m_1 & l_2 m_2 & l_3 m_3 & l_2 m_3 + l_3 m_2 & l_1 m_3 + l_3 m_1 & l_1 m_2 + l_2 m_1 \end{bmatrix}$$

7.4.6 交叉模型组装

式(7.33)和式(7.34)只是复合材料中一段纱线的柔度和刚度矩阵。为了得到交叉模型中整体柔度和刚度矩阵,必须考虑整体纱线段所起的作用。整体纱线段所起的作用可通过体积平均法获得。

为了使用体积平均法,交叉模型被分割成若干个体积单元,两个横断面之间垂直于纵向的材料为一个体积单元(图 7.13)。某些体积单元包含一个纱段,其余包含两个纱段。为了便于分析,包含两个纱段的体积单元看作两个体积单元。那么,每个体积单元可以看成横观各向同性复合材料。因此,7.4.4 节和 7.4.5 节的微观模型方程适用。这样,V_{f} 代表复合材料整体纤维体积分数。所有小体积单元所起的作用可以用下式求得:

图 7.13 交叉模型体积
单元示意

$$[\overline{S}_{ij}] = \sum_{n=1}^{M-1} \frac{|x_{n+1}^{1st} - x_n^{1st}|}{(2L)}[\overline{S}_{ij}]_n^{1st} + \sum_{n=1}^{M-1} \frac{|x_{n+1}^{2nd} - x_n^{2nd}|}{(2L)}[\overline{S}_{ij}]_n^{2nd} \tag{7.35}$$

$$[\overline{C}_{ij}] = \sum_{n=1}^{M-1} \frac{|x_{n+1}^{1st} - x_n^{1st}|}{(2L)}[\overline{C}_{ij}]_n^{1st} + \sum_{n=1}^{M-1} \frac{|x_{n+1}^{2nd} - x_n^{2nd}|}{(2L)}[\overline{C}_{ij}]_n^{2nd} \tag{7.36}$$

其中:$(M-1)$为交叉模型中离散纱段数量;上标 1st 和 2nd 分别代表体积单元中的第一和第二根纱线;L 为纱线在交叉模型 x 轴(纵向)上的投影长度,即

$$L = |\, x_M^{1st} - x_1^{1st} \,| = |\, x_M^{2nd} - x_1^{2nd} \,|$$

式(7.35)和式(7.36)分别给出了交叉模型整体的柔度和刚度矩阵。

7.4.7　弹性性能:结果和讨论

为了验证 7.4.4～7.4.6 节提出的分析步骤,对针织复合材料进行了初始预测,这些针织复合材料的弹性性能已经用试验确定[22-23]。表 7.2 给出了单层和四层玻纤/环氧树脂针织复合材料的弹性性能,表中数据表明现有的分析步骤能很好地预测针织复合材料的弹性性能,也可以看出式(7.35)的预测结果比式(7.36)精确。因此,以下的计算将根据式(7.35)进行。

表 7.2　玻纤/环氧树脂针织复合材料的弹性性能

织物 (n_k, t, V_f)	模型	E_{xx} (GPa)	E_{yy} (GPa)	E_{zz} (GPa)	G_{xy} (GPa)	G_{xz} (GPa)	G_{yz} (Gpa)	ν_{xy}	ν_{xz}	ν_{yz}
1[a]	试验	5.38	4.37					0.48		
0.06[b]		(0.33)[d]	(0.07)					(0.13)		
0.095[c]	6.35	5.61	4.59	4.48	1.91	1.75	1.63	0.369	0.354	0.367
	6.36	6.59	4.90	4.66	2.20	1.89	1.67	0.382	0.353	0.375
4	试验	10.28	8.49							
0.07		(0.35)	(0.21)							
0.323	6.35	9.47	7.21	7.00	3.13	2.78	2.53	0.371	0.351	0.368
	6.36	13.55	8.53	7.65	4.43	3.38	2.70	0.408	0.342	0.378

所用参数:$E_f = 74$ GPa,$E_m = 3.6$ GPa,$\nu_f = 0.23$,$\nu_m = 0.35$,$d = 0.044\,5$ cm,$D_y = 1\,600$ den,$K = 0.45$,$\rho_f = 2.54$ g/cm³,$C = 2.5$ 线圈/cm,$W = 2$ 线圈/cm。

    [a] n_k 织物层数。
    [b] t 复合材料厚度。
    [c] V_f 纤维体积分数。
    [d] 试验偏差。

下面研究 V_f 和织物参数对针织复合材料弹性性能的影响。从式(7.10)可以看出,V_f 可以通过三种方式增大:①增大纱线纤度(D_y);②增大针织物缝编密度(N);③增加针织物层数(n_k)。计算得到的弹性常数和这些参数之间的关系如图 7.14～图 7.17 所示。其中,只给出弹性模量和剪切模量随着这些参数的变化,因为泊松比不是很大的时候,V_f 和织物参数的变化对其几乎没有影

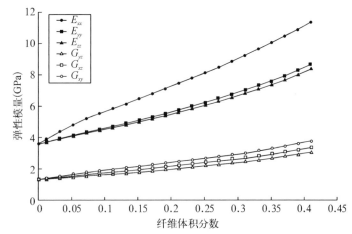

图 7.14　玻纤/环氧树脂针织复合材料弹性模量
随纤维体积分数的变化

响。结果表明,弹性模量与纱线纤度(D_y)、纵向密度(W)和横向密度(C)中任意一个的关系都是线性的,但和 V_f 的关系是非线性的。

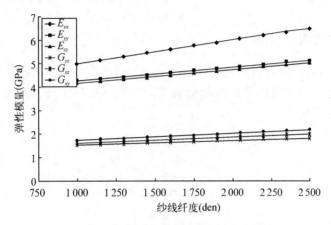

图 7.15 玻纤/环氧树脂针织复合材料弹性
模量随纱线纤度的变化

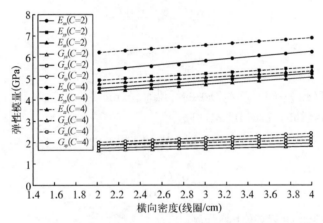

图 7.16 玻纤/环氧树脂针织复合材料弹性模量
随横向密度的变化

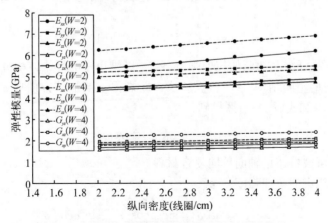

图 7.17 玻纤/环氧树脂针织复合材料弹性模量
随纵向密度的变化

7.5　拉伸强度分析

7.5.1　拉伸强度预测

如 7.3 节所述,针织复合材料的破坏强度取决于纤维束连接断裂面的强度(图 7.6),而连接断裂面的纱线根数又取决于针织物受载方向。经纬方向上连接断裂面的纱线根数分别为 $[n_w]_b$ 和 $[n_c]_b$:

$$[n_w]_b = n_k(2)\frac{W}{2}B$$

$$[n_c]_b = n_k\frac{C}{2}B \tag{7.37}$$

其中:B 为试样宽度(cm)。

经纬方向上连接断裂面的纱线截面积 $[A_w]_b$ 和 $[A_c]_b$:

$$[A_w]_b = \frac{n_k W \pi d^2}{4t}$$

$$[A_c]_b = \frac{n_k C \pi d^2}{8t} \tag{7.38}$$

其中:t 为试样厚度(cm);d 为式(7.7)中的纤维直径(mm)。

针织复合材料经纬向拉伸强度 σ_w 和 σ_c:

$$\sigma_w = \frac{n_k W \pi d^2[\bar{\sigma}_b]}{4t}$$

$$\sigma_c = \frac{n_k C \pi d^2[\bar{\sigma}_b]}{8t} \tag{7.39}$$

其中:$\bar{\sigma}_b$ 是连接断裂面的纱线束平均强度。

$\bar{\sigma}_b$ 可用以下方法估算:

设所有连接断裂面的纱线拉伸强度相等且与受力方向完全平行,那么 $\bar{\sigma}_b$ 等于单向板纵向拉伸强度 $\bar{\sigma}_1$:

$$\bar{\sigma}_b = \sigma_1 = (\bar{\sigma}_f)(V_{yf}) + (\bar{\sigma}_m)(1-V_{yf}) \tag{7.40}$$

式中:σ_f 和 σ_m 分别是纤维和树脂的拉伸强度;V_{yf} 是纤维束中的纤维体积分数。

由于线圈本身的空间结构,这里假设纱线在断裂面上与加载方向成 α 角。对于经向拉伸,α 可通过式(7.8)和式(7.9)估算得到:

$$\cos\alpha = (\cos\theta_x)(\cos\theta_z)$$

此时,纱线束可被看作偏轴向单向复合材料。

因此,一根纱线束的拉伸强度[28]:

$$\sigma_b = \left(\frac{\cos^4\alpha}{\sigma_1^2} + \frac{\sin^4\alpha}{\sigma_2^2} + \frac{\sin^2\alpha\cos^2\alpha}{\tau_{12}^2} - \frac{\sin^2\alpha\cos^2\alpha}{\sigma_1^2}\right)^{-\frac{1}{2}} \tag{7.41}$$

式中：σ_1、σ_2、τ_{12}分别是单向板纵向、横向和剪切方向的强度，见表 7.3。

表 7.3 玻纤/环氧树脂单向板拉伸性能

纤维体积分数(V_{yf})	纵向强度 σ_1(MPa)	横向强度 σ_2(MPa)	剪切强度 τ_{12}(MPa)
0.45	885	45	35

如图 7.18 所示，σ_b 随 α 增加而减小，尤其在 $0° < \alpha < 15°$范围内，σ_b 迅速下降。由于断裂面上纱线束的偏轴角 α 不一定完全相同，所以在不同位置的针织线圈会导致断裂路径的不规则性。针织复合材料拉伸试验中，纱线束在破坏前先从断裂面截面脱黏并伸直。这将导致纱线束在拉伸过程中趋向于与试验方向平行。然而，很难实际测试纱线束断裂前的 α 值，因为不同的纱线在不同的加载方向有不同的 α 值，而不同的 α 值会得到不同的断裂强度。另一个原因是纱线中的

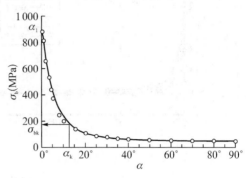

图 7.18 σ_b 随 α 变化曲线

纤维断裂强度是一个统计值，所以纱线断裂强度也并非固定值。许多学者从统计学角度对纱线断裂强度做了大量研究。这里主要探讨 σ_b 随 α 变化的情况。从图 7.18 可以得到 σ_b 与 α 的指数关系：

$$\sigma_b = Pe^{-Q\alpha} \tag{7.42}$$

其中：P 和 Q 分别为可以从式(7.43)和式(7.44)得到的指数方程参数。

当 $\alpha = 0$ 时，

$$P = \sigma_1 \tag{7.43}$$

设所有纱线取向在 $0° < \alpha < \alpha_k$ 范围内，那么最大取向角 α_k 可从断裂面得到。σ_{bk} 是与 α_k 对应的纱线强度。由式(7.42)和式(7.43)可知：

$$\sigma_{bk} = \sigma_1 e^{-Q\alpha_k}$$

整理得：

$$Q = \frac{1}{\alpha_k} \ln\left(\frac{\sigma_1}{\sigma_{bk}}\right) \tag{7.44}$$

式(7.42)给出了 σ_b 与 α 的关系，式(7.37)给出了断裂面内纱线根数。因此，下一步需要得到对应每个 α 值的纱线根数。指数函数 $f(\alpha)$ 表示断裂面内纱线取向角分布：

$$f(\alpha) = Re^{-S\alpha} \tag{7.45}$$

其中：R 和 S 是指数方程参数。

式(7.45)假设大部分纱线取向接近测试方向。这种假设与纱线因脱黏和伸直而在测试过程中向加载方向倾斜一致。典型 $f(\alpha)$ 函数曲线如图 7.19 所示。曲线下面积是一致的，因此：

$$\int_0^{\alpha_k} f(\alpha)\,d\alpha = \int_0^{\alpha_k} Re^{-S\alpha}\,d\alpha = -\frac{R}{S}(e^{-S\alpha_k} - 1) = 1$$

$$R = \frac{S}{(1 - e^{-S\alpha_k})} \tag{7.46}$$

R 与 S 和 α_k 相关,典型 $f(\alpha)$ 函数随 S 和 α_k 变化的曲线如图 7.19 所示。这些曲线表明 $f(\alpha)$ 受 S 的影响比 α_k 大。当 S 值较小时,纱线取向分布比较分散;S 值较大时,纱线取向分布比较集中,即更多纱线接近平行于加载方向。

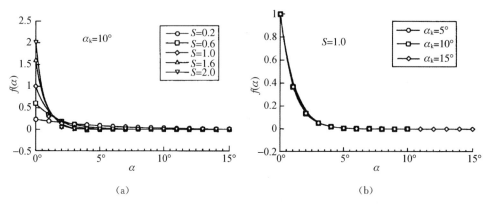

(a)　　　　　　　　　　　　　　　　(b)

图 7.19　典型 $f(\alpha)$ 函数曲线

设 $g(\sigma_b)$ 是与纱线强度相关的纱线取向分布函数。典型 $g(\sigma_b)$ 曲线如图 7.20 所示。利用变换变量方法:

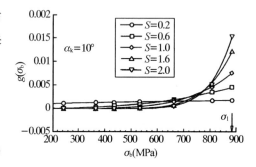

图 7.20　典型 $g(\sigma_b)$ 函数曲线

$$g(\sigma_b)\mathrm{d}\sigma_b = f(\alpha)\mathrm{d}\alpha$$

整理得:

$$g(\sigma_b) = f(\alpha)\left|\frac{\mathrm{d}\alpha}{\mathrm{d}\alpha_b}\right| \tag{7.47}$$

由式(7.42)和式(7.47)可得:

$$g(\sigma_b) = \frac{R}{PQ}\mathrm{e}^{(Q-S)\alpha} \tag{7.48}$$

由式(7.42)可得:

$$\alpha = -\frac{1}{Q}\ln\left(\frac{\sigma_b}{P}\right) \tag{7.49}$$

组合式(7.48)和式(7.49),得:

$$g(\sigma_b) = \frac{R}{QP^{S/Q}}\sigma^{(S/Q-1)} \tag{7.50}$$

设 $G(\sigma_b)$ 表示由施加应力 σ_b 导致的断裂纱线概率,那么剩余未断裂纱线概率为 $[1-G(\sigma_b)]$:

$$[1-G(\sigma_b)] = \int_{\sigma_b}^{\sigma_1}g(\sigma_b)\mathrm{d}\sigma_b$$

或

$$[1-G(\sigma_b)] = \frac{R}{SP^{S/Q}}[\sigma_1^{S/Q} - \sigma_b^{S/Q}] \tag{7.51}$$

设 σ_{bm} 是使 $\sigma_b[1-G(\sigma_b)]$ 取最大值时的纱线应力,即:

$$\frac{d}{d\sigma_b}\{\sigma_b[1-G(\sigma_b)]\}_{\sigma_b=\sigma_{bm}} \tag{7.52}$$

式(7.52)表明最大纱线应力 σ_{bm} 可从纱线失效时所能承受的最大载荷得到,因此:

$$\sigma_{bm} = P\Big[\frac{1}{1+(S/Q)}\Big]^{Q/S} \tag{7.53}$$

把 σ_{bm} 值代入 $\sigma_b[1-G(\sigma_b)]$ 可得未断裂纱线的最大平均应力 $\bar{\sigma}_b$:

$$\bar{\sigma}_b = \frac{RP}{Q}\Big[\frac{1}{1+(S/Q)}\Big]^{Q/S+1} \tag{7.54}$$

对于已知的复合材料,参数 P 是常数[式7.43)],Q 主要与 α_k 和 σ_{bk} 有关[式(7.44)],参数 R 与 S 和 α_k 有关[式(7.46)]。也就是说,$\bar{\sigma}_b$ 主要与 S 和 α_k 有关,且受 S 的影响更明显。$\bar{\sigma}_b$ 与 S 和 α_k 的典型关系曲线如图7.21所示。$\bar{\sigma}_b$ 起初随着 S 在 $0.2\sim2.5$ 范围内增加而迅速增加,但高于此范围后增加缓慢。增加 S 即大量纱线更接近平行于加载方向,则纱线所能承受的力越大;反之,减小 S,则纱线所能承受的力越小。

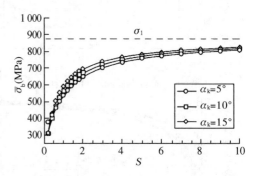

图 7.21　$\bar{\sigma}_b$ 与 S 和 α_k 的典型关系曲线

将式(7.54)代入式(7.38),针织复合材料的经纬向强度 σ_w、σ_c:

$$\sigma_w = \Big(\frac{n_k W\pi d^2}{4t}\Big)\Big\{\frac{RP}{Q}\Big[\frac{1}{1+S/Q}\Big]^{Q/S+1}\Big\} \tag{7.55}$$

$$\sigma_c = \Big(\frac{n_k C\pi d^2}{8t}\Big)\Big\{\frac{RP}{Q}\Big[\frac{1}{1+S/Q}\Big]^{Q/S+1}\Big\} \tag{7.56}$$

7.5.2　拉伸强度结果与讨论

不同纤维体积分数 V_f 的针织复合材料的拉伸强度可利用式(7.55)计算得到。主要假设:① 针织复合材料在所研究的纤维体积分数范围内的破坏机理相似;② 针织复合材料强度主要由断裂面内纱线强度决定。以7.4.3节中纤维体积分数分别为 0.093 3、0.319 8 的单层和四层针织复合材料为研究对象。图7.22所示为理论预测拉伸强度与 S 和 α_k 的关系,这和 $\bar{\sigma}_b$ 与 S 和 α_k 的关系(图7.21)相似。理论预测强度随 S 在 $0.2\sim2$ 范围内增加而迅速增加,当高出此范围后增加缓慢。较大的 S 值意味着更多纱线更接近平行于加载方向,那么纱线所能承受的力增大;反之,较小的 S 值意味着纱线取向离散度增大,所以纱线所能承受的力减小。表7.4总结了 $0.2\sim10.0$ 范围内不同 S 值所对应的针织复合材料强度,其中给出了针织复合材料拉伸强度的上下极限值(S 值分别为 10.0 和 0.2)。由于下极限强度依赖于 S 值,为了预测针织复合材料强度,需要精确估算 S 值。基于此目的,试验拉伸强度如图7.22中的虚线所示,可以看出,S 的临界值所对应的预测拉伸强度与试验结果吻合较好。单层针织复合材料的经纬向拉伸强度在 S 为 1.0 时与试验结果吻合较好。四层针织复合材料在 S 为 0.5 时其经纬向预测拉伸强度与试验结果吻合较好。S 值的选取取决于增强复合材料的针织物层数,这是因为针织物层与层之间不一定完全相同,而且还需要做一系列试验验证 S 值与针织物层数、线圈密度和纱线线密度的关系,才能相对精确地估算不同纤维体积分数的针织复合材料的拉伸强度。

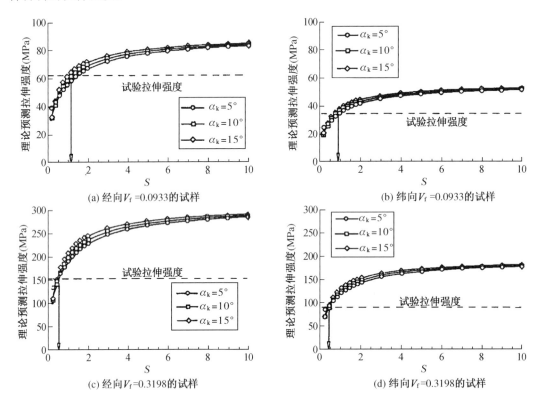

图 7.22　针织复合材料理论预测拉伸强度随 S 和 α_k 的变化

表 7.4　玻纤/环氧树脂针织复合材料拉伸性能

针织物层数	测试方向	试验拉伸强度(MPa)	理论预测拉伸强度(MPa)		
			$S = 0.2$	$S = 1.0$	$S = 10.0$
1	经向	62.83 (7.1)	31.83	60.0	84.75
4	经向	152.7 (9.5)	109.1	150.0	290.6
1	纬向	35.5 (2.21)	19.85	36.0	52.96
4	纬向	75.4 (4.5)	68.2	85.0	181.6

　　本章只考虑了连接纱线的取向角度的变化。但是,连接纱线的断裂过程不仅与纱线取向角度分布有关,而且和纱线强度分布有关。通过考虑纱线强度的统计特性,可以进一步完善这里所列出的预测复合材料强度的基本断裂过程[29]。

　　如表 7.3 和表 7.4 所列,试验结果与理论预测值都表明纬平针织复合材料的经向拉伸强度比纬向高,这主要是因为纱线在经向取向比例比纬向高。

7.6　结　　论

　　本章初步建立了预测针织复合材料拉伸性能的方法。利用交叉模型和体积平均方法预测了针织复合材料的弹性性能。通过估算断裂面内纱线断裂强度,预测了针织复合材料的拉伸强度。将理论预测值与试验结果比较,发现两者吻合较好。但还需要对这些方法进行更详细的分析,以充分评估它们的适用性和局限性。

　　针织复合材料的拉伸性能随着纤维含量增加而提高,纤维含量又随着纱线纤度、织物密度和织物层数增加而增大。

参 考 文 献

[1] Ramakrishna S, Hamada H, Kotaki M, et al. Future of knitted fabric reinforced polymer composites. Proceeding of 3rd Japan International SAMPE Symposium, Tokyo: 1993:312-317.

[2] Horsting K, Wulhorst B, Franzke G, et al. New types of textile fabrics for fiber composites. Sampe. J., 1993(29):7-12.

[3] Dewalt P L, Reichard R P. Just how good are knitted fabrics. Journal of Reinforced Plastics and Composites, 1994,13(10):908-917.

[4] Ruffieux K, Mayer J, Tognini R, et al. Knitted carbon fibers, a sophisticated textile reinforcement that offers new perspectives in thermoplastic composite processing. 6th European Conference on Composite Materials(ECCM 6), 1993:219-224.

[5] Ramakrishna S, Hamada H, Rydin R, et al. Impact damage resistance of knitted glass fiber fabric reinforced polypropylene composites. Sci. Eng. Compos. Mater. (United Kingdom), 1995,4(2): 61-72.

[6] Ramakrishna S, Hull D. Energy absorption capability of epoxy composite tubes with knitted carbon fibre fabric reinforcement. Composites Science and Technology, 1993,49(4):349-356.

[7] Ramakrishna S. Energy absorption characteristics of knitted fabric reinforced epoxy composite tubes. Journal of Reinforced Plastics and Composites, 1995,14(10):1121-1141.

[8] Ramakrishna S, Hamada H, Hull D. The effect of knitted fabric structure on the crushing behavior of knitted glass/epoxy composite tubes. Williams J P A. Impact and Dynamic Fracture of Polymers and Composites (ESIS19). London: Mechanical Engineering Publications, 1995:453-464.

[9] Rudd C, Owen M, Middleton V. Mechanical properties of weft knit glass fibre/polyester laminates. Composites Science and Technology, 1990,39(3):261-277.

[10] Gommers B, Verpoest I, Van Houtte P. Modelling the elastic properties of knitted-fabric-reinforced composites. Composites Science and Technology, 1996,56(6):685-694.

[11] Ramakrishna S. Characterization and modeling of the tensile properties of plain weft-knit fabric-reinforced composites. Composites Science and Technology, 1997,57(1):1-22.

[12] Ko F K, Pastore C M, Yang J M, et al. Structure and properties of multilayer multidirectional warp knit fabric reinforced composites. Proceeding of 3rd Japan-US Conference, Tokyo: 1986:21-28.

[13] Ramakrishna S, Hamada H, Kanamaru R, et al. Mechanical properties of 2. 5 dimensional warp knitted fabric reinforced composites. Hoa S V. Design and Manufacture of Composites. Montreal:

Corcordia University, 1994: 254-263.

[14] Ramakrishna S, Hull D. Tensile behaviour of knitted carbon-fibre-fabric/epoxy laminates—Part I: Experimental. Composites Science and Technology, 1994,50(2):237-247.

[15] Ramakrishna S, Hull D. Tensile behaviour of knitted carbon-fibre-fabric/epoxy laminates—Part II: Prediction of tensile properties. Composites Science and Technology, 1994,50(2):249-258.

[16] Ramakrishna S. Analysis and modeling of plain knitted fabric reinforced composites. Journal of Composite Materials, 1997,31(1):52-70.

[17] Ramakrishna S, Hamada H, Cheng K. Analytical procedure for the prediction of elastic properties of plain knitted fabric-reinforced composites. Composites Part A: Applied Science and Manufacturing, 1997,28(1):25-37.

[18] Tay T E, Ramakrishna S, Jin W. Three dimensional modeling of damage in plain weft knitted fabric composites. Composites Science and Technology.

[19] Ramakrishna S. Analytical and finite element modeling of elastic behavior of plain-weft knitted fabric reinforced composites. Key Engineering Materials, 1997,137:71-78.

[20] Ramakrishna S, Huang ZM. A micromechanical model for mechanical properties of two constituent composite materials. Advanced Composite Letter, 1997(6):43-46.

[21] Ramakrishna S, Huang Z, Teoh S, et al. Application of the model of Leaf and Glaskin to estimating the 3D elastic properties of knitted-fabric-reinforced composites. Journal of the Textile Institute, 2000,91(1):132-150.

[22] Ramakrishna S, Fujita A, Cuong N K, et al. Tensile failure mechanisms of knitted glass fiber fabric reinforced epoxy composites. Proceeding of 4th Japan International SAMPE Symposium & Exhibition, Tokyo:1995:661-666.

[23] Ramakrishna S, Cuong N, Hamada H. Tensile properties of plain weft knitted glass fiber fabric reinforced epoxy composites. Journal of Reinforced Plastics and Composites, 1997,16(10):946-966.

[24] Ramakrishna S, Hamada H, Cuong N K. Fabrication of knitted glass fiber fabric reinforced thermoplastic composite laminates. Journal of Advanced Composites Letter, 1994,3(6):189-192.

[25] Ramakrishna S, Hamada H, Cuong N K, et al. Mechanical properties of knitted fabric reinforced thermoplastic composites. Proceeding of ICCM-10, Vancouver: 1995:245-252.

[26] Ramakrishna S, Tang Z G, Teoh S H. Development of a flexible composite material. Advanced Composite Letter, 1997,6(1):5-8.

[27] Chamis C C. Mechanics of composite materials: past, present, and future. Journal of Composite Technology and Research, 1989(11):3-14.

[28] Hahn H T, Tsai S W. Introduction to Composite Materials. Pennsylvanial: Technomic Publishing, 1980.

[29] Hamada H, Ramakrishna S, Huang Z M. Knitted fabric composites. 3-D Textile Reinforcements in Composite Materials. Antonio Miravete. Woodhead Publishing Limited, Abington Hall, Abington Cambridge CB1 6AH, England, 1999:180-216.

8 编织复合材料结构设计

8.1 编织物力学性能

8.1.1 编织物细观结构数学表征

编织通常有二步法和四步法两大类。

二步法编织预成型体包括沿长度方向的轴纱和围绕轴纱的编织纱(图 8.1)。轴纱排列可采用任意形态,包括工字梁、箱形梁和圆管等。在编织过程中,编织纱经过两个连续步骤穿过轴纱序列。第一步是编织纱围绕轴纱沿一条对角线方向运动[图 8.1(a)],第二步是沿另一条对角线方向运动[图 8.1(b)]。

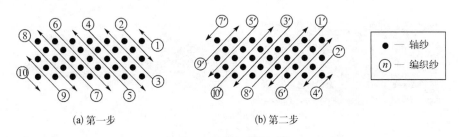

(a) 第一步   (b) 第二步

图 8.1　二步法编织[1]

二步法编织优势是通过一个相对简单的纱线编织运动达到大范围的形状变化。在每一步编织中,所有编织纱包裹轴纱。轴纱增加刚度和强度;轴纱排列形态不同形成不同横截面。二步法编织结构具有较高纤维填充系数和纤维体积分数。

四步法携纱器初始位置如图 8.2 所示。在第一步中,所有携纱器沿垂直方向运动,相邻纱线以相反方向运动,图中用箭头表示。在第二步中,所有携纱器沿水平方向运动,每个携纱器的位移相同。第三步与第一步相似,但携纱器运动方向相反。第二步和第四步也相似。这四个步骤的运动构成一个编织循环。在四个步骤后,携纱器排列形状与机器上的起始状态相同,但单个携纱器的位置已经改变。

在矩形横截面编织中,如果主体部分有 m 行和 n 列编织纱,则称为 $m \times n$ 矩形编织。从图 8.2 所示四步法编织过程可以看到,纱线在每一次纵横交错运动时,无论横向或纵向,都只移动一个位置,所以称为 1×1 编织运动。主体纱根数为主体部分行数 m 乘列数 n(即 $m \times n$),边纱根数为边部行数 m 与列数 n 之和,因此参与编织纱总根数 N_S:

$$N_S = m \cdot n + m + n = (m+1) \cdot (n+1) - 1 \tag{8.1}$$

图 8.3 为四步法三维编织预成型体结构示意图,其中(a)为俯视图,(b)为 45°视图,颜色较深的是其中一根编织纱的空间路径,可以看出任意一根编织纱都会在某一时刻成为主体纱,而在另一时刻成为边纱。

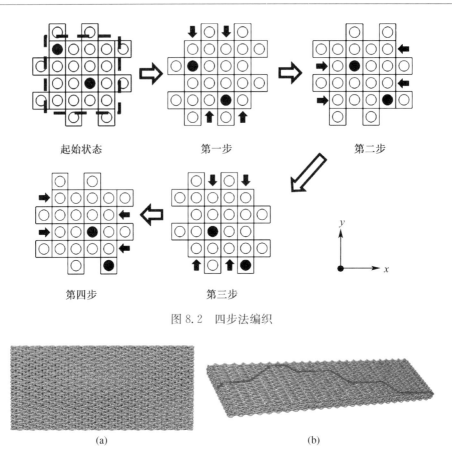

图 8.2　四步法编织

图 8.3　四步法三维编织预成型体结构示意图

自 20 世纪 60 年代后期以来已提出许多三维编织的概念,其中应用最广泛的是三维编织的四步法和两步法,它们代表了该领域的主流。1982 年,Florentine[2] 提出了一种被称为 Magnaweave 的编织方法,携纱器在水平方向按行和列排成方阵,由电磁脉冲控制行和列的交替运动,并带动纱线运动,然后通过"打紧"工序,将织物压紧。

三维编织复合材料的力学性能主要依赖于复合材料中的纱线空间结构及组分材料的力学和物理性能,因而,许多文献都是关于三维编织预型件的细观结构的研究。

1982 年,Ko[3] 首次引入"纤维构造",定义四步法 1×1 矩形截面编织预型件的单胞模型。它是长为一个编织花节长度的立方体,含有四根对角线方向的纱线,每根纱线的编织角相同。单胞中纱线为无细度的直线,且相交于一点。

1986 年,Yang 等[4] 构建了表征三维编织复合材料的纤维倾斜模型,编织物由几何形状为平行六面体的单胞排列组合而成,每个单胞含沿对角线方向的四种走向的编织纱线,每种走向的编织纱线假设为一块倾斜单层板,每个单胞由四块倾斜单层板组成。

1990 年,Li 等[5-6] 通过试验研究了四步法 1×1 编织物内部结构,假设纱线在编织物内呈伸直状态,截面为圆形,在此基础上定义单胞。编织物内部有四组编织纱线,它们分布在两个相互垂直的平面上;每个平面上有两组纱线,它们与 z 轴的夹角(编织角)相同;每组纱线形成的平面与编织物的表面成 $45°$ 夹角。

1993 年,Du 和 Ko[7]通过试验观察,进一步研究了早期的研究结果,认为含有四根沿对角线排列的编织纱线的单胞模型过于简化、理想化且与试验结果不符。他们基于试验研究,发展了三维编织物的微观几何模型,认为织物的微观结构可以分为三个层次:纱线内纤维堆砌的几何形态(第一层次)、织物中纱线的横截面形状(第二层次)、编织物中纤维束的排列方向和分布(第三层次)。他们建立的内部模型由六个相互垂直的平面切出的四根不完整的空间纱线组成,边长为编织花节长度的一半,编织纱线假设为伸直状态且为圆形截面。

1994 年,Wang 等[8]提出纱线拓扑结构的分析方法,采用控制体积单元的方法,研究了编织过程中编织纱线的空间运动轨迹,根据形成的编织纱线的空间位置,定义了三种单胞模型,分别代表编织物的内部、表面和角部结构。内部单胞为两个亚单胞组成的长方体,包含四组相互交织的纱线,高为一个编织花节长度;每个亚单胞由平行于一个平面的两组纱线组成;两个亚单胞含有的纱线所组成的平面相互垂直。该结构与 Li 等[5-6]的结果一致。表面单胞的几何形状为三棱柱体,由两组平行于编织物表面的纱线组成。角单胞也为三棱柱体,实际上,它是由倾斜纱线组成的圆形表面,不过它只有一组平行伸直的纱线。

1996 年,Byun 等[9]通过观察三维编织物的横截面和 45°侧截面,认为编织纱线的空间轨迹是螺旋线,并且纱线的横截面不是标准的椭圆形。根据试验观察,建立了五种单胞模型,每个单胞的理想形状是平行六面体,且只含有一根纱线。其中,四个单胞中的纱线位于平行六面体的对角线方向;一个单胞中的纱线分布在两个平面上,一部分位于平行六面体的表面,另一部分位于对角线方向。每个单胞中,纱线长度不同。尽管纱线的横截面不是标准的椭圆形,但他们仍假设编织纱线的横截面为椭圆形,在此基础上推导出编织结构参数之间的关系。

1997 年,陈利等[10]在显微镜观察的基础上,认为三维编织物的内部、表面和角部的编织纱线具有不同的结构和形状,通过对编织纱线拓扑结构的分析,分别建立三个区域的微观结构的单胞模型。目前,三维编织物的拓扑结构通常被用来预测三维编织物的力学性能,但试验结果表明这种结构对切割边纱很敏感,当编织物的外表面受到切割时,编织物的力学性能大大下降,重要的是纱线粗细对三维编织物的力学性能影响很大。因此,为了成功预测三维编织物的力学性能,他们把编织纱线结构作为一个因素来建立理想的单胞模型。他们首先假设编织纱线的横截面为椭圆形,用内部纱线的填充系数作为整个编织物的填充系数,把编织物看成皮芯结构。根据对编织纱线运动的拓扑结构的分析,采用控制体积单元的方法,建立了三个单胞模型。内部单胞由四个基本结构组成,每个基本结构由两个亚单胞构成,亚单胞结构与 Wang 等[8]的相同。表面单胞结构相似,但纱线不是伸直状态,包括伸直部分和螺旋线部分。角单胞由一组平行纱线组成,包含两根呈螺旋线状态的纱线。

2001 年,Sun 等[11]用布尔运算方法,引入三维编织物中纱线的相互交叉和堆砌分析,得到三维编织物的 CAD 模型;Wang 等[12]用数字单元模拟三维编织物的编织过程和受力情况,得到三维编织物各纱线组结构特征和纱线形态,清晰构建了三维编织物的内部结构。

以上关于编织物细观结构模型的早期工作,为编织复合材料结构表征及力学性能设计提供了预成型体的知识准备。

8.1.1.1 编织物中纱线运动轨迹及纱组概念

四步法 1×1 编织工艺决定了矩形截面编织物结构具有一定的对称性。对编织物中纱线运动轨迹进行具体研究后,以 4 锭×8 锭立体编织物的纱线运动轨迹为例(图 8.4),发现四步法矩形编织物中的纱线排列除了基本对称外,还存在广泛的空间曲线的相同性[13]。纱线在编织物横截面内沿着一定轨迹运动,每个运动轨迹包含一组纱线,并决定了它们的位置,每组纱线根数相同。每个运动轨迹中,所有纱线经过若干运动循环后都回到原来位置,并且在一个运动轨迹中纱线空间结构相同,只是每根纱线在编织物长度方向的起始位置不同。因此,整个编织物的所有纱线根据其空间曲线相同与否,可分为几组,分在一组内的纱线空间取向理论上完全相同。在 $m \times n$ 矩形截面三维编织物中,纱线组数 G_r 可用下式得到:

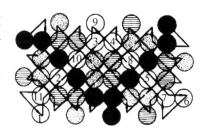

图 8.4　4 锭×8 锭立体编织物的
纱线运动轨迹[13]

$$G_r = \frac{mn}{m \text{ 和 } n \text{ 的最小公倍数}} \tag{8.2}$$

每组纱线根数:　　　　　　$$M_r = N_r/G_r \tag{8.3}$$

M_r 也是所有纱线回到原来位置所经过的运动循环数。

由此可知,只要知道每个运动轨迹中一根纱线的空间结构,就可以完全了解编织物内所有纱线的空间构型。对于 6 锭×4 锭四步法矩形截面编织物:

$$N_r = 6 \times 4 + 6 + 4 = 34 \text{ 根}$$
$$G_r = (6 \times 4)/12 = 2 \text{ 组}$$
$$M_r = 34/2 = 17 \text{ 根}$$

对于 6 锭×6 锭四步法矩形截面编织物:

$$N_r = 6 \times 6 + 6 + 6 = 48 \text{ 根}$$
$$G_r = (6 \times 6)/6 = 6 \text{ 组}$$
$$M_r = 48/6 = 8 \text{ 根}$$

因此,只要研究 6 锭×4 锭四步法矩形截面编织物中 2 根纱线的结构,6 锭×6 锭四步法矩形截面编织物中 6 根纱线的结构,就可以确定整个编织物的空间结构。

8.1.1.2　三维编织物细观结构指标获取

以 6 锭×4 锭和 6 锭×6 锭四步法 1×1 矩形截面编织物为例,纱线采用 1 057 tex 的棉股线。在编织过程中,编织物的每组纱线中任选一根采用彩色示踪纱,便于确定纱线运动轨迹。为了保证编织物结构均匀一致,在编织过程中要确保织口高度保持不变。编织物下机后平放两天进行平衡后,测量其外形尺寸,见表 8.1。

表 8.1　三维编织物外形尺寸

名称	横截面长度 L(mm)	横截面宽度 W(mm)	编织花节长度 h(mm)
6 锭×4 锭编织物	13.3	9.6	75.6
6 锭×6 锭编织物	13.4	13.4	32.8

　　根据纱线运动轨迹,在编织过程中,纱线交替地从编织物内部运动到外部,又从外部运动到内部。从拍摄的编织物斜截面(图8.5和图8.6)可以看出,纱线在编织物中基本呈直线状态,只在编织物表面发生转折,即由一条直线变为另一条直线。为以后讨论编织物拉伸力学性能时方便,两个转折点之间的纱线可以看作直线段。因此,只要得到纱线在转折点处的空间坐标,就可以得到纱线分段空间直线方程。为此,对编织物进行横向切取,测量横截面上纱线在转折点处的平面坐标和切片厚度,然后把切片厚度转化为纱线的 z 轴向坐标,这样可以获得纱线空间坐标。

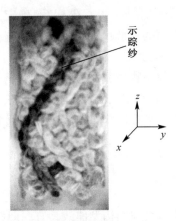

图 8.5　6锭×4锭编织物斜截面　　　图 8.6　6锭×6锭编织物斜截面

　　编织物平放一段时间进行平衡。为了保证编织物在切割时不松散解体,以及防止切取时编织物的横截面产生变形和纱线发生偏移,切割前采用火棉胶固化编织物,然后以锋利的刀片垂直于编织物轴向快速切割,要保证不能切偏、切歪。将切片按顺序排好,并测量每个切片的厚度。由于编织运动的重复性,只需确定纱线一个编织花节内的空间形态。通过观察示踪纱发现,6锭×4锭编织物,纱线在一个编织花节内有 11 个转折点,因此纱线运动轨迹可以用 10 个分段方程表示;6锭×6锭三维编织物,纱线在一个编织花节内有 5 个转折点,因此纱线运动轨迹可以用 4 个分段方程表示。

　　利用 Quester 视频显微镜,选取适当的放大倍数观测并拍摄编织物横截面。拍摄时,将编织物尽量摆正,图像处于居中位置,调整编织物截面的光线强度和显微镜的放大倍数,使拍摄的图像边缘清晰、示踪纱位置和形状清楚。拍摄的编织物横截面如图8.7和图8.8所示。

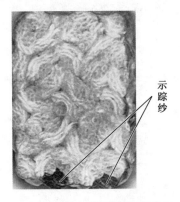
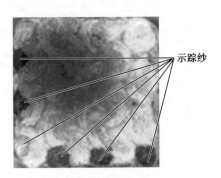

图 8.7　6锭×4锭编织物横截面　　　图 8.8　6锭×6锭编织物横截面

用图像处理工具旋转图像,图像轮廓线与网格线重合,标定示踪纱线及编织轮廓尺寸。锐化示踪纱线,使示踪纱线的轮廓更加清晰,更容易区别基本纱线和示踪纱线。将示踪纱线图形收缩到原面积的 10% 左右,所得到的示踪纱图像大致成为一点。如图 8.9(图中 A 和 B 是示踪纱)所示,以向下为 y 轴正向,向右为 x 轴正向,建立坐标系,确定图中编织物横截面的外形尺寸(长度 L' 和宽度 W'),并读出示踪纱的平面坐标(x', y')。

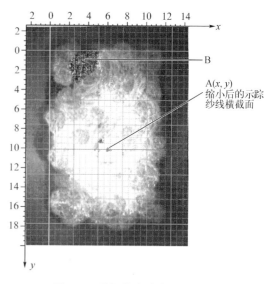

图 8.9　编织物中纱线平面坐标

为了消除编织物横截面拍摄过程中显微镜放大倍数的影响,用式(8.4)把示踪纱在每个截面上的平面坐标的测量值 (x_i', y_i') 转化为实际值(x_i, y_i),i 为截面序列号:

$$x_i = x_i' \cdot (L/L')$$
$$y_i = y_i' \cdot (W/W') \tag{8.4}$$

编织物中纱线空间构型曲线具有周期性,第一个与最后一个截面的平面坐标相等。

假定第一个横截面上示踪纱对应的 z 轴坐标值为"0",每个切片的厚度为 D_i,则示踪纱在每个截面上的纵坐标:

$$z_i = z_{i-1} + D_{i-1}$$
$$z_1 = 0 \tag{8.5}$$

这样,可以获得编织物中示踪纱在每个截面上的空间坐标 (x_i, y_i, z_i)。

8.1.1.3　三维编织物中纱线空间构型数学表征

为了从编织物细观结构预测编织物拉伸性能,必须明确编织物细观结构,即编织物中纱线空间构型,需根据示踪纱线的空间坐标给出纱线在一个编织花节内的空间构型曲线方程,描述纱线运动轨迹。

假设纱线在相邻两个切割点处的空间坐标分别是 (x_i, y_i, z_i) 和$(x_{i+1}, y_{i+1}, z_{i+1})$,则这两点之间纱线轨迹用空间直线方程表达,写成以 t' 为自变量的参数方程:

$$\begin{cases} x = (x_{i+1} - x_i) \cdot t' + x_i \\ y = (y_{i+1} - y_i) \cdot t' + y_i \\ z = (z_{i+1} - z_i) \cdot t' + z_i \end{cases} \tag{8.6}$$

用 $t = (z_{i+1} - z_i)t' + z_i$ 代替 t' 作为自变量,并令:

$$M_{i1} = \frac{x_{i+1} - x_i}{z_{i+1} - z_i} \qquad M_{i2} = x_i$$
$$N_{i1} = \frac{y_{i+1} - y_i}{z_{i+1} - z_i} \qquad N_{i2} = y_i \tag{8.7}$$
$$b_i = z_i$$

由式(8.6)和式(8.7)可得纱线第 i 段的空间直线方程:

$$\begin{cases} x_i = M_{i1}(t - b_i) + M_{i2} \\ y_i = N_{i1}(t - b_i) + N_{i2} \qquad b_i \leqslant t \leqslant b_{i+1} \\ z_i = t \end{cases} \tag{8.8}$$

式中: t 为参数方程的自变量; M_{i1}、M_{i2}、N_{i1}、N_{i2} 为参数方程的系数,可由式(8.7)求得; b_i、b_{i+1} 为纱线第 i 段的参数方程自变量的取值区间。

式(8.8)是一根纱线的基本方程。

由于同一组中所有纱线的空间结构相同,因此在同一坐标系中,它们的空间轨迹只是在 z 轴上的起始位置不同,存在一个相位差,方程的形式和系数是一样的。假定一组纱线有 M_r 根,用 $j(j = 0, 1, \cdots, M_r - 1)$ 作为纱线序号,以第 0 根纱线作为基准纱线,第 j 根纱线与基准纱线的起始位置偏差:

$$s_j = jh/M_r \tag{8.9}$$

一组中第 j 根纱线的第 i 段的空间直线方程由式(8.8)和式(8.9)得到:

$$\begin{cases} x_{ji} = M_{i1}(t + s_j - b_i) + M_{i2} \\ y_{ji} = N_{i1}(t + s_j - b_i) + N_{i2} \qquad b_i \leqslant t \leqslant b_{i+1} \\ z_{ji} = t \end{cases} \tag{8.10}$$

式(8.10)中各参数的含义与式(8.8)相同。式(8.10)是编织物中任意纱线的空间轨迹的数学表达式。

根据切片法获得的编织物中示踪纱的空间坐标,可以构造 6 锭×4 锭和 6 锭×6 锭四步法 1×1 矩形截面三维编织物的纱线空间结构方程。

(1) 6 锭×4 锭编织物。由上述讨论可知,6 锭×4 锭编织物中的纱线分为两组,每组有 17 根纱线。各组纱线的空间结构方程的形式相同,如式(8.10)所示,但系数不同。

第一组纱线空间结构方程的系数:

$$M = \begin{bmatrix} -0.690 & 12.14 \\ -0.747 & 5.96 \\ 0.493 & 0.48 \\ 0.865 & 3.18 \\ 0.209 & 10.76 \\ -0.800 & 12.37 \\ -0.734 & 5.65 \\ 0.590 & 0.25 \\ 0.859 & 3.46 \\ 0.194 & 10.64 \end{bmatrix} \qquad N = \begin{bmatrix} 0.704 & 2.51 \\ -0.668 & 8.82 \\ -0.635 & 3.92 \\ 0.890 & 0.44 \\ -0.159 & 8.24 \\ -0.763 & 7.01 \\ 0.720 & 0.60 \\ 0.600 & 5.90 \\ 0.600 & 5.90 \\ -0.830 & 9.14 \\ 0.04 & 2.20 \end{bmatrix}$$

$b = (0 \quad 8.96 \quad 16.30 \quad 21.78 \quad 30.54 \quad 38.26 \quad 46.66 \quad 54.02 \quad 59.46 \quad 67.82 \quad 75.56)$

第二组纱线空间结构方程的系数:

$$M = \begin{bmatrix} -0.174 & 2.29 \\ 0.940 & 0.94 \\ 0.655 & 8.14 \\ -0.531 & 13.03 \\ -0.882 & 10.08 \\ -0.137 & 1.98 \\ 0.860 & 0.92 \\ 0.739 & 7.56 \\ -0.502 & 13.03 \\ -0.846 & 10.11 \end{bmatrix} \qquad N = \begin{bmatrix} -0.490 & 7.83 \\ -0.577 & 6.96 \\ 0.704 & 0.38 \\ 0.631 & 5.63 \\ 0.607 & 9.14 \\ 0.514 & 0.90 \\ 0.760 & 3.05 \\ -0.716 & 8.92 \\ -0.546 & 3.62 \\ 0.780 & 0.44 \end{bmatrix}$$

$$b = (0 \quad 7.76 \quad 15.42 \quad 22.88 \quad 28.44 \quad 37.62 \quad 45.38 \quad 53.10 \quad 60.50 \quad 66.32 \quad 75.56)$$

（2）6 锭×6 编织物。6 锭×6 锭编织物中的纱线分为六组，每组有 8 根纱线。各组纱线的空间结构方程的形式相同，如式（8.10）所示，但系数不同。

第一组纱线空间结构方程的系数：

$$M = \begin{bmatrix} -0.967 & 11.13 \\ 0.274 & 1.11 \\ 0.897 & 2.79 \\ -0.132 & 11.94 \end{bmatrix} \qquad N = \begin{bmatrix} 0.947 & 0.83 \\ 0.262 & 10.64 \\ -0.979 & 12.25 \\ -0.234 & 2.26 \end{bmatrix}$$

$$b = (0 \quad 10.36 \quad 16.50 \quad 26.70 \quad 32.82)$$

第二组纱线空间结构方程的系数：

$$M = \begin{bmatrix} -0.622 & 3.93 \\ 0.865 & 0.56 \\ 0.558 & 10.02 \\ -0.820 & 13.02 \end{bmatrix} \qquad N = \begin{bmatrix} 0.660 & 0.53 \\ -0.667 & 3.34 \\ -0.586 & 12.74 \\ 0.537 & 10.02 \end{bmatrix}$$

$$b = (0 \quad 5.42 \quad 16.36 \quad 21.74 \quad 32.82)$$

第三组纱线空间结构方程的系数：

$$M = \begin{bmatrix} 0.698 & 0.53 \\ 0.791 & 5.57 \\ -0.669 & 12.83 \\ -0.811 & 8.01 \end{bmatrix} \qquad N = \begin{bmatrix} 0.762 & 7.21 \\ -0.789 & 12.71 \\ -0.682 & 5.47 \\ 0.721 & 0.56 \end{bmatrix}$$

$$b = (0 \quad 7.22 \quad 16.40 \quad 23.6 \quad 32.82)$$

第四组纱线空间结构方程的系数：

$$M = \begin{bmatrix} 0.884 & 0.53 \\ 0.622 & 9.56 \\ -0.737 & 12.83 \\ -0.646 & 3.90 \end{bmatrix} \qquad N = \begin{bmatrix} -0.868 & 9.43 \\ 0.635 & 0.56 \\ 0.734 & 3.90 \\ -0.646 & 12.80 \end{bmatrix}$$

$$b = (0 \quad 10.22 \quad 15.48 \quad 27.60 \quad 32.82)$$

第五组纱线空间结构方程的系数：

$$M = \begin{bmatrix} -0.748 & 11.75 \\ -0.623 & 3.98 \\ 0.606 & 0.92 \\ 0.583 & 7.15 \end{bmatrix} \qquad N = \begin{bmatrix} 0.660 & 4.08 \\ -0.667 & 11.26 \\ -0.586 & 7.23 \\ 0.537 & 0.83 \end{bmatrix}$$

$$b = (0 \quad 10.36 \quad 16.50 \quad 26.70 \quad 32.82)$$

第六组纱线空间结构方程的系数：

$$M = \begin{bmatrix} 0.933 & 2.75 \\ -0.063 & 12.12 \\ -1.111 & 11.72 \\ 0.338 & 0.59 \end{bmatrix} \qquad N = \begin{bmatrix} 0.986 & 1.27 \\ 0.247 & 11.17 \\ -1.046 & 12.74 \\ -0.155 & 2.26 \end{bmatrix}$$

$$b = (0 \quad 10.04 \quad 16.40 \quad 26.42 \quad 32.82)$$

8.1.2 三维编织物轴向刚度与强度的力法预测[14]

以上述四步法 1×1 矩形截面编织物为例，并假设：

(1) 纱线粗细均匀一致，并具有相同的横截面尺寸和柔性及力学性能。

(2) 编织过程稳定，编织物结构均匀一致。

(3) 编织物内部，在不受其他纱线阻挡部分，纱线在张力作用下呈直线状态。

(4) 编织物中纱线只受拉伸载荷，其他外力不考虑。

8.1.2.1 力法分析理论

力法分析是通过应力分解，把承载体承受的应力分解到它的组成单元上，然后根据承载体与其组成单元的几何关系，得到对应应力下承载体的应变。目前为止，该法主要应用于二维平面纤维集合体，还没有用于三维纤维集合体（包括三维编织物）。

这里的力法分析与传统的分析路径相反，根据承载体的应变推导出对应的应力。本方法以纱线作为最小单元，根据纱线性质（由试验确定）及其在编织物中的方向角（由编织物细观结构方程确定），预测三维编织物轴向刚度和强度。基本思路可用图 8.10 简单表示。通过力法分析，可以得到编织物应变与应力之间的关系。当编织物的应变从零开始并以一定步长逐渐增加时，可以得到与之对应的一系列应力值。编织物的应变增加到一定程度时，有的纱线达到最大应变而断裂，不再承受载荷。当所有纱线都断裂时，编织物应变达到最大应变，编织物断裂破坏。由此可根据编织物应变和应力得到其拉伸曲线。

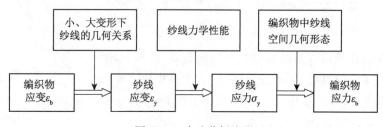

图 8.10 力法分析流程

（1）编织物应变与纱线应变之间的关系（$\varepsilon_b \rightarrow \varepsilon_y$）。在一定范围内，任意纱线段 op 在编织物中近似呈直线（图 8.11），θ 为方向角，oz 为编织物的轴向。以纱线和 z 轴所构成的平面为坐标平面（图 8.12）。

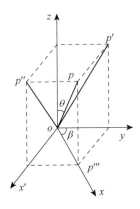 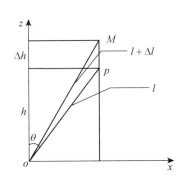

图 8.11　编织物中纱线空间几何关系　　图 8.12　编织物中纱线平面几何关系

小变形下编织物应变与纱线应变之间的关系：编织物在小载荷轴向拉伸作用下，轴向的横向收缩可以忽略不计。如图 8.12 所示，假设编织物和纱线原始长度分别为 h 和 l，编织物伸长 Δh 时，纱线伸长 Δl，则编织物应变：

$$\varepsilon_b = \frac{\Delta h}{h} \tag{8.11}$$

纱线应变：
$$\varepsilon_y = \frac{\Delta l}{l} \tag{8.12}$$

由图 8.12 所示的编织物中纱线平面几何关系，可以得到：

$$\begin{cases} h^2 + r^2 = l^2 \\ (h+\Delta h)^2 + r^2 = (l+\Delta l)^2 \end{cases} \Rightarrow \Delta h^2 + 2h \cdot \Delta h = \Delta l^2 + 2l \cdot \Delta l \tag{8.13}$$

$$h = l\cos\theta \tag{8.14}$$

由式（8.11）～式（8.13），得：

$$h^2 \cdot \varepsilon_b^2 + 2h^2 \cdot \varepsilon_b = l^2 \cdot \varepsilon_y^2 + 2l^2 \cdot \varepsilon_y \tag{8.15}$$

由式（8.14）和式（8.15），可得小变形下编织物中纱线应变与编织物应变之间的关系：

$$\varepsilon_y^2 + 2\varepsilon_y - \cos^2\theta(\varepsilon_b^2 + 2\varepsilon_b) = 0 \\ \Rightarrow \varepsilon_y = \sqrt{1 + (\varepsilon_b^2 + 2\varepsilon_b)\cos^2\theta} - 1 \tag{8.16}$$

大变形下编织物应变与纱线应变之间的关系：此时，编织物的轴向伸长很大，横向收缩不能忽略，应考虑泊松比。如图 8.13 所示，变形前，纱线头端在 p 点，纱线方向角为 θ；变形后，纱线头端到达 N 点，纱线方向角变为 θ'。

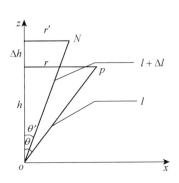

图 8.13　大变形前后编织物中纱线平面几何关系

由图 8.13 所示的大变形前后编织物中纱线平面几何关系,可以得到:

$$\Delta r = r - r'$$

泊松比:
$$\nu = \frac{\Delta r}{r}/(\Delta h/h) \Rightarrow \Delta r = \nu \cdot \Delta h \cdot \tan\theta \tag{8.17}$$

变形前纱线原始长度:

$$l = h/\cos\theta \tag{8.18}$$

变形后纱线长度:

$$l + \Delta l = [(h + \Delta h)^2 + (h \cdot \tan\theta - \nu \cdot \Delta h \cdot \tan\theta)^2]^{1/2} \tag{8.19}$$

纱线应变:

$$
\begin{aligned}
\varepsilon_y &= \frac{l + \Delta l - l}{l} = \frac{l + \Delta l}{l} - 1 \\
&= \frac{[(h + \Delta h)^2 + (h \cdot \tan\theta - \nu \cdot \Delta h \cdot \tan\theta)^2]^{1/2}}{h/\cos\theta} - 1
\end{aligned} \tag{8.20}
$$

将 $\Delta h = h \cdot \varepsilon_b$ 代入上式,可得:

$$\varepsilon_y = [(1 + \varepsilon_b)^2 \cdot \cos^2\theta + \sin^2\theta(1 - \nu\varepsilon_b)^2]^{1/2} - 1 \tag{8.21}$$

式(8.21)给出了大变形下编织物应变与纱线应变之间的关系。

纱线方向余弦的确定:影响编织物力学性能特别是强度的因素,是编织物结构和纱线性能,而影响编织物结构的主要因素是编织物中纱线方向角和纱线中纤维填充系数。在纱线结构一定的情况下,纱线方向角是影响编织物中纤维体积分数的主要因素。因此,纱线方向角是一个很重要的参数,它不仅影响编织物的细观结构,而且是影响编织物轴向刚度和强度的重要因素。

变形前,假定某一纱线 第 i 段的方向角 θ,方向余弦可根据编织物中纱线空间形态方程即式(8.22)确定:

$$\cos\theta = \frac{z'(t)}{\sqrt{x'^2(t) + y'^2(t) + z'^2(t)}} = \frac{1}{\sqrt{M_{i1}^2 + N_{i1}^2 + 1}} \tag{8.22}$$

编织物在轴向载荷作用下,纱线方向角随时改变。在大变形下,纱线方向角由 θ 变为 θ' (图 8.13):

$$
\begin{cases}
\cos\theta' = \dfrac{(h + \Delta h)}{\sqrt{(h + \Delta h)^2 + r'^2}} \\
\dfrac{r}{h} = \cos\theta
\end{cases} \tag{8.23}
$$

由式(8.17)、式(8.21)和式(8.23)可得变形后纱线方向余弦:

$$\cos\theta' = \frac{\cos\theta}{\sqrt{\dfrac{\cos^2\theta + \sin^2\theta(1 - \nu\varepsilon_b)^2}{(1 + \varepsilon_b)^2}}} \tag{8.24}$$

（2）纱线拉伸性能（$\varepsilon_y \rightarrow \sigma_y$）。在弹性变形范围内伸长时，可利用虎克定律得到纱线应力和应变之间的关系：

$$\sigma_y = E_y \varepsilon_y \tag{8.25}$$

但在大变形下，应力-应变关系不再是线性的，虎克定律不能适用。纱线应变可以直接从试验得到的应力-应变曲线上读取，或者用拟合方法表示，一般情况下可写成：

$$\sigma_y = F(\varepsilon_y) \tag{8.26}$$

（3）从纱线应力转换成编织物应力（$\sigma_y \rightarrow \sigma_b$）。在这一步骤，根据编织物中纱线空间几何形态，找出纱线与编织物之间应力或载荷的关系，把纱线应力或载荷进行叠加，得到编织物的应力或载荷。

在垂直于编织物轴向方向横切，取其横截面，计算横截面上每根纱线承受载荷与编织物承受载荷之间的关系。由于编织物中每根纱线的方向角不是一个常数，因此需要考虑每个方向角上纱线对编织物应力的贡献，这可根据每个方向角上的纱线相对数量进行计算。假设编织物中有 n 根纱线，第 j 根纱线在 xoz 坐标平面内相对于 z 轴的方向角为 θ_j（θ_j 可相同），每个方向角上的纱线相对数量为 $1/n$，纱线横截面积为 s。如图 8.14 所示，编织物中纱线载荷与应力分别为 F_{yj}、σ_{yi}，在编织物轴向的分量为 F'_{yj}（$F'_{yj} = F_{yj}\cos\theta_j$）、$\sigma'_{yj}$。$\sigma'_{yj}$ 由下式计算：

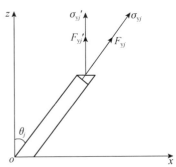

图 8.14　编织物中纱线载荷与
编织物载荷之间关系

$$\sigma'_{yj}\frac{s}{\cos\theta_j} = \sigma_{yj} \cdot s \cdot \cos\theta_j \Rightarrow \sigma'_{yj} = \sigma_{yj} \cdot \cos^2\theta_j \tag{8.27}$$

各方向角上的纱线应力之和为编织物应力：

$$\sigma_b = \sum_{j=1}^{n} \frac{1}{n}\sigma_{yj}\cos^2\theta_j = \frac{1}{n}\sum_{j=1}^{n}\sigma_{yj}\cos^2\theta_j \tag{8.28}$$

编织物载荷与纱线载荷之间的关系：

$$F_b = \sum_{j=1}^{n} F_{yj}\cos\theta_j \tag{8.29}$$

8.1.2.2　力法分析

运用上述方法，对 1×1 四步法编织的 6 锭×6 锭和 6 锭×4 锭矩形截面编织物轴向刚度与强度进行预测。由于试验得到的编织物拉伸数据是载荷与位移，为了消除载荷转换为应力时编织物横截面积影响所产生的误差，以及编织物长度对拉伸性能的影响，采用载荷-应变曲线。

对于 6 锭×4 锭和 6 锭×6 锭矩形截面编织物中纱线空间形态，采用编织物中纱线空间轨迹结构方程描述：

$$\begin{cases} x_{ji} = M_{i1}(t + s_j - b_i) + M_{i2} \\ y_{ji} = N_{i1}(t + s_j - b_i) + N_{i2} \qquad b_i \leqslant t \leqslant b_{i+1} \\ z_{ji} = t \end{cases} \qquad (8.30)$$

上式中的参数含义和系数已在 8.1.1.3 节介绍。

编织物纱线采用线密度为 1 057 tex 的棉股线,其拉伸曲线如图 8.15 所示。

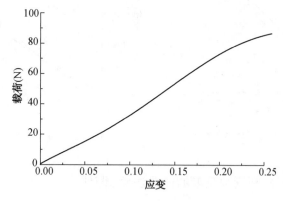

图 8.15　纱线拉伸曲线

拟合纱线拉伸曲线的数学表达式(x 表示应变,y 表示载荷)为:

$$y = 335.74x - 1\,973.80x^2 + 30\,697.98x^3 - 1.51 \times 10^5 x^4 +$$
$$2.95 \times 10^5 x^5 - 2.15 \times 10^5 x^6 \qquad (8.31)$$

编织物与纱线之间的应变关系,以及它们之间的载荷关系,都与编织物中纱线方向角有关,因此确定纱线方向角是一个关键问题。

由 8.1.1.3 节可知,6 锭×4 锭编织物含有两组纱线,每组纱线的空间直线方程相同,每根纱线运动轨迹用 10 个分段方程描述,因此编织物中纱线共有 20 个方向角。在编织物的任一截面上,假设每组纱线中一根纱线(第 0 根)的方向角由第一段方程决定,同一组中各纱线间的相位差 $s_j = j \cdot h/M_r$,根据 $h - s_j$ 在哪一段方程的自变量取值范围确定纱线方向角。在任一截面上,经计算,6 锭×4 锭编织物的第一组纱线中,纱线方向角由第二、三、八段方程决定的各有一根纱线,剩余纱线分别由其他七段方程决定,属于同一段方程的各有两根纱线;第二组纱线中,属于第四、七、九段方程的各有一根纱线,其余各段方程各有两根纱线。

6 锭×6 锭编织物含有六组纱线,每根纱线运动轨迹用 4 个分段方程描述,因此编织物中纱线共有 24 个方向角。同上讨论,每组中属于同一段方程的各有两根纱线。

根据纱线空间直线方程,任一截面上所有纱线方向角都可确定。

确定破坏准则时,编织物破坏可看作脆性断裂,其破坏准则主要有最大拉应力理论、最大应变理论、最大剪应力理论、面体剪应力理论及莫尔强度理论等。这里采用最大应变理论,当纱线应变达到最大应变时即断裂,不再承受载荷,所有纱线都断裂时,编织物应变达到断裂应变,编织物断裂破坏。

根据 6 锭×4 锭和 6 锭×6 锭四步法 1×1 矩形截面三维编织物空间结构方程,由式(8.22)、式(8.24)得到纱线方向余弦。由式(8.21),可根据编织物应变得到纱线应变,再由式(8.31)得到纱线载荷,然后通过式(8.29)转换成编织物载荷。预测曲线与试验结果对比如图 8.16 和图 8.17 所示。

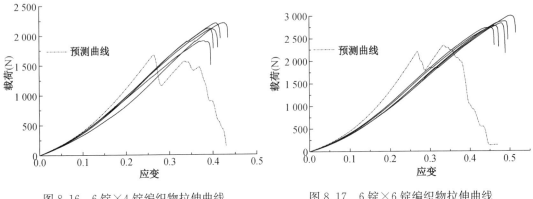

图 8.16　6 锭×4 锭编织物拉伸曲线　　　　　图 8.17　6 锭×6 锭编织物拉伸曲线

8.1.3　三维编织物轴向刚度和强度的能量法预测[14]

分析结构材料的力学性能有两种理论方法,一种是力法,另一种是能量法。一般来说,用力学分析方法,特别是分析结构材料内部力学性能时,可以得到更详细的结果,如材料内部任一点处的应力。但由于能量是标量,具有可以直接加和的特点,在某些问题上,如复杂应力状态及材料具有复杂结构时,用能量法比力法更简便,并且得到的结果相同。

8.1.3.1　能量法基本原理

假定一个物体受外力体系 $p_i (i = 1, 2, \cdots, n)$ 的作用,在每个外力作用点处的位移为 $s_i (i = 1, 2, \cdots, n)$。如果只有其中一个位移发生 $\mathrm{d}s_i$ 的变化,其他位移不变,则外力对物体做功:

$$W_i = p_i \cdot \mathrm{d}s_i \tag{8.32}$$

外力所做的功转化为能量而被物体吸收,其中一部分由于物体发生弹性变形而作为变形能储存起来,另一部分由于物体发生非弹性变形而消耗掉。为讨论方便,先假设物体发生弹性变形。

如果物体由 N 个单元组成,每个单元储存的能量为 $E_j (j = 1, 2, \cdots, N)$,则物体储存的能量:

$$E = \sum_{j=1}^{N} E_j \tag{8.33}$$

在物体弹性变形范围内,外力做的功全部转化为物体的弹性变形能:

$$W_i = E$$

则:

$$P_i = \frac{\partial E}{\partial s_i} = \left(\frac{\partial}{\partial s_i} \sum_{j=1}^{N} E_j \right)_{s_1, s_2, \cdots, s_{i-1}, s_{i+1}, s_{i+2}, \cdots, s_n} = \sum_{j=1}^{N} \left(\frac{\partial E_j}{\partial s_i} \right)_{s_1, s_2, \cdots, s_{i-1}, s_{i+1}, s_{i+2}, \cdots, s_n}$$

$$\tag{8.34}$$

式(8.34)适用于任何形式的外力组合及任何发生弹性变形的物体。如果把能量表示成其他变形而不是拉伸变形的函数,上式可以通过变形求解诸如旋转、剪切、弯曲等问题。以扭转变形为例,把能量表达成扭转角的函数,则:

$$\frac{\partial E_j}{\partial s_i} = \frac{\mathrm{d}E(\theta_j)}{\mathrm{d}\theta_j}\left(\frac{\partial \theta_j}{\partial s_i}\right)$$

根据能量守恒原理,所有外力做的功等于物体的变形能:

$$W = \int_0^{s_1} p_1 \cdot \mathrm{d}s_1 + \int_0^{s_2} p_2 \cdot \mathrm{d}s_2 + \cdots + \int_0^{s_n} p_n \cdot \mathrm{d}s_n$$
$$= \sum_{i=1}^n \int_0^{s_i} p_i \cdot \mathrm{d}s_i = \sum_{j=1}^N E_j \tag{8.35}$$

但物体的真正变形不是纯粹的弹性变形,物体吸收的能量一部分转化为其弹性变形能,还有一部分由于物体的黏滞性(内摩擦)或其基本单元的表面摩擦而消耗掉。假如摩擦力为 F_j、位移为 $\mathrm{d}s_j$,则表面摩擦消耗的能量:

$$E'_j = F_j \cdot \mathrm{d}s_j \tag{8.36}$$

由于物体的黏滞性(黏滞系数 η)消耗的能量:

$$E''_j = \eta \cdot (\mathrm{d}s_j/\mathrm{d}t) \cdot \mathrm{d}s_j \tag{8.37}$$

因此,物体在非弹性变形情况下,外力做功是物体弹性变形能与其所消耗的能量之和,能量守恒方程:

$$W = \sum_{j=1}^N (E_j + E'_j + E''_j) \tag{8.38}$$

8.1.3.2 能量法计算

以四步法 1×1 矩形截面编织物为研究对象,用能量法预测其受单轴向拉伸时的力学性能,基本步骤如图 8.18 所示。

为讨论方便,对编织物做如下假设:

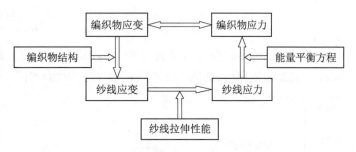

图 8.18 能量法分析流程

①编织物中所有纱线均匀一致并具有相同的尺寸和柔性;②编织物内部,在不受其他纱线阻挡部分,纱线在张力作用下呈直线状态;③编织过程稳定,编织物结构均匀一致。

(1)能量平衡方程。在单轴拉伸情况下,$n = 1$,外力只有一个轴向拉力 p。把编织物中 N 根纱线看作基本结构单元,当编织物受轴向拉力 p 作用时,产生弹性变形 $\mathrm{d}h$,编织物中第 j 根纱线所承受的载荷为 F_j,伸长 $\mathrm{d}s_j$,由上述能量守恒原理,可得:

$$p \cdot \mathrm{d}h = \sum_{j=1}^N F_j \cdot \mathrm{d}s_j \Rightarrow p = \sum_{j=1}^N F_j \cdot \frac{\mathrm{d}s_j}{\mathrm{d}h} \tag{8.39}$$

假设编织物原始长度为 h、应变为 ε_b，纱线原始长度为 l、应变为 ε_y，则 $dh = h \cdot d\varepsilon_b$，$ds_j = l \cdot d\varepsilon_y$。式(8.39)变为：

$$p = \sum_{j=1}^{N} F_j \cdot \frac{1}{h} \cdot \frac{d\varepsilon_y}{d\varepsilon_b} \tag{8.40}$$

（2）能量法预测结果。由式(8.40)可知，只要知道纱线载荷与应变之间的关系、纱线应变与编织物应变之间的关系及编织物中纱线方向角，就可以得出编织物所承受载荷与其应变之间的关系。

上一节对纱线的力学性能、纱线应变与编织物应变之间的关系及编织物中纱线几何关系做了系统介绍。根据编织物中纱线几何关系的讨论结果(图 8.11 和图 8.12)，可知：

$$\frac{1}{h} = \frac{1}{\cos\theta_j} \tag{8.41}$$

根据纱线拉伸曲线(图 8.15)，知纱线载荷与应变之间的关系(x 表示应变，y 表示载荷)：

$$y = 335.74x - 1\,973.80x^2 + 30\,697.98x^3 - 1.51 \times 10^5 x^4 + 2.95 \times 10^5 x^5 - 2.15 \times 10^5 x^6 \tag{8.42}$$

小变形下编织物应变与纱线应变之间的关系：

$$\varepsilon_y = \sqrt{1 + (\varepsilon_b^2 + 2\varepsilon_b)\cos^2\theta} - 1$$
$$\frac{d\varepsilon_y}{d\varepsilon_b} = \frac{(1+\varepsilon_b)\cos^2\theta}{\sqrt{1 + (\varepsilon_b^2 + 2\varepsilon_b)\cos^2\theta}} \tag{8.43}$$

大变形下编织物应变与纱线应变之间的关系：

$$\varepsilon_y = \left[(1+\varepsilon_b)^2 \cdot \cos^2\theta + \sin^2\theta(1-\nu\varepsilon_b)^2\right]^{1/2} - 1$$
$$\frac{d\varepsilon_y}{d\varepsilon_b} = \frac{(1+\varepsilon_b)\cos^2\theta - \nu(1-\nu\varepsilon_b)\sin^2\theta}{\left[(1+\varepsilon_b)^2 \cdot \cos^2\theta + \sin^2\theta(1-\nu\varepsilon_b)^2\right]^{1/2}} \tag{8.44}$$

把式(8.40)～式(8.44)结合起来，得到编织物载荷与应变之间的关系，并将理论预测曲线与试验曲线比较，如图 8.19(6 锭×4 锭编织物)和图 8.20(6 锭×6 锭编织物)所示。

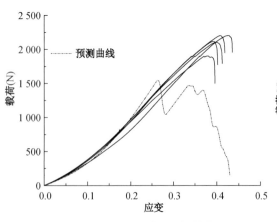

图 8.19　6 锭×4 锭编织物拉伸曲线

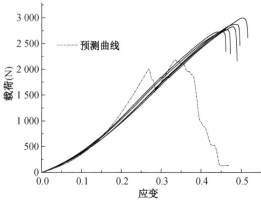

图 8.20　6 锭×6 锭编织物拉伸曲线

8.1.3.3 结果比较与结论

上述分析是在把材料看作弹性变形的基础上进行的。从理论预测曲线与试验曲线的比较可以看出,理论预测曲线的初始阶段即弹性变形阶段与试验曲线基本重合,理论预测结果与试验结果符合得很好;但理论预测的强度最大值小于试验结果,理论预测曲线的后半段出现多次波峰并与试验曲线有一定偏差。这可能由以下原因导致:

(1) 编织物的断裂强力很大,在试验过程的后半段,试件在夹口处发生滑移,造成理论预测曲线的后半部分与试验曲线产生偏差。

(2) 编织物中纱线具有不同的方向角,并且纱线强度实际上是有差异的,这造成了纱线断裂的不同时性,在理论预测曲线上表现为出现多次波峰。

(3) 上述算例把材料假设成弹性变形,没有考虑纱线间的滑移、相互挤压和摩擦及材料的黏滞性,而在实际拉伸过程中,外力做功不仅转化为材料的弹性变形能,还有一部分由于材料的黏滞性或其基本单元的表面摩擦而消耗掉,因此由材料发生弹性变形时的能量平衡方程求解出的最大载荷比实际的小。

因此,分析结果表明能量法能够比较准确地预测材料的弹性模量,但用于分析材料拉伸强度时则比较复杂,且在大多数情况下只能求得近似解,只有在组分材料本构关系、外加载荷和边界条件都比较简单的情况下才能求得精确解,但这种情况是很少的。由于能量具有可直接加和的特点,用能量法分析时不需做过多假设,方法简单,并且预测刚度具有很高的精度,因此能量法可以用来分析复杂结构材料的拉伸性能。

力法和能量法是研究材料力学性能的两种基本方法,本文分别采用这两种方法对 6 锭×4 锭和 6 锭×6 锭矩形截面三维编织物的轴向刚度和强度进行分析,并对两种分析方法的结果进行比较(图 8.21 和图 8.22),可以发现,两条曲线的形态完全一样,曲线的起始阶段与试验曲线吻合得很好,说明这两种方法对材料刚度的预测都比较精确。能量法预测曲线在力法预测曲线的下面,即能量法预测的强度值较力法预测的值小,且两种方法预测的最大强度值比试验值偏小。分析原因如下:

(1) 两种分析方法都没有考虑编织物中纱线的相互作用,致使强度最大预测值比试验值小。

(2) 能量法忽略了材料黏滞性消耗的能量,因此其预测结果比力法的预测结果小。

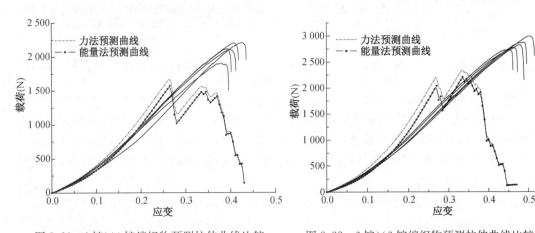

图 8.21 6 锭×4 锭编织物预测拉伸曲线比较   图 8.22 6 锭×6 锭编织物预测拉伸曲线比较

8.2　编织复合材料结构模型

8.2.1　结构模型分类和发展历史

三维编织复合材料结构模型大体可以划分为三种类型,即单胞模型、连续介质模型和细观模型。它们分别从不同方面对编织纱线形态和空间分布进行建模,用以表征三维编织物结构。

在三维编织复合材料几何模型研究初期,受到计算机性能的限制,不利于建立起过于复杂的三维编织结构,单胞模型应运而生。研究人员根据编织纱线分布规律,简化出具有代表性的结构单元,对此结构单元进行分析,进而推导出整体编织结构的性能。单胞模型具有建模方便、计算速度高及适用于复杂加载分析等优点,其代表人物及发展过程见表8.2。

表 8.2　单胞模型发展过程

代表人物	研究成果
吴德隆等[15-16] (1993,1996)	针对四步法三维编织物提出了三胞模型,分别是位于内部的内单胞、位于织物表面的面单胞和位于织物角点的柱单胞
Wang 等[8] (1994)	根据四步法编织过程中纤维束运动路径及纤维束之间的相互关系提出了类似的模型,把单胞分为内部单胞、表面单胞和边角单胞
陈利等[10](1997)	利用体积单元控制与试验结合的方法,按照编织运动规律提出了三胞模型
刘振国等[17] (2000)	对三维四向编织复合材料的参数化建模技术进行研究,提出了一种"米"字形体胞的有限元模型
曾涛等[18-19] (2004,2005)	提出了"米"字形纤维等效模型和螺旋形纤维等效模型,将螺旋形纤维等效模型划分为三种子单胞,包含混合单元
Miravete 等[20] (2006)	建立了三维编织物单胞模型,并同时考虑复合材料中两相的几何形态和力学性能,对介观尺度力学性能进行分析
李典森等[21] (2010)	运用三单胞模型对三维四向编织复合材料的微观结构进行研究,获得了结构参数,如编织尺寸、纤维取向、花节长度、纤维填充系数、纤维体积分数之间的数值关系
Zhang、许希武等[22] (2013)	将三种类型的三单胞模型运用于三维五向编织复合材料,研究了编织角和纤维体积分数对复合材料弹性性能的影响

三维编织复合材料连续介质模型主要以纤维倾斜模型[4]为代表。此类模型主要考虑纱线分布方向,忽略纱线间交叠情况,最终将三维编织结构看作沿四个主对角线分布的层合板结构。此类模型可以沿用经典层合板理论对三维编织结构力学性能进行计算,其代表人物及发展过程见表8.3。

随着计算机性能的提高,研究人员为了得到更加准确的模拟计算结果,针对三维编织结构建立了细观模型。此类模型中纱线分布及空间扭转完全与实际情况一致,其代表人物及发展过程见表8.4。

表 8.3　连续介质模型发展过程

代表人物	研究成果
Yang 等[4]（1986）	以经典层合板理论为基础，提出了纤维倾斜模型，用于预测复合材料刚度
孙慧玉等[23]（1997）	将纤维倾斜模型运用于预测三维编织复合材料强度
顾伯洪等[24, 25]（2004，2005）	根据纤维倾斜模型，提出了三维编织复合材料准细观结构和精细化准细观结构有限元模型

表 8.4　细观结构模型发展历史

代表人物	研究成果
Tang 等[26]（2001）	从三维编织复合材料的细观结构入手，建立了纤维体积分量模型
Sun 等[46]（2004）	提出了数字单元模型，通过模拟纺织加工过程来形成织物微观结构，模型中的纱线类似于一种销钉连接杆的单元数字链
顾伯洪等[28]（2007）	在三维编织复合材料真实几何结构的基础上，建立了细观结构有限元模型
Miao 等[29]（2008）	基于数字单元模型，改进了接触单元计算方式以提高计算效率
李典森等[30]（2011）	建立了三维五向编织复合材料的细观模型，利用有限元分析，讨论了编织参数对力学性能的影响

从纱线空间分布方面而言，三维编织结构较其他三维织物更加复杂，上述文献中针对其特殊结构提出了一些简化模型。利用这些简化模型，可以在较低的计算成本下预测出四步法三维编织复合材料的力学性能，但要保证力学性能的准确性，不能过于简化其结构，必须考虑所有纱线的分布规律，进而提取出可以代表整体性能的模型。

8.2.2　四步法三维编织复合材料三单胞模型

8.2.2.1　三单胞模型假设

三单胞模型是一种简化模型，必须对四步法三维编织复合材料的一些结构细节进行规律化处理：

（1）根据陈利等[10]的研究，编织纱线在织造过程中相互挤压，使得编织物内部纱线截面呈六边形，如图 8.23 所示。因此，本模型中纱线截面被假设为边长为 a 的正六边形，且纱线截面沿纱线长度方向始终保持一致。

（2）整个织造过程稳定，对纱线没有力学损伤，所有纱线在编织物内部受到相同挤压，分布均匀，编织角始终保持一致。对空间扭转角度大的纱线，用倾斜直纱线代替。

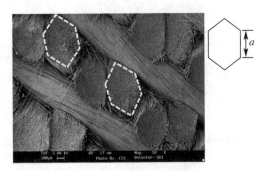

图 8.23　四步法三维编织物截面 SEM 照片[10]

（3）四步法三维编织物在复合加工过程中，结构参数未受影响，纱线在树脂挤压注入时保持原有织造形态，无气泡或孔洞，复合材料中纤维与树脂材料属性均匀稳定，纤维和纱线为横观各向同性材料，树脂为各向同性材料。

（4）四步法三维编织复合材料在编织及复合过程中忽略外部环境影响，如温度、湿度。

8.2.2.2　模型建立

由于四步法三维编织物中所有纱线相互交织，一根纱线可以出现在编织物截面的任意位置，很难用一个通用纱线模型代表所有纱线结构。因此，选用多个纱线模型，分区域对整个编织结构进行描述。首先选出编织纱线中的可重复部分，只对这部分中具有相同结构的纱线进行分类，进而确定出几组固定纱线结构，根据这些纱线结构进行几何建模，就可以得到所需要的单胞模型，而单胞模型可以组成一个完整编织结构。

编织过程以四步为一个织造循环，从纱线结构上可将一次四步织造过程定义为一个重复结构，沿织物长度方向，一个织造循环的长度为一个花节长度 h，如图 8.24 所示。

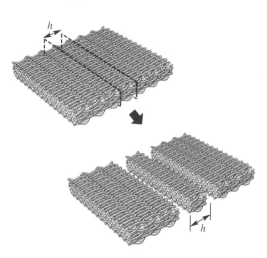

在这个重复结构中，按纱线路径发现纱线可以分为内部纱线和外部纱线，外部纱线包括两种基本纱线，即面纱和角纱。从图 8.25 可以看出，绿色部分为外部纱线，灰色部分为内部纱线，蓝色纱线段为构成编织物的三种基本纱线路径。这三种纱线路径就是组成四步法三维编织结构的三种基本单元，分别为内单胞、面单胞、角单胞。根据 29 锭×5 锭四步法三维编织物的织造参数，可以计算出三种单胞的几何及力学参数，最终获得编织复合材料的力学性能。

图 8.24　四步法三维编织物织造循环示意

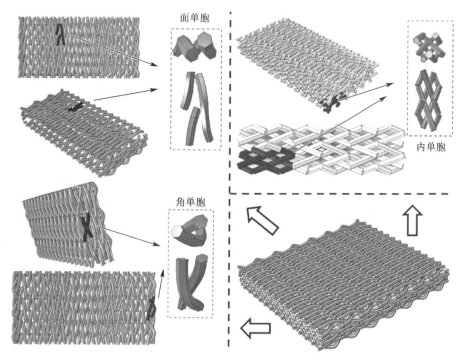

图 8.25　四步法三维编织物中三种基本单元示意图

8.2.2.3 单胞体积分数

三种单胞中,不仅纱线结构不同,它们在整个编织结构中所占体积分数也不相同。图 8.26 为三种单胞在编织复合材料中所在区域示意图。三种单胞所占体积分数不仅与编织物中纱线根数 m 和 n 的值有关,还与 m 和 n 的奇偶性相关。

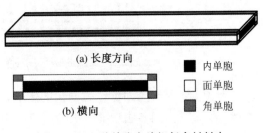

图 8.26　三种单胞在编织复合材料中所在区域示意图

当 m 和 n 均为偶数时,三种单胞各自所占体积分数遵循式(8.45)~式(8.47):

$$P_1 = \frac{2 \cdot (m-1) \cdot (n-1) + 2}{2 \cdot m \cdot n + m + n} \tag{8.45}$$

$$P_s = \frac{3 \cdot (m+n-4)}{2 \cdot m \cdot n + m + n} \tag{8.46}$$

$$P_c = \frac{8}{2 \cdot m \cdot n + m + n} \tag{8.47}$$

当 m 或 n 为奇数时,三种单胞各自所占体积分数遵循式(8.48)~式(8.50):

$$P_1 = \frac{2 \cdot (m-1) \cdot (n-1)}{2 \cdot m \cdot n + m + n} \tag{8.48}$$

$$P_s = \frac{3 \cdot (m+n-2)}{2 \cdot m \cdot n + m + n} \tag{8.49}$$

$$P_c = \frac{4}{2 \cdot m \cdot n + m + n} \tag{8.50}$$

其中,P_1、P_s 和 P_c 分别表示内单胞、面单胞及角单胞在整个编织物中所占体积分数。本节中所举例的四步法三维编织物的 $m = 29$,$n = 5$,根据式(8.48)~式(8.50),内单胞、面单胞及角单胞所占体积分数分别约为 69.14%、29.63%和1.23%。很多文献考虑到内部单元占整个编织物的体积分数较高,只采用内部单元代表整个编织物。但从上述计算结果可以看出,本节所选用的四步法三维编织物,其外部单元(即面单胞和角单胞)体积约占整体编织物的 30%,已无法忽略,受到加载时会起明显作用。因此,不能为了简化模型而忽略这两个基本单元。

8.2.2.4 纱线方向角

要获得三种单胞中纱线方向角,首先要明确每种单胞内部纱线的拓扑形态。由以上分析可知,三种单胞具有相同长度,即一个花节长度 h,而每个单胞截面尺寸需由单胞中纱线所在携纱器数量及位置确定,如图 8.27 所示。再根据携纱器在四步中的运动轨迹,就可以获得三种单胞中所有纱线路径。这里需要注明的是,编织过程在携纱器四步运动后还要经过一个打纬环节,预成型体在这个环节后会变得更加紧密,而在打纬环节中,纱线间的相互挤压使得纱线路径产生一定的变形,最终得到的纱线方向角即纱线挤压变形后的方向角。

图 8.27　三种单胞中携纱器分布情况

　　考虑到打纬环节对纱线方向角的影响,需要对三种单胞中的纱线单独分析。以内单胞为例,图 8.28 为四步法三维编织物内单胞中携纱器运动路径及最终纱线路径,整根纱线由折线变为直线。

　　与内单胞中纱线挤压形态不同,面单胞与角单胞中纱线在打纬后并未受到四个方向上其他纱线的挤压,无法全部保持直线,而是出现了部分弯曲和扭转,如图8.29和图 8.30 所示,其中(a)为携纱器运动路径,(b)为打纬后纱线挤压形态,由于纱线在空间中弯曲角度很小,根据"8.2.2.1"节中的假设(2),将这部分纱线进行直线化处理,最终这两种单胞模型的纱线路径为图中实线线段。

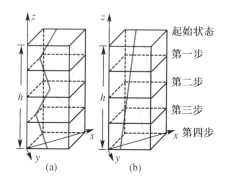

图 8.28　四步法三维编织物中内单胞中携纱器
运动路径及最终纱线路径

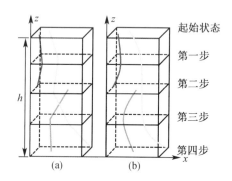

图 8.29　面单胞中携纱器运动路径
及最终纱线路径

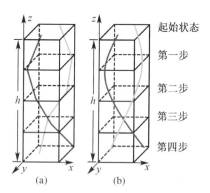

图 8.30　角单胞中携纱器运动路径
及最终纱线路径

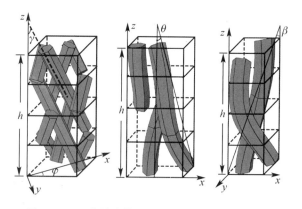

图 8.31　三种单胞模型及内部纱线方向角示意图

　　从以上分析可以看出,三种单胞中每根纱线都具有固定方向角。获得了这些角度,便可以得到三种单胞甚至整个编织物的力学性能。图 8.31 为三种单胞模型在全局坐标系下纱线方向角,内单胞中纱线与 z 轴的夹角称为内部编织角 $\pm\gamma$,其在 x-y 平面上的投影角为 $\pm45°$;面单胞与角单胞中纱线与 z 轴的夹角分别称为表面编织角 $\pm\theta$ 和角编织角 $\pm\beta$,其在 x-y 平面上的投影角为 $0°$ 和 $90°$。上述编织角均与编织参数中的编织角 α 相关:

$$\tan\alpha = \frac{\sqrt{2}}{2}\cdot\tan\gamma = \frac{6\sqrt{2}}{\pi}\cdot\tan\theta = \frac{6\sqrt{2}}{\pi}\cdot\tan\beta \tag{8.51}$$

8.2.3 三单胞力学性能

8.2.3.1 纤维填充系数与体积分数

在复合材料加工过程中,由于纱线内部不完全是纤维束,还存在一些间隙,预成型体在树脂中浸润成型后,树脂会浸润到间隙中,因此复合材料中纱线材料属性不能直接套用纤维材料属性。要计算出浸润树脂后的纱线材料属性,必须将纱线考虑为含有树脂的单向复合材料,单向复合材料中的纤维体积分数就是纱线中的纤维填充系数 ε。根据式(8.52)~式(8.54),可得到纤维填充系数 ε:

$$\varepsilon = \frac{S_f}{S_y} = \frac{\pi D_f^2}{4S_y} \tag{8.52}$$

$$S_y = \frac{1}{L}\int_0^L S(l)\,\mathrm{d}l = \frac{3\sqrt{3}}{2}\cdot a^2 \tag{8.53}$$

$$D_f = \sqrt{\frac{4\lambda}{\pi\rho}} \tag{8.54}$$

其中:S_f、S_y 分别表示纤维与纱线截面积的平均值[根据8.2.2.1节中的假设(1),S_y 也可以用六边形面积表示];L 为单胞内纱线长度;D_f 为编织纱中纤维束等效直径(D_f 与纤维线密度 λ 和纤维密度 ρ 相关)。

从图8.27和图8.31可以清楚地看到,三种单胞的体积与单胞中纱线根数完全不同,因此三种单胞具有各自的纱线体积分数。仅使用复合材料中纤维体积分数 V_f 一个参数,无法描述三种单胞的纱线体积分数,需要建立四步法三维编织复合材料的纤维体积分数 V_f 与三种单胞的纱线体积分数之间的关系:

$$V_f = P_I\cdot V_I + P_S\cdot V_S + P_C\cdot V_C \tag{8.55}$$

其中:P_I、P_S 和 P_C 分别为内单胞、面单胞和角单胞在整个编织物中所占体积分数;V_I、V_S 和 V_C 分别为内单胞、面单胞和角单胞的纱线体积分数。

三种单胞的纱线体积分数可以用纤维填充系数 ε 表述:

$$V_I = \frac{\pi\sqrt{3}}{8}\varepsilon \tag{8.56}$$

$$V_S = \frac{\pi\sqrt{6}}{32}\left(1 + 3\frac{\cos\gamma}{\cos\theta}\right)\varepsilon \tag{8.57}$$

$$V_C = \frac{3\sqrt{3}\pi}{4(1+2\sqrt{2})}\frac{\cos\gamma}{\cos\beta}\varepsilon \tag{8.58}$$

通过上述联立方程组,不仅可以得到纱线边长 α,而且其相关参数 S_y、ε、V_I、V_S 和 V_C 均可以计算出来。

8.2.3.2　纱线力学性能

根据 8.2.2.1 节中的假设(3),纤维束被认为是横观各向同性材料,树脂为各向同性材料,因此两种材料的柔度矩阵可以由其自身的材料常数转换得到:

$$[S^f] = \begin{bmatrix} S_{11}^f & S_{12}^f & S_{12}^f & 0 & 0 & 0 \\ S_{12}^f & S_{22}^f & S_{23}^f & 0 & 0 & 0 \\ S_{12}^f & S_{23}^f & S_{22}^f & 0 & 0 & 0 \\ 0 & 0 & 0 & S_{44}^f & 0 & 0 \\ 0 & 0 & 0 & 0 & S_{55}^f & 0 \\ 0 & 0 & 0 & 0 & 0 & S_{55}^f \end{bmatrix} \tag{8.59}$$

其中:$S_{11}^f = \dfrac{1}{E_{11}^f}$;$S_{12}^f = -\dfrac{\nu_{12}^f}{E_{11}^f}$;$S_{22}^f = \dfrac{1}{E_{22}^f}$;$S_{23}^f = -\dfrac{\nu_{23}^f}{E_{22}^f}$;$S_{44}^f = \dfrac{1}{G_{23}^f}$;$S_{55}^f = \dfrac{1}{G_{12}^f}$;$[S^f]$ 为纤维柔度矩阵;E_{11}^f 和 E_{22}^f 分别为纤维在轴向与横向的弹性模量;G_{12}^f 和 G_{23}^f 为纤维剪切模量;ν_{12}^f 和 ν_{23}^f 分别为纤维在轴向与横向的泊松比。

$$[S^m] = \begin{bmatrix} S_{11}^m & S_{12}^m & S_{12}^m & 0 & 0 & 0 \\ S_{12}^m & S_{11}^m & S_{12}^m & 0 & 0 & 0 \\ S_{12}^m & S_{12}^m & S_{11}^m & 0 & 0 & 0 \\ 0 & 0 & 0 & S_{44}^m & 0 & 0 \\ 0 & 0 & 0 & 0 & S_{44}^m & 0 \\ 0 & 0 & 0 & 0 & 0 & S_{44}^m \end{bmatrix} \tag{8.60}$$

其中:$S_{11}^f = \dfrac{1}{E^m}$;$S_{12}^f = -\dfrac{\nu^m}{E^m}$;$S_{44}^f = \dfrac{1}{G^m}$;$[S^m]$ 为树脂的柔度矩阵;E^m 和 G^m 分别为树脂的弹性模量与剪切模量;ν^m 为树脂的泊松比。

根据以上分析,纱线被认为是含有树脂的单向复合材料,因此在确定纤维填充系数 ε 后,就可以对纱线力学性能进行计算。为了得到更准确的横向性能,这里未使用传统混合法,而是采用桥联模型方法对纱线力学性能进行计算。该方法认为单向复合材料中纤维与树脂的内应力增量之间存在以下关系:

$$\{d\sigma^m\} = [A]\{d\sigma^f\} \tag{8.61}$$

$$\{d\varepsilon^f\} = [S^f]\{d\sigma^f\} \tag{8.62}$$

$$\{d\varepsilon^m\} = [S^m]\{d\sigma^m\} \tag{8.63}$$

$$\{d\sigma\} = V_f\{d\sigma^f\} + V_m\{d\sigma^m\} \tag{8.64}$$

其中:$\{d\sigma_i\} = \{d\sigma_{11}, d\sigma_{22}, d\sigma_{33}, d\sigma_{23}, d\sigma_{13}, d\sigma_{12}\}^T$;$\{d\varepsilon_i\} = \{d\varepsilon_{11}, d\varepsilon_{22}, d\varepsilon_{33}, 2d\varepsilon_{23}, 2d\varepsilon_{13}, 2d\varepsilon_{12}\}^T$;角标 f 和 m 分别表示纤维与树脂;$V_f$ 对应纱线中纤维填充系数(即 $V_f = \varepsilon$);V_m 为纱

线中浸入树脂的体积分数($V_m = 1 - \varepsilon$)。

由式(8.61)~式(8.64),可导出纱线的柔度矩阵$[S^y]$:

$$[S^y] = (V_f [S^f] + V_m [S^m][A])(V_f [I] + V_m [A])^{-1} \tag{8.65}$$

式(8.65)中,唯一的未知量$[A]$就是桥联模型方法的核心,称为桥联矩阵:

$$[A] = \begin{bmatrix} a_{11} & a_{12} & a_{13} & 0 & 0 & 0 \\ 0 & a_{22} & 0 & 0 & 0 & 0 \\ 0 & 0 & a_{33} & 0 & 0 & 0 \\ 0 & 0 & 0 & a_{44} & 0 & 0 \\ 0 & 0 & 0 & 0 & a_{55} & 0 \\ 0 & 0 & 0 & 0 & 0 & a_{66} \end{bmatrix} \tag{8.66}$$

式中:$a_{11} = \dfrac{E^m}{E_{11}^f}$;$a_{12} = a_{13} = \dfrac{(S_{12}^f - S_{12}^m) \cdot (a_{11} - a_{22})}{(S_{11}^f - S_{11}^m)}$;$a_{22} = a_{33} = a_{44} = \dfrac{1}{2} \cdot \left(1 + \dfrac{E^m}{E_{22}^f} \right)$;
$a_{55} = a_{66} = \dfrac{1}{2} \cdot \left(1 + \dfrac{G^m}{G_{12}^f} \right)$。

8.2.3.3　全局坐标系下单胞力学性能

内单胞、面单胞和角单胞及四步法三维编织复合材料的力学性能建立在全局坐标系的基础上(即z方向为复合材料长度方向,x和y方向分别为复合材料宽度和高度方向),因此需要建立局部坐标系与全局坐标系之间的关系,将三种单胞的单向复合材料属性进行转换,再对单向复合材料及三种单胞进行均一化处理,才能获得四步法三维编织复合材料的力学性能。如图8.32所示,全局坐标系与局部坐标系之间会保持一定的夹角,而这个夹角与单向复合材料的方向角相关,因此利用柔度转换矩阵$[T_{ij}]_s$,就可以计算出三种单胞在全局坐标系下的力学性能:

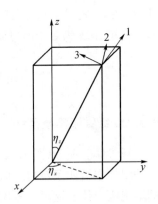

图8.32　局部坐标系与全局坐标系关系示意图

$$[S]_g = [T_{ij}]_s [S]_l [T_{ij}]_s^T \tag{8.67}$$

式(8.67)中,$[S]_l$和$[S]_g$分别为编织复合材料在局部坐标系和全局坐标系下的柔度矩阵;$[T_{ij}]_s$为柔度转换矩阵:

$$[T_{ij}]_s = \begin{bmatrix} l_1^2 & l_2^2 & l_3^2 & l_2 l_3 & l_3 l_1 & l_1 l_2 \\ m_1^2 & m_2^2 & m_3^2 & m_2 m_3 & m_3 m_1 & m_1 m_2 \\ n_1^2 & n_2^2 & n_3^2 & n_2 n_3 & n_3 n_1 & n_1 n_2 \\ 2m_1 n_1 & 2m_2 n_2 & 2m_3 n_3 & m_2 n_3 + m_3 n_2 & n_3 m_1 + n_1 m_3 & m_1 n_2 + m_2 n_1 \\ 2n_1 l_1 & 2n_2 l_2 & 2n_3 l_3 & l_2 n_3 + l_3 n_2 & n_3 l_1 + n_1 l_3 & l_1 n_2 + l_2 n_1 \\ 2l_1 m_1 & 2l_2 m_2 & 2l_3 m_3 & l_2 m_3 + l_3 m_2 & l_1 m_3 + l_3 m_1 & l_1 m_2 + l_2 m_1 \end{bmatrix}$$

其中:$l_1 = \cos(\eta_x) \cdot \sin(\eta_z)$;$m_1 = \sin(\eta_x) \cdot \sin(\eta_z)$;$n_1 = \cos(\eta_z)$;$l_2 = -\sin(\eta_x)$;$m_2 =$

$\cos(\eta_x)$；$n_2 = 0$；$l_3 = -\cos(\eta_x) \cdot \cos(\eta_z)$；$m_3 = -\sin(\eta_x) \cdot \cos(\eta_z)$；$n_3 = \sin(\eta_z)$；$\eta_x$ 为局部坐标方向在 x–y 平面上投影线与 x 方向的夹角；η_z 为局部坐标系中 1 方向与全局坐标系中 z 方向的夹角。

η_x 与 η_z 在三种单胞中对应不同的方向角，根据上文，具体见表 8.5。

表 8.5　三种单胞中纱线空间转换角

单胞类型	η_x	η_z
内单胞	$\pm\varphi$	$\pm\gamma$
面单胞	$0°, 90°$	$\pm\theta$
角单胞	$0°, 90°$	$\pm\beta$

得到全局坐标系下三种单胞中每个单向复合材料的柔度矩阵后，就可以利用均一化处理，根据每部分体积分数推导出三种单胞的柔度矩阵：

$$[S]_{Cell} = \frac{1}{V} \cdot \left[\int_{V_i} [S^i] dV + \int_{V_{i+1}} [S^{i+1}] dV + \cdots + \int_{V_k} [S^k] dV + \int_{V_m} [S^m] dV \right]$$

$$(8.68)$$

其中：$[S]_{Cell}$ 表示单胞的柔度矩阵；V 表示单胞总体积；$[S^i]$ 表示单胞中某一单向复合材料的柔度矩阵；k 为单胞中单向复合材料数量；上标 m 表示树脂。

8.3　编织复合材料热弹性行为

8.3.1　纤维倾斜模型[4]

纤维倾斜模型（图 8.33）是三维编织复合材料力学性能简化模型。考虑到纱线在四步法编织物中沿四条对角线取向的单胞结构，三维编织复合材料可简化为如图 8.33(a) 所示的单胞集合体。这里只考虑纱线取向，忽略纱线间的交叉。

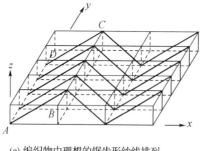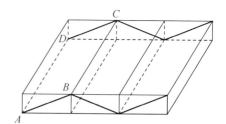

(a) 编织物中理想的锯齿形纱线排列　　　(b) 用对角纱线代替倾斜层合板示意

图 8.33　三维编织复合材料纤维倾斜模型分解方案

纤维倾斜模型分析的基础是经典层合板修正理论。此模型假设：

(1) 在层 $ABCD$[图 8.33(a)]上，所有纱线段平行于对角线方向。例如，在基体注入后被看作倾斜单向板。

(2) 纤维在单向板内部被看作是直的和单向的，没有弯曲和其他取向。即在单胞角区域,从一条对角线到另一条对角线,不存在由于取向改变而导致的纤维连锁和弯曲。

(3) 图 8.33(a)中单胞可以进一步被看作是四块倾斜单向板的集合,同样不考虑四块倾斜单向板间的交叉。每块单向板定义为一个特殊的纤维取向,并且所有单向板具有相同的厚度。另外,每块单向板中纤维体积分数相同,等同于编织复合材料中纤维体积分数。

图 8.34 所示为层合板的近似单胞结构,其中包含四个对角线方向纱线,倾斜单向板几何构造和堆叠序列也显示在图中。坐标系统 ξ_1-ζ_1-η_1 和 ξ_2-ζ_2-η_2 分别赋予单向板 $4'2'24$ 和 $1'3'31$。参考图 8.33 和图 8.34,用式(8.69)~式(8.72)描述每块较低表面单向板 1 和 3,以及每块较高表面单向板 2 和 4,从单胞的基平面($z=0$)可以计算得到:

单向板 1(纱线 $4'2$): $H_1(\xi_1) = \dfrac{P_c \xi_1}{L}$ ($0 \leqslant \xi_1 \leqslant L$)   (8.69)

单向板 2(纱线 $1'3$): $H_2(\xi_2) = \dfrac{P_c \xi_2}{L}$ ($0 \leqslant \xi_2 \leqslant L$)   (8.70)

单向板 3(纱线 $42'$): $H_3(\xi_1) = P_c \left(1 - \dfrac{\xi_1}{L}\right)$ ($0 \leqslant \xi_1 \leqslant L$)   (8.71)

单向板 4(纱线 $13'$): $H_4(\xi_1) = P_c \left(1 - \dfrac{\xi_2}{L}\right)$ ($0 \leqslant \xi_2 \leqslant L$)   (8.72)

其中: $L = \sqrt{(P_a^2 + P_b^2)}$ 。

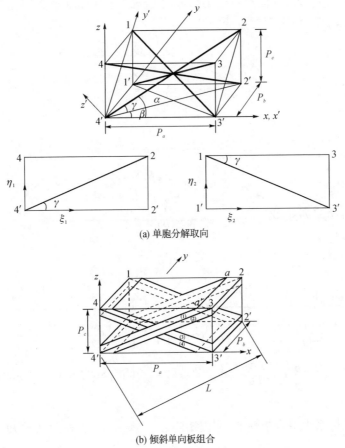

(a) 单胞分解取向

(b) 倾斜单向板组合

图 8.34 四块倾斜单向板代替倾斜纱线[4]

图 8.34 中,纱线取向角 α、β 和 γ 的定义:

$$\alpha = \tan^{-1}\sqrt{\left(\frac{P_b^2 + P_c^2}{P_a}\right)}$$

$$\beta = \tan^{-1}\frac{P_b}{P_a} \tag{8.73}$$

$$\gamma = \tan^{-1}\frac{P_c}{L}$$

图 8.34 中,四层层合板中每块单向板上的纱线都与 ξ 方向成 γ 角[图 8.33(b)]。例如,在 ξ-ζ 平面,单向板 1 的有效弹性:

$$E_{\xi}(\gamma) = \left(\frac{\cos^4\gamma}{E_{11}} + \left(\frac{1}{G_{12}} - \frac{2\nu_{21}}{E_{22}}\right)\cos^2\gamma\sin^2\gamma + \frac{\sin^4\gamma}{E_{22}}\right)^{-1}$$

$$E_{\zeta}(\gamma) = E_{22} = E_{33}$$

$$G_{\xi}(\gamma) = \left(\frac{\cos^2\gamma}{G_{12}} + \frac{\sin^2\gamma}{G_{23}}\right)^{-1} \tag{8.74}$$

$$\nu_{\zeta\xi}(\gamma) = \nu_{21}\cos^2\gamma + \nu_{32}\sin^2\gamma$$

垂直于纱线方向的平面被认为是横观各向同性的,那么刚度矩阵 $Q_{ij}(\gamma)$ 可由 E_{ξ}、E_{ζ}、G_{ξ}、$\nu_{\zeta\xi}$ 和 $D_{\gamma} = 1 - \nu_{\zeta\xi}^2(\gamma)E_{\xi}(\gamma)/E_{\zeta}$ 表示。

对于单向板 1,其纱线片段相对于编织方向(x 轴)形成偏轴角 β。因此,层合板在 x 方向的有效弹性下降,层合板刚度常数变为:

$$\overline{Q}_{ij}(\beta,\ \gamma) = \begin{bmatrix} \overline{Q}_{11} & \overline{Q}_{12} & \overline{Q}_{16} \\ \overline{Q}_{12} & \overline{Q}_{22} & \overline{Q}_{26} \\ \overline{Q}_{16} & \overline{Q}_{26} & \overline{Q}_{66} \end{bmatrix} \tag{8.75}$$

其中:

$$\overline{Q}_{11} = \left[\frac{E_{\xi}(\gamma)}{D_{\gamma}}\right]\cos^4\beta + 2\left[\frac{E_{\xi}(\gamma)\nu_{\zeta\xi}(\gamma)}{D_{\gamma}} + 2G_{\xi}(\gamma)\right] \times \cos^2\beta\sin^2\beta + \left[\frac{E_{\zeta}}{D_r}\right]\sin^4\beta$$

$$\overline{Q}_{12} = \left[\frac{E_{\xi}}{D_{\gamma}}(\gamma) + \frac{E_{\zeta}}{D_{\gamma}} - 4G_{\xi(\gamma)}\right]\cos^2\beta\sin^2\beta + \left[\frac{E_{\xi}(\gamma)\nu_{\zeta\xi}(\gamma)}{D_{\gamma}}\right]\left[\cos^4\beta + \sin^4\beta\right]$$

$$\overline{Q}_{16} = \left[\frac{E_{\xi}(\gamma)}{D_{\gamma}} + \frac{E_{\zeta}(\gamma)\nu_{\zeta\xi}(\gamma)}{D_{\gamma}} - 2G_{\xi}(\gamma)\right]\cos^3\beta\sin^2\beta +$$
$$\left[\frac{E_{\xi}(\gamma)\nu_{\zeta\xi}(\gamma)}{D_{\gamma}} - \frac{E_{\zeta}}{D_{\gamma}} + 2G_{\xi}(\gamma)\right]\cos\beta\sin^3\beta$$

$$\overline{Q}_{22} = \left[\frac{E_{\xi}(\gamma)}{D_{\gamma}}\right]\sin^4\beta + 2\left[\frac{E_{\xi}(\gamma)\nu_{\zeta\xi}(\gamma)}{D_{\gamma}} + 2G_{\xi}(\gamma)\right] \times \cos^2\beta\sin^2\beta + \left[\frac{E_{\zeta}}{D_{\gamma}}\right]\cos^4\beta$$

$$\overline{Q}_{26} = \left[\frac{E_{\xi}(\gamma)}{D_{\gamma}} - \frac{E_{\zeta}(\gamma)\nu_{\zeta\xi}(\gamma)}{D_{\gamma}} - 2G_{\xi}(\gamma)\right]\cos\beta\sin^3\beta + \left[\frac{E_{\xi}(\gamma)\nu_{\zeta\xi}(\gamma)}{D_{\gamma}} - \frac{E_{\zeta}}{D_{\gamma}} + 2G_{\xi}(\gamma)\right]\cos^3\beta\sin\beta$$

$$\overline{Q}_{66} = \left[\frac{E_{\xi}(\gamma)}{D_{\gamma}} + \frac{E_{\zeta}}{D_{\gamma}} - 2\frac{E_{\xi}(\gamma)\nu_{\zeta\xi}(\gamma)}{D_{\gamma}} - 2G_{\xi}(\gamma)\right] \times \cos^2\beta\sin^2\beta + G_{\xi}(\gamma)\left[\cos^4\beta + \sin^4\beta\right]$$

$$\tag{8.76}$$

已知 x-y 坐标系中层合板性能,刚度矩阵 $A_{ij}(x)$、$B_{ij}(x)$ 和 $D_{ij}(x)$ 可以由经典层合板理论计算得到:

$$[A_{ij}(x),\ B_{ij}(x),\ D_{ij}(x)] = \sum_{m=1}^{n}\int_{h_{m-1}}^{h_m}\overline{Q}_{ij}(\beta,\ \gamma)[1,\ z,\ z^2]\mathrm{d}z \tag{8.77}$$

上式中积分部分贯穿图 8.34 中单胞的厚度。例如,忽视基体部分的作用,外延的刚度矩阵$A_{ij}(x)$可以表示为:

$$A_{ij}(x) = \int_{H_1(\xi_1)}^{H_1(\xi_1)+h'}\overline{Q}_{ij}^{(1)}(\beta,\ \gamma)\mathrm{d}z + \int_{H_2(\xi_2)-h'}^{H_2(\xi_2)}\overline{Q}_{ij}^{(2)}(\beta,\ \gamma)\mathrm{d}z +$$
$$\int_{H_3(\xi_1)}^{H_3(\xi_1)+h'}\overline{Q}_{ij}^{(3)}(\beta,\ \gamma)\mathrm{d}z + \int_{H_4(\xi_2)-h'}^{H_4(\xi_2)}\overline{Q}_{ij}^{(4)}(\beta,\ \gamma)\mathrm{d}z \tag{8.78}$$

上式中,上标(1)、(2)、(3)和(4)分别对应图 8.34 中的单向板。另外,$h'=h/\cos\gamma$,h为单向板的厚度。值得注意的是,单向板 2,3 和 4 的角度 β 和 γ 依赖于纤维取向。为了避免过高估计复合材料的性能,层合板在单胞外面的部分(比如图 8.34 中 aa' 上方的区域)已经从式(8.77)中去除。层合板的厚度也被确定,单向板(1)、(2)、(3) 和 (4) 在 x-z 平面的横截面面积等于单胞面积。

对式(8.77)中的刚度矩阵 $A_{ij}(x)$、$B_{ij}(x)$ 和 $D_{ij}(x)$ 求逆,得到柔度矩阵$\overline{A}'_{ij}(x)$、$\overline{B}'_{ij}(x)$ 和$\overline{D}'_{ij}(x)$:

$$\overline{A}'_{ij} = \frac{1}{p_a}\int_0^{P_a}A_{ij}(x)\mathrm{d}x$$
$$\overline{B}'_{ij} = \frac{1}{p_a}\int_0^{P_a}B_{ij}(x)\mathrm{d}x \tag{8.79}$$
$$\overline{D}'_{ij} = \frac{1}{p_a}\int_0^{P_a}D_{ij}(x)\mathrm{d}x$$

单胞平均刚度矩阵 $\overline{A}_{ij}$、$\overline{B}_{ij}$ 和$\overline{D}_{ij}$ 可以从逆矩阵$\overline{A}'_{ij}$、$\overline{B}'_{ij}$ 和$\overline{D}'_{ij}$ 获得。最后,层合板工程常数 E_{xx}、E_{yy}、ν_{xy} 和 G_{xy} 可以表示为刚度常数和单胞厚度的函数。

图 8.35 和图 8.36 比较了三维碳纤维/环氧树脂编织复合材料的轴向弹性模量和泊松比的理论预测结果和试验结果[4]。随着编织角变小,倾斜层合板的性能逐渐倾向于单向层合板。单胞中四块倾斜层合板堆叠序列互换,不会影响面内有效性能。四步法三维编织复合材料的泊松比大于相同纤维体积分数的单向层合板。通过在轴向引入衬垫纱线,可以减小泊松比收缩效应。

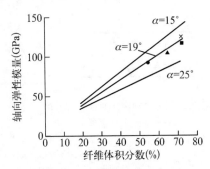

图 8.35 三维碳纤维/环氧树脂编织复合材料轴向弹性模量与纤维体积分数、纤维取向角 α 的关系(●、▲、■和×都表示试验数据)[4]

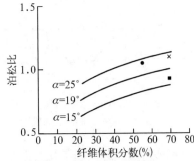

图 8.36 三维碳纤维/环氧树脂编织复合材料泊松比与纤维体积分数、纤维取向角 α 的关系(●、▲、■和×都表示试验数据)[4]

8.3.2　宏观单胞模型

宏观单胞模型不同于重复性代表性单胞模型。宏观单胞模型是根据整个复合材料横截面建立的,它考虑到纱线在复合材料角部位的排列。下面用宏观单胞模型预测二步法编织复合材料的弹性性能[31]。

8.3.2.1　几何关系

图 8.37 所示为二步法编织复合材料内部一根编织纱线的空间轨迹。对于 n 行、m 列的二步法编织物,一根编织纱完成编织循环,在编织平面内到达初始位置时,需要编织 $m+(n+1)/2$ 个花节长度。图 8.37 中的编织物有 10 个花节长度,图中显示了编织纱线位置和取向,数字显示了编织纱携纱器位置。

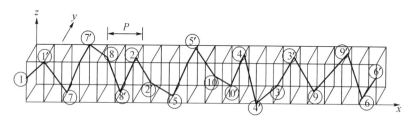

图 8.37　二步法编织复合材料内部一根编织纱线的空间轨迹[31]

为了辨认编织纱增强方向,携纱器从图 8.37 中的位置 1 向位置 7′ 运动,其运动轨迹投影到 y-z 平面(图 8.38)和 z-x 平面(图 8.39)上,形成纱线段。根据纱线相对于 x-y-z 坐标系的方向,所有纱线段可以被辨认出来。L_{bi}、L_{by} 和 L_{bz} 分别表示编织纱倾斜于 x、y 和 z 轴时,平行于 x-y 平面和平行于 z-x 平面的总投影长度:

$$L_{bi} = 4(m-1)(n-1)\left(S_a + \frac{S_b f_b}{\sin 2\theta}\right) \tag{8.80}$$

$$L_{by} = 2\left[(n-1)S_m + 2(m-1)S_a\cos\theta\right] \tag{8.81}$$

$$L_{bz} = 2\left[2mS_n + (n-1)S_a\sin\theta\right] \tag{8.82}$$

式中:m 和 n 分别表示列数和行数。

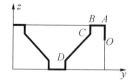

图 8.38　图 8.37 中纱线段 $11'77'$ 在
y-z 平面上的投影[31]

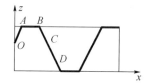

图 8.39　图 8.37 中纱线段 $11'77'$ 在
x-z 平面上的投影[31]

编织纱与编织轴向的平均取向角:

$$\bar{\alpha} = \tan^{-1}\left(\frac{2L_t}{(2m+n+1)P}\right) \tag{8.83}$$

式中：$L_t(=L_{bx}+L_{by}+L_{bz})$ 是编织纱线在 y-z 平面上的投影长度。

基于编织纱线平均取向角，总的编织纱线长度（L_b）：

$$L_b = \frac{L_t}{\sin \bar{\alpha}} \tag{8.84}$$

编织纱线倾斜于 x、y、z 轴和平行于 x-y、z-x 平面的长度，也可以用相似方法获得。因此，三个取向方向的编织纱线体积分数：

$$V_{bx} = S_b^2 f_b (L_{bx}/\sin \bar{\alpha})$$
$$V_{by} = S_b^2 f_b (L_{by}/\sin \bar{\alpha})$$
$$V_{bz} = S_b^2 f_b (L_{bz}/\sin \bar{\alpha}) \tag{8.85}$$

轴纱体积分数：

$$V_a = h\big[(m-1)(n-1)S_a^2\sin(2\theta) + 4(m-1)S_aS_n\cos\theta + $$
$$2(n-1)S_aS_m\sin\theta + 4S_mS_n\big] \tag{8.86}$$

宏观单胞体积分数：

$$V_t = wt \tag{8.87}$$

不同取向的编织纱的纤维体积分数可以从式(8.85)～式(8.87)获得。它们也用于求解刚度矩阵的体积平均值。

8.3.2.2　弹性常数

为了预测复合材料的弹性常数，浸渍树脂的纱线被看作横观各向同性的单向复合材料。参考坐标系 x-y-z 与单向复合材料局部坐标系 1-2-3 之间的方向余弦可通过设定 2 轴垂直于 z 轴得到（图 8.40）：

$$
\begin{array}{lll}
l_{1x} = \cos\beta\cos\gamma & l_{2x} = -\sin\beta & l_{3x} = -\cos\beta\sin\gamma \\
l_{1y} = \sin\beta\cos\gamma & l_{2y} = \cos\beta & l_{3y} = -\sin\beta\sin\gamma \\
l_{1z} = \sin\gamma & l_{2z} = 0 & l_{3z} = \cos\gamma
\end{array} \tag{8.88}
$$

考虑到图 8.40 中编织纱的平均取向角是 $\bar{\alpha}$ 而不是 α，角 β 和 γ 可以用 $\bar{\alpha}$ 和轴纱长宽比 f_a 表示：

$$\beta = \tan^{-1}(\cos\theta\tan\bar{\alpha}) = \tan^{-1}\left[\frac{\tan\bar{\alpha}}{\sqrt{(1+f_a^2)}}\right] \tag{8.89}$$

$$\gamma = \tan^{-1}\left[\frac{\sin\theta}{\sqrt{(\cot^2\bar{\alpha}+\cos^2\theta)}}\right] = \tan^{-1}\left[\frac{f_a\sin\bar{\alpha}}{\sqrt{(1+f_a^2\cos^2\bar{\alpha})}}\right] \tag{8.90}$$

根据这些方向余弦，在 1-2-3 坐标系下，单向复合材料的柔度矩阵 $[S]$ 可以转化到 x-y-z 坐标系下：

$$S'_{ijmn} = l_{pi}l_{qj}l_{rm}l_{sn}S_{pqrs} \quad (i, j, m, n, p, q, r, s = 1, 2, 3) \tag{8.91}$$

考虑到对称条件和使用简化符号，式(8.91)被简化为：

$$S'_{ij} = q_{mi}q_{nj}S_{mn} \tag{8.92}$$

式中：q_{mi} 和 q_{nj} 表示转化矩阵中第 i 排第 j 列元素。

对于横观各向同性单向复合材料，柔度矩阵有五个独立常数。

为了确定复合材料的有效刚度矩阵，对柔度矩阵求逆，并且在宏观单胞体积上取平均。取平均需要包括图 8.38 中所有 4 根纱线的取向，也就是轴纱（$\beta = 0$，$\gamma = 0$）、编织纱（BA）平行于 x-y 平面（$\beta = \bar{\alpha}$，$\gamma = 0$）、编织纱（BC）平行于 z-x 平面（$\beta = 0$，$\gamma = \bar{\alpha}$）、宏观单胞内部倾斜的编织纱（CD）$[\beta = f[\bar{\alpha}, f_a)$，$\gamma = g(\bar{\alpha}, f_a)]$。复合材料有效刚度 C^c_{ij}：

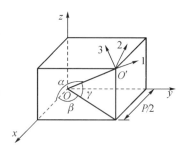

图 8.40　编织纱（OO'）的取向[31]

$$C^c_{ij} = \sum_{n=1}^{4} (C_{ij})_n \frac{V_n}{V_t} \tag{8.93}$$

式中：$(C_{ij})_n$ 和 V_n/V_t 分别表示单向复合材料每个增强方向的刚度矩阵和体积分数。

对复合材料刚度矩阵求逆，可获得柔度矩阵 S_{ij}，然后可由柔度矩阵算得工程常数，例如，$E_{xx} = 1/S_{11}$、$E_{yy} = 1/S_{22}$ 和 $\nu_{xy} = -S_{12}/S_{22}$ 等。

8.4　三维编织复合材料力学性能数值计算[32-36]

本节以三维碳纤维/环氧树脂编织复合材料疲劳性质为例，用有限元数值方法进行计算，揭示其疲劳损伤机制。

编织复合材料与 8.2.2.3 节所述相同，纱线选用日本东丽公司（Toray®）生产的 T300-6K 碳纤维束，树脂采用天津津东化学复合材料有限公司生产的 TDE-85（脂环族缩水甘油酯）环氧树脂，固化剂和催化剂分别为 N,N-二甲基卞胺和 HK-021 甲基四氢苯酐，其中碳纤维与环氧树脂性能参数列于表 8.6 中。

表 8.6　组分材料性能参数

指标	T300-6K 碳纤维	TDE-86 环氧树脂
轴向弹性模量（GPa）	230	4.55
横向弹性模量（GPa）	13.8	
泊松比	0.25	0.3
	0.2	
塑性应变（%）	—	2.3
拉伸强度（MPa）	3530	117
密度（g/cm³）	1.76	1.21

成型后的四步法三维编织复合材料试件如图 8.41 所示，其中（a）为试件表面，（b）为试件侧面形态，试件基本参数见表 8.7。

表 8.7　试件基本参数

项目	参数值
编织纱线根数	179
试件尺寸（mm）	125×25×3
纤维体积分数（％）	53％
编织角（°）	28±3
花节长度（mm）	3.0

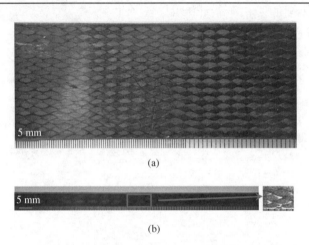

图 8.41　成型后四步法三维编织复合材料试件

8.4.1　准静态三点弯曲测试与结果分析

　　试验采用 MTS810.23 材料测试系统，将四步法三维编织复合材料放置在两根支撑辊之间，用一个同样尺寸的压辊施加准静态载荷，试验在室温（25±2）℃、相对湿度（50±5）％条件下进行，试验过程中压辊下降速度为 2 mm/min。所有压辊直径为 20 mm，长度为 70 mm，两根支撑辊间的跨距为 100 mm，如图 8.42 所示。

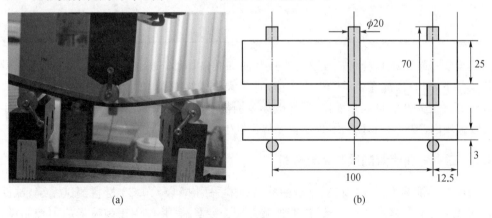

图 8.42　准静态三点弯曲试验示意图

　　四步法三维编织复合材料准静态三点弯曲试验进行三次,对测试结果进行处理,获得载荷-挠度曲线,如图 8.43 所示。从图 8.43 中可以看出,在达到最大载荷之前,载荷-挠度

曲线均表现为倾斜直线状态,表明四步法三维编织复合材料在这个阶段近似为线弹性材料,说明碳纤维起主导作用。达到最大载荷时,载荷-挠度曲线幅值瞬间降低,材料发生破坏,随后强力降低会有微小的反弹现象,再缓慢下降。在本阶段,由于碳纤维几乎不表现出塑性,当碳纤维作为增强体出现大量断裂破坏后,剩余碳纤维与环氧树脂承担后续载荷,纤维抽拔成为材料损伤的主要因素,大变形情况出现。

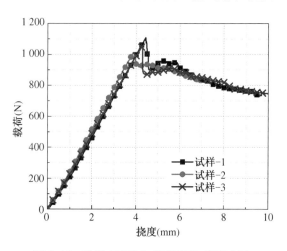

图 8.43　准静态弯曲加载下载荷-挠度曲线

　　根据以下两式可以计算出四步法三维编织复合材料的弯曲模量 E_b(GPa) 与弯曲强度 σ_b(MPa):

$$E_b = \frac{l^3 \cdot \Delta F}{4bh^3 \cdot \Delta f} \tag{8.94}$$

$$\sigma_b = \frac{3Fl}{2bh^2} \tag{8.95}$$

其中:F 为施加在试件上的载荷;ΔF 为 F 增量;Δf 为跨距中点处的挠度增量;l 为跨距,即两根支持辊之间的距离;b 为试件宽度;h 为试件厚度。

　　试件的弯曲强度、弯曲模量、最大应变以及破坏载荷见表 8.8。

表 8.8　试件准静态三点弯曲力学性能

试件号	弯曲强度(MPa)	弯曲模量(GPa)	最大应变(%)	破坏载荷(N)	挠度(mm)
1	738.6	91.6	135.8	1 107.9	4.4
2	674.1	95.5	124.4	1 012.1	3.9
3	703.1	93.3	132.8	1 054.6	4.3

　　四步法三维编织复合材料准静态三点弯曲加载破坏形态如图 8.44 所示。在三点弯曲加载条件下,材料顶部主要承受挤压载荷,底部承受拉伸载荷,中间则受到这两种载荷所产生的剪切应力。从图 8.44 可以看出,试件破坏范围很小,上下表面损伤仅发生在加载辊压迫的一小段区域内,裂纹破坏主要沿纱线-树脂界面发生,没有出现传统层合板的分层破坏现象。

8.4.2　三点弯曲疲劳测试与结果分析

　　四步法三维编织复合材料三点弯曲疲劳试验采用 MTS810.23 材料测试系统,试件参数和加载位置与准静态试验一致,疲劳加载采用交变载荷,并使用正弦波形应力控制模式,如图 8.45 所示。

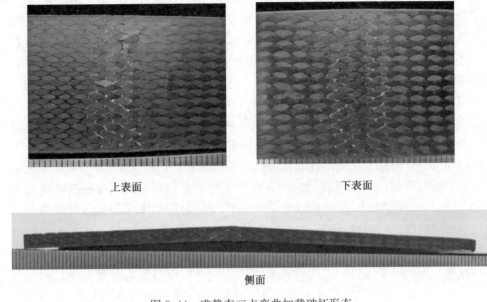

上表面　　　　　　　　　下表面

侧面

图 8.44　准静态三点弯曲加载破坏形态

从图 8.45 可以看出，一个正弦周期下的加载过程称为一个加载周期 T 或加载圈数，加载频率 $f = 1/T$，σ_{max} 和 σ_{min} 分别为一个加载周期中的最大和最小弯曲应力，σ_{ult} 为准静态加载下的最大弯曲应力，应力比 R 为一个加载周期中最小弯曲应力与最大弯曲应力之比（即 $R = \sigma_{min}/\sigma_{max}$），应力水平为一个加载周期中最大弯曲应力与准静态加载下的最大弯曲应力之比（即 $\sigma_{max}/\sigma_{ult}$）。这里选用加载频率 f 为 3 Hz 的正弦波曲线进行试验，应力比 R 为 0.1，应力水平分别为 90%、80%、70%、60%、55% 和 50%，其中 80%、70%、60% 应力水平下的试验结果为主要分析对象。

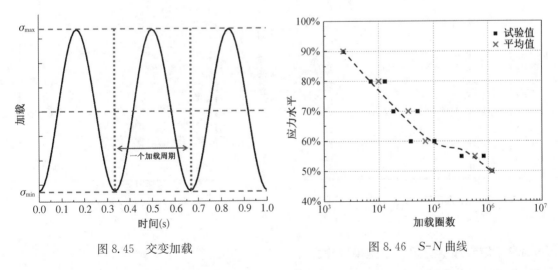

图 8.45　交变加载　　　　　　　　　图 8.46　S-N 曲线

由于受应力水平与试件本身结构的影响，疲劳寿命差异显著，一般选用 S-N 曲线进行表征，S 为应力水平，N 为试件发生疲劳破坏时的加载圈数，试验结果如图 8.46 所示，方块代表一个应力水平下的有效测试结果，每个叉状数据点代表该应力水平下试件疲劳寿命的平均值,除 50% 和 90% 应力水平下为一次有效试验结果,其余应力水平下均进行两次试验。对比试验结果不难看出,四步法三维编织复合材料的疲劳寿命随应力水平下降而增加,当应力水平达到 50% 时,加载圈数达到 1×10^6 仍未破坏。按照以往的研究经验,可以认为该材料在这个应力水平下不会出现疲劳破坏。因此,这里选用四步法三维编织复合材料试件的疲劳极限应力水平为 50%。

选用三个代表性应力水平(80%、70%、60%)做进一步分析。三种应力水平下,四步法三维编织复合材料疲劳破坏时的加载圈数分别为 12 833、50 370 和 101 652。为方便比较,分别对三个应力水平下材料退化刚度和加载圈数进行等寿命处理,最终获得四步法三维编织复合材料在三个应力水平下的刚度退化及挠度变化曲线,分别如图 8.47 和 8.48 所示。从这两个图中可以看到,随着加载圈数增加,四步法三维复合材料的刚度逐渐降低而挠度逐渐增加。同时,三种应力水平下,四步法三维编织复合材料的刚度退化及挠度变化过程存在明显的三阶段特征:在初始阶段,材料刚度及挠度出现明显变化(第一阶段);随后进入平稳变化阶段,这个阶段占整个寿命期的比例很大(第二阶段);之后,材料刚度与挠度剧烈变化至材料完全失效(第三阶段)。疲劳加载过程中的三阶段特征也是材料损伤累积过程的表现。在第一阶段,由于受到载荷作用,材料中的缺陷及弱环会造成应力集中,出现起始损伤,这个过程应属于树脂及界面裂纹萌生阶段,因此在初始加载阶段,材料刚度与挠度会出现显著变化。当损伤及裂纹扩展达到稳定后,进入第二阶段。在这个阶段,树脂裂纹逐渐沿材料厚度方向由外向内扩展,树脂与纱线界面间裂纹则沿着纱线方向扩展,同时材料厚度方向的受力方式不同,这会进一步加剧界面开裂及分层,这个过程平缓且持久。当材料损伤累积到一定程度,载荷大部分集中于纱线,纱线大量断裂破坏,整个材料会在较少的加载圈数内达到完全失效。

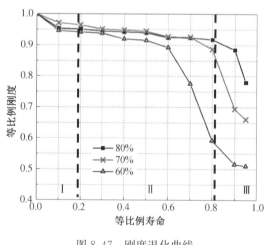

图 8.47　刚度退化曲线

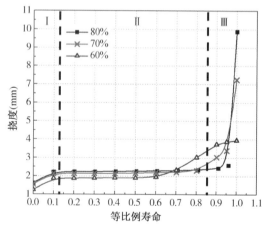

图 8.48　挠度变化曲线

8.4.3　疲劳加载有限元单胞模型建立

8.4.3.1　有限元计算方法

图 8.49 为四步法三维编织复合材料在三种应力水平(80%、70%、60%)下疲劳破坏形

态,可以看出:三种应力水平下,破坏主要集中在试件中部区域,应力水平越高,试件破坏越严重,纱线断裂情况越明显;在应力水平较低时,试件上下表面主要出现沿花节方向的树脂裂纹。对比上下表面破坏情况,在同一应力水平下,上表面破坏情况比下表面严重,以 80% 应力水平为例,上表面出现明显的挤压破坏,下表面则出现沿试件中部花节方向的锯齿状断裂,考虑弯曲加载时试件不同区域的受载情况,进一步证明四步法三维编织复合材料耐拉不耐压。

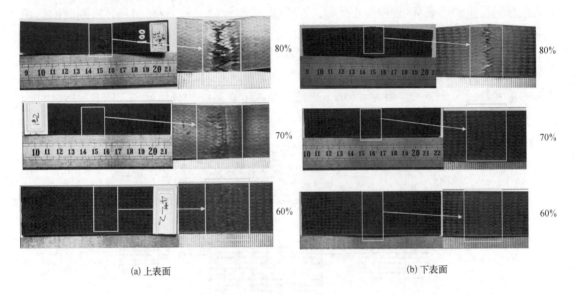

(a) 上表面　　　　　　　　　　　　　　　　　　(b) 下表面

图 8.49　三种应力水平下试件疲劳破坏形态

有限元计算在 LINUX 操作系统上进行,使用商用软件 ABAQUS/Standard 求解器(版本为 6.11),UMAT 通过 Intel® Visual Fortran Compiler Professional 11. 1. 065 进行编写。四步法三维编织复合材料三点弯曲循环加载下有限元计算流程如图 8.50 所示:在ABAQUS 前处理模块建立基本几何模型,对模型进行网格划分并赋予其材料属性及接触、

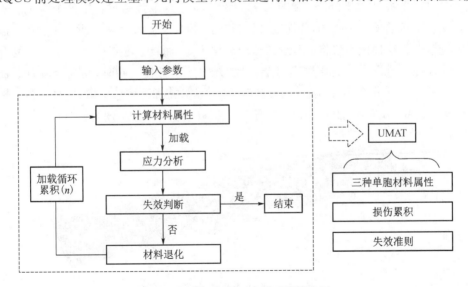

图 8.50　循环加载下有限元计算流程

边界和加载等条件;UMAT 调取基本材料参数,计算三种单胞本构关系;每圈加载时根据单胞本构关系及时进行应力、应变计算;UMAT 通过失效准则判断单元是否失效(如果未达到失效标准,单元内材料属性按照刚度退化模式进行更新,为下一次循环过程做准备;如果达到失效标准,该单元属性降至极低值(直接降至零会增加后续计算迭代难度,甚至报错),不参与应力、应变计算,周围单元应力更新并覆盖全局历史变量,再进行下一次循环);直至材料发生彻底破坏,程序停止计算。UMAT 主要包括三种单胞材料属性、刚度损伤积累及失效判断三部分。

　　建立有限元模型时,为尽量减少计算成本,忽略复合材料平板与加载、支持辊之间的接触,将加载与约束都建立在四步法三维编织复合材料平板上,如图 8.51 所示。复合材料平板的单元数量为 21 500。因为 UMAT 中使用了八节点减缩积分单元(C3D8R),所以对沙漏刚度进行增强,以帮助计算过程顺利进行。

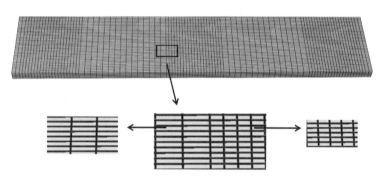

图 8.51　复合材料平板网格划分规律

8.4.3.2　加载与约束条件

　　由于有限元模型中没有加载辊和支持辊,因此加载和约束条件直接施加到四步法三维编织复合材料平板上,如图 8.52 和图 8.53 所示。为了提取疲劳过程中整个四步法三维编织复合材料平板的反作用力,需要在复合材料平板正上方添加参考点(RP-1),并将该点与受载位置耦合。这样做不仅将加载形式从面简化到点,而且参考点所受作用力与复合材料平板在循环加载过程中的反作用力完全一致,方便后续分析。同时,在复合材料平板下表面距离两端 12.5 mm 的两个位置(与支持辊接触位置)施加无位移约束,并对 y 和 z 轴方向的旋转进行约束,仅对 x 轴旋转开放,便于复合材料平板受到载荷时可以弯曲。

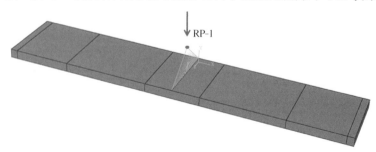

图 8.52　有限元模型加载方式示意图

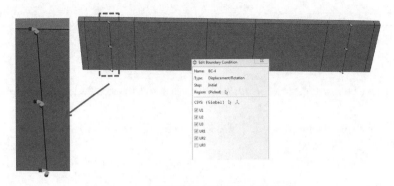

图 8.53　有限元模型约束方式示意图

8.4.3.3　材料性能退化

复合材料在循环载荷条件下的破坏情况十分复杂,主要包括树脂开裂、界面脱黏及纤维断裂三种形式。在实际加载过程中,疲劳损伤并非由单一原因造成,而是上述三种形式共同作用的结果,并且随加载次数增加,损伤破坏的主因会改变。无论成因如何,损伤都会导致复合材料整体抗疲劳性能逐渐下降,这被称为材料性能退化过程。在材料性能退化过程中,损伤被看作一个累积过程,随加载圈数增加,材料强度及刚度下降。当达到加载圈数 n 时,材料剩余刚度称为 $E(n)$,损伤刚度称为 $D(n)$,两者之间的关系如下:

$$D(n) = 1 - \frac{E(n)}{E(0)} \tag{8.96}$$

式中: $E(0)$ 为未受到加载时的材料刚度。

上述这种宏观表达疲劳损伤的方式被称为剩余刚度法。根据应力-应变曲线,在加载圈数为 n 时的斜率就是材料剩余刚度 $E(n)$,随加载圈数增加,曲线斜率下降,表明剩余刚度 $E(n)$ 下降,而损伤刚度 $D(n)$ 增加,材料疲劳寿命可以利用曲线斜率的变化进行预测。Van Paepegem 和 Degrieck[37]在 2001 年提出了针对弯曲疲劳情况下的损伤刚度模型。这里从 Van Paepegem 和 Degrieck 的损伤刚度公式出发,推导出三点弯曲疲劳加载过程剩余刚度退化模型,并与等寿命模型联立,建立出适用于不同应力水平的剩余刚度退化公式。Van Paepegem 和 Degrieck 的损伤刚度公式:

$$\frac{\mathrm{d}D}{\mathrm{d}n} = \begin{cases} \dfrac{A \cdot \left(\dfrac{\Delta\sigma}{\sigma_{TS}}\right)^c}{(1-D)^b} & \text{(拉伸载荷下)} \\ 0 & \text{(压缩载荷下)} \end{cases} \tag{8.97}$$

式中: D 为局部损伤变量; n 为加载圈数; $\Delta\sigma$ 为加载时应力幅值, σ_{TS} 为最大拉伸应力,并且 $0 < \dfrac{\Delta\sigma}{\sigma_{TS}} \leqslant 1$; A 、 b 和 c 分别为试验常数。

对式(8.97)进行积分,可以得到:

$$(1-D)^{1+b} = -(1+b)nA\left(\frac{\Delta\sigma}{\sigma_{TS}}\right)^c \tag{8.98}$$

对式(8.97)从 n_1 到 n_2 进行定积分($n_1 < n_2$),可以得到:

$$\left[1-D(n_2)\right]^{1+b}-\left[1-D(n_1)\right]^{1+b}=-(1+b)\cdot(n_2-n_1)\cdot A\left(\frac{\Delta\sigma}{\sigma_{TS}}\right)^c$$

将上式进行转化,得到:

$$\left[1-D(n_2)\right]^{1+b}=\left[1-D(n_1)\right]^{1+b}-(1+b)\cdot A\left(\frac{\Delta\sigma}{\sigma_{TS}}\right)^c\cdot(n_2-n_1) \qquad (8.99)$$

当 $n_1=0$, $n_2=n$ 时,由式(8.99)可以得到:

$$\left[1-D(n)\right]^{1+b}=\left[1-D(0)\right]^{1+b}-(1+b)\cdot A\left(\frac{\Delta\sigma}{\sigma_{TS}}\right)^c\cdot(n-0) \qquad (8.100)$$

D 代表材料的损伤变量,由于材料在未加载时被认为不存在损伤,所以 $D(0)=0$,式(8.100)可以变形为:

$$\left[1-D(n)\right]^{1+b}=1-(1+b)\cdot A\left(\frac{\Delta\sigma}{\sigma_{TS}}\right)^c n$$

最终得损伤变量 $D(n)$ 与加载圈数 n 的关系:

$$D(n)=1-\left[1-(1+b)\cdot A\left(\frac{\Delta\sigma}{\sigma_{TS}}\right)^c n\right]^{\frac{1}{1+b}} \qquad (8.101)$$

将式(8.96)代入式(8.101),可得:

$$\frac{E(n)}{E(0)}=\left[1-(1+b)\cdot A\left(\frac{\Delta\sigma}{\sigma_{TS}}\right)^c n\right]^{\frac{1}{1+b}} \qquad (8.102)$$

应力水平 $R=\frac{\Delta\sigma}{\Delta_{TS}}$,式(8.102)可以转化为:

$$R^c=\frac{1-\left(\frac{E(n)}{E(0)}\right)^{1+b}}{A\cdot(1+b)\cdot n} \qquad (8.103)$$

假设材料寿命为 N,当 $n=N$ 时,式(8.103)转化为:

$$R^c=\frac{1-\left(\frac{E(N)}{E(0)}\right)^{1+b}}{A\cdot(1+b)\cdot N} \qquad (8.104)$$

将式(8.104)代入式(8.102),得:

$$\frac{E(n)}{E(0)}=1-\left[1-\left(\frac{E(N)}{E(0)}\right)^{(1+b)}\cdot\frac{n}{N}\right]^{\frac{1}{1+b}} \qquad (8.105)$$

根据 Lee 等[38]建立的剩余刚度与强度公式:

$$\frac{\sigma}{\sigma_{ult}}=p\cdot\left[\frac{E(N)}{E(0)}\right]^q \qquad (8.106)$$

式中: σ_{ult} 为材料最大应力; p 和 q 为试验常数。

将式(8.106)代入式(8.105),得:

$$\frac{E(n)}{E(0)} = 1 - \left[1 - \left(\frac{\sigma}{p \cdot \sigma_{\text{ult}}} \right)^{\frac{(1+b)}{q}} \cdot \frac{n}{N} \right]^{\frac{1}{1+b}} \tag{8.107}$$

通过优化上式可以建立与循环圈数 n、应力值 σ 及应力水平 R 相关的损伤刚度模型：

$$D(n, \sigma, R) = \left[1 - \left(\frac{\sigma}{p \cdot \sigma_{\text{ult}}} \right)^{\frac{(1+b)}{q}} \cdot \frac{n}{N} \right]^{\frac{1}{1+b}} \tag{8.108}$$

8.4.3.4　等寿命方程

为了使上述损伤刚度模型适用于四步法三维编织复合材料在不同应力水平下的三点弯曲疲劳加载情况，需要与等寿命方程联立方程组，对材料寿命 N 建立关系。通常，$S-N$ 曲线以幂指数形式表示：

$$\sigma_m \cdot N = C \tag{8.109}$$

对式(8.109)两边取对数，可以得到：

$$\lg \sigma = A + B \cdot \lg N \tag{8.110}$$

式中：m 和 C 为试验常数，$A = \lg C/m$，$B = -1/m$。

在此基础上，Beheshty[39] 提出了等寿命方程：

$$\frac{\ln \left(\frac{a}{f} \right)}{\ln [(1-m) \cdot (c+m)]} = A + B \cdot \lg N \tag{8.111}$$

其中：$a = \frac{\sigma_a}{\sigma_t}$，$m = \frac{\sigma_m}{\sigma_t}$，$c = \frac{\sigma_c}{\sigma_t}$，$\sigma_t$ 为静态拉伸强度，σ_c 为静态压缩强度，σ_a 为应力幅值，σ_m 为平均应力。

8.4.3.5　疲劳失效准则

在循环加载条件下，疲劳寿命 N 需要考虑应力水平 R、加载圈数 n 及静态破坏强度 σ 等因素，仅以静态条件下极限强度作为判断依据，很难准确判断材料是否破坏。因此，选用 Hashin[40] 三维失效准则作为四步法三维编织复合材料三点弯曲疲劳的失效准则。该准则使用循环次数（加载圈数）n 为变量的多项式作为疲劳失效准则来取代材料的静态极限强度，方便与8.4.3.3节中材料性能退化模型建立关系，并且可以判断出疲劳加载过程中不同损伤形式（拉伸破坏或压缩破坏）。

上述疲劳加载下剩余刚度与材料寿命间的关系即式(8.107)乘以应变，可以得到与加载圈数 n、应力 σ 及应力水平 R 相关的公式：

$$\frac{\sigma(n, \sigma, R)}{\sigma_U} = 1 - \left[1 - \left(\frac{\sigma}{p \cdot \sigma_U} \right)^{\frac{(1+b)}{q}} \cdot \frac{n}{N} \right]^{\frac{1}{1+b}} \tag{8.112}$$

上式可以根据不同载荷形式变化，以受到拉伸载荷为例：

$$\frac{F_T(n, \sigma, R)}{F_T} = 1 - \left[1 - \left(\frac{\sigma}{p \cdot F_T} \right)^{\frac{(1+b)}{q}} \cdot \frac{n}{N} \right]^{\frac{1}{1+b}} \tag{8.113}$$

材料弯曲可以分为拉伸（主要出现在上半部分）、压缩（主要出现在下半部分）的载荷形式,因此应力失效判断必须分别讨论。

(1) 当纤维受到拉伸疲劳失效时,$\sigma > 0$:

$$\left(\frac{\sigma}{F_T(n,\sigma,R)}\right)^2 + \left(\frac{\dfrac{\sigma_{xy}^2}{2E_{xy}(n,\sigma,R)}}{\dfrac{S_{xy}^2(n,\sigma,R)}{2E_{xy}(n,\sigma,R)}}\right)^2 + \left(\frac{\dfrac{\sigma_{xz}^2}{2E_{xz}(n,\sigma,R)}}{\dfrac{S_{xz}^2(n,\sigma,R)}{2E_{xz}(n,\sigma,R)}}\right) \geqslant 1 \qquad (8.114)$$

(2) 当纤维受到压缩疲劳失效时,$\sigma < 0$:

$$\left(\frac{\sigma}{F_C(n,\sigma,R)}\right)^2 \geqslant 1 \qquad (8.115)$$

(3) 当树脂受到拉伸疲劳失效时,$\sigma > 0$:

$$\left(\frac{\sigma}{M_T(n,\sigma,R)}\right)^2 + \left(\frac{\dfrac{\sigma_{xy}^2}{2E_{xy}(n,\sigma,R)} + \dfrac{3}{4}\alpha\sigma_{xy}^4}{\dfrac{S_{xy}^2(n,\sigma,R)}{2E_{xy}(n,\sigma,R)} + \dfrac{3}{4}\alpha S_{xz}^4(n,\sigma,R)}\right)^2 + \left(\frac{\sigma_{yz}}{S_{yz}(n,\sigma,R)}\right)^2 \geqslant 1$$

$$(8.116)$$

(4) 当树脂受到压缩疲劳失效时,$\sigma < 0$:

$$\left[\frac{\sigma}{M_C(n,\sigma,R)}\right]^2 + \left(\frac{\dfrac{\sigma_{xy}^2}{2E_{xy}(n,\sigma,R)} + \dfrac{3}{4}\alpha\sigma_{xy}^4}{\dfrac{S_{xy}^2(n,\sigma,R)}{2E_{xy}(n,\sigma,R)} + \dfrac{3}{4}\alpha S_{xy}^4(n,\sigma,R)}\right)^2 + \left[\frac{\sigma_{yz}}{S_{yz}(n,\sigma,R)}\right]^2 \geqslant 1$$

$$(8.117)$$

其中:σ 为某节点在第 n 次加载时的应力;x、y 和 z 对应全局坐标系下的坐标方向;$F_k(n,\sigma,R)$ 和 $M_k(n,\sigma,R)$ 分别是剩余刚度模型中某个应力水平下纤维与树脂的剩余强度,$k=T$ 和 $k=C$ 分别代表拉伸与压缩;$E(n,\sigma,R)$ 和 $S(n,\sigma,R)$ 分别表示某个应力水平下的弹性模量和剪切模量;α 表示材料非线性因子,$\alpha = 3.7 \times 10^{-9}$ MPa^{-3}[73]。

上述失效准则公式中,纤维和树脂的极限强度见表 8.9。

表 8.9　纤维与树脂极限强度

材料属性		纤维	树脂
纵向强度（MPa）	拉伸	3 530	80
	压缩	−5 300	−370
横向强度（MPa）	拉伸	1 000	80
	压缩	−2 000	−370
剪切强度（MPa）	轴向	1 000	100
	横向	800	100

8.4.3.6　有限元结果与讨论

根据上文所描述的计算过程,在 60%、70% 和 80% 应力水平下,试件的最大加载圈数分别为 101 500、50 370 和 12 800。

(1) 应力和应变分布。图 8.54 为三种应力水平(60%、70%和80%)下四步法三维编织复合材料平板的应力云图。在每种应力水平下,选择五个特殊加载圈数用于比较复合材料平板在循环加载过程中应力变化情况,这五个特殊加载圈数分别为第一圈及材料寿命的30%、60%、90%和97%时的加载圈数。模拟中选用的加载方式与试验相同,是由应力控制而非位移控制加载。理论上,材料受循环加载后,损伤不断积累,抗弯性能逐渐下降,但应力变化较小。从图 8.54 可以看出,三种应力水平(60%、70%和80%)下,复合材料平板随加载圈数增加,应力变化很小,且应力主要集中在平板中部和受约束的下表面两端。通过应力标尺比较可以看出,应力水平越高,应力集中现象越明显,最大应力越高(60%应力水平下最大应力约为310 MPa,70%应力水平下最大应力约为360 MPa,80%应力水平下最大应力约为390 MPa)。

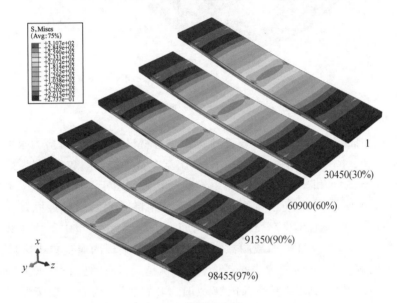

(a) 60%应力水平

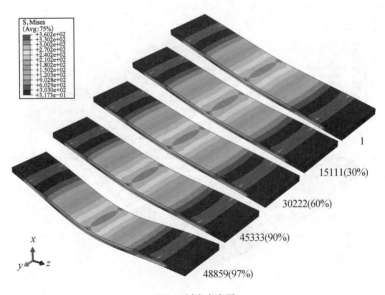

(b) 70%应力水平

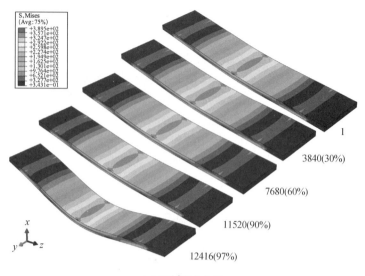

（c）80%应力水平

图 8.54 三种应力水平下特殊加载圈数时的应力云图

图 8.55 为随加载圈数增加，四步法三维编织复合材料平板在三种应力水平（60%、70%和 80%）下的应变云图。在每种应力水平下，选出五个特殊加载圈数（分别为第一圈及材料寿命的 30%、60%、90% 和 97% 时的加载圈数）进行比较。由于不同应力水平下应变在不同标尺范围内的颜色深浅无法作为参考进行对比，因此将应变云图标尺固定在 0.002% ～ 2%。从图 8.55 可以明显看出，应变较大区域与应力情况接近，均集中于复合材料平板中部及下表面两个约束区域，并且随加载圈数增加，复合材料平板的应变集中区域及应变值逐渐增大。在不同应力水平下，应力水平越高，应变就越大，但在材料寿命的中前期，应变差异不大，差异最大位置出现在材料寿命的 97% 时，也就是复合材料平板接近完全破坏的阶段，在此阶段，应变急剧增加，不同应力水平间的应变差异最明显。

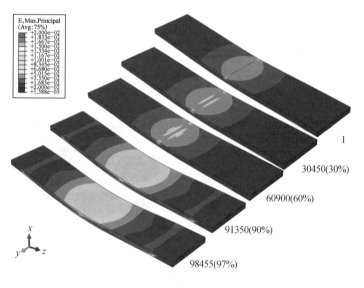

（a）60%应力水平

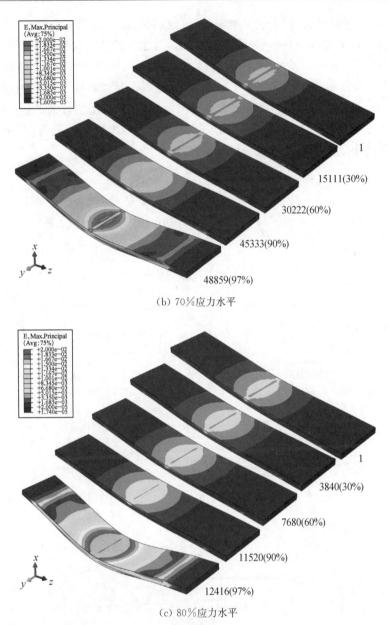

(b) 70%应力水平

(c) 80%应力水平

图 8.55 三种应力水平下特殊加载圈数时的应力云图

(2) 挠度变化。图 8.56 为三种应力水平(60%、70% 和 80%)下四步法三维编织复合材料平板挠度与加载圈数之间的关系。对比三种应力水平下的挠度变化规律,在每种应力水平下挠度最大值和材料寿命(加载圈数)不同,但三条曲线的趋势和规律十分接近,并且符合疲劳损伤机理。这三条曲线可以明显划分出三个变化阶段:第一阶段,挠度快速增大;第二阶段,挠度变化平缓,虽然挠度增加但增加缓慢(从图中可以看到三条曲线均存在一个平台,这个平台就是第二阶段的特点,平缓阶段的长短会随应力水平不同而变化,但占据材料寿命的绝大部分);第三阶段的挠度变化与第一阶段接近,在极短时间内挠度急剧增加,这个阶段也是复合材料平板疲劳寿命的最后阶段,会持续到材料完全破坏。应力水平对第三阶段的影响:应力水平越低,四步法三维编织复合材料平板进入第三阶段的时间(相对寿命圈数)越早,曲线越平缓,占材料寿命的比例越大。对比三种应力水平下第三阶段的出现时间,60%应力水平下为第60 991圈,约为材料寿命的60%(N=101 500),即第三阶段占材料寿命的40%;70%和80%应力水平下分别为第40 296圈和第11 550圈,相当于材料寿命的80%和90%,第三阶段占材料寿命的20%和10%。这反映出应力水平越高(所受载荷越大),复合材料平板损伤积累越快,寿命越短并且完全破坏出现得越突然,意味着复合材料平板会更突然地出现大变形并导致材料整体失效。

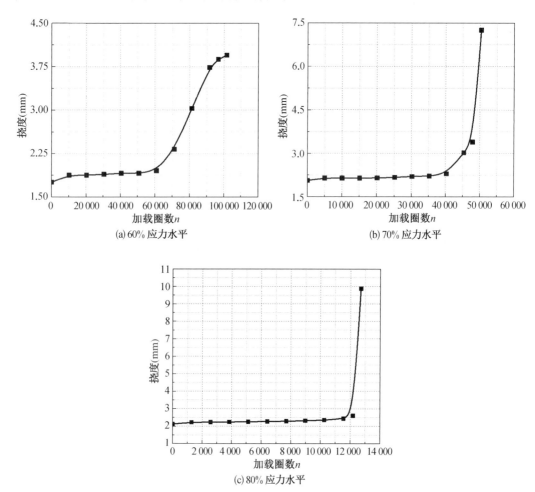

图8.56　三种应力水平下挠度与加载圈数之间的关系

(3) 刚度降解。图8.57为三种应力水平(60%、70%和80%)下四步法三维编织复合材料平板弯曲刚度与加载圈数的关系,并与试验结果进行比较。从图8.57中可以看到,三种应力水平(60%、70%和80%)下有限元模拟结果与试验结果十分接近,说明在不同应力水平下UMAT中三种单胞材料属性、损伤积累与破坏判定是可靠的。与弯曲挠度规律类似,四步法三维编织复合材料平板在三点弯曲循环加载下的刚度降解曲线也可以分为典型疲劳破坏的三个阶段:在第一阶段和第三阶段,复合材料平板的弯曲刚度随加载圈数增加急剧降低;在第二阶段,复合材料平板的刚度降解趋势最缓慢,并且第二阶段占材料寿命的比例最大。在疲劳损伤积累方面,复合材料平板在循环载荷过程中受到的损伤主要包括树脂开裂、纱线与树脂间脱黏及纱线断裂三种,这些都会导致复合材料的刚度退化,但在不同阶段,刚度退化原因可能为一项或者多项共同作用。在复合材料平板损伤积累的第一阶段,弯曲刚度会在加载的前几圈甚至几十圈出现剧烈的降低,这是因为复合材料平板内部树脂和纱线存在一定缺陷或弱环,在应力集中区域受纱线分布影响,少数纱线承受绝大部分应力,易于出现损伤,因此在一定载荷的作用下,就会导致复合材料平板内部出现损伤,如树脂和纱线产生裂纹、纤维与树脂界面间脱黏。但在有限元模型中,材料并不存在弱环或缺陷,同时纱线与树脂经单胞均一化处理,应力只均匀分布在应力集中区域的若干单元中,而不是单独纱线受集中应力,因此模拟曲线上的第一阶段与第二阶段没有明显界限,这也是与试验结果在第一阶段存在一定差异的原因。在弯曲刚度降解的第二阶段,试验中复合材料平板内部的弱环与缺陷在初始阶段暴露后,弯曲刚度达到一个稳定期,疲劳损伤随着循环加载次数的增加缓慢累积,内部裂纹会沿着纤维与树脂间的界面逐渐扩展。当损伤积累到一定程度后就进入第三阶段,复合材料平板的弯曲刚度急剧下降直至完全破坏。在这两个阶段中,有限元计算过程也采用损伤刚度累积方法,因此这两个阶段的模拟曲线与试验曲线接近。

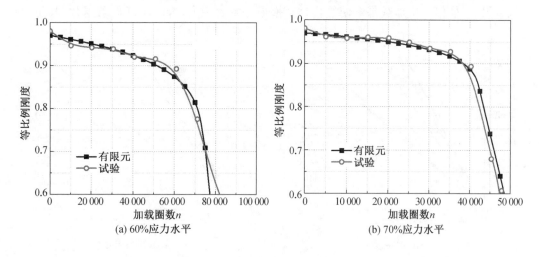

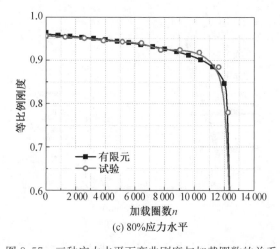

图 8.57　三种应力水平下弯曲刚度与加载圈数的关系

（4）载荷与位移变化。图 8.58 为三种应力水平（60％、70％和80％）下四步法三维编织复合材料平板在特殊加载圈数时载荷和位移的变化情况。由于四步法三维编织复合材料平板所受到的三点弯曲疲劳加载是基于正弦曲线的循环往复运动，只从材料弯曲刚度降解曲线，很难得出不同时刻的一次完整载荷过程所对应的位移变化情况。因此，需要建立某些特殊加载圈数时载荷与位移变化的关系。不同时刻的载荷-位移曲线斜率能反映出复合材料平板在此次加载循环中的弯曲刚度，与弯曲刚度降解曲线相互印证。为了易于在不同应力水平间进行比较，图8.58中所选择的特殊加载圈数分别为三种应力水平（60％、70％和80％）下材料寿命的 10％、20％、30％、40％、50％、60％、70％、80％、90％、95％、97％及第一圈。从图 8.58 可以看出，三种应力水平下，不同加载圈数的载荷-挠度曲线会出现集中现象，这说明在集中区域的复合材料平板的变形范围和弯曲刚度变化不大。同时，应力水平会对集中区域分布产生影响，以 60％应力水平下的载荷-挠度曲线为例，曲线分布较分散，在第 60 900 圈（材料寿命的 60％）之前及第 91 350 圈（材料寿命的 90％）之后，会出现两个集中区域，而 70％和80％应力水平下的载荷-挠度曲线只存在一个集中区域，最大位移分别出现在第 48 859、12 416 圈（均是材料寿命的 97％），这说明在较高应力水平下，当达到损伤累积极限后，任何一次加载都会使复合材料平板产生大变形，弯曲刚度显著退化，甚至直接

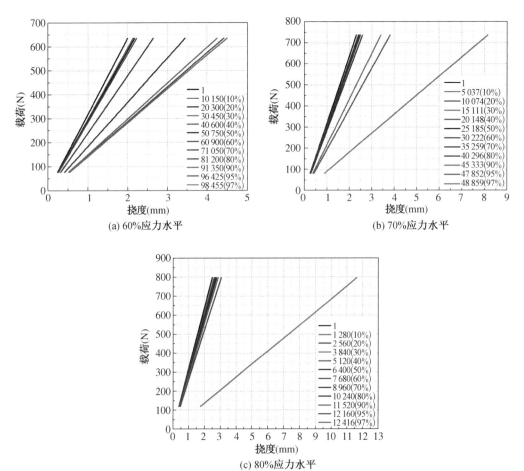

图 8.58　三种应力水平下特殊加载圈数时载荷-挠度曲线

导致复合材料平板完全失效。当载荷较小并且不足以导致复合材料平板产生大变形甚至失效时,就会出现阶段性大变形,弯曲刚度也会阶段性退化,这就是 60% 应力水平下载荷-挠度曲线在材料寿命的 90% 之后存在另一个曲线集中区域的原因。

8.4.4 全尺寸细观有限元模型建立

本节讨论的细观模型在商用 CAE 软件 CATIA(V5-R17 版本)上建立,并导入有限元软件 ABAQUS/Standard(6.11 版本)中,使用低周疲劳分析模块(Low-cycle Fatigue Analysis)进行计算,整个计算过程在 LINUX 操作系统上进行。

8.4.4.1 全尺寸细观模型与网格划分

本节按照试验过程中试件尺寸建立四步法三维编织复合材料全尺寸细观模型,图 8.59 为四步法三维编织复合材料中各组成材料的细观模型,包括纱线系统、树脂系统和三点弯曲支持辊。

纱线与树脂间网格节点使用共节点的方法进行网格划分,防止畸变单元所产生的局部应力集中或应力奇点问题,保证计算效率。纱线与支持辊使用六面体网格(C3D8)类型,树脂选用八节点连续壳单元(SC8R)类型,同时网格尺寸经过收敛性分析。在保证计算精度的前提下,纱线系统、树脂系统和支持辊的单元数量分别为 371 208、30 4974 和 1 360。

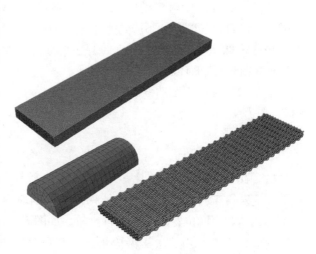

图 8.59 全尺寸细观模型及各组成材料网格划分

8.4.4.2 有限元建模细节

本模型主要研究四步法三维编织复合材料在三点弯曲循环载荷下的疲劳响应,忽略加载辊变形,以及加载辊与复合材料平板接触间摩擦影响。加载选用参考点(RP-1)与复合材料平板上表面中央区域耦合的方法,使两者动态同步,这不仅可以节约计算时间,而且将加载载荷和反力提取与试验进行更完善的匹配。约束区域将两根支持辊完全固结,约束其全部自由度,无位移和旋转。整个模型加载与约束方式如图 8.60 所示。

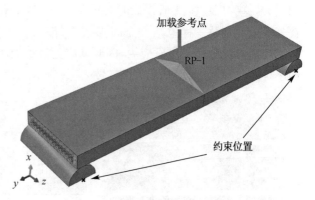

图 8.60 全尺寸有限元模型加载与约束方式

在接触性能上,四步法三维编织复合材料中编织纱与树脂之间使用"面面接触"类型,树脂表面被设为"主面",编织纱表面设为"从面"。在划分网格时,纱线与树脂间网格节点为共节点形式,这些节点被设定为"黏结",用于计算编织纱与树脂在弯曲载荷下的脱黏情况。树脂与支持辊之间选用捆绑方式连接。

为方便全尺寸细观模型与试验结果进行比较,对四步法三维编织复合材料参考点(RP-1)位置施加试验中80%应力水平下的加载参数:

$$F(t) = 406 + 332 \cdot \sin 2\pi f \cdot (t - 0.083\,3) \tag{8.118}$$

其中:$F(t)$ 是对四步法三维编织复合材料的载荷条件;t 为加载所对应的时间;f 为加载频率,$f = 3\,\mathrm{Hz}$;406 是80%应力水平下的加载水平值,332 是加载幅值,0.083 3 是加载修正值,保证加载循环起始时载荷最低。

整个加载按照正弦曲线的方式进行,如图8.61所示。

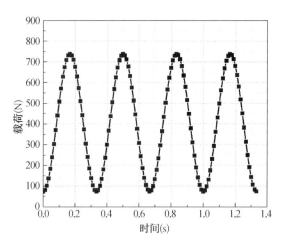

图 8.61　全尺寸有限元模型加载规律

8.4.4.3　有限元结果与讨论

(1)编织结构效应。四步法三维编织复合材料在三点弯曲循环载荷下的应力随载荷变化而改变。由于四步法三维编织结构内外层的应力不同,要分析复合材料结构效应,需要对不同载荷和不同位置的应力进行比较。如图8.62所示,分别选取上表面、下表面和内部位置的应力云图,其中(a)为第10圈最小载荷时,(b)为第10圈最大载荷时。从图8.62可以看出,无论载荷大小,三个位置的应力均集中在加载和约束区域。对比应力标尺,颜色越偏暖色,应力值越大。从图8.62中还可以看到,下表面位置的应力集中区域比上表面和中间层大,这一现象在最小载荷时最明显,这是因为位于表面的纱线在空间呈现屈曲形态。在三点弯曲加载过程中,上表面主要受压缩载荷,下表面承受拉伸载荷,屈曲形态的纱线更易于传递拉应力而不是压应力,因此从应力集中面积大小就可以看出编织结构更适合受拉而不是受压。

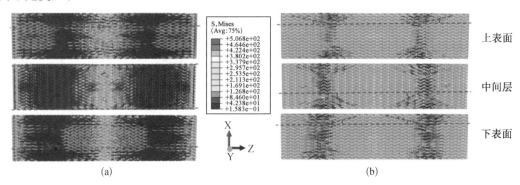

图 8.62　第 10 圈加载时不同位置的应力

　　从图8.62可以看到，应力并非沿复合材料长度方向从加载区域两侧均匀降低，而是形成一个三角形的应力集中区，这种现象在约束区域同样出现。不难得出，三角形应力集中区的角度明显受到编织结构的影响，上表面和下表面的角度十分接近，分别为12.26°和12.49°，中间层的角度为29.75°。对比本节选用的四步法三维编织结构参数可以发现，上表面和下表面应力集中角与材料表面编织角接近，而中间层应力集中角与内部编织角在x-z平面上的投影角接近。这些角度之间的关系：

$$\tan\beta = \sqrt{2} \cdot \tan\alpha = \frac{12}{\pi} \cdot \tan\theta = \sin\gamma \tag{8.119}$$

其中：α是基本材料参数编织角；β为内部编织角；θ为表面编织角；γ为内部编织角β在x-z平面上的投影角。

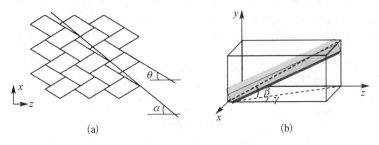

图8.63　各编织角在四步法三维编织结构中的位置

　　从图8.63可以看到上述角度在编织结构中的位置。三角形应力集中区主要是因为四步法三维编织结构中纱线间相互缠绕交织而成，不存在平行于x、y、z三个坐标轴的纱线，表面纱线形态与内部纱线形态完全不同，这造成三角形应力集中区的角度差异。内部纱线以直线纱段的空间形态分布，使得内部纱线应力沿内部编织角在x-z平面上的投影分布，但表面纱线呈屈曲排布，因此应力集中区的角度接近表面编织角。

　　（2）纱线空间形态效应。为了进一步分析四步法三维编织物的结构效应，选出13根具有代表性的纱线，对这些纱线在循环载荷下的应力进行分析。这些纱线包括4根边角纱，以及上表面、中间层和下表面各3根纱线。图8.64（a）和（b）所示为13根代表性纱线在编织结构中的位置，黑色线段表示所选取纱线，可以看出纱

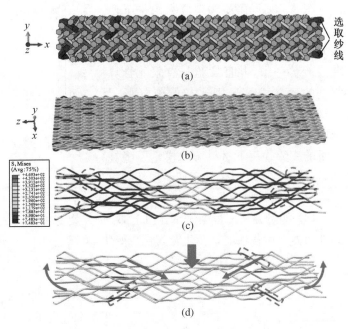

图8.64　13根代表性纱线分布位置及第10圈时应力分布情况

线分布十分复杂,这也是选取多根纱的原因,其中(a)为横截面视角,(b)为整体视角。图 8.64(c)和(d)所示为 13 根代表性纱线在第 10 圈时的应力分布情况,可以看出除了加载和约束对应力分布有影响以外,纱线空间扭转处的应力高于两端的直线纱段(图中虚线圆圈框出部分),其主要原因是纱线扭转不利于载荷向两端传递,在卸载过程中,相比于直线纱段,纱线空间扭转处并没有完全将载荷传递出去,使其内部应力大于两端直线纱段;当卸载过程结束,载荷开始增大,两端直线纱段部分开始向空间扭转处传递载荷,因此在整个加载过程中,纱线空间扭转处一直处于应力集中状态。同时,直线纱段部分未向纱段两端均匀传递应力,部分直线纱段的内部应力始终低于周围纱线(图中虚线方框框出部分)。从纱线侧面视角看,这些直线纱段在空间中基本保持靠近加载区域的一端比约束区域的一端高,即类似"八"字的形态。从这些纱线所在位置及空间形态可以看出,当编织物受到三点弯曲加载时,这些纱线主要起支撑作用,即它们会受到压缩载荷而其他位置上的纱线受到拉伸载荷,这说明直线纱段更适应拉伸载荷,在压缩载荷下很难起到承载作用。

(3)弯曲模量退化。弯曲模量在工程力学领域通常被用来衡量材料受弯曲载荷的性能,根据式(8.120),将四步法三维编织复合材料在 80% 应力水平下的试验载荷结果转化成弯曲模量,以进一步了解其在疲劳加载条件下的弯曲响应:

$$E_f = \frac{t^3 \Delta F}{4bh^3 \Delta f} \tag{8.120}$$

式中:F 为循环加载过程中试件的抗弯载荷反力;ΔF 为抗弯载荷反力幅值;Δf 为试件在跨距中央位置的挠度增量;l 为试件的跨距;b 和 h 分别为试件的宽度和厚度。

图 8.65 所示为 80% 应力水平下四步法编织复合材料的弯曲模量,并与有限元模拟结果进行比较。可以看出两条曲线趋势一致,并且试验与有限元计算得到的弯曲模量分别比初始值降低了 1.178% 和 1.181%,这说明模拟结果与试验结果具有较好的一致性。对比先前分析的疲劳载荷下材料弯曲模量下降规律,加载圈数 200 时仍处于疲劳损伤的第一阶段,此时材料弯曲模量有明显的下降趋势。

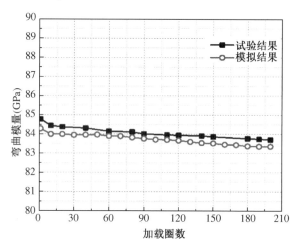

图 8.65　80% 应力水平下四步法编织
复合材料的弯曲模量

(4)能量分析。根据能量守恒定律,研究疲劳加载过程中四步法三维编织复合材料受到外力做功后各项能量转化及其自身变化,可以进一步分析不同材料属性对疲劳损伤的影响。各项转化能量之间的关系:

$$E_{\text{total}} = K_w = E_1 + E_k \tag{8.121}$$

$$E_i = E_s + E_{\text{pd}} + E_{\text{dmd}} \tag{8.122}$$

式中：E_{total} 为四步法三维编织复合材料在疲劳加载过程中的总能量；K_w 表示外力所做的功；E_i、E_k、E_s、E_{pd} 和 E_{dmd} 分别为四步法三维编织复合材料的内能、动能、弹性应变能、塑性耗散能和损伤耗散能。

由于三点弯曲疲劳加载属于准静态模拟，试件受循环加载过程速率很低，弯曲后动能可以忽略不计，因此外力做功主要分散到复合材料的弹性应变能、塑性耗散能和损伤耗散能三方面。

图 8.66 和图 8.67 所示分别为四步法三维编织复合材料的弹性应变能和塑性耗散能与时间的关系。对比两项能量可以看出，在每次加载过程中，弹性应变能的最大值远高于塑性耗散能，前者约为后者的 $250\sim750$ 倍。对比两条曲线形态，弹性应变能曲线在加载和卸载过程中完全重合，这说明弹性应变能在一个完整加载循环后并没有吸收任何外力功，反之塑性耗散能则会吸收一定外力功，所吸收的外力功会以永久形变的形式保留在材料中，而每次吸收能量占总体外力功的比例很小，累积变形在很久之后才会达到临界值，这也反映出疲劳过程十分漫长。

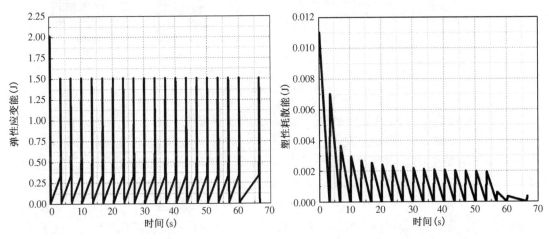

图 8.66   全尺寸细观有限元模型中弹性   图 8.67   全尺寸细观有限元模型中塑性
         应变能与时间的关系   耗散能与时间的关系

另一方面，弹性应变能每圈最大值变化很小，而塑性耗散能每圈最大值会随着时间增加逐渐减小，并且降低趋势会逐渐减小，这说明整个加载过程对材料的弹性影响不大，而塑性变形（即永久变形）在循环加载中虽然逐步累积，但幅度会随着时间增加逐步减缓直至稳定，多余能量会转化成损伤耗散能，材料出现损伤破坏，当这种累加达到一定值后，会使材料产生不可逆转的瞬间破坏，这与复合材料的疲劳降解规律一致，即在初始阶段与最终阶段，材料性能退化很快，而中间阶段是一个稳定而缓慢的退化阶段。

（5）材料滞后圈。分析材料滞后圈（载荷-挠度曲线）不仅可以表现材料整体损伤和变形，还可以对比模拟结果与试验结果的差异，因此提取四步法三维编织复合材料有限元模型在第 1 圈和第 200 圈时载荷-挠度曲线，并与试验结果比较，如图 8.68 所示。图 8.68（a）中，左上角为曲线局部放大图，可以看到，在两次特殊圈数加载过程中，试验和模拟的曲线不完全重合，并且在不同圈数时载荷与挠度存在差异，虽然这个差异很小，但再次证明前200 圈循环载荷后，四步法三维编织复合材料的弯曲模量减小而挠度增大。滞后圈面积（一

个完整加载循环过程中载荷-挠度曲线所包围的面积)反映出四步法三维编织复合材料的
非弹性滞后能,图 8.68(b)所示为试验与模拟在两个特殊加载圈数时非弹性滞后能,两者约
为 20 mJ,表明模拟与试验结果具有较高的一致性;同时与图 8.67 中的塑性耗散能进行比
较,可以看出两者十分接近,说明非弹性滞后能中的大部分是塑性耗散能,这反映出前 200
圈四步法三维编织复合材料性能退化的主因是材料塑性永久变形,而非材料损伤破坏。

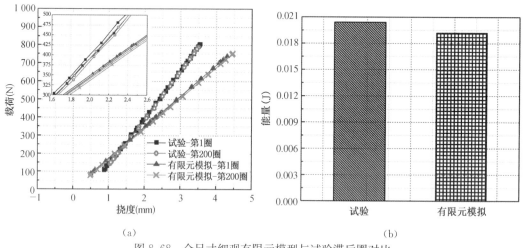

(a)　　　　　　　　　　　　　　　　　　(b)

图 8.68　全尺寸细观有限元模型与试验滞后圈对比

　　(6) 破坏形态。图 8.69 为四步法三维编织复合材料损伤形态对比图,由于有限元计算
只进行了前 200 圈,材料出现的破坏很少,大部分区域都是内部损伤,未达到单元删除标准,
但可以预知随加载继续,这些存在内部损伤的材料会直接变成破坏区域。因此,为了更好
地显示材料出现破坏的区域,有限元结果部分使用损伤视图功能。图 8.69 中方框部分为存
在损伤和出现破坏的区域,其中(a)为上表面视图,(b)为下表面视图。可以看出两者的破
坏形态十分接近,破坏位置都在材料中央区域,但上表面与下表面破坏形态存在一定差异,
上表面不仅出现沿表面编织角的纱线断裂,而且在局部位置出现了挤压破坏,内部纱线被
挤压分层(图中圆圈区域);下表面损伤全部沿中央区域的花节位置,呈锯齿状交错分布。
造成这种损伤形态的主要原因是四步法三维编织物的特殊结构,根据前文应力分布分析,
载荷在表面纱线部分主要沿表面编织角产生应力集中,使得这部分纱线最易达到损伤进而

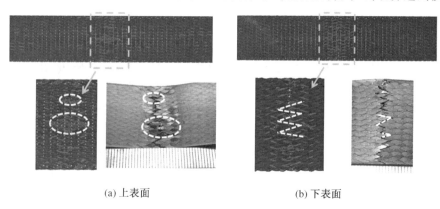

(a) 上表面　　　　　　　　　　　　　　(b) 下表面

图 8.69　全尺寸细观有限元模型与试验损伤形态对比图

发生破坏。同时,上表面与下表面所承受的载荷形式不同,上表面主要受到压缩载荷,下表面主要受到拉伸载荷,表面屈曲状态的纱线受到拉伸后更易于传递载荷,而受到压缩载荷的表面纱线不利于传递载荷,易产生局部应力集中,因此下表面相比于上表面的损伤形态更单一。

图 8.70 所示为材料破坏区域的纱线损伤形态,从纱线破坏形态可以看到,在空间扭转的纱线破坏均是内侧比外侧更严重。

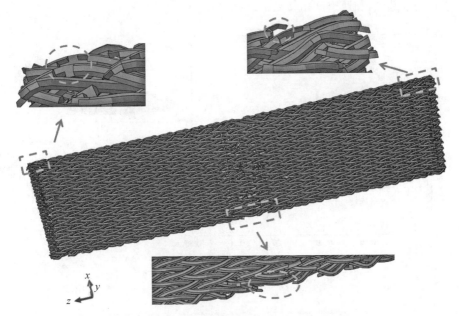

图 8.70　全尺寸细观有限元模型纱线系统破坏形态

为了进一步得到纱线空间扭转处破坏形态的原因,选取细观模型中任意一根编织纱线,单独对其在循环加载过程中的应力进行分析。图 8.71 所示为同一根纱线在不同加载时

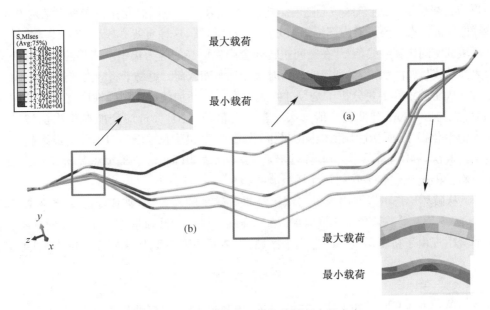

图 8.71　某根纱线在一次加载循环中的应力

刻的应力分布云图,其中(a)为最小载荷时刻,(b)为最大载荷时刻。对比这根纱线几个空间扭转处加载和卸载时应力分布,空间扭转处内侧的应力,加载时高于外侧并且易于出现应力集中,卸载时低于外侧。对其中一个纱线空间扭转处提取应力值,如图8.72所示,可以看到内侧应力的变化幅值高于外侧,幅值越大,说明受到载荷水平越高。因此,在整个疲劳加载过程中,破坏最易于出现在纱线空间扭转较大区域的内侧,当这种破坏发生后,应力会全部集中到剩余部分,加速空间扭转处的纱线破坏。

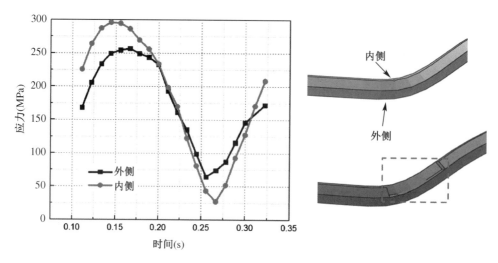

图8.72　纱线内侧与外侧的应力

8.4.4.4　疲劳破坏结构效应

(1) 在应力分布方面,首先对比上下表面和中间层,由于三维编织结构中纱线在空间相互交织缠绕,因此在三点弯曲载荷下,其应力分布不仅局限在加载和约束区域,而且会形成三角形应力集中区,并且该区域会随着结构、编织角及厚度不同而变化。在编织结构方面,内部纱线的空间形态主要是沿内部编织角方向的直线纱段,这种直线纱段在应力传递方面优于表面区域的空间扭转纱线,因此在空间扭转处会产生更高的应力集中。四步法三维编织复合材料表面纱线呈屈曲状,其受到拉伸载荷时比受到压缩载荷时更易于将应力传递出去。

(2) 从能量角度主要分析了全尺寸细观模型在循环加载过程中弹性应变能与塑性耗散能的变化情况。首先,弹性应变能远大于塑性耗散能,并且弹性应变能在每次加载过程中的最大值变化很小;而塑性耗散能随加载圈数增加,其最大值会逐步下降,并最终趋于一个稳定值。其次,利用滞后圈分析非弹性滞后能,再次表明四步法三维编织复合材料在前200圈中材料性能退化主要是受到塑性耗散能的影响。

(3) 从破坏形态可以看出模拟与试验结果有较高的一致性,破坏形态主要呈锯齿状分布,由于编织角及受载荷形式不同,四步法三维编织材料的破坏形态在上下表面并不一致,上表面会出现由于挤压形成的破坏集中区域,下表面的则主要沿表面花节出现纱线断裂。

参 考 文 献

[1] Du G W, Chou T W, Popper P. Analysis of three-dimensional textile preforms for multidirectional

reinforcement of composites. Journal of Materials Science, 1991, 26(13): 3438-3448.

[2] Florentine R A. Apparatus for Weaving a Three Dimensional Article. U S Patent 4312261, 1982-01-26.

[3] Ko F K. Three-dimensional fabrics for composites—An introduction to the magaweave structure. Proceedings of 4th International Conference on Composite Materials (ICCM-4). Tsuyoshi Hayashi, Kozo Kawata, Sokichi Umekawa (Eds.). Tokyo, 1982: 1609-1615.

[4] Yang J M, Ma C L, Chou T W. Fiber inclination model of three-dimensional textile structural composites. Journal of Composite Materials, 1986, 20(9): 472-485.

[5] Li W, Hammad M, El-Shiekh A. Structural analysis of 3-D braided preforms for composites. Part I: The four-step preforms. The Journal of the Textile Institute, 1990, 81(4): 491-514.

[6] Li W, Hammad M, El-Shiekh A. Structural analysis of 3-D braided preforms for composites. Part II: The two-step preforms. The Journal of the Textile Institute, 1990, 81(4): 515-537.

[7] Du G W, Ko F K. Unit cell geometry of 3-D braided structures. Journal of Reinforced Plastics and Composites, 1993, 12(7): 752-768.

[8] Wang Y, Wang A. On the topological yarn structure of 3-D rectangular and tubular braided preforms. Composites Science and Technology. 1994, 51(4): 575-586.

[9] Byun J H, Chou T W. Process-microstructure relationships of 2-step and 4-step braided composites. Composites Science and Technology, 1996, 56(3): 235-251.

[10] Chen Li, Tao Xiaoming, Choy Choyloong. A structural analysis of three-dimensional braids. Journal of China Textile University (Eng. Ed.), 1997, 14(3): 8-13.

[11] Sun W, Lin F, Hu X. Computer-aided design and modeling of composite unit cells. Composites Science and Technology, 2001, 61(2): 289-299.

[12] Wang Y Q, Sun X K. Digital-element simulation of textile processes. Composites Science and Technology, 2001, 61(2): 311-319.

[13] Chou T W. Microstructural Design of Fiber Composites. Cambridge University Press. Cambridge, 1991: 376-419.

[14] Gu B H. Prediction of the uniaxial tensile curve of 4-step 3-dimensional braided preform. Composite Structures, 2004, 64(2): 235-241.

[15] 吴德隆, 郝兆平. 五向编织结构复合材料的分析模型. 宇航学报, 1993(3): 40-51.

[16] Wu D L. Three-cell model and 5D braided structural composites. Composites Science and Technology, 1996, 56(3): 225-233.

[17] 刘振国, 陆萌, 麦汉超, 等. 三维四向编织复合材料弹性模量数值预报. 北京航空航天大学学报, 2000, 2: 182-185.

[18] Zeng T, Fang D, Ma L, et al. Predicting the nonlinear response and failure of 3D braided composites. Materials Letters, 2004, 58 (26): 3237-3241.

[19] Zeng T, Fang D, Lu T. Dynamic crashing and impact energy absorption of 3D braided composite tubes. Materials Letters, 2005, 59 (12):1491-1496.

[20] Miravete A, Bielsa J, Chiminelli A, et al. 3D mesomechanical analysis of three-axial braided composite materials. Composites Science and Technology, 2006, 66 (15):2954-2964.

[21] Li D, Li J, Chen L, et al. Finite element analysis of mechanical properties of 3D four-directional rectangular braided composites part 1: microgeometry and 3D finite element model. Applied Composite Materials, 2010, 17 (4):373-387.

[22] Zhang C, Xu X, Chen K. Application of three unit-cells models on mechanical analysis of 3D five-directional and full five-directional braided composites. Applied Composite Materials, 2013, 20 (5):

803-825.

[23] Sun H Y, Qiao X. Prediction of the mechanical properties of three-dimensionally braided composites. Composites Science and Technology, 1997, 57(6): 623-629.

[24] Gu B H, Xu J Y. Finite element calculation of 4-step 3-dimensional braided composite under ballistic perforation. Composites Part B, 2004, 35 (4): 291-297.

[25] Gu B H, Li Y L. Ballistic perforation of conically cylindrical steel projectile into three-dimensional braided composites. AIAA Journal, 2005, 43(2): 426-434.

[26] Tang Z X, Postle R. Mechanics of three-dimensional braided structures for composite materials—Part II: prediction of the elastic moduli. Composite Structures, 2001, 51 (4): 451-457.

[27] Sun X K, Sun C J. Mechanical properties of three-dimensional braided composites. Composite Structures, 2004, 65 (3-4): 485-492.

[28] Gu B H. A microstructure model for finite element simulation of 3-D 4-step rectangular braided composite under ballistic penetration. Philosophical Magazine, 2007, 87(30): 4643-4669.

[29] Miao Y, Zhou E, Wang Y, et al. Mechanics of textile composites: Micro-geometry. Composites Science and Technology, 2008, 68 (7-8):1671-1678.

[30] Li D, Fang D, Jiang N, et al. Finite element modeling of mechanical properties of 3D five-directional rectangular braided composites. Composites Part B: Engineering, 2011, 42 (6):1373-1385.

[31] Byun J H. Process-microstructure-performance relations of three dimensional textile composites. University of Delaware, May, 1992.

[32] 吴利伟. 四步法三维编织复合材料弯曲疲劳性质及损伤演化有限元分析. 上海：东华大学,2014.

[33] Wu L W, Gu B H, Sun B Z. Finite element analyses of four-step 3-D braided composite braided composite bending damage using repeating unit cell model. International Journal of Damage Mechanics, 2015, 24(1): 59-75.

[34] Wu L W, Sun B Z, Gu B H. Numerical analyses of bending fatigue of four-step three-dimensional rectangular-braided composite materials from unit cell approach. Journal of the Textile Institute, 2015, 106(1): 67-79.

[35] Wu L W, Zhang F, Sun B Z, Gu BH. Finite element analyses on three-point low-cyclic bending fatigue of 3-D braided composite materials at microstructure level. International Journal of Mechanical Sciences, 2014, 84(July): 41-53.

[36] Wu L W, Gu B H. Fatigue behaviors of four-step three-dimensional braided composite material: a meso-scale approach computation. Textile Research Journal, 2014, 84(18): 1915-1930.

[37] Van Paepegem, Degrieck J. Fatigue degradation modelling of plain woven glass/epoxy composites. Composites Part A: Applied Science and Manufacturing, 2001, 32 (10):1433-1441.

[38] Lee L, Yang J, Sheu D. Prediction of fatigue life for matrix-dominated composite laminates. Composites Science and Technology, 1993, 46 (1):21-28.

[39] Beheshty M H, Harris B, Adam T. An empirical fatigue-life model for high-performance fibre composites with and without impact damage. Composites Part A: Applied Science and Manufacturing, 1999, 30 (8):971-987.

[40] Hashin Z. Failure criteria for unidirectional fiber composites. Journal of applied mechanics, 1980, 47 (2):329-334.

9　纺织柔性复合材料和充气结构材料设计

9.1　柔性复合材料[1]

9.1.1　引言

柔性复合材料是指以弹性体聚合物为基体的复合材料。此种复合材料的适用变形范围远远大于传统热固性树脂或热塑性树脂复合材料[1]。目前,有关柔性复合材料的性能分析(如大变形、疲劳载荷和较高载荷承受能力)主要集中于充气轮胎和传送带结构。但是,仍需探究柔性复合材料的独特性能。本章探讨柔性复合材料的基本性能。

除轮胎和传送带之外,柔性复合材料的应用范围很广。涂层织物(如聚氯乙烯涂层、聚四氟乙烯涂层、橡胶涂层等)主要用于空气支撑或吊索支撑建筑结构、帐篷、降落伞、高速飞机减速器、防弹背心、篷布充气结构(如船艇、逃生滑梯、安全网及其他物美价廉产品)。胶皮管、柔性膜、球拍弦、外科器官移植替换件、土工布及增强膜结构一般也属于柔性复合材料。另外,充气轮胎、涂层织物和含有屈曲纤维的柔性复合材料也具有小变形至大变形的弹性性能[2-3]。

充气轮胎的性能特征主要受控于帘线/橡胶复合材料的各向异性。容纳空气的低模量高伸长率橡胶提供耐磨性和路面咬合力,高模量低伸长率帘线承担轮胎使用时的大部分载荷。根据 Walter[4] 的研究可知,帘线/橡胶复合材料弹性性能的首次定量研究于 1939 年由 Martin 发表于德国[5]。Martin 用薄壳理论分析斜交航空轮胎,估计环形轮胎性能。在正交复合材料弹性常数的分析中,Martin 假设纤维不可伸长且橡胶刚度小到可以忽略不计,这种方法在下文中称为经典网格分析。19 世纪 60 年代,关于帘线/橡胶柔性复合材料的研究在世界范围内积极开展,代表人物有美国的 Clark[6-8],英国的 Gough[9]、日本的 Akasaka[10]及苏联的 Bidermen 等[11]。

已有的有关轮胎力学性能的分析,主要基于成熟的刚性层合板的各向异性理论。但这种理论主要针对线弹性小变形,因此常忽略轮胎的黏弹性、强度、疲劳性能和较大的非线性行为。

在涂层织物中,对于材料在任意载荷路径和载荷历史下的应力-应变响应的关注非常有限。有关涂层织物双轴向应力-应变行为的试验研究可参照 Skelton[12]、Alley 等[13]和 Reindhardt[14]的著作。Akasaka 等[15]和 Stubbs 等[16]尝试建立预测涂层织物在双轴向载荷下的弹性和非弹性性能。本章将简述上述研究的一些结果。

本章 9.4 节将集中探讨柔性复合材料的非线性大变形,为此,需要确定分析模型的材料系统。柔性复合材料的非线性大变形有两个来源:基体和纤维。为使弹性体聚合物基体实现大变形能力,纤维必须随基体变形。这可以通过以下途径实现:(1)使用短纤维;(2)连续纤维方向排布可随载荷增加而旋转;(3)在机织、针织、编织或其他屈曲纤维集合体中使用增强组分。

第(3)种途径因利用屈曲纤维而非常有趣。屈曲纤维在外载荷作用下逐渐伸直,随着变形增加,柔性复合材料刚度增强。Ishikawa 等[17]、Chou[18] 及 Chou 等[19]基于小变形理论,研究了二维、三维纺织复合材料的线弹性和非线弹性行为。

9.1.2 帘线/橡胶复合材料

本节基于各向异性材料力学研究帘线/橡胶复合材料。帘线/橡胶复合材料为复杂弹性体复合材料,由较低模量、较高伸长率的橡胶基体和较高模量、较低伸长率的增强纤维,以及黏结帘线和基体的薄膜组成。轮胎使用时会经历变化载荷(主要为拉伸载荷,有时为压缩载荷)、高温(高达 125 ℃)和吸湿。很明显,在帘线和橡胶界面处会形成较大的应力。此处,关于充气轮胎材料和力学性能的一些讨论基于 Walter[4] 和 Clark[20]的综述文章。

轮胎的制备主要是在大量平行帘线周围将橡胶压延成二维各向异性片材。通常,帘线具有较大捻度且由两股或三股捻回相反的纱线合捻而成。这些单向复合片材可集合装配成各种轮胎结构。图 9.1(a)所示为传统的斜交轮胎,由两层或更多层(通常为偶数)单向复合片材垂直交替铺层。图 9.1(b)描述了子午线轮胎,其中的帘线呈放射状排列,且轮胎面由与轮胎中心线成相对小角度的带束层结构增强。子午线轮胎为胎面提供纵向刚度(即滑移很小)和垂直挠度。采用层合板的术语,斜交轮胎和子午线轮胎可分别描述为与轮胎中心线成[$+\theta/-\theta$]和[$+\theta/-\theta/90°$]铺层角度的层合板。

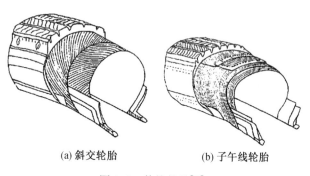

(a) 斜交轮胎   (b) 子午线轮胎

图 9.1　传统轮胎[20]

9.1.2.1　橡胶和帘线性能

在较小应变下,橡胶可认为是均匀各向同性材料。无增强(无填充)弹性体橡胶的弹性模量(由应力-应变曲线初始斜率确定)可低至 0.689 MPa,而高硫化橡胶(如硬化橡胶)的弹性模量可高达 689 MPa。橡胶的弹性模量受物理测试条件(如应变率、温度、循环载荷历史)和化学硫化参数(如配方成分、固化状态)的影响(参见 Clark[20]的研究)。

假设橡胶体积变化可以忽略不计,则橡胶的泊松比(ν)、体积模量(K)、弹性模量(E)和剪切模量(G):

$$
\begin{aligned}
\nu &\approx \frac{1}{2} \\
K &\to \infty \\
E &\approx 3G
\end{aligned}
\tag{9.1}
$$

对于纤维帘线层,轮胎中压延层橡胶模量为 5.51 MPa;对于纤维胎面层,压延层橡胶模量为 20.67 MPa;对于钢丝台面层,压延层橡胶模量为 13.78 MPa。这些材料的泊松比为 0.49。

帘线的弹性模量随帘线结构变化而变化。带束层的弹性模量:钢丝带束层109.55 GPa,芳纶带束层 24.8 GPa,人造丝带束层 11.02 GPa。帘线层的弹性模量:涤纶帘线层 3.96 GPa,尼龙帘线层 3.45 GPa。虽然压缩载荷被认为是许多纤维失效的原因,应尽可能避免,但试验证明纤维帘线可以承受一些压缩载荷。

为使帘线在使用时具有足够的疲劳寿命,帘线上需要加捻。然而,帘线加捻将导致带束层帘线的拉伸模量降低 1/3,使帘线层帘线的拉伸模量降低 1/2。据估算,单根加捻纱线的轴向弹性模量近似等于无捻纱的 $1/(1+4\pi^2R^2T^2)$,其中,R 和 T 分别表示纱线的半径和捻度(单位长度上的捻回数)[21]。尽管多股加捻帘线通常被近似为各向同性,然而其实应该被看作横观各向同性。一般地,纤维帘线应力-应变相应表现出较大的非线性。然而,由于橡胶在小应变范围内基本为弹性,帘线通常与加载方向成一定角度排列,因此,轮胎比其帘线更像线弹性体。图 9.2 为尼龙纱/橡胶复合材料圆管试样的载荷-应变曲线,试样中纱线为角度铺层排列。根据文献[20]可知,大多数充气轮胎的使用应变不应超过 10%。

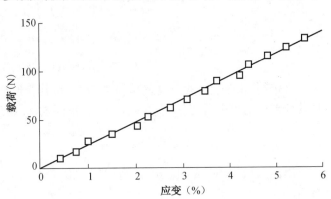

图 9.2　尼龙纱/橡胶柔性复合材料圆管试样的载荷-应变曲线[20]

9.1.2.2　帘线/橡胶单向极

帘线/橡胶单向板的线弹性行为可以根据单向板的基本公式推出。假设:

$$E_{\text{f}} \gg E_{\text{m}} \tag{9.2}$$
$$\nu_{\text{m}} = 0.5$$

得到:

$$E_{11} = E_{\text{f}}V_{\text{f}} \gg E_{22}$$
$$\nu_{21} = 0$$
$$E_{22} = c_1 \frac{E_{\text{m}}}{V_{\text{m}}} = \frac{(1+1.3V_{\text{f}})}{(1+0.5V_{\text{f}})} \frac{E_{\text{m}}}{V_{\text{m}}} \tag{9.3}$$
$$G_{12} = c_2 \frac{G_{\text{m}}}{V_{\text{m}}} = (1+V_{\text{f}}) \frac{G_{\text{m}}}{V_{\text{m}}}$$

其中:c_1、c_2 为两个系数。

Akasaka[22] 做出与式(9.2)相同的假设,取 $c_1 = 4/3$、$c_2 = 1$,得到与式(9.3)稍有不同且较为简单的形式,所以:

$$E_{22} \approx \frac{4}{3} \frac{E_{\text{m}}}{V_{\text{m}}}$$
$$G_{12} \approx \frac{G_{\text{m}}}{V_{\text{m}}} \approx \frac{E_{22}}{4} \tag{9.4}$$

Akasaka[22] 注意到关系式 $G_{12} \approx E_{22}/4$ 与帘线体积分数无关,与已有公式和试验结果相比,G_{12} 具有较好的可预测性[20, 23]。同样,Jones[24] 曾取 $c_1 = c_2 = 1$。

根据式(9.4),帘线偏轴角度为 θ 的单向板转换缩减刚度变化可由式(4.104)推出,可近

似如下[25]:

$$\bar{Q}_{11} \approx E_{22} + E_{11}\cos^4\theta$$

$$\bar{Q}_{22} \approx E_{22} + E_{11}\sin^4\theta$$

$$\bar{Q}_{66} \approx E_{22}/4 + E_{11}\sin^2\theta\cos^2\theta$$ (9.5)

$$\bar{Q}_{12} \approx E_{22}/2 + E_{11}\sin^2\theta\cos^2\theta$$

$$\bar{Q}_{16} \approx E_{11}\sin\theta\cos^3\theta$$

$$\bar{Q}_{26} \approx E_{11}\sin^3\theta\cos\theta$$

当帘线/橡胶单向板承受简单拉伸载荷时,其变形行为与大多数刚性复合材料不同,而且其变形行为可由剪切角 γ_{xy} 和应力 σ_{xx} 关系即式(4.105)和式(9.4)近似值阐明:

$$\gamma_{xy} = \bar{S}_{16}\sigma_{66} \approx \frac{-2\sin\theta\cos^3\theta}{E_{22}}(2 - \tan^2\theta)\sigma_{xx}$$ (9.6)

因此,当 $\theta \approx 54.7°$ 时,拉伸-剪切耦合效应消失;当 $\theta < 54.7°$ 时,$\gamma_{xy} < 0$;当 $\theta > 54.7°$ 时,$\gamma_{xy} = 0$。

9.1.2.3　帘线/橡胶层合板

帘线/橡胶层合板的本构方程与经典层合板方程的一般形式相同,而且,这些本构方程可以通过 $\bar{Q}_{ij}$ 的表达方程即式(9.5)近似简化表示。同理,可推导出角度铺层层合板在 $x-y$ 参考坐标系中的工程常数。假设 $E_f \gg E_m$ 且 $\nu_m = 0.5$,利用式(9.4)的结果,并根据纤维、基体性能及纤维体积分数,可以得到 $[\pm\theta]$ 层合板工程常数的表达式(参见文献[22]及[6]和[7]):

$$E_{xx} = E_f V_f \cos^4\theta + \frac{4G_m}{1-V_f} - \frac{[E_f V_f \sin^2\theta\cos^2\theta + 2G_m/(1-V_f)]^2}{E_f V_f \sin^4\theta + 4G_m/(1-V_f)}$$

$$E_{yy} = E_f V_f \sin^4\theta + \frac{G_m}{1-V_f} - \frac{[E_f V_f \sin^2\theta\cos^2\theta + 2G_m/(1-V_f)]^2}{E_f V_f \cos^4\theta + 4G_m/(1-V_f)}$$

$$G_{xy} = E_f V_f \sin^2\theta\cos^2\theta + \frac{G_m}{1-V_f}$$ (9.7)

$$\nu_{xy} = \frac{E_f V_f \sin^2\theta\cos^2\theta + 2G_m/(1-V_f)}{E_f V_f \sin^4\theta + 4G_m/(1-V_f)}$$

$$\nu_{yx} = \frac{E_f V_f \sin^2\theta\cos^2\theta + 2G_m/(1-V_f)}{E_f V_f \cos^4\theta + 4G_m/(1-V_f)}$$

这种基于 $[\pm\theta]$ 帘线铺层角度的假设($E_f \gg E_m$ 且 $\nu_m = 0.5$)和特殊正交对称性的假设推导式(9.7)的方法,被称为改进型网格分析。

经典网格分析假设帘线不可伸长(即 $E_f \to \infty$),则式(9.7)可以简化:

$$E_{xx} = 4G_m(1-V_f)(\cot^4\theta - \cot^2\theta + 1)$$

$$E_{yy} = E_{xx}(\pi/2 - \theta)$$

$$G_{xy} = E_f V_f \sin^2\theta\cos^2\theta + G_m/(1-V_f)$$ (9.8)

$$\nu_{xy} = \cot^2\theta$$

$$\nu_{yx} = \tan^2\theta$$

　　图 9.3～图 9.5 所示分别为基于 E_{xx}、G_{xy} 和 ν_{xy} 的表达式(9.7)得到的随帘线偏轴角度 θ 变化的分析预测结果。基于 $E_{11} = 1\,440\,\mathrm{MPa}$ 和 $E_{22} = 6.9\,\mathrm{MPa}$ 的分析预测结果与 Clark 的试验数据十分吻合[6-7]。明显地,帘线/橡胶复合材料的泊松比可以远远大于 1/2。

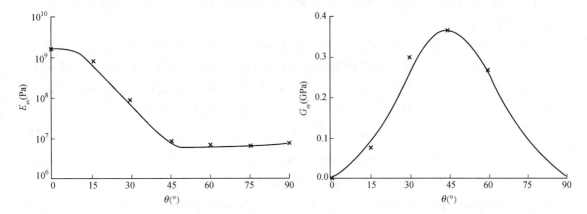

图 9.3　层合板弹性模量 E_{xx} 与帘线铺层角度 θ 之间的关系(×表示试验数据)[6]　　图 9.4　层合板剪切模量 G_{xy} 与帘线铺层角度 θ 之间的关系(×表示试验数据)[6]

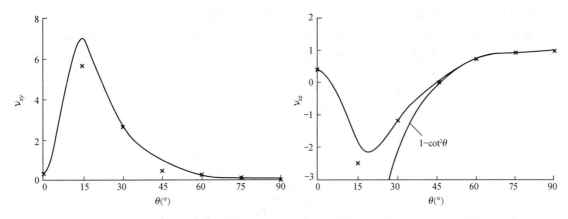

图 9.5　层合板泊松比 ν_{xy} 与帘线铺层角度 θ 之间的关系(×表示试验数据)[6]　　图 9.6　层合板泊松比 ν_{xz} 与帘线铺层角度 θ 之间的关系(×表示试验数据)[22]

　　由于橡胶基体不可压缩且帘线因模量高而体积变化较小,可以假设帘线/橡胶柔性复合材料不可压缩。因此,对于小应变,$\varepsilon_{xx} + \varepsilon_{yy} + \varepsilon_{zz} = 0$,且

$$\nu_{xz} = -\varepsilon_{zz}/\varepsilon_{xx} = 1 + \varepsilon_{yy}/\varepsilon_{xx} = 1 - \nu_{xy} \tag{9.9}$$

　　图 9.6 表明当 $E_{11} = 294\,\mathrm{MPa}$ 和 $E_{22} = 6.6\,\mathrm{MPa}$ 时,由式(9.9)得到的泊松比 ν_{xy} 与帘线铺层角度 θ 之间的关系[20],其中一条实线由式(9.7)和式(9.4)的简化形式得到,即:

$$\nu_{xy} = \frac{E_{11}\sin^2\theta\cos^2\theta + E_{22}/2}{E_{11}\sin^4\theta + E_{22}} \tag{9.10}$$

另一条实线由式(9.8)得到。

值得注意的是,对于一定范围内的铺层角度 θ, ν_{xy} 为负值,即当层合板承受面内单轴拉伸载荷时,其厚度增大。

经典层合板理论没有考虑层间应力 σ_{zz}、τ_{zx} 和 τ_{zy},而这些应力会导致较大应变,导致帘线/橡胶层合板表观刚度降低。因此,帘线/橡胶复合材料更加柔韧且其振动频率和静态屈曲载荷会有所降低[4]。

Kelsey 研究了两层 $[\pm\theta]$ 帘线/橡胶层合板,Walter[4] 于 1978 年对 Kelsey 的研究成果进行综述,并模拟了子午线轮胎带束层的力学行为。假设在 y 方向具有有限宽度的带束层在 x 方向(周向)受载,因其对称性,$\gamma_{yz} = 0$,且假设 ε_{zz} 很小,可以忽略不计。带束层自由边上的 γ_{xz} 最大。对于不可延伸帘线($E_f \rightarrow \infty$),带束层自由边上的 γ_{xz} 可以简单近似为:

$$\gamma_{xz} = \varepsilon_{xx}(2\cot^2\theta - 1) \tag{9.11}$$

式(9.11)表明当相邻两层单向板的铺层角度为 $\theta = \pm\cot^{-1}\sqrt{(1/2)} = \pm 54.7°$ 时,$\gamma_{xz} = 0$。随着离带束层自由边距离的增大,γ_{xz} 呈指数减小,在带束层中心线上(即 $y = 0$ 时),γ_{xz} 消失。值得注意的是,当 $\theta = 54.7°$ 时,正应力和剪切应变没有耦合,且 $\theta \neq 0°$,每一层均为特殊正交各向异性。

获取帘线/橡胶层合板带束层的层间剪切应变有两种途径:一是在帘线/橡胶层合板带束层表面法向嵌入圆柱销,观察其在拉伸载荷下的旋转[26];二是在试样边缘划一直线,观察试样受载时直线的旋转。图9.7所示为由 X-射线技术测试得到的两层涤纶/橡胶复合材料的层间剪切应变与铺层角度 θ 之间的关系[27],其中,实线为根据式(9.11)预测的结果。层间剪切的重要性随铺层层数的增加而降低。

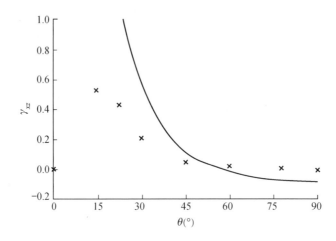

图 9.7 两层涤纶/橡胶层合板的层间剪切应变 γ_{xz} 与帘线铺层角度 θ 之间的关系(×表示试验数据)[27]

Walter[4] 于 1978 年给出了斜交轮胎、带束层-斜交轮胎和子午线轮胎结构矩阵 A_{ij}、B_{ij} 和 D_{ij} 中的 18 个工程常数值,所涉及材料包含尼龙帘线层、黏胶帘线层和钢丝带束层、PVA 带束层和黏胶带束层。对于 x-y 平面内的特殊正交层合板($A_{16} = A_{26} = D_{16} = D_{26} = B_{ij} = 0$),其面外弯曲刚度:

$$(EI)_x = A_{11}h^2/12 = E_{11}h^3/[12(1 - \nu_{xy}\nu_{yx})]$$

$$(EI)_y = A_{22}h^2/12 = E_{22}h^3/[12(1 - \nu_{yx}\nu_{xy})] \tag{9.12}$$

其中：I 为面积惯性矩；h 表示单层厚度。

9.1.2.4　帘线载荷

根据 Clark[20] 的报道可知，优良的轮胎应当具有较长的疲劳寿命。在充气轮胎中，传统纺织帘线上的载荷极其复杂，载荷来源有：①充气载荷；②垂直载荷；③导向力；④路面不规则；⑤曲面弧度；⑥轮胎速度；⑦扭矩。

在一定程度上，由轮胎压力导致的帘线拉伸载荷可以根据轮胎膨胀的轴对称特征，并将轮胎几何形状近似为薄环形壳进行预测。然而，由于在膨胀过程中轮胎几何形状并不能保持不变。因此，上述工作较为复杂。此外，通过薄壳分析得到的薄膜力并不能充分表征轮胎胎缘和胎面上的应力分布。帘线/橡胶轮胎的各部分如图 9.8 所示[20]。

帘线载荷的测试对轮胎设计与分析至关重要。目前，可采用各种技术进行帘线载荷测试，包括在外表层做网格或伸长标记，在内表层做金属标记，并用 X-射线摄影术进行测试；或者在轮胎内预埋入箔式电阻应变片，用以直接测试轮胎使用时帘线载荷。箔式电阻应变片式力传感器比位移引伸计、橡胶电缆应变计、液态金属应变计小得多。这些测试方法可以参照 Clark 等[28]、Patterson[29]、Walter 等[30] 的报道。

帘线载荷的测试结果表明，轮胎法向膨胀导致的帘线载荷是帘线最大强度的 10% ~ 15%。帘线载荷的另一简单类型由轮胎载荷导致。当轮胎滚动时，轮胎任意位置处帘线载荷可在较大范围内波动。同样，帘线载荷周期随其在轮胎部位不同而不同，如胎冠、侧壁、胎肩。相对较小的导向力即可导致帘线载荷大大增加。滚动轮胎上的帘线载荷如图 9.9 所示[20]。值得注意的是，帘线载荷可以是压缩载荷。然而，系统量化因路面不规则、轮胎转速和力矩导致的帘线载荷特征更加困难。

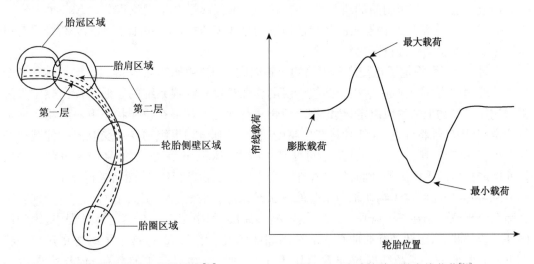

图 9.8　帘线/橡胶轮胎各部分说明[20]　　　　图 9.9　滚动轮胎上的帘线载荷[20]

帘线载荷测量是分析特定边界条件下帘线/橡胶复合材料力学响应的基础。早期都采用网格理论研究斜交轮胎结构，但是此理论只考虑帘线变形而完全忽略了橡胶基体的作用。轮胎结构中帘线方向在不同膨胀应力水平下的不确定性，限制了网格理论的应用。

层合板理论无疑是分析帘线/橡胶复合材料的有效方法,但此理论由于以下原因而具有一定的局限性:

(1) 轮胎上一些位置的纤维帘线可以产生百分之几的应变,而橡胶可产生更大的非线性应变。

(2) 没有考虑层间变形,且假设为平面应力状态。

(3) 帘线/橡胶复合材料常常表现出双模量力学行为[31-32]。

(4) 假设黏弹性响应非常小,在分析中通常被忽略。

(5) 假设帘线和橡胶界面黏接良好。

(6) 胎缘和胎面上的膜应力非常复杂。

(7) 疲劳和热湿载荷使问题更加复杂。

尽管层合板理论具有上述局限,但仍成功应用于研究轮胎力学问题,包括应力分析、障碍包络分析、胎面磨损分析和振动分析。因此,它是基于线弹性、均质和各向异性材料性能表示帘线/橡胶复合材料流延层的非线性黏弹性、异质特性的有效工具[4]。

9.1.3　涂层织物

承载环境中应用的涂层织物,如空气或绳索支撑建筑结构、帐篷和充气结构(如逃生滑梯),必须具有特定的力学性能。对于涂层织物的一些常规要求还包括:在较宽温度范围内保持柔韧性、低透气性和足够的尺寸稳定性[12]。

目前,人们已经意识到涂层织物通常表现出非线性应力-应变行为,这是由于在单轴拉伸或双轴拉伸载荷下屈曲纱逐渐伸直造成的。根据 Akasaka[22]的报道可知,基体中机织纱的微变形行为和膜载荷非常复杂。因此,模拟这些材料的力学性能需要准确了解纱线变形与载荷配置和载荷之间的关系。

构成涂层织物层压制品的线弹性性能可以根据经典层合板理论得到。Akasaka 等[15]于 1972 年给出了涂层织物层压制品弹性模量的显式表达式,并将由此得到的分析结果与帆布层压制品试验结果进行了比较。

Skelton 等[12]报道了正交涂层织物的双轴向应力-应变响应,最终得到涂层织物在各个生产阶段的应力-应变响应取决于两组纱线的屈曲程度。纱线系统的屈曲平衡由热定型过程中施加于织物上的约束决定,热定型之后再进行涂层。如果在拉伸状态下对织物经向进行热定型,则经纱将伸直,而纬纱将产生高度屈曲。因此,如果织物在承受双向拉伸载荷条件下进行热定型,则织物经向几乎不可伸长。所以,Skelton 等得出,如果需要得到经纬向拉伸性能近似的平衡织物,则必须在经纬两个方向对织物进行约束,然后进行热定型。

Skelton[12]对涂层织物双轴向试验的测试结果非常有意义。图 9.10(a)、(b)分别表示高强涤纶平纹织物在三个阶段(下机、热定型和涂层)的横截面。在热定型过程中,织物经向处于拉伸状态,因此经纱屈曲很小而纬纱屈曲较大。图 9.10(c)展示了织物在热定型状态下的表面形态。当经纬向拉伸载荷比为 1∶2 时,织物双向拉伸载荷-伸长率曲线如图 9.11 所示。织物的双向拉伸性能可以根据热定型状态下的经纬纱屈曲不平衡进行解释,即经纱基本伸直而纬纱高度屈曲。根据 Skelton 的研究可知,尽管经向承受拉伸载荷,但是高度屈曲纬纱伸长时经纱屈曲会增加且织物经向变窄。因此,当经向处于较低拉伸载荷水平时,其载荷-伸长率曲线表现为负伸长。

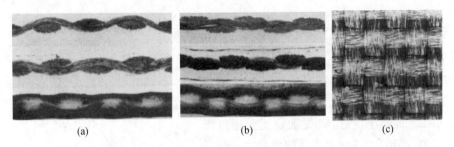

图 9.10　(a) 织物下机时(顶部)、热定型(中间)和涂层后(底部)沿经纱方向的横截面;(b) 织物下机时(顶部)、热定型(中间)和涂层后(底部)沿纬纱方向的横截面;(c) 织物在热定型状态下的表面形态[12]

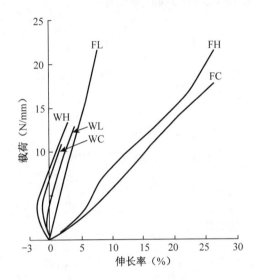

图 9.11　涂层织物双向拉伸载荷-伸长率曲线(经纬向载荷比为 1∶2。WL 表示下机织物经纱方向;FL 表示下机织物纬纱方向;WH 表示热定型织物经纱方向;FH 表示热定型织物纬纱方向;WC 表示涂层织物经纱方向;FC 表示涂层织物纬纱方向)[12]

　　Stubbs 等[16]和 Stubbs[33]用空间桁架模型研究了涂层织物的弹性和非弹性力学响应,此模型可对任意加载顺序的力学响应做出解释。

9.1.4　非线性弹性行为——增量分析

　　本节讨论的柔性复合材料由连续纤维增强弹性体基体而形成。由于基体较低的剪切模量和复合材料较高的各向异性($E_{11} \gg E_{22}$),柔性复合材料的有效弹性性能对纤维方向非常敏感。柔性复合材料的几何非线性主要由纤维重新取向排列所致。在大变形下,弹性体基体复合材料的非线性异常明显。为使弹性体基体复合材料承受大变形,Takahashi 等[34-36]、Chou 等[1]利用逐步增量分析法和经典层合板理论,用正弦形纤维预测柔性复合材料的非线性本构方程。本节阐述他们的研究工作,并考虑了纤维几何非线性和基体材料非线性。由于经典层合板理论无穷小解的叠加,其具有明显的局限性。但是,作为复合材料领域内非常成熟的分析手段,经典层合板理论为揭示柔性复合材料的基本特征提供了便利。

　　由于模型系统中复合材料中的纤维处于屈曲状态,因此需首先研究屈曲纤维几何特征。

9.1.4.1 屈曲纤维几何特征

为了从几何设计观点证明纤维延伸率对柔性复合材料力学性能的影响,所建的柔性复合材料模型采用正弦屈曲连续纤维增强韧性基体。假设纤维和基体之间黏接良好,首先确定正弦形纤维波长 λ、幅值 a 和纤维长度 s 等几何参数之间的关系。考虑纤维等相排列和纤维随机排列两种类型,假设承受载荷时,纤维保持正弦形状,只有几何参数(波长 λ、幅值 a 和纤维长度 s)随施加载荷变化而变化。

任意一根纤维在 xyz 坐标系中的空间位置可由下述表达式给出:

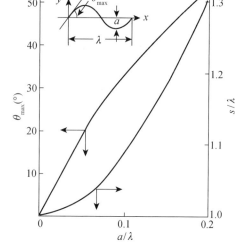

图 9.12 a/λ、s/λ 和 $\theta_{\max}$ 之间的几何关系($\theta_{\max}$ 表示纤维与 x 轴间的最大夹角)[1]

$$y = a\sin\frac{2\pi x}{\lambda} \tag{9.13}$$

其中:屈曲纤维的幅值 a 和波长 λ 如图 9.12 所示。

纤维任意点处切线与 x 轴之间的夹角是位置 x 的函数:

$$\tan\theta = \frac{\mathrm{d}y}{\mathrm{d}x} = \frac{2\pi a}{\lambda}\cos\frac{2\pi x}{\lambda} \tag{9.14}$$

位置 x 和 $x+\mathrm{d}x$ 之间的纤维长度:

$$\mathrm{d}s = \sqrt{(\mathrm{d}x^2 + \mathrm{d}y^2)} = \mathrm{d}x\sqrt{\left[1 + c\cdot\cos^2\left(\frac{2\pi x}{\lambda}\right)\right]}$$
$$c = (2\pi a/\lambda)^2 \tag{9.15}$$

其中:$c = (2\pi a/\lambda)^2$。

明显地,当

$$|\theta_{\max}| = \tan^{-1}\left(\frac{2\pi a}{\lambda}\right) \tag{9.16}$$

时,$\tan\theta$ 的值最大。

$x = 0$ 和 $x = \lambda$ 之间的纤维长度 s 可由下式给出:

$$s = \int\mathrm{d}s = \frac{\lambda}{2\pi}\int_0^{2\pi}\sqrt{(1 + c\cdot\cos^2\beta)}\,\mathrm{d}\beta \tag{9.17}$$

通过第二类椭圆积分得到:

$$s = \lambda\sqrt{(1+c)}\left(1 - \frac{1}{2^2}k^2 - \frac{1^2\cdot 3}{2^2\cdot 4^2}k^4 - \frac{1^2\cdot 3^2\cdot 5}{2^4\cdot 4^2\cdot 6^2}k^6 - \cdots\right) \tag{9.18}$$

其中:

$$k^2 = \frac{c}{1+c} \tag{9.19}$$

式(9.18)可写为:

$$\frac{s}{\lambda} = \frac{1}{\sqrt{(1-k^2)}}\left[1 - 2\left(\frac{k^2}{8}\right) - 3\left(\frac{k^2}{8}\right)^2 - 10\left(\frac{k^2}{8}\right)^3 - \frac{175}{4}\left(\frac{k^2}{8}\right)^4 - \frac{441}{2}\left(\frac{k^2}{8}\right)^5 - \cdots\right]$$

$$(9.20)$$

通过泰勒展开,可以得到:

$$\frac{s}{\lambda} = 1 + 2\left(\frac{k^2}{8}\right) + 13\left(\frac{k^2}{8}\right)^2 + 90\left(\frac{k^2}{8}\right)^3 + 644\left(\frac{k^2}{8}\right)^4 + 4\,708.5\left(\frac{k^2}{8}\right)^5 + \cdots \quad (9.21)$$

在下面的分析中,考虑了式(9.21)中高至第 5 阶项 $(k^2/8)^5$,且 $a/\lambda < \frac{1}{5}$。a/λ 与 s/λ 之间的关系如图 9.12 所示,其中 $\theta_{\max}$ 表示纤维与 x 轴间的最大夹角。例如,当 $\theta_{\max} = 20°$ 时,$a/\lambda = 0.058$,$s/\lambda = 1.032$。对于 $a/\lambda = 0.10$ 的屈曲纤维复合材料,如果基体刚度可以忽略不计,通过纤维伸直即可使复合材料伸长 9.23%。

考虑复合材料中的两类纤维排列:等相排列和随机排列。图 9.13 定义了纤维等相排列模型,即所有纤维在 x 方向的相位相同,假设纤维在 y 方向的间距相等。在纤维随机排列模型(图 9.14)中,正弦形纤维的轴向位置呈不规则排列。

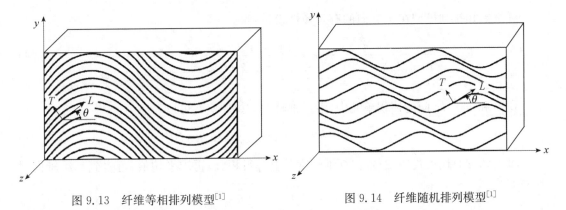

图 9.13　纤维等相排列模型[1]　　　　　　　　图 9.14　纤维随机排列模型[1]

9.1.4.2　轴向拉伸性能

基于前文描述的经典层合板理论,已通过等相排列模型和随机排列模型研究了屈曲纤维增强柔性复合材料的非线性拉伸应力-应变响应,并且载荷施加方向与正弦形纤维轴向平行。

(1) 纤维等相排列模型。首先推导纤维等相排列模型的线弹性应力-应变关系。根据图 9.13 可知,x 和 $x + dx$ 间每一个体积单元均可以通过式(9.14)定义的单向复合材料近似得到,其中纤维与 x 轴之间的夹角为 θ。复合材料全局坐标系(x-y-z)和纤维局部坐标系(L-T-z)之间的转化关系:

$$\begin{bmatrix} L \\ T \\ z \end{bmatrix} = \begin{bmatrix} \cos\theta & \sin\theta & 0 \\ -\sin\theta & \cos\theta & 0 \\ 0 & 0 & 1 \end{bmatrix} \begin{bmatrix} x \\ y \\ z \end{bmatrix} \qquad (9.22)$$

　　θ 的正方向由图 9.13 定义。在轴向拉伸载荷 σ_{xx} 下，由式(4.105)可以得到：

$$\varepsilon_{xx} = \bar{S}_{11}\sigma_{xx}$$
$$\varepsilon_{yy} = \bar{S}_{12}\sigma_{xx}$$
$$\gamma_{xy} = \bar{S}_{16}\sigma_{xx} \tag{9.23}$$

　　值得注意的是，$\bar{S}_{16}$ 表示拉伸-剪切耦合常数。图 9.15 表示施加应力 σ_{xx} 导致的剪切角 γ_{xy}。

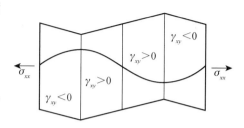

图 9.15　纤维等相排列模型单轴向拉伸时的变形示意[1]

　　纤维等相排列模型中，柔性复合材料的平均拉伸应变 ε_{xx}^*：

$$\varepsilon_{xx}^* = \frac{1}{\lambda}\int_0^\lambda \varepsilon_{xx}\,\mathrm{d}x \tag{9.24}$$

　　通过式(9.14)和式(9.23)可以得到：

$$\varepsilon_{xx}^* = \left\{ \frac{1+\dfrac{c}{2}}{(1+c)^{3/2}}S_{11} - \left[\frac{1+\dfrac{3}{2}c}{(1+c)^{3/2}}-1\right]S_{22} + \frac{\dfrac{c}{2}}{(1+c)^{3/2}}(2S_{12}+S_{66}) \right\}\sigma_{xx} \tag{9.25}$$

　　纤维等相排列模型在 x 方向的有效弹性模量：

$$E_{xx}^* = \frac{(1+c)^{3/2}}{\left(1+\dfrac{c}{2}\right)S_{11} - \left[1+\dfrac{3}{2}c-(1+c)^{3/2}\right]S_{22} + \dfrac{c}{2}(2S_{12}+S_{66})} \tag{9.26}$$

　　在 x 和 $x+dx$ 间的体积单元中，沿纤维轴向的拉伸应变可以表述为：

$$\varepsilon_L = \varepsilon_{xx}\cos^2\theta + \varepsilon_{yy}\sin^2\theta + \gamma_{xy}\sin\theta\cos\theta \tag{9.27}$$

　　将式(9.23)代入式(9.27)，在纤维长度 s 上进行积分，再求平均值，可得到纤维轴向平均应变：

$$\varepsilon_L^* = \frac{1}{s}\int_0^s \varepsilon_L\,\mathrm{d}s = \left[(S_{11}-S_{12})F(k)+S_{12}\right]\sigma_{xx} \tag{9.28}$$

其中：

$$F(k) = 1 - \frac{1}{2}k^2 - \frac{3}{16}k^4 - \frac{3}{32}k^6 - \frac{111}{2\,048}k^8 - \frac{141}{4\,096}k^{10} \tag{9.29}$$

　　在上述推导中，使用了 s、x 和 λ 之间的关系[式(9.14)～式(9.20)]和椭圆积分。

　　(2) 纤维随机排列模型。在纤维等相排列模型中，拉伸-剪切耦合常数 $\bar{S}_{16}$ 和 $\bar{S}_{26}$ 均不等于零。拉伸-剪切耦合效应可以通过屈曲纤维在 x 方向的随机排列消除。

$$y = a\sin[2\pi(x-\mathrm{d})/\lambda] \tag{9.30}$$

其中：d 表示纤维在 x 方向的偏移。

　　假设模型中纤维偏移 d 在 0 和 λ 之间随机取值，即在任意无限小区域 $\mathrm{d}x$ 上，任意倾斜角度的纤维存在概率相同。因此，当整个试样受到单轴载荷时，可以假设纤维轴向应变 ε_{xx} 均匀。每段纤维上的应力取决于其倾斜角度 θ：

$$-\frac{2\pi a}{\lambda} \leqslant \tan\theta \leqslant \frac{2\pi a}{\lambda}$$

根据这些假设，经典层合板理论仍可适用。

纤维伸直的单向板应力-应变关系可以通过式(4.78)得到，其中的退缩刚度矩阵 Q_{ij} 由式(4.93)求得。与全局坐标系 $(x\text{-}y\text{-}z)$ 呈一定偏角的单向板转换后的应力-应变关系可由式(4.103)和式(4.104)得到。对于纤维随机排列复合材料，x 和 $x+dx$ 间小单元可近似为不同倾斜角度的单向板。倾角为 θ 的纤维存在概率为 $\mathrm{d}x/\lambda$，倾角 θ 的范围：

$$0 \leqslant \theta \leqslant \tan^{-1}\left(\frac{2\pi a}{\lambda}\right) \tag{9.31}$$

因此，层合板的应力-应变关系：

$$\begin{Bmatrix} \sigma_x \\ \sigma_y \\ \tau_{xy} \end{Bmatrix} = \begin{bmatrix} C_{11}^* & C_{12}^* & C_{16}^* \\ C_{12}^* & C_{22}^* & C_{26}^* \\ C_{16}^* & C_{26}^* & C_{66}^* \end{bmatrix} \begin{Bmatrix} \varepsilon_x \\ \varepsilon_y \\ \gamma_{xy} \end{Bmatrix} \tag{9.32}$$

其中：

$$C_{mn}^* = \frac{1}{\lambda}\int_0^\lambda Q_{mn}(\theta)\,\mathrm{d}x \tag{9.33}$$

式(9.33)中的平均刚度常数：

$$C_{11}^* = \frac{1}{(1+c)^{3/2}}\left\{Q_{11}\left(1+\frac{c}{2}\right) + (Q_{12}+2Q_{66})c + Q_{22}\left[(1+c)^{3/2} - \left(1+\frac{3}{2}c\right)\right]\right\}$$

$$C_{22}^* = \frac{1}{(1+c)^{3/2}}\left\{Q_{11}\left[(1+c)^{3/2} - \left(1+\frac{3}{2}c\right)\right] + (Q_{12}+2Q_{66})c + Q_{22}\left(1+\frac{c}{2}\right)\right\}$$

$$C_{12}^* = \frac{1}{(1+c)^{3/2}}\left\{(Q_{11}+Q_{22}-4Q_{66})\frac{c}{2} + Q_{12}\left[(1+c)^{3/2} - c\right]\right\}$$

$$C_{66}^* = \frac{1}{(1+c)^{3/2}}\left\{(Q_{11}+Q_{22}-2Q_{12}-2Q_{66})\frac{c}{2} + Q_{66}\left[(1+c)^{3/2} - c\right]\right\}$$

$$C_{16}^* = C_{26}^* = 0$$

$$\tag{9.34}$$

对式(9.32)求逆，得到：

$$\begin{Bmatrix} \varepsilon_{xx} \\ \varepsilon_{yy} \\ \gamma_{xy} \end{Bmatrix} = \begin{bmatrix} S_{11}^* & S_{12}^* & 0 \\ S_{12}^* & S_{22}^* & 0 \\ 0 & 0 & S_{66}^* \end{bmatrix} \begin{Bmatrix} \sigma_{xx} \\ \sigma_{yy} \\ \tau_{xy} \end{Bmatrix} \tag{9.35}$$

其中：

$$S_{11}^* = (C_{22}^* C_{66}^* - C_{26}^{*2})/D$$
$$S_{22}^* = (C_{11}^* C_{66}^* - C_{16}^{*2})/D$$
$$S_{12}^* = (C_{16}^* C_{26}^* - C_{12}^* C_{16}^*)/D \tag{9.36}$$
$$S_{66}^* = (C_{11}^* C_{22}^* - C_{12}^{*2})/D$$
$$D = C_{11}^* C_{22}^* C_{66}^* - C_{12}^{*2} C_{66}^*$$

根据式(9.29),可以得到纤维随机排列模型在 x 方向的弹性模量和泊松比:

$$E_{xx}^* = 1/S_{11}^*$$
$$\nu_{xy}^* = -S_{12}^*/S_{11}^*$$

(9.37)

若纤维随机排列模型受到单轴拉伸应力 σ_{xx},则应变分量:

$$\varepsilon_{xx} = \sigma_{xx}/E_{xx}^*$$
$$\varepsilon_{yy} = -(\nu_{xy}^*/E_{xx}^*)\sigma_{xx}$$
$$\gamma_{xy} = 0$$

(9.38)

将式(9.38)代入式(9.27),并在整个纤维长度上计算平均值[式(9.28)]:

$$\varepsilon_L^* = (\varepsilon_{xx} - \varepsilon_{yy})F(k) + \varepsilon_{yy}$$

(9.39)

其中: $F(k)$ 可由式(9.29)求得。

(3)非线性拉伸应力-应变关系。Petit 等[37]于 1969 年通过逐步增量分析方法研究了柔性复合材料在 x 方向的非线性拉伸应力-应变响应。将拉伸应变增量 Δe_{xx} 施加于纤维等相排列模型或纤维随机排列模型,$\Delta e_{xx} = \Delta l/l$,$\Delta l$ 和 l 分别表示长度增量和当前长度。根据初始弹性模量 E_{xx}^*,第一步应力增量 $\Delta \sigma_{xx}$ 可通过下列线弹性关系计算:

$$\Delta \sigma_{xx} = E_{xx}^* \Delta e_{xx}$$

(9.40)

其中:纤维等相排列模型和纤维随机排列模型的初始弹性模量 E_{xx}^* 可分别由式(9.26)和式(9.37)求得。

经过 $n-1$ 步增量分析后,将第 n 步的应力增量叠加到前一步的应力上,得到第 n 步的总应力:

$$(\sigma_{xx})_n = (\sigma_{xx})_{n-1} + (\Delta \sigma_{xx})_n$$

(9.41)

对于纤维等相排列模型,将式(9.40)代入式(9.28),得到纤维轴向拉伸应变增量:

$$\Delta e_L^* = [(S_{11} - S_{12})F(k) + S_{12}]\Delta \sigma_{xx}$$

(9.42)

对于纤维随机排列模型,通过 Δe_{xx} 和 ν_{xy}^* 可以计算横向应变增量:

$$\Delta e_{yy} = -\nu_{xy}^* \Delta e_{xx}$$

(9.43)

将 Δe_{xx} 和 Δe_{yy} 代入式(9.39),得到纤维轴向拉伸应变增量:

$$\Delta e_L^* = (\Delta e_{xx} - \Delta e_{yy})F(k) + \Delta e_{yy}$$

(9.44)

完成 n 步增量分析后,得到现有试样长度下的总应变:

$$\Delta e_{xx} = \sum_{i=1}^n (\Delta e_{xx})i = \sum_{i=1}^n \left(\frac{\Delta l}{l}\right)_i$$

(9.45)

用无限小增量 $\mathrm{d}l$ 代替 Δl,可得到:

$$e_{xx} = \int_{l_0}^l \frac{\mathrm{d}l}{l} = \ln \frac{l}{l_0} = \ln(1 + \varepsilon_{xx})$$

(9.46)

其中,ε_{xx} 表示关于试样初始长度 l_0 的拉伸应变:

$$\varepsilon_{xx} = \frac{l - l_0}{l_0} \tag{9.47}$$

在大变形范围内,应变 ε_{xx} 比应变增量 Δe_{xx} 更加方便。通过式(9.46)可以得到:

$$\varepsilon_{xx} = \exp(e_{xx}) - 1 \tag{9.48}$$

在 n 步增量分析后,试样轴向总应变(ε_{xx})、横向总应变(ε_{yy})和纤维轴向总应变(ε_L^*)可由下式得到:

$$(\varepsilon_{xx})_n = \exp\Big[\sum_{i=1}^{n}(\Delta e_{xx})_i\Big] - 1 \tag{9.49}$$

$$(\varepsilon_{yy})_n = \exp\Big[\sum_{i=1}^{n}(\Delta e_{yy})_i\Big] - 1 \tag{9.50}$$

$$(\varepsilon_L^*)_n = \exp\Big[\sum_{i=1}^{n}(\Delta e_L^*)_i\Big] - 1 \tag{9.51}$$

最后,需要考虑受载时纤维形状的变化。由于 x 方向的轴向拉伸载荷,屈曲纤维的波长更新为:

$$\lambda = \lambda_0(1 + \varepsilon_{xx}) \tag{9.52}$$

其中: λ 和 λ_0 分别表示纤维波长的当前值和初始值; ε_{xx} 可以通过式(9.49)计算得到。

当前纤维长度:

$$s = s_0(1 + \varepsilon_L^*) \tag{9.53}$$

其中: s_0 为纤维初始长度; ε_L^* 可由式(9.51)计算得到。

为了确定纤维形状,假设变形过程中纤维保持正弦形状,只有幅值(a)和波长(λ)随变形而变化。当给定纤维波长 λ 和纤维长度 s 时,纤维幅值 a 的当前值可根据图9.12确定。在 n 步增量分析后, $k^2 = c/(1+c)$ 、 $c = (2\pi a/\lambda)^2$ 、 E_{xx}^* 和 ν_{xy}^* 的值可以由 λ 和 a 的当前值确定,这些值将用于第 $(n+1)$ 步增量分析。式(9.41)和式(9.49)表示柔性复合材料的单轴拉伸应力-应变关系。

在 Chou[1] 的数值计算中,所用纤维和基体的弹性常数[38-39]见表9.1。假设玻璃纤维和 Kevlar 纤维为线弹性材料,聚对苯二甲酸丁二酯(PBT)和其他弹性体树脂假设为橡胶弹性材料[40-41]:

$$\sigma = \frac{E_m^0}{3}\Big(\alpha - \frac{1}{\alpha^2}\Big) \tag{9.54}$$

其中: E_m^0 为基体的初始弹性模量; α 表示伸长比。

$$\alpha = 1 + \varepsilon_{xx} \tag{9.55}$$

基体的弹性模量 E_m 可以通过拉伸应变当前值 ε_{xx} [式(9.49)和式(9.55)]确定:

$$E_m = \frac{\mathrm{d}\sigma}{\mathrm{d}\varepsilon_{xx}} = \frac{E_m^0}{3}\Big(1 + \frac{2}{\alpha^3}\Big) \tag{9.56}$$

表 9.1　弹性常数和伸长率[1]

材料种类	E_L(GPa)	E_T(GPa)	G_{LT}(GPa)	ν_{LT}	ν_{TT}	ε_b（%）
玻璃纤维	72.52		29.7		0.22	4
Kevlar 纤维	151.6	4.13	2.89	0.35	0.35	3.5
PBT 基体		2.156	0.77		0.4	50—300

注:假设 $G = E/2(1+\nu)$。

　　通过增量分析预测得到的应力-应变关系如图 9.16 和图 9.17 所示,结果表明,Kevlar 纤维的横向弹性模量低于玻璃纤维,因此 Kevlar 纤维柔性复合材料的刚度低于玻璃纤维柔性复合材料。但是,根据图 9.16 可知,纤维被拉伸时,Kevlar 纤维的刚度和强度比玻纤增长得更快。由图 9.17 可知,对于给定的屈曲纤维复合材料,纤维随机排列模型比纤维等相排列模型的弹性模量高,但伸长率低。

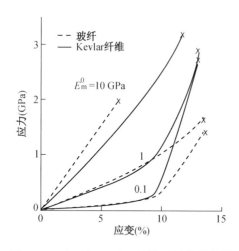 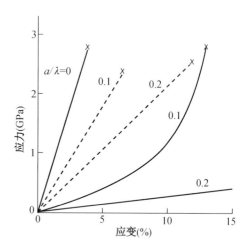

图 9.16　玻纤和 Kevlar 纤维对纤维等相排列柔性复合材料拉伸应力-应变的影响(假设基体为橡胶弹性体,符号"×"表示纤维轴向平均应变 ε_L^*,玻纤和 Kevlar 纤维的轴向平均应变分别可达到 4% 和 3.5%,$\nu_m = 0.4$,$V_f = 50\%$,$a/\lambda = 0.1$)[1]

图 9.17　由纤维等相排列模型(实线)和纤维随机排列模型(虚线)得到的 Kevlar 纤维/PBT 柔性复合材料的拉伸应力-应变曲线($E_m = 1$ GPa,$\nu_m = 0.4$,$V_f = 50\%$,$a/\lambda = 0.1$。符号"×"表示纤维轴向平均应变 ε_L^*,Kevlar 纤维的轴向平均应变可达到 3.5%)[1]

9.1.4.3　横向拉伸性能

　　Kuo 等[42]于 1988 年研究了屈曲纤维柔性复合材料纤维等相排列模型和纤维随机排列模型的横向拉伸性能。同样地,所用增量分析也基于层合板理论。

　　(1)纤维等相排列模型。对于图 9.13 中的纤维等相排列模型,考虑 y 和 $y+dy$ 之间的小体积单元。假设横向应力 σ_{yy} 在整个波长 λ 范围内均匀分布,则尺寸为 $dy \times dx$ 的小体积单元可被认为是与 x 方向呈一定角度的单向板。根据式(4.105)和平面应力状态,可以得到此体积单元的应变分量:

$$\varepsilon_{xx} = \bar{S}_{12}\sigma_{yy}$$
$$\varepsilon_{yy} = \bar{S}_{22}\sigma_{yy} \qquad (9.57)$$
$$\gamma_{xy} = \bar{S}_{26}\sigma_{yy}$$

纤维等相排列模型在整个波长上的平均横向应变：

$$\varepsilon_{yy}^* = \frac{1}{\lambda}\int_0^\lambda \varepsilon_{yy}\,\mathrm{d}x \tag{9.58}$$

y 方向的有效弹性模量：

$$E_{yy}^* = \frac{\sigma_{yy}}{\varepsilon_{yy}^*} = \frac{(1+c)^{3/2}}{\left((1+c)^{3/2}-1-\dfrac{3c}{2}\right)S_{11} + \left(1+\dfrac{c}{2}\right)S_{22} + \dfrac{c}{2}(2S_{12}+S_{66})} \tag{9.59}$$

将式(9.57)代入式(9.27)，可以得到由横向拉伸导致的整个纤维长度方向的平均拉伸应变：

$$\varepsilon_L^* = \left[(S_{12}-S_{11})F(k)+S_{11}\right]\sigma_{yy} \tag{9.60}$$

其中：$F(k)$ 可由式(9.29)求得。

　　基于应变恒定假设，Kuo 等[42]也分析了纤维等相排列模型的横向拉伸响应。由横向拉伸试验可知，远离试样两端处的伸长在整个宽度方向均匀分布，因此应变恒定假设成立。虽然，恒定应变分析和恒定应力分析时的应力-应变本构方程不同，但 Kuo 等[42]得到了相同的计算结果。这是由于这两种方法中，应力(或应变)是 x 方向的平均值。

　　(2) 纤维随机排列模型。y 方向的弹性模量和泊松比可由下式计算：

$$E_{yy}^* = 1/S_{22}^* \tag{9.61}$$
$$\nu_{yx}^* = -S_{12}^*/S_{22}^*$$

横向应力 σ_{yy} 导致的应变分量：

$$\varepsilon_{xx}^* = -(\nu_{yx}^*/E_{yy}^*)\sigma_{yy}$$
$$\varepsilon_{yy} = \sigma_{yy}/E_{yy}^* \tag{9.62}$$
$$\gamma_{xy} = 0$$

同理，纤维方向的平均拉伸应变可由式(9.39)计算得出。

　　图 9.18 对比了纤维等相排列模型在横向拉伸时的理论预测结果和试验结果。Kuo 等[42]所用试验材料为 Thornel-300 碳纤维增强 Sylgard 184 硅橡胶，其中每个纤维束包含 1 000 根长丝，长丝直径为 7 μm。根据 Luo 等[43]的方法制备试样，试样的 a/λ 初始值在 0.05~0.07，纤维体积分数较低(约 1.34%)。

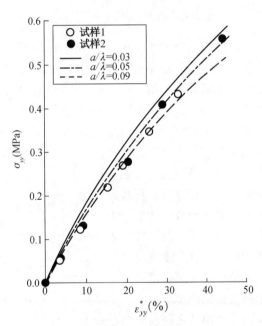

图 9.18　纤维等相排列模型的横向拉伸应力-应变理论预测结果和试验结果对比(Thornel-300 碳纤维/硅橡胶柔性复合材料试样的 a/λ 为 0.05~0.07，V_{f} 约 1.34%)[42]

9.2　张力结构设计

9.2.1　引言

索网和薄膜等预张力结构的设计过程受到计算方法的影响。找形分析方法是对织物、钢丝网或肥皂泡膜进行物理建模。目前,根据力密度法[44-45]、动态松弛[48-49]、最小曲面原理[46-47]或其他三维平衡实现方法,开发了几种数值解法,用以进行找形分析。后来,根据应力分布的各向异性进行找形分析[50]。这些方法具有一个共同点,即对于给定应力分布、边界条件和支撑结构的三维形状,其平衡形状寻找过程均没有考虑材料性能。平衡形状应该能够保证索网结构或薄膜结构中拉伸应力均匀。实际上,材料性能、裁剪方案和工艺、制备工艺和预拉伸过程,将对其应力分布、褶皱和过应力区域产生明显影响。这些影响是可见的,也可以进行测量。

目前,需要对预张力结构的设计过程进行扩展,在扩展过程中应当考虑形状平衡状态的评价方法。形状平衡过程与材料性能和预拉伸过程有关。真实地模拟薄膜结构的承载性能非常必要,而且需考虑裁剪条带宽度、织物方向和拼缝方向[51]。薄膜结构的承载性能可以通过与曲率和材料弹性应变相关的冗余度、挠度或刚度值进行评估。

9.2.2　张力结构设计现状

双曲率索网和薄膜张力结构的设计过程可以分为找形分析、静力分析和裁剪分析。这些张力结构包括帐篷、空气支撑大厅或飞艇等。当给定应力分布和边界条件时,通过找形分析可以得到其平衡形状。平衡形状可以保证双曲率几何曲面只受拉伸应力,从而避免内部压缩应力。通过平衡形状的几何关系,可以测试张力结构性能并形成裁剪方案。双曲率曲面的展平放样是一个忽略其表面应力分布和材料性能的几何过程。裁剪分析方法考虑了张拉结构的表面应力分布[52-53]。然而,在结构性能分析中,没有考虑裁剪条带宽度、拼缝和织物方向及预拉伸过程等因素的影响。结构性能分析和裁剪分析的分离将导致设计的张力结构中应力分布高度不均匀,体现为张力结构中出现褶皱,以及应力测量值比应力要求值高两倍。找形分析得到的平衡形状和真实结构的平衡形状之间在应力分布和几何形状上的差异,使得张力结构的设计过程并非一致,如图9.19所示。

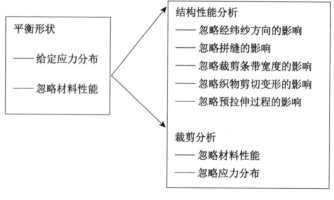

图 9.19　薄膜结构的一般设计过程[54]

9.2.3　张力结构增强设计过程

张力结构的增强设计可分为五个基本设计步骤,即形状平衡、形成裁剪方案、裁剪条带重组和预拉伸、重组结构分析和结构性能评估(图 9.20)。后三步考虑了材料性能,即平衡形状的展开、重组和承载性能。裁剪条带的长度和宽度会影响涂层织物的剪切变形。涂层织物的正交性能将影响重组结构的预拉伸过程和应力分布。通过考虑应力分布和变形,数值分析方法可使重组结构获得更好的结果。

图 9.20　薄膜结构的增强设计过程

9.2.3.1　形状平衡分析

计算机辅助几何设计(CAGD)的发展标志着新型自由形式几何变化的开始。这一代双曲率三维曲面几乎不受限制。理论上,通过数值方法可以生成和展示无数种三维曲面形式。然而,这些三维双曲面的加工和实现受到许多边界条件和约束条件的限制。用于传递载荷的索网和薄膜只能传递拉伸载荷,整体上无法承受弯矩载荷和压缩载荷。索网结构和薄膜结构必须首先经过预拉伸激活其几何刚度,或通过减小预拉伸应力使其承受压缩载荷。对于索网结构和薄膜结构,平衡形状定义了其经过预拉伸后的双曲率曲面几何特征。根据拉伸应力、拓扑几何和平衡形状之间的关系,可以找到三种引入薄膜张力的可行方法,平衡形状的影响如图 9.21 所示。

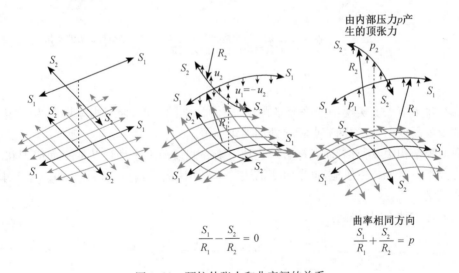

$$\frac{S_1}{R_1} - \frac{S_2}{R_2} = 0$$

曲率相同方向
$$\frac{S_1}{R_1} + \frac{S_2}{R_2} = p$$

图 9.21　预拉伸张力和曲率间的关系

如果索网或纱线沿双曲抛物线取向,将其沿刚性边界相反方向进行预拉伸,可以得到平面、单曲率和双曲率张力结构。在这种情况下,张力是相互独立的。

负高斯曲率表面上的张力作用可使节点处产生偏向力,使得张力和曲率间存在一定的相互关系。为实现每个节点力平衡,张力必须与两个方向的曲率半径相关,而且为了使两个曲率方向上的张力相等,索网在两个方向的曲率必须相同。张力和曲率半径之比恒定,意味着为确保节点力平衡,张力越大时曲率越小。

为使具有内压力的薄膜保持稳定,薄膜曲面必须为正高斯曲率表面,且薄膜内压力、表面张力和曲率之间必须具有一定的相关性。表面张力与内压力直接相关,且曲率越低,表面张力越高。

正方形网格索网和无弯曲刚度的薄膜均可认定为静定系统。在这两种情况下,当给定张力的索网上每个节点达到三维力平衡时,或给定应力分布的薄膜上每个点达到三维力平衡时,均可以形成双曲率表面。这种平衡的实现没有考虑材料性能,且受边界条件如高点、边界索网或刚性边界的影响。

索网数值解法的第一步,基于每根索网张力和其长度的恒定比值。每根索网张力和其长度的比值被定义为力密度[55]。将正方形网格平面索网的节点向第三方向移动,然后在索网平面外的固定点和边界上施加载荷,就可以计算索网平衡形状。索网张力变化取决于由平面变化为三维表面时连接索网的长度变化,每根索网越长,则索网张力越大。最终可以得到每根索网张力均稳定变化的双曲率表面,且每根索网张力随曲面曲率变化而变化。由于单根索网张力与索网长度比值恒定,这种方法也可以扩展到静不定索网,比如三角形网格索网。索网张力和索网长度都是寻找三维平衡形状的自由参数。

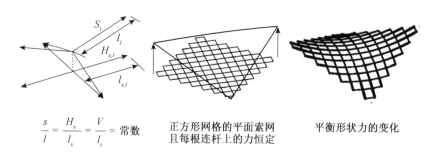

$$\frac{s}{l} = \frac{H_x}{l_x} = \frac{V}{l_z} = 常数$$　　　　正方形网格的平面索网　　　　平衡形状力的变化
　　　　　　　　　　　　　　　　且每根连杆上的力恒定

图 9.22　平衡形状实现法向平衡

为在每个节点上实现切向平面平衡,必须调整索网长度,使每根索网张力恒定。索网沿测地线表面取向,且索网节点相交处的夹角不恒定。

在薄膜结构中,所有表面点都必须达到平衡。假设薄膜平衡形状的平面应力状态是给定应力分布的结果。一般地,根据协变描述[56],表面法向平衡可以写作 $\sigma^{\alpha\beta}b_{\alpha\beta} = 0$,其中 $b_{\alpha\beta}$ 是曲率张量。

根据各主轴方向,得到:

$$\sigma^{11}b_{11} + \sigma^{12}b_{12} + \sigma^{21}b_{21} + \sigma^{22}b_{22} = 0 \tag{9.63}$$

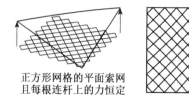
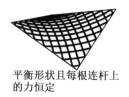

正方形网格的平面索网　　　　　　　　　　　　平衡形状且每根连杆上
且每根连杆上的力恒定　　　　　　　　　　　　的力恒定

图 9.23　法向平衡和切向平衡后的平衡形状

坐标系在主应力($\sigma^{12} = \sigma^{21} = 0$)或主曲率($b_{12} = b_{21} = 0$)方向的取向：$\sigma^{11}b_{11} + \sigma^{22}b_{22} = 0$。

两个主方向的拉伸应力 $\sigma^{11} \geqslant 0$ 且 $\sigma^{22} \geqslant 0$，要求高斯曲率为负值，其中 $b_{11} = \dfrac{1}{R_1}$ 及 $b_{11} = -\dfrac{1}{R_2}$，由表面法向平衡得到：

$$\frac{\sigma^{11}}{R_1} - \frac{\sigma^{22}}{R_2} = 0 \tag{9.64}$$

表面点处切向平衡可以通过协变描述表达：

$$\sigma^{\alpha\beta}_{|\beta} = 0 \tag{9.65}$$

假设特定点上应力恒定，则 $\sigma^{\alpha\beta} = \sigma g^{\alpha\beta}$，其中 $g^{\alpha\beta}$ 是度量张量。

代入上式得：

$$(\sigma g^{\alpha\beta})_{|\beta} = 0 \Rightarrow \sigma_{|\beta}g^{\alpha\beta} + \underbrace{\sigma g^{\alpha\beta}_{|\beta}}_{\Rightarrow 0} = 0 \tag{9.66}$$

最终得到：

$$\sigma_{|\beta}g^{\alpha\beta} = 0 \tag{9.67}$$

度量张量在双曲率表面上每个点处均为定值，这意味着应力偏差为零。这需要相邻点处应力分布恒定，且需描述静水应力状态。因此，要求 $\sigma^{11} = \sigma^{22} = $ 常数，且

$$\frac{\sigma_{11}}{R_1} - \frac{\sigma^{22}}{R_2} = 0 \Rightarrow \left(\frac{R_2 - R_1}{R_1 \cdot R_2}\right) = 0,\ R_1 = R_2 \tag{9.68}$$

表面拉应力各向同性且均匀表示每一点处和每个方向上的应力均恒定，这也被称为静水应力状态。可以将应力设定为定值，并可将平衡形状分析简化为给定边界条件时寻找极小曲面的几何问题。极小表面的物理模型代表为肥皂泡薄膜（图 9.24），这是早期为数不多的描述每点均受拉伸应力的双曲率表面的方法之一。

图 9.24 肥皂泡薄膜极小曲面及其数值解析

9.2.3.2 裁剪分析

形状平衡分析的特征是不考虑材料性能，或考虑材料性能但忽略其剪切强度。张拉结构的真正形状受材料性能的影响，平衡状态和预拉伸后的形状差异导致索网结构不具有剪切刚度，使涂层织物呈现正交各向异性，或使薄片剪切刚度较高。众所周知，双曲率表面展平时将发生扭曲。此外，织物的最大幅宽已可达 5 m，需要将一定长度和宽度的裁剪条带重组而形成整个型材。根据平衡形状进行裁剪分析的常用方法一般包含四个步骤（图 9.25）。首先，将测地线作为裁剪线，把平衡形状裁剪成许多条带，即整个结构被分成许多双曲率条

带。然后,用不同方法将双曲条带展平,如纸片法或最小应变能法。通过织物伸长引入拉应力时,最后一步的补偿是十分必要的。在所建结构中,与织物应力-应变性能有关的裁剪条带的宽度和长度均会减小。

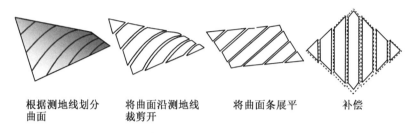

根据测地线划分　　　将曲面沿测地线　　　将曲面条展平　　　补偿
曲面　　　　　　　　裁剪开

图 9.25　裁剪方案流程[59]

平衡形状和构建结构间的几何和应力差异由织物方向、织物剪切变形、拼缝刚度和预拉伸过程导致。通过考虑涂层织物的影响因素,可以减少裁剪失误。这种裁剪失误体现在褶皱中且可以根据局部应力峰值测量。涂层织物的承载结构为涂层保护的纱线。机织物中,如果拉伸应力作用于纱线方向,那么经纬纱位置将保持不变,而剪切应力将使得经纬纱旋转而形成夹角,直到两者互相接触为止(图 9.26)。

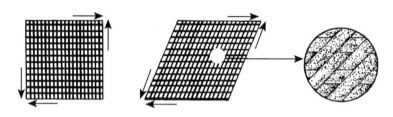

图 9.26　机织物的剪切变形[60]

涂层织物最大剪切变形取决于纱线厚度、纱线间距和涂层柔性。如果纱线旋转大于双曲率裁剪条带展开时所需的扭曲变形,则展平过程中无应变。

若此过程相反,则需进一步验证,因为薄膜结构制备是将平面条带组装成双曲率和预拉伸结构。目前已经知道可以通过剪切变形来构建索网双曲率表面。仅仅通过改变索网间角度,就可以把索网放到双曲率表面上,而保持节点间距离不变。两层索网间的旋转与其表面曲率有关(图 9.27)。

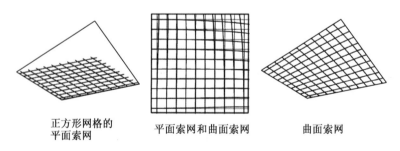

正方形网格的　　　　平面索网和曲面索网　　　　曲面索网
平面索网

图 9.27　平面索网变形为双曲率索网时的剪切形变

9.2.3.3 重组与预拉伸分析

一般来说，只有通过索网和涂层织物的弹性应变，才能将拉伸应力引入索网结构或薄膜结构。为了对重组过程进行数值模拟，需要描述材料性能，同时需要考虑其几何变化和弹性应变。索网结构的几何变化大部分为平面剪切应变，它使得索网结构可以实现双曲率表面。涂层机织物的几何变化与纱线伸长相关。1978 年[61]建立的简单模型能够用于描述涂层机织物性能。此模型于 1987 年被修正且经过验证[62]，最终于 2003 年转化为数值模型[63]（图 9.28）。

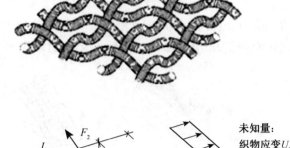

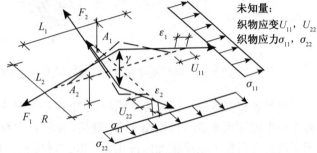

忽略涂层影响，涂层机织物的力学行为可以通过下列参数表述：

图 9.28　描述涂层机织物性能的模型

① 织物几何参数，如织物厚度、纱线间距（经纱 A_1、L_1 和倾斜度 $m_1 = A_1/L_1$，纬纱 A_2、L_2 和倾斜度 $m_2 = A_2/L_2$）。

② 每组纱线的应力-应变性能（经纱 F_1、ε_1，纬纱 F_2、ε_2）。

③ 织物厚度变化（γ）。

④ 每个交织点处的偏向力。

纱线变形前与变形后的长度之比：

$$\mu_1 = 1 + U_{11}, \ \mu_2 = 1 + U_{22}$$

变形前和变形后的倾斜度之比：

$$k_1 = A_1/\mu_1, \ k_2 = A_2/\mu_2$$

纱线弹性应变：

$$\varepsilon_1 - \mu_1 \frac{\sqrt{1+k_1^2 m_1^2}}{\sqrt{1+m_1^2}} + 1 = 0, \ \varepsilon_2 - \mu_2 \frac{\sqrt{1+k_2^2 m_2^2}}{\sqrt{1+m_2^2}} + 1 = 0 \qquad (9.69)$$

交织点处纱线间距约束条件：

$$k_1 \mu_1 A_1 + k_2 \mu_2 A_2 - A_1 - A_2 - \gamma F_1 \frac{k_1 m_1}{\sqrt{1+k_1^2 m_1^2}} = 0 \qquad (9.70)$$

纱线平衡方程：

$$F_2 \frac{k_2 m_2}{\sqrt{1+k_2^2 m_2^2}} - F_1 \frac{k_1 m_1}{\sqrt{1+k_1^2 m_1^2}} = 0 \qquad (9.71)$$

通过式(9.69)～式(9.71)可以求解非线性系统方程的四个未知数 ε_1、ε_2、k_1 和 k_2，然后可以直接定义织物应力：

$$\sigma_{11} = \frac{1}{L_2}\left(\frac{F_1}{\sqrt{1+k_1^2 m_1^2}}\right),\ \sigma_{22} = \frac{1}{L_1}\left(\frac{F_2}{\sqrt{1+k_2^2 m_2^2}}\right) \tag{9.72}$$

得到应力、应变后，即可定义刚度 E_{1111}、E_{2222} 和 E_{1122}。弹性刚度呈非线性，且与经纬向应变之比密切相关。泊松比 ν_{1122} 也呈非线性，且取决于经纬纱应变之比(图 9.29)。

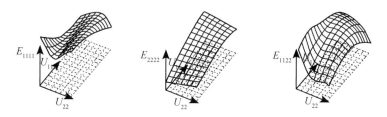

图 9.29　弹性模量和泊松比与涂层织物应变的关系(PVC 涂层织物)[62]

重组过程的数值模拟需考虑织物性能、拼缝及整个表面上的拉伸应力分布。重组过程需要对平面薄膜条带进行网络划分、缝接，并将其预拉伸到预定义边界。将支撑点移动到相应位置或对整个系统施加内部压力。经过拼接和预拉伸后，结构的应力分布与假设的形状平衡后的应力分布不同，这种差别取决于表面曲率、裁剪条方向与主曲率间的关系、裁剪条的扭转、拼缝处载荷传递失真、拼缝刚度、假定的平面裁剪条补偿、裁剪条宽度、纱线剪切变形，以及实例中边界索网与涂层织物间的载荷传递，如图 9.30 所示。

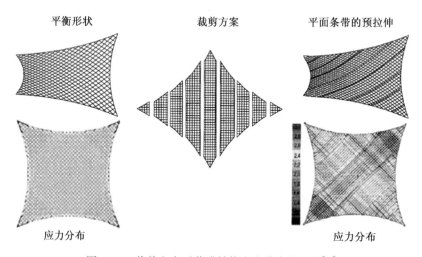

图 9.30　裁剪方案对薄膜结构应力分布的影响[64]

展示实例中，每条裁剪带上的应力分布有差异，且条与条之间有所不同。由于低补偿作用，中间裁剪条上的拉伸应力较低。拼缝刚度的影响可以参见结构形状平衡时、重组后和预拉伸时竖直方向的变形差异。展示实例中，应力差异可达 20%。非对称变形源于沿最高点横截面上的非均匀分布应力。正交拉伸应力不稳定，低应力导致高数值应变，而高应力使得织物位置保持下降，此种现象可以通过图 9.31 中高点和低点之间的差异清楚看到。

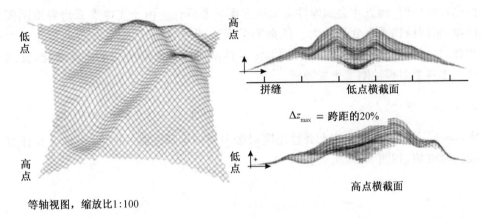

高点
低点
拼缝   低点横截面
Δz_{max} = 跨距的20%
低点
高点横截面
低点
高点

等轴视图，缩放比1:100

图 9.31   重组形状和平衡形状在 z 方向的差别[64]

9.2.3.4 承载性能

张力结构的承载性能一般取决于：

① 结构的柔性，包括桅杆、可弯曲单元（如拱门）、斜拉索、锚碇和地基。

② 与外载荷相关的预应力取值。

③ 与表面主曲率相关的索网或纱线取向。

④ 表面曲率。

⑤ 材料的应力-应变性能。

索网或薄膜结构的稳定性取决于预拉伸应力。在负高斯曲率结构中，预拉伸应力只是用于减少形变。跨距方向的松弛会引起系统变化，但不会导致系统不稳定。

最小表面各向同性和均匀应力起初允许表面索网或纱线任意取向，但是索网或纱线取向决定索网层或纱线曲率、外载荷下的弹性应变、无应变变形和剪切变形。在图 9.32 所示的例子中，若裁剪条带与边界平行，则纱线是伸直的，且每条裁剪带的扭曲较大。相比较而言，如果裁剪条带沿主曲率方向且条带中心线与主曲率线重合，则条带上扭曲为零。

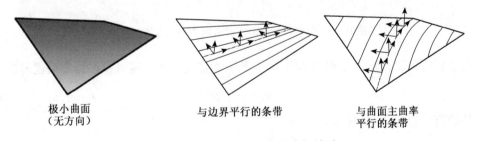

极小曲面
（无方向）

与边界平行的条带

与曲面主曲率
平行的条带

图 9.32   裁剪方向与表面曲率间关系

虽然两薄膜具有相同的平衡形状，但其承载性能可能完全不同。在恒定和均布载荷下，具有伸直纱线的薄膜可以产生大变形，且经纱和纬纱上的应力增加。纱线沿主曲率取向的薄膜承受载荷时，凹陷方向的应力增加，跨度方向的应力减小，与纱线伸直薄膜相比，前者变形较小。

曲率和弹性模量对薄膜的承载性能影响不同。大曲率薄膜在外载荷下呈高度线性。

当弹性刚度较低时,薄膜才会因弹性应变较大而呈非线性。由于支撑点或边界索网间纱线的总跨度,索网结构垂直变形较大。低曲率薄膜性能恰好相反,即其在外载荷下应力变化呈非线性,且其变形基本随弹性刚度增加而线性减小。考虑到应力和应变变化,低曲率薄膜比高曲率薄膜对弹性刚度更加敏感。

9.2.3.5　评价

Wagner[60]指出,根据曲率和弹性刚度对张力结构承载性能的影响,可以定义任意双曲率表面的刚度值,如图 9.33 所示。

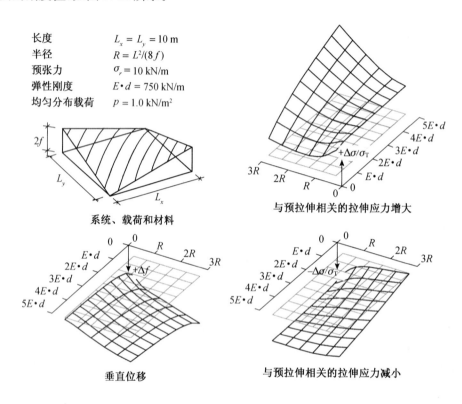

图 9.33　曲率和弹性刚度对索网应力和变形的影响

对于载荷恒定且均匀分布的薄膜结构,其表面法向平衡方程可根据协变描述表达:

$$\sigma^{\alpha\beta}b_{\alpha\beta} = p^3 \tag{9.73}$$

外载荷引起的应力变化:

$$[\sigma^{\alpha\beta} + \Delta\sigma^{\alpha\beta}] \cdot [b^{\alpha\beta} + \Delta b^{\alpha\beta}] = p^3 \tag{9.74}$$

运用乘法运算律且忽略高阶项,得到:

$$\Delta\sigma^{\alpha\beta}b_{\alpha\beta} + \Delta b_{\alpha\beta}\sigma^{\alpha\beta} = p^3 \tag{9.75}$$

由材料线弹性可知:

$$\Delta\sigma^{\alpha\beta} = n^{\alpha\beta\delta\gamma} \cdot \Delta\varepsilon_{\delta\gamma} \tag{9.76}$$

曲率微分可近似看作垂直方向的位移,即:

$$\Delta b_{\alpha\beta} = u^3_{|\alpha,\beta} \qquad (9.77)$$

弹性应变变化近似等于曲率和垂直方向的位移之积:

$$\Delta\varepsilon_{\delta\gamma} = b_{\delta\gamma} \cdot u^3 \qquad (9.78)$$

将式(9.78)代入式(9.76)和式(9.77),可得到应力变化:

$$\Delta\sigma^{\alpha\beta} = \frac{n^{\alpha\beta\delta\gamma} \cdot b_{\delta\gamma}}{n^{\alpha\beta\delta\gamma} \cdot b_{\alpha\beta} \cdot b_{\delta\gamma}} \cdot p^3 \qquad (9.79)$$

将式(9.76)、式(9.77)和式(9.78)代入式(9.74),得到:

$$n^{\alpha\beta\delta\gamma} b_{\delta\gamma} u^3 b_{\alpha\beta} + u^3_{|\alpha,\beta} \cdot \sigma^{\alpha\beta} = p^3 \qquad (9.80)$$

假设只有垂直载荷,且二次项设置为零,则垂直方向的位移:

$$u^3 = \frac{1}{n^{\alpha\beta\delta\gamma} \cdot b_{\alpha\beta} \cdot b_{\delta\gamma}} \cdot p^3 \qquad (9.81)$$

在应力变化和垂直方向的位移两个方程中,分母相同且等于弹性刚度和表面曲率的乘积,其值越小,垂直变形越大。因此,此项可描述表面刚度:

$$D = n^{\alpha\beta\delta\gamma} \cdot b_{\alpha\beta} \cdot b_{\delta\gamma} \qquad (9.82)$$

将坐标系方向沿主应力($\sigma^{12} = \sigma^{21} = 0$)或主曲率($b_{12} = b_{21} = 0$)方向扩展,最终得到:

$$D = \frac{n^{1111}}{R_1^2} + \frac{n^{2222}}{R_2^2} = \frac{R_2^2 \cdot n^{1111} + R_1^2 \cdot n^{2222}}{R_1^2 \cdot R_2^2} \qquad (9.83)$$

9.2.3 柔性椭圆

考虑到索网或薄膜结构的承载性能,必须提及两个方面:三维形状刚度、考虑材料性能和刚度时对结构进行预拉伸的可能性。索网大地测量计算和薄膜分析[65-66]类似,可以描述张拉结构的承载性能。挠度可看作由旋转单位载荷导致的节点应变,最终由节点应变得到柔性椭圆。

索网或薄膜结构的平面刚度对其预拉伸可能性的影响较大,因为这可以使二维平面裁剪条带变为三维表面而不发生褶皱。索网或薄膜结构的优势在于,仅仅通过拉伸边界索网或提升一些高点,就可使预拉伸应力均匀分布。双曲率索网使得索网边界力在整张索网上进行均匀分布的性能可以用冗余度描述。

通过三种不同类型的索网实例比较,可以展示柔性椭圆在评价张拉结构性能方面的应用(图9.34)。在几何上,存在三种应力均匀索网,且每种索网均可转换为双曲率索网,每种索网在单位长度上的力和刚度相同。

正六边形网格索网每个节点处只有三根连杆,在预拉伸过程中,只有当所有连杆上的力相同时,才可使每个节点达到平衡。因此,其形状可与最小表面相比较。高度的运动自由度使这些索网柔性非常好,索网刚度主要受预拉伸应力的影响。

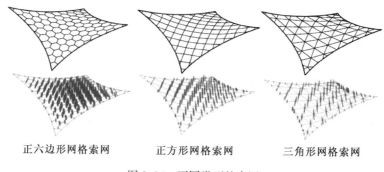

正六边形网格索网　　　正方形网格索网　　　三角形网格索网

图 9.34　不同类型的索网

正方形网格索网不具有面内剪切刚度。但是,如果索网沿其主曲率方向取向,且在均匀分布载荷下,四边形网格索网变形比三角形网格索网小。正六边形网格索网的柔韧性最好。三角形网格索网的挠度方向位于索网表面法向,且几乎与正方形网格索网挠度方向重合。平面刚度使三角形网格索网变形减小。

9.2.4　冗余度

冗余度的一般定义是可用的方程组个数比求解时所必需的方程组个数多的个数。

冗余度的通常定义是除满足必要条件而增加的有效的功能性系统组件。例如,静不定通过失效安全系数测量张拉结构的冗余度。在索网结构中,这个定义必须考虑几何刚度并加以引申。众所周知,在空间结构中,每个节点有三个独立运动方向的可能性,每个单元法向力和边界力可以为平衡提供必要的求解方程。如果节点的独立运动自由度等于单元法向力和边界力形成的方程数量,那么这个结构是静定的。

冗余度不仅仅表示静不定,详情参见 Ströebel[66]的著作。不确定性在结构内所有涉及几何结构的单元、单元刚度、每个相对伸长的单元间分布。静不定数分布于所有与结构几何、单元刚度及结构单元相对伸长有关的单元上。每个单元的弹性伸长受其连接单元刚度影响。与周边结构相比,极其刚性结构单元意味着单元长度变化将直接导致载荷增加;相反,柔性非常好的结构单元伸长时,可以不影响力的变化。

这种力学行为可以通过取值介于 0 和 1 之间的弹性冗余度进行描述。弹性冗余度为 0 表示单个单元长度改变时不会导致单元力产生或变化;弹性冗余度为 1 表示单元力将随单元长度变化而变化,且单元力的变化取决于单元弹性刚度。

拉伸张力可使索网结构稳定,且使索网结构受载变形时具有一定阻抗能力,即几何刚度。稳定拉伸张力的三个分量,可以对预拉伸结构每个单元建立三个附加方程和一个几何冗余度。几何冗余度为 3 表示不需要几何刚度影响;几何冗余度低于 3 表示为使索网结构稳定,几何刚度是必需的;几何冗余度大于 3 表示单元不稳定,需使其达到稳定。

对这三种索网,其连杆力学行为可通过弹性冗余度和几何冗余度进行分析,并能够给出有关制造误差影响、预拉伸可能性,以及与变形相关的张力值等信息。每根连杆长度变化 0.5% 时,正六边形网格索网上的力不发生变化,这可以从其弹性冗余度近似为零看出。相反,在三角形网格索网结构中,单元长度变化将导致其单元力增加。

弹性冗余度 r_E=2.06   弹性冗余度 r_E=2.33   弹性冗余度 r_E=2.68

几何冗余度 r_G=0.02   几何冗余度 r_G=0.20   几何冗余度 r_G=0.33

图 9.35 单元长度缩短 0.5%时单元力的变化

参 考 文 献

［1］Chou T W. Microstructural Design of Fiber Composites. Cambridge University Press, Cambridge, 1991: 443-473

［2］Chou T W. Flexible composites. Journal of materials science, 1989, 24(3): 761-783.

［3］Chou T W. Flexible composites. International Encyclopedia of Composites. VCH Publishers, New York, 1990.

［4］Walter J D. Cord-rubber tire composites: theory and applications. Rubber Chemistry and Technology, 1978, 51(3): 524-576.

［5］Martin F. Jahrbuch der Deutschen Luftfahrt Forschung. München: Oldenbourg, 1939: 470-496.

［6］Clark S K. The plane elastic characteristics of cord-rubber laminates. Textile Research Journal, 1963, 33(4): 295-313.

［7］Clark S K. Internal characteristics of orthotropic laminates. Textile Research Journal, 1963, 33(11): 935-953.

［8］Clark S K. A review of cord-rubber elastic characteristics. Rubber Chemistry and Technology, 1964, 37(5): 1365-1390.

［9］Gough V E. Stiffness of cord and rubber constructions. Rubber Chemistry and Technology, 1968, 41(4): 988-1021.

［10］Akasaka T. Various reports/bulletins. Faculty of Science and Engineering, Chuo University, Tokyo, 1959-1964.

［11］Bidermen V I, Gusliter R L, Sakharov S P, et al. Automobile tires, construction, design, testing and usage. NASA, TT F-12, 382, 1969. (Original publication in Russian, State Scientific and Technical Press for Chemical Literature, Moscow).

［12］Skelton J. The biaxial stress-strain behavior of fabrics for air-supported tents. Journal of Materials, JMLSA, 1971, 6: 656.

［13］Alley V L, Faison R W. Experimental investigation of strains in fabric under biaxial and shear forces. Journal of Aircraft, 1972, 9(1): 55-60.

［14］Reinhardt H W. On the biaxial testing and strength of coated fabrics. Experimental Mechanics, 1976, 16(2): 71-74.

［15］Nihon Zairyō Gakkai. International Conference on Mechanical Behaviour of Material, Kyoto, 1972.

［16］Stubbs N, Thomas S. A nonlinear elastic constitutive model for coated fabrics. Mechanics of Materials, 1984, 3(2): 157-169.

[17] Ishikawa T, Chou T W. Nonlinear behavior of woven fabric composites. Journal of Composite Materials, 1983, 17(5): 399-413.

[18] Chou T W. Characterization and modeling of textile structural composites—An overview. Developments in the Science and Technology of Composite Materials, 1985: 133-139.

[19] Chou T W, Yang J M. Structure-performance maps of polymeric, metal, and ceramic matrix composites. Metallurgical Transactions A, 1986, 17(9): 1547-1559.

[20] Clark S K. The role of textiles in pneumatic tires. Mechanics of Flexible Fiber Assemblies. Hearle J W S, Thwaites J J, Amirbayat J. Sijthoff and Noordhoff, The Netherlands, 1980.

[21] Hearle J W S, Grosberg P, Backer S. Structural mechanics of fibers, yarns, and fabrics. Wiley-Interscience, New York, 1969, 1.

[22] Akasaka T. Flexible composites. Textile Structural Composites. Chou T W, Ko F. Elsevier Science Publishers, Amsterdam, 1989: 279-330.

[23] Walter J D, Patel H P. Approximate expressions for the elastic constants of cord-rubber laminates. Rubber Chemistry and Technology, 1979, 52(4): 710-724.

[24] Jones R M. Mechanics of composite materials. McGraw-Hill, New York, 1975.

[25] Akasaka T, Hirano M. Approximate elastic constants of fiber reinforced rubber sheet and its composite laminate. Composite Materials and Structures, 1972, 1: 70-76.

[26] Böhm F. Mechanik des gürtelreifens. Ingenieur-Archiv, 1966, 35: 82-101.

[27] Lou A Y C, Walter J D. Interlaminar-shear-strain measurements in cord-rubber composites. Experimental Mechanics, 1978, 18(12): 457-463.

[28] Clark S K, Dodge R N. A load transducer for tire cord. SAE Paper No. 690521, Socienty of Automotive Engineers, Warrendale, Pennsylvania, 1969.

[29] Patterson R G. The measurement of cord tensions in tires. Rubber Chemistry and Technology, 1969, 42(3): 812-822.

[30] Walter J D, Hall G L. Cord load characteristics in bias and belted-bias tires. SAE Paper 690522, Society of Automotive Engineers, Warrendale, PA, 1969.

[31] Bert C W, Kumar M. Experiments on highly-nonlinear elastic composites. Engineering Science and Mechanics, 1983: 1239-1253.

[32] Bert C W, Reddy J N. Mechanics of bimodular composite structures. Mechanics of Composite Materials: Recent Advances. Proceedings of the IUTAM Symposium, Virginia Polytechnic Institute, 1982: 323-337.

[33] Stubbs N. Elastic and inelastic response of coated fabrics to arbitrary loading paths. Elsevier Science Publishers, Textile Structural Composites, 1989: 331-354.

[34] Takahashi K, Chou T W. Modeling of the interfacial behavior of flexible composites. Interfaces in Metal-Matrix Composites, 1986: 45-59.

[35] Takahashi K, Kuo C M, Chou T W. Nonlinear elastic constitutive equations of flexible fiber composites. Composites'86: Recent Advances in Japan and the United States, 1986: 389-396.

[36] Takahashi K, Yano T, Kuo C M, et al. Effect of fiber waviness on elastic moduli of fiber composites. Trans. Japan Fiber Soc., 1987, 43: 376.

[37] Petit P H, Waddoups M E. A method of predicting the nonlinear behavior of laminated composites. Journal of Composite Materials, 1969, 3(1): 2-19.

[38] Chamis C C. Simplified composite micromechanics equations of hygral, thermal, and mechanical properties. SAMPE Quarterly, 1984, 15: 14-23.

[39] Modern Plastics Encyclopedia, Engineering Data Bank, McGraw-Hill, Inc. , New York.

[40] James H M, Guth E. Theory of the elastic properties of rubber. The Journal of Chemical Physics, 2004, 11(10): 455-481.

[41] Treloar L R G. The elasticity and related properties of rubbers. Reports on Progress in Physics, 1973, 36(7): 755-826.

[42] Kuo C M, Takahashi K, Chou T W. Effect of fiber waviness on the nonlinear elastic behavior of flexible composites. Journal of Composite Materials, 1988, 22(11): 1004-1025.

[43] Luo S Y, Chou T W. Finite deformation and nonlinear elastic behavior of flexible composites. Journal of Applied Mechanics, 1988, 55(1): 149-155.

[44] Gründig L. Die Berechnung von vorgespannten Seilnetzen und Hängenetzen unter Berücksichtigung ihrer topologischen und physikalischen Eigenschaften und der Ausgleichsrechnung. 1. SFB 64 Mitteilungen 34/1975, 2. Dissertation DGK Reihe C, Nr. 216, 1976.

[45] Singer P. Die Berechnung von Minimalflächen, Seifenblasen, Membranen und Pneus aus geodätischer Sicht. Dissertation, Technische Universität Stuttgart, Deutsche Geodätische Kommission-Reihe C, Heft Nr. 448,München, 1995.

[46] Bletzinger K U. Formfindung von leichen Flächentragwerken. In Baustatik-Baupraxis 8, Institut Für Statik, TU Braunschweig, 2002.

[47] Bellmann J. Membrantragwerke und seifenhaut unterschiede in der formfindung. Bauingenieur, 1998, 3/99.

[48] Lewis W J, Lewis T S. Application of forminan and dynamic relaxation to the form finding of minimal surfaces. Journal of International Association of space and shell structures, 1996, 37(3): 165-186.

[49] Barnes M. Form finding and analysis of tension structures by dynamic relaxation. International. Journal of Space Structures, 1999, 14: 89-104.

[50] Bletzinger K U, Wüchner R. Form finding of anisotropic pre-stressed membrane structures. Trends in Computational Structural Mechanics, CIMNE, Barcelona, 2001: 595~603.

[51] Moncrieff E, Topping B H V. Computer methods for the generation of membrane cutting pattern. Computers & Structures, 1990, 37(4): 441-450.

[52] Ishii K. Form finding analysis in consideration of cutting patterns of membrane structures. International Journal of Space Structures, 1999, 14: 105-119.

[53] Maurin B, Motro R. Cutting pattern of fabric membranes with stress composition method. International Journal of Space Structures, 1999, 14: 121-129.

[54] Research Project: Vorgespannte Membranen-eine interactive Methodik zur Auslegung von Membranen in der Luftfahrt und im Bauwesen, ISD, University of Stuttgart, Labor Blum, Stuttgart and Femscope GmbH, Sigmaringen, 2003.

[55] Linkwitz K, Gründig L, Hangleiter U, et al. Mathemaischnumerische netzberechnung. In: SFB 64, Weitgespannte Flächentragwerke, Universität Stuttgart, Mitteilungen 72, Abschlußbericht Teilprojekt F2, Stuttgart, 1985.

[56] Blum R. Beitrag zur nichtlinearen membrantheorie. SFB 64 Weitgespannte Flächentragwerke, Universität Stuttgart, Mitteilungen 73/1985, Werner-Verlag, Düsseldorf, 1974.

[57] Seifenblasen/Forming Bubbles. Unter d. Leitung von Klaus Bach, Frei Otto, Mitteilungen des Instituts für Leichte Flächentragwerke IL 18, Universität Stuttgart, Krämer Verlag Stuttgart, 1989.

[58] Reimann K. Numerische Berechnung von Minimalflächen. Internal Report, Femscope GmbH, Sigmaringen, 2003.

[59] Form finding, analysis and cutting pattern, Technet GmbH, Berlin, 2004.

[60] Wagner R. On the Design Process of Tensile Structures. In: E. Oñate and B. Kröplin (eds.), Textile Composites and Inflatable Structures, Springer, P. O. Box 17, 3300 AA Dordrecht, The Netherlands, 2005: 1-16.

[61] Meffert B. Mechanische Eigenschaften PVC-beschichteter Polyestergewebe, Disseration, Aachen, 1979.

[62] Blum R, Bidmon W. Spannungs-Dehnungs-Verhalten von Bautextilien. SFB 64, Weitgespannte Flächentragwerke, Universität Stuttgart, Mitteilungen 74/1987, Werner-Verlag, Düsseldorf, 1987.

[63] Reimann K. Zur numerischen Berechnung des Spannungs-Dehnungs-Verhalten von Geweben nach Blum/Bidmon. Internal report, Femscope GmbH, Sigmaringen, 2003.

[64] Zimmermann M (2000) Untersuchungen zum Unterschied zwischen der Formfindung und dem aus Bahnen zusammengefügten System bei Membrantragwerken. Diplomarbeit, Institut für Konstruktion und Entwurf II, Universität Stuttgart, 2000.

[65] Linkwitz K. Einige Bemerkungen zur Fehlerellipse und zum Fehlerellipsoid. Vermessung, Photogrammetrie, Kulturtechnik, Schweizerischer Verein für Vermessungs-und Kulturtechnik (SVVK), S. 345-364. 86. Jahrgang, Heft 7, 1989.

[66] Ströbel D. Die Anwendung der Ausgleichungsrechnung auf elastomechanische Systeme. Dissertation, Technische Universität Stuttgart, Deutsche Geodätisceh Kommission-Reihe C, Heft Nr. 478, München, 1997.

10 混编结构复合材料设计

10.1 机织/针织混编织物

机织/针织混编(co-woven-knitted,简称CWK)织物由胡红等[1-3]开发,将机织针织结构混杂在一起。在编织过程中,将经纱和纬纱同时插入纬编针织机,形成机织针织混杂结构织物。由于经纱与纬纱近似直线排列,受到外力作用时,CWK织物表现出较好的结构稳定性、较小的弹性及较低的延伸性;经纬纱线交织,使得CWK织物不易分层,明显改善了织物的力学性能。针织纱线主要以线圈形式存在,线圈可变形并且表现出较好的延伸性和弹性。CWK织物结合机织针织结构的特点,达到了最优组合[4]。

本章通过具体示例说明CWK织物和复合材料制备、性质测试和失效机理数值模拟过程,揭示机织针织混编复合材料细观结构设计过程。

CWK织物中,经纬纱采用E-玻璃纤维长丝,针织纱采用高强涤纶长丝。机织结构为变化平纹,即四上一下变化平纹;针织结构为1+1罗纹。CWK织物结构形态和规格参数分别如图10.1及表10.1所示。图10.1中,0°方向为经纱方向,90°方向为纬纱方向,45°为对角线方向。

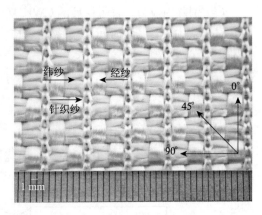

图10.1 CWK织物结构形态

表10.1 CWK织物规格参数

项目	纤维材料	纱线线密度 (tex)	织物密度 [根/(10 cm)]	织物面密度 [g/(10 cm)²]
经纱	E-玻璃纤维	2 400	26	
纬纱	E-玻璃纤维	900	94	71.65
针织纱	高强涤纶	83.3×2	7	

10.2 机织/针织混编复合材料成型

CWK复合材料由真空辅助树脂传递模塑(vacuum-assisted resin transfer molding technology,简称VARTM)工艺制备而成。所用树脂为上海树脂有限公司生产的618型双酚A环氧树脂(弹性模量1.97 GPa、拉伸强度68.10 MPa),固化剂采用上海树脂有限公司

生产的 593 型三甲基-环己烷固化剂,并以 3:1
(树脂:固化剂)的体积比混合。图 10.2 及
图 10.3 所示分别为 CWK 复合材料 VARTM
制作过程与原理。CWK 复合材料的具体制备
过程:

（1）处理预构件。根据 CWK 织物预成型
体尺寸,准备合适的模具、玻璃板、真空袋等。

（2）铺设成型准备。在玻璃板表面涂覆脱
模剂,然后从下往上依次将预成型体、导流网、
脱模布平铺在模具上,用真空袋将模具密封。

图 10.2　CWK 复合材料 VARTM 制作过程

（3）树脂注入。用抽真空装置将模具和织
物之间的空气抽空,然后利用内外压力差将树
脂注入模具,实现树脂材料渗透和灌注,并固化
24 h。

（4）消除内应力。将脱模后的 CWK 复合材
料在试验室中放置一段时间,缓解材料预应力。

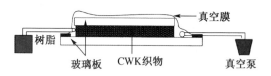

图 10.3　CWK 复合材料 VARTM 原理示意

10.3　拉 伸 测 试

10.3.1　试样制备

用高速水射流切割技术,将 CWK 复合材料沿其 0°、45° 及 90° 方向,按图 10.4 所示尺寸
切割成哑铃形试样,试样厚度为 2 mm。图 10.5 所示为 45° 方向试样。

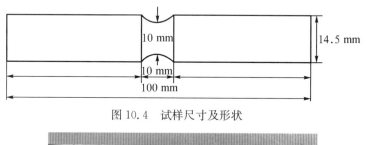

图 10.4　试样尺寸及形状

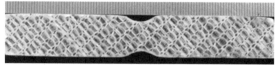

图 10.5　45° 方向试样

10.3.2　准静态拉伸测试

用 MTS 810.23 测试系统对 CWK 复合材料进行准静态拉伸测试,拉伸速度为
2 mm/min,不同方向试样至少测试三次。图 10.6 所示为准静态拉伸试验装置。

准静态拉伸测试中,应变率可以通过式(10.1)近似计算:

$$\dot{\varepsilon} = \frac{v}{L} \qquad (10.1)$$

其中:$\dot{\varepsilon}$ 为近似应变率;v 为拉伸速度;L 为试样长度。

由于试样长度为 10 mm,应变率约为 0.001/s。

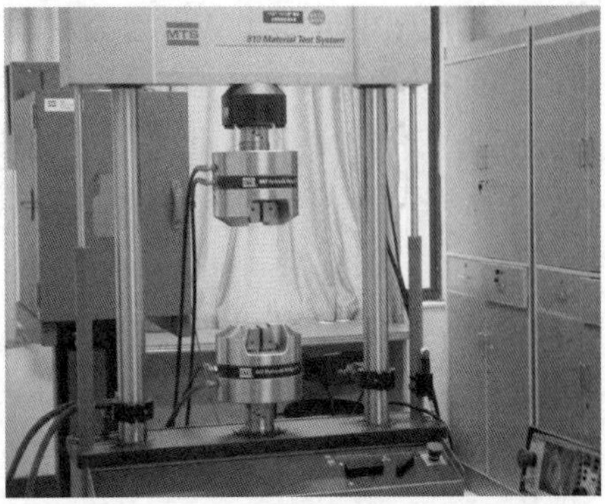

10.3.3　冲击拉伸测试

图 10.6　准静态拉伸试验装置

采用分离式霍普金森拉杆(SHTB)装置测试 CWK 复合材料高应变率下的冲击拉伸性能。该测试系统由高压发射装置(气枪)、撞击杆(子弹)、输入杆(入射杆)、输出杆(透射杆)、吸收杆、阻尼器及信号采集系统构成。其中撞击杆、输入杆、输出杆及吸收杆由冷轧 GCr15 轴承钢制成,屈服强度为 1 830 MPa,弹性模量为 200 GPa,泊松比为 0.2,直径为 14.5 mm,长度分别为 200、800、1 200 和 40 mm。输入杆、输出杆一端各有长 50 mm、宽 2 mm 的细长开口,用于固定试样。冲击拉伸试验装置及 SHTB 装置分别如图 10.7 与图 10.8 所示。

图 10.7　冲击拉伸试验装置

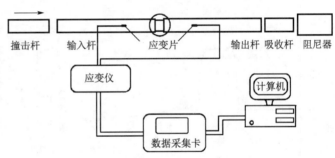

图 10.8　SHTB 装置示意

10.3.4　试验结果

10.3.4.1　CWK 复合材料冲击拉伸应力-应变曲线

沿 0°、45° 及 90° 三个方向对 CWK 复合材料进行不同应变率下的冲击拉伸试验。图 10.9~图 10.11 所示分别为 CWK 复合材料各个方向不同应变率下输入杆与输出杆的信号。根据采集到的信号及应力波传播理论[5-9],可以计算出高应变率下的应力-应变曲线。图 10.12~图 10.14 所示为软件处理后 CWK 复合材料各个方向不同应变率下的冲击拉伸应力-应变曲线。

图 10.12 所示为 0°方向 CWK 复合材料不同应变率下的冲击拉伸应力-应变曲线,观察可知曲线具有明显的应变率敏感性,即随着应变率增加,CWK 复合材料的失效应力、失效应变和初始模量明显增加。CWK 复合材料的拉伸性能由针织纱及经纬纱、树脂的力学性

能决定。从图中可知,CWK复合材料准静态下应力-应变曲线刚度较低,且可以分为两个阶段:第一阶段为应变0%至9.6%,此阶段材料破坏由玻璃纤维及涤沦破坏引起;第二阶段为应变9.6%至11.7%,此阶段玻璃纤维断裂,材料随着涤沦和树脂破坏进一步破坏,然后强度下降,CWK复合材料逐渐失效。

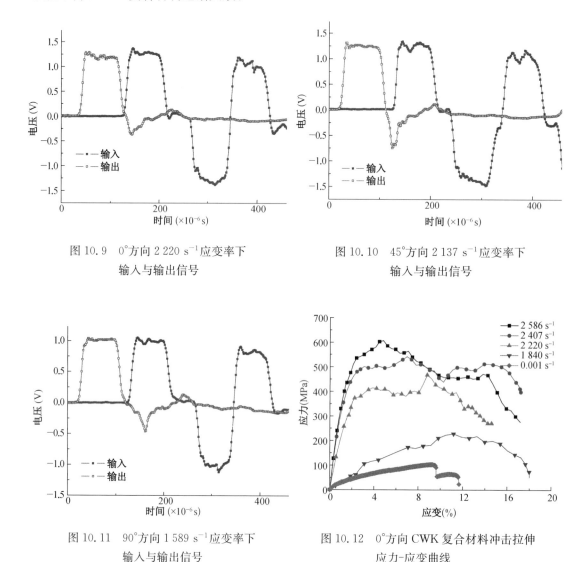

图 10.9　0°方向 2 220 s⁻¹应变率下
输入与输出信号

图 10.10　45°方向 2 137 s⁻¹应变率下
输入与输出信号

图 10.11　90°方向 1 589 s⁻¹应变率下
输入与输出信号

图 10.12　0°方向 CWK 复合材料冲击拉伸
应力-应变曲线

　　图 10.13 所示为 45°方向 CWK 复合材料不同应变率下的冲击拉伸应力-应变曲线,分析可知,45°方向 CWK 复合材料破坏主要是增强织物之间剪切破坏,这是由机织变化平纹结构引起的。与0°方向相比,机织结构中经纱和纬纱模量对材料拉伸模量的贡献不大,使得材料在45°方向的拉伸刚度较小。

　　图 10.14 所示为 90°方向 CWK 复合材料不同应变率下的冲击拉伸应力-应变曲线,开始阶段,材料具有较高的刚度,应力达到最大值后,迅速下降。由于纬纱的横截面积比较大且纬纱为受拉系统,90°方向 CWK 复合材料的应力较 0°、45°方向材料大。

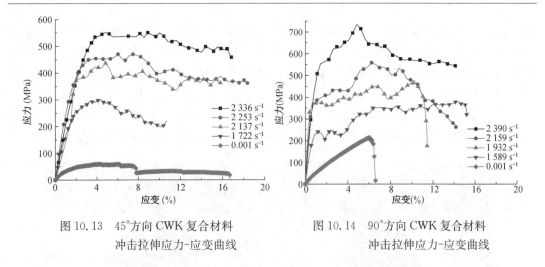

图 10.13　45°方向 CWK 复合材料
冲击拉伸应力-应变曲线

图 10.14　90°方向 CWK 复合材料
冲击拉伸应力-应变曲线

10.3.4.2　CWK 复合材料冲击拉伸断裂形态

图 10.15～图 10.17 所示为三个方向 CWK 复合材料不同应变率下的最终破坏形态。

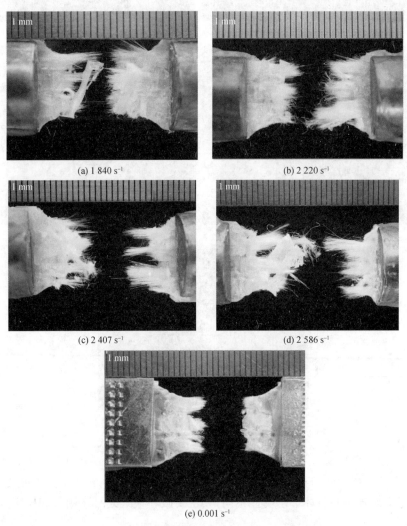

图 10.15　0°方向 CWK 复合材料冲击拉伸断裂形态

图 10.15(e)所示为准静态拉伸断裂形态,可见材料破坏范围仅限于试样中部较小区域,而且破坏形式主要为纱线断裂,无纤维从树脂中抽拔出来。这是因为准静态拉伸使得材料拥有足够的时间达到应力平衡,纤维和树脂应力在失效前没有显著变化。在高应变率下,由于应力波在树脂及纱线中的传播不同,CWK 复合材料中更多纤维被抽拔,树脂产生剪切破坏。

由图 10.16 可知,由于拉伸方向与经纬纱轴向成 45°夹角,材料破坏模式为树脂剪切及纱线断裂。与 0°方向相比,高应变率下 45°方向材料破坏表现为纤维抽拔及树脂剪切破坏。

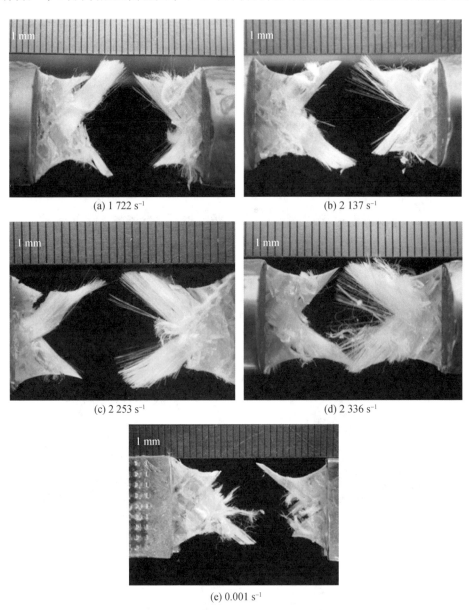

(a) 1 722 s⁻¹　　　　　　　　　　　　　　(b) 2 137 s⁻¹

(c) 2 253 s⁻¹　　　　　　　　　　　　　　(d) 2 336 s⁻¹

(e) 0.001 s⁻¹

图 10.16　45°方向 CWK 复合材料冲击拉伸断裂形态

图 10.17 所示为 90°方向 CWK 复合材料冲击拉伸断裂形态。经比较可知,90°方向的破坏形态与其他方向的破坏形态明显不同,其主要破坏模式是纤维断裂和树脂剪切破坏。

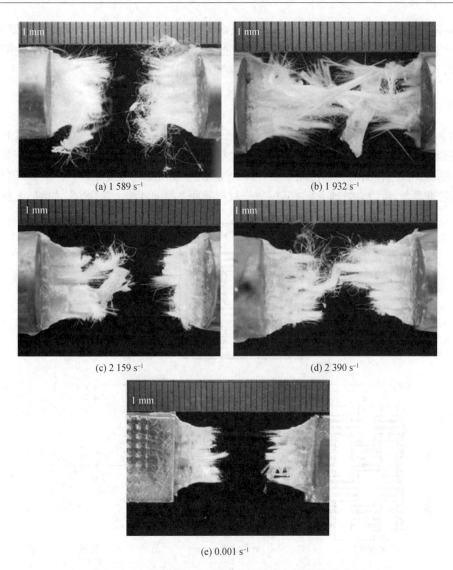

(a) 1 589 s⁻¹

(b) 1 932 s⁻¹

(c) 2 159 s⁻¹

(d) 2 390 s⁻¹

(e) 0.001 s⁻¹

图 10.17 90°方向 CWK 复合材料冲击拉伸断裂形态

10.4 CWK 复合材料细观结构模型简化

10.4.1 简化原则

由图 10.1 所示,CWK 织物由经纱、纬纱形成的机织结构及针织纱线形成的针织结构组成。经纬纱线结构稳定且不易变形,在 CWK 织物中起主要增强作用;由于线圈的存在,针织结构在较小载荷下容易变形。相较于伸直的机织纱,针织结构对 CWK 织物的力学性能的贡献较小。由于 CWK 织物空间结构复杂,在一个模型中同时呈现机织、针织两种结构的纱线,难度较大。与经纬纱相比,针织纱的几何路径复杂,在纱线层面建立其微观结构比较困难,并且由于针织纱线的几何结构不规则,在有限元分析中划分的网格单元数量较多。因此,为便于计算,将针织纱线简化到树脂中,形成简化模型。由图 10.1 可知,针织纱线由贯穿其厚度方向的正面线圈及反面线圈组成,经固化,经纬纱及针织纱线被树脂完全浸润,针织纱线在 CWK 复合材料中起增强力学性能的作用,因此,将针织纱线的力学性能简化到树脂中,对 CWK 复合材料的冲击拉伸性能的影响较小。

10.4.2　简化方法

将针织纱线的力学性能简化到树脂中并将其作为针织复合材料,再将针织复合材料作为等效树脂,等效树脂及机织结构构成机织复合材料,即 CWK 复合材料经简化成为机织复合材料。根据针织纱与树脂的力学性能参数,可以计算出等效树脂的刚度矩阵。结合机织纱与等效树脂的性能参数,可以有效地分析 CWK 复合材料的冲击拉伸性能。简化方法如图 10.18 所示。

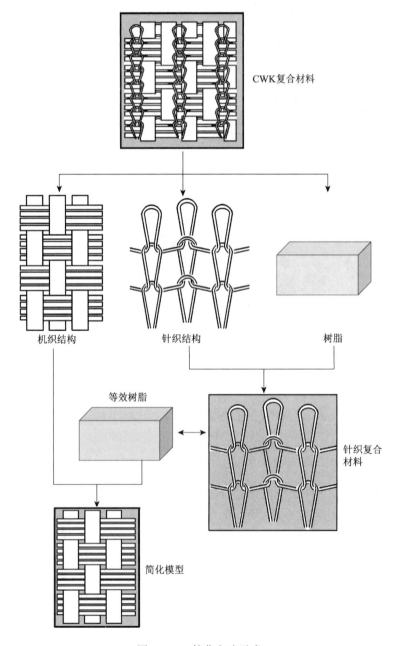

图 10.18　简化方法示意

10.5　等　效　树　脂

等效树脂由针织纱与树脂构成,针织结构为1+1罗纹,其简化结构如图10.19所示,经分析可知,等效树脂最小代表体积单元(RVE)由两根针织纱及树脂构成。

根据体积平均法思想,沿针织线圈纵行方向将等效树脂 RVE 分割成一系列亚单胞,假设每个亚单胞中只含有一根针织纱段并与 RVE 具有相同的纤维体积分数。将亚单胞看作单向板,根据单向板细观力学性能,可以计算出每个亚单胞在局部坐标系下的刚度矩阵及柔度矩阵。分析等效树脂中针织纱的角度并结合转换矩阵,可以求出全局坐标系下等效树脂 RVE 的刚度矩阵和柔度矩阵。定义等效树脂 RVE 全局坐标系 x-y-z 方向分别为线圈纵行、线圈横列及等效树脂厚度方向。

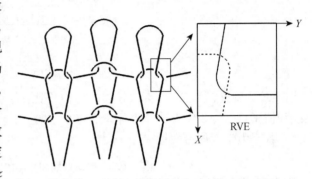

图 10.19　1+1罗纹简化结构及等效树脂的最小代表体积单元(RVE)

10.5.1　针织纱线和树脂体积分数

等效树脂中针织纱线和树脂的体积分数,可由 CWK 复合材料中针织纱、经纱、纬纱及树脂的体积分数计算得到,即等效树脂中针织纱的体积分数 V_f 为20%,树脂的体积分数 V_m 为80%。

10.5.2　亚单胞刚度矩阵

假设树脂与针织纱线分别为各向同性材料及横观各向同性材料,且纱线的局部坐标系的1、2、3方向分别为纱线长度方向、横截面方向及厚度方向。定义亚单胞的局部坐标系与纱线的局部坐标系相同,则亚单胞局部坐标系下的柔度矩阵 $[S_{ij}]$ 及刚度矩阵 $[C_{ij}]$:

$$[S_{ij}] = \begin{bmatrix} \frac{1}{E_{11}} & -\frac{\nu_{12}}{E_{11}} & -\frac{\nu_{13}}{E_{11}} & 0 & 0 & 0 \\ -\frac{\nu_{12}}{E_{11}} & \frac{1}{E_{22}} & -\frac{\nu_{23}}{E_{22}} & 0 & 0 & 0 \\ -\frac{\nu_{13}}{E_{11}} & \frac{\nu_{23}}{E_{22}} & \frac{1}{E_{33}} & 0 & 0 & 0 \\ 0 & 0 & 0 & \frac{1}{G_{23}} & 0 & 0 \\ 0 & 0 & 0 & 0 & \frac{1}{G_{13}} & 0 \\ 0 & 0 & 0 & 0 & 0 & \frac{1}{G_{12}} \end{bmatrix} \tag{10.1}$$

$$[C_{ij}] = [S_{ij}]^{-1} \tag{10.2}$$

$$E_{11} = V_f E_f + V_m E_m \tag{10.3}$$

$$\nu_{12} = \nu_{13} = V_f \nu_f + V_m \nu_m \tag{10.4}$$

$$E_{22} = E_{33} = \frac{E_m}{1 - \sqrt{V_f}(1 - E_m/E_f)} \tag{10.5}$$

$$G_{12} = G_{13} = \frac{G_m}{1 - \sqrt{V_f}(1 - G_m/G_f)} \tag{10.6}$$

$$\nu_{23} = \frac{\nu_{12}(1 - \nu_{12}E_{22}/E_{11})}{1 - \nu_{12}} \tag{10.7}$$

$$G_{23} = \frac{E_{22}}{2(1 + \nu_{23})} \tag{10.8}$$

式中：E 为弹性模量；V 为体积分数；ν 为泊松比；G 为剪切模量；下标 f、m 分别代表针织纱线和树脂；1、2、3 代表局部坐标系的三个方向。

各个力学性能参数见表 10.2。

表 10.2 针织纱线和树脂的力学性能参数

E_f (GPa)	G_f (GPa)	ν_f	V_f (%)	E_m (GPa)	G_m (GPa)	ν_m	V_m (%)
14	0.04	0.22	20	3.5	1.3	0.35	80

将表 10.2 中的参数代入上述公式，计算亚单胞在局部坐标系下的柔度矩阵 $[S_{ij}]$：

$$[S_{ij}] = \begin{bmatrix} 0.18 & -0.06 & -0.06 & 0 & 0 & 0 \\ -0.06 & 0.24 & -0.09 & 0 & 0 & 0 \\ 0 & 0 & 0 & 0.66 & 0 & 0 \\ 0 & 0 & 0 & 0 & 5.56 & 0 \\ 0 & 0 & 0 & 0 & 0 & 5.56 \end{bmatrix}$$

通过转置矩阵，将局部坐标系下的刚度、柔度矩阵转换到全局坐标系：

$$[\bar{S}_{ij}]_n^K = [T_{ij}]_S [S_{ij}][T_{ij}]_S^T \tag{10.9}$$

$$[\bar{C}_{ij}]_n^K = [T_{ij}]_C [C_{ij}][T_{ij}]_C^T \tag{10.10}$$

式中：上标 K 代表 RVE 中纱线（第一根纱线与第二根纱线）；下标 n 代表每根针织纱线经分割后的纱段（图 10.20）；$[T_{ij}]_S$ 和 $[T_{ij}]_C$ 分别为柔度、刚度转换矩阵。

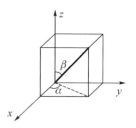

图 10.20　纱段形态及其与全局坐标系的夹角

$$[T_{ij}]_S = \begin{bmatrix} l_1^2 & l_2^2 & l_3^2 & l_2 l_3 & l_3 l_1 & l_1 l_2 \\ m_1^2 & m_2^2 & m_3^2 & m_2 m_3 & m_3 m_1 & m_1 m_2 \\ n_1^2 & n_2^2 & n_3^2 & n_2 n_3 & n_3 n_1 & n_1 n_2 \\ 2m_1 n_1 & 2m_2 n_2 & 2m_3 n_3 & m_2 n_3 + m_3 n_2 & n_3 m_1 + n_1 m_3 & m_1 n_2 + m_2 n_1 \\ 2n_1 l_1 & 2n_2 l_2 & 2n_3 l_3 & l_2 n_3 + l_3 n_2 & n_3 l_1 + n_1 l_3 & l_1 n_2 + l_2 n_1 \\ 2l_1 m_1 & 2l_2 m_2 & 2l_3 m_3 & l_2 m_3 + l_3 m_2 & l_1 m_3 + l_3 m_1 & l_1 m_2 + l_2 m_1 \end{bmatrix} \tag{10.11}$$

$$[T_{ij}]_C = \begin{bmatrix} l_1^2 & l_2^2 & l_3^2 & 2l_2l_3 & 2l_3l_1 & 2l_1l_2 \\ m_1^2 & m_2^2 & m_3^2 & 2m_2m_3 & 2m_3m_1 & 2m_1m_2 \\ n_1^2 & n_2^2 & n_3^2 & 2n_2n_3 & 2n_3n_1 & 2n_1n_2 \\ m_1n_1 & m_2n_2 & m_3n_3 & m_2n_3+m_3n_2 & n_3m_1+n_1m_3 & m_1n_2+m_2n_1 \\ n_1l_1 & n_2l_2 & n_3l_3 & l_2n_3+l_3n_2 & n_3l_1+n_1l_3 & l_1n_2+l_2n_1 \\ l_1m_1 & l_2m_2 & l_3m_3 & l_2m_3+l_3m_2 & l_1m_3+l_3m_1 & l_1m_2+l_2m_1 \end{bmatrix}$$

$$(10.12)$$

式中的方向余弦定义：

$$l_1 = \cos\alpha\sin\beta, \ l_2 = -\sin\alpha, \ l_3 = -\cos\alpha\cos\beta$$
$$m_1 = \sin\alpha\sin\beta, \ m_2 = \cos\alpha, \ m_3 = -\sin\alpha\cos\beta$$
$$n_1 = \cos\beta, \ n_2 = 0, \ n_3 = \sin\beta$$

10.5.3 等效树脂刚度矩阵

等效树脂 RVE 的刚度矩阵可由每个亚单胞的刚度矩阵,通过平均体积方法计算得到,即全局坐标系下 RVE 的刚度矩阵 $[\bar{C}_{ij}]$ 和柔度矩阵 $[\bar{S}_{ij}]$:

$$[\bar{C}_{ij}] = \sum V_n^K [\bar{C}_{ij}]_n^K \tag{10.13}$$

$$[\bar{S}_{ij}] = \sum V_n^K [\bar{S}_{ij}]_n^K \tag{10.14}$$

式中:V_n^K 表示每个亚单胞占 RVE 的体积分数。

经纬纱线的存在,使得等效树脂 RVE 中两根纱线长度不同。如图 10.21 所示,将等效树脂 RVE 中稍长一些的纱线(实线 F)分割成 60 个次单胞,另外一条纱线(虚线 S)分割成 38 个次单胞。将每根纱线从上到下分成三个部分,对于纱线 F,三个部分分别为 FA、FB、FC;对于纱线 S,三个部分别为 SA、SB、SC。

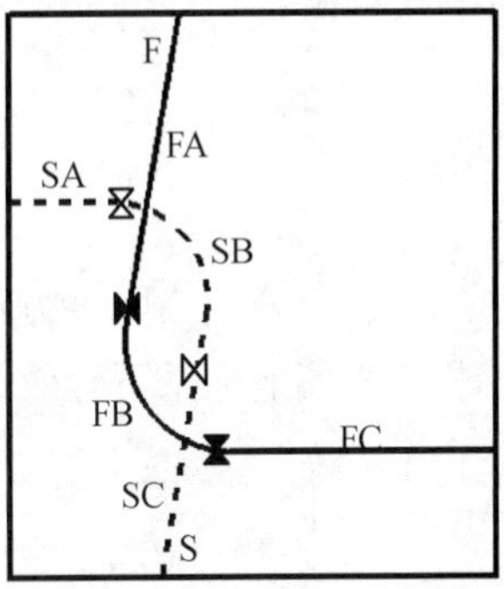

对于纱线 F,FA、FB 和 FC 包含的亚单胞个数分别为 20、12 及 28,各个部分的角度:

FA:$\alpha = -10°,\ \beta = 90°$;

FB:$\alpha \in (-10°, 90°),\ \beta \in (90°, 120°)$;

FC:$\alpha = 90°,\ \beta = 120°$。

图 10.21 等效树脂 RVE 中纱线
分割示意

对于纱线 S,SA、SB 和 SC 包含的亚单胞个数分别为 8、10 及 12,各个部分的角度:

SA:$\alpha = 90°,\ \beta = 90°$;

SB:$\alpha \in (-10°, 90°),\ \beta = 90°$;

SC:$\alpha = -10°,\ \beta = 90°$。

假设每个亚单胞的横截面积相同,则式(10.13)、式(10.14)中的体积分数可由长度分数代替。因此,式(10.13)、式(10.14)可变为:

$$[\bar{C}_{ij}] = \sum \frac{L_F^n}{L_F + L_S}[\bar{C}_{ij}]_n^F + \sum \frac{L_S^n}{L_F + L_S}[\bar{C}_{ij}]_n^S \tag{10.15}$$

$$[\bar{S}_{ij}] = \sum \frac{L_F^n}{L_F + L_S}[\bar{S}_{ij}]_n^F + \sum \frac{L_S^n}{L_F + L_S}[\bar{S}_{ij}]_n^S \tag{10.16}$$

式中：L_F^n 和 L_S^n 分别为纱线 F 和 S 中每个纱段的长度；L_F 和 L_S 分别为纱线 F 与 S 的长度；$[\bar{C}_{ij}]_n^F$ 和 $[\bar{S}_{ij}]_n^S$ 分别为每个亚单胞的刚度与柔度矩阵，上标 F 与 S 分别代表纱线 F 与纱线 S。

将各个部分角度及每个部分的纱段个数代入以上两式，得到：

$$\begin{aligned}
[\bar{S}_{ij}] &= \frac{20}{98}[\bar{S}_{ij}]^F\Big|_{\alpha=-10°}^{\beta=90°} + \frac{12}{98}\int_{90°}^{120°}\int_{-10°}^{90°}[\bar{S}_{ij}]^F \mathrm{d}\alpha\mathrm{d}\beta + \frac{28}{98}[\bar{S}_{ij}]^F\Big|_{\alpha=90°}^{\beta=120°} \\
&\quad + \frac{8}{98}[\bar{S}_{ij}]^S\Big|_{\alpha=90°}^{\beta=90°} + \frac{10}{98}\int_{-10°}^{90°}[\bar{S}_{ij}]^S\mathrm{d}\alpha \mid \beta \\
&= 90° + \frac{20}{98}[\bar{S}_{ij}]^S\Big|_{\alpha=-10°}^{\beta=90°}
\end{aligned} \tag{10.17}$$

$$\begin{aligned}
[\bar{C}_{ij}] &= \frac{20}{98}[\bar{C}_{ij}]^F\Big|_{\alpha=-10°}^{\beta=90°} + \frac{12}{98}\int_{90°}^{120°}\int_{-10°}^{90°}[\bar{C}_{ij}]^F \mathrm{d}\alpha\mathrm{d}\beta + \frac{28}{98}[\bar{C}_{ij}]^F\Big|_{\alpha=90°}^{\beta=120°} \\
&\quad + \frac{8}{98}[\bar{C}_{ij}]^S\Big|_{\alpha=90°}^{\beta=90°} + \frac{10}{98}\int_{-10°}^{90°}[\bar{C}_{ij}]^S\mathrm{d}\alpha \mid \beta \\
&= 90° + \frac{20}{98}[\bar{C}_{ij}]^S\Big|_{\alpha=-10°}^{\beta=90°}
\end{aligned} \tag{10.18}$$

运用刚度、柔度方法[10]，全局坐标系下等效树脂的刚度矩阵 $[C_{ij}]^G$ 与柔度矩阵 $[S_{ij}]^G$ 可由下式求出：

$$[S_{ij}]^G = \alpha_c([\bar{C}_{ij}]^{-1}) + \alpha_s([\bar{S}_{ij}]) \tag{10.19}$$

$$[C_{ij}]^G = [S_{ij}]^{G-1} \tag{10.20}$$

式中：α_c 与 α_s 分别为刚度方法系数和柔度方法系数，$\alpha_s = 1 - \alpha_c$，$\alpha_c = 0.9$。

求出全局坐标系下等效树脂的柔度矩阵 $[S_{ij}]^G$ 与刚度矩阵 $[C_{ij}]^G$：

$$[S_{ij}]^G = \begin{bmatrix}
0.2482 & -0.1107 & -0.0684 & -0.0054 & -0.0139 & 0.1528 \\
-0.1107 & 0.3278 & -0.1444 & 0.1056 & 0.0419 & -0.1709 \\
-0.0684 & -0.1444 & 0.2979 & -0.0904 & -0.0256 & 0.0146 \\
-0.0054 & 0.1056 & -0.0904 & 0.9143 & 0.0044 & -0.0232 \\
-0.0139 & 0.0419 & -0.0256 & 0.0044 & 1.5575 & -0.3921 \\
0.1528 & -0.1709 & 0.0146 & -0.0232 & -0.3921 & 2.1699
\end{bmatrix}$$

$$[C_{ij}]^G = \begin{bmatrix}
6.6632 & 3.5998 & 3.2642 & -0.0589 & -0.0377 & -0.2151 \\
3.5998 & 6.0886 & 3.6712 & -0.3139 & -0.0216 & 0.1941 \\
3.2642 & 3.6712 & 5.9431 & 0.1834 & 0.0345 & 0.0275 \\
-0.0589 & -0.3139 & 0.1834 & 1.1475 & 0.0055 & -0.0085 \\
-0.0377 & -0.0216 & 0.0345 & 0.0055 & 0.6737 & 0.1225 \\
-0.2151 & 0.1941 & 0.0275 & -0.0085 & 0.1225 & 0.5131
\end{bmatrix}$$

10.6　CWK 复合材料细观结构简化模型

　　简化后的 CWK 复合材料由经纬纱及树脂构成,即两根经纱与八根纬纱交织而成的变化平纹结构。由于针织纱线已增强到树脂中,且固化后每个循环单元中四根纬纱紧密排列,为了便于模拟,忽略相邻四根纬纱之间的距离,并将相邻四根纬纱当作一根纬纱。根据试样尺寸及 CWK 复合材料中经纬纱线根数,建立图 10.22 所示的 CWK 复合材料简化模型。图 10.22(a)为简化后的机织结构模型,图 10.22(b)为除去经纬纱后的等效树脂模型。

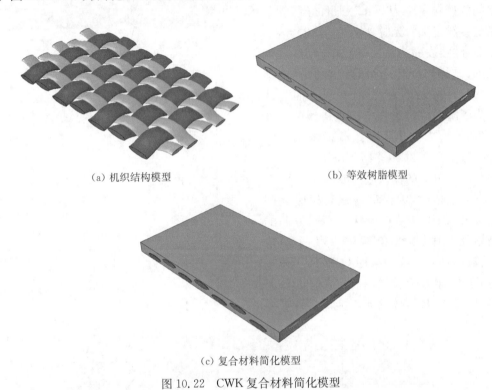

(a) 机织结构模型　　　　　　　　　　　　(b) 等效树脂模型

(c) 复合材料简化模型

图 10.22　CWK 复合材料简化模型

10.7　有限元计算方案及过程

　　ABAQUS 软件是一套功能强大的有限元分析软件,不仅可以精确处理相对简单的线性问题,而且可以处理比较复杂的非线性问题[11-12]。本章采用 ABAQUS 软件并结合 CWK 复合材料简化模型,模拟 CWK 复合材料高应变率下不同方向(0°、45°和90°方向)的冲击拉伸过程,并提取出 CWK 复合材料的应力-时间曲线,分析其破坏形态与破坏过程,将数值计算结果与试验结果比较。本章采用有限元软件平台 ABAQUS/Explicit(Version 6.10)及 Windows XP 64 位操作系统。数值计算过程:建立经纬纱与树脂模型,定义包括破坏准则的材料属性;将经纬纱与树脂装配成整体模型,定义分析步及经纬纱与树脂之间的接触;定义 CWK 复合材料上施加的载荷,并对 CWK 复合材料进行网格划分;建立作业,提交计算。其简化步骤:创建部件→定义材料属性→组装部件→定义分析步→定义部件之间接触→定义载荷→划分网格→提交计算。

10.8　冲击拉伸系统有限元计算模型

如图 10.23 所示,三个方向($0°$、$45°$ 与 $90°$ 方向)的有限元计算模型由分离式霍普金森输入杆、输出杆及 CWK 复合材料试样组成,所有部件的尺寸均与试验相同。计算中,输入杆和输出杆参考铁的力学参数,并定义其为各向同性材料。

为使有限元计算顺利进行,经纬纱与树脂之间的接触定义为"Tie",即将经纬纱与树脂的接触定义为无脱黏接触,且树脂表面为主面,纱线表面为从面,经纱与纬纱之间不接触;试样与杆件之间的接触同样定义为"Tie",杆件表面为主面,试样表面为从面。为了降低模拟过程中出现错误的可能性,将初始应力波作为起始载荷施加于输入杆的自由端。图 10.24 所示为 $2\,407\ \text{s}^{-1}$ 应变率下 $0°$ 方向的输入应力波。

划分网格时,为保证纱线与树脂之间完美接触,采用共节点方法。不同方向的网格划分如图 10.25 和图 10.26 所示。输入杆、输出杆与纱线均采用 C3D8R 实体单元;由于试样为哑铃形,树脂结构十分复杂,采用 C3D8R 实体单元不能满足计算要

图 10.23　有限元冲击拉伸模型

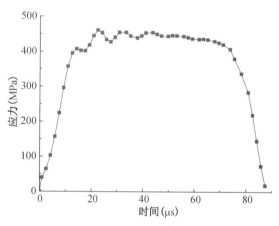

图 10.24　$2\,407\ \text{s}^{-1}$ 应变率下 $0°$ 方向的输入应力波

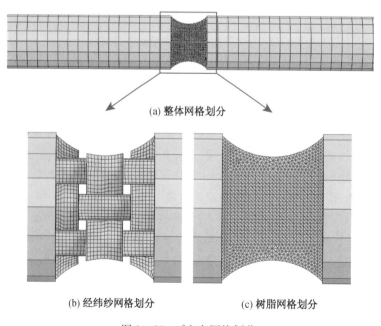

(a) 整体网格划分

(b) 经纬纱网格划分　　　　(c) 树脂网格划分

图 10.25　$0°$ 方向网格划分

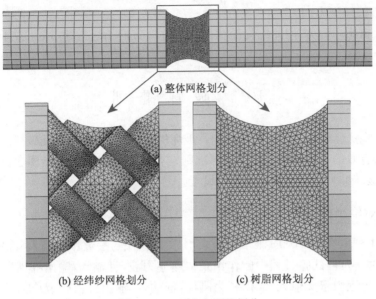

(a) 整体网格划分

(b) 经纬纱网格划分　　　　　　　　(c) 树脂网格划分

图 10.26　45°方向网格划分

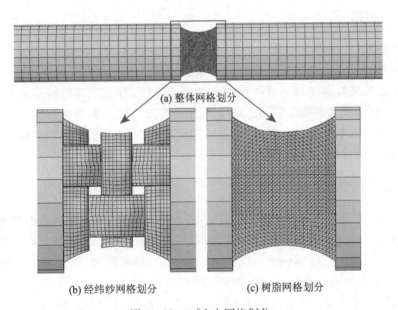

(a) 整体网格划分

(b) 经纬纱网格划分　　　　　　　　(c) 树脂网格划分

图 10.27　90°方向网格划分

求,因此树脂采用 C3D4 实体单元。0°、45°及 90°方向的网格单元数分别为47 399、121 650及 59 071。对于 45°方向,由于试样为哑铃形,经纬纱经切割后结构复杂,用 C3D8R 实体单元划分网格较困难,因此也采用 C3D4 实体单元。0°与 90°方向的经纬纱划分网格时,种子密度相同,即网格单元尺寸相同。三个方向的树脂网格单元尺寸相同。45°方向由于经纬纱的特殊形态,网格划分时,经纬纱的实体单元尺寸不同,且经纱实体单元比纬纱实体单元小。

　　由于经纬纱轴向与拉伸方向成一定角度,且经纬纱为横观各向同性材料,需要定义材料的局部坐标系。经纬纱的局部坐标系定义:1 方向为纱线长度方向;2 方向为纱线截面方向;3 方向为纱线厚度方向。

对于等效树脂,其 1 方向始终为经纱长度方向,2 方向始终为纬纱长度方向,3 方向为其厚度方向。

10.9　破　坏　准　则

研究 CWK 复合材料的冲击拉伸性能及破坏机理,需要定义材料的破坏准则,在有限元分析中需加入有效的破坏准则。定义破坏准则是有限元计算的关键步骤。针对 ABAQUS 软件,材料的破坏准则在定义材料属性时设置。

10.9.1　输入/输出杆

输入/输出杆由冷轧 GCr15 轴承钢制成,本文采用铁的参数作为输入/输出杆参数。输入/输出杆在冲击拉伸试验过程中的作用是传递应力波,且输入/输出杆不发生破坏,因此在有限元计算过程中定义输入/输出杆为刚体,即输入/输出杆仅传递应力波,不会在应力波的作用下产生任何破坏。

10.9.2　等效树脂

等效树脂的破坏准则采用最大应变失效准则,即定义一个失效应变ε_f[13]。拉伸过程中,当等效树脂的应变达到其失效应变时即发生破坏。本文建立了简化模型,等效树脂由针织纱线增强,其失效应变与环氧树脂的失效应变不同,且小于环氧树脂的失效应变。由于无法得知等效树脂的失效应变,采用环氧树脂的失效应变预测等效树脂的失效应变。本章采用 8% 作为等效树脂的失效应变,即在有限元计算中,当等效树脂的网格单元伸长超过8% 时,等效树脂断裂,失效单元被移除。

10.9.3　纱线

经纬纱为 E 玻璃纤维长丝,定义其为横观各向同性材料,其力学性能参数见表 10.3 和表 10.4,其中:E、G、ν 分别表示弹性模量、剪切模量及泊松比;XT、XC、YT、YC、SS 分别表示 x 方向的拉伸强力、压缩强力,y 方向的拉伸强力、压缩强力,以及面内剪切强力;下标 11、22、33 分别表示坐标系的三个方向;下标 12、13 与 23 分别表示 1-2 面、1-3 面及 2-3 面。本章中,经纬纱在高应变率下的拉伸模量和拉伸强度来自 Wang[15-16] 的研究结果。有限元计算中,纱线破坏采用最大应变失效准则,即拉伸过程中,当经纬纱的应变达到 E 玻璃纤维的最大拉伸应变时,经纬纱发生破坏,失效单元被移除。本章采用 E 玻璃纤维的失效应变为 4.8%。

表 10.3　纱线刚度

纱线	E_{11} (GPa)	E_{22} (GPa)	E_{33} (GPa)	G_{12} (GPa)	G_{13} (GPa)	G_{23} (GPa)	ν_{12}	ν_{13}	ν_{23}
经纱	85	80	80	28	28	27	0.25	0.2	0.25
纬纱	88	80	80	28	28	27	0.25	0.23	0.25

表 10.4 纱线强度

纱线	$XT(\mathrm{MPa})$	$XC(\mathrm{MPa})$	$YT(\mathrm{MPa})$	$YC(\mathrm{MPa})$	$SS_{12}(\mathrm{MPa})$	$SS_{23}(\mathrm{MPa})$
经纱	4 650	−4 650	3 550	−3 550	1 400	1 200
纬纱	5 156	−5 156	4 150	−4 150	1 700	1 400

10.10 0°方向结果与讨论[17-19]

图 10.28 所示为 0°方向 CWK 复合材料不同应变率下试验与有限元计算得到的应力-时间曲线,可以看出材料具有明显的应变率敏感性。随应变率、破坏应力与应变的增加,应变率对初始模量有明显影响。如图所示,有限元计算结果(FEM)与试验结果(EXP)具有相同的变化趋势,且吻合性较好。比较试验与有限元计算得到的应力-时间曲线可知,有限元计算得到的曲线比较光滑,这是因为有限元计算是从纱线层面模拟 CWK 复合材料性能,忽略了纤维断裂,纱线断裂整齐,且没有纤维抽拔。实际上,在 CWK 复合材料制作过程中,玻璃纤维存在断裂的可能性。同时,将针织纱线的力学性能强化到树脂中并与树脂形成等效树脂,使得应力波传递差异性降低,有限元计算得到的曲线光滑。0.001 s^{-1} 为 CWK 复合材料准静态拉伸试验,与动态模拟不同,准静态有限元计算基于软件平台 ABAQUS/Standard,材料模型只由试样构成。施加载荷时,试样一端固定,另一端施加恒定位移。准静态载荷下,试验结果与模拟结果的吻合性较高。

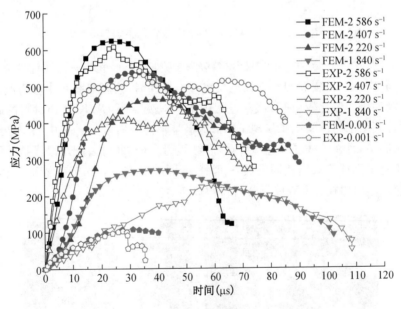

图 10.28 0°方向 CWK 复合材料应力-时间曲线

图 10.29 所示为 0°方向 2 586 s^{-1} 应变率下有限元计算得到的纱线破坏过程。为分析 CWK 复合材料中纱线破坏过程,ABAQUS 显示时将等效树脂隐藏,仅显示纱线的破坏过

程。可以看出随着拉伸的进行,纱线轴向与拉伸方向相同的经纱逐渐破坏,纬纱因经纱断裂而产生滑移。

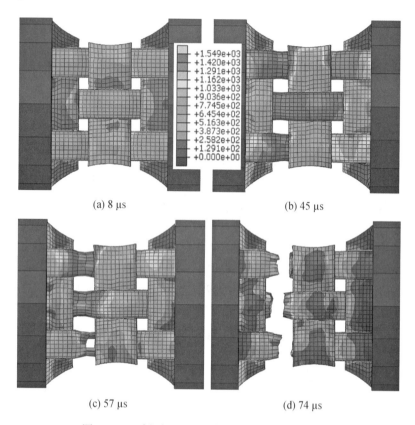

$$
\begin{array}{l}
+1.549\mathrm{e}{+}03\\
+1.420\mathrm{e}{+}03\\
+1.291\mathrm{e}{+}03\\
+1.162\mathrm{e}{+}03\\
+1.033\mathrm{e}{+}03\\
+9.036\mathrm{e}{+}02\\
+7.745\mathrm{e}{+}02\\
+6.454\mathrm{e}{+}02\\
+5.163\mathrm{e}{+}02\\
+3.873\mathrm{e}{+}02\\
+2.582\mathrm{e}{+}02\\
+1.291\mathrm{e}{+}02\\
+0.000\mathrm{e}{+}00
\end{array}
$$

(a) 8 μs　　　　　　　　　　　　(b) 45 μs

(c) 57 μs　　　　　　　　　　　　(d) 74 μs

图 10.29　0°方向 2 586 s⁻¹ 应变率下纱线破坏过程

图 10.30 所示为 0°方向 CWK 复合材料不同应变率下试验与有限元计算得到的拉伸断裂形态。试验中,CWK 复合材料在高应变率冲击拉伸时,树脂与纤维中应力波传播速度不同,导致纤维抽拔。经比较可知,试验过程中不同应变率下 CWK 复合材料的破坏形态不同,有限元计算结果与试验结果呈现了相似的破坏形态。有限元计算中针织纱线的力学性能强化到树脂中,且在纱线层面进行计算,即纱线为一个整体,因此难以模拟纱线中的纤维抽拔。由于有限元计算采用相同的破坏准则,不同应变率下各单元断裂形态相似,得到的破坏形态整体上可以模拟 CWK 复合材料的破坏情况。

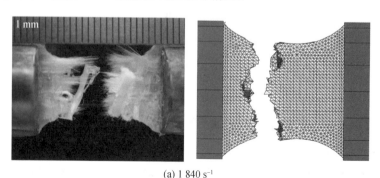

1 mm

(a) 1 840 s⁻¹

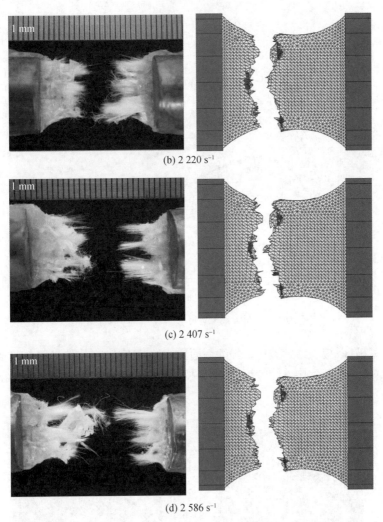

(b) 2 220 s⁻¹

(c) 2 407 s⁻¹

(d) 2 586 s⁻¹

图 10.30　0°方向 CWK 复合材料试验与有限元计算得到的破坏形态

10.11　45°方向结果与讨论[17-19]

图 10.31 所示为 45°方向 CWK 复合材料不同应变率下试验与有限元计算得到的应力-时间曲线。纱线与树脂的剪切破坏为 45°方向 CWK 复合材料最主要的破坏形式。45°方向 CWK 复合材料应力-时间曲线与 0°方向相比略有不同,有限元计算结果与试验结果较吻合,且计算得到的材料应力比试验得到的材料应力大,这是因为针织纱线的力学性能被强化到树脂中并作为连续的等效树脂,忽略了拉伸过程中针织纱线的刚度降解。同时,由于经纬纱与树脂的形状不规则,45°方向 CWK 复合材料的经纬纱采用 C3D4 实体单元且经纬纱网格密度不同,而 0°方向 CWK 复合材料的经纬纱采用 C3D8R 实体单元且经纬纱网格密度相同,这影响了有限元计算结果与试验结果的吻合性。

图 10.32 所示为 45°方向 2 253/s 应变率下有限元计算得到的纱线破坏过程。由于经纬纱轴向与拉伸方向成 45°角,纱线断裂主要由纱线之间的剪切引起。随着应力波的传播及拉伸的

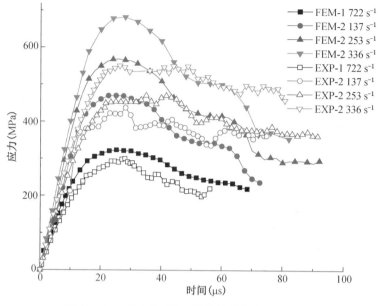

图 10.31　45°方向 CWK 复合材料应力-时间曲线

进行,经纱首先破坏,接着纬纱破坏。经纱截面比纬纱截面小,在拉伸过程中,经纱先达到其失效应变,失效单元被消除;接着纬纱承力,随着拉伸的进行,纬纱达到失效应变而破坏。

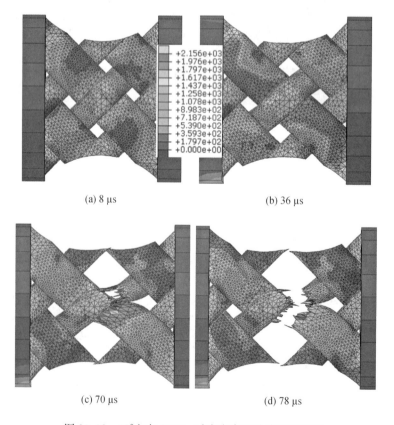

图 10.32　45°方向 2 253 s⁻¹ 应变率下纱线破坏过程

图 10.33 所示为 45°方向 CWK 复合材料不同应变率下试验与有限元计算得到的拉伸断裂形态。试样尺寸的选取使得 45°方向 CWK 复合材料与 0°方向相比,前者承受拉伸的纱线根数较少,由有限元计算结果可知,只有一根经纱及一根纬纱承力。45°方向 CWK 复合材料的破坏主要是树脂及纱线的剪切破坏。比较试验结果与有限元计算结果可知,有限元计算能够很好地模拟 CWK 复合材料的破坏形态。在有限元计算过程中,不同应变率下 CWK 复合材料的破坏条件定义相同,因此 CWK 复合材料最终破坏形态相似。

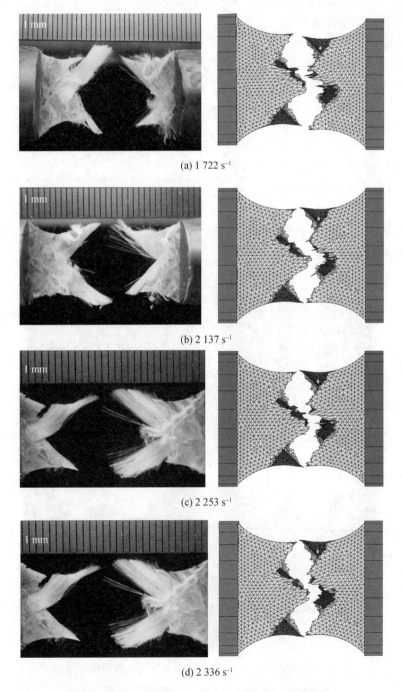

(a) 1 722 s^{-1}

(b) 2 137 s^{-1}

(c) 2 253 s^{-1}

(d) 2 336 s^{-1}

图 10.33　45°方向 CWK 复合材料试验与有限元计算得到的破坏形态

10.12　90°方向结果与讨论[17-19]

图 10.34 所示为 90°方向 CWK 复合材料不同应变率下试验与有限元计算得到的应力-时间曲线,可以看出,90°方向 CWK 复合材料的最大应力大于 0°、45°方向。沿 90°方向,承受拉伸的纱线为纬纱,简化模型中纬纱的横截面积比经纱大且经纬纱都为 E 玻璃纤维,因此 90°方向 CWK 复合材料能承受较大力。与 0°、45°方向相同,90°方向的有限元计算曲线比较光滑。

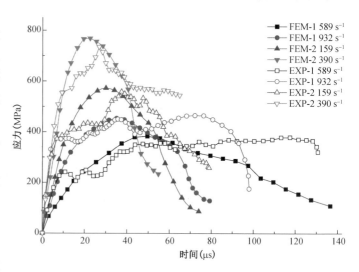

图 10.34　90°方向 CWK 复合材料应力-时间曲线

图 10.35 所示为 90°方向 CWK 复合材料 1 932 s^{-1} 应变率下有限元计算得到的纱线破坏过程。有限元计算能有效模拟出纱线破坏过程,即随着拉

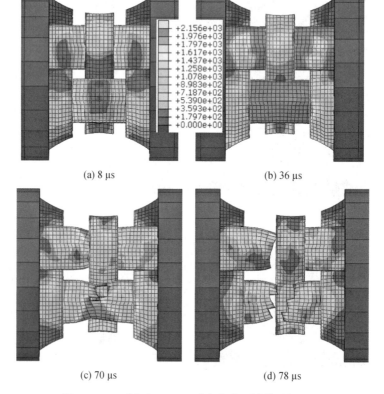

(a) 8 μs　　　　　　　　　(b) 36 μs

(c) 70 μs　　　　　　　　　(d) 78 μs

图 10.35　90°方向 1 932 s^{-1} 应变率下纱线破坏过程

伸的进行,纬纱首先破坏,由于纬纱断裂,经纱发生滑移。比较 0° 与 90° 方向的纱线破坏过程可知,90°方向 CWK 复合材料,纬纱在70 μs 左右开始破坏;0° 方向 CWK 复合材料,经纱在57 μs 左右破坏。这符合实际情况,即简化模型中纬纱横截面积大于经纱,相同条件下,纬纱能够承受的力更大,其达到失效应变的时间更长。

图 10.36 所示为 90°方向 CWK 复合材料不同应变率下试验与有限元计算得到的拉伸断裂形态。90°方向试样的受拉伸系统为纬纱,由于机织结构为变化平纹,在相同的试样尺寸条件下,纬纱根数较多。与 0° 方向试样相比,90° 方向试样的纤维抽拔较多,破坏形态比较复杂。

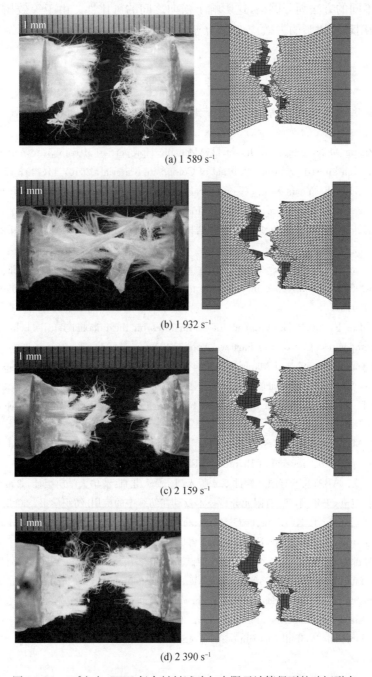

(a) 1 589 s⁻¹

(b) 1 932 s⁻¹

(c) 2 159 s⁻¹

(d) 2 390 s⁻¹

图 10.36   90°方向 CWK 复合材料试验与有限元计算得到的破坏形态

　　比较 $0°$、$45°$、$90°$方向 CWK 复合材料的有限元计算结果与试验结果可知,用简化模型能够有效模拟 CWK 复合材料高应变率下的冲击拉伸性能。然而,有限元计算过程中,将经纬纱严格看作横观各向同性材料,并且忽略纱线之间滑移,以及由织造引起的纤维断裂,这使得试验与模拟结果存在一定差异。此外,等效树脂经过针织纱线增强而变为各向异性材料,应力波传播与试验不同;将针织纱线强化到树脂中,计算时忽略了拉伸过程中针织纱线的刚度降解。划分网格时,由于树脂结构复杂,采用与经纬纱不同的实体单元,这影响了计算的精确性。$45°$方向 CWK 复合材料的经纬纱结构特殊,采用与 $0°$、$90°$方向 CWK 复合材料的经纬纱不同的方法划分网格,这影响了横向之间的可比性。由于等效树脂的失效应变无法得到,采用环氧树脂的失效应变作为等效树脂的应变,这影响了计算结果与试验结果的吻合性。

参 考 文 献

[1] 胡红,徐艳华,袁新林,等. 多层衬纬机织针织复合结构及其编织方法和专用装置:CN 200810039656. 9. 2008-11-19.

[2] Hu H, Zhang M X, Fangueiro R, et al. Mechanical properties of composite materials made of 3D stitched woven-knitted preforms. Journal of Composite Material, 2010, 44(14): 1753-1767.

[3] Xu Y H, Hu H, Yuan X L. Geometrical analysis of co-woven knitted preform for composite reinforcement. The Journal of The Textile Institute, 2011, 102(5): 405-418

[4] 徐艳华,袁新林,胡红. 一种机织针织复合结构及其专用横机纱线喂入装置: CN 200920039593. 7. 2010-02-03.

[5] Rong J, Sun B Z, Hu H, et al. Tensile impact behavior of multiaxial multilayer warp knitted (MMWK) fabric reinforced composites. Journal of Reinforced Plastics and Composites, 2006, 25 (12): 1305-1315.

[6] Sun B Z, Liu F, Gu B H. Influence of strain rates on the uniaxial tensile behavior of 4-step 3-d braided composites. Composites Part A: Applied Science and Manufacturing, 2005, 36: 1477-1485.

[7] Ma M. Dynamic Behavior of Materials. New York: John Wiley & Sons, Inc. , 1994: 296-322.

[8] Zukas J A, Swift H F. Impact Dynamics. New York: John Wily & Sons, Inc. , 1995: 287-301.

[9] Nicholas T. Tenslie testing of materials at high rates of srain. Experimental Mechanics, 1981, 21 (5): 177-185.

[10] Huang Z M, Ramakrishna S, Dinner H, et al. Characterization of a knitted fabric reinforced elastomer composite. Journal of Reinforced Plastics and Composites, 1999, 18(2): 118-137.

[11] 庄苗,朱以文. ABAQUS 有限元软件 6.4 版入门指南. 北京:清华大学出版社,2004:166-209.

[12] 张永宁,甘应进,王建刚,等. 有限元分析技术及其在纺织中的应用. 纺织学报,2002,23(5): 85-86.

[13] Gilat A, Goldberg R K, Roberts G D. Strain rate sensitivity of epoxy resin in tensile and shear loading. Journal of Aerospace Engineering, 2007, 20(2):75-89.

[14] 董立民,夏源明,杨报昌. 纤维束的冲击拉伸试验研究. 复合材料学报,1990,7(4): 9-15.

[15] Wang Z, Yuan J M, Xia Y M. A dynamic Monte Carlo simulation for unidirectional composites under tensile impact. Composites Science and Technology, 1988, 58(4): 487-495.

[16] Wang Z, Xia Y M. Experimental evaluation of the strength distribution of fibers under high strain rates by bimodal Weibull distribution. Composites Science and Technology, 1998, 57 (12): 1599-1607.

[17] 潘虹. 机织针织混编复合材料简化结构模型及冲击拉伸有限元模拟. 上海:东华大学,2013.

[18] Yuan X L,Hu H,Xu Y H. Analysis and prediction of elastic constants of co-woven-knitted fabric (CWKF) composite. The Journal of The Textile Institute,2013,104(3):278-288.

[19] Sun B Z,Pan H,Gu B H. Tensile impact damage behaviors of co-woven-knitted composite materials with a simplified microstructure model. Textile Research Journal,2014,84(16):1742-1760.

11 夹芯复合材料设计

夹芯结构在复合材料设计中占据的比例很大,目前这种结构已经应用在国民经济的各个领域。夹芯结构材料是历史上第一种轻质高强结构材料,它在大多数情况下是为满足某种特殊用途而设计的,常作为半成品应用于各产业。本章将讨论夹芯结构材料的主要性能。

11.1 夹芯结构材料概述

夹芯结构材料由两块薄面板和中间的轻质芯层组成(图 11.1),其中,芯层与面板牢固黏接或焊接在一起。

夹芯结构材料具有良好的性能:

① 轻质。罗马圣彼得大教堂圆顶(直径 45 m)的单位面积质量为 2 600 kg/m²,相比之下,用钢/聚氨酯泡沫夹芯结构设计的圆顶(汉诺威)的单位面积质量仅为 33 kg/m²。

② 弯曲刚度高。上下面板的间距提高了弯曲刚度。

③ 隔热性能好。

然而,夹芯结构材料存在一些不容忽视的缺点:

① 隔声性能差。

② 某些芯层制成的夹芯结构的阻燃性能差。

③ 和传统结构相比,更易产生屈曲。

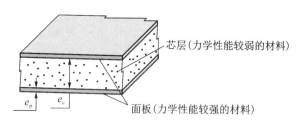

图 11.1 夹芯结构材料($10 \leqslant e_c/e_p \leqslant 100$)

用作夹芯结构材料面板的材料很多,芯层则尽可能选择轻质材料。一般夹芯结构材料多采用相容性较强的两种材料制成(图 11.2)。

需要注意的是,聚酯树脂会腐蚀聚苯乙烯泡沫。

在某些特殊情况下,夹芯结构材料的面板直接焊接在芯层上面。但一般来说,面板和芯层用胶黏剂黏接起来,因此胶黏剂的质量是夹芯结构材料性能和使用寿命的关键。在实际应用中,一般采用:

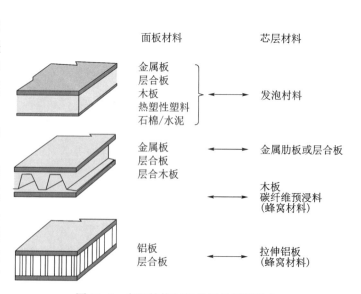

图 11.2 夹芯结构材料常用的材料组合

$$0.025 \, \mathrm{mm} \leqslant 胶黏剂厚度 \leqslant 0.2 \, \mathrm{mm}$$

11.2　简化弯曲模型

11.2.1　应力

图 11.3 简要说明了夹芯梁受到弯曲作用时主应力的产生过程。夹芯梁左端固定,右端施加一个载荷 T。对梁的一段局部放大,在横截面上可以看到合成剪切应力 T 和合力矩 M。T 引起剪切应力 τ,M 引起正应力 σ。

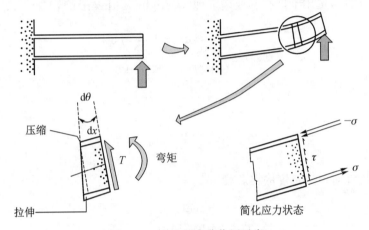

图 11.3　夹芯梁弯曲作用示意

为得到 τ 和 σ 的值,做以下假设对模型进行简化:
① 正应力只在面板上产生,并且沿面板方向均匀分布。
② 剪切应力只在芯层产生且均匀分布。
在上述假设条件下,很容易得到图 11.4 所示的单位宽度夹芯梁的 τ 和 σ 的表达式。

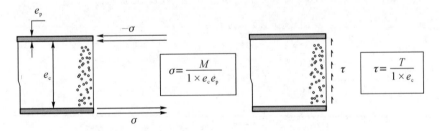

$$\sigma = \frac{M}{1 \times e_c e_p} \qquad \tau = \frac{T}{1 \times e_c}$$

图 11.4　夹芯梁应力状态

11.2.2　位移

在下面的例子中,夹芯梁受到弯曲作用时产生的位移 Δ 分为两个部分:
① 正应力 σ 引起的位移。
② 剪切应力 τ 引起的位移(图 11.5)。

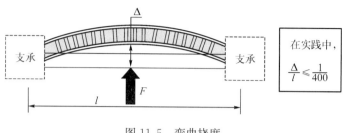

图 11.5 弯曲挠度

为了计算位移 Δ，从多种方法中（注意：此处将夹芯梁看作均质梁，也可采用经典的材料刚度方法进行计算），选用卡斯蒂利亚诺定理（Castigliano theorem）：

$$W = \frac{1}{2}\int \frac{M^2}{EI}\,\mathrm{d}x + \frac{1}{2}\int \frac{k}{GS}T^2\mathrm{d}x$$

（弹性能）

（来自弯曲） （来自剪切）

$$\Delta(挠度) = \frac{\partial W(能量)}{\partial F(载荷)}$$

下列符号均针对单位宽度的夹芯梁：

$$M = 合力矩$$
$$T = 合成剪切应力$$
$$E_p = 面板的弹性模量$$
$$G_c = 芯层的剪切模量$$

$$EI = E_p e_p \times 1 \times 1 \frac{(e_c + e_p)^2}{2}; \quad k/GS = \frac{k}{G_c \times 1(e_c + 2e_p)}$$

现举例说明，图 11.6 所示的夹芯悬臂梁的弹性能可以表示为：

$$W = \frac{1}{2}\int_0^\lambda \frac{F^2(\lambda - x)^2}{EI}\,\mathrm{d}x + \frac{1}{2}\int_0^\lambda \frac{k}{GS}F^2\,\mathrm{d}x$$

$$W = \frac{F^2}{2}\left(\frac{\lambda^3}{3EI} + \frac{k}{GS}\lambda\right)$$

其中：

$$EI = 475 \times 10^2; \quad \frac{GS}{k} = 650 \times 10^2$$

最终，位移 Δ 可以表示为：

$$\Delta = \frac{\partial W}{\partial F}$$

若施加 1 N 的载荷，则：

$$\Delta = 0.7 \times 10^{-2}\,\mathrm{mm} + 1.54 \times 10^{-2}\,\mathrm{mm}$$

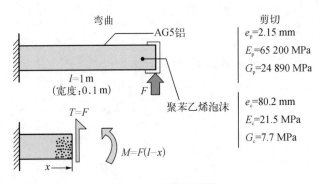

图 11.6　夹芯悬臂梁

注意:此处剪切作用引起的位移大于弯曲作用引起的位移,但在传统均质梁中,剪切位移很小,一般可以忽略不计。因此,剪切作用对夹芯结构材料的弯曲位移有很大影响,这是夹芯结构材料的特性。

11.3　一些要点

图 11.7 对比了几种具有相同弯曲刚度 EI 的不同夹芯结构材料性能。根据前文的讨论,夹芯结构材料的弯曲变形中,只有一部分是由弯曲作用引起的。

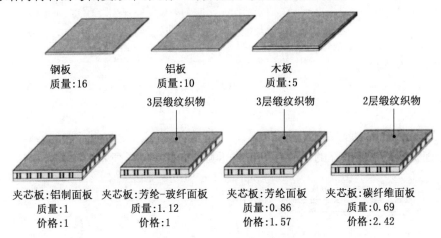

图 11.7　不同夹芯结构材料(具有相同的弯曲刚度 EI)对比

11.3.1　夹芯结构材料屈曲

施加载荷大小不同,夹芯结构材料所表现的抗压性能不同。当施加载荷高于临界值时,材料发生不可控的大变形。这种现象称为材料的屈曲(图 11.8)。根据施加载荷的类型,可以分为整体屈曲或局部屈曲。

图 11.8　夹芯结构材料的屈曲

11.3.1.1　整体屈曲

根据支承结构类型,临界屈曲载荷 F_c 可以表示为:

$$F_c = K \frac{\pi^2 EI}{\lambda^2 + \pi^2 \dfrac{EI}{GS} kK}$$

11.3.1.2　面板局部屈曲

由于芯层材料刚度较低,面板容易遭受屈曲破坏,形变模式取决于施加载荷的种类,如图 11.9 所示。

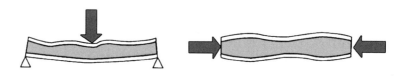

图 11.9　面板局部屈曲

临界压应力表达式:

$$\sigma_{cr} = a \times (E_p \times E_c^2)^{1/3}$$
$$a = 3[12(3 - \nu_c)]^2 (1 + \nu_c)^{2-1/3}$$

其中: ν_c 为芯层的泊松比。

引起面板局部屈曲破坏的临界载荷和破坏类型如图 11.10 所示。

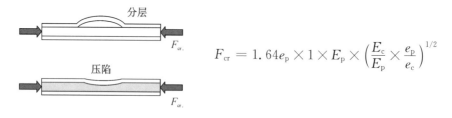

$$F_{cr} = 1.64 e_p \times 1 \times E_p \times \left(\frac{E_c}{E_p} \times \frac{e_p}{e_c} \right)^{1/2}$$

图 11.10　面板局部屈曲破坏

11.3.2　其他破坏形式

(1)局部压陷。指在载荷施加位置,芯层材料的压陷变形(图 11.11)。

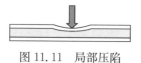

图 11.11　局部压陷

（2）压缩破坏。如图 11.12 所示，芳纶的抗压性较差，所制成的夹芯结构材料的压缩强度比玻璃纤维制成的夹芯结构材料小两倍。

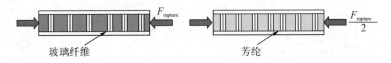

玻璃纤维　　　　　　　　　芳纶

图 11.12　压缩破坏

11.4　制 造 和 设 计

11.4.1　蜂窝材料

这种广泛应用的材料由规则排列的六边形单元构成，其几何构造可以通过很简单的工艺得到。如图 11.13 所示，将薄片材料的一部分黏接在一起，沿某一方向拉伸展开，即形成蜂窝结构。

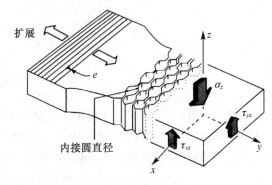

蜂窝材料可以是金属（如轻合金、钢），也可以是非金属（如碳纤维/酚醛树脂复合材料、聚酰胺纸、玻璃纤维预浸料等）。

金属蜂窝材料相对便宜，耐久性好。非金属蜂窝材料耐腐蚀，绝热性能好。表 11.1 列出了常用蜂窝材料的基本性能和几何特征，相应符号代表的意义见图 11.13。

图 11.13　蜂窝材料

表 11.1　常用蜂窝材料的基本性能和几何特征

指标	聚酰胺纸 Nomex	轻合金 AG3	轻合金 2024
内接圆直径 D(mm)	6，8，12	4	6
厚度 e(mm)	—	0.05	0.04
密度(kg/m³)	64	80	46
剪切强度 τ_{xz}^{rup} (MPa)	1.7	3.2	1.5
剪切模量 G_{xz} (MPa)	58	520	280
剪切强度 τ_{yz}^{rup} (MPa)	0.85	2	0.9
剪切模量 G_{yz} (MPa)	24	250	140
压缩强度 σ_z^{rup} (MPa)	2.8	4.4	2

注：Nomex 是杜邦公司产品。

11.4.2　加工处理

用金刚石圆盘（线速度约为 30 m/s）对蜂窝材料进行加工处理。蜂窝材料与铝片黏结，铝片下方有一个凹槽可固定在工作台上（图 11.14）。

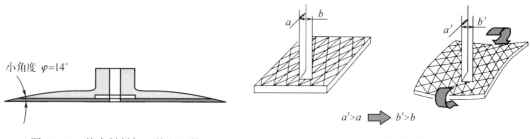

图 11.14　蜂窝材料加工处理工具　　　　　　图 11.15　蜂窝材料变形

　　蜂窝材料可以进行变形处理。由于蜂窝材料的形变行为非常复杂,控制其变形尤其重要。图 11.15 说明了一块蜂窝材料受到柱形弯曲时表现出两种不同的曲率(注意:这种现象是由泊松比效应导致的,此处尤为敏感,可参见 12.1.4 节)。

　　如图 11.16 所示,通过过度膨胀改变蜂窝材料的单元形状,有助于加工处理。

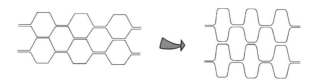

图 11.16　蜂窝材料过度膨胀

　　处于极限曲率状态时,R 是整体轮廓半径,e 是蜂窝材料的厚度(图 11.17)。芳纶蜂窝材料(如聚酰胺纸)必须在高温下加工。蜂窝材料结构件加工过程如图 11.18 所示。在一般负荷下,蜂窝材料可以进行折叠处理,如图 11.19 所示。

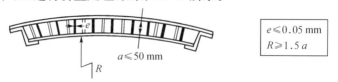

图 11.17　蜂窝材料曲率

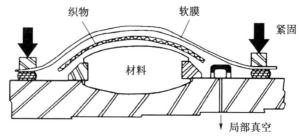

图 11.18　夹芯材料结构件加工过程

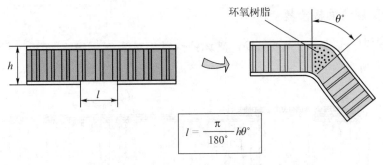

$$l = \frac{\pi}{180°} h\theta°$$

图 11.19 蜂窝材料折叠

11.4.3 附加物质填充

当需要传递局部载荷时,可以根据载荷大小注入填充物分担载荷(图 11.20)。将酚醛树脂微粒和环氧树脂混合作为填充物质,可以达到轻质树脂的密度($700 \sim 900$ kg/m^3),压碎强度为 35 MPa(图 11.21)。

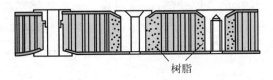

图 11.20 附加物质填充

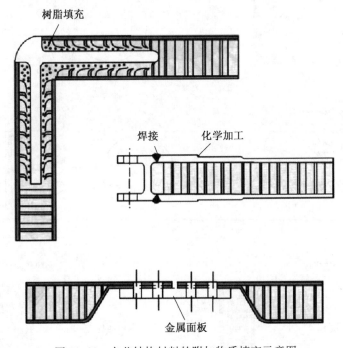

图 11.21 夹芯结构材料的附加物质填充示意图

11.4.4 蜂窝层合面板修复

对于蜂窝层合面板夹芯材料,局部破坏的修复相对简单,主要对面板进行修补,修补区域如图 11.22 所示。

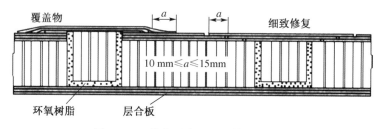

图 11.22 蜂窝层合面板的修复示意图

11.5 无损质量控制

除了用一些传统方法检测表层缺陷,以及对层合面板的外层部分进行修复外,使用无损检测技术可以对制造和使用过程中产生的内部损伤进行鉴定和修复。这些缺陷会造成不良黏接、分层和杂质。图 11.23 所示为一些主要的无损检测方法。

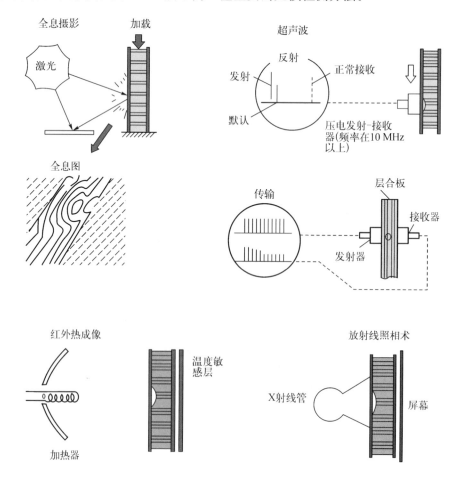

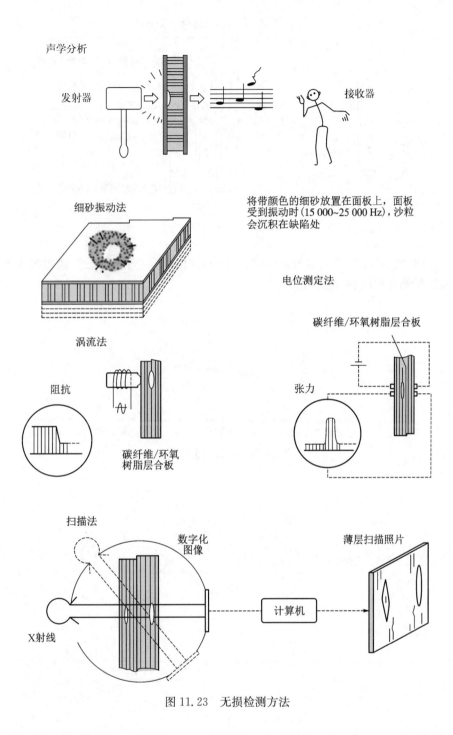

图 11.23　无损检测方法

复合材料承载过程中,内部会产生很多微裂纹,甚至在可容许载荷范围内,也会产生树脂开裂、纤维断裂,以及树脂基体和纤维之间脱黏等破坏。这些破坏会产生声波并传递到材料表面。利用声发射技术可以对缺陷进行探测和分析(图 11.24)。

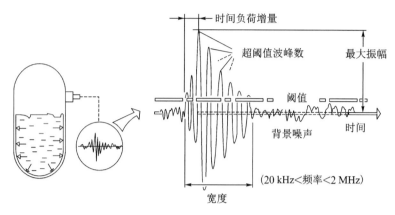

图 11.24　声发射技术

　　根据波峰数、波峰宽度及信号振幅，可以判断试样的完整性。此外，通过波峰数的累积变化，可以预测材料的破坏(图 11.25)。

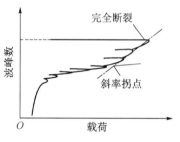

图 11.25　声发射事件曲线

12　缝编结构和 Z-pinned 结构复合材料

12.1　缝编复合材料概述[1]

自 20 世纪 80 年代初开始,缝编方法成功应用于三维先进复合材料制造。航空制造业最先研究缝编复合材料在改善传统纤维增强复合材料面外方向性能方面的可行性,探讨通过缝合翼梁与单搭接复合材料接头来提高断裂强度和减少灾害发生[1-3]。研究结果显示,缝合接头的强度明显优于传统工艺(如黏合、共固化)制成的复合接头。缝合接头的破坏强度可以与金属扣接头相媲美甚至超过。尽管缝合技术带来了巨大的潜在利益,航空制造业对采用缝合技术制备复合材料仍持谨慎态度。

早期缝合工艺研究的重要收获是激发了学术界和工业界对多种材料进行缝编的兴趣。虽然缝合接头在飞机制造业中应用缓慢,但缝编工艺迅速成为复合材料板材制造的流行工艺。这种流行的兴起主要因为缝编工艺的两个特点。首先,缝编工艺是一种经济的方法,它将层合板边缘固定在一起,使得预成型体在成型前更容易处理。如果不缝合而是以其他方式捆绑铺层的层合板,其在处理时会发生滑移,造成纤维扭曲,在复合材料中形成富脂区。其次,缝编工艺可以阻止分层,提高复合材料的抗冲击能力。

缝编工艺的优点促进了一系列缝编结构复合材料的发展,飞机制造商评估了缝编织物在飞机中应用的可能性[4-6]。人们期望通过缝编工艺大大提升复合材料的耐损伤能力,使飞机结构更加稳固、可靠。例如,缝编结构可以使飞机的中间机身的表皮更坚固,尾部舱壁的抗压能力更好。缝编结构被用在更容易受到撞击的部位,比如缓冲钢筋、基底面板及门板。缝编结构在其他方面应用的可行性,如船、民用结构和医学的假体,还没有被探索。随着技术的发展,缝编结构会应用在更多领域。

12.2　缝编复合材料制造工艺

加工过程包括用拉伸强度很高的缝线将铺层板缝合起来,制作成三维纤维集合体结构。可以用传统缝纫机缝制加工薄板,更常见的是产业用缝合机器,它有更长的针刺入叠层织物进行缝编。最大的缝合机器长 15 m,宽 3 m,厚 40 mm。图 12.1 为用于缝合飞机机翼的大型缝合机器照片[5,7]。很多新型机器有多针床,可以加快缝合速度,提高产量。

缝编复合材料和三维机织、编织和针

图 12.1　缝合飞机机翼的大型缝合机器

织复合材料相似,在厚度方向存在面外方向(Z 方向)纱线。三维机织、编织和针织结构预成型体的相似点是面内纱线都与面外纱线交织。另一方面,缝编工艺是独特的,因为待缝合的预成型体不是一个完整的纤维集合体结构。沿厚度方向的缝合是将传统二维预成型体进行缝编形成三维整体结构的过程。

缝合工艺既可以用于织物,也可以用于预浸料。缝合织物相对容易,因为针尖可以相对容易地挤入纤维完成缝编步骤。但是缝合预浸料比较麻烦,因为未固化的树脂有黏性,会阻碍刺针运动。最常见的缝合线有碳纤维纱线、玻璃纤维纱线和凯夫拉纱线。缝合种类如图 12.2 所示[8]。标准锁式及链式缝合较少使用。使用较多的缝合方法是改进锁式缝合,它是指线圈穿过针头和线筒,在复合材料表面成型,从而最大地减少面内纤维的扭曲变形。

(a) 改进锁式缝合　　　　(b) 锁式缝合　　　　(c) 链式缝合

图 12.2　缝合种类

沿复合材料厚度方向进行缝合时,缝线可以任何形式穿插其中。图 12.3 显示了几种缝合形式,最受欢迎的缝合形式是水平(直线)缝合[9]。在缝合过程中,缝合线通常紧挨在一起,以保证材料有很强的耐损伤性能。大部分复合材料采用 1~25 个线圈/m² 的缝合密度增强。这些线圈的等效纤维体积分数为 1%~5%。这与三维机织、编织和针织复合材料中 Z 向增强纱的体积分数相似。通常,缝合密度很高的复合材料较困难,因为它对预成型体造成纤维穿刺断裂。

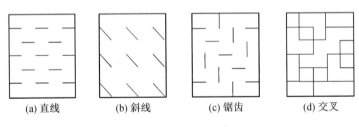

(a) 直线　　　　(b) 斜线　　　　(c) 锯齿　　　　(d) 交叉

图 12.3　缝合形式

对预成型体造成纤维穿刺断裂是缝合的一个主要缺点。缝合可以造成不同形式的损伤,如图 12.4 所示。

(1) 纤维断裂:由针头摩擦引起的纤维断裂,以及缝合过程中缝合线的滑移。对预浸料的破坏包括针头对纤维的挤压,但是纤维不会被缝针推到一旁,因为有树脂的存在。预成型体中纤维破坏如图 12.4(a)所示。

(2) 纤维错位:如图 12.4(b)、(c)所示,穿刺过程中纱线在针头及缝合线附近扭曲,发生面内方向纤维错位。扭曲纤维数量取决于纤维密度、缝合厚度、缝合密度。最大错位角度在 5~20°[10-12]。

(3) 纤维卷曲:卷曲发生在缝合时刺针将表面纤维带入预成型体。纤维卷曲如图 12.4(d)所示,严重卷曲将增加缝合线的张力。

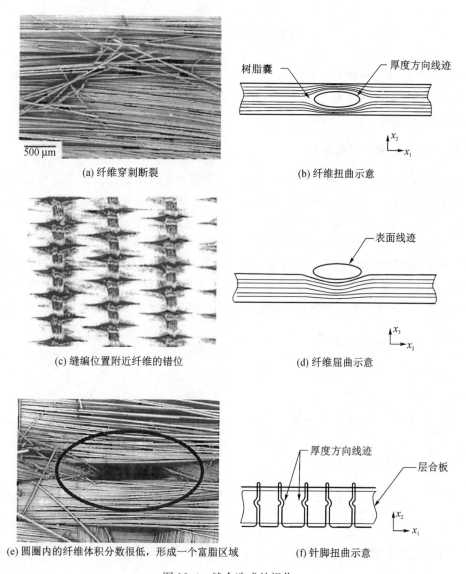

(a) 纤维穿刺断裂

(b) 纤维扭曲示意

(c) 缝编位置附近纤维的错位

(d) 纤维屈曲示意

(e) 圆圈内的纤维体积分数很低，形成一个富脂区域

(f) 针脚扭曲示意

图 12.4　缝合造成的损伤

（4）富脂区域：预成型体中的纤维卷曲及错位会造成小区域内纱线含量降低，固化后形成富脂区域。

（5）针脚扭曲：如图 12.4(f)所示，针脚在预成型体固化时受到压缩而扭曲。

（6）微裂纹：缝编穿刺附近区域树脂的微裂纹是由针脚对材料的穿刺挤压，以及刺针与材料的热膨胀系数不匹配造成的[13-14]。

不是所有缝编复合材料都存在上述所有种类损伤。最常见的损伤有纤维断裂、错位和卷曲。

除了破坏复合材料，缝合线本身也受到损伤，包括扭转、弯曲、滑移及成圈。这些损伤会严重影响缝合线的强度[8, 15-16]。Morales[8]发现凯夫拉缝合线的拉伸强度在缝合后从4 790 MPa 下降为 3 706 MPa。碳纤维缝合线的强度下降更严重，从3 500 MPa 下降为 1 550 MPa。

12.3　缝编复合材料力学性能

缝编复合材料主要应用于航空承力结构,比如机翼面板和飞机机身部件,需对其力学性能和破坏机理做深入了解。本节将介绍缝编对拉伸、压缩、弯曲、层间剪切、蠕变及疲劳性能的影响。

12.3.1　拉伸、压缩和弯曲性能

拉伸、压缩和弯曲模量和强度是承力部件最重要的工程常数。目前关于缝编复合材料力学性能综述中发布的数据存在明显矛盾。例如,大部分缝编复合材料的拉伸、压缩和弯曲性能比未缝编层合板略低,而一些材料的力学性能通过缝编有明显的提高或降低。图 12.5 比较了两种缝编复合材料的拉伸模量和强度[18],呈现出互相矛盾的结果:玻璃纤维/聚酯纤维复合材料的拉伸模量随着缝合密度增加而下降,而凯夫拉纤维/PVB 纤维复合材料的拉伸模量无规律变化;玻璃纤维/聚酯纤维复合材料的拉伸强度也随着缝合密度增加明显下降,而凯夫拉纤维/PVB 纤维复合材料的拉伸强度在下降前略微上升且变化幅度很小。

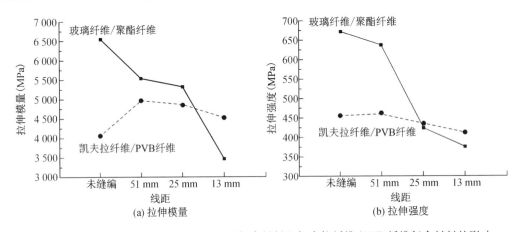

图 12.5　缝合密度对玻璃纤维/聚酯纤维复合材料和凯夫拉纤维/PVB 纤维复合材料的影响

Mouritz 等[10]分析了不同缝合密度(0.2~25 针/mm²)下碳纤维、玻璃纤维、凯夫拉纤维增强缝编复合材料的拉伸、压缩和弯曲性能。这些复合材料用不同材料的缝线及锁式、改进锁式和链式方法缝合。他们收集的数据如图 12.6~图 12.8 所示,给出了拉伸、压缩和弯曲标准化弹性模量(E/E_0)和标准化强度(σ/σ_0)与缝合密度的变化规律。标准化弹性模量表示相同情况下缝合后的复合材料与未缝合复合材料的模量比值。相应的,标准化强度指缝合后的复合材料与未缝合复合材料的强度比值。图中 CFRP 表示碳纤维增强复合材料,GFRP 表示玻璃纤维增强复合材料,KFRP 表示凯夫拉纤维增强复合材料,SFRP 表示高强聚乙烯纤维增强复合材料。

如图 12.6 中的一些散点所示,因缝编而增加或者减少的模量和强度都不超过 20%。在这种方差下,复合材料的力学性能与缝合密度没有清晰的关系。这说明拉伸、压缩和弯曲失效不是由一系列缝合线圈决定的,而是单个线圈或者小部分线圈,破坏从它们开始(如纤维扭曲和断裂),这决定了复合材料强度。

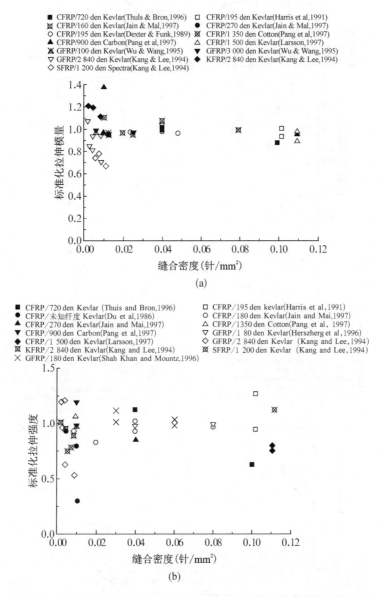

图 12.6 缝合密度对复合材料标准化拉伸模量和标准化拉伸强度的影响

　　这些规律对实践具有指导作用,因为它显示了大多数复合材料的拉伸、压缩和弯曲性质会发生小于 20% 左右的变化,然而抗冲击性能和冲击后剩余强度有明显增加。因此,可以通过缝编来获得更耐冲击的复合材料,同时又不会严重影响面内的力学性能。

　　用简单的混合法则可以解释缝编复合材料模量和强度小幅提升(小于 20%)的原因。复合材料的模量和强度取决于加载面内纤维取向和体积分数,当缝线张力较大时,复合材料沿厚度方向被压紧,纤维体积分数增加。在固化过程中,用密闭模具、真空辅助成型可进一步提高纤维体积分数。Mouritz 等[10]认为,缝编提升复合材料模量和强度是纤维体积分数提高所致。然而,大多数研究人员认为复合材料模量和强度提高与纤维体积分数增加无关。因此,缝编导致纤维体积分数提高,进而导致复合材料强度和模量提高,还没有完全被实践证明。

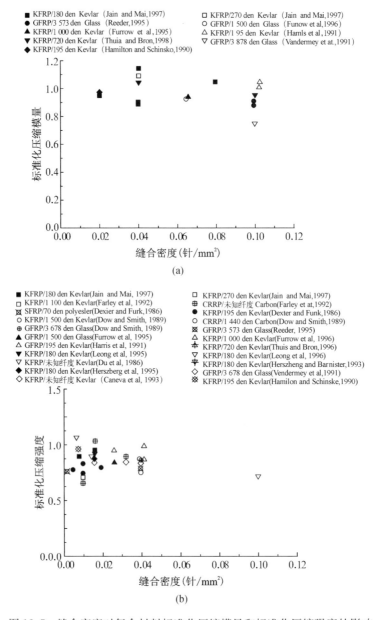

图 12.7　缝合密度对复合材料标准化压缩模量和标准化压缩强度的影响

　　一些缝编复合材料表现出非常优异的力学性能,尤其是在弯曲载荷下。图 12.8 显示了缝编复合材料的弯曲模量和弯曲强度分别比未缝合时高 3.5、1.75 倍。弯曲性能提升不是仅仅因为纤维在缝合过程中被压缩,它只导致小幅的纤维体积分数上升。弯曲性能大幅上升机理还没有被发现。

　　拉伸模量和拉伸强度降低归因于缝编过程造成的三种损伤:纤维断裂、纤维扭曲和面内纤维弯曲导致的错位(图 12.4)。这些损伤通常位于缝合部位周围的很小区域内,因此它们对模量和强度的影响不大。纤维无序排列区域很小,Mouritz 等[10]指出其对弹性模量的影响不大。这个预测与观察到的不大于 20% 的下降有很好的一致性。

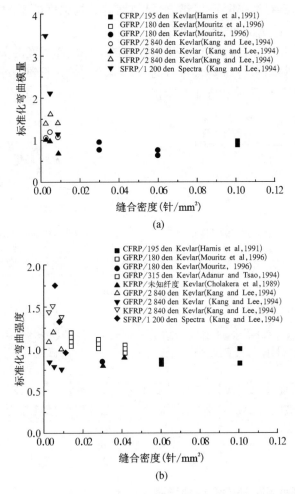

图 12.8　缝合密度对复合材料标准化弯曲模量和标准化弯曲强度的影响

缝编复合材料的压缩失效是一个复杂过程,它被认为是多种失效形式彼此影响的结果。很多未缝合复合材料,尤其是预浸料层合板,其单轴向压缩失效机理是层间分层。分层是未缝合复合材料的主要失效形式,它首先由边缘应力或者已经存在的缺陷引起(如空隙或裂纹)。分层失效可以通过缝编得到控制,缝编可以防止层合板的欧拉失稳。Farley 等[19-20]观察到由于分层失效,存在很多承力纤维的扭结。纤维扭结失效被认为从纤维卷曲最严重的表面[图 12.4(d)]开始。在压缩载荷下,轴向剪切应力在弯曲的纤维束中迅速上升,造成纤维束和树脂之间界面失效。这个破坏模式使纤维束更易旋转,直到轴向失稳,形成扭结。Mouritz 等[10]认为扭结带首先从缝编部位受扭曲力最大的区域开始。扭结带传递是不稳定的,缝编复合材料可能在扭结带到达之前已经失效,如图 12.7 所示,压缩强度降低与缝编密度无关,因为缝编密度高的复合材料也存在严重屈曲的纤维。

12.3.2　面内剪切性能

缝编复合材料的面内剪切性能还没有得到广泛评估,目前已发表的研究显示面内剪切强度,比如拉伸、压缩和弯曲性能,可能提升也可能下降[21]。图 12.9 显示了缝合密度对凯夫拉纤维/环氧树脂、碳纤维/环氧树脂复合材料面内剪切强度的影响,前者随缝合密度提高稳步小幅增加,这归因于层间裂纹被抑制。

图 12.10 显示了几种复合材料的标准化剪切强度与缝合密度的关系[10]。标准化剪切强度表示缝编复合材料与未缝编复合材料的剪切强度之比。标准化剪切强度的上升或下降在 15%～20%,与拉伸、压缩和弯曲性能相似。

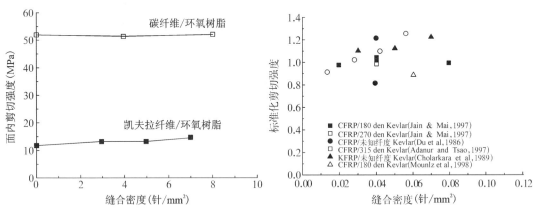

图 12.9 缝合密度对凯夫拉纤维/环氧树脂、碳纤维/环氧树脂复合材料面内剪切强度的影响

图 12.10 几种复合材料的标准化剪切强度与缝合密度的关系

标准化剪切强度提升主要是因为缝编阻止了分层扩展[10, 22]。层间裂纹在层合板中生长,形成的裂纹恰好被缝合。缝合区域像桥梁一样把分层区域连接起来,因此可以阻止裂纹生长。

12.3.3 蠕变性能

缝编复合材料蠕变性能还没有得到详细评估,而复合材料在高温下使用,其蠕变性能是非常重要的。Bathgate 等[23]、Pang[24] 等研究了缝编对碳纤维/玻璃纤维复合材料蠕变性能的影响。图 12.11 显示了蠕变应变在未缝编和缝编后的变化,可以看到缝编后蠕变性能大大降低,用碳纤维纱线缝编能有效阻止蠕变扩展。Pang 等[24] 发现在相同时间内,缝编后达到相同蠕变所需应力为未缝编时的 2 倍。缝编复合材料通过提升层间强度来提升蠕变性能。

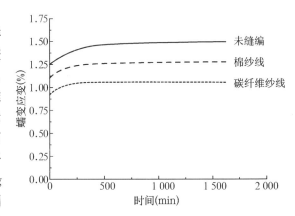

图 12.11 碳纤维-玻璃纤维复合材料在未缝编,以及分别用棉纱线和碳纤维纱线缝编后的蠕变曲线

12.3.4 疲劳性能

有较多文献报道了缝编对复合材料在周期性压缩载荷下的疲劳性能,尤其是准各向同性碳纤维/环氧树脂层合板[13, 25-27]。相关研究人员发现了缝编会削弱复合材料的压缩疲劳

性能,但没有观察到缝编会增强复合材料的耐疲劳性能。一个典型例子是如图 12.12 所示的缝编与未缝编碳纤维/环氧树脂复合材料的压缩疲劳寿命(S-N)曲线[26]。它表明缝编会缩短复合材料的疲劳寿命,主要是因为缝编过程中造成纤维扭曲和弯曲。在周期性压缩载荷下,疲劳破坏首先发生在缝编位置附近的纤维上,这些纤维受到强烈的面外扭曲。纤维扭曲被认为是导致疲劳破坏提前的弱环,在持续疲劳载荷下,它会旋转到一个更大角度,直到最终破坏。

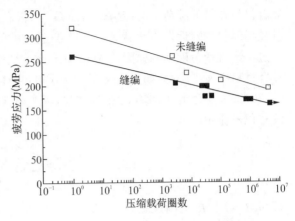

图 12.12　缝编与未缝编碳纤维/环氧树脂复合材料在压缩载荷下的疲劳性能

Mouritz 等[10]提出了一个评估压缩疲劳性能的简单模型。他们发现缝编和未缝编复合材料的压缩 S-N 曲线的斜率在试验散点图中没有明显区别,唯一明显的不同是缝编复合材料的静态压缩强度有一个初始下降。如 12.3.1 节所述,缝编造成的复合材料压缩强度下降在 20% 以下。基于这点不同,Mouritz 等[10]提出了缝编复合材料在压缩载荷下的 S-N 曲线可以用 Basquin 法则预测:

$$S = \sigma_0 - m\log_{10}N \tag{12.1}$$

其中:S 是加载的最大疲劳应力;N 指压缩载荷圈数;σ_0 指缝编复合材料的静态压缩强度;m 指未缝编复合材料的 S-N 曲线斜率。

图 12.13 显示了 Portanvona 等[26]通过试验确定的两种复合材料的疲劳寿命数据,同时显示了两种复合材料由式(12.1)得到的疲劳寿命理论值。这个模型可以很准确地预测复合材料的疲劳寿命。缝编复合材料压缩 S-N 曲线可以由两个简单测试得到:①一个静态压缩测试,得到压缩强度 σ_0 值;②一个压缩-压缩疲劳测试,得到 S-N 曲线斜率 m 值。

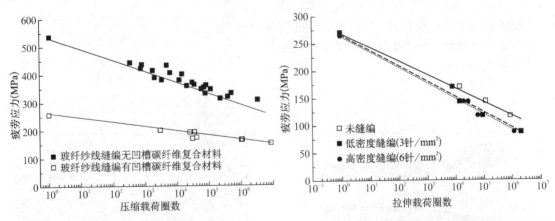

图 12.13　两种碳纤维/环氧树脂复合材料在压缩载荷下的 S-N 曲线与理论曲线对比

图 12.14　未缝编和两种缝编玻璃纤维/乙纶复合材料在拉伸载荷下的 S-N 曲线

缝编可能会使复合材料拉伸疲劳性能下降[28-30]。例如,图 12.14 比较了缝编和未缝编复合材料在拉伸载荷下的疲劳寿命曲线[30],揭示了缝编复合材料在很少的拉伸加载圈数下就在缝编位置附近发生疲劳破坏。缝编造成的纤维扭曲和纤维束断裂是造成缝编复合材料过早出现疲劳破坏的原因。Aymerich 等[28]发现,拉伸疲劳性能只在纤维占主要部分的复合材料中发生降解,如[0]$_s$或[±45/0/90]$_s$层合板。树脂主导型复合材料的疲劳性能,如[±30/90]$_s$层合板,因缝编而得到增强,因为缝合线对抑制或控制拉伸疲劳载荷下的分层裂纹有积极作用。

12.4　缝编复合材料层间性能

12.4.1　I型层间断裂韧性

　　缝编复合材料的最大优点就是抗分层能力提高。缝编是提升 I 型层间断裂韧性的有效方法。增强效应如图 12.15 所示,显示了缝编和未缝编复合材料对 I 型裂纹的抑制情况,图中所示的玻璃纤维/不饱和树脂复合材料采用凯夫拉纤维纱线缝合。其他种类的缝编复合材料的 I 型曲线与图 12.15 相似。缝编复合材料分层所需的 I 型应变能与未缝编时相似。然而,缝编复合材料的 I 型曲线,当裂纹长度达到 20 mm 时迅速增加,因为缝编增韧效果明显。在更长的裂纹长度下,I 型曲线趋于稳定,这个值被认为是缝编复合材料稳态下破坏韧性(G_{IR})。在这个阶段,缝编复合材料的抗分层性能明显高于未缝编复合材料。

　　抗分层性能提升是由于缝线的连接作用,它提供了使开口闭合的力,可以降低裂纹尖端拉伸应变,如图 12.16 所示。在很大分层开始之前,缝线还未发生显著破坏或变形,当裂纹到达缝线时,裂纹传播不会造成缝线断裂。因此,在裂纹尖端后面形成一个区域,没有断裂的缝线将分层区域连接起来。在所谓的"缝线连接区"内,缝线可以通过弹性变形提供很大的层裂阻抗应力,因为缝线的模量和强度都很高。缝线连接分层裂纹电镜照片如图 12.17 所示。

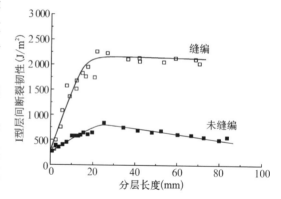

图 12.15　缝编与未缝编玻璃纤维/不饱和树脂复合材料的 I 型曲线

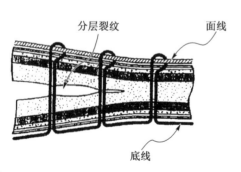

图 12.16　缝编复合材料 I 型层间增强效果示意[31]

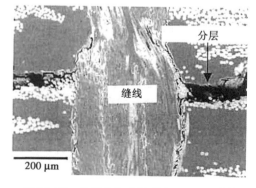

图 12.17　缝线连接分层裂纹电镜照片[32]

　　缝线连接区域长度与许多因素有关,如缝线密度、缝线厚度、缝线弹性模量和拉伸强度。对大多数种类的缝编复合材料来说,缝线连接区域在 10~50 mm。缝编玻璃纤维/不饱和树脂复合材料的Ⅰ型断裂韧性曲线如图 12.15 所示,缝线连接区域在 20 mm 左右。曲线在初始 20 mm 阶段迅速上升,形成一个连接区域,当裂纹不再生长时,曲线始终是一个定值。在缝线连接区域尾部,裂纹张开,位移增大,造成缝线破坏。缝线断裂后造成最终失效[图 12.18(a)],或者在裂纹平面破坏,从复合材料中抽拔出来[图 12.18(b)]。

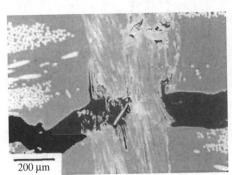

(a) 缝线拉伸失效　　　　　　(b) 缝线从复合材料中抽拔[32]

图 12.18　缝线断裂失效或从复合材料中抽拔电镜照片

　　缝编抵抗分层作用如图 12.19 所示,显示缝编对碳纤维/环氧树脂复合材料对Ⅰ型层间断裂韧性的影响。抗分层性能随着缝合密度增加迅速上升,在最高缝合密度 7 针/cm² 时,破坏韧性按缝线材料不同上升 8~30 倍。7 针/cm² 的缝合密度占厚度方向纤维体积分数的比例很小,揭示了即使以很少数量缝合,也能从本质上提高复合材料的Ⅰ型抗分层能力。

　　图 12.19 显示了Ⅰ型层间断裂韧性与缝合密度和缝线种类有关。抗分层能力也与其他因素有关,尤其是缝线粗细。缝线粗细对碳纤维/环氧树脂复合材料的影响如图 12.20 所示[16],层间断裂韧性随缝线直径增加而迅速增强。

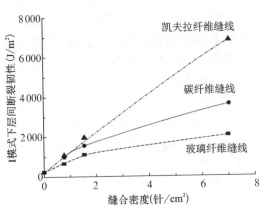

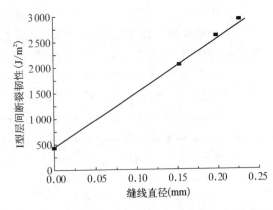

图 12.19　缝合密度及缝线材料对碳纤维/环氧树　　图 12.20　缝线粗细对Ⅰ型层间断裂韧性的影响(缝线
脂复合材料Ⅰ型层间断裂韧性的影响　　　　　　　为凯夫拉纤维纱线,缝合密度为 4 针/cm²)

　　对一些缝编复合材料的Ⅰ型层间断裂韧性数据编辑绘图,结果如图 12.21[33] 所示,复合材料用不同粗细的缝线缝合。

图 12.21 中,抗分层性能用 G_{IR}/G_{1C} 进行
评估,它是指缝编与未缝编复合材料的层间
断裂韧性比值,可以看到层间断裂韧性随缝
合密度增加而增加。一些异常数据显示,用
很粗很强的缝线缝合,复合材料的抗分层能
力可以提升 30 倍。对于大部分复合材料,缝
编可以将抗分层能力提升 10~15 倍。这可
以与三维复合材料相媲美,三维复合材料的
层间破坏韧性是层合板的 20 倍。

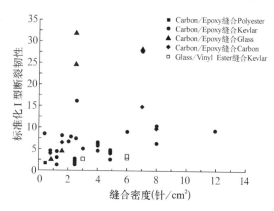

图 12.21　缝合密度对缝编复合材料 I 型
层间断裂韧性的影响

一些微观力学模型被提出,预测由缝编
引起的 I 型层间断裂韧性提升能力[34-36]。所
有模型都是根据伯努利线弹性梁理论,使用
双悬臂梁几何模型推导的,如图 12.22 所示。双悬臂梁几何模型可用来计算一系列参数(如
缝合密度、缝线强度、缝线直径)对断裂韧性曲线及 G_{IR} 的影响。

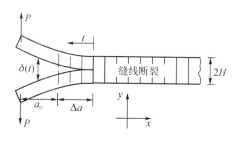
　　(a) 分层裂纹路径(连续缝合模型)

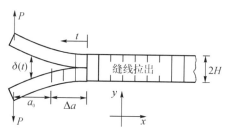
　　(b) 缝线抽拔模式(非连续缝合模型)

图 12.22　双悬臂梁几何模型

连续缝合模型由 Jain 和 Mai 提出,该模型认为缝合线圈是相互连接的,沿着分层裂纹
的平面失效[图 12.22(a)]。此类型的失效也如图 12.18(a) 所示。此模型中,裂纹闭合牵引
力包含滑动摩擦与缝线的弹性拉伸,可以用来预测裂纹平面何时断裂。第二个模型称为非
连续缝合模型,也由 Jain 和 Mai 提出。这个模型假设缝线在 I 型加载下是独立的,缝线从
复合材料中拔出时所产生的摩擦阻力可以起到层间增韧作用[图 12.22(b)]。为了建立这
个失效过程的模型,计算闭合牵引力的表达式包含摩擦滑动及缝线的抽拔。在一些复合材
料中,缝合线圈在双悬臂梁弹性拉伸中在表面发生破坏,缝线随后抽拔出来。在这种情况
下,连续与非连续缝合模型组合在一起形成修正缝合模型,解释两种缝合失效情况。

I 型抗分层性能与应力强度因子 $K_{IR}(\Delta a)$ 可用下式表达[34-36]:

$$K_{IR}(\Delta a) = K_{IC} + Y\int_{t=0}^{\Delta a} P(t)\,\frac{1}{\sqrt{h_c}}f\left(\frac{1}{h_c}\right)\mathrm{d}t \qquad (12.2)$$

其中:K_{IR} 指未缝编复合材料的临界层间破坏韧性;Δa 指裂纹生长长度;h_c 为复合材料的
二分之一厚度;t 指裂纹尖端到试件端部的距离;$P(t)$ 指缝合引起的闭合牵引力;Y、
$f\left(\dfrac{t}{h_c}\right)$ 分别指正交及几何校正因子。

Y 定义如下：

$$Y = \sqrt{\frac{E_0}{E_c}} \tag{12.3}$$

其中：E_0 为正交模量；E_c 为弯曲模量。

$f\left(\dfrac{t}{h_c}\right)$ 定义如下：

$$f\left(\frac{t}{h_c}\right) = \sqrt{12}\left(\frac{t}{h_c} + 0.673\right) + \sqrt{\frac{2h_c}{\pi t}} - \left[0.815\left(\frac{t}{h_c}\right)^{0.619} + 0.429\right]^{-1} \tag{12.4}$$

计算 $K_{IR}(\Delta a)$ 时，$P(t)$ 可以通过欧拉-伯努利梁的等式迭代得到。得到 $K_{IR}(\Delta a)$ 后，$G_{IR}(\Delta a)$ 可通过下式得到：

$$G_{IR}(\Delta a) = \frac{K_{IR}^2(\Delta a)}{E_0} \tag{12.5}$$

Jain 和 Mai 模型在预测缝编复合材料层间断裂韧性上十分可靠。例如，图 12.23 比较了玻璃纤维/不饱和树脂复合材料 I 型层间断裂韧性试验值（图 12.15）与连续缝合模型的理论预测曲线，两者有较好的一致性。图 12.24 比较了碳纤维/环氧树脂复合材料 G_{IR} 试验值与连续缝合模型和修正缝合模型的理论计算值，修正缝合模型的结果与试验值有很好的一致性，而连续缝合模型的结果比试验值低 50% 左右。模型的准确性与缝编失效形式密切相关，失效模式有缝线断裂、缝线抽拔及两者混合形式。

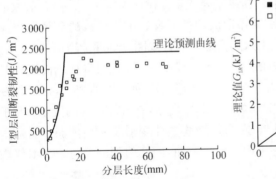

图 12.23　I 型层间断裂韧性试验值与理论预测曲线比较

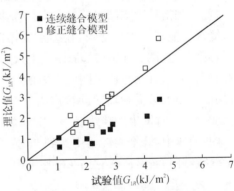

图 12.24　G_{IR} 试验值与理论值比较[33]

12.4.2　II 型层间断裂韧性

缝编是提升 II 型层间断裂韧性的有效途径（即剪切张开裂纹）。提高 II 型层间断裂韧性具有重要意义，因为复合材料在冲击中形成的剪应力会造成 II 型层间分层裂纹。缝编对 II 型层间断裂韧性的影响如图 12.25 所示，随缝线密度增加，碳纤维/环氧树脂复合材料断裂韧性显著增加。值得注意的是，在相同缝合密度下，II 型层间断裂韧性的提升没有 I 型层间断裂韧性明显。大部分缝编复合材料显示其 $G_{II R}$ 为未缝编复合材料的 2～6 倍（取决于缝线种类与缝合密度），而 I 型层间断裂韧性提升幅度更大。

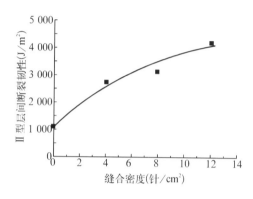

图 12.25　缝合密度与碳纤维/环氧树脂复合
材料 II 型层间断裂韧性的关系

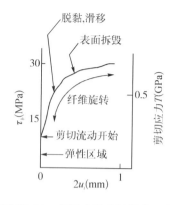

图 12.26　剪切牵引力随滑移距离
增加的变化趋势[39]

II 型层间断裂韧性的增强机理很复杂,有一系列不同机理共同对分层裂纹产生影响。图 12.26 所示为剪切牵引力在两个相反裂纹开口面上随滑移距离增加的变化趋势[39],显示了剪切载荷下材料失效之前的典型滑移曲线和应力水平。滑移距离($2u_i$)为两个滑移面的间距,纵坐标表示缝线平均连接牵引力 τ_b(左边)和单个缝合线圈连接牵引力 T(右边)。τ_b 值依赖于缝线体积分数及缝线力学性能。

通常认为,当面内剪切应力施加到含有分层裂纹的缝编复合材料上时,在裂纹尖端到达之前,缝线还没有受到损伤。当裂纹尖端到达缝线时,分层造成缝合线圈从周围的复合材料中脱黏。当滑移距离超过 0.2 mm 时,缝线完全从复合材料中脱黏。当开口裂纹面继续滑移时,缝线可能产生永久变形,在裂纹尖端形成塑性变形。由于缝线的剪切屈服应力很低,当滑移距离超过 0.1 mm 时,缝线发生永久变形。缝合线圈受到逐渐增加的塑性剪切变形和轴向旋转时,它们会进一步接近裂纹尖端。当缝线变形时,它们将从侧面进入复合材料的分层面。当大量受到轴向旋转作用力时,缝线将遇到剧烈扩展的裂纹,这通常在滑移距离达到 0.6 mm 时发生。缝线变形及破坏如图 12.27 所示,在破坏平面内发生明显的轴向旋转。这些缝线中,纤维旋转角度达到 45°左右。缝线塑性变形及脱离削弱了剪应力。此外,大量缝线轴向旋转,造成它们在破坏平面内发生弯曲,因此施加的剪应力在缝线内引起

(a) 缝线塑性剪切变形

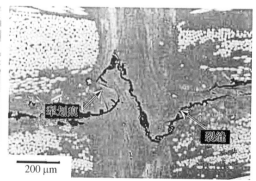

(b) 缝线剪切失效

图 12.27　缝线变形及破坏电镜照片

拉伸张力。这些效应的叠加降低了裂纹尖端的剪应力,因此改善了抗分层性能。最终,当滑移距离超过 1 mm 时[图 12.27(b)],位于缝合连接区后面的缝线断裂。在材料破坏前,缝线连接区域可达 50 mm。这是 Ⅱ 型层间增韧的主要机理。

Jain 和 Mai[37-38] 及 Cox 等[39-41] 提出了预测 Ⅱ 型层间断裂韧性破坏微观力学模型。Jain 和 Mai 模型采用层合板一阶剪切变形理论及 Griffith 破坏能量释放理论,计算缝编效应对 Ⅱ 型层间断裂韧性的影响。此模型模拟缝编复合材料端部开口弯曲试验及端部缺口悬臂梁试验中,剪应力作用于缝编复合材料的情形。这两个方法是测量 Ⅱ 型层间断裂韧性的常用方法,基于这两个方法的模型计算分层裂纹通过缝线的剪切传播形式。层间失效形式包括相对滑移造成缝线弹性拉伸,以及随后缝线在裂纹平面内断裂。但这些假设没有准确反映缝线实际失效过程,包括前文讨论的轴向塑性剪切旋转和开裂。

Jain 和 Mai 给出的裂纹扩展表达式:

$$G_{II} = \frac{A^*}{\cos h^2(\lambda \Delta a)} \left\{ \tau \left[\frac{\sin h(\lambda \Delta a)}{\lambda} + a_0 + ah_c \right] - \frac{\lambda}{A^*} \left(\frac{a_1}{a_2} \right) \sin h(\lambda \Delta a) \right\}^2 \quad (12.6)$$

其中:τ 为施加的剪应力,与施加的载荷有关;α 为剪切变形纠正因子;α_1、α_2 为缝合参数;λ 是与材料性质 A^* 和 α_l 有关的参数。

利用稳态条件下裂纹传播条件,$G_{II} = G_{IIC}$,G_{IIC} 是 Ⅱ 模式下未缝编复合材料临界应变能释放率,可以确定裂纹传播所需的剪应力 τ。缝编复合材料临界应变能释放率表达式:

$$G_{IIR} = A^* \tau^2 (a + ah_c)^2 \quad (12.7)$$

Jain 和 Mai 模型确定的 Ⅱ 型层间破坏性能的准确性如图 12.28 所示,比较了 G_{IIR} 的测量值与理论值,它们有很好的一致性。

Cox 等[39-41] 用一维分析模型预测承受 Ⅱ 型作用力时面内纤维(包括缝线)产生的剪切分离应力。这个模型的依据是未破坏缝线在破坏面上的连接力与开口(Ⅰ 型)及滑移(Ⅱ 型)位移的关系。这个模型假设连接分层裂纹的线圈的微观力学性能包括弹性拉伸、纤维旋转等会影响 Ⅱ 型性能。连接纤维束断裂或者抽拔的失效标准在此模型中也进行了讨论,使得其可以预测混合失效模式下的最终强度。

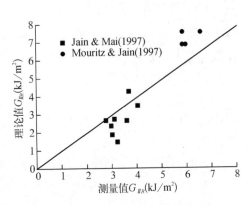

图 12.28 G_{IIR} 测量值与理论值比较

Cox[39] 发现了单个缝合线圈中产生的剪切牵引力与裂纹滑移距离(u_1)及裂纹开口位移(u_3)的表达式:

$$u_1 \approx \frac{\sigma_0}{P_x l_s} \left[1 - \sqrt{1 - \frac{(T_1 - \tau_0)^2}{\sigma_0^2}} \right] \quad (12.8a)$$

$$u_3 \approx \frac{\sigma_0^2}{2E_t \tau} - \frac{\sigma_0 \sin^{-1} \left(\frac{T_1 - \tau_0}{\sigma_0} \right) - (T_1 - \tau_0)}{P_x/s} \quad (12.8b)$$

其中：σ_0 指破坏平面内缝线的轴向应力；E_t 是弹性模量；τ 是剪切应力；τ_0 指缝线的剪切流动应力；P_x 是复合材料压缩强度；s 是缝线周长。

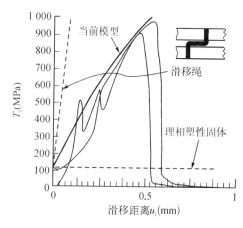

缝合线圈的剪切牵引力与滑移距离间的关系可通过上式精确预测。例如，图 12.29 比较了凯夫拉纤维缝线缝合线圈的剪切牵引力预测值（粗线）与试验值（两根细线），其中理论曲线由 Cox[39] 根据上式计算得到，试验曲线由 Turrettini[42] 通过试验得到。理论曲线与试验曲线的一致性很好，两条试验曲线的最大值 $T_l \approx 1\,000$ MPa，此时缝线发生破坏。通过确定单个缝合线圈剪切牵引力，可以确定一系列缝合线圈的平均剪切牵引力 t：

图 12.29　凯夫拉纤维缝线缝合线圈的剪切牵引力预测值（粗线）与两组试验值（两根细线）比较

$$t = c_l T \qquad (12.9)$$

其中：c_l 为缝合区域面积与复合材料面积比值；T 为等效剪切牵引力。

12.5　缝编复合材料耐冲击损伤性能

12.5.1　低能量下耐冲击损伤性能

需要承载较高应力的二维层压复合材料，如飞机部件，十分容易受到低速冲击损伤。由低能量冲击造成的损伤形式有分层裂纹、树脂破裂，甚至纤维断裂。低速冲击对薄板造成的损伤主要发生在 $1\sim5$ J 能量下。由冲击造成的分层将显著降低压缩强度，使复合材料结构强度降低。增加耐冲击性能的有效方法是通过缝编来增强厚度方向的性能。如上面讨论的那样，缝编对提高层间性能效果显著，因此缝编复合材料被认为有很好的抗冲击分层性能。

目前已有较多文献报道了缝编对不同种类的纤维增强复合材料在低能量下的冲击损伤的抑制作用，大多数缝编复合材料在低速冲击下的冲击响应相似[20, 22, 25, 43-53]。缝编效果依赖于冲击区域裂纹扩散长度和分层区域形状，但缝编并不会提高裂纹起始的冲击临界能。

缝编提升抗冲击性能的有效性与冲击能量密切相关。当冲击能量很小时，缝编不会提升抗冲击性能[48, 54-56]。图 12.30 比较了在低能量冲击下缝编与未缝编复合材料的损伤情况，可以看到在一系列冲击能量下，缝编与未缝编复合材料的损伤状况类似。缝编不能有效提高耐冲击性能的原因可能是分层裂纹太短。当冲击能量很低时，分层裂纹长度在 $10\sim20$ mm。12.4 节显

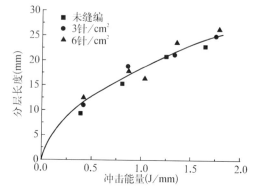

图 12.30　未缝编与凯夫拉纤维纱线缝编玻璃纤维/乙烯酯树脂复合材料在一系列冲击能量下的分层损伤情况

示,缝编对分层裂纹的抑制能力在裂纹长度很短时效果不明显,因为没有完全形成缝合连接区。因此,缝合在分层裂纹长度很短时对减小分层损伤的效果不大。在这种冲击条件下,缝编复合材料冲击后的剩余强度,比如压缩强度接近或者低于未缝编复合材料。

缝编在抑制中等或者大冲击能量造成的分层损伤方面效果显著。当冲击能量达到 3~5 J/mm 时,缝编在提升耐冲击性能方面效果更明显。图 12.31 比较了相同情况下缝编与未缝编复合材料的裂纹长度[52]。当冲击能量达到 2 J/mm 时,缝编能减小损伤。当冲击能量更大时,效果更加显著。在高能量冲击下,形成很长的冲击裂纹,容易形成缝合连接区。因此,缝编复合材料的耐冲击性能得到有效提升。

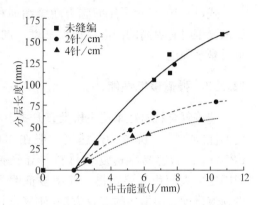

图 12.31　缝编与未缝编复合材料在低能量冲击下的损伤情况[52]

缝编能显著降低高能量冲击带来的损伤,并且随着缝合密度增加,效果显著增加,如图 12.32 所示[47],图中标准化分层面积为缝编与未缝编复合材料的损伤面积之比,随缝合密度增加,冲击损伤迅速下降,下降到未缝合时的 40% 左右。

缝编复合材料的抗冲击性能提高,使其具有比未缝编复合材料更高的冲击后剩余力学性能。例如,图 12.33 比较了缝编与未缝编碳纤维/热塑性复合材料的冲击后压缩强度,表明缝编复合材料的冲击后压缩强度略高,这主要归因于两个因素:第一,缝编复合材料分层损伤更少;第二,缝编抑制了分层扩展,阻止了压缩过程中各单层失稳。

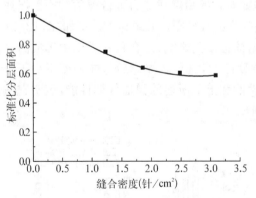

图 12.32　缝合密度与冲击损伤的关系（冲击能量 7.5 J/mm）

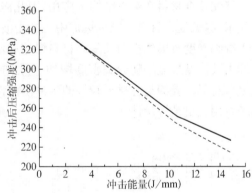

图 12.33　冲击能量对碳纤维/热塑性复合材料冲击后压缩强度的影响

现在尚无模型有效预测缝编复合材料冲击后压缩强度,因为建立压缩过程中多重分层及各单层屈曲模型非常复杂。但已有模型可以预测缝编复合材料单个分层情况下的压缩强度[57-58]。这些模型使人们可以思考缝编在提高冲击后压缩强度的作用。Cox[59] 模型认为在单一分层情况下引起各单层失稳的单轴向压缩应力可以表示为:

$$\sigma_b^{**} = -\frac{5}{3\sqrt{3}}\sqrt{c_s E_s E_l}\sqrt{\frac{h}{t}} \qquad (12.10)$$

其中：c_s 指缝编面积比；E_s 指缝线弹性模量；E_l 指复合材料加载方向弹性模量；h 指剥离层厚度；t 指整个复合材料厚度。

式(12.10)显示了压缩应力随缝编面积比增加而增加，也解释了为什么缝编复合材料比未缝编时有更高的冲击后压缩强度。同时，式(12.10)揭示了用高模量缝线可以提高冲击后剩余强度。

12.5.2　弹道侵彻性能

缝编复合材料在军用飞机及直升机上有较广泛的应用潜力，已有若干研究评估了弹道侵彻性能[18, 60]。弹道冲击速度一般在 450～1 250 m/s，很容易穿透复合材料并导致弹孔周围发生大面积分层损伤。缝编被证明是减少弹道侵彻分层损伤的有效方法，使复合材料有更高的冲击后剩余强度。图 12.34 显示了缝编比例与复合材料弹道冲击后压缩强度的关系，压缩强度由直径为 12.7 mm 的子弹高速穿透复合材料后进行压缩测试得到，冲击后压缩强度随缝线体积分数上升而上升，这证明了缝编是增加复合材料弹道侵彻能力的有效方法。

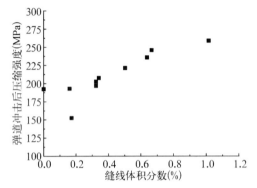

图 12.34　缝编比例对碳纤维/环氧树脂复合材料弹道冲击后压缩强度的影响

12.5.3　耐冲击波损伤性能

缝编复合材料在军事结构上应用，因此需要对它的耐爆炸能力进行评估[61-62]。爆炸研究显示，缝编复合材料在减少爆炸中因冲击波带来的分层损伤效果显著。例如，图 12.35 显示了缝编密度对爆炸损伤及复合材料爆炸后弯曲强度的影响，复合材料受到中等或高等强度冲击波。结果显示随缝编密度增加，分层损伤减少，这导致爆炸后弯曲强度不小于未缝编复合材料。缝编复合材料较好的耐冲击波性能和上节所述的弹道侵彻性能，表明它适合用于军用飞机结构设计。

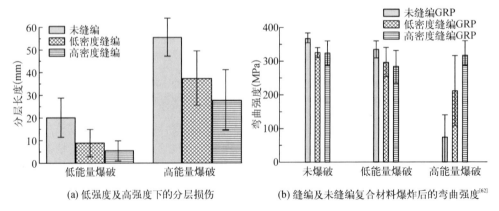

(a) 低强度及高强度下的分层损伤　　　　　　(b) 缝编及未缝编复合材料爆炸后的弯曲强度[62]

图 12.35　缝编复合材料抗爆炸性能

12.6　缝编复合材料接头

　　胶接是复合材料的主要连接方式。复合材料胶接的典型失效模式以分层失效为主,分层在相互黏结层间界面开始。图 12.36 所示为复合材料接头分层开始及扩散。通常认为,复合材料连接时,重叠部分的高法向应力及低层间应力是影响连接强度的两个主要因素。分层沿着界面扩展,或者扭结成一个相邻的界面,或者造成截面断裂。

　　复合材料连接强度受层间强度的限制,连接处是复合材料结构的弱环,与脆性树脂的拉伸性能和纤维/树脂的黏结强度有关。为提高复合材料的连接强度,可以选择增韧树脂系统,增加复合材料层间断裂韧性,或者减少基体形成削层,减小法向应力。

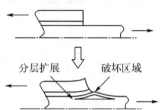

　　在厚度方向用缝编或者铆接技术可以形成桥联机制,减小分层可能性。Sawyer[2] 利用单接头增强层合板预浸料,再进行横向缝编,比较横向缝编与未缝编时的失效应力,发现缝编可以显著增强连接处的静态强度。

　　缝合预浸料会造成纤维破坏。Tong 等[3] 缝合预成型体,再放入模具中注入树脂固化成型。图 12.37 和图 12.38 所示为单接头复合材料试件外形及缝编样式。

图 12.36　剥离应力引起的复合材料连接层间分层

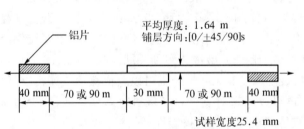

图 12.37　单接头复合材料试件外形

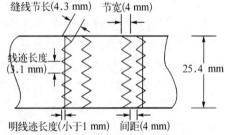

图 12.38　单搭接四列 Z 字形缝编俯视图

　　在 Tong 等[3] 的试验中,复合材料试件铺层结构为 $[0/\pm45/90]_s$,用真空加热加压制作单搭接板预成型体,缝编后在合模压力下注入树脂进行固化,在 80 ℃下固化 4 h,形成固化后的复合材料缝编连接体。缝合线用 40 tex(双股)凯夫拉纤维假捻纱,用 Z 字形缝合和1 mm 以内的锁边线迹,如图 12.38 所示。

　　对试件进行轴向拉伸试验得到拉伸载荷-位移曲线,平均失效载荷见表 12.1。结果显示单搭接缝编比未缝编有更高的拉伸强度。对于自由长度大于 90 mm 的长试件,厚度方向的缝合使胶接强度增加 25%;对于自由长度小于 70 mm 的短试件,增加 22% 左右。

　　图 12.39 显示了缝编及未缝编复合材料拉伸-拉伸疲劳(简称"拉拉疲劳")测试时的加载圈数,其中载荷比 $R=5$,加载频率 3 Hz。当加载圈数达到 10^6 时,试件破坏。可以发现横向缝编可在任何给定的拉伸载荷下,将疲劳寿命提升到两个数量级。对一个给定的疲劳寿命,缝编复合材料比未缝编复合材料可承受更大的载荷。另外,对于缝编接头,当最大载荷小于未缝编复合材料的静态强度时,可发现裂纹在两个交界面间很稳定,在厚度方向的缝编起桥接作用。

表 12.1 缝编对单搭接缝编复合材料静态强度的影响

试件种类	跨距(mm)	平均失效载荷(kN)
未缝编	90 mm	11.33
未缝编	70 mm	12.37
缝编	90 mm	14.11
缝编	70 mm	15.06

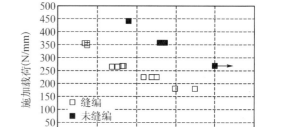

图 12.39 缝编对单搭接缝编复合材料疲劳强度的影响

12.7 Z-pinned 复合材料简介[1]

20 世纪 70 年代,人们发明了在厚度方向用小针固定增强的复合材料。细钢钉线以±45°嵌入碳纤维/环氧树脂层合板预浸料,提高抗分层韧性。所用的钢钉非常细,直径在 0.25 mm,使它嵌入层合板时引起的损伤最小。钢钉在提升层间剪切和耐分层性能方面很有效。然而,嵌入钢钉操作不方便且不经济,因此这项工艺没有马上被应用到航空复合材料上。

Z-pinned 技术直到 20 世纪 90 年代才得到进一步发展。这些技术包括植入直径更小的钉子,比如 Z 纤维,制作成三维纤维网状结构,如图 12.40 所示。Z 纤维是多种制造三维复合材料技术中最新的一种,并且在工业结构领域很有应用潜力。Z 纤维的一个重要应用潜能是它可以附着并且强化复合材料接头组织,比如 T 型接头和加劲肋。在 F/A-18 大黄蜂战斗机上,Z 形插针将增强节与复合材料表皮固定起来。Z 纤维可以取代螺栓或铆钉,提供一个载荷均匀分布的连接区域。Z 纤维也可以用来对复合材料板进行局部增强,减少边缘发生分层的可能性,使夹芯结构板减少皮层脱离和剥离的可能性。

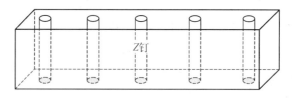

图 12.40 Z-pinned 示意

12.8 Z-pinned 复合材料制作

Z 纤维三维复合材料制作技术是一个多步骤过程,在热压罐或者超声波工具车间内完成。Z-pinned 结构与缝编结构相似,因为它们都通过在厚度方向加入增强体来制作三维复合材料。在 Z-pinned 结构中,增强工艺不像纺织工艺,如机织、编织和针织,一步就可以制作三维预成型体。它的制备过程还包括用热压罐进行 Z-pinned 加工,如图 12.41 所示。

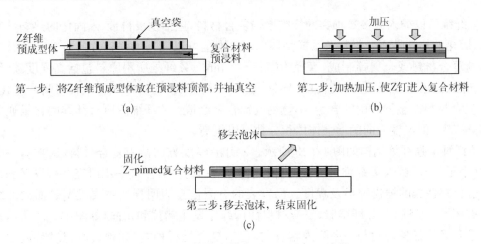

第一步：将Z纤维预成型体放在预浸料顶部,并抽真空
(a)

第二步:加热加压,使Z钉进入复合材料
(b)

第三步:移去泡沫，结束固化
(c)

图 12.41　在热压罐中 Z-pinned 加工过程

　　首先用一个带有 Z 纤维的弹性泡沫覆盖一块未固化的复合材料预成型层合板。泡沫的作用是使 Z 纤维棒保持垂直,并且当把它嵌入复合材料时防止屈曲。将预成型体放在适当位置后,用热压罐加压,使 Z 钉进入复合材料预成型体(图 12.41 中第二步)。Z 钉用 45° 倒角,因而更容易刺入复合材料。在热压罐中嵌入 Z 钉的好处是复合材料在加热中可以减少树脂的黏性。这使得 Z 纤维更容易穿透,减少对复合材料中纤维的损伤。植入 Z 钉后移去泡沫,制作完成(图 12.41 中第三步)。凸出于复合材料表面的 Z 钉,可以用切削机去除。

　　将 Z 钉植入未固化的预浸料,除了用热压罐,还可以用超声仪器,如图 12.42 所示。这种方法称为超声辅助 Z 纤维嵌入(UAZ)过程。在 UAZ 过程中,泡沫预成型体在超声仪器产生的高频率声波中被部分压缩,使得 Z 钉部分进入复合材料,其间剩余的泡沫被移走;在第二个嵌入阶段,用超声仪器将 Z 钉完全植入复合材料。

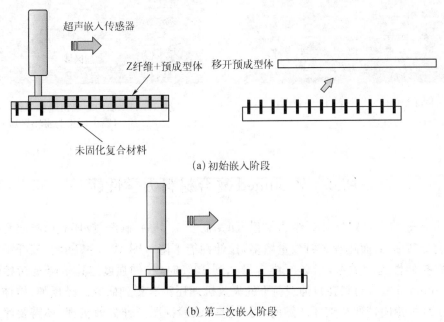

(a) 初始嵌入阶段

(b) 第二次嵌入阶段

图 12.42　Z 纤维嵌入过程示意[63]

Z纤维可以插入大多数种类的纤维增强复合材料,包括预浸料带、未固化的热塑性复合材料、固化的热塑性复合材料及预成型体。Z纤维也可以用来增强铝片薄板[64]。Z纤维用凸起的复合材料或金属棒制成,直径为0.15~1 mm。Z纤维所用原料包括高强度碳纤维/环氧树脂、高模量碳纤维/环氧树脂、碳纤维/BMI树脂、S-玻璃纤维/环氧树脂和碳化硅/BMI复合材料。金属钉由钛合金、不锈钢或铝合金制成。Z纤维占所有纤维的含量通常为0.5%~5%,但厚度方向的增强体体积分数可以更高。

Z纤维增强纤维结构如图12.43所示。Z钉沿厚度方向植入复合材料,通常有一个倾斜角(小于7°)。植入Z纤维对复合材料的损伤还在研究中,需进一步研究并解释Z-pinned对复合材料造成的损伤种类及程度。已发表的有限信息表明损伤主要类型是面内纤维错位及破坏[65]。当插入Z纤维时,复合材料面内纤维发生错位和扭曲,如图12.44所示。面内纤维与Z钉的偏心角与一系列因素有关,包括复合材料种类(如预浸料、热塑性、预成型体)、纤维铺层角度及纤维体积分数。Z纤维增强复合材料的偏心角在5°~15°,而未增强复合材料的偏心角一般在3°左右。在一些情况下,纤维会发生严重偏离造成破坏。由于面内纤维束偏心排列,容易在Z钉处形成富脂区域,如图12.44所示,这些区域长1 mm。在Z纤维密度很高的区域,可能会形成连续树脂通道。

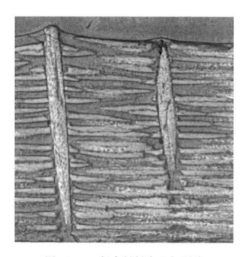

图12.43　复合材料中Z钉照片

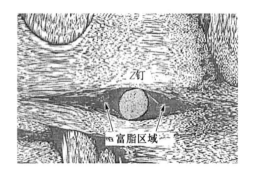

图12.44　面内纤维扭曲和Z钉
（箭头所指为富脂区域）

12.9　Z-pinned复合材料力学性能

Freitas等[66-67]发现当Z纤维含量很低时(低于1.5%),碳纤维/环氧树脂层合板拉伸性能不会受到影响,而随着Z钉数量增多,拉伸性能下降。图12.45显示了Z纤维含量与复合材料拉伸性能的关系,当Z纤维含量达到10%时,拉伸强度迅速下降至初始强度的60%。Z-pinned复合材料在拉伸载荷下的失效机理还没有得到研究。经预测,拉伸强度下降归因于纤维错向排列及破坏。然而,需做更多试验证明拉伸失效机理,还需要建立微观力学模型预测Z-pinned复合材料的弹性模量及拉伸强度。

Z-pinned 对压缩性能及失效机理的影响,目前在研究中,关于压缩强度的数据还很有限。

Fleck 等[65]发现,Z 纤维会使压缩性能下降,就单向板而言,下降了 33% 左右。压缩强度下降是由于面内纤维在 Z 钉附近的错位排列,造成纤维束在低压缩载荷下发生断裂。另外,在轴向压缩载荷下,剪切应变易在非取向纤维束中发生,导致局部产生微裂纹,使树脂龟裂。这些损伤使纤维束弱化,使纤维进一步旋转直到产生扭结。图 12.46 显示了插入 Z 纤维产生的一个扭结带。在没有缺口的情况下,扭结带沿横向不稳定传播,直到穿过整个复合材料,因此迅速失效。

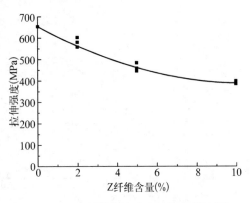

图 12.45　Z 纤维含量对碳纤维/环氧树脂复合材料拉伸强度的影响[24]

图 12.46　复合材料中 Z 钉附近的扭结带

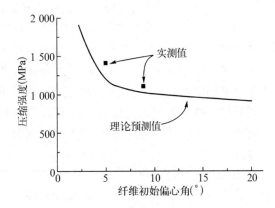

图 12.47　由 Z 钉造成的纤维初始偏心角对碳纤维/环氧树脂层合板压缩强度的影响[70]

随着面内纤维的初始偏心角增大,扭结失效所需的压缩应力减小。图 12.47 显示了 Z 钉附近纤维的初始偏心角与碳纤维/环氧树脂层合板压缩强度的关系,图中曲线为压缩强度的理论预测值,两个数据点是通过试验测得的数据,揭示了限制 Z-pinned 复合材料强度的关键因素是由 Z 纤维导致的纤维扭曲。

12.10　Z-pinned 复合材料抗分层能力及耐损伤性能

Z 纤维在提高复合材料 I 型层间断裂韧性方面非常有效[67-69]。图12.48 显示了 Z 纤维含量与碳纤维/环氧树脂复合材料层间断裂韧性的关系。I 型层间断裂韧性随着 Z 纤维含量增加迅速上升。G_{IC} 的最大值为11.6 kJ/m^2,此时 Z 纤维含量是 1.5%。这个水平下的层间断裂韧性比三维机织、编织、针织及缝编复合材料都高。Cartié 等[68]发现,层间断裂韧性也与 Z 钉的直径有关,细的钉子可以提供更高的断裂韧性值。有研究发现 Z 纤维含量 2% 的碳纤维/环氧树脂复合材料的 I 型断裂韧性,在 Z 钉直径从0.5 mm 下降到 0.28 mm 后,提升 2 倍。

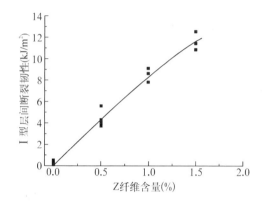

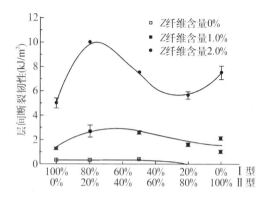

图 12.48　Z 纤维含量对碳纤维/环氧树脂复合
材料 I 型层间断裂韧性的影响[67]

图 12.49　Z 纤维增强对碳纤维/环氧树脂复合材料
I/II 混合型层间断裂韧性的影响[68]

　　Z-pinned 技术在提高 II 型和 I/II 混合型层间断裂韧性方面也很有效[68-69]。图 12.49
显示了用 1%或 2% Z 纤维增强碳纤维/环氧树脂复合材料的 I/II 混合型抗分层性能,层
间韧性得到有效提升,尤其是增强体含量很高的时候。

　　虽然 Z-pinned 对提高复合材料的抗分层性能很有效,仍需要优化 Z 钉条件,以最大程
度地提升层间断裂韧性,例如 Z 钉刚度、强度、直径及种类。单位面积内 Z 钉数量对 I 和 II
型层间断裂韧性的影响还需要详细研究。用细观力学模型预测层间断裂韧性可以部分优
化 Z 钉条件。Yan 等[71]提出了预测 I 型层间断裂韧性模型,Cox[39]的模型可以预测 II 型层
间断裂韧性。

　　Z-pinned 复合材料的层间增韧机理与其他形式的三维复合材料相似。Z 钉不会阻止初
始裂纹的产生,当裂纹长度在 1～5 mm 时,效果不显著;当裂纹长度超过 5 mm 时,Z 钉可以
减缓或者完全抑制裂纹生长。I 型和 II 型加载模式下增韧机理如图 12.50 所示。Z 钉在裂
纹尖端后面的分层面之间充当桥梁作用,这使得复合材料可以承受更大应力。它会减小裂
纹尖端应变,提高层间断裂韧性,减缓裂纹生长。当裂纹间的距离变大时,Z 钉从复合材料
中被抽拔出来或者断裂失效。在 II 型加载模式下,Z 钉会吸收大量应变能,直到它被抽拔出
来或者断裂失效。

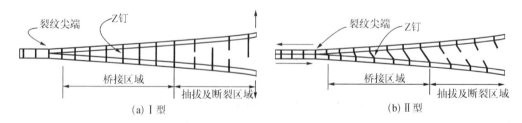

图 12.50　Z 纤维增韧机理示意

　　Z 纤维复合材料的高层间断裂韧性,使这种材料有很好的抗边缘分层性能及耐冲击损
伤性能[67]。边缘分层是复合材料的一个主要问题,尤其在自由边及螺栓孔部位。通常将边
缘做成锥形或者通过增强螺栓孔来减小裂纹产生的可能性。Freitas 等[67]发现,加入少量
的 Z 纤维,会导致边缘分层的拉伸载荷大大增加。图 12.51 显示了在 0%、0.5%和 1%含

量的 Z 纤维下导致边缘分层的临界拉伸载荷,可以看到加入 0.5％含量的 Z 纤维,分层载荷提升 70％;加入 1％含量的 Z 纤维,分层载荷提升 90％。Z 纤维对增强含有加强肋的复合材料的疲劳寿命及稳定疲劳损伤性能也很有效[72]。

Z-pinned 可以提升复合材料在冲击载荷下的抗分层性能,使碳纤维/环氧树脂复合材料的冲击损伤减少 30％～50％,并且增强效果随着 Z 钉含量增加而增加。抗冲击能力增加,使 Z 纤维复合材料比相同情况下厚度方向未增强的复合材料有更高的冲击后力学性能。Freitas 等[67]发现,Z 纤维复合材料的冲击后压缩强度提高了 50％左右。

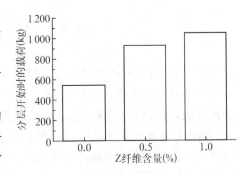

图 12.51　Z 纤维含量对碳纤维/环氧树脂复合材料产生边缘分层的临界拉伸载荷的影响

12.11　Z-pinned 接头

如前文提到的,Z 纤维技术的一个潜在应用领域是复合材料的增强体,如接头。Rugg 等[73]发现,Z 纤维能有效提高复合材料搭接接头的力学性能,因为 Z-pinned 可以大大增加剪切模量,将失效载荷提高 100％左右。

Freitas[64]研究了 Z-pinned 对 T 型接头碳纤维/环氧树脂复合材料拉脱强度的增强效果。在研究中,用共固化方法制成的 T 型接头分别与 2％及 5％含量的 Z 纤维增强接头比较。Z-pinned 接头轮廓如图 12.52 所示,整个连接区域用钛合金制成的钉子增强,包括加强肋、加强肋半径、法兰盘接头。拉脱测试结果如图 12.53 所示,曲线 A 和 B 分别代表未增强接头和螺栓增强接头,曲线 C 和 D 分别代表 2％和 5％含量的 Z-pinned 接头。四种接头有相同的初始破坏载荷(1 600～2 000 N),说明 Z 钉抑制加筋板初始拉伸破坏的效果不明显。在这种载荷下,未增强接头完全失效,而增强接头可以继续承载更大的载荷。从图 12.53 可以看出,Z-pinned 接头的失效拉伸载荷比未增强接头增大 2.3、2.6倍,位移比后者增大 7 或 8 倍。此外,Z-pinned 接头比机械紧固件接头能多承载 70％左右的载荷。

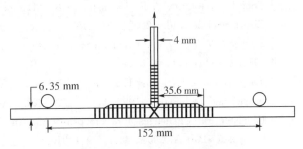

图 12.52　Z-pinned 接头轮廓

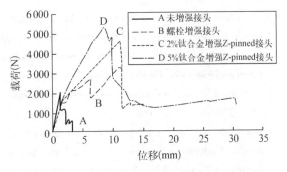

图 12.53　加筋板拉脱测试结果[63]

12.12　Z-pinned 夹芯复合材料

应用在飞机、航海器材及土木结构中的传统夹芯复合材料,在受到高的剥离应力时,很容易发生分层破坏或者皮层边缘失效。已经发展了很多技术用于提高夹芯复合材料的抗剥离性能,包括给皮层接上锥形接头或者螺栓连接、铆接、在皮芯层之间使用韧性很高的黏合剂等。Z 纤维也用来增强夹芯复合材料的剥离强力,提供厚度方向的增强。Z 纤维制造商 Aztex Inc. 生产了两种产品 X-CorT™ 和 K-Cor™,它们是用 Z 钉增强的夹芯复合材料。Z 钉在热压罐中沿厚度方向嵌入夹芯复合材料,这个过程与图 12.41 类似。在制作过程中,Z 钉穿透皮层形成三维纤维结构,并沿着四方桁架网络取向,如图 12.54 所示,这可以最大程度地提高复合材料的耐剪切及压缩能力。

Frietas 等[64]发现 Z-pinned 夹芯复合材料的剪切和压缩强度分别是未增强时的 4～10 倍。此外,Z-pinned 夹芯复合材料比普通蜂巢夹芯材料的皮层和芯层的连接强度更大,有更好的耐冲击性能和防湿性[63,74-76]。

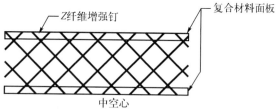

图 12.54　Z-pinned 三维夹心结构示意图

参 考 文 献

[1] Tong L Y, Mouritz A P, Bannister M K. 3D Fibre Reinforced Polymer Composites. Kidlington: Elsevier Science Ltd., 2002: 163-218.

[2] Sawyer J W. Effect of stitching on the strength of bonded composite single lap joints. AIAA Journal, 1985, 23(11): 1744-1748.

[3] Tong L, Jain L K, Leong K H, et al. Failure of transversely stitched RTM lap joints. Composites Science and Technology, 1998, 58(2): 221-227.

[4] Bannister M. Challenges for composites into the next millennium-a reinforcement perspective. Composites Part A, 2001, 32(7): 901-910.

[5] Brown A S. Cutting composite costs with needle and thread. Aerospace America, 1997, 35(11): 24-25.

[6] Mouritz A P, Baini C, Herszberg I. Mode I interlaminar fracture toughness properties of advanced textile fibreglass composites. Composites Part A, 1999, 30(7): 859-870.

[7] Beckwith S W, Hyland C R. Resin transfer molding: A decade of technology advances. SAMPE Journal, 1998, 34: 67-19.

[8] Morales A. Structural stitching of textile performs. Proc. 22nd Int. SAMPE Tech. Conf., 1990: 1217-1230.

[9] Dransfield K, Baillie C, Mai Y W. Improving the delamination resistance of CFRP by stitching—A review. Composites Science and Technology, 1994, 50(3): 305-317.

[10] Mouritz A P, Cox B N. A mechanistic approach to the properties of stitched laminates. Composites Part A, 2000, 31(1): 1-27.

[11] Mouritz A P, Gallagher J, Goodwin A A. Flexural strength and interlaminar shear strength of stitched GRP laminates following repeated impacts. Composites Science & Technology, 1997, 57(5):

509-522.

[12] Reeder J R. Stitching vs a toughened matrix: Compression strength effects. Journal of Composite Materials, 1995, 29(18): 2464-2487.

[13] Furrow K W, Loos A C, Cano R J. Environmental effects on stitched RTM textile composites. Journal of Reinforced Plastics and Composites, 1996, 15(4): 378-419.

[14] Hyer M W, Lee H H, Knott T W. A simple evaluation of thermally induced stresses in the vicinity of the stitch in a through-thickness reinforced cross-ply laminate. Center for Composite Materials and Structures, Virginia Polytechnic Institute and State University, CCMS-94-05, 1994.

[15] Dransfield K A, Baillie C A, Mai Y W. The effect of crossstitching with an Aramid yarn on the delamination fracture toughness of CFRPs. Proc. 3rd Int. Conf. Deformation & Fracture of Composite, 1995, 27-29: 414-423.

[16] Jain L K, Mai Y W. Recent work on stitching of laminated composites-theoretical analysis and experiments. Proceedings of the Eleventh International Conference on Composite Materials (ICCM-11), 1997: I-25-I-51.

[17] Enboa W, Jiunjie L. Impact of unstitched and stitched laminates by line loading. Journal of Composite Materials, 1994, 28(17): 1640-1658.

[18] Kang T J, Lee S H. Effect of stitching on the mechanical and impact properties of woven laminate composite. Journal of Composite Materials, 1994, 28(16): 1574-1587.

[19] Farley G L. A mechanism responsible for reducing compression strength of through-the-thickness reinforced composite-material. Journal of Composite Materials, 1992, 26(12): 1784-1795.

[20] Farley G L, Dickinson L C. Removal of surface loop from stitched composites can improve compression and compression-after-impact strengths. Journal of Reinforced Plastics and Composites, 1992, 11(6): 633-642.

[21] Mouritz A P, Leong K H, Herszberg I. A review of the effect of stitching on the in-plane mechanical properties of fibre-reinforced polymer composites. Composites Part A, 1997, 28(12): 979-991.

[22] Cholakara M T, Jang B Z, Wang C Z. Deformation and failure mechanisms in 3D-composites. Tomorrows Materials: Today, Book 1 and 2. 34th International SAMPE Symposium and Exhibition (Zakrzewski G A, et al.), 1989, 34: 2153-2160.

[23] Bathgate R G, Wang C H, Pan F Y. Effects of temperature on the creep behaviour of woven and stitched composites. Composite Structures, 1997, 38(1-4): 435-445.

[24] Pang F, Wang C H, Bathgate R G. Creep response of woven-fibre composites and the effect of stitching. Composites Science & Technology, 1997, 57(1): 91-98.

[25] Dow M B, Smith D L. Damage-tolerant composite materials produced by stitching carbon fibers. International SAMPE Technical Conference (Wegman R F, Kliger H S, Hogen E), 1989, 21: 595-605.

[26] Portanova M A, Poe C C, Whitcomb J D, Open hole and postimpact compressive fatigue of stitched and unstitched carbon-epoxy composites. Composite Materials: Testing and Design, 1992, 1120: 37-53.

[27] Vandermey N E, Morris D H, Masters J E. Damage development under compression-compression fatigue loading in a stitched uniwoven graphite/epoxy composite material. Journal of Pharmacology & Experimental Therapeutics, 1991, 292(2): 778-787.

[28] Aymerich F, Priolo P, Sanna R, et al. Static and fatigue behaviour of stitched graphite/epoxy composite laminates. Composites Science and Technology, 2003, 63(6): 907-917.

[29] Khan M Z S, Mouritz A P. Fatigue behaviour of stitched GRP laminates. Composites Science & Technology, 1996, 56(56): 695-701.

[30] Khan M Z S, Mouritz A P. Loading rate dependence of the fracture toughness and fatigue life of stitched GRP composites. Advances in Fracture Research, 1997, 1-6: 809-817.

[31] He M, Cox B N. Crack bridging by through-thickness reinforcement in delaminating curved structures. Composites Part A, 1998, 29(4): 377-393.

[32] Watt A, Goodwin A A, Mouritz A P. Thermal degradation of the mode I interlaminar fracture properties of stitched glass fibre/vinyl ester composites. Journal of Materials Science, 1998, 33(10): 2629-2638.

[33] Mouritz A P, Jain L K. Further validation of the Jain and Mai models for interlaminar fracture of stitched composites. Composites Science & Technology, 1999, 59(11): 1653-1662.

[34] Jain L K, Mai Y W. The effect of stitching on mode I delamination toughness of laminated composites. Composites Science and Technology, 1994, 51(3): 331-345.

[35] Jain L K, Mai Y W. Mode I delamination toughness of laminated composites with through-thickness reinforcement. Applied Composite Materials, 1994, 1(1): 1-17.

[36] Jain L K, Mai Y W. On the equivalence of stress intensity and energy approaches in bridging analysis. Fatigue & Fracture of Engineering Materials & Structures, 1994, 17(3): 339-350.

[37] Jain L K, Mai Y W. Analysis of stitched laminated ENF specimens for interlaminar mode II fracture toughness. International Journal of Fracture, 1994, 68(3): 219-244.

[38] Jain L K, Mai Y W. Determination of mode II delamination toughness of stitched laminated composites. Composites Science & Technology, 1995, 55(3): 241-253.

[39] Cox B N. Constitutive model for a fiber tow bridging a delamination crack. Mechanics of Composite Materials & Structures, 1999, 6(2): 117-138.

[40] Massabò R, Mumm D R, Cox B. Characterizing mode II delamination cracks in stitched composites. International Journal of Fracture, 1998, 92(1): 1-38.

[41] Massabo R, Cox B N. Concepts for bridged Mode ii delamination cracks. Journal of the Mechanics and Physics of Solids, 1999, 47(6): 1265-1300.

[42] Turrettini A. An Investigation of the Mode I and II Stitch Bridging Laws in Stitched Polymer Composite. Department of Mechanical & Environmental Engineering, University of California, Santa Barbara, 1996.

[43] Bibo G A, Hogg P J. The role of reinforcement ar chitecture on impact damage mechanisms and post-impact compression behaviour. Journal of Materials Science, 1996, 31(5): 1115-1137.

[44] Caneva C, Olivieri S, Santulli C, et al. Impact damage evaluation on advanced stitched composites by means of acoustic-emission and image-analysis. Composite Structures, 1993, 25(1-4): 121-128.

[45] Tada Y, Ishikawa T. Experimental evaluation of the effects of stitching on CFRP laminate specimens with various shapes and loadings. Mechanical and Corrosion Properties. Series A, Key Engineering Materials, 1989, 37: 305-316.

[46] Liu D. Delamination in stitched and nonstitched composite plates subjected to low-velocity impact. Proceedings of the American Society for Composites, Second Technical Conference, 1987: 147-155.

[47] Liu D. Delamination resistance in stitched and unstitched composite plates subjected to impact loading. Journal of Reinforced Plastics & Composites, 1990, 9(1): 59-69.

[48] Mouritz A P. Flexural properties of stitched GRP laminates. Composites Part A Applied Science & Manufacturing, 1996, 27(7): 525-530.

[49] Yudhanto A, Watanabe N, Iwahori Y, et al. The effects of stitch orientation on the tensile and open hole tension properties of carbon/epoxy plain weave laminates. Materials & Design, 2012, 35: 563-571.

[50] Pelstring R M, Madan R C, Stitching to improve damage tolerance of composites. Tomorrows Materials : Today, Book 1 and 2. 34th International Sampe Symposium and Exhibition, 1989, 34: 1519-1528.

[51] Sharma S K, Sankar B V. Effect of stitching on impact and interlaminar properties of graphite/epoxy laminates. Journal of Thermoplastic Composite Materials, 1997, 10(3): 241-253.

[52] Wu E B, Liau J J. Impact of unstitched and stitched laminates by line loading. Journal of Composite Materials, 1994, 28(17): 1640-1658.

[53] Wu E B, Wang J. Behavior of stitched laminates under in-plane tensile and transverse impact loading. Journal of Composite Materials, 1995, 29(17): 2254-2279.

[54] Hosur M V, Vaidya U K, Ulven C, et al. Performance of stitched/unstitched woven carbon/epoxy composites under high velocity impact loading. Composite Structures, 2004, 64(3-4): 455-466.

[55] Sharma S K, Sankar B V. Effect of stitching on impact and interlaminar properties of graphite/epoxy laminates. Journal of Thermoplastic Composite Materials, 1997, 10(3): 241-253.

[56] Leong K H, Herszberg I, Bannister M K. An investigation of fracture mechanisms of carbon epoxy laminates subjected to impact and compression-after-impact loading. International Journal of Crashworthiness, 1996, 3(1): 285-294.

[57] Shu D, Mai Y W. Delamination buckling with bridging. Composites Science & Technology, 1993, 47 (1): 25-33.

[58] Shu D, Mai Y W. Effect of stitching on interlaminar delamination extension in composite laminates. Composites Science & Technology, 1993, 49(93): 165-171.

[59] Cox B N. Simple, conservative criteria for buckling and delamination propagation in the presence of stitching. Journal of Composite Materials, 2000, 34(13): 1136-1147.

[60] Mouritz A P. Ballistic impact and explosive blast resistance of stitched composites. Composites Part B, 2001, 32(5): 429-437.

[61] Mouritz A P. The damage to stitched GRP laminates by underwater explosion shock loading. Composites Science & Technology, 1995, 55(4): 365-374.

[62] Mouritz A P. Ballistic impact and explosive blast resistance of stitched composites. Composites Part B, 2001, 32(5): 431-439.

[63] O'Brien T K, Krueger R. Influence of compression and shear on the strength of composite laminates with Z-pinned reinforcement. Applied Composite Materials, 2006, 13(3): 173-189.

[64] Freitas G, Dubberly M. Joining aluminum materials using ultrasonic impactors. Jom the Journal of the Minerals Metals & Materials Society, 1997, 49(5): 31-32.

[65] Fleck N A, Steeves C A. Z-pinned composite laminates: Knockdown in compressive strength. The 5th International Conference on the Deformation and Fracture of Composites, 1999: 60-68.

[66] Freitas G, Magee C, Boyce J, et al. Service tough composite structures using the Z-direction reinforcement process. Proceedings of The 9th DoD/NASA/FAA Conference on Fibrous Composites, 1991, 3: 1223-1229.

[67] Freitas G Dardzinski P, Fusco T. Fiber insertion process for improved damage tolerance in aircraftlaminates. J. Advanced Mat. , 1994, 25:36-43.

[68] Cartié D D R, Partridge I K. Delamination behaviour of Z-pinned laminates. European Structural

Integrity Society，2000，27：27-36.

[69] Partridge I K，Cartié D D R. Delamination resistant laminates by Z-fiber Ⓡ pinning. Part I：Manufacture and fracture performance. Composites Part A：Applied Science and Manufacturing，2005，36(1)：55-64.

[70] Mouritz A P. Compression properties of z-pinned composite laminates. Composites Science and Technology，2007，67(15-16)：3110-3120.

[71] Yan W Y，Liu H Y，Mai Y W. Numerical study on the mode I delamination toughness of Z-pinned laminates. Composite Science and Technology，2003，63(10)：1481-1493.

[72] Mouritz A P，Chang P，Isa M D. Z-pin composites：Aerospace structural design considerations. Journal of Aerospace Engineering，2011，24(4)：425-432.

[73] Rugg K L，Cox B N，Ward K E，et al. Damage mechanisms for angled through-thickness rod reinforcement in carbon-epoxy laminates. Composites Part A，1998，29(12)：1603-1613.

[74] Palazotto A N，Gummadi L N B，Vaidya U K，et al. Low velocity impact damage characteristics of Z-fiber reinforced sandwich panels — An experimental study. Composite Structures，1998，43(4)：275-288.

[75] Vaidya U K，Kamath M V，Hosur M V，et al. Low-velocity impact response of cross-ply laminated sandwich composites with hollow and foam-filled Z-pin reinforced core. Journal of Composites Technology & Research，1999，21(2)：84-97.

[76] Vaidya U K，Palazotto A N，Gummadi L N B. Low velocity impact and compression-after-impact response of Z-pin reinforced core sandwich composites. Journal of Engineering Materials & Technology，2000，122(4)：434-442.

[77] Mouritz A P. Review of Z-pinned composite laminates. Composites Part A：Applied Science and Manufacturing，2007，38(12)：2383-2397.

13 三维纺织预成型体

13.1 概 述

纤维集合体由于纤维间相互滑移和摩擦,具有质量轻、柔软性好及强度高等特点。此类材料作为增强结构,具有易成型、各个方向可以实现增强的优点,早在 20 世纪 20 年代就被波音公司应用于飞机机翼制造,20 世纪 50 年代又被通用电气公司应用于生产碳/碳复合材料火箭头锥体。纺织预成型体是对预取向纤维进行预成型加工得到预成型件,且通常用基体对预成型件进行预浸渍处理而形成的。预成型体细观结构或纤维种类决定着复合材料中空隙形状和分布及纤维弯扭程度。纺织预成型体能够有效地将纤维性能传递到复合材料,同时影响基体浸渍和固化。

通过对纤维、基体及纤维/基体界面的巧妙设计,纺织复合材料能够同时具备强度和韧性。

在纺织结构中,三维织物在航空航天等工程领域最受关注,在极端加载场合具有潜在应用优势。三维织物是高度整体性的连续纤维集合体,其具有多轴向面内和面外纤维取向。更具体地说,三维织物由纺织技术制造而成,沿着三维正交平面和厚度方向,存在三种或三种以上不同直径的纱线。三维复合材料在工程领域的应用起源于航空航天领域的碳/碳复合材料。三维纺织复合材料的应用可以追溯到 20 世纪 60 年代,其结构件能够承受多向机械应力和热应力,可以满足航空航天领域的需求。复合材料早期主要应用在高温、烧蚀环境,所以碳/碳复合材料作为首选材料。由 McAllister 和 Lachman[1] 的报道可知,早期碳/碳复合材料以二维双轴向织物作为增强体。在 20 世纪 60 年代初期,人们就认识到了三维织物对解决碳/碳复合材料分层问题的重要性,学者们花费十余年时间研究各类织物增强体,包括针刺毛毡、毛绒织物和缝编织物[2-4]。尽管复合材料的性能极大地依赖于基体和纤维/基体界面性能,但纤维结构对碳/碳复合材料加工及性能的影响有很大的研究空间。

以三维织物增强的树脂基、金属基和陶瓷基复合材料引起了全球范围的广泛关注,进而扩大了其在汽车、建筑、生物医疗和航空航天等领域的应用。复合材料结构件由次受力件转为主承载件,这需要进一步提高纺织复合材料厚度方向的强度、损伤容限和可靠性。在减少成本的同时,要扩展复合材料在航空航天和汽车领域的应用,因此迫切需要提高复杂产品一次成型和批量生产能力。为了提高损伤容限,纺织复合材料必须在整个厚度方向具有较大的层间强度。复合材料工程结构的可靠性依赖于材料的均匀分布和界面性能的一致性。结构整体性和可操作性是自动化生产大尺寸纺织复合材料产品的关键。一次成型技术极大地简化了手糊法复合成型过程。结合三维碳/碳复合材料生产使用经验、现代纺织技术、电脑辅助纺织设计和液体成型技术,三维纺织结构作为复合材料的增强体,越来越受到人们的认可。

一些书籍[5-6]也提到了三维纺织复合材料在纺织复合材料体系中的重要性。本章主要介绍三维纺织增强体,讨论四种纺织增强体的预成型过程和几何结构,包括三维机织、针织、编织和正交非织造结构。

13.2　纺织预成型体分类

纺织复合材料的预成型是一个庞大体系[7]。材料性能依赖于加工过程和最终使用要求。纺织预成型体选择的基本原则包括:①面内多轴向增强;②厚度方向增强;③易成型或净形加工。

根据结构整体性、纤维线性度和连续性,织物结构可分为不连续、连续、二维平面交织和三维整体四大类。各种织物结构特征见表13.1[8]。

表 13.1　织物结构特征

等级	增强体体系	纺织结构	纤维长度	纤维方向	纤维缠绕
I	不连续	短切纤维	不连续	不可控	无
II	线性	长丝纱	连续	线性	无
III	层合	简单织物	连续	平面	平面
IV	整体	先进织物	连续	三维	三维

13.2.1　不连续纤维体系

晶须或纤维毡等不连续纤维体系中的材料是不连续的,尽管不连续纤维对齐处理系统已经成功应用,纤维取向仍很难精确控制。纺织预成型体的整体性主要依赖于纤维间摩擦。因此,不连续纤维体系的强度传递效率很低,即纤维强度传递到不连续纤维集合体的比例较低。

13.2.2　单向(0°)连续纤维体系

这种结构具有最高水平的连续性和线性度,因此纤维方向上的性能传递效率最高,且适合于纤维缠绕结构和角度铺层结构。但是,由于缺少面内和面外纱线交织,这种纤维集合体结构的层内和层间性能较弱。

13.2.3　平面交织和线圈串套体系

尽管连续纤维形成的织物结构改善了层内破坏问题,但沿厚度方向缺乏增强,层间强度仍受限于基体强度。

13.2.4　多向纤维整体体系

该体系中纤维在面内、面外沿多个方向取向,连续纤维束形成整体网状结构。整体体系的最大特点就是在厚度方向增强,提高了层间性能。整体结构包括三维机织、针织、编织和非织造成型的复杂形状结构件。

基于织物成型技术,纺织预成
型体可分为 FTF(纤维到织物成
型)、YTF(纱线到织物成型)及两者
结合。如图 13.1 所示,Noveltex® 针
刺技术固结纤维网即为 FTF 的一
个例子[9]。为了代替针刺技术,
Fukuta[10] 发明了一种在厚度方向固
结纤维网的简单射流喷网法。

　　YTF 是指将线性纤维集合体
(连续长丝)或加捻短纤维纱通过
交错、串套或交缠形成二维或三维
织物的过程。图 13.2 所示为 YTF
预成型体结构,表 13.2 所示为
YTF 成型技术。

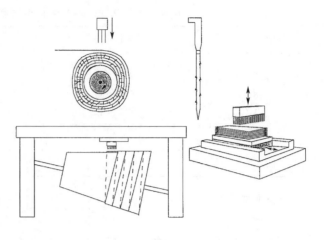

图 13.1　Noveltex® 针刺法

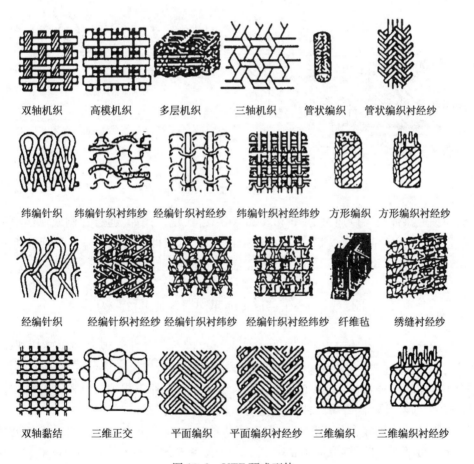

| 双轴机织 | 高模机织 | 多层机织 | 三轴机织 | 管状编织 | 管状编织衬经纱 |

| 纬编针织 | 纬编针织衬纬纱 | 经编针织衬经纱 | 纬编针织衬经纬纱 | 方形编织 | 方形编织衬经纱 |

| 经编针织 | 经编针织衬经纱 | 经编针织衬纬纱 | 经编针织衬经纬纱 | 纤维毡 | 绣缝衬经纱 |

| 双轴黏结 | 三维正交 | 平面编织 | 平面编织衬经纱 | 三维编织 | 三维编织衬经纱 |

图 13.2　YTF 预成型体

表 13.2　YTF 成型技术

织造方式	纱线方向	基本成型技术
机织	2(0°/90°)	交织(90°纱线加入 0°纱线)
编织	1(加工方向)	螺旋交织(位置交错)
针织	1(0°或 90°)	线圈串套 (纱线拉圈盖过前圈)
非织造	≥3(正交)	纤维相互交错

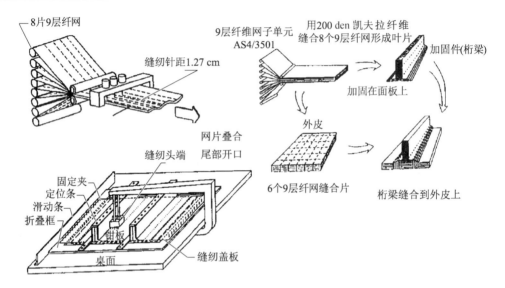

图 13.3　FTF 和 YTF 成型技术结合

　　纺织预成型体也可以通过 FTF 和 YTF 相结合实现。例如,通过针刺或流体射流固结法将 FTF 预成型体结合到 YTF 预成型体中,使厚度方向得到增强。另一个例子如图 13.3所示,通过缝合技术将不同 FTF 和 YTF 结合,形成多向纤维增强结构[11]。

13.3　三维纺织预成型体几何结构

　　三维织物的几何结构可以从宏观和细观两个尺度分析。在宏观尺度,织物外形和内部单胞结构取决于纺织技术和织物结构。相似形状的织物可以由不同纺织技术织造。例如,净成型工字梁可以通过机织、编织和针织技术织造。这三种织物细观结构和纤维结构差别很大,这决定了织物内部纤维性能的传递效率及损伤容限不同。

　　纤维性能传递到复合材料的效率取决于织物中取向纤维密度。取向纤维密度可以通过纤维体积分数 V_f 和纤维取向角 θ 量化。V_f-θ 关系方程依赖于纺织生产技术和织物结构类型,可以通过几何模型建立[12]。因此,三维纺织复合材料的性能与结构关系是宏观和细观及几何结构相互作用的结果。本节以 V_f-θ 关系方程阐述四种三维织物增强体的结构形状、单胞结构和纤维结构。

13.3.1　三维机织物

　　三维机织物主要由多经机织方法织造,此方法织造的双层或三层织物很早就用于生产袋子、带子和毯子。多经机织方法可以织造各种织物结构,包括固体正交板[图 13.4(a)]、变厚度固体板[图 13.4(b)、(c)]、箱形梁[图 13.4(d)]和桁架[图 13.4(e)]。此外,合理控制经纱开口运动,可以使厚度方向的纱线形成斜纹,如角联锁织物[图 13.4(f)]。Dow[13]通过改进三轴向机织技术,织造了多层三轴向织物[图 13.4(g)]。

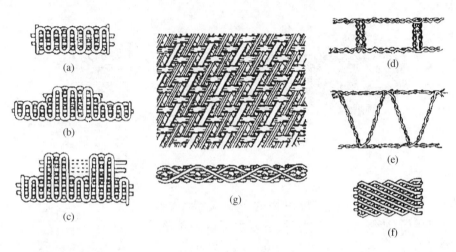

图 13.4　三维机织物

　　由单胞模型获得的 V_f-θ 关系方程适用于各种机织物。图 13.5 所示为三维机织物的纤维体积分数 V_f 与联锁角 θ 的关系。为了方便计算,纤维填充系数设为上限值 0.8,织物紧度因子 η 设为 0.2。

13.3.2　三维正交机织物

　　三维纺织技术由通用电气公司[14]等开创,并由纤维材料公司[15]继承发展。法国的 Aérospatiale[16]、SEP[9] 和 Brochier 公司[17-18]及日本的 Fukuta、Coworkers 公司[19-20]实现了三维织物的自动化生产。

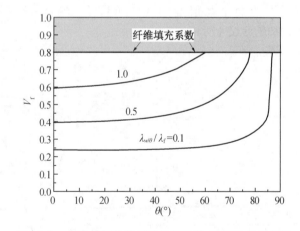

图 13.5　三维机织物的纤维体积分数-联锁角关系曲线
（$\lambda_{w/\theta}$ 为经纱或纬纱线密度,λ_f 为填充纱线密度）

　　图 13.6 所示为三维正交机织物。图 13.6(a)和(b)分别为矩形和圆形单束织物。由图 13.6(b)可知,三维织物在多向进行增强。大部分三维正交机织物结构中,纱线在各方向呈线性增强,一些非线性增强方式可生产出敞开式格架或柔韧适形结构,如图 13.6 中(c)~(e)所示。

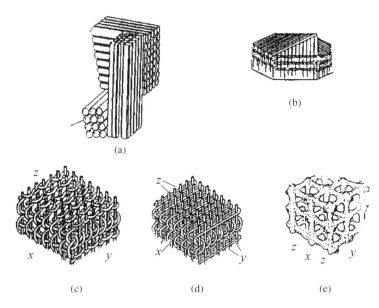

图 13.6　三维正交机织物

　　图 13.7 所示为三维正交机织物的单胞模型，x、y、z 代表三个方向的纱线位置。V_f-θ 关系方程可以基于该单胞模型建立。假设纤维填充系数为 0.8，V_f 与 d_y/d_x（纤维直径比）的关系如图 13.8 所示。V_f 随着 d_y/d_x 增大而减小，达到最小值后再上升。V_f 在 d_y/d_x 较小和较大值范围内的两个峰值均约为 0.63。V_f 在 $d_y/d_x=1$ 时最小，其值为 0.47。

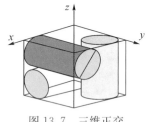

图 13.7　三维正交机织物单胞模型

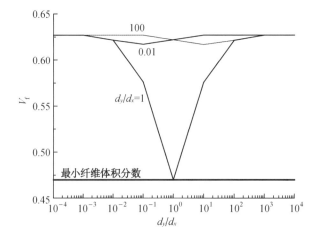

图 13.8　三维正交机织物 V_f 与 d_y/d_x 的关系

13.3.3　三维针织物

三维针织物由纬编针织或经编针织方法织成。图 13.9(a)所示为 PressureFoot[21] 纬编针织六法织造的近净成型针织结构。在压缩坍塌的破坏形式下,这种预成型体结构被应用于碳/碳复合材料飞机制动装置。纬编针织结构具有独特的适形性[22]。通过灵活配置线性增强纱线,纬编针织方法可以织造各种复杂结构。纬编针织结构的适应性仍处于评估阶段,近几年多轴向经编针织(MWK)结构的应用较广泛[23-24]。

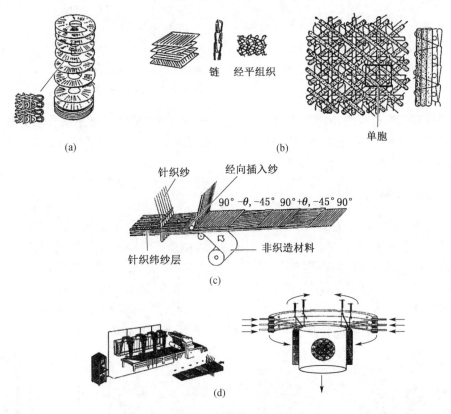

图 13.9　三维针织物

如图 13.9(b)所示,多轴向经编针织物由经纱(0°)、纬纱(90°)和斜向纱(±θ),通过链接或经平组织方式,贯穿织物厚度方向绑缚而构成。多轴向经编技术还可以织造圆型多轴向结构,这项技术曾经展示在亚琛大学纺织学院[25]。

图 13.9(c)、(d)所示为 LIBA 公司制造的多轴向经编针织物,6 层线性排列纤维毡以不同角度铺层,再用针织技术将各层缝合成一个整体。

以 4 层铺层结构为例,分析多轴向经编针织物的单胞结构,得到 V_f-θ 关系方程[26]。此分析方法可以推广到其他 6 层及以上铺层结构的多轴向经编针织物。图 13.10 所示为 MWK 织物中纤维体积分数与其他工艺变量间的关系,工艺变量包括织物紧度因子和斜纱方向角。V_f-θ 关系方程遵循织物极限紧密度准则,斜纱方向角 θ 为 0°～90°。当 $\theta < 30$° 时,针织纱线密度和填充纱线密度比值 λ_s/λ_i 在 0～∞;当 θ 为 30°～40° 时,纤维体积分数随着 λ_s/λ_i 增大而降低,直至织物达到极限紧度;当 $\theta = 45$° 时,λ_s/λ_i 增加到 1,纤维体积分数降到

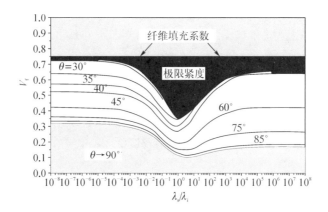

图 13.10　纤维体积分数 V_f 与针织纱和填充纱线密度比值 λ_s/λ_i 的关系

（经编针织，$\kappa=0.75$，$\rho=2.5\ kg/m^3$，$f_i=5$，$\eta=0.5$）

最小值，随后增加，直至织物达到极限紧度；当 $\theta\geqslant60°$ 时，纤维体积分数的变化趋势和 $\theta=45°$ 时相同，但不会出现织物达到极限紧度的情况。纱线中的纤维填充系数设在 0.75，限制织物中纤维体积分数的最大值。

13.3.4　三维编织物

　　三维编织技术是在二维编织技术的基础上发展起来的，由两个及以上的纱线系统交缠形成整体结构。如图 13.11(a)所示，三维编织技术可以制成各种复杂形状的织物结构，三维编织物的整体性使其具有较高的损伤容限。图 13.11(b)所示为三维编织圆形和矩形排纱图[27]。三维编织技术包括纵横步进编织[图 13.11(c)][28]、二步法编织[图 13.11(d)][29]和各种连续或不连续位移编织[图 13.11(e)][30]。编织过程中，携纱器沿 x、y 方向交替运动，通过合理设计携纱器位置及选择合适运动路径，将各矩形拼接，形成各种形状的编织物。

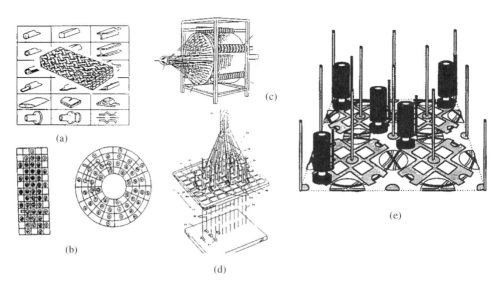

图 13.11　三维编织物

　　基于单胞模型获得织物的极限紧度及 V_f-θ 关系,如图 13.12 所示[31],纤维填充系数 κ 设为 0.785。图中纤维体积分数包含三个区域,由于纤维填充系数的限制,上部区域不可能达到,在给定的织物紧度因子 η 下,编织角增加到最大值时,织物紧度达到极限,无阴影的下部区域为 V_f-θ 关系曲线。可以明显看出,在给定的织物紧度下,纤维体积分数随编织角增大而增加;在编织角不变的情况下,织物紧度因子越大,纤维体积分数越大。

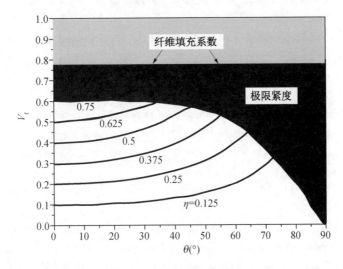

图13.12　不同紧度因子下纤维体积分数 V_f 与编织角 θ 的关系

参 考 文 献

[1] McAllister L E, Lachman W L. Handbook of Composites, Vol 4. Kelly A, Mileiko, S T. Amsterdam: North-Holland Publishing Co. ,1983.

[2] Adsit N, Carnahan K, Green J. Mechanical behavior of three-dimensional composite ablative materials. Composite Materials: Testing and Design (Second Conference): ASTM International, 1972.

[3] Laurie R M. Polyblends Composites. Appl. Polym. Symp. , 1970, 15:103-111.

[4] Schmidt D L. SAMPE J. , 1972,8:9.

[5] Tarnopol'skii Y M, Zhigun I G, Polykov V A. Spatially Reinforced Composite Materials. Moscow Mashinostroyeniye. 1987.

[6] Ko F K. Three-dimensional fabrics for structural composites. Textile Structural Composites. Chou T W, Ko F K. Amsterdam: Elsevier Science Publishers, 1989:129-171.

[7] Ko F K. Preform fiber architecture for ceramic-matrix composites. American Ceramic Society Bulletin, 1989, 68(2).

[8] Scardino F. Introduction to textile structures. Textile Structural Composites. Chou T W, Ko F K. Covina: Elsevier, 1989.

[9] Geoghegan P. DuPont ceramics for structural applications-The SEP Noveltex technology. 3rd Textile Structural Composites Symposium, Philadelphia, 1988: 1-2.

[10] Fukuta K. private communication.

[11] Palmer R. Composite preforms by stitching. 4th Textile Structural Composites Symposium,

Philadelphia，1989；24-26.

[12] Ko F，Du G. Processing of textile preforms. New York：Wiley，1997：157-205.

[13] Dow R. New concept for multiple directional fabric formation. Advanced Materials：the Big Payoff. 1989；558-569.

[14] Stover E，Mark W，Marfowitz I，et al. Preparation of an omniweave reinforced carbon-carbon cylinder as a candidate for evaluation in the advanced heat shield screening program. Technical Report AFML TR-70-283. 1971.

[15] Herrick J W. Multidimensional advanced composites for improved impact resistance. Materials Synergisms，1978：38-50.

[16] Pastenbaugh J. Aerospatial technology. 3rd Textile Structural Composites Symposium，Philadelphia，1988.

[17] O'Shea J. Autoweave：A unique automated 3-D weaving technology. 3rd Textile Structural Composites Symposium，Philadelphia，1988.

[18] Bruno P S，Keith D O，Vicario A A J. Automatically woven three dimensional composite structures. SAMPE Quarterly，1986，17(4)：10-16.

[19] Fukuta K，Aoki E. 3-D fabrics for structural composites. 15th Textile Research Symposium，Philadelphia，1986.

[20] Fukuta K，Aoki E，Onooka R，et al. Application of latticed structural composite materials with three dimensional fabrics to artificial bones. Bull Res. Inst. Polymers Textiles，1982，131：159.

[21] Williams D. New knitting methods offer continuous structures. Engineering(London). 1987，227(6)：12-13.

[22] Hickman G，Williams D. 3-D knitted preforms for structural reaction injection moulding(SRIM). How to Apply Advanced Composites Technology，1988：367-370.

[23] Ko F，Kutz J. Multiaxial warp knit for advanced composites. How to Apply Advanced Composites Technology，1988，377-384.

[24] KO F，Pastore C，Yang J，et al. Structure and properties of multilayer multidirectional warp knit fabric reinforced composites. Composites'86：Recent Advances in Japan and the United States，1986：21-28.

[25] ITA. Research Information Bulletin. University of Aachen. 1988.

[26] Du G W，Ko F. Analysis of multiaxial warp-knit preforms for composite reinforcement. Composites Science and Technology，1996，56(3)：253-260.

[27] Ko F K. Three-dimensional fabrics for structural composites. Textile Structural Composites. Chou T W，Ko F K. Tokyo：Elsevier Science Publishers，1989：129-171.

[28] Brown R T，Ashton C H. Automation of 3-D braiding machines. 4th Textile Structural Composites Symposium，Philadelphia，1989.

[29] Popper P，McConnell R. A new 3D braid for integrated parts manufacture and improved delamination resistance-The 2-step process. Advanced Materials Technology，1987：92-103.

[30] Du G，Ko F. Geometric modeling of 3-D braided preforms for composites. Textile Structural Composites Symposium，Drexel Laboratory，Philadelphia，1991.

[31] Ko F K，Chu J N，Hua C T. Damage tolerance of composites：3-D braided commingled PEEK/carbon. J. Appl. Polym. Sci.，1991，47：501-519.

14   三维纺织复合材料成型

14.1   概　述

上章介绍的三维纺织预成型体仅是制备纤维增强复合材料的第一步。如果没有合理的固化技术将预成型体与树脂复合,预成型体的精心设计难以在复合材料工程中发挥作用。

某些传统复合材料成型工艺因过于简单而难以适用于三维纺织预成型体。手工浸渍法直接利用毛刷及压辊将树脂压入纤维预成型体内,这不仅会引起预成型体结构变形,而且因在常压环境中加工,不能将复合材料内部气泡除尽,这会降低成品质量。因此,这种方法不适用于三维纺织预成型体成型。

拉挤工艺将预成型体通过树脂槽浸润并拉成一定形状,然后转移至高温压模上使树脂固化,最终将固化后的产品切割成需要长度。理论上讲,用拉挤工艺可以固化三维预成型体,而且与杂乱纤维毡及二维织物预成型体相比,三维预成型体因整体性好、便于控制而更易成型。但是,在现有的湿法工艺中,为了使树脂充分浸润,织物及纱线需在导向杆作用下经过复杂的路线,这会使三维预成型体结构发生扭曲,从而降低复合材料的力学性能。

用混合纱制备预成型体也是一种可行的固化方法。这些纱线由增强纤维与掺和了热塑性树脂或部分热固性树脂颗粒的纤维组成。虽然加入热固性树脂使纱线柔软性降低,但是它们仍可以通过前面介绍的技术加工成纺织预成型体。通过加热、加压,可以将树脂熔融,然后浸润预成型体。这种成型方法的难点在于固化后的体积相对于固化前较低。因此,为使树脂完全浸润纤维及保证纤维体积分数,固化过程中预成型体的体积必须大幅度降低。对于二维结构,可以使厚度降低而不破坏整体结构;对于三维结构,固化时纤维很容易扭曲。因此,这种制造方法不适用于三维纺织预成型体成型。

目前,只有液态成型(也称液态复合材料成型)方法可以成功固化三维纺织预成型体。液态成型法有很多,这里简述几种主要方法。然而,液态成型法固化三维纺织预成型体仍存在一些问题,这里仅简要概括这些问题,详细内容可以参考文献[1]～[3]。

14.2   液态成型技术

根据现有文献,已不难发现有各种各样的液态成型方法,每种方法的区别在于工艺流程不同,而且每种方法都有对应的简称。但事实上,主要的只有三种液态成型技术,因为其他成型技术都由这些技术改进而成。

14.2.1   树脂传递模塑

树脂传递模塑(resin transfer molding,简称 RTM)成型是三种主要液态成型法中最常用的,特别适用于高性能航空航天材料的固化。与另外两种液态成型方法不同,树脂浸润预成型体时流动方向不同。

　　RTM 成型工艺将树脂沿平面方向流过预成型体,利用抽气泵压力将树脂注入预成型体。对于较厚或复杂形状的预成型体,理论上应使树脂沿厚度方向流动,但本质上树脂仍沿预成型体平面方向流动。图 14.1 所示为 RTM 成型工艺。树脂流动路径根据预成型体形状,由注入与输出口位置决定。树脂最大注入长度与预成型体的渗透性、树脂黏度、压强及树脂的固化速度有关。对不同的 RTM 产品及树脂类型,这些因素的影响不尽相同。通常,树脂注入长度可达 2 m[4-5]。预成型体

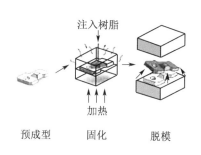

注入树脂

加热

预成型　　　　固化　　　　脱模

图 14.1　RTM 成型工艺示意

渗透性越好,树脂黏度越低,压强越大,树脂固化速度越慢,都有利于增加树脂注入长度,从而利于生产各种尺寸产品。大于最大注入长度的产品可以利用多个注入与输出口的装置进行固化。因此,固化产品尺寸受固化设备限制是 RTM 成型方法的一个主要问题。

　　通常,RTM 成型工艺中有一个封闭的模具系统,用两个模具将预成型体封住。使用高质量(通常比较昂贵)的模具,可以保证产品表面的光滑度并降低尺寸误差。加热及冷却系统有利于模具快速达到需要温度。通常,利用模具及施加压强将预成型体压紧,可以使产品的纤维体积分数高达 55%～60%。RTM 成型过程中使用的模具及加压装置,需要一定的成本。虽然可以使用低成本的模具,但会因压力不足而导致制备的产品质量较低。关于模具方面的问题将在 14.6 节继续讨论。

　　有许多其他与 RTM 相关的成型工艺。真空辅助树脂传递模塑(vacuum assisted RTM,简称 VARTM)与 RTM 基本相同。VARTM 增加了抽真空装置,它不仅可以抽尽预成型体中的空气,还可以通过调节气压增加树脂流动速度。结构反应注射模塑(structural reaction injection molding, 简称 SRIM)也和 RTM 类似,SRIM 主要用于自动化工业生产,它们的主要区别在于 SRIM 需要更高的压力使树脂迅速固化并缩短固化周期。

14.2.2　树脂膜渗透

　　树脂膜渗透(resin film infusion, 简称 RFI)与 RTM 有两点不同:第一,由成型工艺名称可知,固化前树脂以薄膜而非液体形式存在;第二,加热加压后,树脂流动是沿厚度方向而不是平面方向。图 14.2 所示为 RFI 成型工艺。在 RFI 成型过程中,树脂膜放在模具表面,将必要区域全部覆盖,预成型体放在树脂膜上方。隔离膜(用于取出成品)、通气管(用于除尽真空袋内空气)放在预成型体上方。铺好后,与预浸料工艺类似,用塑料袋封住,然后放入烘箱或根据需要放入高压烘箱,进行固化。利用毛细效

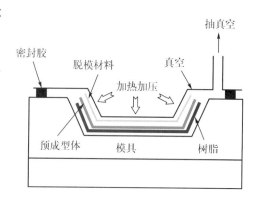

抽真空

密封胶　　脱模材料　　真空
加热加压

预成型体　　模具　　树脂

图 14.2　RFI 成型工艺示意

应和抽真空,将熔融树脂吸入预成型体中。施加压力可以增加纤维体积分数并提高树脂的

流动性。

与预浸料成型方法类似,RFI 成型工艺只需要一个模具。RFI 成型工艺可以用于复杂结构件成型及利用小模具在局部位置压紧,其成本比 RTM 成型工艺低。

RFI 成型工艺中,树脂沿预成型体厚度方向流动,因此与 RTM 成型工艺不同,预成型体尺寸不会受到最大注入长度的限制。RFI 成型工艺的主要问题是树脂是否能够沿预成型体整个厚度方向流动。这是设计 RFI 成型工艺的一个重要问题,因为许多结构件包含加强结构,不能超出树脂浸润范围。因此,RFI 成型工艺更适用于平面、面积较大的部件,而 RTM 成型工艺更适用于面积小而厚或具有复杂结构的部件。

RFI 成型工艺的缺点主要与树脂膜有关。制备适合 RFI 工艺的树脂膜需要很高的成本,一般树脂膜的价格是纯树脂的两倍[4-5]。RFI 成型工艺的另一个缺点是有些树脂膜因缺乏载体材料黏结而难以处理。通常,树脂膜的密度较低,为了使树脂浸润预成型体,需将多片树脂膜叠放在一起,这会增加劳动力成本。

据现有各种不同名称的成型工艺,似乎没有与 RFI 相关的其他成型工艺。RFI 成型工艺的主要变化在于树脂浸润在真空环境烘箱还是在额外施加压力的高压烘箱中进行。

14.2.3　复合材料树脂注入工艺

西曼复合材料树脂注入工艺(seemann composite resin infusion process,简称 SCRIMP)及其类似成型工艺,本质上是 RTM 与 RFI 成型工艺的结合。和 RTM 成型工艺一样,SCRIMP 将液态树脂从外部经树脂注入口注入预成型体,然而又类似 RFI 成型工艺,树脂沿预成型体厚度方向流动。完成这种类型的树脂流动需使用分散介质,使树脂迅速流过预成型体表面区域,沿厚度方向渗透。

图 14.3 所示为典型的 SCRIMP。与 RFI 成型工艺类似,预成型体与分散介质同时铺在模具上方,并用真空袋密封。利用真空对预成型体加压,树脂通过注入口进入预成型体。通过分散介质,树脂完全分散至整个预成型体。必要时可利用多个通道,这些通道可以输送分散介质。压强差为树脂从树脂槽中流入预成型体提供动力。因此,SCRIMP 成型不需要注入设备。

与 RFI 及传统预浸料成型工艺相同,SCRIMP 只需要一个模具,因此模具成本比 RTM 成型工艺低很多。另外,与 RFI 成型工艺相比,SCRIMP 使用较便宜的液态树脂,因此原材料成本也较 RFI 成型工艺低很多。

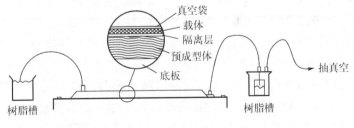

图 14.3　SCRIMP 示意

SCRIMP 可以用于非航空航天领域的预成型体复合,如游艇外壳、汽车外壳、风机涡轮叶片等。采用 SCRIMP 时,仅使用真空压强装置制备的复合材料的纤维体积分数较 RTM 和 RFI 成型工艺制得的复合材料低。选用合适的树脂,可以延长树脂固化时间,因此可以制备 37.5 m 长的游艇外壳[6]。

SCRIMP 有许多其他缩写,如 VIP(vacuum infusion process,真空注入工艺)与 VBRI (vacuum bag resin infusion,真空袋注入)。基于 SCRIMP 的各种改进工艺的最大不同,在于采用不同的分散介质使树脂迅速扩展至整个预成型体。

14.3　树脂注入装置

在三种主要的液态成型工艺中,RFI 成型工艺和 SCRIMP 不需要使用注入装置将树脂浸入纤维。因此,这里介绍的树脂注入装置主要针对 RTM 成型工艺。

所有的树脂注入装置都由三个基本部分构成:树脂储存槽、树脂进给装置及输送管(图 14.4)。各种树脂注入装置不仅风格不同,而且对预成型体的固化方式也不同。采用何种树脂及对应处理方式决定了树脂注入装置的第一部分。树脂既可以是单组分也可以与固化剂混合,经单一阀门(或树脂与固化剂分别经独立阀门)注入预成型体。

不管采用何种方式,都有利有弊。使用单阀,可以避免树脂与固化剂混合不均匀,而且树脂与固化剂混合在一起,固化过程易于控制。通常,用单阀装置时,不需要移动设备,可降低维护费用,而且只用一个树脂储存槽,可以简化加热系统,清洁过程也比多阀装置简单。因此,单阀装置更适合于体积较小或者使用不同树脂的预成型体成型。这种装置在航空航天工业或试验研究中比较常见。但是,这种装置的主要缺点是树脂可能在树脂储存槽中提前固化。因此,树脂混合过多或未及时进入预成型体,有可能超出树脂使用期限而造成浪费。

图 14.4　Megaject RTM-Pro 注入装置
(Plastech T. T. 公司设备,英国)

多阀装置的优点在于树脂单独注入,可以不考虑树脂使用期限,适用于大体积复合材料。只混合及注入需要的树脂,可以减少浪费。多阀装置的缺点是需要大量的成本,用于维护复杂的设备,且预混合时存在混合不均匀风险。

其他影响选择成型设备的主要因素是树脂注入模具的原理不同,成型设备的选择成功主要指产生恒定压力或恒定流动速率。当控制压力不变时,树脂流动速率会改变,随着树脂与注入口的距离增加,流动速率降低。这种控制系统的优点是注入过程中可以控制压力。但是,这种方式不仅难以控制流动速度,而且气压受到设备限制,比如压缩空气压力。另外,树脂必须放在一个压力容器中,这会限制可以处理的树脂体积。高压烘箱是一种常见的恒压设备。

恒定流动速率系统通常由往复活塞泵控制,而且在工业生产线中需要不断注入树脂以维持恒定速度。活塞抽动时,实际上树脂只在活塞向下运动的一半时间内保持恒定速度流动,当活塞向上时则停止流动。这种系统的优点是流动速率可控、树脂槽大及注入时压力大;缺点是树脂流入预成型体使反向压力较大,而反向压力过大,不仅会使预成型体结构分散,还会引起模具变形甚至损坏设备,如果流动速度过快,还会在预成型体内部遗留气泡,导致产品质量下降。

14.4　树　　脂

三维纺织预成型体的液态成型法选用树脂,主要根据复合材料用途及制造工艺需求确定。针对第一种情况,复合材料用途影响树脂选择,主要基于力学性能、环境、成本等因素。虽然这些准则对任何树脂都很重要,但并不直接影响树脂在液态成型法中的成型。液态成型法中选用树脂的黏度与使用期限是成功成型的两个主要因素。

为了不使用额外压力将树脂与预成型体复合,成型过程中树脂黏度必须较低。前面介绍的三种液态成型工艺中,施加的压力可以低于 100 kPa 或高至 700 kPa。在此条件下,生产中能使树脂快速注入预成型体。预成型体的纤维体积分数也影响树脂黏度。纤维体积分数低比纤维体积分数高的预成型体的渗透性好。但是,根据经验,压力、纤维体积分数及预成型体尺寸在正常范围内时,液态成型法中树脂黏度不应超过 500 cP · s。航空航天产品中需要高纤维体积分数的预成型体尤其如此,因为树脂黏度高于 500 cP · s 容易引起模具压力难以控制,而且经常产生质量较差的预浸料。

考虑到树脂黏度这一重要影响因素,液态成型法中实际定义的树脂使用期限,是指树脂黏度从达到成型要求时至阻碍液态成型黏度(一般为 500 cP · s)的时间。考虑到预成型体尺寸及结构复杂程度,树脂使用期限应在几分钟(对于快速成型)至几小时(对于大结构成型)。树脂浸润预成型体的时间可以根据 Darcy 定律计算。根据 Darcy 定律,树脂流动速率与树脂黏度及预成型体渗透率等参数有关:

$$流动速率 = \frac{渗透率 \times 横截面}{树脂黏度} \times \frac{压强}{单位长度}$$

热固性树脂在液态成型法中占有重要比例。试验员必须清楚树脂会在成型中固化,因而其黏度随时间增加而增加。成型过程中温度会影响树脂黏度。初始黏度随着温度升高而降低,但固化速度因此增加。所以,试验员应该综合考虑温度及树脂使用周期,保证预成型体成功固化。图 14.5 所示为温度与时间对树脂黏度的影响。

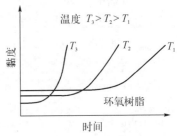

图 14.5　树脂黏度-时间曲线

14.5　预成型体固化

采用液态成型工艺固化由二维织物制成的预成型体时,需将每层织物固定在一起。通常,可以加入少量与树脂兼容的黏结剂将织物粘在一起。

三维预成型体结构比较稳定,不需要使用黏结剂。与二维织物相比,这是三维织物的主要优点,而且固化复杂结构的预成型体时,三维预成型体的成本较低[7]。

　　然而,还有一些与液态成型三维预成型体有关的问题。通常,预成型体的纤维体积分数不是复合材料最终需要的纤维体积分数,因此需要施加压力,达到所需的纤维体积分数。二维织物中通常不会存在这种问题,因为压力一直垂直施加在织物上,而且不会影响纤维方向。然而,三维预成型体中,不是所有纤维都垂直于压力方向,因此外加压力会引起三维预成型体结构扭曲,造成复合材料性能降低。因此,设计三维预成型体时,需考虑结构扭曲引起的性能损耗。

　　进一步的问题是树脂在预成型体中的优先流动方向可能会阻碍树脂正确流入预成型体。许多三维预成型体,尤其是没有褶皱的织物和机织产品的平面,在指定方向非常直。这种方向性会导致明显的渗透率差异,使树脂在某一方向快速流动,以及预成型体部分区域没有树脂。准确地知道预成型体的渗透性与方向的关系及合理设计液态成型工艺,可以解决这种问题。

14.6　模　　具

　　合理设计及制造模具是成功固化三维预成型体的重要因素。本章提到的三种液态成型方法中(RTM、RFI 和 SCRIMP),RFI 和 SCRIMP 都只需要使用单个模具,而 RTM 成型工艺需要使用一对封闭的模具。这种差异使 RTM 成型工艺将加热与冷却系统结合到模具中。但模具方面的许多常见问题,这三种类型的成型工艺中都存在。

14.6.1　模具材料

　　通常,制作模具的第一个问题是选用何种材料作为液态成型法的模具。有许多材料可以制作模具,从金属(钢、铝等)到铸造树脂、木材或石膏。采用何种材料由许多因素确定。关于此方面的详细讨论可以参考文献[3]和[8]。这里仅讨论一些主要因素。

　　生产速度通常是选择模具材料的最重要因素之一。对于小体积或者标准试件,往往使用铸造树脂、木材或石膏,因为这些材料的成本较金属低,比较适用于低产量的生产。对于更大体积的试件,金属模具因承受能力好而比较适用。与非金属材料相比,金属模具的成本非常高,但是比修复或更换产品更有价值,这在高纤维体积分数及高产量产品的生产中非常重要。

　　固化条件及需要的表面光滑度也影响模具材料的选择。金属模具比非金属模具能承受更高温度,因而适用于高温环境成型。适当维护金属模具,可以生产表面光滑度更高的产品,这在工业(如汽车行业)中尤为重要。其他问题(如传热要求及控制维度的必要性)也会影响模具材料的选择,但这些是次重要的因素。

14.6.2　加热及冷却设备

　　SCRIMP 和 RFI 成型工艺都使用一个模具,一般通过外部设备(如高压烘箱),或利用空气对流或热辐射,甚至利用电热毯进行加热。加热系统的选择主要由部件尺寸和成型环境(加热速率、固化温度等)决定。虽然,使用模具因效率低、成本高而不能完全加热,但是可以利用单一模具将热能传递到预成型体和树脂。这些工艺过程的冷却方式都是在空气中自然冷却。

RTM 成型工艺运用两个模具,使利用热能进行完全加热成为可能。通常,通过控制水或油的温度进行加热和冷却模具,电子设备同样可以用于加热。模具内部有各种通道,这些通道可以流过热或冷的流体,而且可以控制加热或冷却模具的过程。选择的流体温度不仅与需要的加热速度和固化温度有关,还和模具尺寸及模具材料的热学性能有关。RTM 成型交替加热技术包括处于压力状态下的加热板,这有利于提供压力,夹紧模具还包括其他设备,比如烘箱。RTM 工艺加热技术一般不如完全加热工艺的效率高。

14.6.3 树脂注入与排出

树脂的注入口与排出口位置必须正确,以保证树脂流动中与预成型体全面接触,绕开预成型体的任何部位都会产生干斑(缺陷的一种类型,在下文中讨论)。许多成功的注入口或排出口的设计是将树脂的流动路径安排在使树脂容易进出的位置。这样,遗留在预成型体内的空气逐渐减少,而空气逐渐减少有利于空气排出预成型体。图 14.6 给出了合理与不合理的注入口与排出口设计,有时可以使用反向设计注入口与排出口,但需要充分了解树脂可能流动路径,以保证树脂完全浸润预成型体。设计模具时,模拟流动非常重要,特别是在预成型体渗透性呈各向异性时。可以利用各种商业软件完成该任务。关于模拟树脂流动细节可以参考 Parnas[2] 的文章。

排出口应设计在树脂难以浸润预成型体的位置,通常在比较极端的难以流过的位置或树脂不能自行流过的死角。当树脂开始流出时,排出口必须单独密封,避免树脂流入预成型体的其他位置。当所有出入口被封住后,才可以进行固化工艺,这有利于降低缺陷出现的概率。

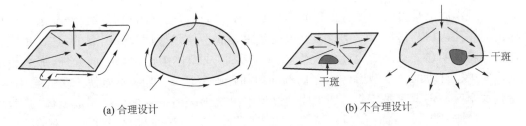

(a) 合理设计   (b) 不合理设计

图 14.6 树脂流动通道

14.6.4 密封

为了制备低缺陷含量的产品,应用密封胶将模具充分密封。RFI 和 SCRIMP 中,用密封胶在正常外形下封住预成型体和真空袋。RTM 中,常用的密封方式是使用弹性 O 型密封圈(材料一般是硅橡胶或氟化橡胶)。O 型密封圈粘在一个凹形槽上,当模具合上时压紧。选用 O 型密封圈的材料主要由密封能力及最高温度决定。

另一种方法是挤压密封,用两个模具将预成型体夹紧,保证纤维体积分数较高。但这会降低树脂在该区域的流动性,而且理想情况下,该区域的树脂不能在注入和固化过程中流动。实际生产中,挤压密封圈会引起树脂流出,这并不产生很大影响。和 O 型密封圈相比,这种方法最终固化的产品需要更多的修剪工作。

14.7 产品质量

有许多因素可以用于表征液态成型法制备的产品质量,比如纤维体积分数、纤维取向、树脂固化程度及纤维与树脂间的界面性能,但是主要由预成型体设计、树脂选择及固化过程的控制决定。成型产品中的孔洞、多孔及未被树脂浸润的干斑,是影响液态成型产品质量的主要因素。干斑是指成型中预成型体未被树脂浸润的区域[图14.7(a)],孔洞是指含有空气或其他气体的气泡[图14.7(b)],多孔是指多个孔洞聚在一起的区域。

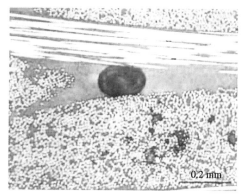

(a) 典型干斑　　　　　　　　　　　　　　　(b) 典型的界面气泡

图 14.7　产品质量缺陷

干斑本质上是由树脂没有正确的流动方向引起的,这是因为没有设计好复杂预成型体的树脂注入口与排出口。干斑也有可能是由预成型体渗透性差异引起的,这在预成型体边缘特别明显。竞流效应经常发生,或者如果预成型体渗透性呈各向异性,那么树脂会流向未设计方向。成型后可以在局部注射树脂修复干斑,但这不能使干斑完全消除,而且这个区域仍是薄弱环节。如果成型过程中出现干斑但一直停留在预成型体内部,可以打开树脂排出口,同时保持注入压力,利用压力差将气泡排出。这个过程称为“打嗝”[5]。

气泡和多孔的形成原因有很多。真空袋漏气,容易在注入口或排出口附近产生许多大且不规则气泡,这是由于没有完全密封引起的。合理检查气密性可以避免产生这种气泡。树脂注入或固化过程中形成的挥发物也会引起气泡,它们通常非常小且均匀地分布在预成型体内。改变树脂种类以避免挥发物产生,调整真空压力或固化温度,可以消除这种气泡;或者增加压力以减小气泡,最后形成的气泡是由于空气残留,本质上是干斑的缩小版。树脂在预成型体内有两个流动通道,在两个牵引力下流动,牵引力不同会引起气泡残留。为了解决这一问题,利用真空使气泡压力接近真空,随着压力增加,气泡逐渐减小,最终消除。

14.8　仿真及优化

14.8.1　概述

图 14.8 显示了仿真及优化在复合材料设计中的作用。采用自动结构优化时,由于整个过程必须由优化器控制,设计方案应相应调整。

随着高性能连续纤维增强塑料的迅速发展,新的成型工艺不断涌现。手糊法作为连续纤维增强热固性树脂最重要的成型工艺,并不适用于热塑性树脂成型。由于利用手糊成型方法制备的产品不具备低成本优势,出现了许多生产复合材料的新技术。一些加压成型技术能够降低成本并提高生产速度,从而用于大量生产。

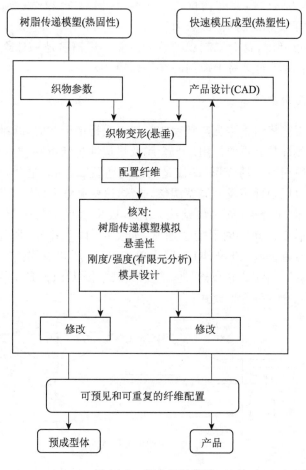

图 14.8　复合材料设计

14.8.2　橡胶成型

橡胶成型由对模相互挤压而完成,其中一个压模由橡胶组成。图 14.9 给出了一种常见的橡胶成型工艺,主要步骤为预固化、加热、成型及固化。

14.8.2.1　加热阶段

复合材料可以由两块高温板通过热传导加热。当压力足够大时,预固化阶段可以省略[9]。用热传导加热的缺点是复合材料与加热装置直接接触,为了避免材料与加热板粘在一起,必须使用良好的脱模剂。

虽然可以在烘箱中利用对流加热,但是通常比较耗时,而且需要加入惰性气体,以阻止聚合物在高温下发生氧化反应。快速红外加热法同样需要在惰性气体环境中进行。对于较厚的材料,加热时

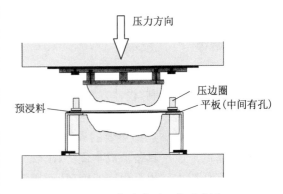

图 14.9　橡胶成型工艺示意图

沿厚度方向存在温度梯度,这会限制成型后的性能。热辐射是一种既干净又迅速的加热方法,它提供了一个灵活而又易于控制的加热途径。

14.8.2.2　成型阶段

利用橡胶成型工艺将织物增强热塑性树脂加工成指定形状时,纤维必须能够变成相应的形状。纤维的连续性具有重要作用。与金属及热塑性树脂不同,连续纤维增强树脂不能承受因纤维局部调整而引起的变形,即使是局部的屈服或弯曲,也会影响整个复合材料的性能。有很多方法可以使纤维发生局部调整,通常,这些调整又称作变形模式。

复合材料一般由层合板(即多层结构)组成,成型过程中每一层的变形能力都有很重要的作用,这些形变称作层内形变。通常,如文献[10]～[13]所述,单丝及平铺织物有五种变形模式:纤维伸长、纤维伸直、层内剪切、层内滑移及屈曲。

根据文献[11]、[14]和[15]的研究,剪切变形模式(图14.10)是织物变形的最重要的一种模式。仿真必须结合这种变形模式。

图 14.10　剪切变形模式示意

由于层合板变形主要由剪切作用控制,有必要了解是什么载荷引起剪切变形。文献[13]表明织物增强复合材料成型过程中的力较小。通常,层合板由多层单向板组合而成。这类层合板由大量的纤维层与树脂层交替堆积而成。在热成型过程中(如橡胶成型),树脂层因加热变软而具有一定的黏性。当层合板承受成型力时,纤维层容易发生滑移,这种变形模式称作层间滑移(图14.11)。在滑移过程中,必须起到润滑作用,否则,由滑移产生的

切应力会变大,最终导致层合板破坏[16]。

图 14.11　层间滑移示意

　　成型中所需压力较低(成型中小于 0.1 MPa,最终固化阶段小于 4 MPa),模具材料除了使用金属冲模,其他成型工艺都是可行的。局部剪切作用决定了织物变形后的厚度[9]。当这种厚度变化被阻止时,织物会受到较大压力,进而阻止织物发生剪切变形。因此,通常两个压模之间的间隙应该是变化的。简单的办法是其中一个压模用软质材料制成,当厚度发生变化时,这种材料应随之发生变形。另一种避免局部压力的方法是改变压模形状,适应厚度变化。由于厚度增加与层合板的变形有直接关系,织物变形的详细模拟与压模的设计有重要关系。

　　硅胶是制作软模具较合适的材料,因为它能够在短时间内承受较高的温度(超过400 ℃)。硅胶的硬度在 55～73 邵氏-A。但是,硅胶具有缺口敏感性的缺点。成型温度较低时(低于 250 ℃),聚氨酯类的较硬材料更加合适。

　　如何选择橡胶材料作为压模取决于复合材料产品。与金属压模接触的表面通常非常光滑,而与橡胶压模接触的表面比较粗糙。多数情况下,这决定了橡胶应用于哪一个压模。目前,大多数复合材料产品用金属作为阴模及硅胶作为阳模而制成。

　　用硅胶作为阳模时,有一个缺点是模具形状在固化前会发生变化。这很容易引起褶皱,还会引起额外的纤维桥联,如图 14.12 所示。在曲率较大的表面,织物中的纤维在角落处发生变形,从而出现未定义形状的产品。为了解决这一问题,应在局部位置填充橡胶。

　　如果用金属作为阳模,硅胶作为阴模,不会出现未定义形状的产品。但是,固化时正确的压力分布仍是这种情况下的主要问题,生产大量产品时,金属材料作为唯一的配模材料。

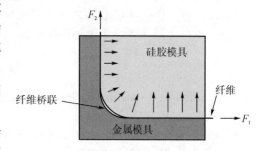

图 14.12　织物中纤维使硅胶模具变形

　　夹持工具也称作弯曲引导器或防皱压板。虽然它用于阻止层合板的面外方向变形,但是,其主要作用是保证纤维在成型过程中受到拉伸作用而避免面内非面外方向屈曲。因此,弯曲引导器的作用类似于操纵器。

　　成型过程主要由层合板上的压力分布决定,大的局部变形(如靠近转角处),可以通过增加局部压力的方式模拟。利用夹持装置可以控制摩擦力,如果摩擦力不能使织物充分变形,可以用插针将某些部位锁住。但是,由于插针的引入,在插针的附近会产生额外的力。因此,插入插针的部位不符合产品需求,这会产生额外的废料。

　　通常,织物放在一块支撑板上(图 14.9)。防皱压板夹持织物边缘而不是中心位置,利用热传导加热织物时,为了保证均匀加热,支撑板中间的洞应用相同材料填充。

14.8.2.3　（预）固化阶段

经加热阶段，以及经层内剪切、弯曲与滑移后，还要经过最终的固化工艺。预浸料和黏合剂的性能决定了压模的压力与温度。纤维或织物浸渍不充分的工艺中，例如缠绕、混编或粉末浸渍聚合物-纤维混合等，预固化阶段可以省略。用黏性的树脂浸渍纤维，然后用热压板或双压带机，分批将多层预浸料加热、加压一段时间，最终复合在一起。这种情况下，基于溶剂浸渍（粉末、薄膜）或熔体浸渍的预浸料技术不再是必不可少的，而且橡胶成型工艺中的加热、成型及最终固化都只消耗很少的时间，大量生产时，成型周期必须尽可能缩短，从而有利于在橡胶成型过程外将浸渍与固化整合到一起[17]。省略预固化阶段及减少成型过程时间而节约的成本，可以降低产品的价格。预固化阶段的一个缺点是必须为指定的产品提供外形完全匹配的压板。

14.9　总　　结

液体成型工艺是目前唯一可以成功固化三维纺织预成型体的成型工艺。虽然有许多不同类型的液体成型技术，但本质上都可以归结为树脂传递模塑（RTM）、树脂薄膜注塑（RFI）和西曼复合材料树脂注入工艺（SCRIMP）三种成型工艺。本章对这些成型工艺及相关问题如设备选择、树脂、模具及成品质量做了基本概述。

液体成型方法可以广泛应用于工业生产，而且成型工艺建立方便，但主要用于二维预成型体成型。用液体成型工艺固化三维预成型体还没有出现较大的问题，目前的主要难点在于三维预成型体在固化成型中树脂的均匀性流动及尽可能不影响织物细观结构。

参 考 文 献

[1] Kruckengerg T M, Paton R. Resin Transfer Moulding for Aerospace Structures. Dordrecht: Kluwer Academic Publishers, 1998.

[2] Parnas R S. Liquid Composite Molding. Carl Hanser Verlag GmbH & Co KG. 2000.

[3] Potter K. Resin Transfer Moulding. London: Chapman & Hall, 1997.

[4] Rackers B. Introduction to resin transfer moulding. Kruckenberg T, Paton R. Dordrecht: Kluwer Academic Publishers, 1998.

[5] Rackers B, Howe C, Kruckengerg T M. Quality and process control. Resin Transfer Moulding for Aerospace Structures. Kruckenberg T, Pator R. Dordrecht: Kluwer Academic Publishers, 1998.

[6] Stweart R. Ford optimizes SMC body panels. Composites Technology, 2001, 7(5): 44-46.

[7] Brosius D, Clarke S. Textile preforming techniques for low cost structural composites. Amer. Soc. Met. I N T, 1991.

[8] Wadsworth M. Tooling fundamentals for resin transfer moulding. Resin Transfer Moulding for Aerospace Structures. Kruckenberg T, Paton R. Dordrecht: Kluwer Academic Publishers, 1998: 282 - 337.

[9] Robroek L M J. Material response of advanced thermoplastic composites to the thermoforming manufacturing process. Proceedings of the Third International Conference on Automated Composites, 1991.

[10] Mack C, Taylor H M. The fitting of woven cloth to surfaces. Journal of the Textile Institute

Transactions，1956,49(7):477-488.

[11] Robertson R E，Hsiue E S，Yeh G S Y. Fibre rearrangements during the moulding of continuous fibre composites II. Polymer Composites，1984,5(3):191-197.

[12] Heisley F L，Haller K D. Fitting woven fabric to surfaces in three dimensions. Journal of the Textile Institute，1988，79(2):250-263.

[13] Robroek L M J. The Development of Rubber Forming as a Rapid Thermoforming Technique for Continuous Fibre Reinforced Thermoplastic Composites. Delft: Delft University Press，1994.

[14] Potter K D. The influence of accurate stretch data for reinforcements on the production of complex structural mouldings. Composites，1979,10(3):161-163.

[15] Van West B P. A Simulation of the Draping and a Model of the Consolidation of Commingled Fabrics. University of Delaware，1990.

[16] Albert S T，Timonthy G G. Ply-slip during the forming of thermoplastic composite parts. Journal of Composite Materials，1989，23(6):587-605.

[17] Cogswell F N. The processing science of thermoplastic structural composites. International Polymer Processing，1987,1(4):157-165.

[18] Tong L Y，Mouritz A P，Bannister M K. 3D Fibre Reinforced Polymer Composites. Kidlington: Elsevier Science Ltd. ，2002: 47-62.

15 纺织柔性复合材料非线性变形

15.1 概　　述

正如第九章所述,柔性复合材料的变形行为与普通刚性树脂基复合材料千差万别,具体如下:

（1）柔性复合材料具有高度各向异性（如横向刚度：纵向刚度≫1）。图 15.1 所示为两种复合材料的有效弹性模量（E_{xx}/E_{22}）与纤维取向角的关系,图中:上面的曲线表明 Kevlar49 纤维/硅橡胶复合材料的有效弹性模量受纤维取向角的影响较大。例如,纤维取向偏离 5°以内时,每偏离 1°,有效刚度将变化 53%;下面的曲线表明 Kevlar49 纤维/环氧树脂复合材料的有效刚度和纤维取向的关系,在相同条件下,其有效弹性模量的变化小于 7%。

（2）柔性复合材料具有较低的剪切刚度和较大的剪切变形特点,这使得其在受力时纤维束取向可发生较大变化。

（3）柔性复合材料比普通刚性树脂基复合材料具有更大的弹性变形范围,因此材料几何形态（如面积）需要加以考虑。

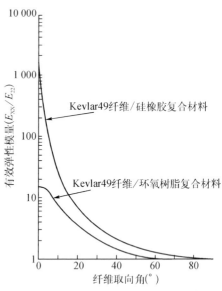

图 15.1　两种复合材料的有效弹性模量
　　　　　（E_{xx}/E_{22}）与纤维取向角的关系

（4）由材料性质和几何效应引起的非线性弹性变形及拉伸-剪切耦合现象,在柔性复合材料产生有限变形情况下非常明显。

因此,基于刚性树脂基复合材料无限小应变假设的普通线弹性理论,可能在柔性复合材料产生有限变形情况下不适用。

二战期间提出的非线性有限弹性理论对橡胶工业发展是一个里程碑式的进步。M. Mooney 在 1940 年发表了著名的应变能函数。Rivlin 和他的合作者们[1-4]从 1948 年起陆续发表了一系列相关文章,成功预测了类似橡胶的不可压缩的各向同性材料发生大变形的力学行为。这些研究工作极大地促进了非线性有限弹性理论的发展。这个理论的基本组成部分可以在已有的论著中找到[5-9]。

为了预测纤维增强橡胶材料的大变形行为,Adkins 和 Rivlin[10]采用理想纤维增强材料理论,研究了非线性、各向异性和有限变形问题。体积不可压缩和纤维不可拉伸是这个理论的基本假设。Rivlin[11]、Pipkin 和 Rogers[12]、Spencer[8]进一步完善了该理论。但是,当复合材料中的纤维几何形态及纤维伸长不可忽略时,应用该理论就显得困难重重。

　　过去研究柔性复合材料受大变形疲劳载荷作用,主要集中于使用帘线/橡胶复合材料和涂层织物领域,但大部分是基于复合材料层合理论假设的线性小变形研究。Chou[13] 总结了柔性复合材料的力学性能。

　　近些年,生物材料的本构关系引起了越来越多的研究兴趣。因为此类材料具有不可压缩性、黏弹性和各向异性,还有大变形范围的非线性[14]。例如,Aspden[15] 使用纤维取向分布函数研究了生物材料有限变形中纤维取向的影响,并假设纤维只受轴向拉伸。但是,纤维的有限变形、刚体旋转和树脂的剪切性能都影响着材料变形时纤维的取向度。这在以往的研究中都没有被考虑。Humphrey 和 Yin[16] 依据伪应变能函数推导了一个本构模型,其结果与单轴向和双轴向试验结果做了对比。能量函数所用的参数来源于试验数据,但没有考虑纤维空间排列引起的几何非线性。

　　后来又有各种相应函数被提出,用于替代试验来预测这类材料的应力-应变关系。Petit 和 Waddoups[17] 使用增量法,Hahn[18]、Hahn 和 Tsai[19] 使用补充能量密度,推导了剪切为非线性而拉伸为线性的应力-应变关系。Jones 和 Morgan[20] 使用了非线性力学性能是弹性能量密度函数的正交材料模型。Ishikawa 和 Chou[21] 测试了纺织复合材料的非线性弹性行为。但是,这些研究都局限于小应变范围。

　　为了对有限变形问题提供严谨的求解方案,本章将介绍两种同时考虑几何效应和材料非线性的分析方法,来预测柔性复合材料的本构关系[22-24]。

　　(1) 第一种方法(15.3 节),依据拉格朗日描述法推导一个封闭的本构方程表达式。应变能密度被认为是拉格朗日应变分量相对于初始材料坐标 $\overline{X}$ 的函数,如图 15.2(a)所示。

　　(2) 第二种方法(15.4 节),依据欧拉描述法把当前时刻的复合材料的变形看作下一时刻的参考状态,推导一个非线性本构关系。

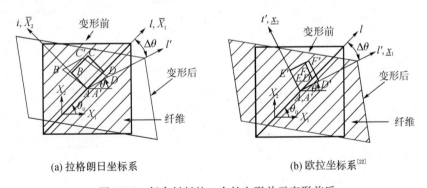

(a) 拉格朗日坐标系　　　　　　　　　　　(b) 欧拉坐标系[22]

图 15.2　复合材料的一个长方形单元变形前后

　　利用 15.3 和 15.4 节得到的本构关系,分析柔性纺织复合材料的非线性弹性行为,将在 15.5 节讨论。15.2 节基于 Luo[25] 的研究,介绍柔性复合材料非线性弹性行为的理论基础。

15.2　背景知识

15.2.1　张量

　　本节将依据已往研究,如 Fung[6,26]、Rivlin[27] 和 Lai 等[9] 的报道,简要概述张量的概念及其应用,而不做详细分析。为简便起见,这里只使用笛卡尔张量,因此没有反方差和协方差的区别,张量的所有单元都用下标法表示,同时下文中张量将用黑体字母表示。

15.2.1.1　Einstein 求和约定

以下三个方程所表达的意思一样:

$$y_i = a_{ij}x_j = \sum_{j=1}^{n} a_{ij}x_j = a_{i1}x_1 + a_{i2}x_2 + \cdots + a_{in}x_n \tag{15.1}$$

式(15.1)中的第一个式子是 Einstein 求和约定,其中:j 是哑指标,在其变化范围内只重复一次;i 是自由指标,在每个方程中只出现一次,假设其值为 1、2 和 3。

下面给出两个例子:

(1) 两个向量 $a = a_i e_i$, $b = b_i e_i (i=1,2,3)$,内积定义为:

$$c = a \cdot b = \sum_{i=1}^{3} \sum_{j=1}^{3} a_i b_j (e_i \cdot e_j) = a_i b_j (e_i \cdot e_j) \tag{15.2}$$

(2) 矩阵 $a = [a_{ij}]$, $b = [b_{ij}] (i=1,2,3; j=1,2,3)$,积为:

$$[c_{ij}] = ab = \sum_{k=1}^{3} [a_{ik}b_{kj}] = [a_{ik}b_{kj}] \tag{15.3}$$

15.2.1.2　Kronecker 三角

Kronecker 三角 δ 定义为:

$$\delta_{ij} = \begin{cases} 1 & (i = j) \\ 0 & (i \neq j) \end{cases} \tag{15.4}$$

或

$$\delta = \begin{bmatrix} \delta_{11} & \delta_{12} & \delta_{13} \\ \delta_{21} & \delta_{22} & \delta_{23} \\ \delta_{31} & \delta_{32} & \delta_{33} \end{bmatrix} = \begin{bmatrix} 1 & 0 & 0 \\ 0 & 1 & 0 \\ 0 & 0 & 1 \end{bmatrix} \tag{15.5}$$

三个常用的关系式:

(1) $\delta_{ij} = 3$。

(2) $\delta_{im}T_{mj} = T_{ij}$。

(3) 相互垂直的 3 个单位向量 e_1、e_2、e_3, $e_i e_j = \delta_{ij}$。

15.2.1.3　置换符号

置换符号定义:

$$\varepsilon_{ijk} = \begin{cases} 1 & (\text{如果 } ijk \text{ 为顺序置换}) \\ -1 & (\text{如果 } ijk \text{ 为逆序置换}) \\ 0 & (\text{其他}) \end{cases} \tag{15.6}$$

顺序和逆序置换定义:

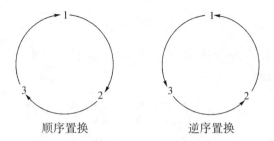

顺序置换　　　　　　　　　　逆序置换

本章用到的关系还有：

（1）两个向量，$a = a_i e_i$，$b = b_j e_j$，那么：

$$a \times b = \varepsilon_{ijk} a_i b_j e_k \tag{15.7}$$

其中：e_k 为与 $e_i e_j$ 面垂直的单位向量。

（2）矩阵 $m = [m_{ij}]$ 的行列式：

$$\det m = \begin{vmatrix} m_{11} & m_{12} & m_{13} \\ m_{21} & m_{22} & m_{23} \\ m_{31} & m_{32} & m_{33} \end{vmatrix} = \frac{1}{6} \varepsilon_{ijk} \varepsilon_{pqr} m_{ip} m_{jp} m_{kr} \tag{15.8}$$

15.2.2　拉格朗日和欧拉描述法

拉格朗日和欧拉描述法都可用于描述有限弹性变形行为。描述一个连续体变形前后的关系可以使用域 D_0 到 D 的映射表示，如图 15.3 所示。为了定义这种映射关系，先假设笛卡尔坐标系中变形前后的固定坐标分别是 X 和 x。域 D_0 中粒子 P 的位置由向量 X 和坐标 $X_j(j=1,2,3)$ 表示，变形后粒子 P 的位置假设变为 P'，向量 x 的坐标为 $x_i(i=1,2,3)$，那么变形映射关系可以由转换坐标 X_j 和 x_i 之间的数学关系式表达。

若以 X_1-X_2-X_3 作为参考坐标系，变形描述都依赖于初始状态 X，这种描述方法就是拉格朗日法，参考坐标系统称为拉格朗日坐标系，映射方程：

$$x_i = x_i(X_1, X_2, X_3) \tag{15.9}$$

上式中假设函数 $x_i(X_1, X_2, X_3)$ 为连续变化，可表示为：

$$\mathrm{d}x_i = \frac{\partial x_i}{\partial X_i} \mathrm{d}X_j = x_{i,j} \mathrm{d}X_j \tag{15.10}$$

其中：隐式系数 j 表示在其范围内求和。

式（15.10）的矩阵形式为 $[\mathrm{d}x] = [g][\mathrm{d}X]$，其中变形梯度矩阵 $[g]$：

$$g_{ij} = \frac{\partial x_i}{\partial X_j} \tag{15.11}$$

在拉格朗日系统中，应变张量被称为拉格朗日应力（E_{ij}）或称为 Green's 或 St. Venanf's 应力，矩阵形式定义：

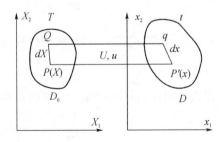

图 15.3　弹性体变形前 D_0 和变形后 D[24]

$$[E] = \frac{1}{2}([g]^{\mathrm{T}} - [g] - \delta) \tag{15.12}$$

其中:$[g]^{\mathrm{T}}$ 为变形梯度矩阵$[g]$的转置矩阵;δ 为 Kronecker 三角。

式(15.12)的显式表达:

$$E_{11} = \frac{1}{2}\left(\frac{\partial x_1}{\partial X_1}\frac{\partial x_1}{\partial X_1} + \frac{\partial x_2}{\partial X_1}\frac{\partial x_2}{\partial X_1} - 1\right)$$

$$E_{22} = \frac{1}{2}\left(\frac{\partial x_1}{\partial X_2}\frac{\partial x_1}{\partial X_2} + \frac{\partial x_2}{\partial X_2}\frac{\partial x_2}{\partial X_2} - 1\right) \tag{15.13}$$

$$E_{12} = E_{21} = \frac{1}{2}\left(\frac{\partial x_1}{\partial X_1}\frac{\partial x_1}{\partial X_2} + \frac{\partial x_2}{\partial X_1}\frac{\partial x_2}{\partial X_2}\right)$$

另一方面,x_1-x_2-x_3 可作为参考坐标系,那么粒子位置向量 x 依赖于变形状态而变化,这种描述方法称为欧拉法,参考坐标系被称为欧拉坐标系。转换方程为 $X_i = X_i(x_1, x_2, x_3)$,则矩阵形式:

$$[\mathrm{d}X] = [g]^{-1}[\mathrm{d}x] \tag{15.14}$$

上式中$[g]^{-1}$为$[g]$的逆矩阵,其组成单元:

$$g_{ji}^{-1} = \frac{\partial X_j}{\partial x_i} = \frac{[\mathrm{co}(g_{ij})]^{\mathrm{T}}}{\det g} \tag{15.15}$$

上式中$[\mathrm{co}(g_{ij})]^{\mathrm{T}}$是矩阵 g_{ij} 的辅助转置因子,$\det g$ 是$[g]$的行列式。

就变形体而言,欧拉系统中的应力张量被称为欧拉应变(e_{ij}),有时也被称为大变形 Almansi's 应变和小变形 Cauchy's 应变[6],其定义:

$$[e] = \frac{1}{2}\{[\delta] - ([g]^{-1})^{\mathrm{T}} \cdot [g]^{-1}\} \tag{15.16}$$

或

$$2e_{11} = 1 - \left(\frac{\partial X_1}{\partial x_1}\frac{\partial X_1}{\partial x_1} + \frac{\partial X_2}{\partial x_1}\frac{\partial X_2}{\partial x_1}\right)$$

$$2e_{22} = 1 - \left(\frac{\partial X_1}{\partial x_2}\frac{\partial X_1}{\partial x_2} + \frac{\partial X_2}{\partial x_2}\frac{\partial X_2}{\partial x_2}\right) \tag{15.17}$$

$$2e_{12} = 2e_{21} = -\left(\frac{\partial X_1}{\partial x_1}\frac{\partial X_1}{\partial x_2} + \frac{\partial X_2}{\partial x_1}\frac{\partial X_2}{\partial x_2}\right)$$

式(15.13)和式(15.17)可以用位移向量 U 和 u 分别表示坐标 X 和 x,其关系式:

$$U = u = x - X \tag{15.18}$$

那么拉格朗日和欧拉应变张量的替换表达为:

$$E_{ij} = \frac{1}{2}\left(\frac{\partial U_i}{\partial X_j} + \frac{\partial U_j}{\partial X_i} + \frac{\partial U_k}{\partial X_i}\frac{\partial U_k}{\partial X_j}\right) \tag{15.19}$$

$$e_{ij} = \frac{1}{2}\left(\frac{\partial u_i}{\partial x_j} + \frac{\partial u_j}{\partial x_i} + \frac{\partial u_k}{\partial x_i}\frac{\partial u_k}{\partial x_j}\right) \tag{15.20}$$

如果位移梯度足够小,即式(15.19)和式(15.20)中的二次项与一次项相比太小,可以忽略不计,那么拉格朗日和欧拉应变张量可简写为线性式,等于小变形应变(ε_{ij}):

$$\varepsilon_{ij} = \frac{1}{2}\left(\frac{\partial u_i}{\partial x_j} + \frac{\partial u_j}{\partial x_i}\right) \tag{15.21}$$

众所周知,单位面积上的力称为应力。但对于有限变形来说,单元变形前的表面积和法向量与变形后可能存在很大不同。因此,应力既可以定义为变形前单位面积上的力,也可以定义为变形后单位面积上的力。前者被称为 Piola-Kirchhoff 应力或 Lagrangian 应力(Π_{ij}),后者被称为 Cauchy's 应力或 Eulerian 应力(σ_{ij})。

为了简要说明,如图 15.4 所示,单位厚度长方形单元 ABCD 受轴向拉力 P 作用变成 $A'B'C'D'$,忽略厚度方向的形状变化,那么欧拉应力定义为变形后单位面积上的力:

$$\sigma_{xx} = \frac{P}{C'D'} \tag{15.22}$$

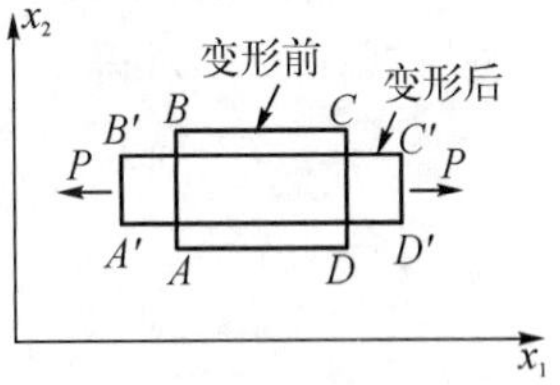

拉格朗日应力定义为作用力除以原始截面积(相对于变形面):

$$P_{AB} = \frac{\partial X_A}{\partial x_i}\Pi_{Bi} = (\det g)g_{Ai}^{-1}g_{Bj}^{-1}\sigma_{ji} \tag{15.23}$$

从式(15.22)和式(15.23)可知:

$$\sigma_{xx}C'D' = \Pi_{xx}CD = P \tag{15.24}$$

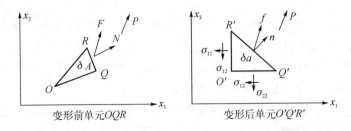

图 15.4 作用力 P 引起单元变形

通过分析二维单元变形(图 15.5),可以得到两种应力描述法通用的关系式。假设面积为 δA、法向受力为 N 的 QR 是单元 OQR 在未变形状态下的边缘表面。$Q'R'$ 是变形后面积为 δa、法向受力为 n 的边缘表面。坐标系 x_1-x_2 固定在变形单元上。同时,$Q'R'$ 单位面积上受表面力 f 的拉伸,那么 $Q'R'$ 上的总表面力为 $f\delta a$。作用于 QR 上的法向拉力 F:

$$F\delta A = f\delta a = P \tag{15.25}$$

其中:P 是作用在 $Q'R'$ 上的实际力。

图 15.5 拉格朗日应力与欧拉应力的对应关系

变形前单元OQR　　　　　　变形后单元O'Q'R'

忽略面力/体力并假设变形速度非常小,通过力平衡可以得到:

$$f_i = \sigma_{ji}n_j \tag{15.26}$$

其中:f_i、n_j 分别是 f、n 的分量。

类似地:

$$F_i = \Pi_{ji} N_j \tag{15.27}$$

其中:F_i、N_j 分别是 F、N 的分量。

把式(15.26)和式(15.27)代入式(15.25),运用以下关系式:

$$N_i = (\det g)^{-1} n_j \frac{\delta a}{\delta A} g_{ji} \tag{15.28}$$

得:

$$\sigma = (\det g)^{-1} g\Pi \tag{15.29}$$

或

$$\sigma_{ji} = (\det g)^{-1} g_{jk} \Pi_{ki} \tag{15.30}$$

其中:$\det g$ 为 g 的行列式。

倒置式(15.29),得:

$$\Pi = (\det g) g^{-1} \sigma \tag{15.31}$$

或

$$\Pi_{ji} = (\det g) g_{jk}^{-1} \sigma_{ki} \tag{15.32}$$

注意到,欧拉应力张量是对称的(如 $\sigma_{ij} = \sigma_{ji}$),而拉格朗日应力张量[式(15.31)]是不对称的,但下面的量是对称的:

$$P_{AB} = \frac{\partial X_A}{\partial x_i} \Pi_{Bi} = (\det g) g_{Ai}^{-1} g_{Bj}^{-1} \sigma_{ji} \tag{15.33}$$

其中:P_{AB} 是第二 Piola-Kirchhoff 应力张量或简称 Kirchhoff 应力。

15.3　基于拉格朗日法的本构关系描述

15.3.1　层合板有限变形

柔性复合材料的一个基本单元被认为是由平行、连续、无卷曲的纤维束嵌入可维持大变形的弹性树脂中形成的薄层,同时认为这种薄层是尺度远大于内部纤维间距的均匀体,那么柔性复合材料在宏观上就是一个均匀的二维正交弹性连续体。本节将介绍利用拉格朗日法推导这种基本单元在有限变形下的本构关系。

图 15.2(a)所示是单向柔性复合材料薄层在纤维初始方向与轴 X_1 形成 θ_0 角的有限变形。笛卡尔坐标系的 l、t 分别沿纤维初始方向和纤维横向。受力时,长方形单元 $ABCD$ 变成平行四边形单元 $A'B'C'D'$,AD 和 $A'D'$ 的夹角为 $\Delta\theta$,相应的纤维取向 l' 变成与轴 X_1 形成 θ 角,而且

$$\theta = \theta_0 + \Delta\theta \tag{15.34}$$

由于树脂的剪切模量较低,柔性复合材料的各向异性程度较高($E_{11} \gg E_{22}$),所以复合材料的有效弹性性能对纤维取向非常敏感,$\Delta\theta$ 的变化范围可能会很大。纤维取向是造成复

合材料几何非线性的主要原因。弹性复合材料发生大变形同样会引起材料非线性。

如图 15.6 所示,进一步研究图 15.2(a)中单元 $ABCD$ 的变形行为。假设笛卡尔坐标系 $\overline{X}$ 与材料初始坐标系重合,即 X_1 平行于 l。材料相对于初始坐标发生变形,那么在坐标系 $\overline{X}$ 中,拉格朗日应变矩阵:

$$[\overline{E}] = \frac{1}{2}([\overline{g}]^{\mathrm{T}}[\overline{g}] - [\delta]) \qquad (15.35)$$

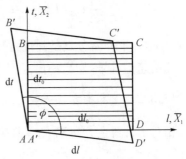

图 15.6 复合材料长方形单元相对于材料初始坐标系的变形[24]

图 15.6 中的单元变形可以表示为拉格朗日应变分量。设变形前线单元 $AD = \mathrm{d}l_0$、$AB = \mathrm{d}t_0$,变形后 $A'D' = \mathrm{d}l$、$A'B' = \mathrm{d}t$,则:

$$2\overline{E}_{11} = [(\mathrm{d}l)^2 - (\mathrm{d}l_0)^2]/(\mathrm{d}l_0)^2$$
$$2\overline{E}_{22} = [(\mathrm{d}t)^2 - (\mathrm{d}t_0)^2]/(\mathrm{d}t_0)^2 \qquad (15.36)$$
$$2\overline{E}_{12} = -\sin(\Delta\phi)\sqrt{(1+2\overline{E}_{11})(1+2\overline{E}_{22})}$$

其中:$\Delta\phi = \angle B'A'D' - \angle BAD = \phi - \pi/2$。 $\qquad (15.37)$

15.3.2 单向板本构方程

15.3.2.1 应变能函数

Rivlin[28] 在 1959 年提出了应变能函数的概念:"应变能函数是弹性材料固有的物理性质。它与一个完全任意方式的九个位移梯度无关。同时,如果是对称材料,其应变能对应变分量的依赖性也不是任意形式的。"随后,Rivlin 认为这里的应变能密度应该是相对于主要材料坐标系的拉格朗日应变分量函数。如式(15.36),在二维材料情况下,单位体积的应变能:

$$W = W(\overline{E}_{11}, E_{22}, \overline{E}_{12}) \qquad (15.38)$$

当 W 为置换元素时,其值不变,即:

$$\overline{X}_1 \rightarrow -\overline{X}_1, \quad \overline{x}_1 \rightarrow -\overline{x}_1$$

或

$$\overline{X}_2 \rightarrow -X_2, \quad \overline{x}_2 \rightarrow -\overline{x}_2 \qquad (15.39)$$

又,应变能函数必须为 $\overline{E}_{12}$ 的偶函数,所以式(15.38)可表示为:

$$W = W(\overline{E}_{11}, \overline{E}_{22}, \overline{E}_{11}^2) \qquad (15.40)$$

最后,未变形单向板单位体积的应变能函数服从以下四阶多项式:

$$W = \frac{1}{2}C_{11}\overline{E}_1^2 + \frac{1}{3}C_{1111}\overline{E}_1^3 + \frac{1}{4}C_{1111}\overline{E}_1^4 + C_{12}\overline{E}_1\overline{E}_2 + \frac{1}{2}C_{22}\overline{E}_2^2 +$$

$$\frac{1}{3}C_{222}\ \overline{E}_2^3 + \frac{1}{4}C_{2222}\ \overline{E}_2^4 + \frac{1}{2}C_{66}\ \overline{E}_6^2 + \frac{1}{4}C_{6666}\ \overline{E}_6^4 \tag{15.41}$$

其中：C_{ij}、C_{ijk} 和 C_{ijkl} 分别是弹性常数。

使用速记符号，如 $\overline{E}_1 = \overline{E}_{11}$，$\overline{E}_2 = \overline{E}_{22}$，$\overline{E}_6 = 2\overline{E}_{12}$。

15.3.2.2 本构方程一般形式

相对于材料主方向 $\overline{X}_1 - \overline{X}_2$，其应力矩阵与应变能的关系[27]：

$$\overline{\Pi}_{ji} = \frac{\partial W}{\partial g_{ji}}$$
$$\overline{\sigma}_{ij} = \frac{1}{\det \overline{g}}\ \overline{g}_{ip}\ \frac{\partial W}{\partial g_{jp}} \tag{15.42}$$

把式(15.35)和式(15.40)代入式(15.42)，得：

$$\overline{\Pi}_{ji} = \frac{1}{2}\ \overline{g}_{ip}\left(\frac{\partial W}{\partial \overline{E}_{jp}} + \frac{\partial W}{\partial \overline{E}_{pj}}\right)$$
$$\overline{\sigma}_{ij} = \frac{1}{\det \overline{g}}\left[W_{11}\ \overline{g}_{i1}\ \overline{g}_{j1} + W_{22}\ \overline{g}_{i2}\ \overline{g}_{j2} + \frac{1}{2}W_{12}\left(\overline{g}_{i1}\ \overline{g}_{j2} + \overline{g}_{i2}\ \overline{g}_{j1}\right)\right] \tag{15.43}$$

其中：

$$W_{11} = \frac{\partial W}{\partial \overline{E}_{11}} = C_{11}\ E_{11} + C_{111}\ \overline{E}_{11}^2 + C_{1111}\ \overline{E}_{11}^3 + C_{12}\ \overline{E}_{22}$$

$$W_{22} = \frac{\partial W}{\partial \overline{E}_{22}} = C_{22}\ \overline{E}_{22} + C_{222}\ \overline{E}_{22}^2 + C_{2222}\ \overline{E}_{22}^3 + C_{12}\ \overline{E}_{11} \tag{15.44}$$

$$W_{12} = \frac{\partial W}{\partial \overline{E}_{12}} = 2(C_{66}\ \overline{E}_6 + C_{6666}\ \overline{E}_6^3)$$

为了推导除材料主方向外任意轴的本构方程一般形式，采用二维直角笛卡尔坐标系 $X_1 - X_2$。X_i 和 $\overline{X}_i$ 的夹角为 θ_0，如图 15.6 所示。设 $[a]$ 为正交变换矩阵：

$$[a] = \begin{bmatrix} \cos\theta_0 & -\sin\theta_0 \\ \sin\theta_0 & \cos\theta_0 \end{bmatrix} \tag{15.45}$$

$[X] = [a]\cdot[\overline{X}]$，则变形梯度和拉格朗日应变在坐标系 X 和 $\overline{X}$ 间的变换关系：

$$[\overline{g}] = [a]^{\mathrm{T}}[g][a] \tag{15.46}$$

$$[\overline{E}] = [a]^{\mathrm{T}}[E][a] \tag{15.47}$$

由式(15.45)，式(15.47)可表示为：

$$\overline{E}_{11} = \frac{1}{2}E_{11}(1+\cos2\theta_0) + E_{12}\sin2\theta_0 + \frac{1}{2}E_{22}(1-\cos2\theta_0)$$

$$\overline{E}_{22} = \frac{1}{2}E_{11}(1-\cos2\theta_0) - E_{12}\sin2\theta_0 + \frac{1}{2}E_{22}(1+\cos2\theta_0) \tag{15.48}$$

$$\overline{E}_{12} = \overline{E}_{21} = \frac{1}{2}(E_{22}-E_{11})\sin2\theta_0 + E_{12}\cos2\theta_0$$

相对于坐标系 X,应力矩阵:

$$[\sigma] = [a][\bar{\sigma}][a]^{\mathrm{T}}$$
$$[\Pi] = [a][\bar{\Pi}][a]^{\mathrm{T}} \tag{15.49}$$

由式(15.43)和式(15.46)可知,式(15.49)可扩展为:

$$\sigma_{ij} = \frac{1}{\det g} g_{ip} g_{jq} \left[a_{p1} a_{q1} W_{11} + a_{p2} a_{q2} W_{22} + \frac{1}{2} (a_{p1} a_{q_2} + a_{p2} a_{q_1}) W_{12} \right] \tag{15.50}$$

$$\Pi_{ji} = g_{ip} \left[a_{p1} a_{j1} W_{11} + a_{p2} a_{j2} W_{22} + \frac{1}{2} (a_{p1} a_{j_2} + a_{p2} a_{j_1}) W_{12} \right] \tag{15.51}$$

由式(15.45)可得式(15.51)的显式表达:

$$\Pi_{11} = \left[g_{11} c^2 + g_{12} cs \right] W_{11} + \left[g_{11} s^2 + g_{12} cs \right] W_{22} + \left[-g_{11} cs + \frac{1}{2} g_{12} (c^2 - s^2) \right] W_{12}$$

$$\Pi_{22} = \left[g_{22} s^2 + g_{21} cs \right] W_{11} + \left[g_{22} c^2 - g_{21} cs \right] W_{22} + \left[g_{22} cs + \frac{1}{2} g_{21} (c^2 - s^2) \right] W_{12}$$

$$\Pi_{12} = \left[g_{22} cs + g_{21} cs \right] W_{11} + \left[g_{21} s^2 - g_{22} cs \right] W_{22} + \left[-g_{21} cs + \frac{1}{2} g_{22} (c^2 - s^2) \right] W_{12}$$

$$\Pi_{21} = \left[g_{11} cs + g_{12} s^2 \right] W_{11} + \left[g_{12} c^2 - g_{11} cs \right] W_{22} + \left[g_{12} cs + \frac{1}{2} g_{11} (c^2 - s^2) \right] W_{12}$$

$$\tag{15.52}$$

其中: $c = \cos\theta_0$; $s = \sin\theta_0$。

式(15.52)是单向板在有限变形下的本构方程一般形式。其中, g_{ij} 表示由单向板形状变化引起的几何非线性, W_{ij} 表示单向板的材料非线性。如果单向板变形微小且 W_{ij} 中只有线性项,式(15.52)可简化为刚性复合材料的线性应力-应变关系。

对于一些特殊变形,可以利用式(15.11)计算变形梯度矩阵 $[g]$,从式(15.12)和式(15.48)推导相对于材料主方向的拉格朗日应变 $[\bar{E}]$ 并代入式(15.44)可得 W_{ij},那么拉格朗日应力 $[\Pi]$ 可从式(15.52)得到。这些计算过程将在 15.3.2.3~15.3.2.5 节中结合一些特殊例子加以介绍。

15.3.2.3 纯均匀变形

如图 15.7 所示,长方形单向板的边与坐标系 X 的轴互相平行。当单向板受到沿坐标系 X 轴方向拉伸比为 λ_1 和 λ_2 的载荷时发生纯均匀变形,其变形量:

$$x_1 = \lambda_1 X_1$$
$$x_2 = \lambda_2 X_2 \tag{15.53}$$

参考式(15.11)和式(15.12),得:

$$[g] = \begin{bmatrix} \lambda_1 & 0 \\ 0 & \lambda_2 \end{bmatrix} \tag{15.54}$$

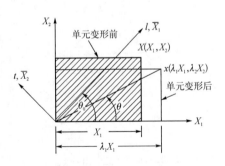

图 15.7 纯均匀变形[24]

$$2[E] = \begin{bmatrix} \lambda_1^2 - 1 & 0 \\ 0 & \lambda_2^2 - 1 \end{bmatrix} \tag{15.55}$$

从式(15.48)和式(15.55),可得:

$$\overline{E}_{11} = \frac{1}{4} \left[(\lambda_1^2 + \lambda_2^2 - 1) + (\lambda_1^2 - \lambda_2^2) \cos 2\theta_0 \right]$$

$$\overline{E}_{22} = \frac{1}{4} \left[(\lambda_1^2 + \lambda_2^2 - 2) - (\lambda_1^2 - \lambda_2^2) \cos 2\theta_0 \right] \tag{15.56}$$

$$\overline{E}_{12} = \frac{1}{4} (\lambda_2^2 - \lambda_1^2) + \sin 2\theta_0$$

利用式(15.52)和式(15.54),可以推导拉格朗日应力分量:

$$\Pi_{11} = \lambda_1 (c^2 W_{11} + s^2 W_{22} - cs W_{12})$$

$$\Pi_{22} = \lambda_2 (s^2 W_{11} + c^2 W_{22} + cs W_{12})$$

$$\Pi_{12} = \lambda_2 \left[cs(W_{11} - W_{22}) + \frac{1}{2}(c^2 - s^2) W_{12} \right] \tag{15.57}$$

$$\Pi_{21} = \lambda_1 \left[cs(W_{11} - W_{22}) + \frac{1}{2}(c^2 - s^2) W_{12} \right]$$

其中:W_{11}、W_{22}、W_{12}由式(15.44)和式(15.56)求得。

15.3.2.4　简单剪切变形

如图15.8所示,假设长方形单向板的边与坐标系 X 的轴相互平行,当受到轴 X_1 方向简单剪切量为 K 时,它的变形量:

$$x_1 = X_1 + KX_2$$
$$x_2 = X_2 \tag{15.58}$$

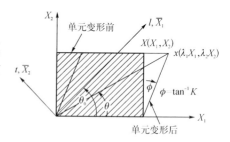

图15.8　简单剪切变形[24]

对于这类变形,参考式(15.11)、式(15.12)和式(15.48),可得:

$$[g] = \begin{bmatrix} 1 & K \\ 0 & 1 \end{bmatrix}, 2[E] = \begin{bmatrix} 0 & K \\ K & K^2 \end{bmatrix} \tag{15.59}$$

$$\overline{E}_{11} = \frac{1}{4} \left[K^2 + (2K \sin 2\theta_0 - K^2 \cos 2\theta_0) \right]$$

$$\overline{E}_{22} = \frac{1}{4} \left[K^2 - (2K \sin 2\theta_0 - K^2 \cos 2\theta_0) \right] \tag{15.60}$$

$$\overline{E}_{12} = \frac{1}{4} \left[K^2 \sin 2\theta_0 + 2K \cos 2\theta_0 \right]$$

参考式(15.52)和式(15.59),得拉格朗日应变分量:

$$\Pi_{11} = \left[c^2 + Kcs \right] W_{11} + \left[s^2 - Kcs \right] W_{22} + \left[-cs + \frac{1}{2} K(c^2 - s^2) \right] W_{12}$$

$$\Pi_{22} = s^2 W_{11} + c^2 W_{22} + cs W_{12}$$

$$\Pi_{12} = cs W_{11} - cs W_{22} + \frac{1}{2}(c^2 - s^2) W_{12}$$ (15.61)

$$\Pi_{21} = [cs + Ks^2] W_{11} + [Kc^2 - cs] W_{22} + \left[Kcs + \frac{1}{2}(c^2 - s^2)\right] W_{12}$$

若 $\theta_0 = 45°$,式(15.60)变为:

$$\overline{E}_{11} = \frac{1}{2}K + \frac{1}{4}K^2$$

$$\overline{E}_{22} = -\frac{1}{2}K + \frac{1}{4}K^2$$ (15.62)

$$\overline{E}_{12} = \frac{1}{4}K^2$$

式(15.61)变为:

$$\Pi_{11} = \frac{1}{2}\left[(1+K)W_{11} + (1-K)W_{22} - W_{12}\right]$$

$$\Pi_{22} = \frac{1}{2}(W_{11} + W_{22} + W_{12})$$

$$\Pi_{12} = \frac{1}{2}(W_{11} - W_{22})$$ (15.63)

$$\Pi_{21} = \frac{1}{2}\left[(1+K)W_{11} + (K-1)W_{22} + KW_{12}\right]$$

　　图 15.9 所示为 Kevlar49 纤维/硅橡胶单向板在不同纤维初始取向度下的简单剪切变形[式(15.61)]。使用的弹性常数列于表 15.1[25]中。结果显示,单向复合材料有限变形下的剪切性质受纤维取向的影响很大。图15.10比较了 0° Kevlar49 纤维/硅橡胶单向板受剪切时的理论预测结果与试验结果。图 15.11 比较了相同条件下 90° Kevlar49 纤维/硅橡胶单向板的理论预测结果与试验结果。90° Kevlar49 纤维/硅橡胶单向板发生大变形时,有纤维从夹持边缘被抽拔出来引起边界效应,所以三轨剪切试验得到的结果[29]比理论预测值小。

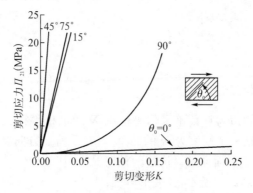

图 15.9　Kevlar49 纤维/硅橡胶单向板在不同纤维初始
取向度下的简单剪切变形[24]

表 15.1　**Kevlar49 纤维/硅橡胶单向板弹性常数**

弹性模量	单位	数值
S_{11}	MPa^{-1}	0.114×10^{-3}
S_{1111}	MPa^{-3}	0
S_{12}	MPa^{-1}	-69.9×10^{-6}
S_{22}	MPa^{-1}	0.306
S_{2222}	MPa^{-3}	0.563
S_{66}	MPa^{-1}	0.387
S_{6666}	MPa^{-3}	77.5×10^{-3}
S_{166}	MPa^{-2}	3.43×10^{-6}
S_{2266}	MPa^{-3}	56.3×10^{-3}
C_{11}	MPa	8.6×10^{3}
C_{1111}	MPa	0
C_{12}	MPa	-1.3
C_{22}	MPa	2.77
C_{2222}	MPa	-12.5
C_{66}	MPa	2.55
C_{6666}	MPa	-2.45

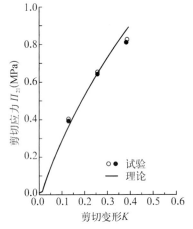

图 15.10　$0°$ Kevlar49 纤维/硅橡胶
单向板受剪切时的理论预
测结果与试验结果比较[24]

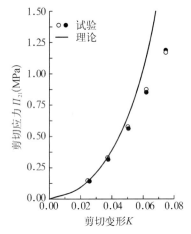

图 15.11　$90°$ Kevlar49 纤维/硅橡胶
单向板受剪切时的理论预
测结果与试验结果比较[24]

15.3.2.5　拉伸叠加剪切

假设长方形单向板的边与直角笛卡尔坐标系 X 的轴相平行。它先受到一个纯均匀变形[式(15.53)],然后受到一个幅值为 K 的简单剪切,而剪切方向有两种情况:①平行于 X_1 方向;②平行于 X_2 方向。下面详细讨论这两种情况:

第一种情况如图 15.12(a)所示,其变形方程:

$$x_1 = \lambda_1 X_1 + K\lambda_2 X_2$$
$$x_2 = \lambda_2 X_2$$
$$(15.64)$$

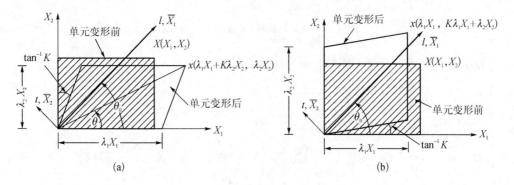

图 15.12 拉伸叠加剪切变形

由式(15.11)、式(15.12)和式(15.49),可得:

$$[g] = \begin{bmatrix} \lambda_1 & K\lambda_2 \\ 0 & \lambda_2 \end{bmatrix}, \quad 2[E] = \begin{bmatrix} \lambda_1^2 - 1 & K\lambda_1\lambda_2 \\ K\lambda_1\lambda_2 & \lambda_2^2(K^2+1)-1 \end{bmatrix} \tag{15.65}$$

$$\overline{E}_{11} = \frac{1}{4}\left[(\lambda_1^2 + \lambda_2^2 - 2 + \lambda_2^2 K^2) + (\lambda_1^2 - \lambda_2^2 - \lambda_2^2 K^2)\cos2\theta_0 + 2K\lambda_1\lambda_2\sin2\theta_0\right]$$

$$\overline{E}_{22} = \frac{1}{4}\left[(\lambda_1^2 + \lambda_2^2 - 2 + \lambda_2^2 K^2) - (\lambda_1^2 - \lambda_2^2 - \lambda_2^2 K^2)\cos2\theta_0 - 2K\lambda_1\lambda_2\sin2\theta_0\right]$$

$$\overline{E}_{12} = \frac{1}{4}\left[(\lambda_2^2 - \lambda_1^2 + \lambda_2^2 K^2)\sin2\theta_0 + 2K\lambda_1\lambda_2\cos2\theta_0\right]$$

$$\tag{15.66}$$

拉格朗日应力分量可由式(15.52)和式(15.65)得到:

$$\Pi_{11} = \left[\lambda_1 c^2 + K\lambda_2 cs\right]W_{11} + \left[\lambda_1 s^2 - K\lambda_2 cs\right]W_{22} + \left[-\lambda_1 cs + \frac{1}{2}K\lambda_2(c^2-s^2)\right]W_{12}$$

$$\Pi_{22} = \lambda_2\left[s^2 W_{11} + c^2 W_{22} + cs W_{12}\right]$$

$$\Pi_{12} = \lambda_2\left[cs W_{11} - cs W_{22} + \frac{1}{2}(c^2-s^2)W_{12}\right]$$

$$\Pi_{21} = \left[\lambda_1 cs + K\lambda_2 s^2\right]W_{11} + \left[K\lambda_2 c^2 - \lambda_1 cs\right]W_{22} + \left[K\lambda_2 cs + \frac{1}{2}\lambda_1(c^2-s^2)\right]W_{12}$$

$$\tag{15.67}$$

第二种情况如图 15.12(b)所示,其变形方程:

$$x_1 = \lambda_1 X_1$$
$$x_2 = K\lambda_1 X_1 + \lambda_2 X_2 \tag{15.68}$$

参考式(15.11)、式(15.12)和式(15.49),可得:

$$[g] = \begin{bmatrix} \lambda_1 & 0 \\ K\lambda_1 & \lambda_2 \end{bmatrix}, \quad 2[E] = \begin{bmatrix} \lambda_1^2(K^2+1)-1 & K\lambda_1\lambda_2 \\ K\lambda_1\lambda_2 & \lambda_2^2 - 1 \end{bmatrix} \tag{15.69}$$

$$\overline{E}_{11} = \frac{1}{4}\left[(\lambda_1^2 + \lambda_2^2 - 2 + \lambda_1^2 K^2) + (\lambda_1^2 - \lambda_2^2 + \lambda_1^2 K^2)\cos2\theta_0 + 2K\lambda_1\lambda_2\sin2\theta_0\right]$$

$$\overline{E}_{22} = \frac{1}{4}\left[(\lambda_1^2 + \lambda_2^2 - 2 + \lambda_1^2 K^2) - (\lambda_1^2 - \lambda_2^2 + \lambda_1^2 K^2)\cos2\theta_0 - 2K\lambda_1\lambda_2\sin2\theta_0\right]$$

$$\overline{E}_{12} = \frac{1}{4}\left[(\lambda_2^2 - \lambda_1^2 + \lambda_1^2 K^2)\sin 2\theta_0 + 2K\lambda_1\lambda_2\cos 2\theta_0 \right] \tag{15.70}$$

拉格朗日应力分量可由式(15.52)和式(15.69)得到：

$$\Pi_{11} = \lambda_1(c^2 W_{11} + s^2 W_{22} - cs W_{12})$$

$$\Pi_{22} = (\lambda_2 s^2 + K\lambda_1 cs)W_{11} + (\lambda_2 c^2 - K\lambda_1 cs)W_{22} + \left[\lambda_2 cs + \frac{1}{2}K\lambda_1(c^2 - s^2)\right]W_{12}$$

$$\Pi_{12} = (\lambda_2 cs + K\lambda_1 c^2)W_{11} + (K\lambda_1 s^2 - \lambda_2 cs)W_{22} + \left[-K\lambda_1 cs + \frac{1}{2}\lambda_2(c^2 - s^2)\right]W_{12}$$

$$\Pi_{21} = \lambda_1\left[cs W_{11} - cs W_{22} + \frac{1}{2}(c^2 - s^2)W_{12}\right] \tag{15.71}$$

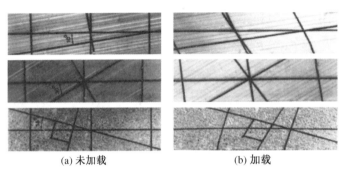

(a) 未加载　　　　　　　　　　(b) 加载

图 15.13　偏轴向单向板单轴拉伸(15°试样是轮胎帘布/橡胶，
10°和 30°试样是 Kevlar 纤维/硅橡胶)[22]

图 15.13 所示为偏轴向单向板单轴拉伸，有利于理解材料端部夹持导致的局部应变场不匀。如果单向板长宽比足够大，材料中心位置能够得到均匀的应力、应变[30]，同时材料的中心线仍在 X_1 方向呈直线状态。所以，这种情况类似上面分析的第一种情况(拉伸叠加剪切)。单轴加载条件可以表示为 $\Pi_{11}\neq 0$、$\Pi_{22}=0$、$\Pi_{21}=0$，由式(15.71)得：

$$\Pi_{11} = \lambda_1(c^2 W_{11} + s^2 W_{22} - cs W_{12})$$
$$0 = s^2 W_{11} + c^2 W_{22} + cs W_{12}$$
$$0 = cs W_{11} - cs W_{22} + \frac{1}{2}(c^2 - s^2)W_{12}$$

$$\tag{15.72}$$

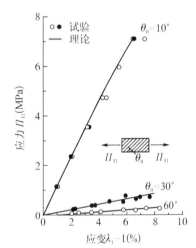

图 15.14　10°、30°和 60°偏轴向 Kevlar49 纤维/
硅橡胶单向板受轴向拉伸时的
理论预测结果与试验结果比较

其中：W_{ij} 由式(15.65)和式(15.44)得到。

三个未知量 λ_1、λ_1 和 K 可由式(15.72)求得。

图 15.14 所示为 10°、30°、60°偏轴向 Kevlar49 纤维/硅橡胶单向板受轴向拉伸时的理论预测结果与试验结果比较，计算中使用的弹性常数见表 15.1。

15.3.3 层合板本构方程

15.3.3.1 本构方程

本节应用 15.3.2 节中单向板分析方法推导层压柔性复合材料的本构方程。拉格朗日描述法中：

$$N_{ij} = \int_{-h/2}^{h/2} \Pi_{ij}\,\mathrm{d}z \tag{15.73}$$

其中：h 是层合板初始厚度；N_{ij} 是未变形层合板沿 i 方向单位长度上的总力。

假设层合板由 n 层单向板组成。忽略层间剪切变形，那么各层的变形梯度 g_{ij}[式(15.11)]和拉格朗日应变 E_{ij}[式(15.12)]都相同。对于层合板中任意第 k 层，纤维取向相对于坐标轴 X_1 的夹角为 $\theta_0^{(k)}$，式(15.45)给出了 $\theta_0 = \theta_0^{(k)}$ 时 $a_{ij}^{(k)}$ 的值，同时由 $\overline{E}_{ij}$[式(15.49)]可以得到第 k 层单向板的 $\overline{E}_{ij}^{(k)}$，由 W_{ij}[式(15.44)]可以得到第 k 层单向板的 $W_{ij}^{(k)}$。利用式(15.51)和式(15.73)可得到：

$$N_{ji} = g_{ip}\sum_{k=1}^{n}(h_k - h_{k-1})\Big[a_{p1}^{(k)}a_{j1}^{(k)}W_{11}^{(k)} + a_{p2}^{(k)}a_{j2}^{(k)}W_{22}^{(k)} + $$
$$\frac{1}{2}(a_{p1}^{(k)}a_{j2}^{(k)} + a_{p2}^{(k)}a_{j1}^{(k)})W_{12}^{(k)}\Big] \tag{15.74a}$$

如果单向板厚度一致且为 t，那么：

$$N_{ji} = tg_{ip}\sum_{k=1}^{n}\Big[a_{p1}^{(k)}a_{j1}^{(k)}W_{11}^{(k)} + a_{p2}^{(k)}a_{j2}^{(k)}W_{22}^{(k)} + \frac{1}{2}(a_{p1}^{(k)}a_{j2}^{(k)} + a_{p2}^{(k)}a_{j1}^{(k)})W_{12}^{(k)}\Big]$$
$$\tag{15.74b}$$

式(15.74)为层合板有限变形的本构方程一般形式。下面将通过一些例子应用该本构关系。

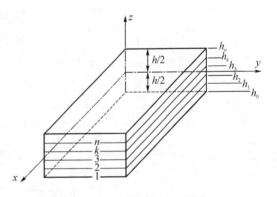

15.3.3.2 均匀变形

如图 15.15 所示，层合板均匀变形的定义：

$$x_1 = \lambda_1 X_1 \tag{15.75}$$
$$x_2 = \lambda_2 X_2$$

图 15.15 层合板均匀变形[31]

其中：λ_1 和 λ_2 分别是 X_1 和 X_1 方向上的拉伸比。

因此，对所有单向板，参考式(15.11)和式(15.12)，得：

$$[g] = \begin{bmatrix} \lambda_1 & 0 \\ 0 & \lambda_2 \end{bmatrix}, 2[E] = \begin{bmatrix} \lambda_1^2 - 1 & 0 \\ 0 & \lambda_2^2 - 1 \end{bmatrix} \tag{15.76}$$

由式(15.49)可得第 k 层单向板的拉格朗日应变分量：

$$\overline{E}_{11}^{(k)} = \frac{1}{2}(\lambda_1^2 \cos^2\theta_0^{(k)} + \lambda_2^2 \sin^2\theta_0^{(k)} - 1)$$

$$\overline{E}_{22}^{(k)} = \frac{1}{2}(\lambda_1^2 \sin^2\theta_0^{(k)} + \lambda_2^2 \cos^2\theta_0^{(k)} - 1) \qquad (15.77)$$

$$\overline{E}_{12}^{(k)} = \frac{1}{2}(\lambda_2^2 - \lambda_1^2)\sin\theta_0^{(k)}\cos\theta_0^{(k)}$$

由式(15.74b)可得拉格朗日应力分量：

$$N_{11} = \frac{t}{2}\lambda_1 \sum_{k=1}^{n}\left[W_{11}^{(k)}(1+\cos2\theta_0^{(k)}) + W_{22}^{(k)}(1-\cos2\theta_0^{(k)}) - W_{12}^{(k)}\sin2\theta_0^{(k)}\right]$$

$$N_{22} = \frac{t}{2}\lambda_2 \sum_{k=1}^{n}\left[W_{11}^{(k)}(1-\cos2\theta_0^{(k)}) + W_{22}^{(k)}(1+\cos2\theta_0^{(k)}) + W_{12}^{(k)}\sin2\theta_0^{(k)}\right]$$

$$N_{12} = \frac{t}{2}\lambda_2 \sum_{k=1}^{n}\left[(W_{11}^{(k)} - W_{22}^{(k)})\sin2\theta_0^{(k)} + W_{12}^{(k)}\cos2\theta_0^{(k)}\right]$$

$$N_{21} = \frac{t}{2}\lambda_1 \sum_{k=1}^{n}\left[(W_{11}^{(k)} - W_{22}^{(k)})\sin2\theta_0^{(k)} + W_{12}^{(k)}\cos2\theta_0^{(k)}\right]$$

$$(15.78)$$

其中：$W_{11}^{(k)}$、$W_{22}^{(k)}$ 和 $W_{12}^{(k)}$ 利用变量 λ_1 和 λ_2，由式(15.44)和式(15.77)得到。

15.3.3.3　对称层合板简单拉伸变形

(1) 拉伸应力-应变关系。对称铺层层合板（$+\theta_0/-\theta_0/-\theta_0/+\theta_0$）受单轴载荷时将发生均匀变形（图15.16）。由于 $\overline{E}_{11}$ 和 $\overline{E}_{22}$ 都是 θ_0 的偶函数，$\overline{E}_{12}$ 是 θ_0 的奇函数[式(15.77)]，所以式(15.44)变为：

$$W_{11}^{(\theta)} = W_{11}^{(-\theta)}$$

$$W_{22}^{(\theta)} = W_{22}^{(-\theta)} \qquad (15.79)$$

$$W_{12}^{(\theta)} = -W_{11}^{(-\theta)}$$

式(15.78)简化为：

$$N_{11} = \frac{h}{2}\lambda_1\left[W_{11}^{(\theta)}(1+\cos2\theta_0) + W_{22}^{(\theta)}(1-\cos2\theta_0) - W_{12}^{(\theta)}\sin2\theta_0\right]$$

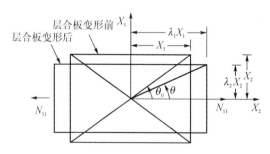

图 15.16　对称层合板受单轴载荷[31]

$$N_{22} = \frac{h}{2}\lambda_2 \left[W_{11}^{(\theta)}(1-\cos2\theta_0) + W_{22}^{(\theta)}(1+\cos2\theta_0) + W_{12}^{(\theta)}\sin2\theta_0 \right]$$

$$N_{12} = N_{21} = 0 \tag{15.80}$$

其中：h 为层合板厚度；$W_{ij}^{(\theta)}$ 是 λ_1 和 λ_2 的函数，可由式(15.44)和式(15.77)得到。

在单轴加载情况下，利用式(15.80)并代入弹性常数值，求得未知参数 λ_1 和 λ_2。

例如，设 $\theta_0 = 45°$，由式(15.44)、式(15.77)和式(15.80)，可得：

$$N_{11}/h = \lambda_1 \left[C_{66}(\lambda_1^2 - \lambda_2^2) + \frac{1}{4}C_{6666}(\lambda_1^2 - \lambda_2^2)^3 \right]$$

$$N_{22}/h = 0 = (D-4C_{66})\lambda_1^2 - (D+4C_{66})\lambda_2^2 + \frac{1}{4}(C_{111}+C_{222})(\lambda^2+\lambda_2^2-2)^2 +$$

$$\frac{1}{16}(C_{1111}+C_{2222})(\lambda_1^2+\lambda_2^2-2)^3 + C_{6666}(\lambda_2^2-\lambda_1^2)^3 \tag{15.81}$$

其中：$D = C_{11} + 2C_{12} + C_{22}$。

图 15.17 比较了 [±45°]$_s$ Kevlar 纤维/硅橡胶层合板单轴载荷下的理论预测结果与试验结果，发现两者具有很好的一致性。

(2) 泊松比。泊松比被定义为 X_j 方向上的应变负值与加载方向 X_i 上的应变正值的比值，也叫横向变形系数。Posfalvi 基于有限变形思想推导了对称层合板的泊松比。尽管大变形试验结果已经被报道，但目前理论预测与试验比较仍然局限于小变形范围。

从以往分析可知，有限变形范围内的泊松比已经可以通过理论分析预测。例如，[+θ₀/−θ₀]$_s$ 层合板受单轴加载时，其泊松比在给定应变范围可由式(15.76)推导：

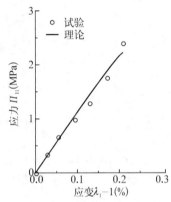

图 15.17 [±45°]$_s$ Kevlar 纤维/硅橡胶层合板单轴载荷下的理论预测结果与试验结果比较[31]

$$\frac{E_{22}}{E_{11}} = \frac{\lambda_2^2 - 1}{\lambda_1^2 - 1} \tag{15.82}$$

其中：参数 λ_1 和 λ_2 由式(15.83)($N_{22}=0$)得到。

通过忽略 W_{ij} 表达式[式(15.44)]中的非线性项(如 C_{111}、C_{6666} 等)，可以获得 E_{22}/E_{11} 的大致规律：

$$-\frac{E_{22}}{E_{11}} = -\frac{\lambda_2^2-1}{\lambda_1^2-1} = \frac{A}{B} \tag{15.83}$$

其中：

$$A = C_{11}\cos^2\theta_0\sin^2\theta_0 + C_{12}(\sin^4\theta_0+\cos^4\theta_0) + C_{22}\cos^2\theta_0\sin^2\theta_0 - 4C_{66}\cos^2\theta_0\sin^2\theta_0$$

$$B = C_{11}\sin^4\theta_0 + 2C_{12}\cos^2\theta_0\sin^2\theta_0 + C_{22}\cos^4\theta_0 + 4C_{66}\cos^2\theta_0\sin^2\theta_0$$

例如,$\theta_0 = 45°$时,式(15.83)变为:

$$\frac{A}{B} = \frac{(C_{11} + 2C_{12} + C_{22}) - 4C_{66}}{(C_{11} + 2C_{12} + C_{22}) + 4C_{66}} \tag{15.84}$$

因为柔性复合材料的剪切模量C_{66}相对较小,假设$A/B \approx 1$,那么式(15.82)变为:

$$\frac{E_{22}}{E_{11}} = -1 \tag{15.85}$$

另外,如果柔性复合材料在纤维方向的刚度非常大(例如$C_{11} \gg C_{ij}, ij \neq 11$)且$\theta_0 \neq 0$,那么式(15.83)变为:

$$\frac{E_{22}}{E_{11}} = -\frac{\lambda_2^2 - 1}{\lambda_1^2 - 1} = -\frac{\cos^2\theta_0}{\sin^2\theta_0} \tag{15.86}$$

式(15.86)的结果也可以由理想纤维增强复合材料理论推导[10]。

图 15.18 比较了$[\pm\theta_0]_s$ Kevlar 纤维/硅橡胶层合板单轴载荷下λ_2/λ_1的理论预测结果与试验结果。纤维初始取向为 15°、30°和 45°时,发现两者具有很好的一致性。

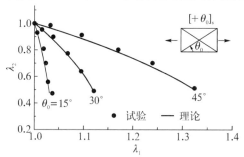

图 15.18 $[\pm\theta_0]_s$ Kevlar 纤维/硅橡胶层合板单轴载荷下λ_2/λ_1的理论预测结果与试验结果比较[31]

同时,根据 Posfalvi[32]的定义,给定应变水平下的泊松比可由式(15.83)推导:

$$\frac{d\lambda_2}{d\lambda_1} = -\frac{\lambda_1 A}{\lambda_2 B} \tag{15.87}$$

参考图 15.16,第k层单向板的纤维取向$\theta^{(k)}$可由λ_1、λ_2和$\theta_0^{(k)}$表达:

$$\tan\theta^{(k)} = \frac{\lambda_2 \sin\theta_0^{(k)}}{\lambda_1 \cos\theta_0^{(k)}} = \frac{\lambda_2}{\lambda_1}\tan\theta_0^{(k)} \tag{15.88}$$

其中:λ_1和λ_2由式(15.80)得到。

15.3.4 弹性常数

在 15.3.2.1 节中,单向板的单位体积应变能被看作多项式[式(15.41)],其中的弹性常数需通过试验测定。下面总结一些常用的测定这些弹性常数的试验方法[25]。

15.3.4.1 拉伸性能

与柔性复合材料拉伸性能相关的C_{11}、C_{111}、C_{1111}、C_{22}、C_{222}、C_{2222}和C_{12},可由单轴拉伸

试验得到。设单向板受单向载荷（如 $\varPi_{11}\neq0$、$\varPi_{22}=0$、$\varPi_{12}=0$），当 $\theta_0=0°$ 时，式（15.44）和式（15.57）变为：

$$\frac{\varPi_{11}}{\lambda_1}=C_{11}\left(\frac{\lambda_1^2-1}{2}\right)+C_{111}\left(\frac{\lambda_1^2-1}{2}\right)^2+C_{1111}\left(\frac{\lambda_1^2-1}{2}\right)^3+C_{12}\left(\frac{\lambda_2^2-1}{2}\right)$$

$$\varPi_{22}=0=C_{22}\left(\frac{\lambda_2^2-1}{2}\right)+C_{222}\left(\frac{\lambda_2^2-1}{2}\right)^2+C_{222}\left(\frac{\lambda_2^2-1}{2}\right)^3+C_{12}\left(\frac{\lambda_1^2-1}{2}\right)$$

$$\varPi_{12}=\varPi_{21}=0=W_{12}$$

$$(15.89)$$

当 $\theta_0=90°$ 时，式（15.44）和式（15.57）变为：

$$\frac{\varPi_{11}}{\lambda_1}=C_{22}\left(\frac{\lambda_1^2-1}{2}\right)+C_{222}\left(\frac{\lambda_1^2-1}{2}\right)^2+C_{2222}\left(\frac{\lambda_1^2-1}{2}\right)^3+C_{12}\left(\frac{\lambda_2^2-1}{2}\right)$$

$$\varPi_{22}=0=C_{11}\left(\frac{\lambda_2^2-1}{2}\right)+C_{111}\left(\frac{\lambda_2^2-1}{2}\right)^2+C_{1111}\left(\frac{\lambda_2^2-1}{2}\right)^3+C_{12}\left(\frac{\lambda_1^2-1}{2}\right)$$

$$\varPi_{12}=\varPi_{21}=0=W_{12}$$

$$(15.90)$$

$\varPi_{11}$、λ_1 和 λ_2 由 $\theta_0=0°$ 和 $\theta_0=90°$ 的单轴拉伸试验测定。式（15.89）和式（15.90）中的 C_{11}、C_{12} 和 C_{22} 与试验 $\varPi_{11}/\lambda_1$ 和 $(\lambda_1^2-1)/2$ 的曲线初始曲率相关。C_{111} 和 C_{222} 是与复合材料双模量性质相关的非线性项，C_{1111} 和 C_{2222} 是式（15.41）中的四阶非线性项。C_{111}、C_{222}、C_{1111} 和 C_{2222} 分别由式（15.89）和（15.90）通过拟合横向和纵向试验 $\varPi_{11}/\lambda_1$ 和 $(\lambda_1^2-1)/2$ 的曲线得到。

15.3.4.2 剪切性质

弹性常数 C_{66} 和 C_{6666} 与材料的剪切性质相关。通常使用两种方法研究材料的剪切性质：①三轨 $0°$ 剪切；②[$\pm45°$]$_s$ 试样单轴拉伸。

首先考虑第一种方法，假设剪切力沿纤维方向。当 $\theta=0$ 时，由式（15.61）得：

$$\begin{aligned}\varPi_{21}&=KW_{22}+\frac{1}{2}W_{12}\\&=K(C_{22}\,\overline{E}_2+C_{222}\,\overline{E}_2^2+C_{2222}\,\overline{E}_2^3)+C_{66}\,\overline{E}_6+C_{6666}\,\overline{E}_6^3\\&=K^3\left(C_{22}+\frac{1}{2}C_{222}K^2+\frac{1}{8}C_{2222}K^4\right)+C_{66}K+C_{6666}K^3\end{aligned}$$

$$(15.91)$$

因为 C_{22}、C_{222} 和 C_{2222} 已经由拉伸试验测定，C_{66} 和 C_{6666} 可由拟合试验 $\varPi_{21}$ 和 K 的曲线得到。

然后考虑第二种方法。[$\pm45°$]$_s$ 试样受单向拉伸时，式（15.81）可表示为：

$$N_{11}/h\lambda_1=C_{66}(\lambda_1^2-\lambda_2^2)+\frac{1}{4}C_{6666}(\lambda_1^2-\lambda_2^2)^3$$

$$(15.92)$$

通过测定 h、N_{11}、λ_1 和 λ_2，可以画出 $N_{11}/h\lambda_1$ 与 $(\lambda_1-\lambda_2)$ 的试验曲线，然后经拟合就可以得到 C_{66} 和 C_{6666}。利用以上试验方法测定的 Kevlar 纤维/硅橡胶复合材料的拉伸和剪切

弹性常数与表 15.1 中的值非常相近。

　　[±45°]$_s$ 试样单轴拉伸试验方法常常用于测定普通刚性树脂基复合材料的剪切模量（见 ASTM 标准 D 3518-76）[33]。这种试验的基本方程：

$$\sigma_{xx}/2 = G_{12}(\varepsilon_{xx} - \varepsilon_{yy}) \tag{15.93}$$

其中：工程应力（σ_{xx}）和应变（ε_{xx}、ε_{yy}）都由试验得到。

　　为了比较式（15.92）和式（15.93），引入以下关系式：

$$\lambda_1 = 1 + \varepsilon_{xx}$$
$$\lambda_2 = 1 + \varepsilon_{yy} \tag{15.94}$$
$$\frac{N_{11}}{2h\lambda_1} = \frac{\Pi_{xx}}{2} \frac{1}{\lambda} = \frac{\sigma_{xx}}{2} \frac{\lambda_2}{\lambda_1}$$

将式（15.94）代入式（15.92），得：

$$\frac{\sigma_{xx}}{2} = \frac{1+\varepsilon_{xx}}{1+\varepsilon_{yy}} C_{66}\left[(\varepsilon_{xx} - \varepsilon_{yy}) + (\varepsilon_{xx}^2 - \varepsilon_{yy}^2)\right] + $$
$$C_{6666}\left[(\varepsilon_{xx} - \varepsilon_{yy}) + (\varepsilon_{xx}^2 - \varepsilon_{yy}^2)\right]^3 \tag{15.95a}$$

对于线弹性材料（如 $C_{6666} = 0$），当它发生小变形时，忽略应变高阶项，式（15.95a）可表示为：

$$\frac{\sigma_{xx}}{2} = \frac{1+\varepsilon_{xx}}{1+\varepsilon_{yy}}\left[C_{66}(\varepsilon_{xx} - \varepsilon_{yy})\right] \tag{15.95b}$$

　　因为初始剪切模量 $G_{12} = C_{66}$，所以式（15.93）与式（15.95b）的差异在于形状参数$(1+\varepsilon_{xx})/(1+\varepsilon_{yy})$。很明显，对于无穷小变形$(1+\varepsilon_{xx})/(1+\varepsilon_{yy}) = 1$，式（15.93）和式（15.95b）相同。但是，如果是非无穷小变形，由式（15.93）得到的 G_{12} 由于忽略了形状参数而可能变得不准确。例如，假设应变为 $\varepsilon_{xx} = 0.02$，运用式（15.95a），误差将达到$(1+\varepsilon_{xx})/(1+\varepsilon_{yy}) = 4.1\%$。

　　用以上方法得到的 Kevlar 纤维/硅橡胶复合材料的弹性常数列于表 15.1 中。高阶弹性常数（如 C_{iii} 和 C_{iiii}）利用回归曲线拟合试验数据得到，因此，它们仅适用于可以通过试验获得的应力水平范围。

15.4　基于欧拉法的本构关系描述

　　前文利用拉格朗日描述法，基于应变能函数推导了单向板和层合板的本构方程。这些方程可以预测柔性复合材料在有限变形情况下发生的非线性弹性变形行为。需要指出的是，定义单位未变形面积上的力为拉格朗日应力是一种名义应力，而真实的力平衡是建立在变形或当前形态上的，而且复合材料各向异性的弹性往往导致材料处于变形状态。例如，当前弹性模量表示当前纤维方向的刚度，但该纤维方向会在变形过程中发生变化。因此，在某些情况下，以变形体作为参照描述材料的本构关系很方便。

　　本节将采用欧拉描述法，以变形复合材料作为参照来推导复合材料的非线性本构关系[22]。参考当前材料坐标系 x[图 15.2（b）]，应变能函数提供了推导本构关系的基础。

15.4.1　应变能函数

　　在有限弹性变形下，无论是欧拉还是拉格朗日应力，能量密度对于固定坐标系都不是唯一的,这已经通过刚体旋转研究得到验证[34]。例如,一根杆受到单向拉伸和沿 z 轴的扭转。一开始,杆与 x 轴平行,此时 $\sigma_{xx}\neq0,\sigma_{yy}=0$;当杆转到与 y 轴平行时,应力状态变为 $\sigma_{xx}=0,\sigma_{yy}\neq0$。因此,即使杆的应力状态不变,刚体旋转也会改变应力张量。也许可以依据第二 Piola-Kirchhoff 应力张量 P_{AB} 参照固定坐标系,定义一个补充能量函数。但正如式(15.33)所示,第二 Piola-Kirchhoff 应力张量仍然涉及位移梯度。所以,利用补充能量函数并不能真正起到简化本构关系的作用。

为了建立应力能函数,本节引入一个可移动的欧拉坐标系。图 15.2(b)所示为单向柔性复合材料在欧拉坐标系中受到一个有限变形,其中的长方形单元 $A'E'F'D'$ 被看作参考状态,边 $A'D'$ 和 $A'E'$ 与材料当前坐标系 l'-t' 或 $\underline{x}_1$-$\underline{x}_2$ 重合,其中 l' 为当前纤维方向。带下划线的变量参考材料当前坐标系 $\underline{x}_1$-$\underline{x}_2$,所以单元 $AEFD$ 对应变形单元 $A'E'F'D'$。一种假设是长方形单元 $A'E'F'D'$ 受到两个阶段变形才能回复到其初始形状 $AEFD$。如图 15.19 所示,首先 $A'E'F'D'$ 去除名义应力变为更小的长方形单元 $A''E''F''D''$,然后去除剪切应力转变为 $AEFD$。

图 15.19 描述的变形可以和欧拉应变分量建立联系。设未变形时单向板线单元 $AD=\mathrm{d}l_0$、$AE=\mathrm{d}t_0$ [图 15.19(c)],同时定义变形后单向板线单元 $A'D'=\mathrm{d}l$、$A'E'=\mathrm{d}t$ [图15.19(a)],则欧拉应变可以表示为:

$$
\begin{aligned}
2\,\underline{e}_{11} &= \left[(\mathrm{d}l)^2-(\mathrm{d}l_0)^2\right]/(\mathrm{d}l)^2 \\
2\,\underline{e}_{22} &= \left[(\mathrm{d}t)^2-(\mathrm{d}t_0)^2\right]/(\mathrm{d}t)^2 \\
2\,\underline{e}_{12} &= \sin\gamma_{12}\left[\sqrt{(1-2\,\underline{e}_{11})}\sqrt{(1-2\,\underline{e}_{22})}\right]
\end{aligned}
\tag{15.96}
$$

其中:$\underline{e}_{ij}$ 是参考材料当前坐标系 $\underline{x}_1$-$\underline{x}_2$ 的欧拉应变;γ_{12} 是偏离直角的角度(图15.19)。

假设变形后 $A'E'F'D'$ 单位面积上的应力能量是相对于材料当前坐标系 $\underline{x}_1$-$\underline{x}_2$ 欧拉应力分量的函数,即 $W^*=W^*(\underline{\sigma}_{11},\underline{\sigma}_{22},\underline{\sigma}_{12})$,其显式表达为:

$$
\begin{aligned}
W^* ={}& \frac{1}{2}S_{11}\,\underline{\sigma}_1^2+\frac{1}{3}S_{111}\,\underline{\sigma}_1^3+\frac{1}{4}S_{1111}\,\underline{\sigma}_1^4+S_{12}\,\underline{\sigma}_1\,\underline{\sigma}_2+\frac{1}{2}S_{22}\,\underline{\sigma}_2^2+\frac{1}{3}S_{222}\,\underline{\sigma}_2^3+ \\
& \frac{1}{4}S_{2222}\,\underline{\sigma}_2^4+\frac{1}{2}S_{66}\,\underline{\sigma}_6^2+\frac{1}{4}S_{6666}\,\underline{\sigma}_6^4+S_{166}\,\underline{\sigma}_1\,\underline{\sigma}_6^2+S_{2266}\,\underline{\sigma}_2^2\,\underline{\sigma}_6^2
\end{aligned}
\tag{15.97}
$$

其中:$\underline{\sigma}_i$ 是相对于材料当前坐标系 $\underline{x}_1$-$\underline{x}_2$ 的欧拉应力,同时使用了简写表达,如 $\underline{\sigma}_1=\underline{\sigma}_{11}$、$\underline{\sigma}_2=\underline{\sigma}_{22}$、$\underline{\sigma}_6=\underline{\sigma}_{12}$;$S_{ij}$、$S_{ijk}$ 和 S_{ijkl} 是柔度常数。

式(15.97)与 Hahn 和 Tsai(1973)的表达式相似。但由于是有限变形,需要指出:①这里的欧拉坐标系 $\underline{x}$ 是可动坐标系,根据当前纤维的纵向 l' 和横向 t' 决定,因此能量函数满足刚体旋转测试;②能量函数中的欧拉应力 $\underline{\sigma}_{ij}$ 是变形后单向板当前应力状态。

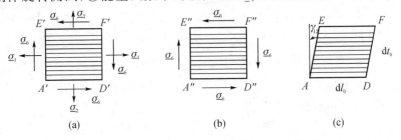

图 15.19　欧拉坐标系中长方形单元变形示意图[22]

15.4.2　本构方程一般形式

变形后单向板单位体积补充能量 $W^* = \underline{\sigma}_{ij}\,\underline{e}_{ij} - W(\underline{e}_{ij})$，其中 $W(\underline{e}_{ij}) = \underline{\sigma}_{ij}\delta \underline{e}_{ij}$，它是应变能密度，那么：

$$\delta W^* = \underline{\sigma}_{ij}\delta\,\underline{e}_{ij} + \underline{e}_{ij}\delta\,\underline{\sigma}_{ij} - \frac{\partial W}{\partial\,\underline{e}_{ij}}\delta\,\underline{e}_{ij} \tag{15.98}$$

因为

$$\underline{\sigma}_{ij} = \frac{\partial W}{\partial\,\underline{e}_{ij}} \tag{15.99}$$

从式(15.98)可以得到：

$$\delta W^* = \underline{e}_{ij}\delta\,\underline{\sigma}_{ij} \tag{15.100}$$

或者

$$\underline{e}_{ij} = \frac{\partial W^*}{\delta\,\underline{\sigma}_{ij}} \tag{15.101}$$

把式(15.97)代入式(15.101)，欧拉应变分量相对于坐标系 $\underline{x}_1$-$\underline{x}_2$ 为：

$$\begin{aligned}
\underline{e}_1 &= S_{11}\,\underline{\sigma}_1 + S_{111}\,\underline{\sigma}_1^2 + S_{1111}\,\underline{\sigma}_1^3 + S_{12}\,\underline{\sigma}_2 + S_{166}\,\underline{\sigma}_6^2 \\
\underline{e}_2 &= S_{22}\,\underline{\sigma}_2 + S_{222}\,\underline{\sigma}_2^2 + S_{2222}\,\underline{\sigma}_2^3 + S_{12}\,\underline{\sigma}_1 + 2S_{2266}\,\underline{\sigma}_2\,\underline{\sigma}_6^2 \\
\underline{e}_6 &= S_{66}\,\underline{\sigma}_6 + S_{6666}\,\underline{\sigma}_6^3 + 2S_{166}\,\underline{\sigma}_1\,\underline{\sigma}_6 + 2S_{2266}\,\underline{\sigma}_2^2\,\underline{\sigma}_6
\end{aligned} \tag{15.102}$$

上式中 $\underline{e}_1 = \underline{e}_{11}$，$\underline{e}_2 = \underline{e}_{22}$，$\underline{e}_6 = 2\underline{e}_{12}$。选择式(15.97)中的柔度常数，根据以下原则：首先，S_{11}、S_{22}、S_{12} 和 S_{66} 与线性变形相关联；其次，S_{11} 和 S_{222} 分别表示轴向和横向的双模量行为；再次，S_{111}、S_{2222} 和 S_{6666} 表示非线性变形；最后，最大的不确定性涉及名义和剪切变形的耦合项，不像刚体复合材料的耦合效应可以忽略不计，S_{166} 和 S_{2266} 被保留下来用于表示式(15.102)中轴向和剪切变形的相互作用。

根据材料坐标系 $\underline{x}_1$-$\underline{x}_2$ 建立了本构关系，那么依据固定坐标系 x_1-x_2 建立的单向板本构关系一般表达式可以由式(15.102)和张量变换关系得到：

$$[e] = [T]^T[S][T][\sigma] = [S^*][\sigma] \tag{15.103}$$

这里

$$[S] = \begin{bmatrix} S_{11} + S_{111}\,\underline{\sigma}_1 + S_{1111}\sigma_1^2 & S_{12} & S_{166}\,\underline{\sigma}_6 \\ S_{12} & S_{22} + S_{222}\,\underline{\sigma}_2 + S_{2222}\,\underline{\sigma}_2^2 & 2S_{2266}\,\underline{\sigma}_2\,\underline{\sigma}_6 \\ 2S_{166}\,\underline{\sigma}_6 & 2S_{2266}\,\underline{\sigma}_2\,\underline{\sigma}_6 & S_{66} + S_{6666}\,\underline{\sigma}_6^2 \end{bmatrix}$$

$$\{e\} = \begin{Bmatrix} e_1 \\ e_2 \\ e_6 \end{Bmatrix}, \{\sigma\} = \begin{Bmatrix} \sigma_1 \\ \sigma_2 \\ \sigma_6 \end{Bmatrix}, [T] = \begin{bmatrix} c^2 & s^2 & 2cs \\ s^2 & c^2 & -2cs \\ -cs & cs & c^2-s^2 \end{bmatrix}$$

其中：$c = \cos\theta$，$s = \sin\theta$，θ 代表当前纤维取向角度；e_i 和 σ_i 分别是相对于坐标系 x_1-x_2 的

欧拉应变和应力。

式(15.103)中$[S^*]$的完全表达式：

$$[S^*] = \begin{bmatrix} S_{11}^* & S_{12}^* & S_{16}^* \\ S_{21}^* & S_{22}^* & S_{26}^* \\ S_{61}^* & S_{62}^* & S_{66}^* \end{bmatrix} =$$

$$\begin{bmatrix} \begin{aligned} & c^4 S_{11} + 2c^2 s^2 S_{12} \\ & + s^4 S_{22} + c^2 s^2 S_{66} \end{aligned} & \begin{aligned} & c^2 s^2 S_{11} + (c^4 + s^4) S_{12} \\ & + c^2 s^2 S_{22} - c^2 s^2 S_{66} \end{aligned} & \begin{aligned} & 2c^3 s S_{11} - 2cs(c^2 - s^2) S_{12} \\ & - 2cs^3 S_{22} - cs(c^2 - s^2) S_{66} \end{aligned} \\ \begin{aligned} & c^2 s^2 S_{11} + (c^4 + s^4) S_{12} \\ & + c^2 s^2 S_{22} - c^2 s^2 S_{66} \end{aligned} & \begin{aligned} & s^4 S_{11} + 2c^2 s^2 S_{12} \\ & + c^4 S_{22} + c^2 s^2 S_{66} \end{aligned} & \begin{aligned} & 2cs^3 S_{11} + 2cs(c^2 - s^2) S_{12} \\ & - 2c^3 s S_{22} + cs(c^2 - s^2) S_{66} \end{aligned} \\ \begin{aligned} & c^3 s S_{11} - cs(c^2 - s^2) S_{12} \\ & - cs^3 S_{22} - \frac{1}{2} cs(c^2 - s^2) S_{66} \end{aligned} & \begin{aligned} & c^3 s S_{11} + cs(c^2 - s^2) S_{12} \\ & - c^3 s S_{22} + \frac{1}{2} cs(c^2 - s^2) S_{66} \end{aligned} & \begin{aligned} & 2c^2 s^2 S_{11} - c^2 s^2 S_{12} \\ & + 2c^2 s^2 S_{22} + \frac{1}{2}(c^2 - s^2) S_{66} \end{aligned} \end{bmatrix} +$$

$$(S_{111}\sigma_1 + S_{111}\sigma_1^2) \begin{bmatrix} c^4 & c^2 s^2 & 2c^3 s \\ c^2 s^2 & c^2 s^2 & 2cs^3 \\ c^3 s & cs^3 & 2c^2 s^2 \end{bmatrix} + (S_{222}\sigma_2 + S_{222}\sigma_2^2) \begin{bmatrix} s^4 & c^2 s^2 & -2cs^3 \\ c^2 s^2 & c^2 s^2 & -2c^3 s \\ -cs^3 & -c^3 s & 2c^2 s^2 \end{bmatrix} +$$

$$S_{6666}\sigma_6^2 \begin{bmatrix} c^2 s^2 & -c^2 s^2 & -cs(c^2 - s^2) \\ -c^2 s^2 & -c^2 s^2 & cs(c^2 - s^2) \\ -\frac{1}{2} cs(c^2 - s^2) & \frac{1}{2} cs(c^2 - s^2) & \frac{1}{2}(c^2 - s^2) \end{bmatrix} +$$

$$S_{166}\sigma_6 \begin{bmatrix} -3c^3 s & c^3 s - 2cs^3 & c^4 - 5c^2 s^2 \\ 2c^3 s - 2cs^3 & 3cs^3 & -s^4 + 5c^2 s^2 \\ c^4 - 2c^2 s^3 & -s^4 + 2c^2 s^2 & 3c^3 s - 3cs^3 \end{bmatrix} +$$

$$S_{2266}\sigma_2\sigma_6 \begin{bmatrix} -4cs^3 & 2cs^3 - 2c^3 s & -2s^4 + 6c^2 s^2 \\ 2cs^3 - 2c^3 s & 4c^3 s & 2c^4 - 6c^2 s^2 \\ -s^4 + 3c^2 s^3 & c^4 - 3c^2 s^2 & 4cs^3 - 4c^3 s \end{bmatrix}$$

$$\tag{15.104}$$

当前材料主方向上的应力$\underline{\sigma}_i$：

$$[\underline{\sigma}] = [T][\sigma] \tag{15.105}$$

相对于图 15.2(b)，当前纤维角度：

$$\theta = \theta_0 + \Delta\theta \tag{15.106}$$

由于优先变形，纤维重取向角度 $\Delta\theta$ 可以由以下函数求得：

首先设$\angle DAD'$和$\angle EAE'$分别等于α和β，那么：

$$\Delta\theta = (\alpha + \beta)/2 + (\alpha - \beta)/2 \tag{15.107}$$

其中：$\Delta\theta$ 的对称部分$(\alpha+\beta)/2$ 等于 $\gamma_{12}/2$；$\Delta\theta$ 的反对称部分$(\alpha-\beta)/2$ 等于 ω。

已知 ω 是刚体旋转度,与坐标轴无关但依赖于边界条件。如果 ω 可用应变张量表示,那么从式(15.96)和式(15.107)可以得到:

$$\Delta\theta = \frac{1}{2}\sin^{-1}\left[\frac{2\underline{e}_{12}}{\sqrt{(1-2\underline{e}_{11})}\sqrt{(1-2\underline{e}_{22})}}\right] + \omega(\underline{e}_{ij}) \tag{15.108}$$

将式(15.108)代入式(15.106),当前纤维取向角可以表示为应变张量的函数,那么从式(15.103)和式(15.108)可以得到本构方程的一般形式。下面给出两个示例。

15.4.3　纯均匀变形

沿固定坐标系 X 的两个轴,分别以纯变形方式扩张比例 λ_1 和 λ_2,如图 15.7 所示,变形方程为式(15.53)。参考式(15.11)和式(15.17),可得:

$$[g] = \begin{bmatrix} \lambda_1 & 0 \\ 0 & \lambda_2 \end{bmatrix}, [g]^{-1} = \begin{bmatrix} \dfrac{1}{\lambda_1} & 0 \\ 0 & \dfrac{1}{\lambda_2} \end{bmatrix} \tag{15.109}$$

和

$$2[e] = \begin{bmatrix} 1 - \left(\dfrac{1}{\lambda_1}\right)^2 & 0 \\ 0 & 1 - \left(\dfrac{1}{\lambda_2}\right)^2 \end{bmatrix} \tag{15.110}$$

从式(15.110)可知:

$$\lambda_1 = \frac{1}{\sqrt{1-2e_{11}}}$$

$$\lambda_2 = \frac{1}{\sqrt{1-2e_{22}}} \tag{15.111}$$

参考图 15.7,当前纤维取向角可以表示为:

$$\theta = \tan^{-1}\left(\frac{\lambda_1 \sin\theta_0}{\lambda_2 \sin\theta_0}\right) = \tan^{-1}\left(\frac{\lambda_2}{\lambda_1}\tan\theta_0\right) \tag{15.112}$$

把式(15.111)代入式(15.112),可得:

$$\theta = \tan^{-1}\left[\frac{\sqrt{1-2e_{11}}}{\sqrt{1-2e_{22}}}\lambda_2\tan\theta_0\right] \tag{15.113}$$

把式(15.113)代入式(15.103),可得三个独立方程。由式(15.110)可知 $e_{12}=0$。因此,给定式(15.103)中五个参数[应力 σ_1、σ_2 和 σ_6 及应变 e_1 和 e_2(或 λ_1 和 λ_2)]中的两个,就可求得其他三个。

最后,利用式(15.32)和式(15.109),可以把拉格朗日应力表示为欧拉应力:

$$\Pi_{11} = \lambda_2 \sigma_{11}$$
$$\Pi_{22} = \lambda_1 \sigma_{22}$$
$$\Pi_{12} = \lambda_2 \sigma_{12} \qquad (15.117)$$
$$\Pi_{21} = \lambda_1 \sigma_{12}$$

15.4.4 简单剪切叠加单向拉伸

简单剪切叠加单向拉伸的变形行为如图 15.12(a)所示,变形方程如式(15.64)。利用式(15.11)和式(15.17),可以得到:

$$[g] = \begin{bmatrix} \lambda_1 & K\lambda_2 \\ 0 & \lambda_2 \end{bmatrix}, [g]^{-1} = \begin{bmatrix} \dfrac{1}{\lambda_1} & -\dfrac{K}{\lambda_1} \\ 0 & \dfrac{1}{\lambda_2} \end{bmatrix} \qquad (15.115)$$

和

$$2[e] = \begin{bmatrix} 1 - \left(\dfrac{1}{\lambda_1}\right)^2 & \dfrac{K}{\lambda_1^2} \\ \dfrac{K}{\lambda_1^2} & 1 - \left[\left(\dfrac{K}{\lambda_1}\right)^2 + \left(\dfrac{1}{\lambda_2}\right)^2\right] \end{bmatrix} \qquad (15.116)$$

倒置上述方程,得到:

$$\lambda_1 = \frac{1}{\sqrt{1 - 2e_{11}}}$$

$$\lambda_2 = \frac{\sqrt{1 - 2e_{11}}}{\sqrt{\left[(1 - 2e_{11})(1 - 2e_{22}) - 4e_{12}^2\right]}} \qquad (15.117)$$

$$K = \frac{2e_{12}}{1 - 2e_{11}}$$

同时,参考图 15.12(a),当前纤维取向角可以表示为:

$$\theta = \tan^{-1}\left(\frac{x_2}{x_1}\right) = \tan^{-1}\left(\frac{\lambda_2 \tan\theta_0}{\lambda_1 + \lambda_2 K \tan\theta_0}\right) \qquad (15.118)$$

把式(15.118)代入式(15.103)得到三个独立方程。如果已知其中六个参数[应力 σ_1、σ_2 和 σ_6 及应变 e_1、e_2 和 e_6(或 λ_1、λ_2 和 K)]中的三个,可求得其他三个。

正如 15.3.2.5 节所述,对于偏轴向试样长宽比≫1且受单轴向载荷时,试样中心线在加载方向仍然保持直线状态,那么这种变形可被认为符合简单剪切叠加单轴拉伸的第一种情况。利用单轴载荷条件($\sigma_{11} \neq 0$、$\sigma_{22} = \sigma_{21} = 0$)、式(15.103)、式(15.117)和式(15.118),可以求得变形参数 λ_1、λ_2 和 K(或 e_{ij})。

图 15.20 所示为 10°、30°和 60°偏轴向 Kevlar 纤维/硅橡胶复合材料在单轴拉伸载荷下欧拉法预测结果与试验结果。图 15.21 所示为相同条件下 15°、30°和 60°偏轴向轮胎帘子线/橡胶复合材料欧拉法预测结果与试验结果。

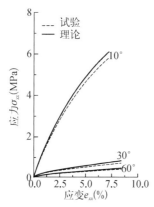

图 15.20 10°、30°和 60°偏轴向 Kevlar 纤维/硅橡胶层合板在单轴拉伸载荷下欧拉法预测结果与试验结果[22]

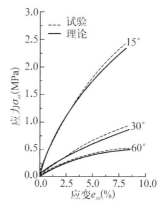

图 15.21 15°、30°和 60°偏轴向轮胎帘子线/橡胶复合材料在单轴拉伸载荷下欧拉法预测结果与试验结果[22]

15.4.5 弹性柔度常数

式(15.97)中的柔度常数可通过试验获得[22]。第二阶常数(S_{11}、S_{22}、S_{12}、S_{66})也可依据材料线性行为得到。其他常数可以从拟合试验曲线获得。例如,对于 $\underline{x}_1$ 方向的单轴拉伸($\underline{\sigma}_1 \neq 0$、$\underline{\sigma}_2 = \underline{\sigma}_6 = 0$),式(15.102)可表示为:

$$e_1 = S_{11}\,\underline{\sigma}_{11} + S_{111}\,\underline{\sigma}_1^2 + S_{1111}\,\underline{\sigma}_1^3 \tag{15.119}$$

上式中下划线表示当前材料坐标系。S_{11} 从 $\underline{\sigma}_1 - e_1$ 试验曲线的起始斜率获得(如 $S_{11} = 1/E_{11}$)。反应双模量行为的 S_{111} 和 S_{1111} 由理论曲线拟合拉伸和压缩试验数据得到。若在 $\underline{x}_2$ 方向施加类似载荷,也可以获得 S_{22}、S_{222} 和 S_{2222} 的值。

其他常数还有与剪切有关的 S_{66}、S_{6666},以及与拉伸剪切耦合有关的 S_{166}、S_{2266}。如果 S_{166} 和 S_{2266} 都小到可以忽略,那么剪切常数 S_{66}、S_{6666} 可通过 15.3.4.2 节中的试验方法,并利用 15.2.2 节中的方法,把应力、应变从拉格朗日系统转换到欧拉系统,即可获得。

表 15.1 中列出的包括拉伸剪切耦合的剪切常数是通过不同角度的偏轴向拉伸试验获得的。对于单轴向拉伸加载($\underline{\sigma}_{11} \neq 0$、$\underline{\sigma}_{22} = \underline{\sigma}_{12} = 0$),式(15.103)可表示为:

$$\begin{aligned}(c^4 S_{11} + 2c^2 s^2 S_{12} + s^4 S_{22})\sigma_{11}/(cs) - e_{11}/(cs) \\ = S_{66}\,\underline{\sigma}_6 + S_{6666}\,\underline{\sigma}_6^3 - (3c/s)S_{166}\,\underline{\sigma}_6^2 + (4s/c)S_{2266}\sigma_6^3\end{aligned} \tag{15.120}$$

其中:$c = \cos\theta$,$s = \sin\theta$,$\underline{\sigma}_6 = cs\sigma_{11}$。

从试验中可以获得纤维取向角 θ 和应力-应变关系。式(15.120)中,有四个常数(S_{66}、S_{6666}、S_{166} 和 S_{2266})是未知的。$\underline{\sigma}_6$ 与式(15.120)中参数的关系,可通过测试 σ_{11}、e_{11}、θ,以及与拉伸性质相关的弹性常数(S_{11}、S_{12} 和 S_{22})试验得到。获得足够的试验数据(起始纤维取向角不同的试样数量应大于未知常数数量),就可以利用线性回归方法把式(15.120)拟合到试验曲线,从而求出其余柔度常数 S_{6666}、S_{166} 和 S_{2266}。

15.5　波浪形纤维增强柔性复合材料弹性行为

15.5.1　引言

第八章介绍了一种含有正弦形纤维的柔性复合材料的等相位模型,并利用阶梯递增法和经典层合板理论分析了这种复合材料的弹性行为。作为一种相对成熟的分析方法,层合板理论已经成为分析柔性复合材料基本性质的常用方法。但是,采用叠加技术分析非线性有限变形问题,增量分析的局限性是显而易见的。为了找到更合理的研究方法,Luo 和 Chou[22,24,35]基于拉格朗日(15.3 节)和欧拉(15.4 节)描述,提出利用本构模型来分析波浪形纤维增强柔性复合材料在有限变形下的非线性弹性行为。

最好通过含有完整周期的正弦曲线的代表性单元(图 15.22)来理解等相位柔性复合材料的变形行为。代表性单元可以进一步沿 x_1 方向分解成子单元。复合材料在 $x_1 \sim (x + \Delta x_1)$ 范围内的每个子单元被近似为偏离 x_1 轴 $\theta_0^{(n)}$ 的偏轴向复合材料。参考式(15.11),例如子单元的纤维初始取向角:

$$\theta_0^{(n)} = \frac{1}{2}\left\{ \tan^{-1}\left(\frac{2\pi a}{\lambda}\cos\frac{2\pi x_1}{\lambda}\right) + \tan^{-1}\left[\frac{2\pi a}{\lambda}\cos\frac{2\pi(x_1 + \Delta x_1)}{\lambda}\right]\right\} \tag{15.121}$$

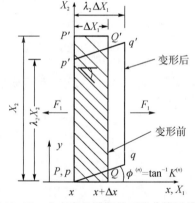

图 15.22　含有完整周期的正弦曲线纤维的
柔性复合材料子单元在纵向拉伸
载荷下的变形行为[24]

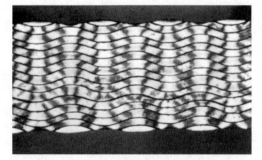

图 15.23　柔性复合材料在纵向拉伸
载荷下的光弹性视图[22]

同时,假设子单元的应力和应变在轴向载荷下是均匀的。这种假设得到了光弹性分析的验证[22]。图 15.23 所示为柔性复合材料在纵向拉伸载荷下的光弹性视图,显示了在纵向不同区域内都保持相对均匀的应变。需要指出的是,尽管所有试验数据均来自 Kevlar49 纤维/硅橡胶试样,但为了更好地在图像中比较纤维和基体,图 15.23 所示为碳纤维增强复合材料。

基于以上假设,分析等相位模型包涵以下两步:①利用 15.3 节和 15.4 节中的分析,求得偏轴向子单元在有限变形下的本构关系;②对所有子单元的变形求和,即复合材料总变形。

15.5.2　利用拉格朗日法描述纵向弹性行为

在 x_1 方向施加单轴拉力 F_1，柔性复合材料的平面应力假设为：

$$\Pi_{11} = F_1/A_0$$
$$\Pi_{22} = 0$$
$$\Pi_{21} = 0$$

(15.122)

其中：A_0 是垂直于 x_1 方向的初始截面积。

图 15.22 所示为子单元 $PQQ'P'$ 的变形行为，$pqq'p'$ 表示变形状态。由于等相位纤维排列，边 qq' 仍然垂直于轴 X_1。设 $x_i^{(n)}$ 是子单元 $PPQ'P'$ 中任意粒子的坐标，同时是该粒子在子单元 $pqq'p'$ 中的局部坐标，其中上标表示子单元 (n)。该变形行为可表示为：

$$x_1^{(n)} = \lambda_1^{(n)} X_1^{(n)}$$
$$x_2^{(n)} = k^{(n)} \lambda_1^{(n)} X_1^{(n)} + \lambda_2^{(n)} X_2^{(n)}$$

(15.123)

式(15.123)是 15.3.2.5 节中"简单剪切叠加单轴拉伸"第二种情况的等价变形式。利用式(15.44)和式(15.122)中的应力边界条件，可以得到：

$$\Pi_{11} = \lambda_1^{(n)} (c^2 W_{11} + s^2 W_{22} - cs W_{12})$$
$$0 = \Pi_{22} = s^2 W_{11} + c^2 W_{22} + cs W_{12}$$
$$0 = \Pi_{21} = cs W_{11} - cs W_{22} + \frac{1}{2}(c^2 - s^2) W_{12}$$

(15.124)

其中：W_{ij} 是 $K^{(n)}$、$\lambda_1^{(n)}$ 和 $\lambda_2^{(n)}$ 的函数，已在式(15.44)和式(15.70)中给出。

式(15.121)给出了纤维起始取向角 $\theta_0^{(n)}$，则可求得式(15.124)中的三个未知参数 $K^{(n)}$、$\lambda_1^{(n)}$ 和 $\lambda_2^{(n)}$ 的解。有趣的是，Π_{12} 并没有从式(15.71)中消除：

$$\Pi_{12} = K^{(n)} \Pi_{11}$$

(15.125)

子单元 (n) 的纤维当前取向角 $\theta^{(n)}$（图 15.22）：

$$\theta^{(n)} = \tan^{-1}\left[K^{(n)} + \frac{\lambda_2^{(n)}}{\lambda_1^{(n)}} \tan\theta_0^{(n)} \right]$$

(15.126)

在 X_1 方向上，波长平均扩展率为：

$$\lambda_1 = \frac{\Delta x}{\lambda} \sum_{n=1}^{m} \lambda_1^{(n)}$$

(15.127)

15.5.3　利用欧拉法描述纵向弹性行为

在纵向单轴拉力 F_1 作用下，欧拉系中的应力状态：

$$\sigma_{11} = F_1/A, \quad \sigma_{22} = \sigma_{12} = 0$$

(15.128)

其中：A 是垂直于纵向处于变形状态下的横截面积。

利用式(15.123)，子单元 (n) 在欧拉系中的变形可表示为：

$$X_1 = \frac{1}{\lambda_1^{(n)}} x_1 \tag{15.129}$$

$$X_2 = -\frac{K^{(n)}}{\lambda_2^{(n)}} + \frac{1}{\lambda_2^{(n)}} x_2$$

从式(15.15)和式(15.17),可以得到:

$$[g]^{-1} = \begin{bmatrix} \dfrac{1}{\lambda_1^{(n)}} & 0 \\[3mm] -\dfrac{K^{(n)}}{\lambda_2^{(n)}} & \dfrac{1}{\lambda_2^{(n)}} \end{bmatrix} \tag{15.130}$$

和

$$2[e] = \begin{bmatrix} 1 - \left[\left(\dfrac{1}{\lambda_1^{(n)}}\right)^2 - \left(\dfrac{K^{(n)}}{\lambda_2^{(n)}}\right)^2 \right] & \dfrac{K^{(n)}}{(\lambda_2^{(n)})^2} \\[4mm] \dfrac{K^{(n)}}{(\lambda_2^{(n)})^2} & 1 - \left(\dfrac{1}{\lambda_2^{(n)}}\right)^2 \end{bmatrix} \tag{15.131}$$

倒置以上方程,得到:

$$\lambda_1^{(n)} = \frac{\sqrt{1 - 2e_{22}^{(n)}}}{\sqrt{\left[(1 - 2e_{11}^{(n)})(1 - 2e_{22}^{(n)}) - 4(e_{12}^{(n)})^2\right]}}$$

$$\lambda_2^{(n)} = \frac{1}{\sqrt{1 - 2e_{22}^{(n)}}} \tag{15.132}$$

$$K^{(n)} = \frac{2e_{12}^{(n)}}{1 - 2e_{22}^{(n)}}$$

其中:$\lambda_1^{(n)}$ 和 $\lambda_2^{(n)}$ 分别是子单元(n)在纵向和横向的拉伸比例;$K^{(n)} = \tan \Phi^{(n)}$,如图 15.22 所示。

式(15.126)给出了纤维当前取向角。$\lambda_1^{(n)}$、$\lambda_2^{(n)}$ 和 $K^{(n)}$ 可由式(15.103)、式(15.128)和式(15.131),通过迭代计算求得。同时,纵向的波长平均拉伸比例 λ_1 可由式(15.127)得到。

Luo 等[36]报道了利用拉格朗日和欧拉方法得到的纵向本构关系与试验结果及有限变形范围内增量分析结果的比较,如图 15.24 所示。选用正弦形 Kevlar($a/\lambda = 0.09$)纤维增强硅橡胶复合材料作为试样。因为纤维有弯曲,所以子单元中纤维体积分数可能有差异,平均纤维体积分数 $V_f = 9\%$。

子单元的局部应变可利用式(15.124)得到,纤维当前取向角可以由式(15.126)得到。这些结果显

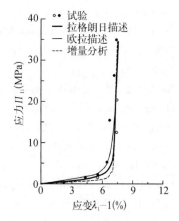

图 15.24　含有正弦形纤维($a/\lambda = 0.09$) 的 Kevlar 纤维 / 硅橡胶复合材料的应力-应变关系[24]

示纤维局部最大拉伸应变出现在纤维初始角度等于"0"的区域(如 $X_1 = \pm\lambda/4$)。复合材料局部最大剪切应变出现在纤维初始角度最大的区域(如 $X_1 = 0, \lambda/2$)。因此,柔性复合材料强度可由 $X_1 = \pm\lambda/4$ 时的最大拉伸应变和 $X_1 = 0$ 时的最大剪切应变决定。

参 考 文 献

［1］Rivlin R S. Large elastic deformation of isotropic materials I. Fundamental Concepts. Philosophical Transactions of the Royal Society A ,1948，240：459-490.

［2］Rivlin R S. Large elastic deformation of isotropic materials IV. Further developments of the general theory. Philosophical Transactions of the Royal Society A , 1948，241：379-397.

［3］Rivlin R S，Saunders D W. Large elastic deformation of isotropic materials XII. Experiments on the deformation of rubber. Philosophical Transactions of the Royal Society A, 1951，243：251-298.

［4］Ericksen J L，Rivlin R S. Large elastic deformations of homogeneous anisotropic materials. Rational Mechinical Analysis, 1954, 3 (3)：281-301.

［5］Truesdell C. Elements of Continuum Mechanics. Springer-Verlag，New York，1966.

［6］Fung Y C. A First Course in Continuum Mechanics. Prentice-Hall，Inc，Englewood Cliffs，N J，1977.

［7］Malvern L E. Introduction to the Mechanics of a Continuous Medium. Prentice-Hall，Inc. ，Englewood Cliffs，1969.

［8］Spencer A J M. Deformation of Fibre Reinforced Materials. Clarendon Press，Oxford，1972.

［9］Lai W M，Rubin D，Krempl E. Introduction to Continuum Mechanics. Pergamon Press，Oxford，1978.

［10］Adkins J E，Rivlin R S. Large elastic deformation of isotropic materials. X. Reinforcements by inextensible cords. Philosophical Transactions of the Royal Society A，1955，248：201-23.

［11］Rivlin R S. Networks of inextensible cords. Nonlinear Problems of Engineering. W. F. Ames, ed. ，Academic Press，New York，1964.

［12］Pipkin A C，Rogers T G. Plane deformation of incompressible fiber-reinforced materials. Applied Mechanics, 1971，38：634-640.

［13］Chou T W. Flexible composites. Material Structure Composite Iumber, 1989, 24：761-783.

［14］Fung Y C. Biomechanics：Mechanical Properties of Living Tissues. Springer Verlag，New York，1981.

［15］Aspden R M. Relation between structure and mechanical behavior of fibre-reinforced composite materials at large strains. Philosophical Transactions of the Royal Society A，1986，406：287-298.

［16］Humphrey J D，Yin F C P. A new constitutive formulation for characterizing the mechanical behavior of soft tissues. Biophysical Journal, 1987，52：563-570.

［17］Petit P H，Waddoups M E. A method of predicting the nonlinear behavior of laminated composites. Journal of Composite Materials, 1969, 3：2-19.

［18］Hahn H T. Nonlinear behavior of laminated composites. Journal of Composite Materials, 1973，7：57-71.

［19］Hahn H T，Tsai S W. Nonlinear elastic behavior of unidirectional composite laminate. Journal of Composite Materials，1973，7：102-118.

［20］Jones R S，Morgan H S. Analysis of nonlinear stress-strain behavior of fiber-reinforced composite materials. The American Institute of Aeronautics and Astronautics, 1977，15：1669-1676.

［21］Ishikawa T，Chou T W. Nonlinear behavior of woven fabric composites. Journal of Composite Materials，1983，17：399-413.

[22] Luo S Y, Chou T W. Finite deformation and nonlinear elastic behavior of flexible composites. Applied Mechanics, 1988,55: 149-155.

[23] Luo S Y, Chou T W. Modeling of the nonlinear elastic behavior of elastomeric flexible composites. Composites: Chemical and Physicochemical Aspects. Vigo T L, Kinzig B J. VCH Publishers, New York, 1990.

[24] Luo S Y, Chou T W. Finite deformation of flexible composites. Proceedings of the Royal Society A, 1990, 429: 569-586.

[25] Luo S Y. Theoretical modeling and experimental characterization of flexible composites. University of Delaware, Newark, Delaware, 1988.

[26] Fung Y C. Foundations of Solid Mechanics. Prentice-Hall Inc, Englewood Cliffs, N J, 1965.

[27] Rivlin R S. Nonlinear continuum theories in mechanics and physics and their application. Centro Internazionale Matematico Estivo. Ciclo I I, Rivlin R S. Edizioni Cremonese, Roma, 1970.

[28] Rivlin R S. Mathematics and rheology. The 1958 Bingham Medal Address, Physicals Today, 1959, 12(5): 32-36.

[29] Whitney J M, Daniel I M, Pipes R B. Experimental mechanics of fiber reinforced composite materials. The Society for Experimental Stress Analysis, Brookfield Center, Connecticut, 1982.

[30] Pagano N J, Halpin J C. Influence of end constraint in the testing of anisotropic bodies. Journal of Composite Materials, 1968, 2: 18-31.

[31] Luo S Y, Chou T W. Elastic behavior of laminated flexible composites under finite deformation. Micromechanics and Inhomogeneity-The Toshio Mura Anniversary Volume, Springer-Verlag, New York, 1989: 243-256.

[32] Posfalvi O. The Poisson ratio for rubber-cord composites. Rubber Chemistry and Technology, 1977, 50: 224-232.

[33] ASTM Standard D3518 - 76. Practice for in-plane shear stress-strain response of unidirectional reinforced plastics American Society for Testing and Materials. 1982 Philadelphia.

[34] Fung Y C. Foundations of Solid Mechanics. Prentice-Hall Inc, Englewood Cliffs, N J, 1965.

[35] Luo S Y, Chou T W. Constitutive relations of flexible composites under finite elastic deformation. Mechanics of Composite Materials, 1988, 92: 209-216.

[36] Luo S Y, Kuo C M, Chou T W. Theoretical modeling and experimental characterization of flexible composites. Proceedings of The Fourth Japan-United States Conference on Composite Materials. Technomic Pub. Co. ,Lancaster, Pennsylvania, 1988.

[37] Chou T W. Microstructural Design of Fiber Composites. Cambridge University Press, Cambridge, 1991:474-525.

16　三维纺织复合材料宏观力学

16.1　引　　言

层合板[1]和三维纺织复合材料[2]都是由两种材料(纤维和基体)构成的[3]。三维纺织复合材料宏观力学研究主要是应力-应变关系、失效模式及材料从首次破坏到最终破坏的降解性能,而微观力学研究主要是纤维性质及树脂中的纤维形态[4-5],后者的结果可推导出宏观力学参数:

① 应力-应变关系。

② 失效模式。

③ 首次破坏到最终破坏的降解性能。

在微观力学中,三维纺织复合材料[6]不作为一种双相材料,而是将其上述属性作为一个系统研究。为了对这种复杂结构材料进行宏观分析,需要以下信息:

① 定义宏观尺度的材料模型,其包括刚度和强度等力学性能。

② 在当前纺织技术可织造的复合材料增强相中引入刚度和强度性质,建立材料模型。

③ 定义不同纺织技术织造的织物几何结构,包括子结构间的边界几何形状。

④ 定义加载边界条件,由于动态加载条件下存在接触或摩擦因素,所以加载边界条件不一定为恒速。

⑤ 结构设计要求和研究目标。

通常,这些信息可使用数学模型分析方法得到,尤其是有限元分析,它是解决这类数值计算问题行之有效的方法。例如,如果①、③、④、⑤已知,②与强力或应力有关,但必须通过试验或微观力学分析方法得到。如果试验可行,首选试验方法,因为如果选择的统计分析方法合适,试验结果的精度是非常高的。但是,当试验难以实施时,应该考虑使用微观力学分析或有限元分析方法。尽管这种方法的精度稍差,但它是一种可选的替代方法。

16.2　求解三维纺织复合材料的刚度和强度

宏观力学分析的目的是在给定载荷下预测三维纺织复合材料的力学性能,而运用恰当的材料模型是实施此类分析研究的必要步骤。为了恰当地定义材料模型,有必要引入一组刚度、强度参数。但是,材料模型会因以下因素不同而不同:

① 宏观力学分析。

② 分析理论。

③ 三维织造技术。

纺织技术不同会导致织物结构存在差异[7],这种差异又会引起材料刚度和强度截然不同。宏观力学分析类型也会影响材料模型,因此刚度和强度需要展开分析。线性或非线性、静态或动态[8-9]、应力或位移、温湿度、屈服、模态和崩溃等[10],这些参数都是分析指标。最后,材料刚度和强度还取决于分析理论。

16.2.1 三维纺织复合材料宏观分析理论

本节将介绍几种可用于分析三维纺织复合材料宏观力学性能的理论,同时研究用作复合材料增强相的三维织物相对应的织造技术,最后分析材料的力学性能。对于每种三维织物,都以材料类型和期望精确度选用最合适的分析理论[11]。

16.2.1.1 经典梁理论

经典梁理论[11,12]基于 Euler-Bernoulli 弯曲、扭转、轴向拉伸和压缩理论中使用的四阶微分方程。Euler-Bernoulli 理论假设垂直于轴向的横截面在变形后仍然保持平面并垂直于轴向。横向挠度 w 由四阶微分方程可得:

$$\frac{\mathrm{d}^2}{\mathrm{d}x^2}\left[E_x I(x)\frac{\mathrm{d}^2 w}{\mathrm{d}x^2}\right] = f(x) \quad (0 < x < L) \tag{16.1}$$

式中:$f(x)$ 是横向载荷分布;E_x 是轴向弹性模量;$I(x)$ 是 x 方向的惯性动量。

这些变量的关系如图 16.1 和图 16.2 所示。

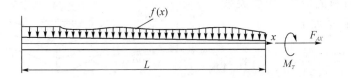
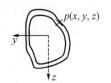

图 16.1 梁受弯曲、扭转和拉伸载荷的示意图 　　图 16.2 截面积示意图

使用经典梁理论时,首先要确定材料的刚度参数 E_x、G_x 和 ν_{xy},其次要确定参数 $I(x)$、$I_O(x)$、$A(x)$、$A_C(x)$、$k_1(x,y,z)$、$k_2(x,y,z)$,其中:$I(x)$ 是惯性动量;$I_O(x)$ 是扭转惯性动量;$A(x)$ 是截面积;$A_C(x)$ 是剪切截面积;$k_1(x,y,z)$ 是用于求解应变分量 γ_{xy} 在 x 位置处截面形状的函数;$k_2(x,y,z)$ 是用于求解应变分量 γ_{xz} 在 x 位置处截面形状的函数。

16.2.1.2 经典层合板理论

经典层合板理论[2,11,13-14]用于研究复合材料的非均匀性及层压性能,虽然它考虑了复合材料的面内性能和弯曲应力,但没有考虑层间应力。因此,该理论只适用于均匀载荷下发生小变形的薄板。如果要研究复合材料受冲击载荷、自由边界效应、应力集中、点载荷、黏结或厚板结构等问题,经典层合板理论则不适用。

为了定义薄厚的界限,这里认为满足以下关系就可认为是薄板:

$$\frac{板的厚度}{表征长度} < 10 \tag{16.2}$$

该理论基于以下假设:

① 线性应变。

② 发生变形后垂直于中面的直线仍然保持垂直,例如剪应力引起的应变可以忽略不计。

局部坐标轴如图 16.3 所示。位移场如下:

$$u_x(x,y) = u(x,y)$$
$$u_y(x,y) = v(x,y)$$
$$u_z(x,y) = w(x,y) \tag{16.3}$$

如果应用经典层合板理论,需要确定材料的刚度参数 E_x、E_y、G_{xy} 和 ν_{xy}。

16.2.1.3　杆理论

这个理论基于以下假设:

① 层合板中变形前垂直于中面的直线段在变形后仍保持直线。

② 与垂直于中面的应力相对应的应变能可以忽略不计。

因为没有提及变形后层合板中面的垂直线仍然保持垂直这一假设条件,需考虑层间剪切应力。因此,杆理论考虑层合板每层的面内应力和剪切应力。

通过三维方法可以获得材料的应力-应变关系。平板位移如图 16.4 所示。位移场如下:

$$u_1(x,y) = u(x,y)$$
$$u_2(x,y) = v(x,y) \tag{16.4}$$
$$u_3(x,y) = w(x,y)$$

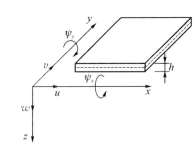

图 16.3　局部坐标轴

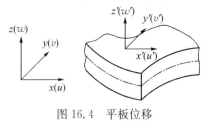

图 16.4　平板位移

应变向量:

$$\varepsilon = [\varepsilon_x, \varepsilon_y, \gamma_{xy}, \gamma_{xz}, \gamma_{yz}] = \left[\frac{\partial u}{\partial x}, \frac{\partial v}{\partial x}, \frac{\partial u}{\partial y} + \frac{\partial v}{\partial x}, \frac{\partial u}{\partial z} + \frac{\partial w}{\partial x}, \frac{\partial v}{\partial y} + \frac{\partial w}{\partial y}\right] \tag{16.5}$$

如果应用杆理论,需要确定材料的刚度参数 E_x、E_y、G_{xy}、G_{xz}、G_{yz} 和 ν_{xy}。

16.2.1.4　一阶剪切理论

一阶剪切理论基于 Yang-Norris-Stavsky(YNS)的研究工作,它是 Mindlin 理论向非各向同性层合板的推广,同时考虑面内应力、弯曲和剪切应力,选择适当的参数,可以同时用于薄板和厚板的力学性能预测。

厚度为 h 的薄板位移场如图 16.5 表示。YNS 理论定义位移场方程:

$$u(x,y,z) = u_0(x,y,z) + z\Psi_y(x,y,z)$$
$$v(x,y,z) = v_0(x,y,z) + z\Psi_x(x,y,z) \tag{16.6}$$
$$w(x,y,z) = w_0(x,y,z)$$

其中:u、v、w 分别是 x、y、z 方向的位移分量;u_0、v_0、w_0 分别是中面线性位移;Ψ_x、Ψ_y 分别是绕 x 轴、y 轴旋转的角位移。

如果应用一阶剪切理论,需要确定材料的刚度参数 E_x、E_y、G_{xy}、G_{xz}、G_{yz} 和 ν_{xy}。

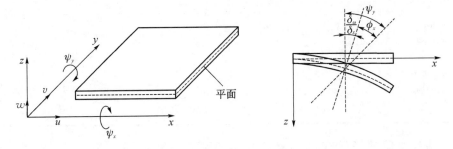

图 16.5　依据 YNS 理论定义薄板位移场

16.2.1.5　高阶剪切理论

根据一阶剪切理论,剪切应变在板的厚度方向为常数。但在不受外力的情况下,板的上下表面的剪切应变应等于零。因此,在板的上下表面上,一阶剪切理论不满足平衡方程。

对于较厚的层合板,必须考虑板沿厚度方向的剪切应力分布。为了满足上面提到的力平衡条件,必须考虑使用高阶剪切理论[11,15-16]。这里介绍 Reddy 提出的高阶剪切理论,它考虑了面内弯曲和剪切应力,且参数个数与一阶剪切理论相同。沿板的厚度方向施加一个抛物线分布的剪切应变载荷,板的上表面的切应变都为零。

根据 Reddy 理论,位移场为:

$$u(x,y,z) = u_0(x,y) + z\Psi_y(x,y) + z^2\xi_x(x,y) + z^3\rho_x(x,y)$$
$$v(x,y,z) = v_0(x,y) + z\Psi_x(x,y) + z^2\xi_y(x,y) + z^3\rho_y(x,y) \tag{16.7}$$
$$w(x,y,z) = w_0(x,y)$$

式中:u_0、v_0、w_0 分别是板中面上的点 (x,y) 的线性位移;Ψ_x、Ψ_y 分别是绕 x 轴、y 轴旋转的角位移;ξ_x、ξ_y、ρ_x、ρ_y 分别是根据层间剪切应力在板的上下表面都必须为零的条件确定的函数。

上下表面的剪切应力可表示为:

$$\sigma_{xz}(x,y,\pm h/2) = 0 \tag{16.8}$$
$$\sigma_{yz}(x,y,\pm h/2) = 0$$

如果应用高阶剪切理论,需要确定材料的刚度参数 E_x、E_y、G_{xy}、G_{xz}、G_{yz} 和 ν_{xy}。

图 16.6　厚板的位移场示意图

16.2.1.6　弹性理论

弹性理论[17]考虑了所有与弹性性能相关的因素,所以它可应用于各向同性或非各向同性材料。该理论对研究全部应力张量,包括层间正应力或剥离应力,都非常有效。位移场如图 16.6 所示。应变张力如下:

$$\varepsilon = [\varepsilon_x, \varepsilon_y, \varepsilon_z, \gamma_{xy}, \gamma_{xz}, \gamma_{yz}] = \left[\frac{\partial u}{\partial x}, \frac{\partial v}{\partial y}, \frac{\partial w}{\partial z}, \frac{\partial u}{\partial y} + \frac{\partial v}{\partial x}, \frac{\partial u}{\partial z} + \frac{\partial w}{\partial x}, \frac{\partial v}{\partial z} + \frac{\partial w}{\partial y}\right] \tag{16.9}$$

表 16.1　不同分析理论所需刚度参数

分析理论名称	所需刚度参数
经典梁理论	E_x、G_{xy} 和 ν_{xy}
层合板理论	E_x、E_y、G_{xy} 和 ν_{xy}
杆理论	E_x、E_y、G_{xy}、G_{xz}、G_{yz} 和 ν_{xy}
一阶剪切理论	E_x、E_y、G_{xy}、G_{xz}、G_{yz} 和 ν_{xy}
高阶剪切理论	E_x、E_y、G_{xy}、G_{xz}、G_{yz} 和 ν_{xy}
弹性理论	E_x、E_y、E_z、G_{xy}、G_{xz}、G_{yz}、ν_{xy}、ν_{xz} 和 ν_{yz}

如果应用高阶剪切理论,需要确定材料的刚度参数 E_x、E_y、E_z、G_{xy}、G_{xz}、G_{yz}、ν_{xy}、ν_{xz} 和 ν_{yz}。

表 16.1 给出了不同分析理论所需的刚度参数。

16.2.2　三维纺织预成型体刚度和强度性质

作为复合材料增强体的三维纺织预成型体影响复合材料刚度和强度性质,原因如下[18-23]:

① 一方面,每种三维纺织技术都和 16.2.1 节所述的一个或多个分析理论联系在一起。为了得到适当的应用,每种理论需要一个特定的刚度性质列表。

② 另一方面,每种三维纺织技术需要一个或多个特定的强度准则,因此也需要一系列的强度性质。

下面对多数重要的三维纺织技术进行分析,要特别注意每种情况下的强度准则。

16.2.2.1　编织

根据采用的编织技术类型,可以选择的有限元分析类型和分析理论类型见表 16.2。编织预成型体的准静态分析最合适的失效准则是三维 Tsai-Wu 准则[1]。对于动态分析,最大应变准则得出了非常满意的结果,但最终被证明不恰当。

对于那些必须考虑面外应力的研究,在三维 Tsai-Wu 准则中,正应力和剪切应力之间相互作用因数的引入,使结果更准确。在这种情况下,应用的一般二次准则由以下方程控制:

$$F_{ij}\sigma_{ij} + F_i\sigma_{ii} = 0 \quad (i, j = 1, 2, \cdots, 6) \qquad \text{(准则 1)}$$

其中:

$$F_1 = \frac{1}{X} - \frac{1}{X'},\ F_2 = \frac{1}{Y} - \frac{1}{Y'},\ F_3 = \frac{1}{Z} - \frac{1}{Z'},\ F_4 = F_5 = F_6 = 0,$$

$$F_{11} = \frac{1}{XX'},\ F_{22} = \frac{1}{YY'},\ F_{33} = \frac{1}{ZZ'},$$

$$F_{44} = \frac{1}{S_{xy}^2},\ F_{55} = \frac{1}{S_{xz}^2},\ F_{66} = \frac{1}{S_{yz}^2},$$

$$F_{45} = F_{46} = F_{56} = 0,\ F_{ij} = -0.5\sqrt{F_{ii}F_{jj}} \quad (i, j = 1, 2, \cdots, 6,\text{且 } i \neq j)$$

$$\text{(16.10)}$$

当采用其他一般弹性理论时,应力张量会明显减少。

（1）梁理论的应力张量有 σ_x 和 τ_{xy},其失效准则可简化:

$$F_{11}\sigma_x^2 + F_{44}\tau_{xy}^2 + F_1\sigma_x + 2F_{14}\sigma_x\tau_{xy} = 1 \quad （准则\ 2） \tag{16.11}$$

（2）经典层合板理论的应力张量有 σ_x、σ_y 和 τ_{xy},其失效准则:

$$F_{11}\sigma_x^2 + F_{22}\sigma_y^2 + F_{44}\tau_{xy}^2 + F_1\sigma_x + F_2\sigma_y + 2F_{12}\sigma_x\sigma_y + 2F_{14}\sigma_x\tau_{xy} + 2F_{24}\sigma_y\tau_{xy} = 1 \quad （准则\ 3）$$
$$\tag{16.12}$$

（3）Irons 一阶或高阶剪切理论的应力分量有 σ_x、σ_y、τ_{xy}、τ_{xz} 和 τ_{yz},其失效准则:

$$F_{11}\sigma_x^2 + F_{22}\sigma_y^2 + F_{44}\tau_{xy}^2 + F_{55}\tau_{xz}^2 + F_{66}\tau_{yz}^2 +$$
$$F_1\sigma_x + F_2\sigma_y + 2F_{12}\sigma_x\sigma_y + 2F_{14}\sigma_x\tau_{xy} +$$
$$2F_{15}\sigma_x\tau_{xz} + 2F_{16}\sigma_x\tau_{yz} + 2F_{24}\sigma_y\tau_{xy} + \quad （准则\ 4） \tag{16.13}$$
$$2F_{25}\sigma_y\tau_{xz} + 2F_{26}\sigma_y\tau_{yz} = 1$$

表 16.2　编织技术使用的性质

编织类型	单元类型	分析理论	需要的刚度参数	需要的强度参数	失效准则
二维	梁	一维线性	E_x, G_{xy}, ν_{xy}	X, X', S_{xy}	准则 2
二维	壳	层合板理论	$E_x, E_y, G_{xy}, \nu_{xy}$	X, X', Y, Y', S_{xy}	准则 3
二维	壳	Irons 理论	$E_x, E_y, G_{xy}, G_{xz}, G_{yz}, \nu_{xy}$	$X, X', Y, Y', S_{xy}, S_{xz}, S_{yz}$	准则 4
二维	壳	一阶剪切理论	$E_x, E_y, G_{xy}, G_{xz}, G_{yz}, \nu_{xy}$	$X, X', Y, Y', S_{xy}, S_{xz}, S_{yz}$	准则 4
二维	壳	高阶剪切理论	$E_x, E_y, G_{xy}, G_{xz}, G_{yz}, \nu_{xy}$	$X, X', Y, Y', S_{xy}, S_{xz}, S_{yz}$	准则 4
二维	实体	弹性理论	$E_x, E_y, E_z, G_{xy}, G_{xz}, G_{yz}, \nu_{xy}, \nu_{xz}, \nu_{yz}$	$X, X', Y, Y', Z, Z', S_{xy}, S_{xz}, S_{yz}$	准则 1
三维	梁	一维线性	E_x, G_{xy}, ν_{xy}	X, X', S_{xy}	准则 2
三维	实体	弹性理论	$E_x, E_y, E_z, G_{xy}, G_{xz}, G_{yz}, \nu_{xy}, \nu_{xz}, \nu_{yz}$	$X, X', Y, Y', Z, Z', S_{xy}, S_{xz}, S_{yz}$	准则 1

16.2.2.2　三维机织

三维机织预成型体模型可以由壳单元或实体单元组成,最适用的失效准则是三维 Tsai-Wu 准则,它可以在正应力和剪应力之间引入相互作用因数。

表 16.3 给出了单元类型、需要的刚度和强度参数及失效准则。

表 16.3　机织技术使用的性质

单元类型	分析理论	需要的刚度参数	需要的强度参数	失效准则
壳	层合板理论	E_x,E_y,G_{xy},ν_{xy}	X,X',Y,Y',S_{xy}	准则 3
壳	Irons 理论	$E_x,E_y,G_{xy},G_{xz},G_{yz},\nu_{xy}$	$X,X',Y,Y',S_{xy},S_{xz},S_{yz}$	准则 4
壳	一阶剪切理论	$E_x,E_y,G_{xy},G_{xz},G_{yz},\nu_{xy}$	$X,X',Y,Y',S_{xy},S_{xz},S_{yz}$	准则 4
壳	高阶剪切理论	$E_x,E_y,G_{xy},G_{xz},G_{yz},\nu_{xy}$	$X,X',Y,Y',S_{xy},S_{xz},S_{yz}$	准则 4
实体	弹性理论	$E_x,E_y,E_z,G_{xy},G_{xz},G_{yz},$ $\nu_{xy},\nu_{xz},\nu_{yz}$	$X,X',Y,Y',Z,Z',S_{xy},$ S_{xz},S_{yz}	准则 1

16.2.2.3　纬编针织

对纬编针织技术的分析和三维机织一样。纬编针织模型可以由壳单元或实体单元组成,最适用的失效准则是三维 Tsai-Wu 准则,它可以在正应力和剪应力之间引入相互作用因数。

表 16.4 给出了单元类型、需要的刚度和强度参数及失效准则。

表 16.4　纬编针织技术使用的性质

单元类型	分析理论	需要的刚度参数	需要的强度参数	失效准则
壳	层合板理论	E_x,E_y,G_{xy},ν_{xy}	X,X',Y,Y',S_{xy}	准则 3
壳	Irons 理论	$E_x,E_y,G_{xy},G_{xz},G_{yz},\nu_{xy}$	$X,\ X',\ Y,\ Y',\ S_{xy},$ S_{xz},S_{yz}	准则 4
壳	一阶剪切理论	$E_x,E_y,G_{xy},G_{xz},G_{yz},\nu_{xy}$	$X,\ X',\ Y,\ Y',\ S_{xy},$ S_{xz},S_{yz}	准则 4
壳	高阶剪切理论	$E_x,E_y,G_{xy},G_{xz},G_{yz},\nu_{xy}$	$X,\ X',\ Y,\ Y',\ S_{xy},$ S_{xz},S_{yz}	准则 4
实体	弹性理论	$E_x,E_y,E_z,G_{xy},G_{xz},G_{yz},$ $\nu_{xy},\nu_{xz},\nu_{yz}$	$X,\ X',\ Y,\ Y',\ Z,\ Z',$ S_{xy},S_{xz},S_{yz}	准则 1

16.2.2.4　经编针织

根据经编针织复合材料的类型,可以选择有限元类型和分析理论类型。采用经编针织物[24-26]时,和纬编针织物类似。但是,如果研究三维经编针织复合材料,则有许多可能性,因为表层可以建模为二维经编针织物,而芯层可以用很多方法分析。

三维 Tsai-Wu 准则可以用于分析二维经编针织材料的表层,但必须引入相互作用因数,以得到更准确的结果。如果采用和弹性理论不同的理论进行分析,应力分量的数量将减少,失效准则变得更简单(准则 2、3、4)。

夹芯复合材料由一层面板和泡沫组成。准则 5 是最适合的失效准则,因为它考虑了剪切和剥离应力。由于面板结构在两个正方向上可能不同,芯层的强度在两个正方向上也可能不同。

如果:

$$S_x^n \leqslant \sigma_z \leqslant S_{zt}^{(n)}$$

则没有剥离失效；

如果：

$$\frac{\tau_{xz}^2}{S_{xz}^{(n)^2}} + \frac{\tau_{yz}^2}{S_{yz}^{(n)^2}} \leqslant 1 \quad （准则 5） \tag{16.14}$$

则没有剪切失效。

式(16.14)中，$S_{xz}^{(n)}$ 为芯层在 z 方向的压缩强度，$S_{zt}^{(n)}$ 为芯层在 z 方向的拉伸强度，$S_{xz}^{(n)}$ 为芯层在 $x\text{-}z$ 面内的剪切强度，$S_{yz}^{(n)}$ 为芯层在 $y\text{-}z$ 面内的剪切强度。

表16.5 和表16.6 给出单元类型、需要的刚度和强度参数，以及二维和三维经编针织技术采用的失效准则。

表 16.5　二维经编针织技术使用的性质

单元类型	分析理论	需要的刚度参数	需要的强度参数	失效准则
壳	层合板理论	$E_x, E_y, G_{xy}, \nu_{xy}$	X, X', Y, Y', S_{xy}	准则 3
壳	Irons 理论	$E_x, E_y, G_{xy}, G_{xz}, G_{yz}, \nu_{xy}$	$X, X', Y, Y', S_{xy}, S_{xz}, S_{yz}$	准则 4
壳	一阶剪切理论	$E_x, E_y, G_{xy}, G_{xz}, G_{yz}, \nu_{xy}$	$X, X', Y, Y', S_{xy}, S_{xz}, S_{yz}$	准则 4
壳	高阶剪切理论	$E_x, E_y, G_{xy}, G_{xz}, G_{yz}, \nu_{xy}$	$X, X', Y, Y', S_{xy}, S_{xz}, S_{yz}$	准则 4
实体	弹性理论	$E_x, E_y, E_z, G_{xy}, G_{xz}, G_{yz},$ $\nu_{xy}, \nu_{xz}, \nu_{yz}$	$X, X', Y, Y', Z, Z', S_{xy},$ S_{xz}, S_{yz}	准则 1

表 16.6　三维经编针织技术使用的性质

单元类型	分析理论	需要的刚度参数[1]	需要的强度参数[1,2,3]	失效准则
表层和芯层都为壳	层合板理论	表层：$E_x, E_y, G_{xy}, \nu_{xy}$ 芯层：$E_x^{(n)}, E_y^{(n)}, G_{xy}^{(n)}, \nu_{xy}^{(n)}$	表层：X, X', Y, Y', S_{xy} 芯层：$S_{xz}^{(n)}, S_{yz}^{(n)}$	表层：准则 3 芯层：准则 5
表层和芯层都为壳	Irons 理论	表层：$E_x, E_y, G_{xy}, G_{xz}, G_{yz}, \nu_{xy}$ 芯层：$E_x^{(n)}, E_y^{(n)}, G_{xy}^{(n)}, G_{xz}^{(n)}, G_{yz}^{(n)}, \nu_{xy}^{(n)}$	表层：X, X', Y, Y', S_{xy} 芯层：$S_{xz}^{(n)}, S_{yz}^{(n)}$	表层：准则 4 芯层：准则 5
表层和芯层都为壳	一阶剪切理论	表层：$E_x, E_y, G_{xy}, G_{xz}, G_{yz}, \nu_{xy}$ 芯层：$E_x^{(n)}, E_y^{(n)}, G_{xy}^{(n)}, G_{xz}^{(n)}, G_{yz}^{(n)}, \nu_{xy}^{(n)}$	表层：X, X', Y, Y', S_{xy} 芯层：$S_{xz}^{(n)}, S_{yz}^{(n)}$	表层：准则 4 芯层：准则 5
表层和芯层都为壳	高阶剪切理论	表层：$E_x, E_y, G_{xy}, G_{xz}, G_{yz}, \nu_{xy}$ 芯层：$E_x^{(n)}, E_y^{(n)}, G_{xy}^{(n)}, G_{xz}^{(n)}, G_{yz}^{(n)}, \nu_{xy}^{(n)}$	表层：X, X', Y, Y', S_{xy} 芯层：$S_{xz}^{(n)}, S_{yz}^{(n)}$	表层：准则 4 芯层：准则 5
表层：壳 芯层：实体	表层：层合板理论 芯层：弹性理论	表层：$E_x, E_y, G_{xy}, \nu_{xy}$ 芯层：$E_x^{(n)}, E_y^{(n)}, E_z^{(n)}, G_{xy}^{(n)}, G_{xz}^{(n)}, G_{yz}^{(n)},$ $\nu_{xy}^{(n)}, \nu_{xz}^{(n)}, \nu_{yz}^{(n)}$	表层：X, X', Y, Y', S_{xy} 芯层：$S_{xz}^{(n)}, S_{yz}^{(n)}, S_{xz}^{(n)}, S_{zt}^{(n)}$	表层：准则 3 芯层：准则 5

（续表）

单元类型	分析理论	需要的刚度参数[1]	需要的强度参数[1,2,3]	失效准则
表层:壳 芯层:实体	表层:Irons 理论 芯层:弹性理论	表层:$E_x,E_y,G_{xy},G_{xz},G_{yz},\nu_{xy}$ 芯层:$E_x^{(n)},E_y^{(n)},E_z^{(n)},G_{xy}^{(n)},G_{xz}^{(n)},G_{yz}^{(n)},$ $\nu_{xy}^{(n)},\nu_{xz}^{(n)},\upsilon_{yz}^{(n)}$	表层:X,X',Y,Y',S_{xy} 芯层:$S_{xz}^{(n)},S_{yz}^{(n)},S_{zx}^{(n)},S_{zt}^{(n)}$	表层:准则 4 芯层:准则 5
表层:壳 芯层:实体	表层:一阶剪 切理论 芯层:弹性理论	表层:$E_x,E_y,G_{xy},G_{xz},G_{yz},\nu_{xy}$ 芯层:$E_x^{(n)},E_y^{(n)},E_z^{(n)},G_{xy}^{(n)},G_{xz}^{(n)},G_{yz}^{(n)},$ $\nu_{xy}^{(n)},\nu_{xz}^{(n)},\upsilon_{yz}^{(n)}$	表层:X,X',Y,Y',S_{xy} 芯层:$S_{xz}^{(n)},S_{yz}^{n},S_{zx}^{(n)},S_{zt}^{(n)}$	表层:准则 4 芯层:准则 5
表层:壳 芯层:实体	表层:高阶剪 切理论 芯层:弹性理论	表层:$E_x,E_y,G_{xy},G_{xz},G_{yz},\nu_{xy}$ 芯层:$E_x^{(n)},E_y^{(n)},E_z^{(n)},G_{xy}^{(n)},G_{xz}^{(n)},G_{yz}^{(n)},$ $\nu_{xy}^{(n)},\nu_{xz}^{(n)},\upsilon_{yz}^{(n)}$	表层:X,X',Y,Y',S_{xy} 芯层:$S_{xz}^{(n)},S_{yz}^{(n)},S_{zx}^{(n)},S_{zt}^{(n)}$	表层:准则 4 芯层:准则 5
表层:实体 芯层:实体	弹性理论	表层:$E_x,E_y,E_z,G_{xy},G_{xz},G_{yz},\nu_{xy},$ ν_{xz},ν_{yz} 芯层:$E_x^{(n)},E_y^{(n)},E_z^{(n)},G_{xy}^{(n)},G_{xz}^{(n)},G_{yz}^{(n)},$ $\nu_{xy}^{(n)},\nu_{xz}^{(n)},\upsilon_{yz}^{(n)}$	表层:$X,X',Y,Y',Z,Z',$ S_{xy},S_{xz},S_{yz} 芯层:$S_{xz}^{(n)},S_{yz}^{(n)},S_{zx}^{(n)},S_{zt}^{(n)}$	表层:准则 1 芯层:准则 5
表层:实体 芯层:实体 面板:梁	表层和芯层: 弹性理论 面板:一维线性	表层:$E_x,E_y,E_z,G_{xy},G_{xz},G_{yz},\nu_{xy},$ ν_{xz},ν_{yz} 芯层:Krieg 和 Key 模型 面板:$E_x^{(p)},G_{xy}^{(p)},\nu_{xy}^{(p)}$	表层:$X,X',Y,Y',Z,Z',$ S_{xy},S_{xz},S_{yz} 芯层:S_t,S_c,τ_{max} 面板:$\sigma_{max}^{(p)},\tau_{max}^{(p)}$	表层:准则 1 芯层:静压力 失效准则 面板:准则 2

[1] 上标$^{(n)}$指芯层,上标$^{(p)}$指面板。

[2] S_t、S_c、τ_{max}分别为芯层的拉伸、压缩和剪切强度。

[3] $\sigma_{max}^{(p)}$、$\tau_{max}^{(p)}$分别为面板纤维能承受的最大拉伸和剪切强度。

16.2.2.5　多层针织 4/5 维

　　这种技术会形成纺织平面层,就像三维机织、经编或纬编针织技术。对于所有情况,多层针织 4/5 维预成型体的数值模型可以由壳单元或实体单元组成,也有一系列准确度不同的分析理论[27]。

　　三维 Tsai-Wu 准则可以用来分析多层针织 4/5 维预成型体。为了获得更准确的结果,必须引入正应力和剪应力之间的相互作用因数。如果采用弹性理论以外的其他理论,应力分量的数量将明显减少,因此,失效准则的表达方式变得更简单(准则 2、3、4)。

　　表 16.7 给出了单元类型、需要的刚度和强度参数和根据多层针织 4/5 维技术采用的失效准则。

表 16.7　多层针织 4/5 维技术使用的性质

单元类型	分析理论	需要的刚度参数	需要的强度参数	失效准则
壳	层合板理论	E_x,E_y,G_{xy},ν_{xy}	X,X',Y,Y',S_{xy}	准则 3
壳	Irons 理论	$E_x,E_y,G_{xy},G_{xz},G_{yz},\nu_{xy}$	$X,X',Y,Y',S_{xy},S_{xz},S_{yz}$	准则 4
壳	一阶剪切理论	$E_x,E_y,G_{xy},G_{xz},G_{yz},\nu_{xy}$	$X,X',Y,Y',S_{xy},S_{xz},S_{yz}$	准则 4
壳	高阶剪切理论	$E_x,E_y,G_{xy},G_{xz},G_{yz},\nu_{xy}$	$X,X',Y,Y',S_{xy},S_{xz},S_{yz}$	准则 4
实体	弹性理论	$E_x,E_y,E_z,G_{xy},G_{xz},G_{yz},$ $\nu_{xy},\nu_{xz},\nu_{yz}$	$X,X',Y,Y',Z,Z',S_{xy},$ S_{xz},S_{yz}	准则 1

16.2.2.6 缝编

缝编技术和上面介绍的其他技术不同,因为缝编技术是一种联合技术。从高度结构性的观点来看,此项技术对于由其他预成型体技术生产的子结构来说是必不可少的。因此,对由若干个子结构组成的整体结构进行宏观力学分析时,对缝编技术的分析是必不可少的[28]。

因为两个预成型体之间通过缝编技术连接的区域由缝编纤维组成,这个材料系统可以被看成是单向的。在这种情况下,Hashin 准则是最适合的(准则 6、7)。

(1)纤维失效。Hashin 准则考虑了压缩和剪切之间的相互作用。当满足下面其中一个条件时,纤维失效:

$$\sigma_x = \sigma_{ita} \quad 当 \sigma_1 > 0 时$$

$$\left(\frac{\sigma_1}{\sigma_{ica}}\right)^2 + \left(\frac{\tau_{12}^2 + \tau_{13}^2}{\tau_{12sa}^2}\right)^2 = 1 \quad 当 \sigma_1 < 0 时 \quad (准则 6) \quad (16.15)$$

(2)基体失效。根据这个准则,当应力超过正应力和最大剪切应力相互作用总和时,基体失效:

$$\left(\frac{\sigma_n}{\sigma_{2ta}}\right)^2 + \left(\frac{\tau_{23}^2 + \tau_{13}^2}{\tau_{sa}^2}\right)^2 = 1 \quad 当 \sigma_n < 0 时$$

$$\left(\frac{\tau_{23}^2 + \tau_{13}^2}{\tau_{sa}^2}\right)^2 = 1 \quad 当 \sigma_n < 0 时 \quad (准则 7) \quad (16.16)$$

其中:σ_{ica} 为 i 方向容许的压缩应力;σ_{ita} 为 i 方向容许的拉伸应力;τ_{1-2sa} 为 1-2 面内容许的剪切应力;τ_{sa} 为与纤维垂直的面内容许的剪切应力。

为了得到交接区域的应力分量,没有必要在交接区域划分网格,但是必须从预成型体子结构的网格中获得交接面的应力值。

16.3 编织复合材料刚度和强度性质

本节将介绍预测三轴向编织复合材料[29]的刚度和强度性质的分析模型。编织复合材料的性质为纤维、树脂力学性能和纤维取向的函数[30]。为了使模型更加准确,建立了有限元模型[31],然后对纤维和树脂分别建模[32]。

编织复合材料的有限元模型可以研究材料受到不同面内应力时的性质。该模型可以算得刚度、强度、失效应变和第一个单元失效后材料的降解过程。该分析集中研究含有部分 0°方向纤维的二维编织复合材料,材料中的其他纤维沿$\pm\alpha$ 方向排列。

16.3.1 解析公式

对编织复合材料进行分析需以下参数:

α 为编织纤维方向,V_0 为 0°方向纤维体积分数,V_α 为 α 方向纤维体积分数,$V_f = V_0 + V_\alpha$ 为总的纤维体积分数,V_m 为基体体积分数,E_f 为纤维弹性模量,E_m 为基体弹性模量,ε_f^{max} 为纤维失效应变,ε_m^{max} 为基体失效应变,G_f 为纤维剪切模量,G_m 为基体剪切模量,γ_m^{max} 为基体失效角应变，ν_m 为基体泊松比。

E_a、E_b、ε_a、ε_b 取决于应力-应变曲线，其可以从图 16.7 中的解析方程求得。

（1）1 方向：

$$E_a = E_f V_a \cos^4 \alpha + E_f V_0 + E_m V_m$$

$$E_b = E_f V_a \cos^4 \alpha + E_m V_m$$

$$\varepsilon_a = \varepsilon_f^{\max}$$

$$\varepsilon_b = \varepsilon_f^{\max} / \cos^2 \alpha$$

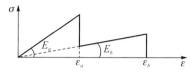

图 16.7　解析方程得到的参数

（2）2 方向：

$$E_a = E_f V_a \sin^4 \alpha + \frac{E_f E_m (V_m + V_0)}{E_f V'_m + E_m V'_0}$$

$$V'_m = \frac{V_m}{V_m + V_0}$$

$$V'_0 = \frac{V_0}{V_m + V_0}$$

$$E_b = \frac{E_f E_m (V_m + V_0)}{E_f V'_m + E_m V'_0}$$

$$\varepsilon_a = \varepsilon_f^{\max} / \sin^2 \alpha$$

$$\varepsilon_b = \varepsilon_m^{\max}$$

图 16.8 和图 16.9 分别给出了由 1 方向和 2 方向的解析公式得到的参数。

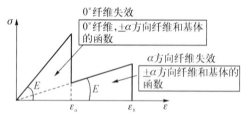

图 16.8　1 方向的解析公式得到的参数

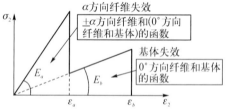

图 16.9　2 方向的解析公式得到的参数

（3）1-2 面内：

$$G_a = E_f V_a \sin^2 \alpha \cos^2 \alpha + \frac{G_f G_m (V_m + V_0)}{G_f V'_m + G_m V'_0}$$

$$V'_m = \frac{V_m}{V_m + V_0}$$

$$V'_0 = \frac{V_0}{V_m + V_0}$$

$$G_b = \frac{G_f G_m (V_m + V_0)}{G_f V'_m + G_m V'_0}$$

$$\gamma_a = \frac{\varepsilon_f^{\max}}{\sin \alpha \cos \alpha}$$

$$\gamma_b = \gamma_m^{\max} = \frac{\varepsilon_m^{\max}(1 + \nu_m)^2}{\sqrt{3}}$$

图 16.10 给出了由 1-2 面内的解析公式得到的参数。

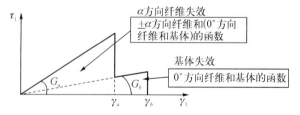

图 16.10　1-2 面内的解析公式得到的参数

16.3.2　有限元模型

16.3.2.1　模型性质

有限元模型[33]有 14 849 个节点和 24 592 个单元,分类如下:

① 8624 个八节点线性六面体恒压力减缩积分沙漏控制单元。

② 2656 个六节点线性三角形混杂恒压力单元。

③ 13 312 个四节点线性四面体单元。

二维编织复合材料性质:

$$\alpha = 60°$$
$$V_f = 0.5$$
$$V_m = 0.5$$
$$V_{60} = 0.175$$
$$V_0 = 0.325$$

图 16.11~图 16.14 所示为有限元模型。

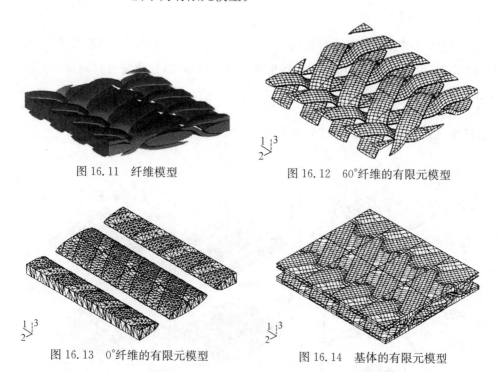

图 16.11　纤维模型　　　　　　　　图 16.12　60°纤维的有限元模型

图 16.13　0°纤维的有限元模型　　　　图 16.14　基体的有限元模型

16.3.2.2　计算步骤

采用商用有限元程序包 ABAQUS 计算。ABAQUS Explicit 5.6 代码用的是显式积分步骤[34]。计算时间被分成小的增量步。为了模拟不同的应力状态,对一些节点施以不同的速度。当材料发生失效时,材料性质发生降解。

16.3.2.3 材料

使用的材料是碳纤维增强环氧树脂复合材料。材料性质[35]：

(1)碳纤维:杨氏模量 $E=250$ GPa；强度 $X=2700$ MPa；失效应变 $\varepsilon_r=1\%$。

(2)环氧树脂:杨氏模量 $E=3.684$ GPa；强度 $X=123$ MPa；失效应变 $\varepsilon_r=4.5\%$；泊松比 $\nu=0.35$。

16.3.2.4 预测性质

预测性质见表16.8。

表 16.8 预测性质

项目	E_a(GPa)	E_b(GPa)	ε_a(%)	ε_b(%)
1方向	85.826	4.626	1	4
2方向	29.57	4.96	1.33	4.5
1-2面内	10.044	1.84	2.3	7.015

16.3.2.5 结果

碳纤维/环氧树脂编织复合材料 $(0^{\circ}_{65\%}/60^{\circ}_{35\%})_{V_f=50\%}$ 的有限元计算结果如图 16.15～图 16.17所示。采用的是低模高强(类型Ⅱ)碳纤维增强环氧树脂复合材料，因为其可以很有效地吸收变形能量。

计算中采用的材料性质:

碳纤维:杨氏模量 $E=250$ GPa；强度 $X=2700$ MPa；失效应变 $\varepsilon_r=1\%$。

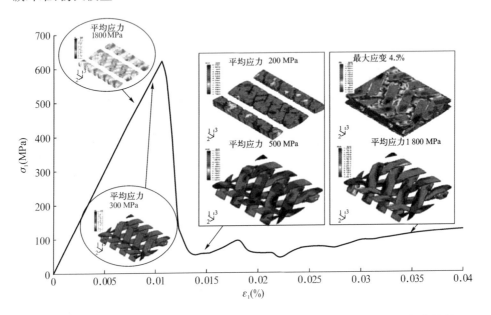

图 16.15　由微观力学有限元模型得出的碳纤维(类型Ⅱ)/环氧树脂编织复合材料 $(0^{\circ}_{65\%}/60^{\circ}_{35\%})_{V_f=50\%}$ 的 σ_1-ε_1 曲线

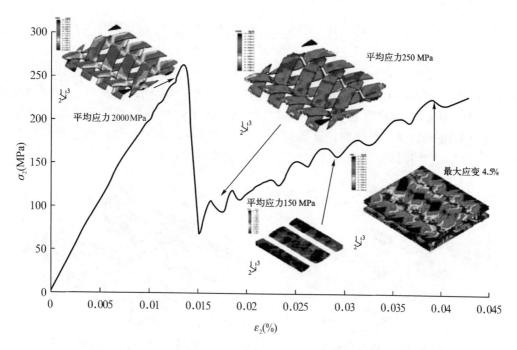

图 16.16 由微观力学有限元模型得出的碳纤维（类型Ⅱ）/环氧树脂
编织复合材料 $(0°_{65\%}/60°_{35\%})_{V_f=50\%}$ 的 σ_2-ε_2 曲线

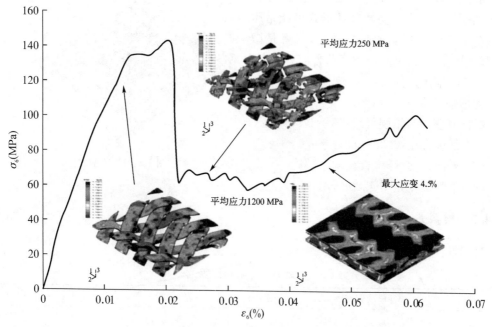

图 16.17 由微观力学有限元模型得出的碳纤维（类型Ⅱ）/环氧树脂
编织复合材料 $(0°_{65\%}/60°_{35\%})_{V_f=50\%}$ 的 σ_6-ε_6 曲线

16.4　纬编针织复合材料刚度和强度性质

　　目前关于纬编技术的研究主要集中于在织物中各方向加入直线形纤维以提高材料的力学性能。图 16.18 所示为纬编针织物的一个单胞。图 16.19 表示在相同单胞的纵向和横向加入增强纤维,得到增强纬编针织物。本节中增强纬编针织复合材料的性质是通过有限元微观力学模型计算得到的[36],也对没有增强的纬编针织复合材料进行分析,得出的结果和试验数据进行对比,以验证模型的准确性[37]。

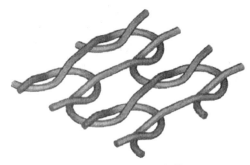
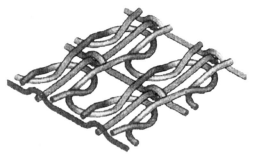

图 16.18　纬编针织物　　　　　　　　图 16.19　增强纬编针织物

16.4.1　模型表征

　　有限元模型中建立了界面单元,以分析材料的初始破坏点。初始破坏形式可能是压缩载荷下纤维和树脂的脱黏[38-49],或者是微观屈曲[42,50-54]。模型具有以下特性:

　　(1) 纤维体积分数:

　　无增强纤维:V_f=11%;

　　纵向和横向有增强纤维:V_f=17.09%。

　　(2) 纤维直径:0.238 mm。

　　(3) 界面厚度:纤维直径的1.5%。

　　(4) 单胞尺寸如图 4.20 所示。

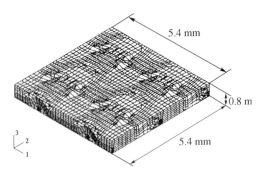

图 16.20　单胞尺寸

16.4.2　材料

　　材料性质见表 16.9。

表 16.9　材料性质

项目	弹性模量 E(GPa)	泊松比 ν	拉伸强度 X(MPa)	失效应变 ε_r(%)
玻璃纤维	73	0.24	2336	3.2
环氧树脂	3.684	0.35	116	6.3
纤维-基体界面	3.684	0.35	45	4.5

16.4.3　有限元模型

有限元模型包括 16 000 个节点和 17 464 个单元：

(1) 12 272 个减缩积分八节点六面体线性单元。

(2) 1 824 个六节点三角形线性单元。

(3) 3 368 个四节点线性四面体单元。

根据材料模型,单元被分成三类(图 16.21～图 16.23)。该模型将被用作纬编针织非增强材料的一个例子。纤维和界面的有限元建模方法将用于树脂的有限元建模。

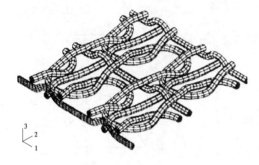
图 16.21　树脂

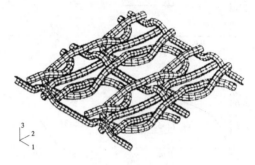
图 16.22　纤维

每种材料在初始阶段被认为是线弹性的,随着变形程度越来越大,弹性性质连续降解。当某个指定的单元失效时,该单元消除。纤维单元和树脂节点之间以及纤维单元之间定义了接触。因此,当树脂单元或界面消除后,材料仍然连续,因为纤维单元和其余基体单元是接触的。通过现有模型可以得到以下失效模式：

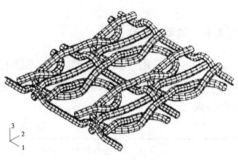
图 16.23　纤维-基体界面

(1) 纤维失效。

(2) 基体失效。

(3) 纤维-基体界面。

16.4.4　加载情况和边界条件

为了算出材料的弹性和强度性质,分析了 9 种加载情况。对于每一种加载情况,对单胞一个面上的所有节点施加速度载荷。速度线性增加,直到 20 mm/min,然后保持恒定。该分析用的是显式动态算法(Abaqus Explicit 5.6)[33]。

16.4.5　结果

每种加载情况下的应力-应变曲线被记录下来。增强纬编针织复合材料的平均曲线如图 16.24 所示。其中,x、y、z 方向分别对应 1、2、3 方向,包括 x、y、z 方向的拉伸、压缩曲线和 xy、xz、yz 面的剪切曲线。

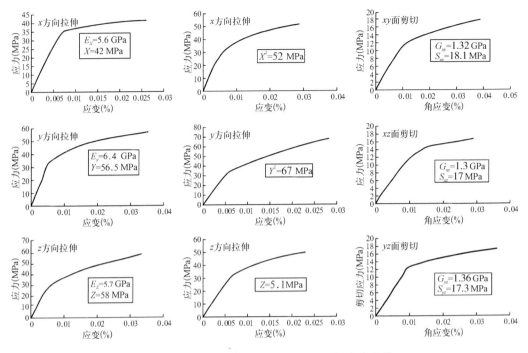

图 16.24   增强纬编针织复合材料的应力-应变曲线

16.4.6   试验-理论关系

表 16.10 给出了试验数据[37]和将现有模型应用到非增强纬编针织复合材料上得到的理论结果。将 x、y 方向拉伸的刚度和强度性质进行比较,发现弹性模量的误差为 1%,拉伸强度的误差为 10%。

表 16.10   理论-试验关系

项目	弹性模量 E(GPa)		强度 X(MPa)		误差(%)	
	理论	试验	理论	试验	E	X
x 方向拉伸	4.331	4.37	40.8	35.5	0.89	13
y 方向拉伸	5.424	5.35	56.93	62.83	1.3	9.3

16.5   宏观力学分析在经编针织夹层结构能量吸收设计中的应用

本节将介绍用于吸收能量的新结构,这种结构可用于对能量吸收要求较高的空中或地面运输装置[55-57]。这里所研究的能量吸收结构为三维针织夹层结构预成型体[58-62]。

在给定工作条件下,使用宏观力学分析设计作为能量吸收装置的三维织物夹层结构是非常必要的[58,62]。同时,为了评估宏观力学分析的准确性,这里还将数值算法与试验方法得到的结果进行比较。

16.5.1　问题描述

能量吸收装置结构如图 16.25 所示,楔形装置作为初始破坏触发装置插入三维经编针织夹层结构(3D WKSS)的中间,夹层结构的芯材(泡沫和芯纱)被完全压碎时即可吸收大量能量。初始能量吸收机理的破坏是剪切破坏。

3D WKSS 的芯材一旦发生彻底破坏,它的上下面板将被压到触发装置的弯曲部分。随着弯曲的不断增加,面板将以对称的方式沿触发装置两侧发生彻底破坏。触发装置弯曲部分的几何形状设计是获得最大能量吸收水平的关键。

利用几种三维经编针织夹层面板可以组合成高效的能量吸收网格,如图16.26所示。这种网格可以用于:

(1) 直升机下侧,以吸收从低空坠落下来碰撞产生的能量。

(2) 客车的前面和侧面,以吸收前面或翻车事故产生的能量。

(3) 轿车的前面,以吸收前面碰撞事故产生的能量等。

三维经编针织夹层面板间的 X 形和 T 形接头也能吸收大量能量,因此它们的优化设计对最佳能量吸收水平的获得也是必不可少的。

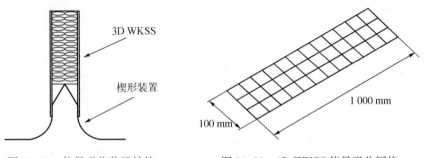

图 16.25　能量吸收装置结构　　　　　图 16.26　3D WKSS 能量吸收网格

16.5.2　能力吸收问题要求

能量吸收结构的性质就力-位移曲线而言必须满足以下要求:

(1) 高效吸能,即力-位移曲线下的积分面积尽可能高。

(2) 加载力沿位移保持恒定。

(3) 初始加载峰值要低。

(4) 最大位移必须加以限制。

(5) 初始弹性行为可以通过适当的基础结构推算出来。

(6) 单位质量和单位体积吸收的能量值越高越好。

理想的力-位移曲线如图 16.27 所示。

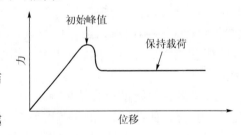

图 16.27　理想的力-位移曲线

16.5.3 三维经编针织夹层结构面板宏观力学分析

本节将介绍三维经编针织夹层结构面板的宏观力学分析。这里分析的问题属于动态范畴,所以使用显式算法。面板被定义为服从高阶剪切理论的壳单元,泡沫被定义为服从弹性理论的实体单元,芯纱被定义为杆单元,见表 16.6。当面板受压缩载荷时,可以获得整个压缩过程的力-位移曲线。使用以下数据:

(1) 材料

① 三维经编针织复合材料:PARABEAM Ref 89020-1。

纤维:玻璃纤维。

基体:环氧树脂。

芯材:聚氨酯泡沫,40 kg/m³。

② 增强面板:

纤维:碳纤维和芳纶。

基体:环氧树脂。

③ 铺层:

织物[+45°/−45°]C/E (0.25mm)。

织物[0°/90°]C/E   (0.25mm)。

织物[+45°/−45°]A/E(0.25mm)。

(2) 尺寸

压溃长度:75 mm。

高度:100 mm。

夹层厚度:17.5 mm。

芯材厚度:15 mm。

三维经编针织表层:厚度 0.75 mm,增强表层厚度 0.5 mm。

两种触发装置:①第一种类型,一个锋利的楔形触发装置,在初始阶段可导致材料芯层发生剪切破坏,弯曲的侧向部分可导致面板发生弯曲破坏;②第二种类型,一个柱状楔形触发装置,在初始阶段可导致材料芯层发生剪切破坏,弯曲的侧向部分可导致面板发生压缩破坏。

分别利用两种触发装置产生的变形过程如图 16.28 和图 16.29 所示。通过比较两种变形过程,可以发现第二种触发装置的能量吸收效率比第一种高。因为面板变形前呈线性形态,芯层剪切破坏更严重,所以力-位移曲线的初始峰值降低,载荷更稳定,吸收能量更多。第二种触发装置加载得到的理论预测和试验曲线对比如图 16.30 所示。

这里得到的能量吸收结果令人满意,因为楔形几何形状和后面的弯曲部分经过优化后,力-位移曲线的初始峰值几乎不存在。使用弯曲部分的线性轮廓基本消除了初始峰值,载荷也随着位移增加而保持稳定,所以相较于其他材料结构,这种材料结构具有优良的能量吸收能力。

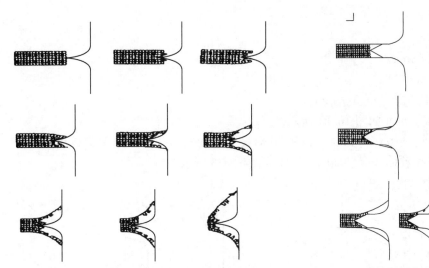

图 16.28　第一种触发装置产生的变形过程　　　　图 16.29　第二种触发装置产生的变形过程

　　如果楔形穿透芯材,而芯材没有破坏,那么力值会增加到一定程度。这种现象反映在图 16.30 中就是许多增长的曲线段。这种增长产生了许多随位移增加而保持稳定的峰值。如果楔形穿透芯材,而芯材发生剪切破坏,那么力值会降低。这种降低会产生许多随位移增加而保持稳定的最小值。芯材不断破坏导致力-位移曲线上,随着位移增加,力在一定范围内上下波动。从图 16.30 可以看出,理论预测与试验结果具有较好的一致性,验证了宏观力学分析用于预测经编针织夹层结构复合材料能量吸收性能的有效性。

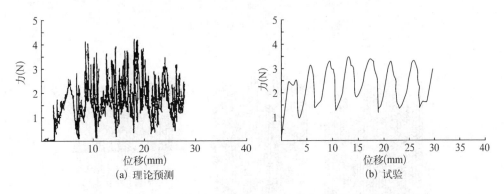

图 16.30　第二种类型触发装置加载得到的理论(预测)和试验曲线对比

16.5.4　X 形和 T 形接头动态宏观力学分析

　　使用动态宏观力学分析估算 X 形和 T 形接头的能量吸收。所用材料数据如下:

(1) 材料

三维经编针织复合材料:PARABEAM Ref 89020-1。

纤维:玻璃纤维。

基体:环氧树脂。

芯材:聚氨酯泡沫,40 kg/m³。

(2) 尺寸

压溃长度：75 mm。

高度：50 mm。

夹层厚度：16.4 mm。

芯材厚度：15 mm。

三维经编针织表层：厚度 0.7 mm。

X 形和 T 形接头尺寸如图 16.31 所示。

运用宏观力学分析方法得到的 X 形和 T 形接头连续变形分别如图 16.32 和图 16.33 所示，相应的载荷-位移曲线分别如图 16.34 和图 16.35 所示。

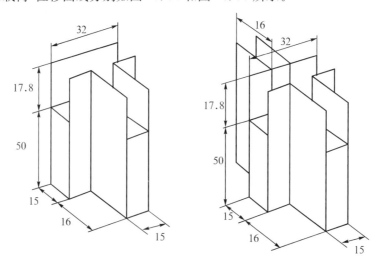

图 16.31　X 形和 T 形接头尺寸示意图

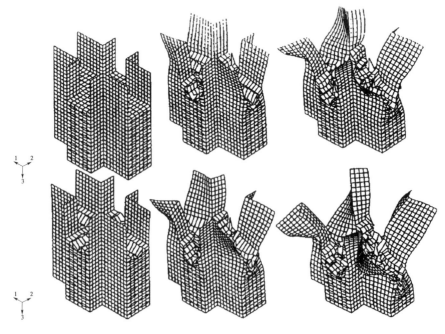

图 16.32　X 形接头连续变形示意图

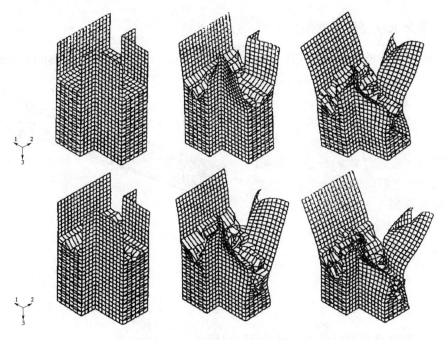

图 16.33   T 形接头连续变形示意图

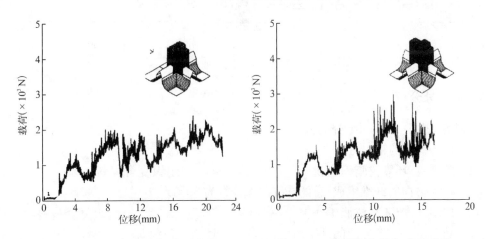

图 16.34   T 形接头载荷-位移曲线   图 16.35   X 形接头载荷-位移曲线

16.6   宏观力学分析在能量吸收类型三点弯曲设计中的应用

本节将用 16.3 节中的材料模型来研究二维三轴向编织技术,对材料进行弯曲动态分析,考虑材料从线弹性的初始步到最后完全失效的性能[63-65]。该研究的目的是得到方形截面梁在受到三点弯曲时吸收的能量。一些二维编织结构和钢结构的能量吸收、最大反作用力和质量将用于对比。该分析可被认为是汽车碰撞设计时材料选择的一个起点[66,67]。

16.6.1　有限元模型和边界条件

采用的有限元模型由壳单元组成,如图 16.36 所示。由于梁是双对称的,此模型取的是梁的四分之一。本节研究的问题如图 16.37 所示,其中梁由两个刚性圆柱支撑,由第三个刚性圆柱在跨度中间加载,且在第三个刚性圆柱上施加速度载荷。

该问题将通过显式积分进行分析。圆柱表面和梁之间的接触已经定义。二维编织材料模型在 Fortran 子程序中定义,然后利用由商业有限元软件(Abaqus explicit 5.6)[34]调用该子程序。

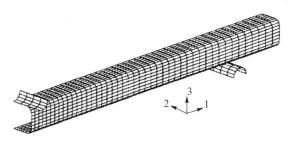

图 16.36　有限元模型

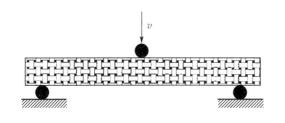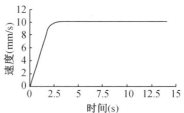

图 16.37　三点弯曲

16.6.2　组分分析

本研究采用四种不同组分的材料:

(1) 作为参照的钢组分。

(2) 碳纤维/环氧树脂编织物($0^\circ_{50\%}/45^\circ_{50\%}$)$_{v_f=50\%}$。编织复合材料由 50% 1 方向的纤维和 50% 45°方向的纤维组成,总的纤维体积分数为 50%。

(3) 玻璃纤维/环氧树脂编织复合材料($0^\circ_{50\%}/45^\circ_{50\%}$)$_{v_f=50\%}$。编织复合材料由 50% 1 方向的纤维和 50% 45°方向的纤维组成,总的纤维体积分数为 50%。

(4) 混杂碳纤维/芳纶/环氧树脂编织复合材料($0^\circ_{50\%}/45^\circ_{50\%}$)$_{v_f=50\%}$。编织复合材料由 50% 1 方向的碳纤维和 50% 45°方向的芳纶组成,总的纤维体积分数为 50%。

四种组分的厚度分布如表 16.11 和图 16.38 所示。

表 16.11　四种组分的厚度

区域	组分 1(钢)的厚度(mm)	组分 2(碳纤维)的厚度(mm)	组分 3(玻璃纤维)的厚度(mm)	组分 4(混杂碳纤维/芳纶)的厚度(mm)
A	2	7	5	6
B	2	6	4	5
C	2	5	3	4
D	2	3	3	3

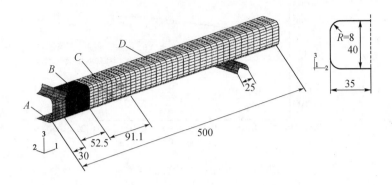

图 16.38 梁的分区

16.6.3 材料

本节详细分析每种材料系统的面内应力-应变曲线,曲线通过 16.3 节给出的解析方程得到。组分材料的性质[35]如下:

(1) 环氧树脂:

$$E = 3.6 \, \text{GPa}$$
$$\nu = 0.38$$
$$\varepsilon_{\max} = 4.5\%$$

(2) 碳纤维:PAN TypeⅡ(高强度)

$$E_{\text{Ⅱ}} = 250 \, \text{GPa}$$
$$\varepsilon_{\text{Ⅱ max}} = 1.08\%$$
$$\sigma_{\text{Ⅱ max}} = 2\,700 \, \text{MPa}$$

(3) 玻璃纤维:Type E

$$E = 76 \, \text{GPa}$$
$$\varepsilon_{\max} = 3.17\%$$
$$\sigma_{\max} = 2\,400 \, \text{MPa}$$

(4) 芳纶:

$$E = 133 \, \text{GPa}$$
$$\varepsilon_{\max} = 2.1\%$$
$$\sigma_{\max} = 2\,800 \, \text{MPa}$$

组分性能如图 16.39～图 16.42 所示。

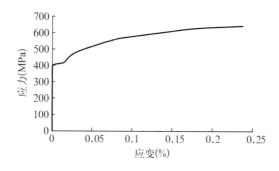

图 16.39　钢应力-应变曲线[68]

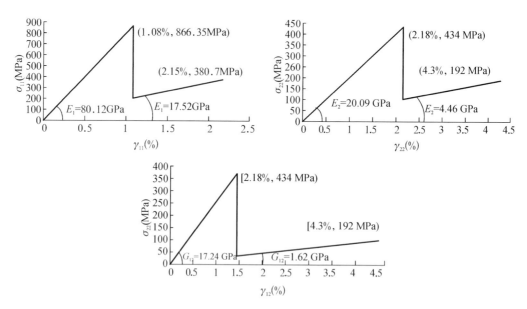

图 16.40　碳纤维面内应力-应变曲线

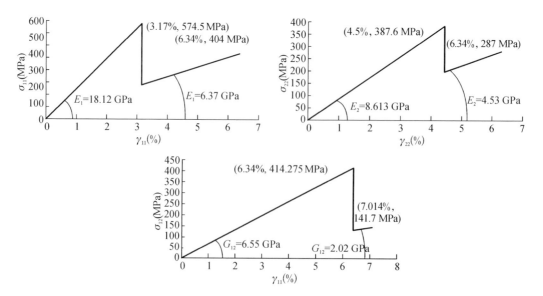

图 16.41　玻璃纤维面内应力-应变曲线

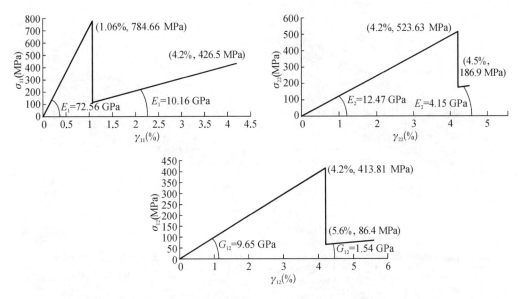

图 16.42 混杂碳纤维/芳纶面内应力-应变曲线

16.6.4 结果

图 16.43 和图 16.44 所示分别为冲击圆柱吸收能量和位移关系曲线及其反作用力和位移关系曲线。另一个重要结果是每种组分的质量及减轻质量(图16.45)。方形截面梁的连续变形如图 16.46~图 16.51 所示。

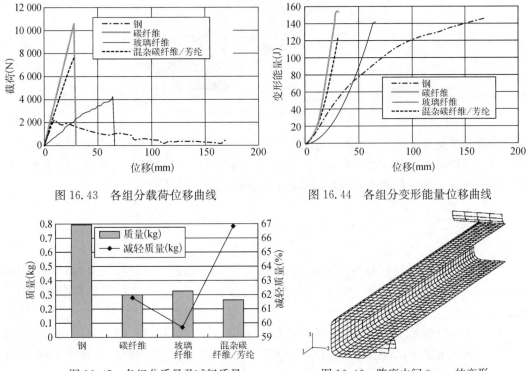

图 16.43 各组分载荷位移曲线

图 16.44 各组分变形能量位移曲线

图 16.45 各组分质量及减轻质量

图 16.46 跨度中间 0 mm 的变形

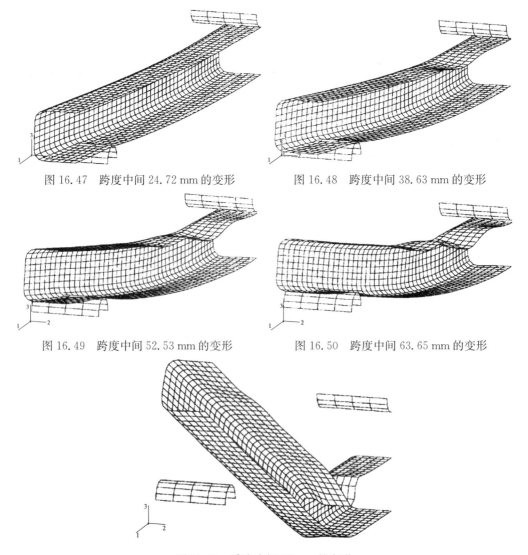

图 16.47　跨度中间 24.72 mm 的变形　　　　　图 16.48　跨度中间 38.63 mm 的变形

图 16.49　跨度中间 52.53 mm 的变形　　　　　图 16.50　跨度中间 63.65 mm 的变形

图 16.51　跨度中间 65 mm 的变形

　　二维编织复合材料受到弯曲载荷时的能量吸收和钢受到相同载荷时的能量吸收相似。编织复合材料的减轻质量大约是 60%。由于节能减排的要求,减轻在汽车设计中越来越重要。当横向单元在弯曲模式中因为碰撞发生破坏时,能量吸收最大[69-71]。

16.7　结　　论

　　层合板复合材料具有面外性能差、制造成本高等缺点,而三维纺织复合材料由于厚度方向织入增强纱线且织造自动化程度高,具有优良的面外性能、较高的损伤容限和相对合理的制造成本。

　　壳单元和板单元已经广泛用于层合板复合材料的宏观力学分析,层合板理论和一阶剪切理论也逐渐用于薄、厚板的应力分析。为了分析三维纺织复合材料的宏观力学行为,还应用了其他理论,如在层间正应力分量可以忽略不计时应用高阶剪切理论分析,需要考虑整体应力张量时应用弹性理论。

总的来说,为了对三维纺织复合材料进行宏观力学分析,必须得到以下信息:

(1) 在宏观尺度控制材料刚度和强度的材料模型。

(2) 几何结构。

(3) 边界条件。

(4) 加载条件。

(5) 设计要求。

(6) 根据先前定义的材料模型求得所需的刚度和强度特性。

通常情况下,除了最后与刚度、强度相关的参数,大部分输入参数是已知的。因此,估计这些参数对三维纺织复合材料力学性能的宏观分析至关重要。

正如本章所述,力学试验是评估材料刚度和强度性能最好的方式。但是在有些情况下,某个特定性质的试验测定太难实施,如压缩强度、面外刚度和强度性质等,所以有时会借助其他方法:

(1) 当前,计算机技术已有足够的能力在纤维尺度模拟三维纺织复合材料的力学行为。通过类似的有限元方法,在宏观尺度预测三维纺织复合材料的刚度和强度性质,能得到精确度相对较高的结果,同时还能精确地模拟纤维与基体的界面及界面发生初始破坏的时刻。为了预测材料的最终强度,还可以在有限元模型中引入非线性力学行为和接触作用,这样可以预测得到材料三个方向上的完整的力学行为曲线。

(2) 一些简单的近似分析模型,一般只能用于预测材料面内刚度和强度性质,而且精确度差异较大。

(3) 还有一些微观力学研究,其分析方法相当复杂。

根据以下因素分析了宏观刚度和强度性质:

(1) 纺织技术类型。

(2) 宏观力学分析类型,如线性/非线性、静态/动态/疲劳/湿热等。

(3) 理论类型。

本章广泛地讨论了上述因素,给出了两个应用实例。利用考虑接触作用的有限元方法,分析了三维纺织复合材料的两种动态响应,同时分析了材料的破坏过程。

为了验证三维经编针织夹层结构受碰撞载荷作用(动态加载、非线性材料、几何和接触问题)有限元模型的有效性,本文还对理论预测与试验结果的相关性进行了比较,结果显示两者的一致性较好,有限元预测比较可靠。

参 考 文 献

[1] Tsai S W. Theory of composites design: Think composites. Dayton, Ohio, 1992.

[2] Tsai S W, Miravete A, Diseño Y. Análisis de materiales compuestos. Editorial Reverté, SA, Barcelona, 1988.

[3] Phillips L N. Design with advanced composite materials. Springer-Verlag, 1989.

[4] Vandeurzen Ph, Ivens J, Verpoest I. A three-dimensional micromechanical analysis of woven-fabric composites: I. Geometric analysis. Composites Science and Technology, 1996,56(11):1303-1315.

［5］ Wood K，Whitcomb J D. Effects of fiber tow misalignment on the engineering properties of plain weave textile composites. Composite Structures，1997,37(3):343-356.

［6］ Bogdanovich A E，Pastore C M. Mechanics of Textile and Laminated Composites with Applications to Structural Analysis. London: Chapman and hall，1996.

［7］ Chou S，Chen H E. The weaving methods of three-dimensional fabrics of advanced composite materials. Composite Structures，1995,33(3):159-172.

［8］ Reifsnider K L. Fatigue of Composite Materials. Elsevier，1991.

［9］ Friedrich K. Application of fracture mechanics to composite materials. Composite Materials Series，Volume 6，Elsevier，Amsterdam，1990.

［10］ Lagace P A. Fatigue and Fracture. Composite Materials Series，Volume 2，ASTM，1989.

［11］ Reddy J N. Mechanics of Laminated Composite Plates: Theory and Analysis. CRC Press Boca Raton，1997.

［12］ Livesley R K. Matrix Methods of Structural Applications. Oxford: Pergamon Press，1978.

［13］ Jones R M. Mechanics of Composite Materials: CRC Press，1998.

［14］ Matthews F L，Rawlings R D. Composite Materials: Engineering and Science. Elsevier，1999.

［15］ Gaudenzi P. A general formulation of higher-order theories for the analysis of laminated plates. Composite Structures，1992,20(2):103-112.

［16］ Cho M，Parmerter R R. An efficient higher-order plate theory for laminated composites. Composite Structures，1992,20(2):113-123.

［17］ Bhimaraddi A，Chandrashekhara K. Three-dimensional elasticity solution for static response of simply supported orthotropic cylindrical shells. Composite Structures，1992,20(4):227-235.

［18］ Janiszewski A M. Special issue: computer-aided mechanical-engineering of composite structures-foreword. Composite Structures，1994,29(2).

［19］ Alexander A，Tzeng J T. Three dimensional effective properties of composite materials for finite element applications. Journal of Composite Materials，1997,31(5):466-485.

［20］ Naik N，Ganesh V. Failure behavior of plain weave fabric laminates under inplane shear loading. Journal of Composites Technology & Research，1994,16(1):3-20.

［21］ Naik N，Shembekar P，Hosur M. Failure behavior of woven fabric composites. Journal of Composites Technology & Research，1991,13(2):107-116.

［22］ Hill B J，McIlhagger R，Abraham D. The design of textile reinforcements with specific engineering properties. Proceedings of Tex Comp 3，New Textiles for Composites. Aachen，Conference，9-11 December，1996.

［23］ Mäder E，Skop-Cardarella K. Mechanical properties of continuous fibrereinforced thermoplastics as a function of the textile preform structure. Proceedings of Tex Comp 3，New Textiles for Composites. Aachen，Conference，9-11 December，1996.

［24］ Ramakrishna S，Hamada H，Cuong N，et al. Mechanical properties of knitted fabric reinforced thermoplastic composites. Proc. of ICCM 1995: 245-252.

［25］ Gommers B，Verpoest I. Tensile behavior of knitted fabric reinforced composites. Proc. of 10th International Conference on Composite Materials,1995: 309-316.

［26］ Huysmans G，Gommers B，Verpoest I. Mechanical properties of (2D) warp knitted fabric composites: an experimental and numerical investigation. Proc. of 17th International SAMPE Europe Conference and Exhibition，1996: 97-108.

［27］ Frederiksen P S. Experimental procedure and results for the identification of elastic constants of thick orthotropic plates. Journal of Composite Materials, 1997,31(4):360-382.

[28] Moll K, Wulfhorst B. Determination of stitching as a new method to reinforce composites in the third dimension. Proceedings of Tex Comp 3, New Textiles for Composites, Aachen, Conference, 9-11 December, 1996.

[29] Masters J E, Foye R L, Pastore C M, et al. Mechanical properties of triaxially braided composites: Experimental and analytical results. Journal of Composites Technology & Research, 1993,15(2): 112-122.

[30] Tsai J S, Li S, Lee L J. Microstructural analysis of composite tubes made from braided preform and resin transfer molding. Journal of Composite Materials, 1998,32(9):829-850.

[31] Marrey R V, Sankar B V. A micromechanical model for textile composite plates. Journal of Composite Materials, 1997,31(12):1187-1213.

[32] Whitcomb J, Srirengan K. Effect of various approximations on predicted progressive failure in plain weave composites. Composite Structures, 1996,34(1):13-20.

[33] Reddy J N. An Introduction to The Finite Element Method. McGraw-Hill, New York, 1993.

[34] Hibbitt K, Sorensen A E V. Abaqus Standard Version 5.6, User Manual. Inc Pawtucket, RI.

[35] Hull D, Clyne T. An Introduction to Composite Materials. Cambridge University Press, 1981.

[36] Zhu H, Sankar B, Marrey R. Evaluation of failure criteria for fiber composites using finite element micromechanics. Journal of Composite Materials, 1998,32(8):766-782.

[37] Ramakrishna S. Characterization and modeling of the tensile properties of plain weft-knit fabric-reinforced composites. Composites Science and Technology, 1997,57(1):1-22.

[38] Rydin R, Varelidis P, Papaspyrides C, et al. Glass fabric vinyl-ester composites: Tailoring the fiber bundle/matrix interphase with nylon coatings to modify energy absorption behavior. Journal of Composite Materials, 1997,31(2):182-209.

[39] Frantziskonis G N, Karpur P, Matikas T E, et al. Fiber-matrix interface-information from experiments via simulation. Composite Structures, 1994,29(3):231-247.

[40] Gao Z, Reifsnider K. Tensile failure of composites: influence of interface and matrix yielding. Journal of Composites Technology & Research, 1992,14(4):201-210.

[41] Drzal L, Madhukar M. Fibre-matrix adhesion and its relationship to composite mechanical properties. Journal of Materials Science, 1993,28(3):569-610.

[42] De Moura M, Gonçalves J, Marques A, et al. Modeling compression failure after low velocity impact on laminated composites using interface elements. Journal of Composite Materials, 1997,31(15): 1462-1479.

[43] Jayaraman K, Reifsnider K L, Swain R E. Elastic and thermal effects in the interphase. I: Comments on characterization methods. Journal of Composites Technology & Research, 1993,15(1):3-13.

[44] Jayaraman K, Reifsnider K L, Swain R E. Elastic and thermal effects in the interphase. II: Comments on modeling studies. Journal of Composites Technology & Research, 1993,15(1):14-22.

[45] Effendi R, Barrau J J, Guedra-Degeorges D. Failure mechanism analysis under compression loading of unidirectional carbon/epoxy composites using micromechanical modelling. Composite Structures, 1995,31(2):87-98.

[46] Müller W, Schmauder S. Interface stresses in fiber-reinforced materials with regular fiber arrangements. Composite Structures, 1993,24(1):1-21.

[47] Naik R A, Crews J H. Fracture mechanics analysis for various fiber/matrix interface loadings. Journal of Composites Technology & Research, 1992,14(2):80-85.

[48] Mital S K, Chamis C C. Fiber pushout test: a three-dimensional finite element computational simulation. Journal of Composites Technology & Research, 1991,13(1):14-21.

[49] Drzal L T, Madhukar M. Measurement of fiber matrix adhesion and its relationship to composite mechanical properties. Proceedings of the Eighth International Conference on Composite Materials, ICCM-8. Honolulu, Conference, 15-19, July, 1991.

[50] Ebeling T, Hiltner A, Baer E, et al. Delamination failure of a woven glass fiber composite. Journal of Composite Materials, 1997,31(13):1318-1333.

[51] Ebeling T, Hiltner A, Baer E, et al. Delamination failure of a single yarn glass fiber composite. Journal of Composite Materials, 1997,31(13):1302-1317.

[52] Drapier S, Gardin C, Grandidier J C, et al. Structure effect and microbuckling. Composites Science and Technology, 1996,56(7):861-867.

[53] De Morais A B, Marques A T. A micromechanical model for the prediction of the lamina longitudinal compression strength of composite laminates. Journal of Composite Materials, 1997, 31 (14): 1397-1412.

[54] Kyriakides S, Ruff A. Aspects of the failure and postfailure of fiber composites in compression. Journal of Composite Materials, 1997,31(16):1633-1670.

[55] Kelly A, Rabotnov N Y. Failure mechanics of composites. Handbook of Composites. North-Holland, 1985.

[56] Brostow W, Corneliussen R D. Failure of Plastics. Hansen, 1986.

[57] Hull D. Energy Absorbing Composite Structures: Scientific and Technical Review. University of Wales. 1988.

[58] Drechsler K, Brandt J, Larrodé E, et al. Energy absorption behaviour of 3D woven sandwich structures. Proceedings of 10th International Conference on Composite Materials. Vancouver, Canada, Conference August, 1995.

[59] Ivens J, Verpoest I, Vandervleuten P. Improving the skin peel strength of sandwich panels by using 3D-fabrics. Proceedings of the ECCM. London, Conference 1987.

[60] Miravete A, Castejón L, Alba J J. Nuevas Tipologías de Fibra de Vidrio en Transportes. Ibérica Actualidad Tecnológica, 1996(390):492-494.

[61] Verpoest I, Wevers M, Meester P D, et al. 2.5D and 3D-fabrics for delamination resistant composite laminates and sandwich structures. Sampe J., 1989,25(3):51-56.

[62] Clemente R, Miravete A, Larrodé E, et al. 3-D Composite Sandwich Structures Applied to Car Manufacturing. SAE Technical Papers Series, Detroit, MI, 1998.

[63] Nakai A, Fujita A, Yokoyama A, et al. Design methodology for a braided cylinder. Composite Structures, 1995,32(1):501-509.

[64] Chiu C, Lu C, Wu C. Crushing characteristics of 3-D braided composite square tubes. Journal of Composite Materials, 1997,31(22):2309-2327.

[65] Karbhari V M, Falzon P J, Herzberg I. Energy absorption characteristics of hybrid braided composite tubes. Journal of Composite Materials, 1997,31(12):1164-1186.

[66] Cuartero J, Larrodé E, Castejón L, et al. New Three Dimensional Composite Preforms and its Application on Automotion. SAE Technical Papers Series, Detroit, MI, 1998.

[67] Castejon L, Cuartero J, Clemente J, et al. Energy absorbtion capability of composite materials applied to automotive crash absorbers design. SAE Technical Papers Series, Detroit, MI, 1998.

[68] Hill R. The Mathematical Theory of Plasticity. Oxford: Clarendon Press, 1950.

[69] Thornton P，Jeryan R. Crash energy management in composite automotive structures. International Journal of Impact Engineering，1988,7(2):167-180.

[70] Farley G L，Jones R M. Crushing characteristics of continuous fiber-reinforced composite tubes. Journal of Composite Materials，1992,26(1):37-50.

[71] Thornton P. The crush behavior of glass fiber reinforced plastic sections. Composites Science and Technology，1986,27(3):199-223.

附录 A   矩阵代数

什么是矩阵?

矩阵是元素呈矩形排列。这些元素可以是符号表达式和/或数字。矩阵[A]写为:

$$[A] = \begin{bmatrix} a_{11} & a_{12} & \text{L} & a_{1n} \\ a_{21} & a_{22} & \text{L} & a_{2n} \\ \text{M} & \text{M} & \text{O} & \text{M} \\ a_{m1} & a_{m2} & \text{L} & a_{mn} \end{bmatrix}$$

下列矩阵为 Blowoutr'us 商店里三个轮胎制造商四个季度的销量:

	第一季度	第二季度	第三季度	第三季度
Tirestone	25	20	3	2
Michigan	5	10	15	25
Copper	6	16	7	27

为了得到 Copper 轮胎第四季度的销量,查找行名称为 Copper,列名称为第四季度,得到销量为 27。

$[A]$中,第 i 行有 n 个元素,为$[a_{i1} \quad a_{i2} \quad \cdots \quad a_{in}]$;第 j 列有 m 个元素,为$\begin{bmatrix} a_{1j} \\ a_{2j} \\ \vdots \\ a_{mj} \end{bmatrix}$。

每个矩阵都有行和列来定义矩阵的大小。若矩阵$[A]$有 m 行 n 列,其大小为 $m \times n$,所以矩阵$[A]$也可以写为$[A]_{m \times n}$。

矩阵的元(entry)也叫作元素(element),用 a_{ij} 表示,式中 i 为元素所在的行号($i=1, 2, \cdots, m$),j 为列号($j=1, 2, \cdots, n$)。

上面例子中,轮胎销量可用矩阵表示:

$$[A] = \begin{bmatrix} 25 & 20 & 3 & 2 \\ 5 & 10 & 15 & 25 \\ 6 & 16 & 7 & 27 \end{bmatrix}$$

该矩阵大小为 3×4,因为它有三行四列。在该矩阵中,$a_{34} = 27$。

矩阵的特殊类型有哪些?

向量(vector):只有一行或一列的矩阵叫作向量,分别为行向量和列向量。

行向量(row vector):只有一行的矩阵叫作行向量——$[B] = [b_1, b_2, \cdots, b_m]$,$m$ 为行向量的维度。

列向量(column vector)：只有一列的矩阵叫作列向量

$$[C] = \begin{bmatrix} c_1 \\ c_2 \\ \vdots \\ c_n \end{bmatrix}$$

n 是列向量的维度。

例 A.1　给出一个行向量的例子。

解　$[B] = \begin{bmatrix} 25 & 20 & 3 & 2 & 0 \end{bmatrix}$是一个五维行向量的例子。

例 A.2　给出一个列向量的例子。

解　一个三维列向量的例子为

$$[C] = \begin{bmatrix} 25 \\ 5 \\ 6 \end{bmatrix}$$

子矩阵(submatrix)：从一个矩阵$[A]$当中去除某些行和/或某些列后，剩余的矩阵被称为原矩阵$[A]$的一个子矩阵。

例 A.3　求下面矩阵中的子矩阵

$$[A] = \begin{bmatrix} 4 & 6 & 2 \\ 3 & -1 & 2 \end{bmatrix}$$

解　部分子矩阵为

$$\begin{bmatrix} 4 & 6 & 2 \\ 3 & -1 & 2 \end{bmatrix}, \begin{bmatrix} 4 & 6 \\ 3 & -1 \end{bmatrix}, \begin{bmatrix} 4 & 6 & 2 \end{bmatrix}, \begin{bmatrix} 4 \end{bmatrix}, \begin{bmatrix} 2 \\ 2 \end{bmatrix}$$

你能找到其他的子矩阵吗？

方阵(square matrix)：行数 m 和列数 n 相同($m=n$)的矩阵称为方阵。元素 $a_{11}, a_{22}, \cdots,$ a_{nn} 称为方阵的对角元素(diagonal elements)。有时矩阵的这条对角线也称为矩阵的主对角线。

例 A.4　给出一个方阵。

解　方阵具有相同的行数和列数(比如，3)，

$$[A] = \begin{bmatrix} 25 & 20 & 3 \\ 5 & 10 & 15 \\ 6 & 15 & 7 \end{bmatrix}$$

是一个方阵。

其对角元素为 $a_{11} = 25, a_{22} = 10,$ 和 $a_{33} = 7$。

对角矩阵(diagonal matrix)：主对角线之外的元素皆为 0 的方阵称为对角矩阵，即只有方阵的主对角线上的元素为非零($a_{ij} = 0, i \neq j$)。

例 A.5　给出一个对角矩阵。

解 一个对角矩阵例子为

$$\begin{bmatrix} 3 & 0 & 0 \\ 0 & 2.1 & 0 \\ 0 & 0 & 5 \end{bmatrix}$$

对角矩阵的对角元素也可以部分或全部为零。下例也是一个对角矩阵：

$$[A] = \begin{bmatrix} 3 & 0 & 0 \\ 0 & 2.1 & 0 \\ 0 & 0 & 0 \end{bmatrix}$$

单位矩阵(identity matrix)：所有对角元素均为 1 的对角矩阵叫作单位矩阵($a_{ij}=0, i\neq j$；以及 $a_{ii}=1$ 对于所有 i)。

例 A.6 给出一个单位矩阵。

解 一个单位矩阵为

$$[A] = \begin{bmatrix} 1 & 0 & 0 & 0 \\ 0 & 1 & 0 & 0 \\ 0 & 0 & 1 & 0 \\ 0 & 0 & 0 & 1 \end{bmatrix}$$

零矩阵(zero matrix)：所有元素均为 0 的矩阵称为零矩阵($a_{ij}=0$ 对于所有 i 和 j)。

例 A.7 给出零矩阵。

解 零矩阵的例子有：

$$[A] = \begin{bmatrix} 0 & 0 & 0 \\ 0 & 0 & 0 \\ 0 & 0 & 0 \end{bmatrix}$$

$$[B] = \begin{bmatrix} 0 & 0 & 0 \\ 0 & 0 & 0 \end{bmatrix}$$

$$[C] = \begin{bmatrix} 0 & 0 & 0 & 0 \\ 0 & 0 & 0 & 0 \\ 0 & 0 & 0 & 0 \end{bmatrix}$$

$$[D] = \begin{bmatrix} 0 & 0 & 0 \end{bmatrix}$$

何时两个矩阵相等？

若两个矩阵 $[A]$ 和 $[B]$ 的大小相等($[A]$ 与 $[B]$ 的行数相等，列数也相等)且 $a_{ij}=b_{ij}$ 对于所有 i 和 j，这两个矩阵被认为是相等的。

例 A.8 怎样可以使得矩阵

$$[A] = \begin{bmatrix} 2 & 3 \\ 6 & 7 \end{bmatrix}$$

等于

$$[B] = \begin{bmatrix} b_{11} & 3 \\ 6 & b_{22} \end{bmatrix}$$

解　当 $b_{11}=2, b_{22}=7$ 时，这两个矩阵相等。

矩阵是如何相加的？

只有当两个矩阵 $[A]$ 和 $[B]$ 具有相等的大小时才可以相加，结果为 $[C]=[A]+[B]$，式中 $c_{ij}=a_{ij}+b_{ij}$ 对于所有 i 和 j。

例 A.9　将下面两个矩阵相加

$$[A] = \begin{bmatrix} 5 & 2 & 3 \\ 1 & 2 & 7 \end{bmatrix}$$

$$[B] = \begin{bmatrix} 6 & 7 & -2 \\ 3 & 5 & 19 \end{bmatrix}$$

解

$$\begin{aligned} [C] &= [A]+[B] \\ &= \begin{bmatrix} 5 & 2 & 3 \\ 1 & 2 & 7 \end{bmatrix} + \begin{bmatrix} 6 & 7 & -2 \\ 3 & 5 & 19 \end{bmatrix} \\ &= \begin{bmatrix} 5+6 & 2+7 & 3-2 \\ 1+3 & 2+5 & 7+19 \end{bmatrix} \\ &= \begin{bmatrix} 11 & 9 & 1 \\ 4 & 7 & 26 \end{bmatrix} \end{aligned}$$

矩阵是如何相减的？

只有当两个矩阵 $[A]$ 和 $[B]$ 具有相等的大小时才可以相减，结果为 $[D]=[A]-[B]$，式中 $d_{ij}=a_{ij}-b_{ij}$ 对于所有 i 和 j。

例 A.10　求 $[A]-[B]$。

$$[A] = \begin{bmatrix} 5 & 2 & 3 \\ 1 & 2 & 7 \end{bmatrix}$$

$$[B] = \begin{bmatrix} 6 & 7 & -2 \\ 3 & 5 & 19 \end{bmatrix}$$

解

$$\begin{aligned} [C] &= [A]-[B] \\ &= \begin{bmatrix} 5 & 2 & 3 \\ 1 & 2 & 7 \end{bmatrix} - \begin{bmatrix} 6 & 7 & -2 \\ 3 & 5 & 19 \end{bmatrix} \\ &= \begin{bmatrix} 5-6 & 2-7 & 3-(-2) \\ 1-3 & 2-5 & 7-19 \end{bmatrix} \end{aligned}$$

$$= \begin{bmatrix} -1 & -5 & 5 \\ -2 & -3 & -12 \end{bmatrix}$$

矩阵是如何相乘的？

只有当矩阵$[A]$的列数和矩阵$[B]$的行数相等时才可以相乘，结果为$[C]_{m\times n}=[A]_{m\times p}[B]_{p\times n}$。若矩阵$[A]$的大小为$m\times p$，矩阵$[B]$的大小为$p\times n$，则结果矩阵$[C]$的大小为$m\times n$。

如何计算矩阵$[C]$的元素？

$$c_{ij} = \sum_{k=1}^{p} a_{ik}b_{kj} = a_{i1}b_{1j} + a_{i2}b_{2j} + \cdots + a_{ip}b_{pj}$$

对每个$i=1,2,\cdots,m$和$j=1,2,\cdots,n$。

$[C]=[A][B]$中矩阵$[C]$的第i^{th}行和第j^{th}列为$[A]$的第i^{th}行与$[B]$的第j^{th}列相乘，即

$$c_{ij} = \begin{bmatrix} a_{i1} & a_{i2} & \cdots & a_{ip} \end{bmatrix} \begin{bmatrix} b_{1j} \\ b_{2j} \\ \vdots \\ b_{pj} \end{bmatrix}$$

$$= a_{i1}b_{1j} + a_{i2}b_{2j} + \cdots + a_{ip}b_{pj} = \sum_{k=1}^{p} a_{ik}b_{kj}$$

例 A.11　已知

$$[A] = \begin{bmatrix} 5 & 2 & 3 \\ 1 & 2 & 7 \end{bmatrix}$$

$$[B] = \begin{bmatrix} 3 & -2 \\ 5 & -8 \\ 9 & -10 \end{bmatrix}$$

求

$$[C] = [A][B]$$

解　比如，矩阵$[C]$的元素c_{12}为$[A]$的第一行与$[B]$的第二列相乘：

$$c_{12} = \begin{bmatrix} 5 & 2 & 3 \end{bmatrix} \begin{bmatrix} -2 \\ -8 \\ -10 \end{bmatrix}$$

$$= (5)(-2) + (2)(-8) + (3)(-10) = -56$$

同样地，可以得到其他元素

$$[C] = \begin{bmatrix} 52 & -56 \\ 76 & -88 \end{bmatrix}$$

何为常数和矩阵的数量积？

若$[A]$为$n \times n$矩阵，k为实数，则k和$[A]$的数量积为另一个矩阵$[B]$，式中$b_{ij} = ka_{ij}$。

例 A. 12　有

$$[A] = \begin{bmatrix} 2.1 & 3 & 2 \\ 5 & 1 & 6 \end{bmatrix}$$

求$2[A]$。

　　解

$$[A] = \begin{bmatrix} 2.1 & 3 & 2 \\ 5 & 1 & 6 \end{bmatrix}$$

然后，

$$2[A] = 2\begin{bmatrix} 2.1 & 3 & 2 \\ 5 & 1 & 6 \end{bmatrix}$$

$$= \begin{bmatrix} (2)(2.1) & (2)(3) & (2)(2) \\ (2)(5) & (2)(1) & (2)(6) \end{bmatrix}$$

$$= \begin{bmatrix} 4.2 & 6 & 4 \\ 10 & 2 & 12 \end{bmatrix}$$

何为矩阵线性组合？

若$[A_1], [A_2], \cdots, [A_P]$为大小相同的矩阵，$k_1, k_2, \cdots, k_p$为标量，则

$$k_1[A_1] + k_2[A_2] + \cdots + k_p[A_P]$$

为$[A_1], [A_2], \cdots, [A_P]$的线性组合。

例 A. 13　若

$$[A_1] = \begin{bmatrix} 5 & 6 & 2 \\ 3 & 2 & 1 \end{bmatrix}$$

$$[A_2] = \begin{bmatrix} 2.1 & 3 & 2 \\ 5 & 1 & 6 \end{bmatrix}$$

$$[A_3] = \begin{bmatrix} 0 & 2.2 & 2 \\ 3 & 3.5 & 6 \end{bmatrix}$$

求

$$[A_1] + 2[A_2] - 0.5[A_3]$$

解

$$[A_1] + 2[A_2] - 0.5[A_3] = \begin{bmatrix} 5 & 6 & 2 \\ 3 & 2 & 1 \end{bmatrix} + 2\begin{bmatrix} 2.1 & 3 & 2 \\ 5 & 1 & 6 \end{bmatrix} - 0.5\begin{bmatrix} 0 & 2.2 & 2 \\ 3 & 3.5 & 6 \end{bmatrix}$$

$$= \begin{bmatrix} 5 & 6 & 2 \\ 3 & 2 & 1 \end{bmatrix} + \begin{bmatrix} 4.2 & 6 & 4 \\ 10 & 2 & 12 \end{bmatrix} - \begin{bmatrix} 0 & 1.1 & 1 \\ 1.5 & 1.75 & 3 \end{bmatrix}$$

$$= \begin{bmatrix} 9.2 & 10.9 & 5 \\ 11.5 & 2.25 & 10 \end{bmatrix}$$

矩阵运算规则有哪些?

加法交换律:若$[A]$和$[B]$为$m \times n$矩阵,则

$$[A] + [B] = [B] + [A]$$

加法结合律:若$[A]$,$[B]$和$[C]$为$m \times n$矩阵,则

$$[A] + ([B] + [C]) = ([A] + [B]) + [C]$$

乘法结合律:若$[A]$,$[B]$和$[C]$分别为$m \times n$,$n \times p$和$p \times r$矩阵,则

$$[A]([B][C]) = ([A][B])[C]$$

两边的结果矩阵均为$m \times r$。

分配律:若$[A]$和$[B]$为$m \times n$矩阵,$[C]$和$[D]$为$n \times p$矩阵,则

$$[A]([C] + [D]) = [A][C] + [A][D]$$
$$([A] + [B])[C] = [A][C] + [B][C]$$

两边的结果矩阵均为$m \times p$。

例 A. 14 用下列矩阵描述矩阵的乘法结合律

$$[A] = \begin{bmatrix} 1 & 2 \\ 3 & 5 \\ 0 & 2 \end{bmatrix}$$

$$[B] = \begin{bmatrix} 2 & 5 \\ 9 & 6 \end{bmatrix}$$

$$[C] = \begin{bmatrix} 2 & 1 \\ 3 & 5 \end{bmatrix}$$

解

$$[B][C] = \begin{bmatrix} 2 & 5 \\ 9 & 6 \end{bmatrix}\begin{bmatrix} 2 & 1 \\ 3 & 5 \end{bmatrix} = \begin{bmatrix} 19 & 27 \\ 36 & 39 \end{bmatrix}$$

$$[A][B][C] = \begin{bmatrix} 1 & 3 \\ 3 & 5 \\ 0 & 2 \end{bmatrix}\begin{bmatrix} 19 & 27 \\ 36 & 39 \end{bmatrix} = \begin{bmatrix} 91 & 105 \\ 237 & 276 \\ 72 & 78 \end{bmatrix}$$

$$[A][B] = \begin{bmatrix} 1 & 2 \\ 3 & 5 \\ 0 & 2 \end{bmatrix} \begin{bmatrix} 2 & 5 \\ 9 & 6 \end{bmatrix} = \begin{bmatrix} 20 & 17 \\ 51 & 45 \\ 18 & 12 \end{bmatrix}$$

$$[A][B][C] = \begin{bmatrix} 20 & 17 \\ 51 & 45 \\ 18 & 21 \end{bmatrix} \begin{bmatrix} 2 & 1 \\ 3 & 5 \end{bmatrix} = \begin{bmatrix} 91 & 105 \\ 237 & 276 \\ 72 & 78 \end{bmatrix}$$

这些描述了矩阵的乘法结合律。

$[A][B]=[B][A]$吗?

首先,只有当$[A]$和$[B]$为大小相同的方阵时,$[A][B]$和$[B][A]$的运算才成立。为什么?若$[A][B]$存在,$[A]$的列数和$[B]$的行数相等;若$[B][A]$存在,$[B]$的列数和$[A]$的行数相等。

即便这样,一般,$[A][B] \neq [B][A]$。

例 A.15　用下列矩阵说明$[A][B]=[B][A]$是否成立:

$$[A] = \begin{bmatrix} 6 & 3 \\ 2 & 5 \end{bmatrix}$$

$$[B] = \begin{bmatrix} -3 & 2 \\ 1 & 5 \end{bmatrix}$$

解

$$[A][B] = \begin{bmatrix} 6 & 3 \\ 2 & 5 \end{bmatrix} \begin{bmatrix} -3 & 2 \\ 1 & 5 \end{bmatrix} = \begin{bmatrix} -15 & 27 \\ -1 & 29 \end{bmatrix}$$

$$[B][A] = \begin{bmatrix} -3 & 2 \\ 1 & 5 \end{bmatrix} \begin{bmatrix} 6 & 3 \\ 2 & 5 \end{bmatrix} = \begin{bmatrix} -14 & 1 \\ 16 & 28 \end{bmatrix}$$

$$[A][B] \neq [B][A]$$

何为矩阵的转置?

$[A]$为$m \times n$矩阵,$[B]$为$[A]$的转置矩阵,$b_{ji} = a_{ij}$,对于所有i和j。即,$[A]$的第i^{th}行和第j^{th}列为$[B]$的第j^{th}行与的第i^{th}列。注意到$[B]$为$n \times m$矩阵。$[A]$的转置记为$[A]^T$。

例 A.16　求下列矩阵的转置矩阵

$$[A] = \begin{bmatrix} 25 & 20 & 3 & 2 \\ 5 & 10 & 15 & 25 \\ 6 & 16 & 7 & 27 \end{bmatrix}$$

解　$[A]$的转置矩阵:

$$[A]^T = \begin{bmatrix} 25 & 5 & 6 \\ 20 & 10 & 16 \\ 3 & 15 & 7 \\ 2 & 25 & 27 \end{bmatrix}$$

注意行向量的转置为列向量，而列向量的转置为行向量。同时，矩阵的转置的转置为矩阵本身，即 $([A]^T)^T = [A]$。还有，$(A+B)^T = A^T + B^T$；$(cA)^T = cA^T$。

何为对称矩阵？

实数方阵 $[A]$ 中，$a_{ij} = a_{ji}$，对于 $i = 1, \cdots, n$ 和 $j = 1, \cdots, m$，该方阵称为对称矩阵。若 $[A] = [A]^T$，则 $[A]$ 为对称矩阵。

例 A. 17 给出一个对称矩阵。

解 一个对称矩阵为

$$[A] = \begin{bmatrix} 21.2 & 3.2 & 6 \\ 3.2 & 21.5 & 8 \\ 6 & 8 & 9.3 \end{bmatrix}$$

因为 $a_{12} = a_{21} = 3.2$，$a_{13} = a_{31} = 6$ 和 $a_{23} = a_{32} = 8$。

何为反对称矩阵？

实数方阵 $[A]$ 中，$a_{ij} = -a_{ji}$，对于 $i = 1, \cdots, n$ 和 $j = 1, \cdots, m$，该方阵称为反对称矩阵。若 $[A] = -[A]^T$，则 $[A]$ 为反对称矩阵。

例 A. 18 给出一个反对称矩阵。

解 一个反对称矩阵为

$$\begin{bmatrix} 0 & 1 & 0 \\ -1 & 0 & -5 \\ -2 & 5 & 0 \end{bmatrix}$$

因为 $a_{12} = -a_{21} = 1$，$a_{13} = -a_{31} = 2$，$a_{23} = -a_{32} = -5$。只有当 $a_{ii} = 0$，即反对称矩阵的所有对角元素都为零时，才有 $a_{ii} = -a_{ii}$。

矩阵代数是用于计算方程组的。你能解释这个概念吗？

矩阵代数用于计算联立线性方程组。看下面三个联立线性方程组的例子：

$$25a + 5b + c = 106.8$$
$$64a + 8b + c = 177.2$$
$$144a + 12b + c = 279.2$$

写成矩阵形式为

$$\begin{bmatrix} 25a + & 5b + & c \\ 64a & 8b + & c \\ 144a + & 12b + & c \end{bmatrix} = \begin{bmatrix} 106.8 \\ 177.2 \\ 279.2 \end{bmatrix}$$

前面方程写成线性组合形式为

$$a \begin{bmatrix} 25 \\ 64 \\ 144 \end{bmatrix} + b \begin{bmatrix} 5 \\ 8 \\ 12 \end{bmatrix} + c \begin{bmatrix} 1 \\ 1 \\ 1 \end{bmatrix} = \begin{bmatrix} 106.8 \\ 177.2 \\ 279.2 \end{bmatrix}$$

利用矩阵相乘,得

$$\begin{bmatrix} 25 & 5 & 1 \\ 64 & 8 & 1 \\ 144 & 12 & 1 \end{bmatrix} \begin{bmatrix} a \\ b \\ c \end{bmatrix} = \begin{bmatrix} 106.8 \\ 177.2 \\ 279.2 \end{bmatrix}$$

对于 m 个线性方程组和 n 个未知数,

$$a_{11}x_1 + a_{12}x_2 + \cdots + a_{1n}x_n = c_1$$
$$a_{21}x_1 + a_{22}x_2 + \cdots + a_{2n}x_n = c_2$$
$$\vdots$$
$$a_{m1}x_1 + a_{m2}x_2 + \cdots + a_{mn}x_n = c_m$$

用矩阵形式写为

$$\begin{bmatrix} a_{11} & a_{12} & \cdots & a_{1n} \\ a_{21} & a_{22} & \cdots & a_{2n} \\ \cdots & \cdots & \cdots & \cdots \\ a_{m1} & a_{m2} & \cdots & a_{mn} \end{bmatrix} \begin{bmatrix} x_1 \\ x_2 \\ \cdots \\ x_n \end{bmatrix} = \begin{bmatrix} c_1 \\ c_2 \\ \cdots \\ c_m \end{bmatrix}$$

用$[A]$,$[X]$和$[C]$表示为$[A][X]=[C]$,式中$[A]$称为系数矩阵,$[C]$为右端向量,$[X]$为解向量。

有时$[A][X]=[C]$的扩充形式写为

$$[A \quad C] = \begin{bmatrix} a_{11} & a_{12} & \cdots & a_{1n} & c_1 \\ a_{21} & a_{22} & \cdots & a_{2n} & c_2 \\ \cdots & \cdots & \cdots & \cdots & \cdots \\ a_{m1} & a_{m2} & \cdots & a_{mn} & c_n \end{bmatrix}$$

如何进行矩阵除法求得$[A][X]=[C]$的解向量$[X]$?

如果$[A][X]=[C]$成立,那么有$[A]=\dfrac{[C]}{[B]}$,但是矩阵除法未被定义。然而,对于某些方阵种类,矩阵的逆是可以定义的。方阵$[A]$的逆,若存在,记为$[A]^{-1}$,有$[A][A]^{-1}=[I]=[A]^{-1}[A]$。

换句话说,$[A]$为方阵,若$[B]$为大小相同的另一个方阵,有$[B][A]=[I]$,则$[B]$为$[A]$的逆。$[A]$称为可逆的或非奇异的。若$[A]^{-1}$不存在,则$[A]$称为不可逆的或奇异的。

例 A. 19

$$[B] = \begin{bmatrix} 3 & 2 \\ 5 & 3 \end{bmatrix}$$

是否为

$$[A] = \begin{bmatrix} -3 & 2 \\ 5 & -3 \end{bmatrix}$$

的逆?

解

$$[B][A] = \begin{bmatrix} 3 & 2 \\ 5 & 3 \end{bmatrix}\begin{bmatrix} -3 & 2 \\ 5 & -3 \end{bmatrix} = \begin{bmatrix} 1 & 0 \\ 0 & 1 \end{bmatrix} = [I]$$

$[B][A]=[I]$,则$[B]$为$[A]$的逆,$[A]$为$[B]$的逆。然而,我们也可以得出

$$[A][B] = \begin{bmatrix} -3 & 2 \\ 5 & -3 \end{bmatrix}\begin{bmatrix} 3 & 2 \\ 5 & 3 \end{bmatrix} = \begin{bmatrix} 1 & 0 \\ 0 & 1 \end{bmatrix} = [I]$$

则$[A]$为$[B]$的逆。

可以利用矩阵的逆求$[A][X]=[C]$的解吗?

可以,若方程组的数量与未知量的数量一致,系数矩阵$[A]$为方阵。

已知$[A][X]=[C]$,则若$[A]^{-1}$存在,两边各乘$[A]^{-1}$:

$$[A]^{-1}[A][X] = [A]^{-1}[C]$$
$$[I][X] = [A]^{-1}[C]$$
$$[X] = [A]^{-1}[C]$$

这说明若我们可以得到$[A]^{-1}$,$[A][X]=[C]$的解向量为$[A]^{-1}$和右端向量$[C]$的乘积。

如何对矩阵求逆?

若$[A]$为$n\times n$矩阵,则$[A]^{-1}$为$n\times n$矩阵,根据矩阵的逆的定义,$[A][A]^{-1}=[I]$。写为

$$[A] = \begin{bmatrix} a_{11} & a_{12} & \cdots & a_{1n} \\ a_{21} & a_{22} & \cdots & a_{2n} \\ \cdots & \cdots & \cdots & \cdots \\ a_{m1} & a_{m2} & \cdots & a_{mn} \end{bmatrix}$$

$$[A]^{-1} = \begin{bmatrix} a'_{11} & a'_{12} & \cdots & a'_{1n} \\ a'_{21} & a'_{22} & \cdots & a'_{2n} \\ \cdots & \cdots & \cdots & \cdots \\ a'_{m1} & a'_{m2} & \cdots & a'_{mn} \end{bmatrix}$$

$$[I] = \begin{bmatrix} 1 & 0 & \cdots & 0 \\ 0 & 1 & \cdots & 0 \\ \cdots & \cdots & \cdots & \cdots \\ 0 & 0 & \cdots & 1 \end{bmatrix}.$$

利用矩阵乘法的定义,$[A]^{-1}$的第一列可由下式得到:

$$\begin{bmatrix} a_{11} & a_{12} & \cdots & a_{1n} \\ a_{21} & a_{22} & \cdots & a_{2n} \\ \cdots & \cdots & \cdots & \cdots \\ a_{m1} & a_{m2} & \cdots & a_{mn} \end{bmatrix}\begin{bmatrix} a'_{11} \\ a'_{21} \\ \cdots \\ a'_{m1} \end{bmatrix} = \begin{bmatrix} 1 \\ 0 \\ 0 \\ 0 \end{bmatrix}$$

同样地,可以求得其他列的值。

例 A.20 求下列方程组:

$$25a + 5b + c = 106.8$$
$$64a + 8b + c = 177.2$$
$$144a + 12b + c = 279.2$$

解 上面三个联立线性方程组写成矩阵形式为

$$\begin{bmatrix} 25 & 5 & 1 \\ 64 & 8 & 1 \\ 144 & 12 & 1 \end{bmatrix} \begin{bmatrix} a \\ b \\ c \end{bmatrix} = \begin{bmatrix} 106.8 \\ 177.2 \\ 279.2 \end{bmatrix}$$

首先,求下式的逆

$$[A] = \begin{bmatrix} 25 & 5 & 1 \\ 64 & 8 & 1 \\ 144 & 12 & 1 \end{bmatrix}$$

然后利用逆的定义求系数 a, b, c。

若

$$[A]^{-1} = \begin{bmatrix} a'_{11} & a'_{12} & a'_{13} \\ a'_{21} & a'_{22} & a'_{23} \\ a'_{31} & a'_{32} & a'_{33} \end{bmatrix}$$

为 $[A]$ 的逆,则

$$\begin{bmatrix} 25 & 5 & 1 \\ 64 & 8 & 1 \\ 144 & 12 & 1 \end{bmatrix} \begin{bmatrix} a'_{11} & a'_{12} & a'_{13} \\ a'_{21} & a'_{22} & a'_{23} \\ a'_{31} & a'_{32} & a'_{33} \end{bmatrix} = \begin{bmatrix} 1 & 0 & 0 \\ 0 & 1 & 0 \\ 0 & 0 & 1 \end{bmatrix}$$

为:

$$\begin{bmatrix} 25 & 5 & 1 \\ 64 & 8 & 1 \\ 144 & 12 & 1 \end{bmatrix} \begin{bmatrix} a'_{11} \\ a'_{21} \\ a'_{31} \end{bmatrix} = \begin{bmatrix} 1 \\ 0 \\ 0 \end{bmatrix}$$

$$\begin{bmatrix} 25 & 5 & 1 \\ 64 & 8 & 1 \\ 144 & 12 & 1 \end{bmatrix} \begin{bmatrix} a'_{12} \\ a'_{22} \\ a'_{32} \end{bmatrix} = \begin{bmatrix} 0 \\ 1 \\ 0 \end{bmatrix}$$

$$\begin{bmatrix} 25 & 5 & 1 \\ 64 & 8 & 1 \\ 144 & 12 & 1 \end{bmatrix} \begin{bmatrix} a'_{13} \\ a'_{23} \\ a'_{33} \end{bmatrix} = \begin{bmatrix} 0 \\ 0 \\ 1 \end{bmatrix}$$

分别求解后得

$$\begin{bmatrix} a'_{11} \\ a'_{21} \\ a'_{31} \end{bmatrix} = \begin{bmatrix} 0.047\,62 \\ -0.952\,4 \\ 4.571 \end{bmatrix}$$

$$\begin{bmatrix} a'_{12} \\ a'_{22} \\ a'_{32} \end{bmatrix} = \begin{bmatrix} -0.083\,33 \\ 1.417 \\ -5.000 \end{bmatrix}$$

$$\begin{bmatrix} a'_{13} \\ a'_{23} \\ a'_{33} \end{bmatrix} = \begin{bmatrix} 0.035\,71 \\ -0.464\,3 \\ 1.429 \end{bmatrix}$$

因此，

$$[A]^{-1} = \begin{bmatrix} 0.047\,62 & -0.083\,33 & 0.035\,71 \\ -0.952\,4 & 1.417 & -0.464\,3 \\ 4.571 & -5.000 & 1.429 \end{bmatrix}$$

现在，$[A][X] = [C]$，式中

$$[X] = \begin{bmatrix} a \\ b \\ c \end{bmatrix}$$

$$[C] = \begin{bmatrix} 106.8 \\ 177.2 \\ 279.2 \end{bmatrix}$$

利用$[A]^{-1}$的定义，

$$[A]^{-1}[A][X] = [A]^{-1}[C]$$

$$[X] = [A]^{-1}[C] = \begin{bmatrix} 0.047\,62 & -0.083\,33 & 0.035\,71 \\ -0.952\,4 & 1.417 & -0.464\,3 \\ 4.571 & -5.000 & 1.429 \end{bmatrix} \begin{bmatrix} 106.8 \\ 177.2 \\ 279.2 \end{bmatrix}$$

$$\begin{bmatrix} a \\ b \\ c \end{bmatrix} = \begin{bmatrix} 0.290\,0 \\ 19.70 \\ 1.050 \end{bmatrix}$$

类似上面的联立线性方程组也可以用不同的计算算法更有效的数值方法来求解。这些方法在资源（http://numericalmethods.eng.usf.edu）中有本附录的完整解释。部分一般方法为

逆矩阵法

高斯消除法

Gauss-Siedel 方法

LU 分解法

附录 B 应力应变变换

式(4.100)和式(4.94)分别为全局(x, y)坐标系和局部$(1, 2)$坐标系下应力应变关系。注意到变换与材料属性无关,只与x轴和1轴的夹角或$(1, 2)$坐标系逆时针转动角度有关。

B.1 应力变换

考虑到σ_x,σ_y,τ_{xy}为二维物体(图4.38)点 O 四边形单元的应力。要求同一点 O 上另一个四边形单元的应力σ_1,σ_2,τ_{12},在垂直于1方向θ夹角处作一条线,这样两个坐标系间的应力相互关联。

对1方向的作用力求和,有:

$$\sigma_1\,\overline{BC} - \tau_{xy}\,\overline{AB}\cos\theta - \sigma_y\,\overline{AB}\sin\theta - \tau_{xy}\,\overline{AC}\sin\theta - \sigma_x\,\overline{AC}\cos\theta = 0$$

$$\sigma_1 = \tau_{xy}\,\frac{\overline{AB}}{\overline{BC}}\cos\theta + \sigma_y\,\frac{\overline{AB}}{\overline{BC}}\sin\theta + \tau_{xy}\,\frac{\overline{AC}}{\overline{BC}}\sin\theta + \sigma_x\,\frac{\overline{AC}}{\overline{BC}}\cos\theta$$

又:

$$\sin\theta = \frac{\overline{AB}}{\overline{BC}}$$

$$\cos\theta = \frac{\overline{AC}}{\overline{BC}}$$

得到:

$$\sigma_1 = \tau_{xy}\sin\theta\cos\theta + \sigma_y\sin^2\theta + \tau_{xy}\cos\theta\sin\theta + \sigma_x\cos^2\theta$$

$$\sigma_1 = \sigma_x\cos^2\theta + \sigma_y\sin^2\theta + 2\tau_{xy}\sin\theta\cos\theta \tag{B.1}$$

同样地,对2方向的作用力求和:

$$\tau_{12} = -\sigma_x\sin\theta\cos\theta + \sigma_y\sin\theta\cos\theta + \tau_{xy}(\cos^2\theta - \sin^2\theta) \tag{B.2}$$

垂直于2方向θ夹角作一条线,有:

$$\sigma_2 = \sigma_x\sin^2\theta + \sigma_y\cos^2\theta - 2\tau_{xy}\sin\theta\cos\theta \tag{B.3}$$

式(B.1)、式(B.2)、式(B.3)为局部应力与全局应力的关系,写成矩阵形式:

$$\begin{bmatrix} \sigma_1 \\ \sigma_2 \\ \tau_{12} \end{bmatrix} = \begin{bmatrix} c^2 & s^2 & 2sc \\ s^2 & c^2 & -2sc \\ -sc & sc & c^2-s^2 \end{bmatrix} \begin{bmatrix} \sigma_x \\ \sigma_y \\ \tau_{xy} \end{bmatrix} \tag{B.4}$$

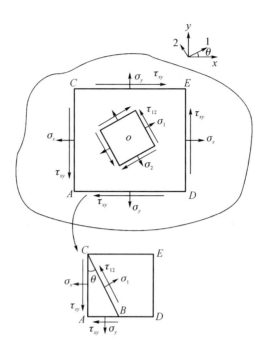

图 B.1   局部坐标系和全局坐标系变换自由体受力图

式中：$c = \cos\theta$；$s = \sin\theta$。

式(B.4)中的 3×3 矩阵叫作变换矩阵$[T]$：

$$[T] = \begin{bmatrix} c^2 & s^2 & 2sc \\ s^2 & c^2 & -2sc \\ -sc & sc & c^2 - s^2 \end{bmatrix} \tag{B.5}$$

对式(B.5)求逆得：

$$[T]^{-1} = \begin{bmatrix} c^2 & s^2 & -2sc \\ s^2 & c^2 & 2sc \\ sc & -sc & c^2 - s^2 \end{bmatrix} \tag{B.6}$$

全局应力与局部应力关系：

$$\begin{bmatrix} \sigma_x \\ \sigma_y \\ \tau_{xy} \end{bmatrix} = \begin{bmatrix} c^2 & s^2 & -2sc \\ s^2 & c^2 & 2sc \\ sc & -sc & c^2 - s^2 \end{bmatrix} \begin{bmatrix} \sigma_1 \\ \sigma_2 \\ \tau_{12} \end{bmatrix} \tag{B.7}$$

B.2   应 变 变 换

考虑一条随机线 AB 沿 1 方向，与 x 方向呈 θ 夹角。加载后，AB 变形为 $A'B'$。沿 AB 的正应变定义为：

$$\varepsilon_1 = \frac{A'B' - AB}{AB} = \frac{A'B'}{AB} - 1 \tag{B.8}$$

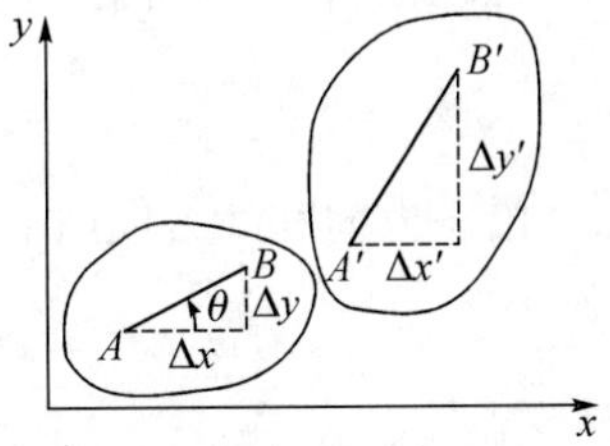

图 B.2　线单元的局部坐标系和全局坐标系间应变变换

由图 B.2,得:

$$1 + \varepsilon_1 = \frac{A'B'}{AB} \tag{B.9}$$

$$(AB)^2 = (\Delta x)^2 + (\Delta y)^2 \tag{B.10}$$

$$(A'B')^2 = (\Delta x')^2 + (\Delta y')^2 \tag{B.11}$$

然而,由应变定义得:

$$\Delta x' = \left(1 + \frac{\partial u}{\partial x}\right)\Delta x + \frac{\partial u}{\partial y}\Delta y \tag{B.12}$$

$$\Delta y' = \frac{\partial v}{\partial x}\Delta x + \left(1 + \frac{\partial v}{\partial y}\right)\Delta y \tag{B.13}$$

然后,由式(B.11)到式(B.13)得:

$$(A'B')^2 = \left[\left(1 + \frac{\partial u}{\partial x}\right)\Delta x + \frac{\partial u}{\partial y}\Delta y\right]^2 + \left[\frac{\partial v}{\partial x}\Delta x + \left(1 + \frac{\partial v}{\partial y}\right)\Delta y\right]^2$$

忽略应变导数的乘积和二次方,有:

$$(A'B')^2 = \left(1 + 2\,\frac{\partial u}{\partial x}\right)(\Delta x)^2 + \left(1 + 2\,\frac{\partial v}{\partial y}\right)(\Delta y)^2 + \left(\frac{\partial u}{\partial y} + \frac{\partial v}{\partial x}\right)\Delta x\Delta y \tag{B.14}$$

由式(B.9)得:

$$\begin{aligned}(1 + \varepsilon_1)^2 &= \frac{(A'B')^2}{(AB)^2} \\ &= \frac{\left(1 + 2\,\frac{\partial u}{\partial x}\right)(\Delta x)^2 + \left(1 + 2\,\frac{\partial v}{\partial y}\right)(\Delta y)^2 + \left(\frac{\partial u}{\partial y} + \frac{\partial v}{\partial x}\right)\Delta x\Delta y}{(\Delta x)^2 + (\Delta y)^2} \\ &= \left(1 + 2\,\frac{\partial u}{\partial x}\right)\frac{(\Delta x)^2}{(\Delta x)^2 + (\Delta y)^2} + \left(1 + 2\,\frac{\partial v}{\partial y}\right)\frac{(\Delta y)^2}{(\Delta x)^2 + (\Delta y)^2} \\ &\quad + 2\left(\frac{\partial u}{\partial y} + \frac{\partial v}{\partial x}\right)\frac{\Delta x\Delta y}{(\Delta x)^2 + (\Delta y)^2} \\ &= \left(1 + 2\,\frac{\partial u}{\partial x}\right)\cos^2\theta + \left(1 + 2\,\frac{\partial v}{\partial y}\right)\sin^2\theta + 2\left(\frac{\partial u}{\partial y} + \frac{\partial v}{\partial x}\right)\sin\theta\cos\theta\end{aligned}$$

$$(1 + \varepsilon_1)^2 = (1 + 2\varepsilon_x)\cos^2\theta + (1 + 2\varepsilon_y)\sin^2\theta + 2\gamma\, xy\sin\theta\cos\theta$$

$$1 + \varepsilon_1^2 + 2\varepsilon_1 = 1 + 2\varepsilon_x\cos^2\theta + 2\varepsilon_y\sin^2\theta + 2\gamma_{xy}\sin\theta\cos\theta$$

忽略应变的平方项:

$$\varepsilon_1 = \varepsilon_x\cos^2\theta + \varepsilon_y\sin^2\theta + \gamma_{xy}\sin\theta\cos\theta. \tag{B.15}$$

同样地,在 2 方向作一条随机线,证明:

$$\varepsilon_2 = \varepsilon_x \sin^2\theta + \varepsilon_y \cos^2\theta - \gamma_{xy}\sin\theta\cos\theta. \tag{B.16}$$

沿 1 方向和 2 方向(相互垂直)各作一条直线,可证明:

$$\gamma_{12} = -2\varepsilon_x\sin\theta\cos\theta + 2\varepsilon_y\sin\theta\cos\theta + \gamma_{xy}(\cos^2\theta - \sin^2\theta). \tag{B.17}$$

式(B.15)、式(B.16)、式(B.17)为局部应变与全局应变的关系,写成矩阵形式:

$$\begin{bmatrix} \varepsilon_1 \\ \varepsilon_2 \\ \gamma_{12}/2 \end{bmatrix} = \begin{bmatrix} c^2 & s^2 & 2sc \\ s^2 & c^2 & -2sc \\ -sc & sc & c^2-s^2 \end{bmatrix} \begin{bmatrix} \varepsilon_x \\ \varepsilon_y \\ \gamma_{xy}/2 \end{bmatrix} \tag{B.18}$$

式(B.18)的 3×3 矩阵为式(B.5)给出的变换矩阵 $[T]$。

对式(B.18)求逆得;

$$\begin{bmatrix} \varepsilon_x \\ \varepsilon_y \\ \gamma_{xy}/2 \end{bmatrix} = \begin{bmatrix} c^2 & s^2 & -2sc \\ s^2 & c^2 & 2sc \\ sc & -sc & c^2-s^2 \end{bmatrix} \begin{bmatrix} \varepsilon_1 \\ \varepsilon_2 \\ \gamma_{12}/2 \end{bmatrix} \tag{B.19}$$

式(B.19)的 3×3 矩阵为式(B.6)给出的变换矩阵的逆矩阵。

附录 C 常用术语和缩略词

UC：unit-cell 单胞

UD：unidirectional 单向（板）

RVE：representative volume element 代表性体积单元

preform：预成型体（不是 perform）

reinforcement：增强相

matrix：基体；矩阵

prepreg：预浸料（impregnate）

polymer：高聚物

monomer：单体

polyamide（PA）nylon：聚酰胺

PET：polyethylene terephthalate 聚对苯二甲酸乙二酯

PBT：polybutylene terephthalate 聚对苯二甲酸丁二酯

polyester：聚酯

phenol-formaldehyde（PF）：酚醛

polyvinyl alcohol（PVA）：聚乙烯醇

polyvinyl chloride（PVC）：聚氯乙烯

polyolefins：聚烯烃（PP 和 PE）

phenolic resin：酚醛树脂

epoxy resin：环氧树脂

PAN：polyacrylonitrile（聚丙烯腈）

PE：polyethylene（聚乙烯）

PP：polypropylene（聚丙烯）

PU：polyurethane（聚氨酯）

CNTs：carbon nanotubes（碳纳米管）

PPTA：poly（p-phenylene tereph-thalamide）p-aromatic polyamide fiber 聚对苯二甲酰对苯二胺（对位芳香族聚酰胺纤维），例如 Kevlar 纤维

PMTA：poly（m-phenylene tereph-thalamide）m-aromatic polyamide fiber 聚间苯二甲酰间苯二胺（间位芳香族聚酰胺纤维），例如 Nomex 纤维

Transversely isotropic fibers：横观各向同性纤维

lamina：单层板

laminate：层合板

microstructure：微观结构

mesostructure：细观结构

macrostructure：宏观结构

RTM：resin transfer moulding 树脂转移成模

VARTM：vacuum assisted RTM 真空辅助树脂转移成模

SRIM：structural reaction injection moulding 结构反应树脂注入成模

RFI：resin film infusion 树脂膜注入

SCRIMP：Seemann composite resin infusion process 西曼复合材料树脂注入工艺

homogeneous materials：均质材料

heterogeneous materials：非均质材料

isotropic materials：各向同性材料

anisotropic materials：各向异性材料

transversely isotropic materials：横观各向同性材料

附录 D 常用力学术语

应力 stress
应变 strain
应变能 strain energy
弹性模量 elastic moduli
平面应力 plane stress
柔度矩阵 compliance matrix
刚度矩阵 stiffness matrix
斜交板 angle ply
工程常数 engineering constants
刚度和柔度不变量 invariant stiffness and compliance
失效理论 failure theories
失效准则 failure criterion
最大应力失效理论 maximum stress failure theory
最大应变失效理论 maximum strain failure theory
Tsai-Hill 理论 Tsai-Hill theory
Tsai-Wu 理论 Tsai-Wu theory
失效包络线 failure envelopes
温湿应力 hygrothermal stresses
温湿载荷 hygrothermal loads
体积分数 volume fraction
质量分数 weight (mass) fraction
密度 density
孔隙体积分数 void volume fraction
孔隙率 void content
弹性模量 elastic moduli
阵列排布 array packing
Halphin-Tsai 公式 Halphin-Tsai equations
弹性模型 elasticity models
强度 strength
ASTM 标准 美国材料试验学会(American Society for Testing Materials)标准
失效模式 failure modes
剪切测试 shear test
均匀化 homogenization
应力变换 transformation of stress

应变变换 transformation of strain

自由体受力图 free body diagram

变换矩阵 transformation matrix

有限元方法 finite element method（FEM）

有限元分析 finite element analysis（FEA）

热膨胀系数 coefficient of thermal expansion（CTE）

湿膨胀系数 coefficient of moisture expansion（CME）

附录 E 矩阵常用术语

矩阵 Matrix

向量 Vector

行向量 Row vector

列向量 Column vector

子矩阵 Submatrix

方阵 Square matrix

对角矩阵 Diagonal matrix

单位矩阵 Identity matrix

零矩阵 Zero matrix

全等矩阵 Equal matrices

矩阵加法 Addition of matrices

矩阵减法 Subtraction of matrices

矩阵乘法 Multiplication of matrices

矩阵数量积 Scalar product of matrices

矩阵线性组合 Linear combination of matrices

矩阵运算规则 Rules of binary matrix operation

矩阵转置 Transpose of a matrix

对称矩阵 Symmetric matrix

反对称矩阵 Skew symmetric matrix

逆矩阵 Inverse of a matrix